PUBLICATIONS DE L'INSTITUT DE MATHÉMATIQUES
DE L'UNIVERSITÉ DE STRASBOURG, XX

Probabilités et potentiel
XVII à XXIV

Actualités scientifiques et industrielles, 1434

Claude Dellacherie
Directeur de recherches au CNRS, Université de Rouen
Bernard Maisonneuve
Professeur à l'Université de Grenoble II
Paul-André Meyer
Directeur de recherches au CNRS, Université de Strasbourg

Probabilités et potentiel

Chapitres XVII à XXIV

Processus de Markov (fin)
Compléments de calcul stochastique

HERMANN ÉDITEURS DES SCIENCES ET DES ARTS

Avec le soutien du CNL Centre national du livre

ISBN 2 7056 1434 8

Introduction

Voici enfin le dernier volume d'un traité commencé en 1975, et qui reprenait lui même un livre antérieur paru en 1966. Il va de soi que le projet s'est largement modifié en quinze, sinon vingt–cinq ans. Un livre rédigé sur une période aussi longue est un compromis entre deux désirs des auteurs : celui d'écrire pour les générations futures, et celui de présenter ce qui les intéresse à un moment donné, sans quoi le livre ennuierait mortellement auteurs et lecteurs.

Chaque année, des centaines d'articles sont publiés sur le front des mathématiques, tandis que d'autres se trouvent peu à peu oubliés à l'arrière. L'une des raisons d'un livre comme celui–ci consiste donc à lutter contre la dispersion et l'oubli, et les commentaires et la bibliographie en sont une partie essentielle. Notre projet initial voulait être une référence générale sur le programme mis en place par Doob et Hunt, alors en plein développement : présenter la théorie des processus de Markov, ses bases dans la théorie des martingales, et ses applications à la théorie du potentiel. Sans que le sujet soit passé de mode (il est en bonne santé, particulièrement aux Etats-Unis), les préoccupations des deux plus anciens auteurs s'en sont peu à peu éloignées, d'où la présence avec eux d'un troisième auteur pratiquant encore activement les Arts Markoviens.

Ce volume n'est consacré que pour moitié aux processus de Markov et au potentiel. Nous nous sommes sentis d'autant plus à l'aise pour cela que deux excellents livres ont paru récemment sur notre sujet, celui de Sharpe sur la théorie des processus de Markov, et celui de Bliedtner et Hansen sur la théorie du potentiel (et la théorie classique se trouve d'autre part exposée dans le monumental traité de Doob). Nous avons choisi de traiter quelques thèmes qui méritent de devenir classiques, et ne sont pas développés dans le livre de Sharpe : un peu de mesures excessives, le retournement du temps, les mesures de Kuznetsov, et la théorie des excursions. Les deux premiers chapitres ont été écrits avant les mesures de Kuznetsov; si nous avions le courage de tout reprendre maintenant, nous adopterions peut être l'ordre inverse. Il nous semble que la seule omission majeure reste celle de la frontière de Martin.

Les chapitres non markoviens sont plus disparates. Le tout dernier couronne notre travail de propagande en faveur des ensembles analytiques et des capacités. Nous consacrons un chapitre aux développements de v.a. suivant les *chaos de Wiener*, ou leurs analogues pour d'autres processus, sujet encore plein de mystère. Nous y avons fait quelques incursions dans l'*analyse de Wiener* proprement dite, en évitant de mettre le doigt dans le "Calcul de Malliavin" où d'autres ont tellement plus de compétence que nous. Dans le chapitre suivant, nous présentons quelques points d'analyse sur les semi–groupes, qui se déduisent élégamment des inégalités de Burkholder. Reste enfin un gros chapitre, intitulé *Compléments de Calcul Stochastique*, et rédigé par morceaux sur une longue période. Comme plusieurs des quelque vingt livres consacrés maintenant à divers aspects du Calcul Stochastique, nous avons puisé pour l'écrire dans le trésor que constituent les 25 volumes des *Séminaires de Probabilités*, et les 9 volumes du *Seminar on Stochastic Processes*. Il resterait à en extraire bien des chapitres analogues; ici encore, nos remords sont allégés par l'existence de livres excellents sur le Calcul Stochastique, les plus proches de celui–ci étant sans doute ceux de Rogers–Williams (1987), Karatzas–Shreve (1988) et Revuz–Yor (1991).

Le choix fait par les auteurs dans une masse énorme de travaux est parfois difficile à justifier par des arguments autres que le goût. Chaque chapitre a grossi, puis a été arrêté dans sa croissance par des raisons de dimension ou de lassitude plutôt que de principe. A plusieurs reprises, notre but a été de mettre en lumière des résultats intéressants et relativement peu connus. Et cependant, l'impression reste que tout se tient de manière assez étroite, les mêmes thèmes reparaissant à des occasions très différentes.

Ce livre a été mis en page grâce aux moyens informatiques mis à notre disposition par l'Institut de Mathématiques de Strasbourg. Afin de maintenir une certaine cohérence avec la présentation des volumes précédents nous avons choisi une forme qui rappelle un peu la machine à écrire. Elle a peut être aussi l'avantage de souligner le caractère encore imparfait de ce texte, dont certaines parties concernent des travaux très récents : la liste d'errata de ce volume en est le témoin. Peut être existera-t-il un jour une édition corrigée (et vraiment imprimée !) de tout l'ensemble.

C. Dellacherie, B. Maisonneuve, P.A. Meyer.

TABLE DES MATIÈRES

XIX. PROCESSUS À NAISSANCE ALÉATOIRE

XX. ENSEMBLES ALÉATOIRES, EXCURSIONS

Compléments aux processus droits Mesures excessives

La théorie des processus de Markov est moins bien connue du public probabiliste qu'elle ne l'était dans les années 50–60. Il est donc regrettable que ce volume prenne la relève du précédent juste au moment où la théorie est surchargée de détails de mesurabilité, qui ne sont pas indispensables pour lire la suite. Nous recommandons au lecteur débutant de se reporter aux chapitres XIII–XIV pour apprendre les fondements de la théorie, en suivant le conseil de supposer le semi–groupe fellérien.

Nous profitons de l'étude approfondie des hypothèses droites dans l'excellent livre de Sharpe *General Theory of Markov Processes*, pour adopter la "solution de facilité" du n° XVI.32, qui constitue un système d'"hypothèses droites" un peu moins général et un peu plus facile à manier que celui du volume précédent [1]. Nous revoyons alors, assez rapidement, l'ensemble du chapitre XVI sous les nouvelles hypothèses. Nous avons essayé de rassembler aussi les notations et définitions principales dispersées dans les chapitres antérieurs, afin d'éviter à notre lecteur un va–et–vient continuel à la recherche de références. Cela amène des redites, mais nous pensons que le lecteur trouvera utile cette récapitulation de la théorie.

Notre second paragraphe est consacré aux *mesures excessives*, dont la théorie a fait tout récemment des progrès remarquables. Nous ne tentons pas d'être exhaustifs, car une monographie toute récente de Getoor fait le point sur la question. Nous nous arrêtons à la discussion des mesures excessives extrémales, à la limite donc de la théorie de la frontière de Martin, qui n'est pas abordée dans ce livre.

Toutes les fonctions considérées dans la suite sont supposées universellement mesurables, si rien d'autre n'est spécifié.

1. DICTIONNAIRE DES "PROCESSUS DROITS"

L'espace d'états

1 L'espace d'états de nos processus est toujours un espace métrisable séparable E. Plus précisément, tout espace métrisable séparable se plongeant dans un espace métrisable compact F, nous supposerons que E est *universellement mesurable dans* F. Un tel espace est dit *radonien* (*cf.* XII.28) : en anglais *U-space* dans la terminologie de Getoor. Si $\mathcal{B}$ désigne la tribu borélienne de E, il s'agit en réalité d'une propriété de l'espace mesurable $(E, \mathcal{B})$.

---

[1] Il a été suggéré par J.F. Mertens [5].

Rappelons à ce sujet que si E est borélien dans F (*resp.* analytique, de complémentaire analytique), E est dit *lusinien, resp. souslinien, cosouslinien.* Ces propriétés dépendent seulement, elles aussi, de la structure mesurable $(E, \mathcal{B})$.

On adjoint à E un point supplémentaire, noté ∂, et l'on pose $E_\partial = E \cup \{\partial\}$. Du point de vue topologique, on considérera ∂ comme un point isolé si aucun autre choix ne s'impose.

Semi–groupe, résolvante, potentiel

2 On se donne sur E un semi–groupe $(P_t)_{t\geq 0}$ de noyaux sousmarkoviens, tel que $P_0 = I$. Il ne s'agira pas en général de noyaux sur la tribu borélienne $\mathcal{B}$, mais sur la tribu universellement mesurable $\mathcal{B}_u$ (si le semi–groupe préserve la tribu borélienne, il sera dit *borélien*). Nous supposerons[1] que

> *Si f est continue bornée, la fonction $t \longmapsto P_t f$ est continue à droite sur* $[0, \infty[$.

On dispose alors d'assez de mesurabilité pour définir la *résolvante* et le *potentiel*

$$U_p = \int_0^\infty e^{-ps} P_s \, ds \quad ; \qquad U = U_0 = \int_0^\infty P_s \, ds \; .$$

On peut alors développer la théorie élémentaire du potentiel (fonctions p–surmédianes et p–excessives, p–potentiels...) que nous ne rappelons pas ici; *cf.* les chapitres XII–XIII. Le développement d'une théorie du potentiel suffisamment riche pour les fonctions positives exige que le semi–groupe soit *transient* (XII.7), *i.e.* qu'il existe une fonction $h > 0$ dont le potentiel Uh soit fini. Nous ferons cette hypothèse chaque fois qu'elle sera commode, bien que les travaux récents tendent à s'en affranchir.

Nous avons déjà mentionné la tribu borélienne $\mathcal{B}$, la tribu universellement mesurable $\mathcal{B}_u$. Très utile est également la tribu $\mathcal{E}$ engendrée par les fonctions p–excessives (XIV.76) — que l'on fixe $p > 0$, ou que l'on laisse p parcourir $\mathbb{R}_+$, la tribu est la même; si le semi–groupe est transient on peut aussi prendre $p = 0$.

Pour construire les processus de Markov, on a besoin d'un semi–groupe markovien (*i.e.* $P_t 1 = 1$). Pour cela, on utilise le point ∂ en convenant que

$$P_t(x, \partial) = 1 - P_t(x, E) \quad \text{pour} \quad x \in E \; , \; P_t(\partial, \{\partial\}) = 1 \; .$$

Remarquer que le semi–groupe sur l'espace d'états élargi n'est jamais transient! En fait, l'espace d'états auquel on s'intéresse est toujours E et non E_∂, et on ne considère en principe que des fonctions nulles au point ∂.

Trajectoires

3 On désigne par Ω l'ensemble de toutes les applications *continues à droite à durée de vie de* $\mathbb{R}_+$ *dans* E, c'est à dire les applications continues à droite ω de $\mathbb{R}_+$ dans E_∂ telles que l'ensemble $\{t \; : \; \omega(t) = \partial\}$ soit un intervalle $[\zeta(\omega), +\infty[$ — on appelle ζ la *durée*

[1] Cela interdit l'existence de "points de branchement" dans E.

de vie. On pose $X_t(\omega) = \omega(t)$, et on convient habituellement que $X_\infty(\omega) = \partial$. La tribu sur Ω engendrée par toutes les applications X_t sera notée $\mathcal{F}^\circ$, le sens général du signe $^\circ$ étant "sans complétion ni augmentation d'aucune sorte, à l'état de nature". Pour que cette définition ait un sens, il faut dire quelle tribu on choisit sur E_∂ : dans la théorie élémentaire on prend $\mathcal{B}$, mais dans ce volume *mais dans ce volume, sauf mention du contraire, ce sera* $\mathcal{E}$. Dans le même esprit, on désigne par $\mathcal{F}_t^\circ$ la filtration naturelle du processus (X_t), engendrée par les v.a. X_s, $s \leq t$. Le premier axiome fondamental de la théorie des processus droits affirme la possibilité de "réaliser" sur Ω le semi-groupe (P_t) :

HD1 *Pour toute loi* μ *sur* E, *il existe sur* Ω *une loi* $\mathbb{P}^\mu$ *(et une seule) sous laquelle le processus* (X_t) *est markovien par rapport à la filtration* $(\mathcal{F}_t^\circ)$, *avec* (P_t) *comme semi-groupe de transition et* μ *comme loi initiale.*

Si $\mu = \varepsilon_x$ on écrit simplement $\mathbb{P}^x$. Il y a un petit abus de langage dans cet énoncé, car le semi-groupe de transition est en réalité le prolongement de (P_t) à E_∂. On peut d'ailleurs définir $\mathbb{P}^\partial$, qui est une masse unité sur la trajectoire constamment égale à ∂ (trajectoire souvent notée $[\partial]$).

Connaissant les lois P^x, on peut construire $\mathbb{P}^\mu$ par intégration : $\mathbb{P}^\mu = \int_E \mathbb{P}^x \mu(dx)$. Cette formule sert aussi à *définir* $\mathbb{P}^\mu$ lorsque μ n'est pas une loi de probabilité.

On désigne par $\mathcal{F}^\mu$ la tribu complétée de $\mathcal{F}^\circ$ sous $\mathbb{P}^\mu$, et l'on pose $\mathcal{F} = \bigcap_\mu \mathcal{F}^\mu$. On définit de même une filtration $(\mathcal{F}_t^\mu)$ qui satisfait aux conditions habituelles sous $\mathbb{P}^\mu$, et par intersection sur μ une filtration continue à droite $(\mathcal{F}_t)$ (*cf.* XIV.25–26).

Les objets que nous venons de définir constituent la *réalisation canonique* (continue à droite) du semi-groupe (P_t) — le mot *réalisation* indiquant que l'on a construit sur un même espace tous les processus de Markov correspondant aux diverses mesures initiales. Il est souvent possible d'utiliser un autre espace de trajectoires que celui-ci (trajectoires càdlàg., trajectoires continues jusqu'à l'instant $\zeta \ldots$), mais les notations X_t, $\mathcal{F}_t^\circ$, etc. resteront en vigueur sur le nouvel espace.

Les *opérateurs de translation* θ_t sont définis par la relation

$$X_s(\theta_t \omega) = X_{t+s}(\omega)$$

et les *opérateurs de meurtre* k_t par

$$X_s(k_t \omega) = X_s(\omega) \quad \text{si} \quad s < t \quad ; \quad \partial \quad \text{si} \quad s \geq t \; .$$

La trajectoire $[\partial]$ est la seule trajectoire à durée de vie nulle ; il est commode de poser pour tout $\omega \in \Omega$

$$\theta_\infty(\omega) = k_0(\omega) = [\partial] \; .$$

4 Nous serons amenés aussi, dans ce volume, à travailler sur l'espace des trajectoires continues à droite *définies sur* $\mathbb{R}_+^* =]0, +\infty[$. Désignons le par Ω_+, et conservons les notations X_t $(t > 0)$, $\mathcal{F}^\circ$, etc. L'espace Ω_+ porte des mesures sous lesquelles le processus (X_t) est markovien de semi-groupe (P_t), mais n'admet pas nécessairement de limite en $t = 0$. Ces mesures sont décrites par des *lois d'entrée* $(\mu_t)_{t>0}$, familles de mesures sur E satisfaisant à la relation $\mu_s P_t = \mu_{s+t}$ (sur E : on ne s'occupe pas ici du point ∂). Une telle loi d'entrée étant donnée, il est facile de construire la loi du processus (X_t) pour $t > \varepsilon > 0$, mais le passage à la limite en 0 exige un argument supplémentaire de limite projective, assez délicat si l'on ne veut pas se limiter aux lois d'entrée de masse ≤ 1. Nous aurons à revenir en détail sur ces questions au chapitre XIX.

Comportement des fonctions excessives

5 Voici le second axiome fondamental des processus droits :

> HD2 *Soit f une fonction p-excessive $(p > 0)$. Alors sous toute loi $\mathbb{P}^\mu$ sur l'espace canonique Ω, le processus $(f \circ X_t)$ est indistinguable d'un processus continu à droite.*

Il est alors indistinguable d'un processus càdlàg., car le processus $(e^{-pt} f \circ X_t)$ est une surmartingale. En appliquant des résultats standard de théorie des martingales (XIV.17), on se ramène à vérifier cet axiome pour des fonctions de la forme $f = U_p g$ $(p > 0,\ g$ positive bornée universellement mesurable, ou borélienne, ou enfin continue). L'axiome HD2 entraîne la *propriété de Markov forte* (XIV.32) : pour tout t. d'a. T de la filtration $(\mathcal{F}_t)$, le processus (X_{T+t}) est markovien (par rapport à la filtration $(\mathcal{F}_{T+t})$) de semi-groupe (P_t) et de loi initiale $\mu P_T(A) = \mathbb{P}^\mu\{X_T \in A\}$ (rappelons ici la convention $X_\infty = \partial$, qui permet de traiter commodément le cas où T prend la valeur $+\infty$).

> Inversement, la propriété de Markov forte entraîne presque la propriété HD2 : compte tenu de la continuité à droite des martingales fortes optionnelles (vol. B, App.1, n° 1), c'est une simple question de mesurabilité, évidente par exemple si E est lusinien et le semi-groupe (P_t) borélien.

L'axiome HD2 concerne la réalisation continue à droite *canonique*, alors que la continuité à droite des fonctions excessives sur les trajectoires est une propriété fondamentale, dont on voudrait disposer pour tout processus de Markov (continu à droite) admettant (P_t) comme semi-groupe de transition. Cela pose des problèmes de mesurabilité délicats, discutés dans le livre [1] de Sharpe, et n'admettant pas de solution entièrement générale (un contre-exemple a été donné par Salisbury [1]). C'est pourquoi nous adopterons les deux "hypothèses droites" complémentaires HD3–HD4 que voici :

> HD3 *Pour toute loi μ sur E, il existe une partie lusinienne E_μ de E telle que pour $\mathbb{P}^\mu$-presque tout ω on ait $X_\bullet(\omega) \in E_\mu \cup \{\partial\}$.*

Le dernier axiome concerne les fonctions p-excessives, et exprime que celles-ci sont *presque-boréliennes* (XIV.20). Pour la commodité du lecteur, nous explicitons dans l'énoncé ce que cela signifie :

> HD4 *Pour toute loi μ sur E, pour toute fonction p-excessive f $(p \geq 0)$ il existe deux fonctions boréliennes f' et f'' telles que $f' \leq f \leq f''$ et que les processus $(f' \circ X_t)$ et $(f'' \circ X_t)$ soient $\mathbb{P}^\mu$-indistinguables.*

Getoor [5], puis Sharpe [1] ont développé la théorie sous les seuls axiomes HD1–HD2. Bien entendu, moins la théorie comporte d'axiomes, plus elle est générale et souple, et la vérification de HD3–HD4 est un fardeau supplémentaire ! Mais cela en vaut la peine. Les n^{os} suivants vont illustrer cela, voir aussi plus bas le n° 40.1. Les quatre axiomes HD1–HD4 sont stables par toutes sortes de transformations probabilistes[1], et c'est ainsi qu'en pratique on construit tous les processus droits à partir d'autres processus droits, la matière première initiale étant fournie par la construction directe des processus de Feller (XIV.16–20).

Changement de réalisation

Nous allons traiter maintenant (n°s 6–8) le problème mentionné plus haut : étant donné un processus de Markov (Y_t) défini sur un espace probabilisé complet arbitraire $(W, \mathcal{G}, \mathbb{Q})$, admettant (P_t) comme semi-groupe de transition et μ comme loi initiale, nous allons montrer que (Y_t) admet une modification continue à droite, possédant les trois propriétés analogues à HD2–HD4. Et en sens inverse, s'il existe quelque part un processus (Y_t) continu à droite possédant ces propriétés, alors le processus canonique (X_t) les possède aussi sous $\mathbb{P}^\mu$.

Les raisonnements menant à ces résultats ne sont pas compliqués, mais il s'agit de pure théorie de la mesure, et la lecture détaillée des démonstrations des n°s 6–8 n'est en aucun cas indispensable pour comprendre la suite de ce livre.

6 Soit D un ensemble dénombrable dense dans $\mathbb{R}_+$; plongeons E_∂ dans un espace métrique compact F, et considérons les deux applications

$$\varphi : \omega \longmapsto (X_t(\omega))_{t\in D} \quad \text{sur} \quad \Omega \quad ; \qquad \psi : w \longmapsto (Y_t(w))_{t\in D} \quad \text{sur} \quad W \quad ;$$

toutes deux à valeurs dans l'espace (compact) F^D. Les deux mesures–image $\varphi(\mathbb{P}^\mu)$ et $\psi(\mathbb{Q})$ sont égales, et par conséquent on a pour toute partie universellement mesurable H de F^D

$$\mathbb{P}^\mu(\varphi^{-1}(H)) = \mathbb{Q}(\psi^{-1}(H)) \ .$$

Pour étudier la continuité à droite de (Y_t), on prend pour H l'ensemble des applications de D dans F, à valeurs dans $E_\mu \cup \{\partial\}$, prolongeables en une application continue à droite à durée de vie de $\mathbb{R}_+$ dans F ; ici E_μ désigne la partie de E figurant dans l'énoncé de HD3, qui est borélienne dans F. D'après HD1 et HD3 on a $\mathbb{P}^\mu(\varphi^{-1}(H)) = 1$. D'autre part, H est universellement mesurable dans F^D d'après IV.17–18, et d'après la mesurabilité du temps d'entrée dans le complémentaire (borélien dans F) de $E_\mu \cup \{\partial\}$. Ainsi :

> *le processus $(Y_t)_{t\in D}$ admet $\mathbb{Q}$-p.s. des limites à droite Y_{t+} à valeurs dans E_∂, et l'on a $Y_t = Y_{t+}$ p.s. pour $t \in D$.*

Comme D est un ensemble dénombrable dense arbitraire, on voit que le processus (Y_{t+}) est une modification de (Y_t) pour $t \in \mathbb{R}_+$. *On peut donc maintenant se limiter aux processus continus à droite.* Noter que pour un tel processus, la relation $P_t(\partial, \{\partial\}) = 1$ entraîne que presque toute trajectoire est à durée de vie.

7 La discussion des axiomes HD2–HD4 n'exige plus le passage par F^D : le processus (Y_t) ayant maintenant des trajectoires continues à droite à durée de vie, nous considérons directement l'application $\rho(w) = Y_\bullet(w)$ de W dans Ω, mesurable de $\mathcal{G}$ dans $\mathcal{F}^\circ$, et nous avons $\mathbb{Q}(\rho^{-1}(H)) = \mathbb{P}^\mu(H)$ pour toute partie $H \in \mathcal{F}^\mu$.

---

[1] Voir cependant en XXII.19 la théorie délicate des semi-groupes produit.

Considérons une fonction p–excessive f, deux fonctions boréliennes f' et f'' encadrant f, une partie lusinienne E_μ de E, et prenons pour H l'ensemble des ω tels que $X_t(\omega) \in E_\mu \cup \{\partial\}$ pour tout t, $f' \circ X_t(\omega) = f'' \circ X_t(\omega)$ pour tout t, et que $f' \circ X_\bullet(\omega)$ soit càdlàg.. Cet ensemble est universellement mesurable dans Ω d'après les résultats du chapitre IV, et par conséquent la validité de HD2–HD4 entraîne $\mathbb{Q}(\rho^{-1}(H)) = 1$. L'implication inverse se traite de la même manière.

Préservation du caractère droit

Nous allons maintenant montrer que les propriétés HD1–HD4 sont préservées par diverses transformations effectuées sur les processus. Ce sera aussi une occasion de revoir sommairement ces transformations.

8 La plus simple de toutes est la suivante : considérons un ensemble A, mesurable par rapport à la tribu $\mathcal{E}$ engendrée par les fonctions excessives, et *absorbant* (XIV.84). Cela signifie que pour tout $x \in A$, le temps d'entrée du processus dans A^c est $\mathbb{P}^x$–p.s. infini. On peut donc *restreindre le processus à* A sans perdre la propriété HD1. Nous allons vérifier que cette restriction possède encore les propriétés HD2–HD4.

Pour cela, nous remarquons que si f est une fonction p–excessive pour la résolvante restreinte à A, la fonction valant f sur A et $+\infty$ sur A^c est p–surmédiane pour la résolvante initiale, et sa régularisée p–excessive $\overline{f}$ est alors un prolongement de f en une fonction p–excessive sur E. La continuité à droite de $\overline{f}$ sur les trajectoires, le caractère presque–borélien de $\overline{f}$, nous donnent alors les propriétés HD2 et HD4 pour le processus restreint à A. Il reste encore HD3 : soit μ une loi de probabilité sur A, et soit E_μ une partie lusinienne de E telle que les trajectoires du processus initial restent $\mathbb{P}^\mu$–*p.s.* dans $E_\mu \cup \{\partial\}$. Comme A appartient à $\mathcal{E}$, il est aussi presque–borélien, encadré entre deux ensembles boréliens A' et A'' tels que le processus initial ne rencontre $\mathbb{P}^\mu$–*p.s.* jamais $A'' \setminus A'$. L'ensemble lusinien requis pour HD3 est alors $E_\mu \cap A'$. □

9 Passons à la théorie des *h-processus* (aussi dits *h-transformés, h-conditionnés*). Nous rappelons que h est une fonction excessive, que E_h (le nouvel espace d'états) est l'ensemble $\{0 < h < \infty\}$ — évidemment $\mathcal{E}$–mesurable — et que le semi–groupe $(P_t^{/h})$ sur E_h est défini par

$$P_t^{/h}(x, dy) = P_t(x, dy)\,\frac{h(y)}{h(x)} \tag{9.1}$$

(*cf.* XII.75, XVI.28). Quitte à se restreindre d'abord à l'ensemble absorbant $\{h < \infty\}$, on peut d'ailleurs se ramener au cas où h est finie. On vérifie aisément que, pour toute fonction v, p–excessive par rapport à $(P_t^{/h})$, il existe une fonction $\overline{v}$, p–excessive par rapport à (P_t) et dont la restriction à E_h soit égale à hv (partir du cas où v est un p–potentiel $U_p^{/h} g$, et où l'on peut prendre $\overline{v} = U_p(hg)$). On a vérifié au n° XVI.30 que $P_t^{/h}$ satisfait à HD1 et HD2, le point délicat de mesurabilité de cette démonstration étant ici réglé par HD3. La vérification de HD2 et HD4 pour les h–processus est alors à peu près évidente, à la manière de 8 ci–dessus.

Rappelons en passant que nous avons rencontré deux autres constructions menant à des h–processus. L'une (pour les fonctions excessives de la classe (D)) figure en XVI.33, et nous ne la rappellerons pas. La plus importante pour nous apparaît en XVI.37 : si L est un *temps de retour, i.e.* une v.a. sur Ω, $\mathcal{F}$–mesurable et satisfaisant à la relation

$$(9.2) \qquad L \circ \theta_t = (L-t)^+ \quad p.s.$$

et si c désigne la fonction excessive $\mathbb{P}^\bullet\{L>0\}$, le processus (X_t) tué à l'instant L, c'est à dire

$$Y_t = X_t \quad \text{pour } t < L, \qquad Y_t = \partial \quad \text{pour } t \geq L$$

est markovien, avec le semi–groupe $(P_t^{/c})$ et la mesure initiale $c\mu$. Nous indiquons en XVI.37 une filtration appropriée à ce processus, que nous ne rappelons pas ici.

Fonctionnelles multiplicatives

10 Nous passons aux *semi–groupes subordonnés,* qui seront aussi l'occasion de rappeler les notions de *fonctionnelle multiplicative* (FM) et de *temps terminal.*

Une fonctionnelle multiplicative est un processus (M_t) compris entre 0 et 1, adapté, à trajectoires décroissantes et continues à droite, satisfaisant à la condition (*cf.* XVI.14)

$$(10.1) \qquad M_{s+t} = M_s \cdot M_t \circ \theta_s \quad p.s. \text{ pour } s \geq 0,\, t \geq 0 \quad .$$

La fonctionnelle est dite *parfaite* si l'ensemble exceptionnel dans cette relation peut être choisi indépendamment de s, t. Elle est dite *exacte* si l'on a sous toute loi $\mathbb{P}^\mu$

$$(10.2) \qquad M_t = \lim\nolimits_{s \downarrow 0} M_{t-s} \circ \theta_s$$

au sens de la convergence en probabilité. Toute FM M telle que $M_0 = 1$ est exacte.

On dit qu'un temps d'arrêt T de la famille $(\mathcal{F}_t)$ est un *temps terminal* (parfait, exact) si le processus $M_t = I_{\{t<T\}}$ est une FM (parfaite, exacte). Les relations (10.1), (10.2) prennent alors la forme

$$(10.3) \qquad t + T \circ \theta_t = T \quad p.s. \text{ sur } \{t < T\} \qquad ; \quad T = \lim\nolimits_{s \downarrow 0} T \circ \theta_s \ .$$

L'exemple fondamental est celui du temps d'entrée dans un ensemble presque–borélien A, $T = \inf\{t > 0 \ : \ X_t \in A\}$, la condition $t > 0$ assurant que ce temps terminal est exact. Plus généralement, le début d'un ensemble aléatoire *optionnel* et *homogène* de l'intervalle $]0, +\infty[$ fournit le modèle général de temps terminal exact, nous aurons amplement l'occasion d'y revenir.

Les FM servent à définir de nouveaux semi–groupes, par une "formule de Feynman–Kac" (XVI.17)

$$(10.4) \qquad Q_t f(x) = \mathbb{E}^x \left[f \circ X_t \cdot M_t \right] \ .$$

Soit (W_p) la résolvante correspondante. L'espace d'états pour ces semi–groupes est l'ensemble $\mathcal{P}$ des *points permanents* pour la fonctionnelle, *i.e.* des points x tels que $\mathbb{P}^x\{M_0 = 1\} = 1$. On montre sans peine (XVI.22) que, si g est une fonction positive bornée, la fonction $U_p g - W_p g$ $(p>0)$ est p–surmédiane par rapport à la résolvante (U_p), et p–excessive si (et seulement si) la fonctionnelle est exacte. Il en résulte en particulier que, dans ce cas, les p–potentiels $W_p g$ sont continus à droite le long des trajectoires de (X_t), et presque–boréliens pour le semi–groupe initial — et aussi, que l'ensemble $\mathcal{P}$ est $\mathcal{E}$–mesurable. On a appris en XV.19–20 à construire une réalisation de (Q_t) à partir de la réalisation canonique de (P_t), et il est facile de voir que cette réalisation satisfait aux axiomes HD1–HD4 (sur l'espace d'états $\mathcal{P}$). Les techniques de changement de réalisation vues plus haut permettent alors de passer à la réalisation canonique de (Q_t), si on le désire.

Si la fonctionnelle n'est pas exacte, il peut se produire des phénomènes pathologiques.

Le théorème de Walsh (XV.8) permet de ramener l'étude des fonctionnelles exactes à celle de fonctionnelles exactes et parfaites, et possédant même une propriété d'adaptation améliorée (*cf.* Getoor [13] (appendice) et plus bas XIX.37).

Fonctionnelles additives

11 Une *fonctionnelle additive* (FA) est un processus adapté (A_t) à valeurs positives, nul en 0, à trajectoires croissantes et continues à droite, satisfaisant à la relation (*cf.* XVI.5)

$$A_{s+t} = A_s + A_t \circ \theta_s \quad p.s. \tag{11.1}$$

Soulignons que nos FA sont toujours à valeurs *finies* (on consultera Sharpe [1] pour une étude approfondie des *mesures aléatoires homogènes*, qui fournissent la vraie notion de "FA non nécessairement finie"). En omettant l'adaptation, on obtient la notion de FA *brute* (en anglais, *raw* AF), dont nous verrons quelques exemples dans la suite.

Si (A_t) est une FA, il est clair que (e^{-A_t}) est une FM (exacte), dont l'étude est plus facile que celle des FM générales, puisqu'elle ne s'annule jamais. En particulier, le théorème de Walsh permet de choisir une modification parfaite de (A_t).

Les FA ont de multiples usages, dont le principal est la représentation des fonctions excessives de la classe (D) sous la forme $f = \mathbb{E}^{\bullet}[A_\infty]$ (*cf.* XIV.5–6). Mais nous allons indiquer ici un autre usage des fonctionnelles additives *continues* (FAC). Etant donnée une telle fonctionnelle, introduisons le *changement de temps* associé, autrement dit les t. d'a.

$$\tau_t = \inf\{\, s \,:\, A_s > t \,\}\ , \tag{11.2}$$

et posons $Y_t = X_{\tau_t}$ (∂ si $\tau_t = \infty$) et $\mathcal{G}_t = \mathcal{F}_{\tau_t}$. On vérifie (très aisément, mais en utilisant de manière essentielle la continuité de la fonctionnelle) la propriété

$$\tau_{s+t} = \tau_s + \tau_t \circ \theta_{\tau_s}$$

en rappelant que $\theta_\infty = [\partial]$. La propriété de Markov forte (XIV.36) entraîne alors que les noyaux

$$R_t f(x) = \mathbb{E}^x\left[f \circ X_{\tau_t}\right] \tag{11.3}$$

forment un semi–groupe, et que le processus (Y_t) est markovien par rapport à la filtration $(\mathcal{G}_t)$, avec (R_t) comme semi–groupe de transition. Cependant, ce semi-groupe admet des points de branchement, son véritable espace d'états étant l'ensemble

$$F = \{\, x \in E \,:\, \mathbb{P}^x\{\tau_0 = 0\} = 1 \,\}\ , \tag{11.4}$$

que l'on appelle le *support fin* de la fonctionnelle (A_t). Getoor, qui a introduit cette notion, a montré que F est un ensemble $\mathcal{E}$–mesurable (donc presque–borélien), finement fermé (XIV.80), tel que tout point de F soit régulier pour F (XIV.80 : on dit que F est *finement parfait*). Pour une étude approfondie de cette notion, voir Blumenthal–Getoor [1] ou Sharpe [1], p.304-308.

On a cherché à étendre la théorie des changements de temps à des fonctionnelles additives discontinues, et la recette pour y parvenir consiste à ajouter au processus une composante temporelle, en travaillant sur $E \times \mathbb{R}$ au lieu de E. Voir Maisonneuve [14], Weidenfeld [1], Mitro [3][4], Glover [6].

L'opérateur potentiel de (R_t) est, pour $f \geq 0$

(11.5) $$U_A f = \mathbb{E}\left[\int_0^\infty f(X_s)\,dA_s\right] ,$$

fonction excessive pour (P_t). En particulier, si $A_t = \int_0^t g(X_s)\,ds$ on a $U_A f = U(gf)$, résultat déjà utilisé par Hunt (*cf.* XIII.23 b)).

Si $F = E$, les semi–groupes (P_t) et (R_t) ont les mêmes fonctions excessives (mais non p–excessives, $p > 0$). Ce résultat admet une remarquable réciproque, due à Blumenthal–Getoor–McKean et améliorée tout récemment par Fitzsimmons–Getoor–Sharpe [1] : deux semi–groupes droits ayant mêmes fonctions excessives se déduisent l'un de l'autre par changement de temps. Consulter aussi Walsh [4], Glover [4][5], Fitzsimmons [1][2].

Une caractérisation des couples de semi–groupes droits admettant les mêmes *mesures* excessives a été donnée par Getoor–Glover [1].

Expliquons rapidement pourquoi le changement de temps au moyen d'une FAC continue préserve le caractère droit des processus. La résolvante (V_p) du semi–groupe transformé est donnée par

$$V_q f = \mathbb{E}^\bullet\left[\int_0^\infty e^{-qA_s} f(X_s)\,dA_s\right] .$$

Pour f bornée, on vérifie aisément que $P_t V_q f \to V_q f$ lorsque $t \to 0$. Remplaçant P_t par pU_p on voit que $V_q f$ est $\mathcal{E}$–mesurable, donc presque–borélienne pour le processus initial. En utilisant les critères de continuité à droite des processus optionnels (VI.48), on vérifie alors que la fonction $V_q f$ est continue à droite le long des trajectoires de (X_t), donc aussi de (Y_t). On a donc construit une réalisation de (R_t) (non canonique) pour laquelle les axiomes HD1, HD2, HD4 sont satisfaits, et il est facile de vérifier HD3 aussi, en utilisant le caractère presque–borélien de l'espace d'états F. Ici encore, on revient si on le désire à la réalisation canonique de (R_t)

Processus droits et compactification de Ray

Nous allons ici utiliser les axiomes supplémentaires HD3–HD4 pour décrire les relations entre processus droits et compactification de Ray, sous une forme plus satisfaisante que celle de XVI.6–7.

12 Considérons un semi-groupe (P_t) satisfaisant aux quatre axiomes "droits"; nous le rendons markovien[1] au moyen du point ∂, et plongeons E_∂ dans un compact métrisable G. D'autre part, nous construisons sur E_∂ un cône de Ray Γ (XII.87), et plongeons E_∂ dans le compactifié de Ray F correspondant. Le semi-groupe de Ray sur F sera noté $(\widetilde{P}_t)$, et notre but est de comparer les deux mesures $\mathbb{P}^\mu$ et $\widetilde{\mathbb{P}}^\mu$ associées à une même loi initiale μ portée par E. La difficulté tient à ce que les deux mesures sont construites sur des ensembles différents :

— $\mathbb{P}^\mu$, sur Ω, ensemble des applications continues à droite à durée de vie de $\mathbb{R}_+$ dans E_∂ (continuité à droite pour la topologie initiale, induite par G);

— $\widetilde{\mathbb{P}}^\mu$, sur $\widetilde{\Omega}$, ensemble des applications à valeurs dans F, càdlàg. (à durée de vie) pour la topologie de Ray.

THÉORÈME. *Il existe une partie L de E_∂, borélienne à la fois dans F et dans G, telle que l'ensemble Ω_0 des trajectoires qui restent dans L et qui sont à la fois càd. (à durée de vie) dans la topologie initiale et càdlàg. dans la topologie de Ray — ensemble contenu dans Ω et dans $\widetilde{\Omega}$ — porte les deux mesures $\mathbb{P}^\mu$ et $\widetilde{\mathbb{P}}^\mu$, et que celles-ci coïncident sur Ω_0.*

DÉMONSTRATION. Nous allons procéder comme au n° 6, en partant du résultat faible suivant, conséquence de la construction explicite des processus de Markov admettant une mesure initiale et un semi-groupe donnés. Soit D un ensemble dénombrable dense dans $\mathbb{R}_+$; construisons comme au n° 6 deux lois-image

$$\varphi(\mathbb{P}^\mu) \quad \text{sur } G^D \qquad ; \quad \widetilde{\varphi}(\widetilde{\mathbb{P}}^\mu) \quad \text{sur } F^D$$

Alors ces lois sont toutes deux portées par $(E_\partial)^D$, et leurs restrictions à cet ensemble sont égales. Il en résulte que leurs restrictions à une partie universellement mesurable H arbitraire sont encore égales, et nous allons utiliser HD3–HD4 pour bien choisir H.

D'après HD3, il existe une partie lusinienne M de E_∂ telle que le processus reste dans M sous $\mathbb{P}^\mu$; M est borélienne dans G, mais l'injection de E_∂ dans F est seulement universellement mesurable, et M a priori est seulement universellement mesurable dans F.

D'après HD4, les éléments du cône de Ray sont des fonctions presque-boréliennes pour la topologie initiale de E ; le cône de Ray Γ étant séparable, il existe une partie borélienne K de E, telle que le processus ne quitte jamais $K_\partial = K \cup \{\partial\}$ sous $\mathbb{P}^\mu$, et que tous les éléments de Γ soient boréliens sur K. Soit $L = M \cap K_\partial$; c'est une partie lusinienne de G, et la restriction à L de l'injection de E_∂ dans F est borélienne, donc L *est aussi borélienne dans* F. Désignons par H_1 l'ensemble des trajectoires définies sur D à valeurs dans L, prolongeables en une application continue à droite à durée de vie de $\mathbb{R}_+$ dans G ne quittant jamais L. Par un raisonnement maintenant familier, cet ensemble est universellement mesurable dans G^D, contenu dans $E_\partial{}^D$; il porte $\varphi(\mathbb{P}^\mu)$, donc aussi $\widetilde{\varphi}(\widetilde{\mathbb{P}}^\mu)$. Désignons par H_2 l'ensemble des trajectoires définies sur D, à valeurs dans L, prolongeables en une application càdlàg. de $\mathbb{R}_+$ dans F ne quittant jamais L. Cet ensemble est universellement

[1] On ne distingue pas ici les semi-groupes (P_t) sur E et $(\overline{P}_t)$ sur E_∂.

mesurable dans F^D, contenu dans $E_\partial{}^D$; il porte $\widetilde{\varphi}(\widetilde{\mathbb{P}}^\mu)$ — le résultat précédent est utilisé ici pour dire que sous $\widetilde{\varphi}(\widetilde{\mathbb{P}}^\mu)$ les trajectoires restent dans L — donc il porte aussi $\varphi(\mathbb{P}^\mu)$. Finalement, l'intersection de H_1 et de H_2 porte les deux mesures, et le théorème s'en déduit en prolongeant les trajectoires à $\mathbb{R}_+$.

Lois d'entrée fermables

13 Nous conservons les mêmes notations, et désignons par $(\widetilde{U}_p)$ la résolvante du semi-groupe de Ray $(\widetilde{P}_t)$. Rappelons que les points de F sont partagés en deux classes, les *points de branchement* et les *points normaux*, et que l'ensemble N des points normaux est borélien absorbant, et contient E_∂.

On définit *l'espace d'entrée* F_e comme l'ensemble des points normaux $x \in F$, tels que les mesures $\widetilde{U}_p(x, dy)$ soient portées par E_∂ — toutes ces mesures étant équivalentes, il suffit d'ailleurs que cette propriété ait lieu pour un $p \geq 0$. Comme la fonction p-excessive $\widetilde{U}_p(\cdot, F \setminus E_\partial)$ est presque-borélienne, l'ensemble où elle s'annule est presque-borélien absorbant, et il en est de même de l'espace d'entrée.

Soit $x \in F_e$; la mesure $\widetilde{P}_t(x, dy)$ est portée par E_∂ pour presque tout t, mais en un tel t le processus est "repris" par le semi-groupe droit (P_t), et ne quitte plus jamais E_∂. Autrement dit, le processus issu de x est à valeurs dans E_∂, sauf peut-être à l'instant 0. En particulier, les mesures $\mu_t^x = \widetilde{P}_t(x, \cdot)$ forment pour $t > 0$ une *loi d'entrée* sur E_∂. Pour toute fonction continue bornée f sur F, on a $\lim_{t \downarrow 0} \mu_t^x(f) = f(x)$, et cela s'applique en particulier aux fonctions du cône de Ray Γ. Nous démontrons maintenant la réciproque.

THÉORÈME. *Pour toute loi d'entrée $m = (\mu_t)_{t>0}$ sur E, telle que $\sup_t \mu_t(1) < \infty$, il existe une unique mesure bornée μ_0 portée par F_e telle que $\mu_t = \mu_0 \widetilde{P}_t$.*

DÉMONSTRATION. Construisons sur l'espace Ω_+ des trajectoires ouvertes en 0, continues à droite pour la topologie de Ray, la mesure (bornée) $\mathbb{P}^m$ du processus de Markov admettant $(\widetilde{P}_t)$ comme semi-groupe de transition et m comme loi d'entrée ; ce processus est à valeurs dans E. Pour toute fonction p-surmédiane continue f sur F, le processus $e^{-pt} f \circ X_t$ est une surmartingale, et donc admet une limite en 0. La limite X_{0+} existe donc p.s. dans F ; soit μ la loi de cette v.a..

Pour utiliser le théorème classique de construction de processus de Markov, il faut étendre la loi d'entrée (μ_t) donnée sur E en une loi d'entrée sur E_∂. Lorsque $\sup_t \mu_t(1) = 1$, cette extension est donnée par $\mu_t(\{\partial\}) = \lim_{s \to 0} 1 - \mu_s P_{t-s} 1$. On peut aussi invoquer le théorème général XIX.2 de construction de processus à partir d'une loi d'entrée sur E, indispensable pour traiter les lois d'entrée non bornées.

Si g est une fonction continue sur F, $\widetilde{U}_p g$ est aussi continue, et on a donc $< \mu, \widetilde{U}_p g > = \lim_t < \mu_t, \widetilde{U}_p g >$. D'autre part

$$< \mu_t, \widetilde{U}_p g > = < \mu_t, U_p g > = \int_0^\infty e^{-ps} < \mu_{t+s}, g > ds = e^{pt} \int_t^\infty e^{-ps} < \mu_s, g > ds$$

qui tend vers $\int_0^\infty e^{-ps} < \mu_s, g > ds$. Il en résulte que $\mu\widetilde{U}_p = \int_0^\infty e^{-ps} \mu_s \, ds$. En inversant la transformation de Laplace, on voit que $\mu\widetilde{P}_t = \mu_t$ pour presque tout t, et donc (par continuité à droite) pour tout $t > 0$. Le processus de Ray (X_t) de loi initiale μ admet donc (μ_t) comme loi d'entrée; ainsi la loi de X_{0+} est limite étroite de μ_t, et elle est donc égale à μ. Mais par ailleurs la loi de X_{0+} est égale à $\mu\widetilde{P}_0$, qui est portée par l'ensemble des points normaux (XII.83). Comme $\mu\widetilde{U}_p$ est portée par E_∂, on voit finalement que μ est portée par l'espace d'entrée.

DISCUSSION. a) Quand peut on affirmer que la mesure μ est portée par E, autrement dit que la loi d'entrée (μ_t) est *fermable sur* E ? Cette question a une réponse simple et peu utilisable : la loi d'entrée (bornée) $m = (\mu_t)$ est fermable si et seulement si la limite étroite des μ_t est portée par E, ou si la limite X_{0+} appartient $\mathbb{P}^m$-p.s. à E. Cette réponse triviale devient dangereuse si l'on oublie que la topologie est celle de F : il se peut que la limite X_{0+} existe dans E pour la topologie initiale, et que sa loi ne ferme pas m. Un exemple simple consiste à adjoindre 0 comme point absorbant au processus de translation uniforme sur $\mathbb{R}_+$ (voir aussi XVIII.51 pour un exemple lié au retournement du temps).

D'après 22, il suffit que la loi d'entrée soit *majorée* par une loi d'entrée fermable.

Remarquons que si la loi d'entrée est fermable, on a $\mathbb{P}^m$-p.s. $\lim_{t\to 0} f(X_t) = f(X_0)$ pour *toute* fonction p-excessive sur E, sans supposer la continuité de f pour la topologie de F.

b) Nous allons étendre ce qui précède, en suivant Fitzsimmons–Maisonneuve [1], à une loi d'entrée $m = (\mu_t)$ non nécessairement bornée, mais dont le potentiel η est σ-fini. Nous verrons au chapitre XIX (*cf.* XIX.2) que l'on sait encore, dans ce cas, construire la mesure σ-finie $\mathbb{P}^m$ sur Ω_+. Par ailleurs, le cas où m admet un p-potentiel σ-fini avec $p > 0$ se ramène au précédent en multipliant par e^{-pt} semi-groupe et loi d'entrée.

Le résultat principal est le suivant : *si la limite X_{0+} dans la topologie de F existe p.s. sous $\mathbb{P}^m$ et appartient à E, et si la "loi" μ de cette v.a. est σ-finie, elle ferme la loi d'entrée m.*

Le mouvement brownien tué en 0 avec la loi d'entrée d'Ito (μ_t) (XV.78) fournit un exemple où la "loi" μ vaut $(+\infty)\varepsilon_0$, et ne ferme pas la loi d'entrée.

DÉMONSTRATION. Supposons que η soit σ-finie, et soit $g > 0$ et intégrable/η ; posons $h = Ug$. On a $\lim_t \mu_t(h) < \infty$, et la v.a. $H = \liminf_t h \circ X_t$ est donc intégrable/$\mathbb{P}^m$ d'après le lemme de Fatou. Au lieu d'un potentiel Ug, on pourrait d'ailleurs prendre pour h ci-dessous une fonction excessive arbitraire sur E, finie et >0, telle que $L(\eta, h) < \infty$.

Pour tout ensemble $A \in \mathcal{F}_{0+}$ tel que $\mathbb{P}^m(A) < \infty$, les mesures $\mu_t^A = \mathbb{P}^m(X_t \in \cdot\,, A)$ forment une loi d'entrée bornée. La limite X_{0+} existant p.s. sous $\mathbb{P}^m$ et appartenant à E par hypothèse, cette loi d'entrée est fermable par une mesure μ_A. Si $\mathbb{P}^m$ est σ-finie sur $\mathcal{F}_{0+}$ (hypothèse un peu plus faible que la σ-finitude de μ), on fait tendre A vers Ω, et μ_A tend en croissant vers une mesure μ sur E fermant la loi d'entrée. Le potentiel de μ étant σ-fini, μ elle-même l'est aussi. La relation $\mu_A = \mathbb{P}^m\{X_{0+} \in \cdot\,, A\}$ passe à la limite et montre que μ est la loi de X_{0+} sous $\mathbb{P}^m$. On notera aussi que la v.a. intégrable H du premier alinéa est égale à $h \circ X_{0+}$, et donc strictement positive.

c) Le raisonnement précédent donne un résultat un peu plus général, qui nous servira au chapitre XIX. Soit A l'évènement $\{H>0\} \in \mathcal{F}_{0+}$; alors la mesure $I_A \cdot \mathbb{P}^m$ est σ-finie sur $\mathcal{F}_{0+}$, tandis que la mesure induite par $I_{A^c} \cdot \mathbb{P}^m$ sur $\mathcal{F}_{0+}$ ne prend que les valeurs 0 et ∞. On peut décomposer la loi d'entrée m en deux lois d'entrée m' et m'' en posant

$$\mu'_t = \mathbb{P}^m\{X_t \in \cdot\,, A\}\ ,\ \mu''_t = \mathbb{P}^m\{X_t \in \cdot\,, A^c\}\ .$$

Alors m' est la plus grande loi d'entrée *fermable sur F* majorée par m, et dans la représentation intégrale de m'' au moyen de lois d'entrée extrémales (26 plus bas) ne figurent que des mesures associées à de vrais points frontière. On peut encore décomposer m' en une loi d'entrée fermable sur E et une loi d'entrée "venant de la frontière".

d) Du point de vue de la mesure excessive η, cela correspond à une décomposition en trois termes. Le potentiel d'une mesure sur E, le potentiel d'une mesure sur $F \setminus E$, et enfin un terme résiduel (le potentiel de m'') qui est une mesure purement excessive qui ne veut vraiment pas se laisser fermer. La somme des deux derniers termes est la *partie harmonique de η* dans la décomposition de Riesz 20 c).

On peut se débarrasser du troisième terme en travaillant sur la loi d'entrée bornée $(h \cdot \mu_t)$ relativement au semi-groupe $(P_t^{/h})$. La loi d'entrée est alors fermable sur une compactification de Ray pour ce semi-groupe.

Une compactification de Ray modifiée

Le point ∂ est commode dans l'étude des fonctions excessives, mais gênant dans celle des mesures excessives. La compactification suivante, inventée par Getoor et Glover [1] offre, entre autres avantages, celui d'éliminer ∂.

14 Nous supposons ici que le semi-groupe droit (P_t) est transient, et nous fixons une fonction g sur E, partout >0 et telle que le potentiel $h=Ug$ soit partout fini.

L'arbitraire dans le choix de g permet d'adapter la construction à l'étude d'une mesure excessive donnée. Voir plus bas le n° 15.

Nous considérons le semi-groupe $(P_t^{/h})$, puis effectuons sur celui-ci un changement de temps au moyen de la fonctionnelle additive continue et strictement croissante $A_t = \int_0^t (g/h) \circ X_s\, ds$. Ces deux transformations préservant le caractère droit d'après 9 et 11, on aboutit ainsi à un semi-groupe droit $(\widetilde{P}_t)$, de noyau potentiel

$$\widetilde{U}f = \frac{1}{h} U(gf)\ . \tag{14.1}$$

(La notation $(\widetilde{P}_t)$ n'a pas ici le même sens qu'en 13 !) Ce noyau est borné, et même on a exactement $\widetilde{U}1 = 1$. L'équation résolvante entraîne alors que l'on a $\widetilde{U}_p 1 = 1/(1+p)$, et en inversant la transformation de Laplace on voit que $\widetilde{P}_t 1 = e^{-t}$ sur E. *Le semi-groupe $R_t = e^t \widetilde{P}_t$ est donc markovien sur E.*

Sachant que le semi-groupe $\widetilde{P}_t = e^{-t} R_t$ est droit, vérifions que (R_t) l'est aussi. Donnons d'abord le principe de la démonstration, qui est très simple. Considérons sur un espace probabilisé $(W, \mathcal{G}, \mathbb{Q})$ un processus (Z_t) admettant (R_t) comme semi-groupe de transition, et une loi initiale μ arbitraire, ainsi qu'une v.a. exponentielle S de paramètre 1, indépendante du processus (Z_t). Désignons par (Y_t) le processus (Z_t) tué à l'instant S. Alors (Y_t) est markovien de semi-groupe $(\widetilde{P}_t)$ et de loi initiale μ ; d'autre part, toute fonction p-excessive pour (R_t) l'est aussi pour $(\widetilde{P}_t)$. Alors, les hypothèses droites pour (Y_t) entraînent les hypothèses droites pour (Z_t) "jusqu'à l'instant S", donc jusqu'à l'instant t sur l'ensemble $\{S > t\}$; mais l'indépendance de S et de (Z_t) entraîne alors que les hypothèses sont vérifiées jusqu'à l'instant t pour tout t, d'où le résultat désiré.

Nous sommes passés sur quelques difficultés de mesurabilité, que l'on pourrait lever par les méthodes des n°s 6–7, où nous avons vu comment l'existence d'une version du processus (Y_t) ou (Z_t) satisfaisant aux hypothèses HD1–HD4 peut s'exprimer par le fait que la *loi* du processus sur un ensemble dénombrable D est portée par certains ensembles universellement mesurables. Il n'est sans doute pas utile de donner les détails.

15 Nous allons utiliser le semi-groupe markovien (R_t) pour l'étude des mesures excessives. Considérons une mesure excessive η ; elle est σ-finie par définition, et nous choisissons une fonction η-intégrable $g > 0$. Nous pouvons supposer que Ug est partout fini. Quitte à remplacer encore g par $U_q g$ $(q>0)$ nous pouvons supposer que g est finement continue, et même localement bornée inférieurement le long des trajectoires du processus (X_t) sur E. Reprenons alors la construction du n° 13, désignons par (V_p) la résolvante de (R_t) (on a $\widetilde{U} = V_1$), et par F un compactifié de Ray de E relativement à (R_t) — le point ∂ est inutile puisque le semi-groupe est markovien. Nous allons établir l'énoncé suivant, où le prolongement de $\widetilde{U}$ à F est encore noté par la même lettre; au n° 22, nous donnerons une condition pour que θ soit portée par E.

THÉORÈME. *Il existe une mesure bornée θ sur F, portée par l'espace d'entrée F_e, et telle que $\theta\widetilde{U} = g \cdot \eta$.*

DÉMONSTRATION. Nous commençons par remarquer, sur l'expression (14.1) de $\widetilde{U}$, que l'on a pour toute mesure λ sur E l'égalité $(h \cdot \lambda)\widetilde{U} = g \cdot (\lambda U)$. En particulier, considérons une suite $\mu_n U$ de potentiels croissant vers la mesure excessive η (XII.38) et posons $\theta_n = h \cdot \mu_n$; les 1-potentiels $\theta_n \widetilde{U}$ tendent en croissant vers $g \cdot \eta$ (qui est donc 1-excessive pour la résolvante (V_p)). On a aussi $\lim_n \theta_n(1) = \eta(g) < +\infty$, donc les masses des mesures θ_n sont uniformément bornées. Quitte à extraire une sous-suite, on peut donc supposer que les mesures θ_n ont une limite étroite θ_∞ sur F. Pour toute fonction continue f sur F, $\widetilde{U}f = V_1 f$ est encore continue, donc $<\theta_\infty \widetilde{U}, f> = \lim_n <\theta_n \widetilde{U}, f> = <g \cdot \eta, f>$. Donc le potentiel $\theta_\infty \widetilde{U}$ est égal à $g \cdot \eta$. Nous ne pouvons garantir que θ_∞ est portée par F_e, mais nous pouvons sans changer le potentiel remplacer θ_∞ par $\theta = \theta_\infty R_0$, qui est portée par l'ensemble des points normaux (XII.83), et en fait par l'espace d'entrée puisque son 1-potentiel $\theta\widetilde{U}$ est porté par E. □

La fonctionnelle de masse

16 La *fonctionnelle de masse* $L(\eta, u)$ réalise un accouplement entre mesures excessives (à gauche) et fonctions excessives (à droite), que nous avons étudié en détail en XII.39–40.

Toutefois, nous n'avions considéré alors que le cas d'une résolvante transiente. On trouvera une définition plus générale dans la monographie [13] de Getoor sur les mesures excessives, p. 17–21. Getoor établit aussi la relation utile $L_q(\eta, u) = L(\eta, u) + q\eta(u)$ en toute généralité, pour $q > 0$.

En théorie classique du potentiel, si η est la mesure de Lebesgue et u est un potentiel de Green $U\mu$, $L(\eta, u)$ est la masse totale de μ, d'où le nom que nous avons adopté. Si au lieu de considérer η comme une mesure fixe on considère $\eta = \lambda U$ et $u = U\mu$ comme variables, on a $L(\eta, u) = \int u(x,y)\,\lambda(dx)\,\mu(dy)$, qui est une énergie mutuelle, d'où le nom d'*energy functional* utilisé par les probabilistes de langue anglaise. Les deux terminologies nous paraissent bonnes.

La fonctionnelle $L(\eta, u)$ est caractérisée (dans le cas transient) par les propriétés suivantes :

— elle est croissante en chacun de ses arguments;

— on a $L(\lambda U, u) = \lambda(u)$ et $L(\eta, Ug) = \eta(g)$;

— si $\eta_n \uparrow \eta$ et $u_n \uparrow u$, on a $L(\eta, u) = \sup_n L(\eta_n, u_n)$.

Toute mesure excessive étant limite d'une suite croissante de potentiels, on a en particulier

$$L(\eta, u) = \sup_{\lambda U \leq \eta} \lambda(u) \ . \tag{16.1}$$

Cette formule garde d'ailleurs son sens lorsque le semi–groupe n'est pas transient, et c'est la définition adoptée dans la monographie de Getoor [13] sur les mesures excessives.

Dualité

17 Deux noyaux sousmarkoviens N et $\widehat{N}$ sont dits *en dualité* par rapport à une mesure σ–finie η si l'on a $< Nf, g >_\eta = < f, \widehat{N}g >_\eta$ pour tout couple de fonctions positives f, g. En particulier, on définit (XII.69) des couples en dualité de semi–groupes sousmarkoviens (P_t) et $(\widehat{P}_t)$, ou de résolvantes sousmarkoviennes (U_p) et $(\widehat{U}_p)$. La mesure η est alors excessive par rapport aux deux résolvantes. La dualité telle que nous la décrivons est souvent appelée *dualité faible*, par opposition à la dualité *forte*, qui exige en plus que les noyaux soient absolument continus par rapport à η (XII.72–74). Grâce aux efforts de l'école américaine de processus de Markov, les hypothèses de continuité absolue jouent un bien moins grand rôle dans la théorie récente.

Nous étudierons dans ce volume comment la relation analytique de dualité entre semi–groupes se traduit de manière probabiliste sur les processus correspondants, au moyen du retournement du temps. On a coutume de distinguer les notions relatives aux deux semi–groupes en utilisant le préfixe *co-* : fonctions excessives et coexcessives, ensembles polaires et copolaires, etc.

2. QUELQUES RÉSULTATS SUR LES MESURES EXCESSIVES

La théorie du potentiel a deux aspects, l'un relatif aux fonctions excessives et l'autre aux mesures excessives. Dans le volume précédent, nous avons donné la priorité au premier aspect, qui conduit aux interprétations probabilistes les plus simples. En fait, la théorie des mesures excessives, qui occupait une large place dans les travaux de Hunt, a été ensuite un peu négligée (à l'exception de l'école Russe). Le renouveau d'intérêt pour les mesures excessives s'est manifesté avant même qu'interviennent dans le sujet les mesures de Kuznetsov (Getoor–Glover [1]). Il a conduit à établir, pour les mesures excessives des processus droits, plusieurs résultats simples et importants que l'on ne connaissait autrefois que sur les espaces localement compacts, et sous des hypothèses restrictives.

Ce paragraphe s'appuie sur les articles de Getoor–Glover [1] [2] et Fitzsimmons [5]. Le lecteur désireux d'approfondir le sujet pourra se reporter à la monographie de Getoor [13]. *Nous ne faisons pas ici (sauf mention explicite du contraire), d'hypothèse de transience sur le semi-groupe droit* (P_t).

18 Nous commençons par une version générale du "principe d'unicité des masses". Bien entendu, le résultat s'applique aussi à U_p, $p>0$

THÉORÈME. *Soient* α *et* β *deux mesures positives* (σ*–finies) dont les potentiels* αU *et* βU *sont* σ*–finis et égaux. On a alors* $\alpha=\beta$.

Il est essentiel pour la démonstration que l'ensemble des fonctions q–excessives ($q>0$) soit $\wedge$–stable : on peut montrer que cela équivaut à l'absence de points de branchement dans E — et d'ailleurs le résultat est faux pour une résolvante de Ray possédant des points de branchement, puisque deux mesures de la forme θ et θP_0 ont le même potentiel sans être nécessairement égales.

DÉMONSTRATION. De la relation $\alpha U = \beta U$ nous déduisons $p\alpha U U_p = p\beta U U_p$, puis $\alpha U_p = \beta U_p$ (par différence de mesures σ–finies, grâce à l'équation résolvante). Choisissons une fonction $g>0$ intégrable pour la mesure $\alpha U = \beta U$ et posons $h = Ug$, fonction excessive >0 intégrable pour α et β. Pour toute fonction q–excessive f majorée par h on a $\lim_p pU_p f = f$, la convergence étant dominée par h. La relation $<p\alpha U_p, f> = <p\beta U_p, f>$ entraîne donc $\alpha(f) = \beta(f)$ par passage à la limite. Le cône des fonctions q–excessives étant $\wedge$–stable, un argument de classes monotones étend cette égalité à toute fonction $\mathcal{E}$–mesurable (n° 2) comprise entre 0 et h, et il est alors clair que $\alpha=\beta$.

REMARQUES. 1) L'hypothèse de σ–finitude de α (et β) n'est introduite que pour donner un sens à l'énoncé. Elle découle en fait de la σ–finitude de αU (mais peu importe...).

2) On peut alléger la fin de la démonstration en prenant pour f, non pas une fonction q–excessive, mais une fonction de la forme $g\wedge nh$ où $g\geq 0$ est continue bornée. Mais alors le fait que $\lim_p pU_p f = f$ se vérifie par un argument de continuité fine, moins élémentaire que celui que nous avons donné.

Mesures conservatives et dissipatives

19 La décomposition de Riesz d'une mesure excessive en une mesure *invariante* et une mesure *purement excessive* est évidente (XII.37). Nous nous proposons ici d'analyser en détail, sans hypothèse de transience, la représentation d'une mesure excessive comme limite d'une suite croissante de potentiels, qui est toujours possible pour les mesures purement excessives (XII.38). Etant donnée une mesure excessive (σ–finie) η, nous allons décrire une nouvelle "décomposition de Riesz" de η (due à Dynkin), en somme de deux mesures excessives, l'une *dissipative*, qui est limite d'une suite croissante de potentiels, et l'autre *conservative*, qui ne majore aucun potentiel non trivial. La partie conservative est absente lorsque le semi–groupe est transient.

Une tendance moderne consiste à supprimer l'hypothèse usuelle de transience, mais à se fixer une mesure excessive fondamentale (la théorie étant alors triviale sur la partie conservative). Voir le Chap. XIX.

Notre présentation va utiliser les résultats de théorie ergodique discrète du chapitre IX, que nous allons rappeler. Une démonstration directe (que nous recommandons à nos lecteurs) figure dans Blumenthal [2], et dans le livre [13] de Getoor.

Le noyau sousmarkovien P du chapitre IX sera ici égal à pU_p $(p>0)$, et son potentiel $G = I + P + P^2 + \ldots$ vaut $I+pU$ (*cf.* XII.8). Etant donnée une mesure θ absolument continue par rapport à la mesure excessive η, nous convenons d'identifier θ, θP, $\theta G \ldots$ à leurs densités par rapport à η. Nous choisissons alors une mesure bornée ξ équivalente à η et définissons comme en IX.(81.1)

$$C = \{\,\xi G = +\infty\} = \{\,\xi U = +\infty\} \quad ; \quad D = \{\,\xi G < +\infty\} = \{\,\xi U < +\infty\}\ .$$

Ces ensembles sont définis seulement à un ensemble η–négligeable près, et la seconde manière de les écrire montre qu'ils ne dépendent pas du choix de p. Ils possèdent la propriété fondamentale suivante (*cf.* IX.(81.2)[1]) : pour toute mesure λ, bornée et absolument continue $/\eta$, on a η–*p.p.* dans D $\lambda G < +\infty$ (ou $\lambda U < +\infty$, cela revient au même), tandis que dans C on a η–*p.p.* $\lambda G = 0$ ou $+\infty$. En particulier si λ est portée par C la relation évidente $\lambda G > 0$ sur $\{\lambda > 0\}$ entraîne que $\lambda U = +\infty$ sur cet ensemble.

D'après IX.(81.3) nous avons $G(I_D) = 0$ η–*p.p.* dans C. Considérons alors une fonction $k \geq 0$ bornée, strictement positive *p.p.* dans D, intégrable par rapport à la mesure ξG. Remarquons que $rU_r k \to k$ lorsque $r \to \infty$ (théorème ergodique local, XII.57), et comme $U_r k$ croît lorsque $r \downarrow 0$, nous avons $U_r k > 0$ dans D pour tout r. Nous pouvons donc supposer k r–excessive si nous le désirons.

Posons $h = Uk$; nous avons $h=0$ η–*p.p.* dans C, $0<h<+\infty$ *p.p.* dans D. Nous pouvons donc partager l'espace E en trois morceaux : $\{h=0\}$, qui est *absorbant*, et que nous considèrerons comme un choix précisé de C ; $\{0<h<+\infty\}$ (que nous considérons provisoirement comme un choix précisé de D) et l'ensemble η–polaire $\{h=+\infty\}$.

---

[1] Dans cette référence, remplacer par C le second D de l'énoncé. A la dernière ligne, supprimer aussi le mot *excessive*.

20 L'ensemble C étant absorbant, on peut restreindre le semi-groupe à C, et la restriction η_C est une mesure excessive. Comme elle ne majore aucun potentiel non nul, la décomposition de Riesz classique entraîne que η_C est *invariante*. Mais alors, il est immédiat que la mesure $\eta^C = I_C \cdot \eta$ sur E (que l'on appelle la *partie conservative* de la mesure excessive η) est invariante par rapport la résolvante initiale, et par conséquent la mesure $\eta - \eta^C = I_D \cdot \eta$ est excessive. On la note η^D et on l'appelle la *partie dissipative* de η.

Cette mesure étant excessive, la mesure $\eta^D P_t \leq \eta^D$ ne charge pas C ; mais C est absorbant, donc en fait C est η^D-polaire. Désignons par e_C le potentiel d'équilibre de C, qui vaut 1 sur C. L'ensemble $\{e_C = 0\} \cap \{h < +\infty\} \subset D$ est *absorbant* et porte la mesure η^D. Nous remplaçons alors D par cet ensemble plus petit, (sans changer de notation ni modifier la mesure η^D). Sur l'ensemble absorbant D la fonction h est purement excessive, finie et >0, donc *la résolvante induite sur D est transiente.*

Il est alors facile de caractériser la partie dissipative η^D sans faire appel à la théorie ergodique : η^D est un sup de potentiels, tandis que tout potentiel majoré par η est nul sur C, donc en fait majoré par η^D. Cela signifie que η^D est aussi *la borne supérieure des potentiels majorés par* η. On dira que la mesure excessive η est *dissipative* si $\eta = \eta^D$, et *conservative* si $\eta^D = 0$.

21 REMARQUES. a) Toute mesure conservative est invariante, mais on rencontre couramment des mesures invariantes dissipatives. Par exemple, en théorie classique du potentiel dans $\mathbb{R}^d$, la mesure de Lebesgue est conservative pour $d = 1, 2$, dissipative pour $d \geq 3$ pour cause de transience.

b) Les ensembles C et D étant absorbants, on peut développer séparément la théorie du potentiel sur chacun d'eux. Sur D, on se trouve ramené au cas d'un processus droit transient. Sur C, la théorie du potentiel est essentiellement triviale, du moins en ce qui concerne les fonctions positives : toute fonction excessive u est *p.s.* constante le long des trajectoires du processus (X_t), sur l'ensemble $\{X_0 \in C\}$ (voir la démonstration de ce fait dans Blumenthal [2]).

Il peut exister néanmoins une théorie du potentiel intéressante — que nous avons laissée entièrement de côté — pour des fonctions *d'intégrale nulle* par rapport à η.

c) Une mesure excessive est conservative si elle ne majore aucun potentiel non nul. On dit qu'une mesure excessive est *harmonique* si elle ne majore *fortement* aucun potentiel $\neq 0$. L'analogue de la décomposition de Riesz la plus classique pour les fonctions surharmoniques (celle de Riesz lui même) affirme que toute mesure excessive η se décompose uniquement en une mesure harmonique et un potentiel. Esquissons-en la démonstration : on peut d'abord écarter la partie invariante de η, supposer celle-ci purement excessive, donc intégrale d'une loi d'entrée $m = (\mu_t)$ (*cf.* 23); la décomposition de Riesz revient alors à décomposer m en une loi d'entrée fermable sur E (qui fournira la partie potentiel de η) et une partie "purement non fermable sur E" (13 d)) qui fournit la partie harmonique.

d) L'usage américain consiste à utiliser des symboles à trois lettres pour désigner les diverses classes de mesures excessives. Les diverses décompositions de Riesz s'écrivent ainsi (les notations sont parlantes)

$$\mathrm{Exc} = \mathrm{Csv} + \mathrm{Dis} = \mathrm{Har} + \mathrm{Pot} = \mathrm{Inv} + \mathrm{Pur} .$$

Mesures potentiels

22 Le théorème suivant, établi par Hunt sous des hypothèses fellériennes, a été étendu aux processus droits par Getoor–Glover [2] (voir aussi Dynkin [3], formule (2.22)).

THÉORÈME. *Soit (U_p) une résolvante droite. Alors toute mesure excessive η majorée par un potentiel (σ–fini) ρU est elle aussi un potentiel (de mesure σ–finie).*

DÉMONSTRATION. La mesure η étant majorée par un potentiel, elle est en particulier dissipative ; on peut alors se restreindre à l'ensemble absorbant D, et supposer la résolvante transiente. Nous choisissons ensuite une fonction $g>0$ telle que $\eta(g)<+\infty$, admettant un potentiel borné h, et nous utilisons le théorème 15 (dont nous conservons les notations) : sur le compactifié de Ray F par rapport à la résolvante (markovienne) (V_p), pour laquelle on a

$$V_1 f = \widetilde{U} f = \frac{1}{h} U(gf) ,$$

la mesure $g \cdot \eta$ est de la forme $\theta \widetilde{U}$, pour une mesure θ portée par l'espace d'entrée F_e. Tout revient à montrer que θ est portée par E, car on aura alors $\eta = (\frac{1}{h}\theta) U$, mesure qui est évidemment σ–finie.

L'hypothèse $\eta \leq \rho U$ entraîne $g \cdot \eta = \theta \widetilde{U} \leq \sigma \widetilde{U}$, où $\sigma = h \cdot \rho$. Comme g est η–intégrable, on a aussi $\rho(h) = <\rho U, g> < +\infty$, donc σ est une mesure bornée. La relation $\theta \widetilde{U} \leq \sigma \widetilde{U}$ entraîne $\theta(f) \leq \sigma(f)$ pour toute fonction f, excessive par rapport au semi-groupe $(\widetilde{P}_t)$. Autrement dit, θ est une *balayée* de σ sur l'espace de Ray F, relativement au semi-groupe $(\widetilde{P}_t)$ de potentiel $\widetilde{U}$.

La propriété que nous voulons établir est rendue évidente par le *théorème de Skorohod* en temps continu, que nous verrons plus tard (*cf.* XVIII.26) : ce théorème nous dit qu'il existe un temps d'arrêt T (du processus de Ray) tel que $\theta = \sigma \widetilde{P}_T$. Mais la mesure σ est portée par l'ensemble absorbant E, donc il en est de même de θ.

Sans théorème de Skorohod, on peut raisonner ainsi : d'après 12, il existe une partie A de E, borélienne à la fois dans la topologie initiale de E et la topologie induite par F, et telle que le processus de mesure initiale σ ne quitte jamais A. Le potentiel d'équilibre de A^c est donc σ–négligeable. D'après le théorème du balayage de Hunt (XIV.94, appliqué au processus de Ray restreint à ses points normaux) il existe une suite décroissante (f_n) de fonctions excessives comprises entre 0 et 1, valant 1 sur A^c et telles que $\sigma(f_n)$ tende vers 0. Il en est alors de même de $\theta(f_n)$, et cela prouve que θ est portée par A, et enfin par E.

23 En suivant Fitzsimmons [5], nous allons déduire de 22 un théorème de représentation des mesures purement excessives comme potentiels de lois d'entrée.

THÉORÈME. *Toute mesure purement excessive η est le potentiel $\int_0^\infty \mu_s ds$ d'une loi d'entrée (unique), constituée de mesures σ–finies.*

DÉMONSTRATION. Nous allons prouver que pour tout $t>0$ la mesure ηP_t est majorée par un potentiel (σ–fini). D'après 22 cela entraînera que ηP_t est le potentiel d'une mesure σ–finie μ_t, et la relation $\mu_s P_t = \mu_{s+t}$ découlera du théorème d'unicité 19, ces deux mesures ayant le même potentiel. L'unicité de (μ_t) résultera aussi de 19.

Dans la première partie de la démonstration de XII.38, nous avons vu que si η est purement excessive, et $t>0$, la mesure positive $\rho_t = \eta - \eta P_t$ a un potentiel égal à $\int_0^t \eta P_s\, ds$ (plus précisément, nous avons vu le résultat analogue relatif à la résolvante ; le cas du semi-groupe est un peu plus simple). Nous avons alors

$$\eta P_t \leq \frac{1}{t}\int_0^t \eta P_s\, ds \leq \frac{1}{t}\rho_t U \ ,$$

et la propriété désirée est établie.

REMARQUES. J. Steffens [1] a caractérisé les résolvantes des processus droits au moyen de quelques axiomes simples concernant les mesures excessives, parmi lesquels figure 22. Le théorème 23, en revanche, est valable sous des hypothèses très générales. Après tout, il s'agit seulement de dire que la famille des mesures $\nu_p = \eta - p\eta U_p$, qui est une *loi d'entrée pour la résolvante*, est transformée de Laplace $\int_0^\infty e^{-ps}\mu_s\, ds$ d'une loi d'entrée pour le semi-groupe. Cela a été établi par K. Janssen [1] par les outils élémentaires de la théorie des semi-groupes de noyaux. Nous verrons d'autre part au chapitre XVIII comment 23 se déduit de la construction des mesures de Kuznetsov.

Mesures excessives extrémales

24 La démonstration de 22 contient un résultat important, que nous n'avons pas complètement utilisé. Reprenons les fonctions $g>0$ et $h=Ug$, et la compactification de Getoor–Glover qui leur est associée ; nous avons $L(\eta,h)=\eta(g)$ pour toute mesure excessive η. Nous avons vu qu'il existe une bijection (donnée par la relation $g\cdot\eta = \theta\widetilde{U}$) entre l'ensemble des mesures excessives η telles que $L(\eta,h)=1$ et les mesures θ de masse 1 portées par l'espace d'entrée F_e. Comme θ s'écrit $\int_{F_e}\varepsilon_x\,\theta(dx)$, on obtient le résultat suivant (*cf.* Dynkin [3])

THÉORÈME. *Toute mesure excessive η, normalisée par une condition de la forme $<\eta,g> = 1$ (où g est une fonction >0 sur E admettant un potentiel Ug fini), est barycentre $\int\gamma_x\,\theta(dx)$ de mesures excessives extrémales normalisées. Ces mesures extrémales sont de la forme*

$$\gamma_x(dy) = \widetilde{U}(x,dy)\,/\,g(y) \ , \tag{24.1}$$

x parcourant l'espace d'entrée F_e (de la compactification de Ray associée à $\widetilde{U}$, cf. 14).

25 REMARQUES. a) Une mesure excessive extrémale est, ou bien invariante, ou bien purement excessive. Dans ce dernier cas, d'après 23, la mesure γ_x est l'intégrale d'une loi d'entrée (μ_t^x) normalisée par la condition $\lim_t \mu_t^x(h) = L(\gamma_x,h) = 1$. La correspondance entre mesures excessives et lois d'entrée étant bijective, cette loi d'entrée est un point extrémal de l'ensemble convexe des lois d'entrée normalisées.

b) Dans une situation de dualité forte, il y a bijection entre fonctions excessives (finies p.p.) et mesures coexcessives. Le théorème précédent donne alors lieu à une représentation barycentrique pour les *fonctions* excessives, au moyen de fonctions excessives extrémales associées aux points de l'espace d'entrée du semi-groupe dual, qui est appelé alors *espace de sortie*.

c) La terminologie consacrée parle de mesures ou de fonctions excessives *minimales* plutôt qu'extrémales : il s'agit en effet d'éléments η d'un cône convexe, situés sur une génératrice extrémale et qui ne sont extrémaux à proprement parler que lorsqu'on a choisi une normalisation. Quant à nous, ayant averti le lecteur, nous continuerons à utiliser le mot *extrémales*.

d) En théorie classique du potentiel, il n'y a pas de difficulté à décrire la totalité des fonctions surharmoniques positives (finies p.p.) dans un ouvert de $\mathbb{R}^\nu$ — ou, ce qui revient au même puisque l'on est dans une théorie symétrique avec dualité forte, la totalité des mesures excessives σ-finies. On a d'abord une décomposition de Riesz isolant la partie potentiel, qui est représentée explicitement au moyen de la fonction de Green. Il reste à décrire les fonctions harmoniques positives, qui possèdent d'excellentes propriétés de compacité locale (théorème de Harnack) et peuvent être toutes simultanément normalisées. On a alors une représentation intégrale au moyen des fonctions harmoniques extrémales normalisées (noyau de Poisson à la frontière pour les bons ouverts, noyau et frontière de Martin pour le cas général).

Malheureusement, il ne semble pas que l'on sache traiter de même la totalité des mesures excessives (ou des fonctions excessives) d'un processus droit arbitraire. Les normalisations que l'on choisit isolent un cône de "bonnes" mesures excessives contenant une mesure arbitrairement choisie, mais rejettent en général un ensemble de mesures non normalisables. Le meilleur résultat concernant toutes les mesures excessives à la fois est XII.95–96, dans le cas des résolvantes basiques (il est énoncé pour les fonctions excessives, mais cela revient au même).

26 Il est bon de disposer d'un langage indépendant de toute normalisation. Nous dirons que deux mesures excessives extrémales appartiennent au même *point d'entrée* si elles sont proportionnelles — autrement dit, un point d'entrée x est par définition une génératrice extrémale du cône convexe des mesures excessives, et nous désignons ici par ρ_x n'importe quel élément de cette génératrice. L'ensemble de tous les points d'entrée sera appelé *l'espace d'entrée abstrait*, que nous ne munissons pour l'instant d'aucune structure, topologique ou mesurable.

Parmi les mesures excessives extrémales, nous avons d'abord tous les potentiels $U(x, dy)$, $x \in E$; dans ce cas, nous identifierons le point d'entrée au point ordinaire $x \in E$. Tous les autres points d'entrée sont appelés *points frontière*. Nous dirons que x est un *point frontière à l'infini* si ρ_x est invariante, et que x est *à distance finie* si ρ_x est purement excessive. D'après 23, ρ_x est alors l'intégrale d'une loi d'entrée (μ_t^x), et nous dirons que x est un *vrai point frontière* si $\lim_t = \mu_t(1) = +\infty$, et un *point frontière ordinaire* (ou banal) si cette limite est finie.

Ce nom s'explique par l'exemple du mouvement brownien dans $\mathbb{R}^3 \setminus A$, où A est un ensemble polaire, supposé fermé pour simplifier. Alors les potentiels newtoniens $u(\cdot, y)$, $y \in A$, sont des fonctions excessives extrémales, harmoniques dans A^c — mais pour en faire des potentiels, il suffit de rajouter A à l'espace d'états, sans autre modification du processus.

27 Nous allons maintenant donner une signification probabiliste concrète à la représentation intégrale $\eta = \int \gamma_x \theta(dx)$ (24) d'une mesure *purement excessive* η au moyen de mesures excessives extrémales. Les mesures γ_x sont évidemment purement excessives pour presque tout x, et on peut supposer qu'elles le sont toutes.

Fixons d'abord quelques notations. D'après 23, η est le potentiel d'une loi d'entrée $m=(\mu_t)$ sur E ; nous désignerons par $\mathbb{P}^m$ la mesure sur l'ensemble Ω_+ des trajectoires càd. définies sur $]0,\infty[$ (*cf.* 4) sous laquelle le processus $(X_t)_{t>0}$ des coordonnées est markovien, admet (P_t) comme semi-groupe de transition et (μ_t) comme loi d'entrée. Nous verrons au chapitre XIX qu'une telle mesure existe, est σ-finie et unique. Pour toute fonction p-excessive f, la fonction $e^{-pt}\mu_t(f)$ est décroissante, et $\mu_t(f)$ admet donc une limite en 0. En particulier, si f est excessive, cette limite est égale à $L(\eta, f)$.

De même, nous associerons à la mesure extrémale γ_x une loi d'entrée (μ_t^x) et une mesure sur Ω_+ (notée $\mathbb{P}^x$ comme pour les points de l'espace d'états).

THÉORÈME. *Pour toute fonction p-excessive f telle que $\lim_t \mu_t(f) < \infty$ (ou plus généralement $\lim_t \mu_t(f\wedge n) < \infty$ pour tout n), le processus $(f\circ X_t)$ admet une limite $\mathbb{P}^m$-p.s. pour $t\downarrow 0$.*

Dans le cas des lois d'entrée extrémales (μ_t^x), on peut affirmer que la v.a. $\lim_t f\circ X_t$ est $\mathbb{P}^x$-p.s. constante, et si $\lim_t \mu_t^x(1) = +\infty$ cette constante est égale à 0.

DÉMONSTRATION. Le processus $(e^{-pt} f\circ X_t)$ est une surmartingale positive, à laquelle on peut appliquer entre les instants $t>0$ et $+\infty$ une inégalité sur les nombres de montées ou de descentes au dessus d'un intervalle $[a,b]$. Nous choisirons l'inégalité de Dubins (V. (27.5)) concernant le nombre de descentes d'une surmartingale positive

$$(b-a)\,\mathbb{E}^m\left[D_a^b\right] \le e^{-pt}\mu_t(f\wedge b)\ .$$

Cette inégalité n'a été établie aux chapitres V–VI que pour une loi de probabilité, mais l'extension est immédiate (conditionner par $\mathcal{F}_t$ sur l'intervalle $[t,\infty[$, ce qui revient à appliquer l'inégalité de Dubins sous la loi $\mathbb{P}^{X_t}$; puis intégrer par rapport à la mesure μ_t).

Si $\mu_t(f\wedge b)$ reste borné, on peut faire tendre t vers 0, et l'intégrabilité des nombres de descentes entraîne l'existence d'une limite p.s., finie ou non. Si $\mu_t(f)$ reste borné, la limite est intégrable (et donc p.s. finie) en vertu du lemme de Fatou.

Soit $\mathcal{F}_{0+} = \cap_{t>0}\mathcal{F}_t$, et supposons qu'il existe un élément A de cette tribu tel que $\mathbb{P}^m(A) > 0$, $\mathbb{P}^m(A^c) > 0$. Sous les deux mesures étrangères $I_A\cdot\mathbb{P}^m$ et $I_{A^c}\cdot\mathbb{P}^m$, le processus $(X_t)_{t>0}$ est markovien de semi-groupe (P_t), et les deux lois d'entrée correspondantes, de somme (μ_t), ne sauraient être proportionnelles. La loi d'entrée (μ_t) ne peut donc être extrémale. Autrement dit, la tribu $\mathcal{F}_{0+}$ est dégénérée si η est extrémale, et cela s'applique en particulier aux lois γ_x ; la limite de $f\circ X_t$ est donc p.s. constante sous $\mathbb{P}^x$. Si la masse totale de cette mesure est infinie, la seule constante intégrable est 0, et donc la limite est nulle. L'extension au cas où $\lim_t \mu_t(f\wedge n) < +\infty$ pour tout n est immédiate.

Le cas d'une mesure η invariante peut se traiter de même, le processus (X_t) étant alors défini pour $t\in\mathbb{R}$ et stationnaire, de "loi" η à chaque instant t. La tribu $\mathcal{F}_{-\infty}$ est alors dégénérée si η est extrémale. Noter cependant que la partie du raisonnement relative aux fonctions p-excessives, $p>0$, ne s'applique plus.

28 Soit η une mesure purement excessive telle que $L(\eta,1) = 1$, potentiel d'une loi d'entrée (μ_t) telle que $\lim_t \mu_t(1) = 1$ (23); soit encore $(X_t)_{t>0}$ le processus associé. Soit F un compactifié de Ray *quelconque* de E, et soit $\overline{U}$ le noyau potentiel du semi-groupe de Ray $(\overline{P}_t)$ correspondant. D'après 13, le processus (X_t) admet une limite X_{0+} appartenant à l'espace d'entrée F_e, et l'on a en désignant par μ la loi de X_{0+}

$$\mu_t = \mu\overline{P}_t \;, \qquad \text{donc} \qquad \eta = \mu\overline{U} \;.$$

En particulier, si η est extrémale, μ doit être une masse unité en un point de F_e. Inversement, pour $x \in F_e$, la loi d'entrée $\mu_t = \varepsilon_x\overline{P}_t$ est portée par E, et $<\mu_t, Ug>$ tend en croissant vers $<\varepsilon_x\overline{U}, g>$ pour toute fonction positive g sur E. Prenant g telle que $Ug \uparrow 1$, on voit que $\gamma_x = \varepsilon_x\overline{U}$ est une mesure excessive (σ–finie), et que $L(\gamma_x, 1) = 1$.

Ces remarques nous permettent d'identifier la partie de l'espace d'entrée abstrait, formée des mesures purement excessives extrémales γ telles que $L(\gamma,1) = 1$, à l'espace d'entrée F_e dans un compactifié de Ray arbitraire F. La représentation $\eta = \mu\overline{U}$ de la mesure η au moyen du noyau potentiel s'interprète alors comme la représentation intégrale de η au moyen des éléments extrémaux normalisés.

Nous disons *la* représentation intégrale, mais la meilleure justification de l'unicité de la représentation intégrale consiste précisément à interpréter la mesure qui y figure comme mesure initiale du processus (X_t) sur un compactifié de Ray. Pour invoquer le théorème d'unicité de Choquet X.64, il nous faudrait en effet prouver que le cône des mesures excessives η telles que $L(\eta,1) < \infty$ est réticulé (*cf.* XII.34 pour le cas des fonctions excessives).

Normalisation par la fonctionnelle de masse

29 Nous allons maintenant étendre le théorème de représentation intégrale 24, en considérant un type plus général de normalisation des mesures excessives.

Soit k une fonction excessive, que nous supposerons pour simplifier strictement positive et finie (pour lever cette dernière hypothèse, il suffirait de se restreindre à l'ensemble absorbant $\{k < +\infty\}$). Nous allons étudier la représentation intégrale dans l'ensemble convexe des mesures excessives η normalisées par la condition $L(\eta,k) = 1$.

Si η est une mesure excessive admettant une représentation intégrale $\eta = \int \gamma_x \theta(dx)$ à la manière de 24, on a d'après XII.(40.4) $L(\eta,k) = \int L(\gamma_x,k)\,\theta(dx)$, et par conséquent on a $L(\gamma_x,k) < +\infty$ pour θ–presque tout x.

Notons ensuite que, pour toute mesure excessive λ ou fonction excessive j par rapport à (P_t), $k\cdot\lambda$ et j/k sont respectivement une mesure et une fonction excessive par rapport à $(P_t^{/k})$, et l'on a avec des notations évidentes

$$L^{/k}(k\lambda, j/k) = L(\lambda, j) \;. \tag{29.1}$$

Cette relation est claire lorsque j ou λ est un potentiel, et le cas général s'en déduit par passage à la limite monotone. Si γ est une mesure excessive extrémale pour (P_t), la mesure $k\cdot\gamma$ est excessive extrémale pour $(P_t^{/k})$, et l'on conviendra de dire que les mesures extrémales γ_x et $k\cdot\gamma_x$ appartiennent au même point d'entrée x. Attention ! Dans la bijection ainsi établie entre les espaces d'entrée des deux semi-groupes, la distinction entre points frontière à distance finie et à l'infini est préservée, mais non celle entre vrais points frontière et points frontière ordinaires. En fait, le passage à $(P_t^{/k})$ sert précisément à "banaliser" les vrais points frontière.

Un bel exemple de cette situation figure en XIII.38, où la loi d'entrée d'Ito (non bornée) pour le mouvement brownien tué en 0 est transformée en une loi d'entrée bornée pour le processus de Bessel, associée à un point frontière ordinaire.

Soit η une mesure purement excessive pour (P_t), potentiel de la loi d'entrée (μ_t) ; alors $k\cdot\eta$ est potentiel (pour $(P_t^{/k})$) de la loi d'entrée $\mu_t^{/k} = k\cdot\mu_t$. Nous construisons alors un processus $(X_t^{/k})_{t>0}$ gouverné par $(P_t^{/k})$, etc. : le principe de la notation est bien clair.

Appliquons alors 27 : si f est une fonction p-excessive pour (P_t), telle que $L(\eta, f) = \lim_t \mu_t(f) < +\infty$, ce théorème nous dit que le processus $\frac{f}{k} \circ X_t^{/k}$ admet *p.s.* une limite à l'instant 0. Si la mesure $\eta = \gamma_x$ est une mesure extrémale appartenant au point d'entrée x, cette limite est $\mathbb{P}^{x/k}$-*p.s.* égale à une constante. Le cas intéressant est ici celui où $L(\gamma_x, f) < +\infty$, mais $L(\gamma_x, 1) = +\infty$. En effet, le théorème 27 attribue alors aux deux fonctions f et k une "valeur au point d'entrée x" égale à 0, tandis que le résultat précédent attribue une "valeur au point x" au rapport f/k.

Enfin, l'ensemble des mesures extrémales γ_x telles que $L(\gamma_x, k) = 1$ peut s'identifier à l'espace d'entrée d'un compactifié de Ray $F^{/k}$.

30 A titre d'exemple, nous utiliserons la symétrie du mouvement brownien pour dire quelques mots de la compactification de Martin (frontière de sortie) en théorie classique du potentiel. Pour un traitement détaillé, voir Doob [14], p. 195–206. Les articles de Kunita–T. Watanabe [1], [2], [3] (présentés aussi dans les notes Meyer [29]) donnent une approche probabiliste générale des compactifications de Martin en temps continu, sans hypothèse de symétrie, mais sous des hypothèses analytiques assez fortes. La théorie de Martin a fait l'objet de nombreux articles, mais il n'en existe pas de présentation récente, sous des hypothèses analytiques vraiment minimales.

Il ne faut pas réduire la théorie de Martin à la représentation intégrale des fonctions excessives au moyen des extrémales : elle comporte tout un aspect fort intéressant de théorie du potentiel : réduites et effilement à la frontière, théorèmes limites pour le rapport de deux fonctions excessives, analogues (mais non identiques) à 29.

Plaçons nous dans un domaine borné E de $\mathbb{R}^d$, $d \geq 3$, et considérons un mouvement brownien (B_t) dans E, tué à la première rencontre de E^c. Notons (P_t) le semi-groupe correspondant, de noyau potentiel

$$U(x, dy) = u(x, y)\, \lambda(dy)$$

où λ est la mesure de Lebesgue dans l'ouvert E, et $u(x, y)$ est la *fonction de Green* de E. Un résultat fondamental affirme que celle-ci est *symétrique*. D'après XII.71 l'application $f \longmapsto f\cdot\lambda$ définit une bijection entre fonctions excessives (finies p.p.) et mesures excessives (σ-finies). L'étude précédente, visant à la détermination des mesures excessives extrémales, s'appliquera donc aussi bien aux fonctions excessives extrémales.

Soit $k(x) = \int u(x,y)\,\nu(dy)$ un potentiel continu et borné, la mesure ν étant à support compact ; c'est une fonction excessive partout >0 dans E. Toute mesure harmonique est de la forme $h\cdot\lambda$ pour une fonction harmonique h, et on a $L(h\cdot\lambda, k) = \nu(h) < +\infty$. Il est donc possible de normaliser toutes les mesures harmoniques simultanément, au moyen de la forme linéaire $L(\cdot\,, k)$.

Dans la forme classique de la théorie de Martin, on prend pour ν la masse unité en un point $x_0 \in E$, ou encore, on normalise les fonctions harmoniques par leur valeur au point x_0

Les compactifications que nous avons étudiées plus haut sont des compactifications de Ray relativement aux résolvantes (U_p) ou $(U_p^{/k})$. La méthode classique de Martin ignore les résolvantes, et utilise le noyau potentiel $U^{/k}$ seul. Il s'agit donc d'une compactification plus "élémentaire" que les compactifications de Ray. Plus précisément, l'espace de Martin classique est une compactification F de E sur laquelle toutes les fonctions $K(x,\cdot)$ se prolongent continûment (et leurs prolongements séparent l'espace de Martin). A tout point y de l'espace de Martin, on peut donc associer par prolongement une fonction $K(\cdot\,,y)$ sur E, qui est harmonique (notre point de vue ci-dessus consiste à la voir plutôt comme une mesure harmonique $K(x,y)\lambda(dx) = \gamma_y(dx)$).

L'un des résultats de la théorie de Martin affirme que toutes les fonctions (ou mesures) harmoniques extrémales figurent parmi ces fonctions $K(\cdot\,,y)$ lorsque y tend vers le bord, et que toute fonction harmonique normalisée admet une représentation intégrale au moyen de ces fonctions.

En particulier, dans le cas où E est une boule de centre 0 et de rayon R, on peut suivre explicitement ce qui se passe, en prenant $\nu = \varepsilon_0$ ou une mesure à support compact invariante par rotation. On obtient pour tout y de la sphère une limite $K(\cdot\,,y)$ au sens de la convergence uniforme locale, proportionnelle au noyau de Poisson de la boule.

Dans la forme générale de la théorie de Martin, qui se développe en général sous des hypothèses de dualité forte par rapport à une mesure excessive λ, la fonction $k(y)$ est un *copotentiel* >0 continu $\int \nu(dx)\,u(x,y)$; la compactification de Ray est prise relativement à la corésolvante $(\widehat{U}_p^{/k})$, où $(\widehat{U}_p)$ est la résolvante duale de (U_p). Si l'on identifie fonctions excessives et mesures coexcessives, la représentation intégrale des fonctions excessives se ramène à celle que nous avons vue plus haut.

CHAPITRE XVIII

Homogénéité et retournement du temps

Ce chapitre est consacré à la théorie des processus homogènes, d'abord en théorie générale des processus, puis sous ses aspects markoviens, la raison principale de cette étude étant la théorie du *retournement du temps* pour les processus de Markov. Nous avons vu en effet au chapitre XIV que la théorie élémentaire du retournement ne respecte pas la classe des processus de Markov homogènes dans le temps. Hunt (étendu en temps continu par Nagasawa) a découvert que cette classe était préservée par une méthode de retournement plus sophistiquée, faisant intervenir certaines v.a. non adaptées, les *temps de retour*. Comme beaucoup d'idées "markoviennes", celle–ci admet une interprétation en théorie générale des processus, mais d'un type assez surprenant : selon Azéma ([2], [3]), les notions familières d'*opérateur de meurtre* et d'*opérateur de translation* sont en quelque sorte duales l'une de l'autre. Nous présentons au paragraphe 1 la théorie d'Azéma, sous une forme relativement concrète (nous travaillons seulement sur les espaces canoniques). Il s'agit d'un paragraphe un peu aride, mais nous pensons qu'il en vaut la peine.

1. PROCESSUS HOMOGÈNES

Définition des processus homogènes

1 Les raisonnements qui suivent, empruntés à Azéma [2] [3], sont valables sur un espace Ω muni d'un semi–groupe $(\theta_t)_{t\geq 0}$ d'*opérateurs de translation*, possédant quelques propriétés de mesurabilité. Nous supposerons ici, pour simplifier, que l'on travaille sur une réalisation canonique d'un processus de Markov, et renverrons le lecteur à [3] pour la théorie abstraite. Quant au choix précis de Ω, le plus important par ses applications au chapitre XIX sera l'espace (généralement appelé Ω_+ dans ce livre) des trajectoires continues à droite, à durée de vie, prenant leurs valeurs dans $E\cup\{\partial\}$ et *définies sur l'intervalle ouvert* $]0,\infty[$. Nous spécifierons le choix de Ω seulement lorsque ce sera nécessaire pour la clarté.

On trouvera aussi dans Azéma [3] un parallèle systématique, omis ici, entre opérateurs de translation et de meurtre.

Nous aurons à distinguer soigneusement les processus dits *ouverts en* 0, ou simplement *ouverts*, définis sur l'intervalle $]0,\infty[$, des processus *fermés en* 0 ou *fermés* définis sur $[0,\infty[$. Si $\Omega=\Omega_+$, le processus de Markov (X_t) lui même est ouvert, mais cela n'interdit pas de considérer des processus fermés !

Une loi $\mathbb{P}$ (ou plus généralement une mesure σ-finie) étant donnée sur Ω, et la tribu $\mathcal{F}$ étant complétée, nous appelons *processus homogène ouvert* un processus $(Z_t)_{t>0}$, mesurable par rapport à $\mathcal{B}(]0,\infty[)\times\mathcal{F}$, satisfaisant *identiquement* à la relation $Z_{s+t}=Z_s\circ\theta_t$ sur un ensemble *stable par translation* et portant la loi $\mathbb{P}$. Les processus homogènes fermés se définissent de même.

Dans les applications aux processus de Markov, on exigera souvent que ces propriétés aient lieu p.s., non seulement pour une loi $\mathbb{P}$, mais pour toute une famille de mesures $\mathbb{P}^\mu$. Nous laissons cela de côté jusqu'au §2.

Un processus homogène fermé est entièrement déterminé par sa v.a. initiale, puisqu'on a $Z_t = Z_0\circ\theta_t$; un processus homogène ouvert est une sorte de limite projective, le processus $(Z_{t+\varepsilon})$ étant homogène fermé pour tout $\varepsilon>0$. Nous donnons quelques exemples de processus homogènes au n° 3.

2 Nous allons définir deux tribus constituées d'ensembles aléatoires homogènes : la tribu *cooptionnelle* et la tribu *coprévisible*. Ces noms seront justifiés au n° 7; ils rappellent la théorie générale des processus, mais un retournement du temps implicite inverse l'association traditionnelle optionnel/droite, prévisible/gauche.

DÉFINITION. *La* tribu cooptionnelle $\widetilde{\mathcal{O}}$ *sur* $]0,\infty[\times\Omega$ *est engendrée par les processus réels homogènes ouverts, à trajectoires continues à gauche sur* $]0,\infty[$, *pourvues de limites à droite sur* $[0,\infty[$ *(fermé). De même, la* tribu coprévisible $\widetilde{\mathcal{P}}$ *sur* $]0,\infty[\times\Omega$ *est engendrée par les processus homogènes à trajectoires continues à droite.*

La tribu coprévisible est plus fréquemment étudiée sur l'intervalle $[0,\infty[\times\Omega$, avec la même définition. On peut de même définir la tribu cooptionnelle sur l'intervalle fermé, en convenant que la continuité à gauche en 0 est toujours satisfaite.

Comme plus haut, nous ne distinguons pas deux processus égaux sur un ensemble stable par translation et portant la loi $\mathbb{P}$: un tel ensemble est considéré comme aussi bon que l'espace entier.

Vérifions que la tribu coprévisible est aussi engendrée par les processus homogènes fermés à trajectoires *continues* — cela entraîne en particulier que la tribu coprévisible est contenue dans la tribu cooptionnelle. Il suffit de remarquer qu'un processus homogène (Z_t) (ouvert ou fermé) à trajectoires continues à droite et bornées, est limite des processus homogènes continus $Z^\varepsilon_t=\frac{1}{\varepsilon}\int_t^{t+\varepsilon}Z_s\,ds$, qui de plus sont toujours fermables en 0.

3 Voici des exemples, empruntés à la théorie des processus de Markov de processus cooptionnels et coprévisibles.

Si f est une fonction p-excessive, l'ensemble des ω tels que la trajectoire $f\circ X_\bullet(\omega)$ soit càdlàg. est stable par translation et porte toutes les lois $\mathbb{P}^\mu$. Le processus $(f\circ X_t)$ est donc coprévisible (fermé sur Ω, ouvert sur Ω_+); cela s'étend à toute fonction $\mathcal{E}$-mesurable f. De même, le processus $((f\circ X_t)_-)_{t>0}$ est cooptionnel.

Soit $(X_{t-})_{t>0}$ le processus des limites à gauche de X dans un compactifié de Ray F. Pour toute fonction $\mathcal{E}$-mesurable g sur F, le processus $(g\circ X_{t-})_{t>0}$ est cooptionnel. Il en est de même du processus $(g(X_{t-},X_t))_{t>0}$, où g est $\mathcal{E}\times\mathcal{E}$-mesurable.

Nous ferons désormais porter l'attention sur les processus ouverts, avec quelques remarques sur le cas important des processus coprévisibles fermés.

Temps de retour

4 Un *temps de retour* (t. de r.) est une v.a. $\mathcal{F}$–mesurable L à valeurs dans $[0,+\infty]$, satisfaisant à la relation (*cf.* XVI.35)

$$L\circ\theta_t = (L-t)^+ \ , \tag{4.1}$$

qui s'entend comme une identité en t, ayant lieu sur un ensemble stable par translation portant la loi donnée $\mathbb{P}$. Au lieu de temps de retour, on dit parfois *temps cooptionnel.* En effet, dire que L est un temps de retour équivaut à dire que l'intervalle stochastique $]0,L]$ est cooptionnel. Les t. de r. jouent, dans la théorie générale des processus homogènes, le rôle des temps d'arrêt pour les processus adaptés.

La notion correspondant à celle de temps prévisible sera définie au n° 8.

Par exemple, soit H un ensemble aléatoire homogène dans $]0,\infty[\times\Omega$, et soit L la *fin* de l'ensemble H

$$L(\omega) = \sup\{t \ : \ (t,\omega)\in H\} \qquad (\sup(\emptyset)=0) \quad ; \tag{4.2}$$

alors L est un temps de retour. D'ailleurs, la lettre L vient du mot anglais *last* (exit time). Inversement, tout t. de r. L est la fin de l'intervalle stochastique $]0,L]$, qui est un ensemble aléatoire homogène, et même cooptionnel.

Si l'on travaille sur $[0,\infty[$, la propriété $L=0$ ne permet pas de savoir en (4.2) si la coupe $H(\omega)$ est vide ou bien réduite à 0. On introduit donc un point $0-<0$, et l'on convient que $\sup(\emptyset)=0-$, et que $t^+=t$ pour $t\geq 0$, $0-$ pour $t<0$. C'est pourquoi l'étude des processus fermés oblige à de nombreuses modifications de détail, que nous laissons au lecteur.

5 Voici une liste de propriétés élémentaires des temps de retour.

a) Si L et M sont des t. de r., il en est de même de $L\wedge M$, $L\vee M$; si (L_n) est une suite de t. de r., $\liminf_n L_n$ et $\limsup_n L_n$ sont des temps de retour.

b) Soit L un t. de r.; pour tout $A\in\mathcal{F}$, on pose

$$L^A = L \quad \text{sur } A, \qquad L^A = 0 \quad \text{sur } A^c \quad , \tag{5.1}$$

définition analogue à la convention $T_A = T$ sur A, $+\infty$ sur A^c utilisée pour les t. d'a.; si l'on travaille sur $[0,\infty[$, utiliser $0-$ au lieu de 0 à droite.

Soit $\widetilde{\mathcal{F}}^L$ l'ensemble des $A\in\mathcal{F}$ tels que L^A soit un temps de retour; alors $\widetilde{\mathcal{F}}^L$ est une tribu, comme le montre la description explicite suivante

$$A\in\widetilde{\mathcal{F}}^L \iff A\in\mathcal{F} \quad \text{et} \quad \forall t>0 \ \ \theta_t^{-1}(A)\cap\{t<L\} = A\cap\{t<L\} \ . \tag{5.2}$$

Ou encore, A appartient à $\widetilde{\mathcal{F}}^L$ si et seulement si le processus $(I_{A\cap\{t<L\}})$ (fermé en 0) est homogène.

Si L et M sont des t. de r. avec $L \leq M$, on a $L^A = L \wedge M^A$, donc $\widetilde{\mathcal{F}}^L \supset \widetilde{\mathcal{F}}^M$. Toutes ces tribus contiennent donc $\widetilde{\mathcal{F}}^\infty$, qui est la tribu des *évènements invariants*.

c) Voici des exemples d'évènements de $\widetilde{\mathcal{F}}^L$. D'abord, évidemment, $\{L=0\}$ et $\{L=\infty\}$ — mais, contrairement au cas des t. d'a., L n'a pas de raison d'être $\widetilde{\mathcal{F}}^L$-mesurable. D'autre part, soit (H_t) un processus homogène fermé; on vérifie aussitôt sur (5.2) que la v.a. $H_L I_{\{L<\infty\}}$ est $\widetilde{\mathcal{F}}^L$-mesurable (si H est homogène ouvert, ajouter $0<L$ dans l'indicatrice).

d) Posons pour tout $t \geq 0$

(5.3) $$L_t = (L-t)^+ .$$

Alors L_t est aussi un t. de r., et nous désignerons par $\widetilde{\mathcal{F}}_t^L$ la tribu correspondante (ainsi $\widetilde{\mathcal{F}}_0^L = \widetilde{\mathcal{F}}^L$). Lorsque t croît, L_t décroît et $\widetilde{\mathcal{F}}_t^L$ croît d'après b). Il résulte de (5.2) que la filtration $(\widetilde{\mathcal{F}}_t^L)$ est continue à droite — cependant, elle ne satisfait pas aux conditions habituelles, car elle n'est pas augmentée de tous les ensembles négligeables. Nous verrons à partir du n° 10 quels résultats on obtient en lui appliquant la théorie générale des processus.

e) Montrons que *pour tout t. d'a. S de la filtration $(\widetilde{\mathcal{F}}_t^L)$, $(L-S)^+$ est un t. de r.* (en convenant que $\infty-\infty=0$). C'est vrai lorsque S est de la forme t_A avec $A \in \widetilde{\mathcal{F}}_t^L$, car on a alors $(L-S)^+ = (L_t)^A$ (5.1). On passe de là aux t. d'a. étagés en prenant des inf finis, puis aux t. d'a. quelconques en prenant des inf dénombrables.

Inversement, si M est un t. de r., la v.a. $U = (L-M)^+$ est un t. d'a. de $(\widetilde{\mathcal{F}}_t^L)$. En effet, montrons d'abord que $\{L > M\}$ appartient à $\widetilde{\mathcal{F}}^L$. Il suffit pour cela d'appliquer (5.2)

$$\theta_t^{-1}\{L>M\} \cap \{L>t\} = \{(L-t)^+ > (M-t)^+, L>t\} = \{L>M, L>t\} .$$

Remplaçant alors L par L_t cela nous donne $\{U>t\} \in \widetilde{\mathcal{F}}_t^L$, i.e. la définition des temps d'arrêt. On notera que *L lui-même est un t. d'a. de $(\widetilde{\mathcal{F}}_t^L)$* : vérifier que $\{L \leq t\} \in \widetilde{\mathcal{F}}_t^L$ revient à peu près à la remarque que $\{L=0\} \in \widetilde{\mathcal{F}}^L$, faite plus haut. Le t. d'a. L joue pour la filtration $(\widetilde{\mathcal{F}}_t^L)$ le rôle d'une "durée de vie".

REMARQUE. Soulignons une importante différence entre t. d'a. et t. de r.. Toute filtration admet "suffisamment" de temps d'arrêt (au moins tous les temps d'arrêt constants), tandis que dans les situations "ergodiques", où tout phénomène qui se produit avec probabilité non nulle se reproduit p.s. pour des valeurs du temps arbitrairement grandes, les seuls temps de retour sont 0 et $+\infty$. En théorie des processus de Markov, l'hypothèse de transience garantit l'existence de t. de r. non triviaux (17).

Il est possible d'éliminer cette dissymétrie entre t. d'a. et t. de r. en modifiant la notion de t. d'a., dans une extension de la théorie générale des processus. Voir l'article [1] de Fourati–Lenglart.

Le retournement du temps

6 Nous allons maintenant définir une opération (ou plutôt deux) sur les processus, le *retournement du temps à un temps de retour L*.

Soit $A = \{L < \infty\}$. Le retourné à L d'un processus (K_t) défini sur $]0, L[$ est le processus $\widetilde{K}_t = K_{L-t}$, défini sur l'intervalle $]0, L^A[$. Le double retournement redonne donc le processus initial sur A, mais fait perdre toute l'information sur A^c. On ne change pas le retourné en remplaçant L par le temps de retour fini L^A. On convient de poser $\widetilde{K}_t = 0$ pour $t \geq L$, et aussi sur $L = \infty$.

Pour un processus défini sur $]0, L]$, (*resp.* $[0, L[$, $[0, L]$), la définition du retourné peut être prolongée (toujours sur A) jusqu'au point 0, *resp.* L, ou tous deux. En particulier, dans le cas fréquent d'un processus H défini sur $]0, L]$, le retourné $\widetilde{H}$ est défini sur l'intervalle $[0, L^A[$ — ou encore, défini sur $[0, \infty[$ et nul sur $[L^A, \infty[$. Comme ci-dessus, le double retournement fait alors revenir au processus initial sur $]0, L^A]$, avec perte d'information sur A^c (et éventuellement sur $]L^A, \infty[$).

Il reste une ambiguïté de principe lorsqu'on travaille sur des processus définis sur $]0, L]$ (ou a fortiori sur $\mathbb{R}_+$) : on doit préciser si l'on utilise ou non l'information à l'instant L pour fermer le retourné en 0. Ce sera toujours le cas ci-dessous.

7 Dans l'énoncé suivant, qui justifie le langage utilisé, les mots *prévisible, optionnel,* font référence à la filtration $(\widetilde{\mathcal{F}}_t^L)$ associée au t. de r. L.

> Le résultat respecte les coutumes de la théorie générale des processus, où la tribu optionnelle concerne plutôt les processus fermés, et la tribu prévisible plutôt les processus ouverts.

THÉORÈME. a) *Soit H un processus nul hors de $]0, L]$; alors si H est cooptionnel $\widetilde{H}$ (fermé en 0) est optionnel, et inversement si $\widetilde{H}$ est optionnel $H I_{\{L<\infty\}}$ est cooptionnel.*

b) *Soit K un processus nul hors de $]0, L[$; alors si K est coprévisible $\widetilde{K}$ (ouvert en 0) est prévisible, et inversement si $\widetilde{K}$ est prévisible $K I_{\{L<\infty\}}$ est coprévisible.*

DÉMONSTRATION. Soit K un processus homogène sur $]0, L[$; vérifier que $\widetilde{K}$ est un processus adapté revient à montrer que pour t fixé le processus $\widetilde{K}_t I_{\{s<L_t\}}$ est homogène fermé en s. Or vérifie très facilement que

$$K_{L-t} I_{\{0<t<L<\infty\}} I_{\{s<L_t\}} = (K_{L-t} I_{\{0<t<L<\infty\}}) \circ \theta_s .$$

Lorsque K est, de plus, continu à droite, $\widetilde{K}$ est continu à gauche, donc prévisible, et l'extension à la tribu coprévisible est immédiate. Le cas optionnel est un peu plus délicat : si H est défini sur $]0, L]$, on vérifie que $\widetilde{H}_t$ est $\widetilde{\mathcal{F}}_u$-mesurable pour $u > t$, et on utilise la continuité à droite de la filtration

$$H_{L-t} I_{\{0<t\leq L<\infty\}} I_{\{s<L_u\}} = (H_{L-t} I_{\{0<t\leq L<\infty\}} I_{\{0<L_u\}}) \circ \theta_s .$$

et lorsque H est càglàd. $\widetilde{H}$ est càdlàg., donc optionnel.

Inversement, la tribu optionnelle est engendrée par les processus fermés H de la forme $I_{[0,S[}$, où S est un t. d'a. de $(\widetilde{\mathcal{F}}_t^L)$. On a alors pour $t > 0$

$$\widetilde{H}_t = I_{\{(L-S)^+<t\}} I_{\{t\leq L<\infty\}} ,$$

et ce processus est cooptionnel d'après 5 d). Le cas prévisible se traite de même.

Temps coprévisibles

8 Avant de transcrire les résultats de la théorie générale des processus, il nous faut présenter la forme duale de la notion de *temps prévisible.*

Si les processus coprévisibles sont fermés, comme chez Azéma [3], il est essentiel que les temps coprévisibles prennent leurs valeurs dans $\{0-\} \cup [0,\infty]$. La théorie est alors un peu plus compliquée, et nous renvoyons le lecteur à cet article. En particulier, un temps coprévisible L n'est pas un t. de r. (bien que $L \vee 0$ en soit un).

De même qu'un temps prévisible est un t. d'a. T tel que l'intervalle stochastique $[T,\infty[$ soit prévisible, un *temps coprévisible* est par définition un t. de r. M tel que l'intervalle stochastique $]0,M]$ soit un ensemble coprévisible.

Si l'on ajoute à un t. d'a. S un nombre $t>0$, on obtient un t. d'a. $S+t$ prévisible. On a ici un résultat analogue : si L est un t. de r., et $t > 0$, $(L-t)^+$ est un temps coprévisible.

Le théorème de retournement 7 nous donne le résultat suivant, en supposant L fini pour simplifier : *Si T est un t. d'a. prévisible >0 de la filtration $(\widetilde{F}_t^L)$, la v.a. $M=(L-T)^+$ est un temps coprévisible.* En effet, l'intervalle $]0,M]$ est retourné à L de l'ensemble prévisible $[T,\infty[$. En particulier, $L_t=(L-t)^+$ est coprévisible pour $t>0$. Inversement, *si M est un temps coprévisible $\leq L$, $L-M$ est un temps prévisible.* En effet, le retourné de l'ensemble coprévisible $]0,M]$ est l'intervalle stochastique prévisible fermé à droite $[L-M,L[$ de $]0,\infty[$, dont le début est un temps prévisible.

9 La relation entre temps d'arrêt prévisibles et annonçables (IV.77) a un analogue pour les temps coprévisibles.

Dans le sens facile, considérons une v.a. M à valeurs dans $[0,\infty]$, et une suite décroissante de t. de r. $M_n \geq M$, *annonçant* M au sens suivant :

(9.1) $$M_n \downarrow\downarrow M \quad \text{sur } \{0<M<\infty\}.$$

Alors l'intervalle stochastique $]0,M]$ est l'intersection des ensembles coprévisibles $]0,M_n[$, et M est donc un temps coprévisible. On notera que le temps de retour fixé L n'est pas intervenu dans ce raisonnement.

Inversement, soit M un temps coprévisible tel que $M \leq L$; $L-M$ est un temps prévisible, donc annonçable par une suite T_n de t. d'a. tels que $T_n \uparrow\uparrow L-M$ sur $\{L-M>0\}$. Alors les v.a. $M_n=L-T_n$ sont des t. de r. qui "annoncent" M au sens indiqué plus haut.

Rappels de théorie générale des processus

10 Nous éviterons au lecteur des renvois aux volumes précédents en résumant la théorie générale des processus, dans une filtration $(\mathcal{G}_t)$ continue à droite, mais non augmentée de tous les ensembles $\mathbb{P}$-négligeables. Soit $(\mathcal{G}_t^*)$ la filtration augmentée (dans le cas markovien, nous écrirons $(\mathcal{G}_t^\mu)$ pour rappeler la mesure initiale utilisée). D'après IV.59, tout t. d'a. de $(\mathcal{G}_t^*)$ est *p.s.* égal à un t. d'a. de $(\mathcal{G}_t)$, et on en déduit que tout processus optionnel/$\mathcal{G}^*$ est $\mathbb{P}$-indistinguable d'un processus optionnel/$\mathcal{G}$. Les théorèmes de section ou de projection optionnels n'ont donc pas besoin d'être modifiés. De même, un temps prévisible de $(\mathcal{G}_t^*)$ est annoncé par une suite de t. d'a. ordinaires; il est donc égal *p.s.* à un temps prévisible de

$(\mathcal{G}_t)$, donc un processus prévisible/$\mathcal{G}^*$ est indistinguable d'un processus prévisible/$\mathcal{G}$, et les théorèmes de section et de projection prévisibles subsistent.

REMARQUE. En théorie générale des processus, on sait utiliser les théorèmes de projection optionnelle ou prévisible pour améliorer l'adaptation d'un processus. Ici, par retournement du temps, on les utilisera pour améliorer l'homogénéité. De manière précise, prenons pour $(\mathcal{G}_t)$ ci-dessus la filtration $(\widetilde{\mathcal{F}}_t^L)$ du n° 5 b) associée à un t. de r. L. Soit Ω' un ensemble stable par translation sur lequel L vérifie l'identité des t. de r.; alors sur Ω' les retournés à L des processus optionnels ou prévisibles/$\mathcal{G}$ sont des processus *identiquement* homogènes.

11 Les résultats sur les projections duales doivent être examinés plus attentivement. Traitons le cas prévisible, qui exige un peu plus de travail que le cas optionnel. Soit $\mathbb{Q}$ une mesure sur $]0,\infty[\times\Omega$, positive et bornée, ne chargeant pas les ensembles $\mathbb{P}$-évanescents (dans le langage de VI.64, une $\mathbb{P}$*-mesure*), que nous supposons *prévisible* au sens de VI.67 — autrement dit, $\mathbb{Q}$ donne la même intégrale à un processus et à sa projection prévisible. On a vu en VI.65 qu'une telle $\mathbb{P}$-mesure est de la forme

$$\mathbb{Q}(Z) = \mathbb{E}\,[\int_{]0,\infty[} Z_s\, d\widehat{A}_s\,]$$

où $(\widehat{A}_t)$ est un processus croissant intégrable, continu à droite et nul en 0, prévisible par rapport à la filtration augmentée $(\mathcal{G}_t^*)$. Nous allons chercher à en construire une modification (A_t) prévisible par rapport à $(\mathcal{G}_t)$, et aussi régulière que possible.

Pour cela appliquons VI.52 et décomposons $(\widehat{A}_t)$ en une série de processus croissants $(\widehat{B}_t^n)$, chacun desquels est soit continu, nul en 0 et uniformément borné, soit de la forme $cI_{\{t\geq T\}}$, T désignant un temps prévisible/$\mathcal{G}^*$ et c étant une constante. On va alors régulariser chaque $\widehat{B}^n$ en un processus croissant B^n, et poser $A_t = \sum_n B_t^n$.

Le second type est le plus facile : il suffit de remplacer T par un temps T' qui lui est égal *p.s.* et qui est prévisible/$\mathcal{G}$, et de poser $B_t^n = cI_{\{t\geq T'\}}$.

Pour le premier type, désignons par D un ensemble dénombrable dense dans $\mathbb{R}_+$, et choisissons pour chaque $t\in D$ une v.a. B'_t $\mathcal{G}_t$-mesurable positive, égale *p.s.* à $\widehat{B}_t^n$ et bornée par $\|\widehat{B}_\infty^n\|_{L^\infty}$. Posons ensuite pour tout $t>0$

$$B''_t = \sup_{s\in D,\, s<t} B'_s\,, \qquad B'''_t = B''_{t+}\,,$$

et enfin nous obtenons le processus (B_t^n) cherché en enlevant tous les sauts du processus (B'''_t), y compris le saut en 0.

Lorsqu'on somme ces processus B^n, on obtient un processus A qui possède toutes les qualités requises, mais a perdu celle d'être identiquement *continu à droite et fini* : pour certains $\omega\in\Omega$ — qui forment un ensemble négligeable puisque les processus A et $\widehat{A}$ sont indistinguables — la fonction $A_\bullet(\omega)$ prend la valeur $+\infty$ sur une demi-droite $(t,\infty[$, qui peut être soit fermée, soit ouverte. Dans ce dernier cas, $A_t(\omega)<\infty$ est différent de $A_{t+}(\omega)$, et la continuité à droite s'est perdue.

Traduction de la théorie générale des processus

12 Dans les quelques n^{os} suivants (jusqu'à 16), L désigne un t. de r. fixé. Nous allons "retourner à L" la théorie générale des processus. Nous pouvons donc supposer L fini sans restreindre la généralité (6).

Voici d'abord deux conséquences immédiates de 7, et des théorèmes de section (IV.84) et de projection (VI.43) optionnels. Noter que le retournement à L d'un processus cooptionnel défini sur $]0, L]$ donne un processus optionnel, fermé en 0 et nul sur $[L, \infty[$.

a) Théorème de section cooptionnel. Soit A un ensemble aléatoire cooptionnel contenu dans $]0, L]$, et soit A' sa projection sur Ω. Pour tout a tel que $0 < a < \mathbb{P}(A')$ il existe un temps de retour $M \leq L$ tel que

$$M(\omega) \in A_\omega \quad \text{pour tout } \omega \text{ tel que } M(\omega) \neq 0 \quad , \quad \mathbb{P}\{M > 0\} > a\,.$$

b) Théorème de projection cooptionnel. Soit (H_t) un processus mesurable (ouvert en 0), positif ou borné. Il existe un processus cooptionnel (U_t) nul hors de $]0, L]$, tel que l'on ait pour tout t. de r. $M \leq L$

$$\mathbb{E}\,[H_M\, I_{\{M>0\}}\,] = \mathbb{E}\,[U_M\, I_{\{M>0\}}\,]\ ,$$

et ce processus est unique aux ensembles évanescents près.

Nous l'appellerons la *projection cooptionnelle* de H sur $]0, L]$, et nous le noterons provisoirement $\widetilde{{}^oH}^L$.

c) Projections duales cooptionnelles. Soit $\mathbb{Q}$ une $\mathbb{P}$-mesure bornée sur $]0, \infty[\times\Omega$, portée par $]0, L]$. On dit que $\mathbb{Q}$ est *cooptionnelle* si l'on a $\mathbb{Q}(H) = \mathbb{Q}(\widetilde{{}^oH}^L)$ pour tout processus H mesurable borné. On se propose de décrire la structure de $\mathbb{Q}$.

Définissons la *mesure retournée* $\widetilde{\mathbb{Q}}$ par la formule $\widetilde{\mathbb{Q}}(H) = \mathbb{Q}(\widetilde{H})$ pour tout processus mesurable borné H fermé en 0; cette mesure est portée par $[0, L[$. Il résulte de 7 que $\widetilde{\mathbb{Q}}$ est optionnelle, et la version optionnelle de 11 nous permet d'écrire

$$\widetilde{\mathbb{Q}}(U) = \mathbb{E}\,[\int_{[0,\infty[} U_s\, dC_s\,]$$

au moyen d'un processus croissant intégrable (C_t), non nécessairement nul en 0, adapté à la filtration $(\widetilde{\mathcal{F}}_t^L)$ et tel que $C_\infty = C_{L-}$. Plus précisément, la méthode de 11 nous donne une représentation de C comme somme d'une série de tels processus C^n, qui sont uniformément bornés et continus à droite (sans ensemble exceptionnel). Pour quelques lignes, raisonnons sur un terme de la somme en omettant l'indice n. Notons les propriétés

— si $t \geq L(\omega)$ on a $L(\theta_t\omega) = 0$, donc $C_\infty(\theta_t\omega) = 0$;

— si $t < L(\omega)$ on a, en posant $r = L(\omega) - t > 0$

$$C_\infty(\theta_t\omega) = C_{L(\theta_t\omega)-}(\theta_t\omega) = C_{r-}(\theta_t\omega) = \lim_{s\uparrow\uparrow r} C_s(\theta_t\omega)\,.$$

Mais $s<r$ entraîne $t < L_s(\omega)$, et en utilisant (5.2) au t. de r. L_s on obtient $C_s(\theta_t\omega) = C_s(\omega)$. Ainsi

$$C_\infty(\theta_t\omega) = C_{(L-t)-}(\omega) \quad \text{pour } t < L(\omega) \quad .$$

La fonction $C_\infty(\theta_\bullet\omega)$ est donc décroissante, continue à droite sur $[0,\infty[$, avec une valeur en 0 égale à $C_\infty(\omega)$. Posons alors $A_t = C_\infty - C_\infty \circ \theta_t$, ou de manière équivalente,

$$A_0 = 0 \quad ; \quad A_t = C_\infty - C_{(L-t)-} \quad \text{si } 0 < t < L \quad ; \quad A_t = C_\infty \quad \text{si } t \geq L \quad .$$

Ce processus est croissant, continu à droite, constant sur $[L,\infty[$; son saut en L est égal à $C_0(\omega)$; il satisfait à la relation

$$A_\infty = A_t + A_\infty \circ \theta_t$$

qui équivaut (A_∞ étant fini) à la relation de définition des *fonctionnelles additives brutes* (*cf.* XVII.11)

$$(12.1) \qquad A_{t+s}(\omega) = A_t(\omega) + A_s(\theta_t\omega) \quad (s \leq \infty)$$

Nous avons omis plus haut l'indice n : si nous le rétablissons, nous avons construit une fonctionnelle additive brute bornée A^n, et il reste à sommer sur n pour obtenir le processus A désiré. Celui–ci satisfait encore identiquement à (12.1), mais on ne peut assurer que (A_t) est identiquement fini et continu à droite. Ces deux propriétés ont lieu identiquement sur l'ensemble $\Omega' = \{A_\infty < \infty\}$, qui est stable par translation et porte la loi $\mathbb{P}$.

Il est clair dans le cas borné ci–dessus que le processus continu à droite et homogène $A_\infty - A_t = A_\infty \circ \theta_t$ est coprévisible, et le processus $A_\infty - A_{t-}$ $(t > 0)$ cooptionnel. Ces propriétés passent à la somme, à condition de se restreindre à l'ensemble Ω'.

Remarquons que $dA_t = -dC_{L-t}$, et donnons un énoncé de théorème (en laissant au lecteur la moitié facile, qui peut se traiter aussi par retournement du temps).

13 THÉORÈME. *Soit* $\mathbb{Q}$ *une* $\mathbb{P}$*-mesure bornée, portée par* $]0,L]$. *Alors* $\mathbb{Q}$ *est cooptionnelle si et seulement si le processus croissant* A *qui lui est associé :*

$$\mathbb{Q}(H) = \mathbb{E}\,[\int H_s\, dA_s]$$

est une fonctionnelle additive brute.

Cela signifie que $\mathbb{Q}$ admet une désintégration suivant Ω qui est une *mesure aléatoire homogène* sur $]0,\infty[$. Nous sommes ici dans une situation très simple, parce que la v.a. A_∞ est p.s. finie, mais il y a des mesures aléatoires homogènes intéressantes, qui attribuent une masse infinie à tout intervalle $]0,t[$, et qui ne peuvent donc être décrites par des FA brutes. Le livre de Sharpe [1] étudie de manière systématique les mesures aléatoires homogènes, du moins dans le cas markovien.

REMARQUES. a) Si M est un t. de r., le processus $I_{\{0<M\leq t\}}$ est une fonctionnelle additive brute, et la mesure correspondante est *évidemment* cooptionnelle : c'est la définition même de la projection cooptionnelle qui est en jeu ici.

b) Il existe une différence importante en théorie des processus de Markov, entre les projections optionnelle et prévisible d'une part, cooptionnelle et coprévisible d'autre part. Nous avons vu en XIV.45 qu'il existe un même processus qui est projection optionnelle (ou prévisible) d'un processus donné sous toutes les lois $\mathbb{P}^\mu$ simultanément. *Il n'en va pas de même pour les projections cooptionnelle ou coprévisible.* Pour le lecteur avancé, cela se justifie en un mot : le semi-groupe de transition du processus retourné est le dual de (P_t) relativement à la mesure μU, qui dépend évidemment de μ.

14 Passons aux processus coprévisibles. Nous recopions les énoncés précédents, avec les modifications appropriées.

a) Théorème de section coprévisible. Soient A un ensemble coprévisible contenu dans $]0, L[$, A' sa projection sur Ω, et a tel que $0 < a < \mathbb{P}(A')$. Il existe un temps coprévisible (même annonçable d'après 9) $M \leq L$ tel que

$$M(\omega) \in A_\omega \quad \text{pour tout } \omega \text{ tel que } M(\omega) > 0\,; \; \mathbb{P}\{M > 0\} > a.$$

b) Théorème de projection coprévisible. Soit (H_t) un processus mesurable ouvert en 0, positif ou borné. Il existe un processus coprévisible (U_t) nul hors de $]0, L[$, tel que l'on ait pour tout temps coprévisible M

$$\mathbb{E}\,[H_M\, I_{\{0<M<L\}}] = \mathbb{E}\,[U_M\, I_{\{0<M<L\}}] ,$$

et ce processus est unique aux ensembles évanescents près.

Nous l'appellerons la *projection coprévisible* de H sur $]0, L]$, et nous le noterons provisoirement $\widetilde{{}^pH}{}^L$.

On a des résultats analogues lorsqu'on travaille sur $[0, \infty[$, les temps coprévisibles prenant alors la valeur $0-$.

c) Projections duales coprévisibles. Soit $\mathbb{Q}$ une $\mathbb{P}$-mesure bornée sur $]0, \infty[\times\Omega$ portée par $]0, L[$. On dit que $\mathbb{Q}$ est *coprévisible* si l'on a $\mathbb{Q}(H) = \mathbb{Q}(\widetilde{{}^pH}{}^L)$ pour tout processus H mesurable borné. Une telle mesure est en particulier cooptionnelle, donc admet une représentation

$$\mathbb{Q}(H) = \mathbb{E}\,[\int_{]0,\infty[} H_s\, dA_s] \tag{14.1}$$

au moyen d'une FA brute A d'un type particulier, dite *fonctionnelle additive gauche (FAG) brute*. On comprend mieux cette terminologie en pensant au cas où la tribu coprévisible est définie sur $[0, \infty[\times\Omega$, et où A_t représente la masse sur $[0, t]$ de la mesure aléatoire. Le processus A est alors croissant et continu à droite, non nécessairement nul en 0, mais l'homogénéité de la mesure s'exprime sous la forme

$$A_{t+s}(\omega) = A_{t-}(\omega) + A_s(\theta_t\omega)\,. \tag{14.2}$$

La terminologie est un peu confuse, les FA ici appelées gauches étant appelées FA droites (!) (ou d-fonctionnelles) par Azéma.

Pour étudier la structure de A, on reprend la méthode de 13 qui utilise la mesure retournée $\widetilde{\mathbb{Q}}(U) = \mathbb{Q}(\widetilde{U})$, sur $]0, \infty[\times\Omega$ cette fois, portée par $]0, L]$. Cette mesure est prévisible, et on lui associe un processus croissant prévisible (C_t) tel que $C_0 = 0$, $C_\infty = C_L$, et

$$\widetilde{\mathbb{Q}}(U) = \mathbb{E}\,[\int_{]0,\infty[} U_s\, dC_s]$$

pour tout processus mesurable borné U ouvert en 0. On se ramène ensuite à traiter séparément les cas où (C_t) est continu et borné — déjà vu en 13 — et où $C_t = cI_{\{t\geq T\}}$, T étant un temps prévisible de la filtration retournée $(\widetilde{\mathcal{F}}_t^L)$, tel que l'on ait $0 < T \leq L$ sur $\{T < \infty\}$. Nous prenons $c = 1$ pour simplifier. Nous avons vu à la fin de 8 comment associer à T le temps coprévisible $(L-T)^+ = M$. Posons alors $A_t = I_{\{0<M\leq t\}}$; ce processus est une FA gauche brute, et l'égalité correspondant à (14.1) est satisfaite

$$\mathbb{E}\left[\int H_s dA_s\right] = \mathbb{E}\left[H_{L-T}\,,\, T \leq L\right] = \mathbb{E}\left[\widetilde{H}_T\,, T < \infty\right] .$$

On obtient alors le résultat cherché en sommant toutes les fonctionnelles élémentaires considérées, comme au n° 13. Les autres détails sont laissés au lecteur.

15 Voici une remarque d'ordre technique pour le cas markovien, à omettre en première lecture, qui simplifie certains arguments de mesurabilité. Désignons par $\mathcal{F}_d$ la tribu sur Ω, intermédiaire entre $\mathcal{F}^{\circ}$ et $\mathcal{F}$, engendrée par les v.a. $\mathcal{F}$–mesurables bornées possédant la propriété suivante, pour toute loi initiale μ,

le processus $(f\circ\theta_t)_{t\geq 0}$ est càdlàg. aux ensembles $\mathbb{P}^\mu$–évanescents près.

Cette tribu admet comme fonctions mesurables toutes les v.a. de la forme $h\circ X_t$, où h est p–excessive. Elle admet aussi tous les temps de retour, et par conséquent aussi tous les temps coprévisibles, à condition d'en choisir une version "annonçable". La décomposition des FA et FAG brutes (A_t) indiquée plus haut montre alors qu'on peut, dans les deux cas, *imposer aux v.a. A_t d'être $\mathcal{F}_d$–mesurables.*

Soit f une v.a. bornée, telle que le processus $(f\circ\theta_t)$ soit continu à droite ; la fonction $F = \mathbb{E}\,[f]$ possède alors la propriété

$$F = \lim_t P_t F = \lim_p pU_pF \ ,$$

et par conséquent elle est $\mathcal{E}$–mesurable. Cela s'étend par classes monotones à toute v.a. $\mathcal{F}_d$–mesurable, positive ou bornée.

Définition générale des projections

16 Nous allons maintenant nous affranchir de la donnée du t. de r. fini L, qui nous a servi à retourner le temps.

Nous remarquons que l'ensemble des t. de r. finis est filtrant croissant. Il existe donc une suite croissante (L_n) de t. de r. finis, dont la limite Λ (qui est un t. de r., mais non nécessairement fini) est *la borne supérieure essentielle des t. de r. finis sous la loi* $\mathbb{P}$. Nous nous proposons d'étendre jusqu'à l'instant Λ les opérations de projection et de projection duale définies plus haut. Quitte à remplacer les L_n par $\Lambda^{\{\Lambda<\infty\}} \vee L_n$, nous voyons que la suite peut être supposée stationnaire sur l'ensemble $\{\Lambda < \infty\}$: il ne se pose donc de problème de recollement que sur le complémentaire de celui–ci.

Désignant par H un processus mesurable ouvert, positif ou borné, et L un t. de r. fini, convenons de désigner par ${}^{\widetilde{op}}H^L$ la projection cooptionnelle de $HI_{]0,L]}$, et par ${}^{\widetilde{p}}H^L$ la projection coprévisible de $HI_{]0,L[}$. Avec ces notations, si L et M sont deux t. de r. finis tels que $L \leq M$, on a aux ensembles évanescents près

$$\widetilde{^{op}H^L} = \widetilde{^{op}H^M} \quad \text{sur }]\,0,L\,]\,, \quad \widetilde{^{p}H^L} = \widetilde{^{p}H^M} \quad \text{sur }]\,0,L\,[\,.$$

Cela nous permet de définir par recollement la *projection cooptionnelle* $\widetilde{^{op}H}$ sur la partie à distance finie de $]\,0,\Lambda\,]$, et la *projection coprévisible* $\widetilde{^{p}H}$ sur $]\,0,\Lambda\,[$. La projection cooptionnelle (coprévisible) est prise par définition nulle sur $]\,\Lambda,\infty\,[$ (*resp.* $[\,\Lambda,\infty\,[$).

Dans la forme de la théorie donnée par Azéma [3], la projection coprévisible d'un processus mesurable fermé est un processus coprévisible également fermé.

De même, on définit les *projections duales* d'un processus croissant intégrable $A=(A_t)$, notées $A^{\widetilde{op}}$ et $A^{\widetilde{p}}$. On a par exemple

$$\mathbb{E}\,[\int_{]\,0,\infty\,[} H_s\, dA_s^{\widetilde{op}}] = \mathbb{E}\,[\int_{]\,0,\infty\,[} \widetilde{^{op}H_s}\, dA_s]\ ,$$

si H est un processus ouvert, positif ou borné. La mesure aléatoire $dA^{\widetilde{op}}$, portée par $]\,0,\Lambda\,]$, s'obtient par recollement de mesures aléatoires homogènes sur les intervalles $]\,L_n,L_{n+1}\,]$. Nous laisserons au lecteur les détails, qui sont faciles.

REMARQUE. Les théorèmes de section cooptionnel 12 a) et coprévisible 14 a) s'étendent aisément aux parties cooptionnelles contenues dans $]\,0,\Lambda\,]$, resp. coprévisibles dans $[\,0,\Lambda\,[$.

Les théorèmes de régularité des trajectoires d'une projection optionnelle ou prévisible (VI.47–50) se transcrivent aisément pour les projections cooptionnelle et coprévisible.

17 Revenons au cas d'un processus de Markov transient (X_t). Choisissons une fonction $g>0$ dont le potentiel $h=Ug$ est borné. Le processus $(h \circ X_t)$ est une surmartingale positive admettant une limite nulle à l'infini, et son intervalle d'annulation est exactement l'intervalle $[\,\zeta,\infty\,[$. Les v.a. suivantes

(17.1) $$\zeta^\varepsilon = \sup\{t\ :\ h(X_t) > \varepsilon\}$$

sont donc des t. de r. finis, qui tendent en croissant vers ζ. Inversement, soit L un t. de r. fini, et soit Ω' un ensemble stable par translation, portant $\mathbb{P}^\mu$ et sur lequel la relation $L\circ\theta_t = (L-t)^+$ a lieu identiquement. La relation $L(\omega) > t > \zeta(\omega)$ pour un $\omega \in \Omega'$ entraîne $\theta_t(\omega) = [\partial] \in \Omega'$ et $L([\partial]) = (L(\omega)-t)^+ > 0$, après quoi l'invariance de $[\partial]$ par translation entraîne $L([\partial]) = \infty$. On voit donc que tout t. de r. fini est majoré par ζ, et que le temps de retour Λ du n° précédent est égal à ζ.

Dans les situations récurrentes, où il n'existe aucun temps de retour fini non nul, la théorie que nous avons développée est complètement vide.

2. APPLICATIONS AUX PROCESSUS DE MARKOV

Doubles projections de processus

18 Le théorème suivant, dû à Azéma, est à la fois simple et important. Sous sa forme classique, il concerne les lois $\mathbb{P}^\mu$ sur Ω, mais il est aussi fort intéressant d'en avoir une version concernant les mesures $\mathbb{P}^m$ sur Ω_+, où $m = (\mu_t)$ est une loi d'entrée non nécessairement bornée, mais admettant un p-potentiel σ-fini pour $p > 0$ (l'existence des mesures $\mathbb{P}^m$ correspondantes sera traitée au chapitre XIX).

Un ensemble presque-borélien A sera naturellement dit *m-polaire* A si le processus $(I_A \circ X_t)_{t>0}$ est évanescent sous $\mathbb{P}^m$. Dans le cas des processus fermés en 0 (mesures $\mathbb{P}^\mu$) il faut être un peu plus précis : le processus $(I_A \circ X_t)_{t\geq 0}$ est $\mathbb{P}^\mu$-évanescent si A est à la fois μ-négligeable et μ-polaire (XIV.85); nous dirons alors que A est *μ-évanescent.*

THÉORÈME. *Soit $(H_t)_{t>0}$ un processus coprévisible positif, nul pour $t \geq \zeta$. Alors la projection optionnelle de (H_t) sous $\mathbb{P}^m$ est de la forme $(h \circ X_t)$, où h est mesurable/$\mathcal{E}$, nulle au point ∂, déterminée aux ensembles m-polaires près. En particulier, cette projection optionnelle est encore coprévisible.*

COROLLAIRE. *Tout processus à la fois optionnel et coprévisible, nul sur $[\zeta, \infty[$, est de la forme $(h \circ X_t)$, où h est comme ci-dessus.*

> Dans le cas des mesures $\mathbb{P}^\mu$, on a un résultat analogue pour les processus coprévisibles fermés en 0, et la fonction h est déterminée aux ensembles μ-évanescents près.

DÉMONSTRATION. Pour la clarté du raisonnement, nous commençons par supposer que la mesure $\mathbb{P}^m$ est bornée. Par un argument de classes monotones, on se ramène à traiter le cas des générateurs de la tribu coprévisible : processus bornés, homogènes et continus à droite et bornés, ces deux propriétés étant, pour l'instant, satisfaites identiquement. Posons $h_r = \mathbb{E}^\bullet[H_r]$; l'homogénéité entraîne que $P_t h_r = h_{r+t}$. Soient T un temps d'arrêt T, μ_T la loi de X_T ; en utilisant l'homogénéité et la continuité à droite, on déduit de la propriété de Markov forte que

$$\mathbb{E}[H_T \mid \mathcal{F}_T] = \lim_{r\downarrow 0} \mathbb{E}[H_{T+r} \mid \mathcal{F}_T] = \lim_r \mathbb{E}[H_r \circ \theta_T \mid \mathcal{F}_T] = \lim_r h_r \circ X_T$$

Il en résulte que les fonctions h_r admettent une limite μ_T-p.s.. Nous posons donc $h = \operatorname{liminf\,ess}_r h_r$, et nous avons p.s.

$$\mathbb{E}[H_T \mid \mathcal{F}_T] = h \circ X_T .$$

On a

$$\mathbb{E}[H_{T+r} \mid \mathcal{F}_T] = \mathbb{E}[H_{T+r} \mid \mathcal{F}_{T+r} \mid \mathcal{F}_T] = \mathbb{E}[h \circ X_{T+r} \mid \mathcal{F}_T] = P_r h \circ X_T$$

Mais en utilisant la relation $H_{T+r} = H_r \circ \theta_T$ cela vaut aussi $h_r \circ X_T$, donc $h_r = P_r h$ ν-p.s..

Pour établir que le processus $(h \circ X_t)$ est la projection optionnelle cherchée, il reste à établir qu'il est optionnel, et il suffit pour cela que h soit mesurable/$\mathcal{E}$.

Il faut maintenant une petite distinction technique : si H est coprévisible au sens de la théorie des processus de Markov, l'homogénéité et la continuité à droite ont lieu sur un ensemble Ω' stable par translation portant toute loi $\mathbb{P}^\lambda$, et cela entraîne que $P_t h_r \to h_r$ lorsque $t \to 0$, ou encore $pU_p h_r \to h_r$, donc h_r et h sont mesurables/$\mathcal{E}$. Si H est seulement coprévisible au sens du § 1, on sait seulement que Ω' porte $\mathbb{P}^m$. Qu'à cela ne tienne : la propriété de Markov forte entraîne que $pU_p h_r \to h_r$ μ_T-p.s. pour tout t. d'a. T, et l'on peut remplacer h_r, sans changer de notation, par $\operatorname{liminfess}_p pU_p h_r$, qui est mesurable./$\mathcal{E}$.

Il reste à étendre le résultat à une loi d'entrée $m = \mu_t$ non nécessairement bornée. Nous supposons que la mesure $\eta = \int_0^\infty e^{-s} \mu_s \, ds$ est σ-finie, et choisissons une fonction strictement positive k telle que $\eta(k) < \infty$. Alors la v.a. $K_\infty = \int_0^\infty e^{-ps} k(X_s) \, ds$ est intégrable/$\mathbb{P}^m$, et le processus coprévisible $K_t = K_\infty \circ \theta_t$ est dominé par une v.a. intégrable sur tout intervalle borné. On reprend alors le raisonnement précédent, en travaillant sur des t. d'a. bornés, et sur des processus H majorés par un multiple de K, ce qui justifie les arguments de classes monotones ou de convergence dominée.

Le cas des processus coprévisibles fermés en 0 est plus simple, et nous le laissons au lecteur.

La projection optionnelle que nous avons construite ne dépend pas du choix de la loi d'entrée.

Voici le pendant de ce théorème. On notera que l'énoncé est moins explicite que le précédent, ce qui le rend aussi moins utile (mais voir le commentaire au n° 20). Comme ci-dessus, le théorème s'applique sous une mesure $\mathbb{P}^\mu$ ou $\mathbb{P}^m$. La démonstration étant semblable à la précédente, nous donnerons moins de détails

19 THÉORÈME. *La projection prévisible d'un processus cooptionnel* $(H_t)_{t>0}$, *nul pour* $t > \zeta$, *positif ou borné, est encore cooptionnelle.*

DÉMONSTRATION. Nous supposons la mesure $\mathbb{P}^m$ bornée (on se débarrasserait de cette hypothèse de la même manière qu'au n° précédent). L'argument habituel de classes monotones permet alors de se ramener au cas d'un processus H borné et càglàd., y compris une limite à droite en 0. Soit $J = H_+$ le processus de ses limites à droites, qui est coprévisible. D'après les propriétés de régularité des trajectoires d'une projection (VI.47–50), le processus ${}^pH$ est càglàd., les processus ${}^oH$ et ${}^pJ$ sont làglàd., le processus ${}^oJ$ càdlàg. On a d'autre part ${}^pH = ({}^pJ)_-$, $({}^oJ) = ({}^pJ)_+$, et ${}^oJ = ({}^oH)_+$. Il en résulte que ${}^pH = ({}^oJ)_-$. Or d'après 18 ${}^oJ$ est de la forme $j \circ X$, et le processus de limites à gauche $(j \circ X)_-$ est cooptionnel.

REMARQUES. a) Il existe des théorèmes voisins pour les processus non homogènes, dans l'énoncé desquels la tribu cooptionnelle ou coprévisible est interprétée au sens usuel en théorie des processus, par rapport à la filtration du futur. Voir Dynkin [14], Atkinson [1], et Atkinson–Mitro [1] dans le cadre des processus de Kuznetsov.

b) Démontrons rapidement que la projection optionnelle d'un processus cooptionnel est encore cooptionnelle. Nous supposons pour simplifier la mesure $\mathbb{P}^m$ bornée, et nous prenons comme ci-dessus H borné càglàd. homogène et $J = H_+$ coprévisible. Le résultat est connu pour la projection optionnelle de J. Donc il suffit de traiter la projection optionnelle de

$H-J$, puis celle de $K=|H-J|\,I_{\{|H-J|>\varepsilon\}}$. Or (par retournement du temps) ce processus est somme de processus de la forme $U_L I_{[L]}$, où U est un processus homogène, L un temps de retour $\leq \zeta$ (de graphe $[L]$). Alors le processus $A_t = U_L I_{t\geq L}$ est une FA brute, sa projection duale optionnelle B est une FA adaptée, et la projection cherchée est le processus cooptionnel ΔB.

Pour le dernier couple, le résultat analogue est faux. En effet la projection prévisible d'un processus coprévisible est optionnelle ; si elle était encore coprévisible elle serait donc de la forme $h \circ X$ d'après 18, ce qui est en général incompatible avec la prévisibilité.

20 COMMENTAIRE. Lorsque nous aurons traité le retournement du processus de Markov (X_t), sous l'hypothèse de l'existence d'un semi-groupe droit $(\widehat{P}_t)$ en dualité (faible) avec (P_t) par rapport à la mesure excessive $\eta = \mu U$, nous pourrons préciser considérablement 19. Sans entrer ici dans les détails, nous établirons en 53 que le processus (X_t) admet des limites à gauche, et que tout processus prévisible et cooptionnel est de la forme $(h \circ X_{t-})$. Il est même possible (Getoor–Sharpe [8]) de caractériser les processus optionnels et cooptionnels dans $]\,0,\zeta\,[$, comme les processus de la forme $h(X_{t-},X_t)$.

Ce résultat est étroitement lié à un théorème de Walsh et Weil [1], suivant lequel (sous les mêmes hypothèses) tout temps terminal parfait exact est un temps d'entrée pour le processus (X_{t-},X_t).

Nous rencontrons donc pour la première fois la situation suivante : *pour faire une théorie complète des processus de Markov, il est nécessaire de faire des hypothèses droites à la fois pour le processus et pour son dual.* Ce fait n'est pas surprenant : historiquement la théorie des processus de Markov est partie d'hypothèses extrêmement contraignantes de dualité forte, avec des densités semi–continues inférieurement, etc.. Trente ans de travail ont permis de les affaiblir très considérablement, mais on ne peut aller tout à fait jusqu'au bout avec des hypothèses d'un seul côté.

21 Nous énonçons maintenant deux résultats sur les projections duales, nécessaires pour établir le théorème sur la commutation des projections. Le premier résultat est un rappel de XV.15.

THÉORÈME. *Soit (A_t) une fonctionnelle additive brute, ne chargeant pas $]\,\zeta,\infty\,[$ et telle que la fonction $\mathbb{E}^\bullet[A_\infty]$ soit finie sur E. Il existe une fonctionnelle additive adaptée (resp. prévisible) (B_t), qui est projection duale optionnelle (prévisible) de (A_t) sous toute loi $\mathbb{P}^\mu$.*

REMARQUES. a) On peut mettre à profit 12 c) pour lever en partie la restriction d'intégrabilité ci–dessus. En utilisant le retournement aux t. de r. ζ^ε de 17, qui transforme l'additivité brute en une simple propriété d'adaptation, on peut décomposer une FA brute (finie sous une loi $\mathbb{P}^\mu$ donnée) en somme d'une série $\sum_n A^n_t$ de FA brutes, chacune desquelles est soit continue uniformément bornée, soit de la forme $cI_{\{t\geq M\}}$ pour un t. de r. $M \leq \zeta$. On applique alors le théorème aux A^n_t, et (B_t) est la somme des projections duales correspondantes B^n_t. Le rôle de la condition d'intégrabilité est alors seulement d'assurer la convergence de cette dernière série.

b) L'extension du résultat aux mesures $\mathbb{P}^\mu$ où μ est σ-finie, puis aux mesures $\mathbb{P}^m$ associées aux lois d'entrée, est immédiate. Noter que si le potentiel de la loi d'entrée est une mesure σ-finie η, on a

$$\mathbb{E}^m[A_\infty] = \sup_t < \mu_t, a > = L(\eta, a) .$$

Nous passons aux fonctionnelles gauches. Il y a ici deux résultats, suivant que l'on travaille sur les processus ouverts ou fermés en 0. Nous ne traitons explicitement que le premier cas.

22 THÉORÈME. *Soit (A_t) une FA gauche brute, ne chargeant pas $[\zeta, \infty[$ et telle que la fonction $\mathbb{E}^\bullet[A_\infty]$ soit finie sur E. La projection duale optionnelle B de A (dont l'existence est garantie par 21) admet des sauts de la forme*

(22.1) $$\Delta B_t = b \circ X_t \ ,$$

où b est une fonction positive $\mathcal{E}$-mesurable, nulle hors d'un ensemble semi-polaire, et cette propriété caractérise les FA gauches (adaptées) parmi les FA adaptées.

Lorsqu'on travaille sur l'intervalle sur $[0, \infty[$, la seule différence est la présence d'un saut supplémentaire $b \circ X_0$ à l'instant 0. Toutefois la démonstration (que l'on trouvera dans l'article d'Azéma [3]) est un peu plus longue, car dans ce cas une FAG n'est pas une FA et on ne peut invoquer les résultats du chapitre XV.

DÉMONSTRATION. Nous décomposons A en la somme d'une FA continue (pour laquelle aucun problème ne se pose), et d'une série de FA gauches de la forme $cI_{\{t \geq L\}}$, où c est une constante et L est un temps coprévisible, tel que $L < \zeta$ sur $\{L > 0\}$. Il suffit de traiter ce cas élémentaire, et l'on peut supposer que $c = 1$. On peut choisir aussi une bonne version de L, annonçable par une suite décroissante de temps de retour $L_n \leq \zeta$. De manière précise, on peut supposer que les L_n satisfont à l'identité des temps de retour sous toute loi $\mathbb{P}^\mu$, que $L_n > L_{n+1}$ sur $\{L_{n+1} > 0\}$, et que $L = \lim_n L_n$ partout. Soit a_n la fonction excessive $\mathbb{P}^\bullet\{L_n > 0\}$, et soit $a = \lim_n a_n$.

Posons $A_t = I_{\{t \geq L\}}$. Nous avons pour tout t. d'a. $T > 0$

$$\mathbb{E}[A_\infty - A_{T-} \mid \mathcal{F}_T] = \mathbb{P}\{L \geq T \mid \mathcal{F}_T\} = \lim_n \mathbb{P}\{L_n > T \mid \mathcal{F}_T\} = a \circ X_T \ .$$

En particulier, la fonction a est *fortement surmédiane*; nous désignerons par $\widehat{a}$ sa régularisée excessive. D'autre part, $a = \lim_n a_n$ est $\mathcal{E}$-mesurable, et le processus $Z_t = a \circ X_t$ est alors, sous toute loi $\mathbb{P}^\mu$, une surmartingale forte *optionnelle*, potentiel gauche (VI.89) du processus croissant brut (A_t) et donc *régulière* (VII.11). D'après la théorie des surmartingales fortes (vol. B, Appendice I), (Z_t) admet des limites à droite Z_{t+}. Les processus (Z_{t+}) et $(\widehat{a} \circ X_t)$, continus à droite et égaux pour presque tout t, sont alors indistinguables. La fonction a étant limite d'une suite décroissante de fonctions excessives, l'ensemble $\{a > \widehat{a}\}$ est semi-polaire (XIV.85).

D'après 21, la projection duale optionnelle de (A_t) sous $\mathbb{P}^\mu$ ne dépend pas de μ, et c'est l'unique FA adaptée (B_t) admettant $Z_t = a \circ X_t$ comme potentiel gauche. Nous appliquons VII.(11.3) pour calculer le saut de B en un temps d'arrêt T

$$\Delta B_T = Z_T - Z_{T+} = a(X_T) - \widehat{a}(X_T) \ ,$$

d'où la forme (22.1) de la partie discontinue de (B_t), avec $b = a - \widehat{a}$. Le processus $b \circ X$ étant coprévisible, l'ensemble coprévisible à coupes dénombrables $\{b > 0\}$ est réunion de graphes de temps coprévisibles, et il en résulte que B^d est une FA gauche adaptée ; il en est de même de B, qui n'en diffère que par une FA continue.

Inversement, si B est une FA gauche adaptée, le processus ΔB est à la fois optionnel et coprévisible, nul hors de $]0, \zeta[$; il est donc de la forme $b \circ X$ pour une fonction $\mathcal{E}$-mesurable b, et comme l'ensemble $\{\Delta B \neq 0\}$ est à coupes dénombrables b est nulle hors d'un ensemble semi-polaire (XIV.89).

REMARQUES. a) Comme plus haut pour les FA ordinaires, l'hypothèse de finitude de a garantit seulement qu'il existe une projection duale finie, et peut être considérablement affaiblie.

b) Nous sommes partis d'une définition peu explicite des FA gauches, et nous avons abouti (au moins dans le cas adapté) à une description qui en fait des objets *plus simples* que les FA usuelles : leurs discontinuités sont connues explicitement, et localisées sur un ensemble semi-polaire. Il faut des hypothèses de dualité pour arriver à une description analogue des sauts des FA droites (prévisibles).

Commutation de projections

Nous avons maintenant tout ce qu'il faut pour établir l'important théorème suivant.

23 THÉORÈME. *Les opérateurs de projection optionnelle et coprévisible commutent, ainsi que les opérateurs de projection prévisible et cooptionnelle.*

Il y a en fait un troisième résultat du même genre, moins souvent utilisé : la commutation des projections optionnelle et cooptionnelle (voir la remarque à la fin de ce n°).

DÉMONSTRATION. Soit $(Z_t)_{t \geq 0}$ un processus mesurable borné, et soient U le processus coprévisible $\widetilde{p}({}^o Z)$, V le processus ${}^o(\widetilde{{}^p Z})$, également coprévisible d'après 48. Ces deux processus étant nuls sur $[\zeta, \infty[$, pour montrer qu'ils sont indistinguables il suffit (en vertu du théorème de section coprévisible) de prouver que

$$\mathbb{E}^\mu [\, U_L I_{\{0<L<\zeta\}} \,] = \mathbb{E}^\mu [\, V_L I_{\{0<L<\zeta\}} \,]$$

pour tout temps coprévisible L. Quitte à remplacer L par 0 sur $\{L \geq \zeta\}$ on peut supposer $L < \zeta$ (en particulier, fini) et éliminer ζ de l'écriture. Introduisons la fonctionnelle additive gauche brute $A_t = I_{\{0<t\leq L\}}$, et sa projection duale optionnelle (B_t), qui est d'après 22 une FA gauche adaptée. On a, en partant du fait que dA est coprévisible,

$$\mathbb{E}^\mu [\, U_L I_{\{0<L\}} \,] = \mathbb{E}^\mu [\int \widetilde{p}({}^o Z_s)\, dA_s \,] = \mathbb{E}^\mu [\int {}^o Z_s\, dA_s \,]$$

$$= \mathbb{E}^\mu [\int {}^o Z_s\, dB_s \,] \qquad ({}^o Z \text{ est optionnel})$$

$$= \mathbb{E}^\mu [\int Z_s\, dB_s \,] \qquad (dB \text{ est optionnelle}).$$

et d'autre part,

$$\mathbb{E}^\mu [\, V_L I_{\{0<L\}} \,] = \mathbb{E}^\mu [\int V_s \, dA_s] = \mathbb{E}^\mu [\int V_s \, dB_s]$$

(*V* est optionnel)

$$= \mathbb{E}^\mu [\int^o (\widetilde{{}^p Z_s}) \, dB_s \,] = \mathbb{E}^\mu [\int (\widetilde{{}^p Z_s}) \, dB_s \,]$$

(dB est optionnelle)

$$= \mathbb{E}^\mu [\int Z_s \, dB_s \,] \qquad (dB \text{ est coprévisible})$$

On a donc bien l'égalité. Les autres résultats se traitent de même, en utilisant 19 et 21.

NOTATION. Le théorème précédent justifie la suppression des parenthèses dans les projections : on écrit $\widetilde{{}^{op}}H$, $\widetilde{{}^{po}}H$. Cela s'applique aussi à la remarque suivante.

REMARQUE. Supposons que le semi-groupe (P_t) admette un dual droit $(\widehat{P}_t)$ par rapport à la mesure μU, et démontrons rapidement la commutation des projections optionnelle et cooptionnelle sous $\mathbb{P}^\mu$ (l'extension aux lois d'entrée est laissée au lecteur). Nous anticiperons sur quelques résultats à venir : l'existence de limites à gauche sur $]\,0,\zeta\,[$, et le théorème principal de retournement 46. Nous ferons d'abord l'hypothèse simplificatrice que la durée de vie est p.s. finie.

Soit H un processus mesurable positif ouvert en 0, nul sur $[\,\zeta,\infty\,[$. On sait calculer la projection optionnelle de H par la formule de Dawson (XIV.45) : cette projection est de la forme $h(k_t\omega, t, X_t)$, où la fonction $h(\omega,t,x)$ vaut $\mathbb{E}^x\,[\,H_t(\omega\,|t|\,\cdot)\,]$. Pour calculer ensuite la projection cooptionnelle, on procède par retournement du temps à ζ, ce qui transforme ce processus en $h(\theta_t\widehat{\omega}, \zeta-t, \widehat{X}_{t-})\, I_{\{0<t<\zeta\}}$. Utilisant la propriété de Markov forte du processus retourné, nous obtenons une projection de la forme $\eta(\widehat{X}_t, \widehat{X}_{t-})\, I_{\{0<t<\zeta\}}$, et en retournant à nouveau le temps le résultat final est de la forme $\eta(X_{t-}, X_t)\, I_{\{\ldots\}}$. Un tel processus est évidemment à la fois optionnel et cooptionnel. Cela a déjà une conséquence intéressante : si l'on est parti d'un processus H à la fois optionnel et cooptionnel, les deux projections successives l'ont laissé inchangé aux ensembles évanescents près, et donc *H était déjà de la forme $\eta(X_{t-}, X_t)$*, résultat dû à Getoor–Sharpe.

Ensuite, pour établir le théorème de commutation de projections, on raisonne comme en 23, en utilisant un t. de r. ordinaire au lieu d'un temps coprévisible, et le fait que la projection duale optionnelle d'une FA brute est encore une FA.

Si la durée de vie n'est pas finie, il faut tuer le processus à des temps de retour finis tendant vers ζ, et passer à la limite. Nous ne donnerons pas les détails.

FA gauche associée à une mesure sur E

En guise d'introduction, considérons une mesure positive ν absolument continue par rapport à une mesure potentiel $\eta = \mu U$; soit g la densité correspondante. Alors pour toute fonction positive f on a $\nu(f) = \eta(fg) = \mathbb{E}^\mu\,[\int f(X_s)\, dA^\nu_s\,]$, A^ν étant la fonctionnelle additive $\int_0^t g(X_s)\, ds$. Que peut on dire lorsque ν n'est pas absolument continue ? La réponse est fournie par le théorème suivant, dû à Azéma, et dont il existe deux versions. Celle que nous présentons concerne les lois d'entrée $m = (\mu_t)$ et les mesures ne chargeant pas les ensembles m–polaires ; l'autre (qui est celle d'Azéma lui-même) concerne les mesures $\mathbb{P}^\mu$, et les ensembles μ–évanescents (18) ; dans ce cas la fonctionnelle gauche peut charger 0.

24 THÉORÈME. *Soit ν une mesure bornée sur E, qui ne charge pas les ensembles m-polaires. Il existe alors une fonctionnelle additive gauche (adaptée) (A_t^ν) telle que l'on ait, pour toute fonction positive f sur E*

$$(24.1)\qquad \nu(f) = \mathbb{E}^m\left[\int_{]0,\infty[} f(X_s)\,dA_s^\nu\right].$$

et deux fonctionnelles gauches possédant cette propriété sont indistinguables/$\mathbb{P}^m$.

Si ν n'est pas bornée, la décomposer en somme de mesures bornées, et sommer les fonctionnelles ! Pour que la somme soit encore une FA (finie), il suffit qu'il existe une fonction f telle que $\nu(f) < \infty$ et que le processus $f \circ X$ soit localement borné inférieurement — une fonction p–excessive >0 fait l'affaire.

DÉMONSTRATION. Pour tout processus mesurable borné $(H_t)_{t>0}$, le processus $\widetilde{^{po}H}$ est à la fois coprévisible et optionnel. D'après 18 il est alors de la forme $(h \circ X_t)$, où h est positive bornée, définie aux ensembles m–polaires près et nulle au point ∂. Donc $\nu(h)$ est bien défini, et en posant $\mathbb{Q}(H) = \nu(h)$ nous obtenons une $\mathbb{P}^m$–mesure bornée sur $]0,\infty[\times\Omega_+$, qui est à la fois optionnelle et coprévisible. D'après 22 cette mesure admet une représentation

$$\mathbb{Q}(H) = \mathbb{E}^m\left[\int_{]0,\infty[} H_s\,dA_s^\nu\right] = \mathbb{E}^m\left[\int_{]0,\infty[} h(X_s)\,dA_s^\nu\right],$$

où A^ν est une FA gauche. Deux fonctionnelles satisfaisant à la même relation (24.1) définissent la même mesure sur $]0,\infty[\times\Omega$, et sont donc $\mathbb{P}^m$–indistinguables. □

Si l'on travaille sur Ω au lieu de Ω_+, le raisonnement est le même, mais l'intervalle d'intégration est partout remplacé par $[0,\infty[$.

REMARQUES. a) Soit Z une v.a. aléatoire positive sur Ω_+, $\mathcal{F}^\circ$–mesurable, ou plus généralement $\mathcal{F}_d$–mesurable (15). En appliquant (24.1) à la fonction $f = \mathbb{E}^\bullet[Z]$ on obtient la formule

$$(24.2)\qquad \mathbb{E}^\nu[Z] = \mathbb{E}^m\left[\int_{]0,\infty[} Z\circ\theta_s\,dA_s^\nu\right].$$

b) Le procédé par lequel a été construite la FAG (A_t) en 12–13 a fait intervenir une somme infinie de FAG, convergeant vers une limite finie sous la loi $\mathbb{P}^m$, mais non nécessairement sous toute loi $\mathbb{P}^x$. La fonction $a = \mathbb{E}^\bullet[A_\infty]$ est $\mathcal{E}$–mesurable et fortement surmédiane, et le processus $(a \circ X_t)$ est donc une surmartingale forte optionnelle. Il en résulte que l'ensemble $\{a = \infty\}$, qui est μ_t–négligeable pour tout $t > 0$, est aussi m–polaire. Il peut cependant être non vide : en voici un exemple dû à Azéma.

Considérons le processus de translation uniforme sur $\mathbb{R}_+$, pour lequel le point 0 est polaire. Il existe une unique trajectoire ω_x issue du point x, et les FA droites (*resp.* gauches sur $[0,\infty[$) sont uniquement associées aux mesures positives α sur $\mathbb{R}_+$ par la formule

$$A_t(\omega_x) = \alpha(]x, x+t]),\quad (\textit{resp. } \alpha([x, x+t]))$$

La mesure ν associée à la fonctionnelle gauche (A_t) est alors donnée par

$$\nu(ds) = \mu([0,s])\,\alpha(ds)\ .$$

Il est alors facile de construire deux mesures μ et α telles que ν soit bornée, mais que α explose au voisinage de 0. Notre étude des FA au chapitre XV aurait pu mentionner ces FA explosant aux points d'un ensemble polaire, dont l'étude se ramène de manière presque immédiate à celle des FA ordinaires par restriction de l'espace d'états, et qui apparaissent très naturellement en théorie du potentiel.

25 Dans l'esprit du n° 20, nous allons indiquer le théorème correspondant à 24 pour le couple prévisible/cooptionnel, en anticipant sur la fin du chapitre (n° 55). Conservons les notations de 24, et modifions les hypothèses de la façon suivante :

1) Nous supposons que le processus (X_t) admet, sous la loi $\mathbb{P}^m$, des *limites à gauche* X_{t-}, et que tout processus à la fois prévisible et cooptionnel sur $]\,0,\zeta\,]$ est de la forme $(h\circ X_{t-})_{t>0}$, où h est $\mathcal{E}$-mesurable.

Cette hypothèse a été introduite par Azéma [3] sous le nom d'*hypothèse CMF* : C pour *co-*, MF pour *Markov fort*. On a mentionné en 20 que cette hypothèse est presque satisfaite dès que le semi-groupe (P_t) admet un semi-groupe dual droit $(\widehat{P}_t)$ par rapport à la mesure $\eta = \mu U$. Nous disons presque, parce que la limite à gauche à l'instant ζ peut appartenir, non à E, mais à une frontière de sortie (*cf.* 59). Nous préférons ne pas expliciter les modifications que cela entraînerait pour l'énoncé.

2) La mesure ν ne charge pas les ensembles *m-polaires à gauche*, c'est à dire les ensembles $\mathcal{E}$-mesurables A tels que le processus $(I_A\circ X_{t-})$ soit $\mathbb{P}^m$-évanescent.

On peut alors appliquer le raisonnement de 24 au second couple de projections qui commutent, et obtenir le résultat que voici :

THÉORÈME. *Sous les hypothèses 1) et 2), la mesure ν est représentable sous la forme*

$$(25.1)\qquad \nu(f) = \mathbb{E}^m\Big[\int_{]\,0,\infty\,[} f(X_{s-})\,dA^\nu_s\Big]$$

où (A^ν_t) est une fonctionnelle additive prévisible, et celle-ci est unique.

Comme d'habitude, on sous-entend que les FA (droites) sont arrêtées à l'instant ζ. L'unicité s'entend sous cette condition, et (comme en 24) sous la mesure $\mathbb{P}^m$. Enfin, la fonctionnelle peut exploser pour certaines lois $\mathbb{P}^x$ (remarque 24 b)).

On peut aussi se demander quelles sont les mesures représentables sous la forme (25.1), au moyen d'une FA droite non nécessairement prévisible. Voir à ce sujet *Sém. Prob. VIII*, LN 381 (1974), p.286–287.

REMARQUE. Cet énoncé semble d'abord moins attirant que 24, mais il est néanmoins fort intéressant. Dans le cas des semi-groupes de Feller (ou de Hunt : XVI.11), les ensembles m-polaires sont aussi m-polaires à gauche (XIV.92). Si le semi-groupe dual est aussi de Hunt, situation assez fréquente, on voit en retournant le temps que les deux classes sont identiques. Si de plus les ensembles m-polaires sont simplement les ensembles polaires, on parvient à associer à toute mesure ν ne chargeant pas les polaires une FA prévisible, qui décrit “la masse de ν vue le long des trajectoires”. Il n'existe rien de tel, bien sûr, pour une mesure portée par un ensemble polaire.

Sur le théorème de Skorohod

26 Nous avons présenté en IX.72 le problème de Skorohod discret. Rappelons ce dont il s'agit : étant données deux mesures μ et ν telles que ν soit une *balayée* de μ (autrement dit, $\nu(f) \leq \mu(f)$ pour toute fonction excessive f), construire un temps d'arrêt T tel que $\nu = \mu P_T$. Ce t. d'a. peut être un "t. d'a. randomisé" défini sur un espace élargi (*cf.* IX.73); en éliminant celui–ci, la relation $\nu = \mu P_T$ s'exprime de la manière suivante sur l'espace Ω

$$(26.1) \qquad \nu(f) = \mathbb{E}^{\mu}\left[-\int_{[0,\infty]} f \circ X_s \, dM_s \right]$$

où (M_t) est un processus décroissant, adapté, continu à droite, compris entre 0 et 1, qui sert de "fonction de répartition conditionnelle" au t. d'a. randomisé T : pour chaque ω donné, la loi conditionnelle de T est donnée par

$$(26.2) \quad \mathbb{P}_{\omega}\{T = 0\} = 1 - M_0(\omega)\ , \ \mathbb{P}_{\omega}\{T > t\} = M_t(\omega)\ , \ \mathbb{P}_{\omega}\{T = \infty\} = M_{\infty}(\omega)\ .$$

Il existe de multiples formes de la représentation (26.1), plusieurs desquelles sont mentionnées dans la note historique au chapitre IX. Nous avons choisi ici une solution du problème de Skorohod (Azéma–Meyer [1]) qui dérive du théorème 24 et fait intervenir une *fonctionnelle multiplicative gauche* (M_t).

On trouvera dans l'article mentionné un résultat d'unicité de cette fonctionnelle, non reproduit ici. D'autre part, nous ne traitons pas le cas des lois d'entrée, lié aux théorèmes de Fitzsimmons [6] sur les mesures de Kuznetsov.

Si les mesures μ et ν admettent des potentiels ξ et η, la relation $\nu(f) \leq \mu(f)$ pour f excessive peut aussi s'écrire $L(\xi, f) \leq L(\eta, f)$, et prend alors un sens plus général. Nous ne nous occuperons pas ici du "problème de Skorohod" correspondant (voir encore Fitzsimmons [6]).

Nous commençons par quelques remarques concernant les balayées ν d'une mesure μ, qui auraient pu (et même dû) trouver leur place au chapitre XIV. Nous ne supposerons pas que μ est bornée, mais seulement que $\xi = \mu U$ est une mesure σ–finie; nous désignerons alors par g une fonction >0 et intégrable/ξ, et par γ le potentiel Ug.

a) Nous remarquons d'abord que l'inégalité de balayage $\nu(f) \leq \mu(f)$ s'étend des fonctions excessives f aux enveloppes inférieures $f = \inf_n f_n$ de fonctions excessives. Pour cela, on commence par remplacer f_n par $k\gamma \wedge f_n$, et on fait ensuite tendre k vers l'infini.

Lorsqu'on dispose d'une représentation de Skorohod, il devient clair que l'inégalité s'étend à toutes les fonctions fortement surmédianes.

b) Nous montrons ensuite que ν *ne charge pas les ensembles* μ*–évanescents.*

Soit A un ensemble μ–évanescent. D'après le lemme de Shih (XVI.10), il existe une suite décroissante d'ensembles presque boréliens A_n contenant A, telle que tout point de A_n soit régulier pour A_n et que le temps d'entrée T_{A_n} tende $\mathbb{P}^{\mu}$–p.s. vers le temps d'entrée non régularisé $D_A = \inf\{t \geq 0 : X_t \in A\}$ *de manière stationnaire.* Soit u_n la réduite de Ug sur A_n, dont la limite u est égale $\mathbb{P}^{\mu}$–p.s. à 0; on a $u_n = Ug$ sur A, et (par convergence dominée) $\lim_n \mu(u_n) = \mu(u) = 0$. Il existe donc des constantes $a_n \uparrow \infty$ telles que la fonction excessive $v=\sum_n a_n u_n$, qui vaut $+\infty$ sur A, soit μ–intégrable. L'inégalité $\nu(v)\leq\mu(v)$ montre alors que ν ne charge pas A.

c) Nous remarquons ensuite qu'il suffit de résoudre le problème de Skorohod lorsque μ et ν sont étrangères. Posons en effet $\alpha=\mu\wedge\nu$, $\mu=\alpha+\mu'$, $\nu=\alpha+\nu'$, et soit S un temps d'arrêt tel que $\mu' P_S=\nu'$. Alors le temps d'arrêt "randomisé" suivant, où $p(x)$ est la densité de α par rapport à μ

$$\mathbb{P}\{T=0\,|\,X_0=x\}=p(x)\ ,\ \mathbb{P}\{T=S\,|\,X_0=x\}=1-p(x)$$

résout le problème de Skorohod pour μ et ν.

Or si la mesure ν, d'une part ne charge pas les ensembles μ–évanescents, et d'autre part est étrangère à μ, elle ne charge pas les ensembles μ–polaires. Nous allons donc nous occuper de résoudre le problème de Skorohod *pour une balayée ν de μ qui ne charge pas les ensembles μ-polaires*, et qui est donc susceptible d'une représentation (24.1) sous la mesure $\mathbb{P}^\mu$.

27 La clef de la représentation (26.1) est alors le théorème suivant.

THÉORÈME. *Dans la représentation de 24, supposons que ν soit une balayée de la mesure initiale m. Alors la projection coprévisible $(u\circ X_t)$ (cf. 18) du processus optionnel (A^ν_t) est majorée par 1, à un ensemble $\mathbb{P}^\mu$-évanescent près.*

DÉMONSTRATION. La mesure ν restant fixée, nous écrirons pour alléger A_t au lieu de A^ν_t. Nous supposerons aussi, pour commencer, que la mesure μ est bornée. En vertu du théorème de section coprévisible (14 a), et remarque 16), pour prouver que le processus coprévisible $(u\circ X_t)$ est majoré par 1 aux ensembles $\mathbb{P}^\mu$–évanescents près, il suffit, de prouver que l'on a pour tout temps coprévisible M, annonçable par une suite de t. de r. M_n, on a

$$\mathbb{E}^\mu\,[\,u\circ X_M,\,M>0\,]\ \leq\mathbb{P}^\mu\{M>0\}\ . \tag{26.2}$$

Désignons par c la fonction $\mathbb{P}^\bullet\{M>0\}$, qui est limite de la suite décroissante de fonctions excessives $c_n\ =\ \mathbb{P}^\bullet\{M_n\ >\ 0\}$; d'après la remarque a) du n° précédent, l'inégalité de balayage $\nu(c_n)\leq\mu(c_n)$ passe à la limite, et nous donne $\nu(c)\leq\mu(c)$.

Nous avons, par définition de la projection coprévisible

$$\mathbb{E}^\mu\,[\,u\circ X_M,\,M>0\,]\ =\mathbb{E}^\mu\,[\,A_M,\,M>0\,]\ =\mathbb{E}^\mu\,[\,\int Z_s\,dA_s]$$

où (Z_t) est le processus coprévisible $I_{]\,0,M\,]}$. Nous avons le droit de remplacer ce processus par sa projection optionnelle $(c\circ X_t)$, puis d'appliquer (24.1) :

$$\ldots=\mathbb{E}^\mu\,[\,\int c\circ X_s\,dA_s]\ =\nu(c)\leq\mu(c)=\mathbb{P}^\mu\{M>0\}\ .$$

C'est le résultat désiré. Lorsque μ n'est pas bornée, il faut s'assurer de l'existence de suffisamment de temps coprévisibles M tels que le second membre de (26.2) soit fini. Considérons une fonction $g>0$ telle que $\gamma=Ug$ soit μ–intégrable, et posons $G=\int_0^\infty g\circ X_s\,ds$ qui est intégrable/ $\mathbb{P}^\mu$; on introduit le processus coprévisible $G_t\ =\ G\circ\theta_t$

dominé par G, et alors tout temps coprévisible M tel que $G_M \geq \varepsilon > 0$ sur $\{M>0\}$ est tel que $\mathbb{P}^\mu\{M>0\} < \infty$.

Lorsqu'on remplace μ par une loi d'entrée m, avec la condition $\nu(f) \leq L(m,f)$, pour f excessive, ce raisonnement bute sur l'extension à c de l'inégalité de balayage. On peut néanmoins traiter cette extension en rendant la loi d'entrée bornée par une h-transformation, puis en la fermant sur un compactifié de Ray.

28 REMARQUES. Les deux résultats ci-dessous concernent la fonction u, et n'utilisent pas le fait que ν est une balayée de μ.

a) Nous avons pu associer deux fonctions à une même fonctionnelle additive gauche (A_t) : la fonction $a = \mathbb{E}^\bullet[A_\infty]$, qui est fortement surmédiane (presque une fonction excessive), et la fonction u ci-dessus, que nous allons interpréter maintenant comme *la densité de la mesure excessive* νU *par rapport à* μU. Dans une situation de dualité par rapport à la mesure excessive $\eta = \mu U$ cette densité admet une version *coexcessive*. Nous voyons apparaître le début d'une correspondance entre fonctions excessives et fonctions coexcessives ayant la même "source", fonctionnelle additive ou mesure.

Pour justifier l'affirmation soulignée, considérons une fonction positive f. Nous avons

$$< \nu U, f > = \mathbb{E}^\mu\left[\int (Uf)\circ X_s\, dA_s\right] = \mathbb{E}^\mu\left[\int dA_s \int_s^\infty f\circ X_t\, dt\right] = \mathbb{E}^\mu\left[\int f\circ X_t A_t\, dt\right].$$

La mesure $f \circ X_t\, dt$ étant coprévisible, on peut remplacer A_t par $u \circ X_t$, et il reste $< \mu U, fu >$, de sorte que u est bien la densité $\nu U \,/\, \mu U$.

On remarquera que le théorème de régularité des trajectoires d'une projection (VI.47–50 et 16 ci-dessus) entraîne que le processus $(u \circ X_t)$ est càdlàg. aux ensembles $\mathbb{P}^\mu$-évanescents près.

b) Nous connaissons d'après 22 la structure du processus (ΔA_t) des sauts de la fonctionnelle gauche (A_t) : il est de la forme $(h \circ X_t)$, où h est $\mathcal{E}$-mesurable positive, nulle hors d'un ensemble semi-polaire. Ce processus étant coprévisible, on a la décomposition $u = h + v$, où $(v \circ X_t)$ est la projection coprévisible de la partie continue (A_t^c) de A.

Les fonctions h, v ne sont définies qu'à des ensembles μ-évanescents près. Dans la situation de 27, on peut donc les remplacer par 0 sur l'ensemble $\{u>1\}$, et se ramener au cas où u est majorée par 1 *partout*.

29 Ayant établi 27, nous revenons au problème de Skorohod : ν est une balayée de μ, A est la FA gauche associée, de partie continue A^c, et les fonctions u, h, v ont le sens défini ci-dessus. L'énoncé suivant donne très explicitement la forme de la représentation (26.1). L'intégrale et le produit infini exigent une définition soigneuse, donnée plus bas.

THÉORÈME. *On a pour toute fonction positive* f

$$\nu(f) = \mathbb{E}^\mu\left[\int_0^\infty -f\circ X_s\, dM_s\right] \tag{29.1}$$

où (M_t) *est la fonctionnelle multiplicative gauche* (≤ 1, *adaptée*)

$$M_t = \exp\left(-\int_0^t \frac{dA_s^c}{1 - v\circ X_s}\right) \prod_{0\leq s\leq t}\left(1 - \frac{h}{1-v}\circ X_s\right). \tag{29.2}$$

30 Nous allons déduire ce théorème, par retournement du temps, d'un résultat intéressant de théorie générale des processus, dont la démonstration sera donnée plus loin. Plaçons nous sous les conditions habituelles, et désignons par (B_t) un processus croissant intégrable prévisible, nul en 0, mais pouvant présenter un saut à l'infini. On désigne par (U_t) la surmartingale continue à droite

$$U_t = \mathbb{E}[B_\infty - B_t \,|\, \mathcal{F}_t] \quad (U_\infty = 0)\ ,$$

et par (V_t) la projection prévisible de cette surmartingale, qui satisfait à

$$V_T = \mathbb{E}[B_\infty - B_T \,|\, \mathcal{F}_{T-}] \quad \text{pour tout temps prévisible } T.$$

On sait (VII.10) que le processus (ΔB_t) des sauts de B est égal à $(U_{t-} - V_t)$. Nous avons alors le résultat suivant :

THÉORÈME. *Supposons que la surmartingale (U_t) soit majorée par 1. Alors (U_t) est projection optionnelle du processus décroissant suivant, non adapté et majoré par 1*

$$D_t = 1 - \exp\Big(-\int_t^\infty \frac{dB_s^c}{1-V_s}\Big) \prod_{t<s\leq\infty}\Big(1 - \frac{\Delta B_s}{1-V_s}\Big)\ . \tag{30.1}$$

<u>Passage de 30 à 29</u>. Nous commencerons par établir la propriété suivante, où L désigne un temps de retour fini

$$\mathbb{E}^\mu[A_{L-}\, I_{\{L>0\}}] = \mathbb{E}^\mu[(1 - M_{L-})\, I_{\{L>0\}}]\ . \tag{30.2}$$

A cet effet, nous retournons le temps à l'instant L : soit (B_t) le processus croissant continu à droite provenant du retournement de la mesure dA_t

$$B_t = A_{L-} - A_{(L-t)-} \quad \text{si } t < L,\ A_{L-} \quad \text{si } t \geq L$$

Il est adapté à la filtration $(\widetilde{\mathcal{F}}_t^L)$ — que l'on augmente des ensembles négligeables, pour obtenir la filtration $(\mathcal{F}_t)$ à laquelle s'appliquera 30. Calculons la surmartingale (U_t) engendrée par (B_t) : soient T un temps prévisible de $(\mathcal{F}_t)$, N le temps coprévisible valant $L-T$ si $L \geq T$, $0-$ si $L<T$. Comme $B_\infty = B_{T-}$ pour $T \geq L$, on a

$$\begin{aligned}\mathbb{E}[(B_\infty - B_{T-})\, I_{\{T<\infty\}}] &= \mathbb{E}[(B_\infty - B_{T-})\, I_{\{T<L\}}] = \mathbb{E}[A_N\, I_{\{N\geq 0\}}] = \\ &= \mathbb{E}[u\circ X_N\, I_{\{N\geq 0\}}] = \mathbb{E}[u\circ \widetilde{X}_T\, I_{\{T<\infty\}}]\end{aligned} \tag{30.3}$$

où le processus continu à gauche $(\widetilde{X}_t)$ vaut X_{L-t} pour $t \leq L$, ∂ pour $t > L$. Ainsi, dans la notation de 30, le processus $(u\circ\widetilde{X}_t)$ s'écrit (U_{t-}), et (U_t) s'obtient en passant aux limites à droite. Le processus (V_t) du n° 30 vaut $U_{t-} - \Delta B_t$, et nous savons que $\Delta B_t = h\circ\widetilde{X}_t$. Par différence, nous avons $V_t = v\circ\widetilde{X}_t$. Appliquant alors (30.3) avec $T=0$, et revenant à l'énoncé de 30, nous obtenons

$$\begin{aligned}\mathbb{E}[A_{L-}\, I_{\{L>0\}}] &= \mathbb{E}[B_\infty] = \mathbb{E}[D_0] \\ &= \mathbb{E}\Big[1 - \exp\Big(-\int_0^\infty \frac{dB_s^c}{1 - v\circ\widetilde{X}_s}\Big) \prod_s \Big(1 - \frac{h}{1-v}\circ\widetilde{X}_s\Big)\Big] \\ &= \mathbb{E}[(1 - M_{L-})\, I_{\{L>0\}}]\end{aligned}$$

c'est à dire (30.2). Il est alors facile de passer à 29 : d'après (30.2), les $\mathbb{P}^\mu$–mesures associées aux processus croissants (A_t) et $(1-M_t)$ coïncident sur les ensembles $[0,L[$, puis sur les ensembles $[0,N]$ où N est un temps coprévisible annonçable (n° 9), et enfin sur la tribu coprévisible. Appliquant cela au processus coprévisible $(f\circ X_t)$ et tenant compte de la définition de ν, nous obtenons alors (29.1).

Démonstration de 30. Nous commençons par traiter le cas où (U_t) est majoré par une constante $\lambda<1$. Il en est alors de même de (U_{t-}) et de (V_t), et il n'y a aucun problème pour la définition et la continuité à droite de (D_t).

Comme cette démonstration est entièrement indépendante des n^{os} antérieurs, nous pouvons poser sans risque de confusion

$$A_t=\int_0^t \frac{dB_s}{1-V_s}\ ,\ M_t=\exp(-A_t^c)\prod_{s\le t}(1-\Delta A_s)\ .$$

On a $M_0=1$, (M_t) ne s'annule jamais, et il est facile de voir que M est un processus décroissant prévisible, solution de l'équation différentielle

$$M_t=1-\int_0^t M_{s-}\,dA_s\ .$$

Enfin, le processus (D_t) de (30.1) vaut $1-M_\infty/M_t$.

Pour alléger un peu, nous ne vérifierons pas que (U_t) est projection optionnelle de (D_t), mais seulement que $U_0=\mathbb{E}[D_0\,|\,\mathcal{F}_0]=\mathbb{E}[1-M_\infty\,|\,\mathcal{F}_0]$, le cas d'un t. d'a. quelconque s'en déduisant par décalage. Nous avons

$$\mathbb{E}[1-M_\infty\,|\,\mathcal{F}_0]=\mathbb{E}[\int_0^\infty -dM_s\,|\,\mathcal{F}_0]=\mathbb{E}[\int_0^\infty M_{s-}dB_s-V_s\,dM_s\,|\,\mathcal{F}_0]$$

car la relation $dM_s=-M_{s-}\,dA_s$ peut se lire $(1-V_s)\,dM_s=-M_{s-}\,dB_s$. Dans la dernière espérance, nous pouvons remplacer V_s par $(B_\infty-B_s)$, car ce processus admet (V_s) comme projection prévisible, et la mesure dM_s est prévisible. Il nous reste donc en intégrant par parties

$$\mathbb{E}[\int M_{s-}dB_s-(B_\infty-B_s)\,dM_s\,|\,\mathcal{F}_0]=\mathbb{E}[\int d(M_sB_s)-B_\infty dM_s\,|\,\mathcal{F}_0]=$$
$$\mathbb{E}[M_\infty B_\infty)-B_\infty(M_\infty-1)\,|\,\mathcal{F}_0]=\mathbb{E}[B_\infty\,|\,\mathcal{F}_0]=U_0\ .$$

Cela achève le cas où (U_t) est majoré par 1. Pour passer au cas général, nous appliquons la discussion précédente au processus (λB_t), et nous faisons tendre λ vers 1. Nous avons vu que le processus (λU_t) est projection optionnelle du processus décroissant continu à droite

$$D_t^\lambda=1-\exp\Big(-\int_t^\infty \frac{\lambda\,dB_s^c}{1-\lambda V_s}\Big)\prod_{s>t}\Big(1-\frac{\lambda\Delta B_s}{1-\lambda V_s}\Big)\ .$$

Lorsque $\lambda\uparrow 1$, ce processus croît, et la limite d'une suite croissante de processus décroissants continus à droite est encore continue à droite. Le processus limite (D_t) admet (U_t) comme projection optionnelle. Noter que l'intégrale ou le produit infini de (30.1) peuvent être divergents, ce qui se traduit par l'annulation de (D_t).

On trouvera plus de détails sur le théorème 30 dans Meyer [41]. Ce résultat est lié au sujet important des *décompositions multiplicatives* de semimartingales : Meyer [41][42][44], Yoeurp [1], Yoeurp–Meyer [1], Azéma [7], et le chapitre XXIII, §4.

Nous revenons au théorème de Skorohod dans les remarques suivantes.

31 REMARQUES. a) Si (M_t) est une fonctionnelle multiplicative (droite, exacte), le noyau

$$P_M f = \mathbb{E}^\bullet\,[-\int_0^\infty f\circ X_s\, dM_s] \tag{31.1}$$

transforme toute fonction excessive f en une fonction excessive majorée par f (pour les fonctionnelles de la forme $M_t = I_{\{t<T\}}$, où T est le temps d'entrée dans un ensemble, on retrouve la réduite). Il est naturel de se demander si toute fonction excessive majorée par f peut être représentée de cette manière. La réponse est positive (Meyer [41][42]), mais il s'agit d'un résultat bien moins important que le théorème de Skorohod 29 (dont il est, en quelque sorte, le dual)

Mesures de Revuz

32 Considérons l'enchaînement des notions suivantes de théorie du potentiel. Le point de départ est

1) un potentiel a de la classe (D).

On lui associe d'abord

2) la fonctionnelle additive prévisible A qui l'engendre,

et ensuite un *noyau excessif* N *tel que* $N1 = a$ (un noyau excessif transforme par définition les fonctions positives en fonctions excessives), donné par

3) le "noyau potentiel" $U_A^- f = \mathbb{E}^\bullet\,[\int_0^\infty f\circ X_{s-}\, dA_s\,]$ (32.1)

(la notation est commentée plus bas, les limites à gauche sont supposées exister dans E pour $s\leq\zeta$). Enfin, étant donnée une mesure excessive η, nous associons à a, au moyen de la fonctionnelle de masse

4) la mesure positive $\nu(f) = L(\eta, U_A^- f)$ (32.2)

(lorsque $\eta = \mu U$, *cf.* la représentation (25.1)).

Le chemin qui relie ainsi les fonctions excessives aux mesures positives généralise celui qui relie, en théorie classique du potentiel, une fonction surharmonique (potentiel newtonien $G\nu$) à la mesure ν qui l'engendre. Nous allons dans les n^{os} qui suivent le décrire en détail.

L'étape essentielle est la construction, à partir de a, d'un noyau excessif N tel que $N1 = a$, possèdant de bonnes propriétés du point de vue de la théorie du potentiel. Le choix du noyau (32.1), avec ses limites à gauche, se justifie par deux raisons. Il peut se décrire entièrement en terme de a, sans parler de fonctionnelles additives

$$U_A^- f = \mathbb{E}^\bullet\,[-\int_0^\infty f\circ X_{s-}\, da(X_s)]\ ,$$

les limites à gauche étant exigées par le code d'honneur de l'intégration stochastique. Ensuite, si f est nulle hors d'un fermé F, et si G est un voisinage de F, on a $P_G U_A^- f = U_A^- f$ (voir par ex. Meyer [30], p.181).

La notation inhabituelle U_A^- de (32.1) sert à distinguer ce noyau du noyau analogue U_A (*cf.* XV.11), sans limites à gauche, associé à une FA non nécessairement prévisible A (et dépendant alors du choix de celle-ci, et non seulement du potentiel a). Le $^-$ est omis par de nombreux auteurs.

REMARQUES. a) La mesure associée par (32.2) à ce noyau U_A sans limites à gauche est aussi importante que la mesure de Revuz; Dynkin lui a donné le nom de *mesure caractéristique* de la FA relativement à η, que nous utiliserons dans la suite. Signalons en passant que la définition originale de Revuz ne comportait pas de limites à gauche : les deux notions coïncident pour A prévisible dans le cas des processus de Hunt, car les sauts de A ne peuvent alors avoir lieu en même temps que ceux de X, qui sont totalement inaccessibles (XIV.41, XVI.12).

b) La construction d'un bon noyau excessif N tel que $N1$ soit une fonction excessive donnée est un thème important de la théorie du potentiel, l'outil principal étant alors la structure d'ordre du cône des fonctions excessives. Voir en particulier le "théorème de partition" dans Hervé [1], et tout le Chap. II §6 de Bliedtner–Hansen [1]. Sur les noyaux excessifs, voir aussi Azéma [6] , Garcia–Alvarez [1].

c) On peut se poser le même genre de problèmes au sujet de l'opérateur potentiel $\mathbb{E}^\bullet[\int_{[0,\infty[} f\circ X_s\, dA_s]$ d'une FA *gauche*, qui produit des fonctions surmédianes régulières au lieu de fonctions excessives. Nous ferons quelques remarques au n° 45 sur le "théorème de Revuz pour fonctionnelles gauches".

Le *théorème de Revuz* que nous allons présenter maintenant (et sur lequel nous reviendrons aux n°s 56–57), va nous donner une relation analytique directe entre la fonction excessive (ou fortement surmédiane) a et la mesure de Revuz ν de (32.2) : *a est le potentiel de ν*. Le sens de cette expression, dans la formulation originale de Revuz, était fourni par une hypothèse de dualité forte

$$(32.3) \qquad U(x,dy) = u(x,y)\eta(dy) \quad ; \quad a(x) = \int u(x,y)\nu(dy) \; .$$

Dans la présentation moderne de Getoor–Sharpe [4], on suppose que le semi-groupe (P_t) est en dualité faible, par rapport à la mesure excessive η, avec un second semi-groupe droit $(\widehat{P}_t)$, et dire que a est le potentiel de ν signifie que la *mesure* coexcessive $a\cdot\eta$ est *copotentiel* $\nu\widehat{U}$ de la mesure ν. C'est le point de vue que nous adopterons ici.

En réalité, les hypothèses de Revuz et de Getoor–Sharpe ne sont pas comparables, car Revuz exige la continuité absolue des noyaux potentiels (32.3), mais remplace l'existence d'un semi-groupe dual droit par une hypothèse de régularité assez faible sur le noyau-fonction $u(x,y)$.

33 Nous allons faire les hypothèses suivantes, voisines de l'hypothèse CMF du n° 25.

a) Le processus (X_t) admet des limites à gauche $X_{t-} \in E$, pour $0 < t \leq \zeta$ (donc $U_A^- 1 = \mathbb{E}^\bullet[A_\infty]$).

b) Le semi–groupe (P_t) est en dualité (par rapport à une mesure excessive η, qui reste fixée dans la suite) avec un semi–groupe $(\widehat{P}_t)$, qui satisfait à l'hypothèse très faible de continuité à droite du n° XVII.2, et qui est *transient.*

Comme d'habitude, le chapeau $\widehat{\ }$ et le préfixe *co-* sont utilisés pour distinguer les notions relatives au semi–groupe $(\widehat{P}_t)$.

c) Pour tout copotentiel $h = \widehat{U}g$, le processus $(h \circ X_{t-})$ est continu à gauche sur $]\,0, \zeta\,]$.

Avec les conventions habituelles de la théorie, des énoncés tels que a) et c) s'entendent *p.s.* sous toute loi $\mathbb{P}^\mu$: cela n'est pas vraiment nécessaire. Il suffirait que cela ait lieu pour toute loi μ telle que $\mu U \leq \eta$. Nous n'avons pas cherché à minimiser les hypothèses, car nous les discuterons à nouveau en 55. L'hypothèse c) exprime à peu près l'hypothèse HD2 pour le semi–groupe dual $(\widehat{P}_t)$.

Si l'on analyse la démonstration, il n'est pas non plus nécessaire que les limites à gauche existent dans la topologie de E : il suffit qu'elles existent dans une topologie admettant les mêmes mesures bornées et les mêmes fonctions universellement mesurables que celle–ci. On utilise volontiers la topologie induite sur E par un compactifié de Ray $\widehat{F}$ pour le semi–groupe dual $(\widehat{P}_t)$, et on permet alors à la limite à gauche $X_{\zeta-}$ d'appartenir à la frontière.

34 DÉFINITION. *Soit* (A_t) *une FA prévisible de potentiel* $\mathbb{E}^\bullet[A_\infty] = U_A^- 1 = a$. *La* mesure de Revuz *de* (A_t) *par rapport à la mesure excessive* η *est définie par la relation*

$$\nu_A(f) = L(\eta, U_A^- f) \quad (f \geq 0 \text{ sur } E), \tag{34.1}$$

et $U_A^- f$ *est défini en (32.1).*

En particulier, si η est un potentiel μU, on a

$$\nu_A(f) = \mathbb{E}^\mu\Big[\int_{]0,\infty[} f \circ X_{s-}\, dA_s\Big] . \tag{34.2}$$

S'il n'y a pas d'ambiguïté, nous écrirons simplement ν pour ν_A.

Nous allons supposer désormais que (A_t) *admet une mesure de Revuz* σ*-finie.* La mesure de Revuz de la FA $A'_t = \int_0^\infty g \circ X_{s-}\, dA_s$ $(g \geq 0)$ étant égale à $g \cdot \nu$, nous pouvons alors choisir $g > 0$ ν–intégrable et nous ramener au cas d'une FA admettant une mesure de Revuz *bornée.* Cela peut s'écrire $L(\eta, a) < \infty$; pour toute mesure λ de potentiel $\lambda U \leq \eta$ on a donc $\lambda(a) < \infty$, et l'ensemble absorbant $\{a < \infty\}$ porte λ, donc λU, et finalement η. On peut alors se restreindre à cet ensemble, et on voit qu'on ne perd rien en généralité en faisant l'hypothèse simplificatrice

$$a \text{ est finie et } L(\eta, a) < \infty. \tag{34.3}$$

35 Donnons quelques indications sur le calcul de la mesure de Revuz. Si f est une fonction bornée, $U_A^- f$ est partout finie d'après (34.3), et *purement excessive.* Par conséquent, nous avons

$$L(\eta, U_A^- f) = \lim_p < \eta\,, p(I - pU_p)U_A^- f > = \lim_t < \eta\,, \frac{1}{t}(I - P_t)U_A^- f > .$$

Remarquant que $P_t U_A^- f = \mathbb{E}^\bullet [\int_t^\infty f \circ X_{s-} \, dA_s]$, il nous reste

$$\nu(f) = \lim_t \frac{1}{t} \mathbb{E}^\eta [\int_0^t f \circ X_{s-} \, dA_s] \ ,$$

qui est la définition originale de Revuz, et par un raisonnement analogue

$$\nu(f) = \lim_p p \, \mathbb{E}^\eta [\int_0^\infty e^{-ps} f \circ X_{s-} \, dA_s] \ ,$$

La limite est aussi un sup, dans les deux formules. *Supposons que η soit un potentiel μU.* Nous avons

$$< \mu P_s \, , \, f \, (a - P_t a) > = \mathbb{E}^\mu [\, f \circ X_s \int_s^{s+t} dA_u \,] \ ,$$

et par conséquent, en intégrant en s

$$< f \, , \, \frac{1}{t} (a - P_t a) >_\eta = \mathbb{E}^\mu [\int_0^\infty dA_u \frac{1}{t} \int_{(u-t)+}^u f \circ X_s \, ds] \ .$$

Remarquons que $\mathbb{E}^\mu [A_\infty] = L(\mu U, a) < \infty$ d'après (34.3). Par conséquent, *si le processus $(f \circ X_{s-})$ est continu à gauche*, nous avons

$$L(\eta \, , \, U_A^- f) = \mathbb{E}^\mu [\int_0^\infty f \circ X_{s-} \, dA_s] = \lim_t < f \, , \, D_t a >_\eta$$

où l'on a posé pour abréger $D_t a = (a - P_t a)/t$.

Revenons au cas général d'une mesure excessive η telle que $L(\eta \, , \, a) < \infty$, mais qui n'est pas nécessairement un potentiel. Représentant η comme limite d'une suite croissante de potentiels, et utilisant l'égalité précédente, nous obtenons

$$L(\eta \, , \, U_A^- f) \leq \lim \begin{matrix} \sup_t \\ \inf_t \end{matrix} < f \, , \, D_t a >_\eta \ .$$

La fonction f était supposée bornée; prenons la entre 0 et 1, et ajoutons les inégalités relatives à f et à $1-f$. La somme de deux inégalités étant une égalité, chacune d'elles doit en être une. Les lim sup et lim inf sont alors égales, et nous obtenons le lemme suivant, dû à Revuz :

THÉORÈME. *Soit $a = U_A^- 1$. Si $L(\eta \, , \, a) < \infty$ on a, pour toute fonction bornée f telle que le processus $(f \circ X_{s-})$ soit continu à gauche*

$$\nu(f) = L(\eta \, , \, U_A^- f) = \lim_t < f \, , \, \frac{1}{t} (a - P_t a) >_\eta \ . \tag{35.3}$$

Nous pouvons maintenant établir le théorème de Revuz (sous la forme donnée par Getoor–Sharpe). Les hypothèses sont celles du n° 33.

36 THÉORÈME. *Si la mesure de Revuz ν de la FA prévisible (A_t) est σ-finie, on a pour toute fonction $g \geq 0$*

$$(g \cdot \nu) \widehat{U} = (U_A^- g) \cdot \eta \ . \tag{36.1}$$

DÉMONSTRATION. On peut supposer $\nu(g) < \infty$, après quoi on se ramène comme en 64 à vérifier que $\nu\widehat{U} = a\cdot\eta$, sous l'hypothèse simplificatrice (34.3). Soit une fonction $g \geq 0$ de copotentiel $h = \widehat{U}g$ borné, telle que le processus $(h \circ X_{t-})$ soit continu à gauche (33, hypothèse c)). On a d'après (35.3)

$$< \nu\widehat{U}\,,\, g > \;=\; < \nu\,,\, \widehat{U}g > \;=\; < \nu\,,\, h > \;=\; \lim_t < h\,,\, \frac{1}{t}(a - P_t a) >_\eta .$$

Mais la mesure $h\cdot\eta$ est excessive, et c'est le potentiel de la mesure $g\cdot\eta$. La dernière expression vaut donc

$$L(h\cdot\eta\,,\, a) = L(\,(g\cdot\eta)U\,,\, a) = < g\cdot\eta\,,\, a > .$$

L'égalité entre les termes extrêmes donne le résultat cherché.

Le théorème de retournement de Chung et Walsh

Au n° 33, nous avons *supposé* que le semi–groupe (P_t) admettait un semi–groupe dual droit $(\widehat{P}_t)$ relativement à la mesure excessive η. Nous allons maintenant, en suivant de près Azéma [3] [1], établir le *théorème de retournement de Chung et Walsh,* valable sans aucune hypothèse de dualité. *Nous supposerons que la mesure excessive η est le potentiel μU d'une mesure bornée μ* (et on ne restreint pas la généralité en supposant que $\mu(1) = 1$).

37 Nous commençons par définir ce qu'est un semi–groupe (ou un processus de Markov) *modérément markovien.* Ce mot suggère que la propriété de Markov des processus de ce genre est intermédiaire entre les propriétés de Markov faible et forte, et ce n'est pas inexact, puisqu'il s'agit d'une propriété de Markov forte aux temps prévisibles. Mais il s'agit plutôt de la notion de *processus gauche,* pendant naturel de la notion de processus droit. Elle est donc fort importante en principe — mais en pratique, elle a été assez peu étudiée.

Elle a été découverte par Chung, sur des exemples fournis par la théorie des chaînes de Markov. Elle apparaît naturellement aussi en théorie des processus de Ray, où le processus de Ray gauche est modérément markovien (*cf.* XIV.53). L'importance de cette notion pour le retournement des processus droits est présentée dans l'article fondamental de Chung et Walsh [1] (mais malheureusement le retourné d'un processus gauche n'est pas nécessairement droit !). On pourra consulter aussi l'article de Chung–Glover [1].

Décrivons rapidement la situation, avec beaucoup moins de détails que pour les processus droits. Sur un espace d'états E on se donne un semi–groupe $(\widetilde{P}_t)_{t>0}$ — pas de noyau $\widetilde{P}_0$ ici, ni de condition de régularité à droite en 0. On suppose que pour f continue bornée sur E, $\widetilde{P}_\bullet(x,f)$ est continue *à gauche,* ce qui permet de construire la résolvante $(\widetilde{U}_p)$. On adjoint à E un point ∂ pour rendre markovien le semi–groupe, et on commet les mêmes abus de langage que pour les processus droits.

On désigne par $\widetilde{\Omega}$ l'ensemble des applications continues *à gauche* sur $]\,0,\infty\,[$, à durée de vie. Le lecteur devinera sans peine le sens de $\widetilde{X}_t$, $\widetilde{\mathcal{F}}_t^\circ$, $\widetilde{\mathcal{F}}^\circ$, $\widetilde{\theta}_t$: inutile de détailler. Nous imposons les axiomes

---

[1] Voir aussi Fitzsimmons [6], Jeulin [2].

HG1 *Pour tout $x \in E$, il existe sur $\widetilde{\Omega}$ une loi $\widetilde{\mathbb{P}}^x$, sous laquelle le processus $(\widetilde{X}_t)_{t>0}$ est markovien, de semi-groupe $(\widetilde{P}_t)$ et de loi d'entrée $(\varepsilon_x \widetilde{P}_t)_{t>0}$.*

À partir de là, on définit $\widetilde{\mathbb{P}}^\mu$ par intégration, comme d'habitude.

HG2 *Pour toute fonction continue bornée f, tout $p > 0$, sous toute loi $\widetilde{\mathbb{P}}^\lambda$, le processus $(\widetilde{U}_p f \circ \widetilde{X}_t)_{t>0}$ est continu à gauche.*

Comme d'habitude, la propriété de Markov du processus $(\widetilde{X}_t)$ équivaut à la propriété de martingale des processus

$$e^{-pt}\widetilde{U}_p f \circ \widetilde{X}_t + \int_0^t e^{-ps} f \circ \widetilde{X}_s \, ds = \widetilde{\mathbb{E}}\,[\int_0^\infty e^{-ps} f \circ \widetilde{X}_s \, ds \mid \widetilde{\mathcal{F}}_t\,]$$

pour f continue bornée, ou borélienne bornée — et la propriété HG2 s'étend des premières aux secondes, par un argument de classes monotones et l'utilisation de l'inégalité de Doob.

Nous ne chercherons pas à passer de là aux fonctions universellement mesurables, ce qui nous entraînerait dans des détails inutiles. Indiquons plutôt la forme de propriété de Markov que l'on obtient en appliquant le théorème d'arrêt des martingales continues à gauche.

Pour tout temps prévisible T, on a sous toute loi $\widetilde{\mathbb{P}}^\lambda$

$$\widetilde{\mathbb{E}}^\lambda\,[f \circ \widetilde{X}_{T+t}\, I_{\{T<\infty\}} \mid \widetilde{\mathcal{F}}_{T-}\,] = \widetilde{\mathbb{P}}_t(\widetilde{X}_T\,,\, f)\, I_{\{T<\infty\}}\,. \tag{37.1}$$

On en déduit aisément que pour tout t. d'a. T (prévisible ou non) le processus $(X_{T+t})_{t>0}$ est markovien par rapport à la filtration $(\widetilde{\mathcal{F}}_{(T+t)-})_{t>0}$, avec $(\widetilde{P}_t)$ comme semi-groupe de transition. On appelle (37.1) la *propriété de Markov modérée.* Comme la propriété de Markov forte ordinaire, elle admet une version renforcée faisant intervenir les opérateurs de translation : si Z est une v.a. $\widetilde{\mathcal{F}}^\circ$–mesurable, positive ou bornée, on a avec les mêmes notations que (37.1)

$$\widetilde{\mathbb{E}}^\lambda\,[Z \circ \widetilde{\theta}_T\, I_{\{T<\infty\}} \mid \widetilde{\mathcal{F}}_{T-}\,] = \widetilde{\mathbb{E}}^{\widetilde{X}_T}\,[Z]\, I_{\{T<\infty\}}\,. \tag{37.2}$$

38 Nous pouvons maintenant énoncer le théorème de retournement de Chung et Walsh. Nous revenons au processus droit transient (X_t), fixons une loi initiale μ et posons $\mu U = \eta$.

THÉORÈME. *Il existe une partie lusinienne E_0 de E, de complémentaire μ-évanescent (i.e. sous la loi $\mathbb{P}^\mu$ le processus $(X_t)_{t\geq 0}$ prend ses valeurs dans $E_0 \cup \{\partial\}$), et sur E_0 un semi-groupe $(\widetilde{\mathbb{P}}_t)$ satisfaisant aux hypothèses HG1–HG2, possédant la propriété suivante : pour tout temps de retour fini L, le processus retourné continu à gauche $(\widetilde{X}^L_t)_{t>0}$*

$$\widetilde{X}^L_t = X_{L-t} \quad \text{si } 0 < t \leq L, \quad = \partial \quad \text{si } t > L$$

est markovien par rapport à la filtration $(\widetilde{\mathcal{F}}^L_t)$ (cf. 35), et admet $(\widetilde{\mathbb{P}}_t)$ comme semi-groupe de transition.

Les semi-groupes (P_t) et $(\widetilde{\mathbb{P}}_t)$ sont en dualité par rapport à η.

Nous trichons un peu dans cet énoncé : nous ne vérifierons pas vraiment les propriétés HG1–HG2, relatives à la réalisation canonique, mais les propriétés correspondantes (continuité à gauche des trajectoires, propriété de Markov modérée, etc) sur les processus retournés eux mêmes, ce qui est à la fois plus simple et plus utile. Il resterait à effectuer un changement de réalisation à la manière des n°s 6–7. La situation donne lieu à moins de difficultés techniques, car le semi–groupe que nous construirons sur E_0 sera *borélien*.

La démonstration comporte trois parties.

— Une construction des espérances $\widetilde{\mathbb{E}}^{\bullet}[Z]$ *aux ensembles μ-évanescents près*, due à Azéma, qui est très simple et élégante. C'est l'idée essentielle à retenir.

— L'application d'un théorème de relèvement, pour construire de vraies mesures $\widetilde{\mathbb{P}}^x$ $(x \in E)$, et la vérification des propriétés de semi–groupe, de continuité à gauche... aux ensembles μ–évanescents près. Ce n'est pas trop pénible.

— Une réduction progressive, fort ennuyeuse, de l'espace d'états E à un espace E_0 sur lequel les propriétés considérées ont lieu identiquement. Ici, le lecteur fera bien d'omettre les détails.

39 Nous abordons la première étape, qui repose uniquement sur le théorème de commutation de projections 8.

Un point de détail : nous faisons la construction sur notre espace Ω usuel, mais pour l'application au n° 41 il faudra se placer sur un espace un peu plus petit. Cela alourdirait la démonstration, et nous préférons laisser cela au lecteur.

Soit Z une v.a. $\mathcal{F}^\circ$–mesurable et bornée, nulle sur la trajectoire $[\partial]$. Le processus (nul en 0) $(Z \circ k_t)_{t\geq 0}$, où k_t est un opérateur de meurtre, est prévisible, et donc aussi optionnel. D'après 18 sa projection coprévisible est un processus de la forme $(u_Z \circ X_t)_{t \geq 0}$, où u_Z est une fonction (unique aux ensembles μ–évanescents près, nulle au point ∂, et $\overline{\mathcal{E}}$–mesurable — donc presque borélienne, ce qui nous permettra de la choisir *borélienne* quand nous le voudrons. Il est alors clair que l'application $Z \to u_Z$ est un *pseudo-noyau sous-markovien* (IX.11) de E, muni de la classe des ensembles μ–évanescents, dans $(\Omega, \mathcal{F}^\circ)$. Nous adopterons pour ce pseudo–noyau la notation

$$u_Z(x) = \int \widetilde{\mathbb{P}}^x(d\omega)\, Z(\omega) = \widetilde{\mathbb{E}}^x[Z] \,, \tag{39.1}$$

abusive pour l'instant, mais qui cessera de l'être dès que nous aurons remplacé le pseudo–noyau par un vrai noyau. La définition de la projection coprévisible nous donne la propriété

THÉORÈME. *Pour tout temps coprévisible $M < \zeta$, on a*

$$\mathbb{E}^\mu[\, Z \circ k_M\, I_{\{M \geq 0\}}] = \mathbb{E}^\mu[\, \widetilde{\mathbb{E}}^{X_M}[Z]\; I_{\{M\geq 0\}}] \,. \tag{39.2}$$

On peut lever la condition de nullité de Z en $[\partial]$ en convenant que $\widetilde{\mathbb{E}}^{\partial}[Z] = Z([\partial])$.

40 Pour appliquer le théorème simple de régularisation de pseudo–noyaux du n° IX.11, il est important de travailler sur un espace lusinien. Or ici nous travaillons sur l'espace Ω des trajectoires continues à droite à valeurs dans E_∂, à durée de vie, espace qui ne possède pas de bonnes propriétés de mesurabilité. Nous devons donc procéder à une réduction de l'espace d'états, puis de l'espace des trajectoires. Celle–ci n'est pas dénuée d'intérêt.

1. Réduction de l'espace d'états E. Nous plongeons E dans un espace métrique compact F, et désignons par (f_n) une suite dense dans $\mathcal{C}(F)|_E$. D'après les axiomes HD3 et HD4 des processus droits, il existe une partie lusinienne E^1, portant la loi initiale μ, et possédant les propriétés suivantes

— les trajectoires de (X_t) sous la loi $\mathbb{P}^\mu$ restent dans E^1_∂,

— les fonctions $U_p f_n$ $(p>0)$ sont boréliennes sur E^1.

Soit e^1 le potentiel d'équilibre de $E\setminus E^1$; d'après HD4 il existe une fonction borélienne $g^1 \geq e^1$ telle que les processus $(g^1 \circ X_t)$ et $(e^1 \circ X_t)$ soient $\mathbb{P}^\mu$–indistinguables. Or le second est une surmartingale, continue à droite et nulle p.s. à l'instant 0, donc $\mathbb{P}^\mu$–évanescente. L'ensemble borélien $E^2 = E^1 \cap \{g^1 = 0\}$ porte μ, et pour tout $x \in E^2$ le processus (X_t) reste dans E^1_∂ sous la loi $\mathbb{P}^x$. Soit e^2 le potentiel d'équilibre de $E \setminus E^2$; on construit comme ci–dessus $g^2 \geq e^2$, puis $E^3 = E^2 \cap \{g^2 = 0\}$, et ainsi de suite. L'intersection $E^\infty = \cap_n E_n$ est un ensemble lusinien *absorbant* et borélienne sur E^∞ pour tout $p>0$ et toute fonction borélienne f sur E. Il nous suffit alors de restreindre l'espace d'états à E^∞ (que nous rebaptisons E pour la suite).

Ce raisonnement montre que l'on peut toujours ramener l'étude d'un semi–groupe droit à celle d'un semi–groupe *borélien* droit sur un espace d'états *lusinien.*

2. Réduction de l'ensemble de trajectoires Ω. Nous pouvons maintenant travailler sur l'ensemble des trajectoires càd. à durée de vie, à valeurs dans l'espace lusinien E, espace *cosouslinien* d'après IV.19. Nous avons alors en XI.56 un résultat tout prêt pour affirmer qu'il existe une partie Ω' de Ω, *lusinienne, stable par translation,* et portant toutes les mesures $\mathbb{P}^x$, $x \in E$. En fait, il sera plus important pour la démonstration d'avoir la stabilité par meurtre que par translation. *On peut les avoir toutes deux* : il suffit, à la fin de la démonstration de XI.56, de remplacer l'image de $[0,\infty[\times\Omega_n$ par $(t,\omega) \longmapsto \theta_t\omega$, stable par translation, par l'image de $[0,\infty[\times]0,\infty] \times \Omega_n$ par $(s,t,\omega) \longmapsto \theta_t k_s\omega$, stable par translation et meurtre en vertu de la relation $k_r\,\theta_t = \theta_t\,k_{r+t}$.

41 Nous remplaçons donc E par E^∞, Ω par Ω' (sans changer de notation) et régularisons alors notre pseudo–noyau en un vrai noyau. Nous allons pour la suite de la démonstration faire l'hypothèse auxiliaire

(41.1) la durée de vie ζ est finie sur Ω,

qui nous permettra de travailler sur un seul processus retourné continu à gauche

(41.2) $$\widetilde{X}_t = X_{\zeta-t} \quad \text{si } 0<t\leq\zeta \quad , = \partial \quad \text{si } t>\zeta \quad .$$

Il ne s'agit que d'une hypothèse simplificatrice, que nous éliminerons à la fin de la démonstration.

Le processus $(\widetilde{X}_t)$ est adapté (et même prévisible par continuité à gauche) dans la filtration $(\widetilde{\mathcal{F}}_t^\zeta)$ (5 d)), désignée simplement par $(\widetilde{\mathcal{F}}_t)$ ci–dessous. On construit une famille d'opérateurs de translation $\widetilde{\theta}_t$ en posant

(41.3) $$\widetilde{\theta}_t\omega = k_{(\zeta(\omega)-t)^+}(\omega) ,$$

et il est facile de vérifier que $\widetilde{X}_s \circ \widetilde{\theta}_t = \widetilde{X}_{s+t}$. Soit alors T un temps prévisible >0 pour la filtration $(\widetilde{\mathcal{F}}_t)$; en appliquant (39.2) au temps coprévisible M valant $\zeta - T$ pour $T \leq \zeta$, $0-$ pour $T > \zeta$, on obtient la formule

(41.4) $$\mathbb{E}^\mu [Z \circ \widetilde{\theta}_T I_{\{T\leq\zeta\}}] = \mathbb{E}^\mu [\widetilde{\mathbb{E}}^{\widetilde{X}_T} [Z] I_{\{T\leq\zeta\}}] .$$

Supposant la v.a. Z nulle sur la trajectoire $[\partial]$, on peut remplacer l'indicatrice par $I_{\{T<\infty\}}$. Remplaçant alors T par T_A ($A\in\widetilde{\mathcal{F}}_{T-}$) on obtient

(41.5) $$\mathbb{E}^\mu [Z \circ \widetilde{\theta}_T \,|\, \widetilde{\mathcal{F}}_{T-}] = \widetilde{\mathbb{E}}^{\widetilde{X}_T} [Z] \quad \mathbb{P}^\mu\text{-}p.s.$$

En particulier, en prenant $Z = f \circ \widetilde{X}_s$ on voit que le processus $(\widetilde{X}_t)$ possède la *propriété de Markov modérée* sous la loi $\mathbb{P}^\mu$, relativement à la filtration $(\widetilde{\mathcal{F}}_t)$, avec le "semi–groupe de transition" (il ne s'agit pas d'un vrai semi–groupe !).

(41.6) $$\widetilde{P}_t(x, f) = \widetilde{\mathbb{E}}^x [f \circ \widetilde{X}_t] .$$

Ces noyaux sont markoviens, et préservent les fonctions boréliennes. D'autre part, $\widetilde{P}_\bullet(x, f)$ est une fonction continue à gauche si f est continue. La "résolvante" $\widetilde{U}_p$ se définit de manière évidente. Démontrons que *les noyaux* P_t *et* $\widetilde{P}_t$ *sont en dualité par rapport à* $\eta = \mu U$. Désignant par f, g deux fonctions positives nulles en ∂, nous avons

$$\begin{aligned} < P_t f , g >_\eta &= \mathbb{E}^\mu [\int_0^\infty f \circ X_{s+t}\, g \circ X_s\, ds] = \mathbb{E}^\mu [\int_0^\infty f \circ X_{s+t}\, g \circ X_s\, I_{\{s+t<\zeta\}}\, ds] \\ &= \mathbb{E}^\mu [\int_0^\infty f \circ \widetilde{X}_u\, g \circ \widetilde{X}_u\, du] \quad (\text{poser } u = \zeta - (s+t)) \\ &= \mathbb{E}^\mu [\int_0^\infty (f \widetilde{P}_t g) \circ \widetilde{X}_u\, du] = \mathbb{E}^\mu [\int_0^\infty (f \widetilde{P}_t g) \circ X_u\, du] = < f , \widetilde{P}_t g >_\eta . \end{aligned}$$

Les noyaux $\widetilde{P}_s\widetilde{P}_t$ et $\widetilde{P}_{s+t}$ étant tous deux en dualité avec $P_{s+t} = P_s P_t$, ils sont égaux η–p.p. pour s, t fixés. De même, on a η–p.p. $\widetilde{U}_p - \widetilde{U}_q = (q-p)\widetilde{U}_p\widetilde{U}_q$.

Soit f une fonction borélienne bornée. Nous avons pour tout temps prévisible T de la filtration $(\widetilde{\mathcal{F}}_t)$

$$\mathbb{E}^\mu [\int_0^\infty e^{-ps} f \circ \widetilde{X}_s\, ds \,|\, \widetilde{\mathcal{F}}_{T-}] = e^{-pT}\, \widetilde{U}_p f \circ \widetilde{X}_T + \int_0^T e^{-ps} f \circ \widetilde{X}_s\, ds .$$

Le processus $e^{-pt}\, \widetilde{U}_p f \circ \widetilde{X}_t + \int_0^t e^{-ps} f \circ \widetilde{X}_s\, ds$ est donc une martingale forte; comme f et $\widetilde{U}_p f$ sont boréliennes, elle est prévisible, et c'est la projection prévisible d'une v.a., donc ses trajectoires sont càglàd.. Ainsi

(41.7) *Le processus retourné* $(\widetilde{U}_p f \circ X_s)$ *est càdlàg.*

(aux ensembles $\mathbb{P}^\mu$ évanescents près). Ce résultat, concernant le comportement des *co*potentiels sur les trajectoires du processus X lui–même, mérite d'être souligné. Nous en verrons d'autres du même type.

Comparons alors les deux processus

$$(\widetilde{U}_p f - \widetilde{U}_q f) \circ X_s \quad \text{et} \quad (q-p)\,\widetilde{U}_p \widetilde{U}_q f \circ X_s \ .$$

D'après l'équation résolvante η–p.p. vue ci–dessus, ces deux processus sont $\mathbb{P}^\mu$–p.s. égaux pour presque tout s. Mais ils sont continus à droite, et donc $\mathbb{P}^\mu$–indistinguables. En particulier, en reprenant la suite (f_n) du n° 40 1), l'ensemble

$$N_{n,p} = \{\, x \ : \ \widetilde{U}_p f_n(x) - \widetilde{U}_q f_n(x) \neq (q-p)\,\widetilde{U}_p \widetilde{U}_q f_n(x)\,\}$$

est μ–évanescent. Il en est alors de même de la réunion N des $N_{n,p}$ pour p rationnel et $n \in \mathbb{N}$, et *l'équation résolvante* $\widetilde{U}_p f - \widetilde{U}_q f = (q-p)\,\widetilde{U}_p \widetilde{U}_q f$ *a lieu identiquement dans le complémentaire de* N.

42 Pour continuer la discussion, nous aurons besoin de résultats du type suivant : soit Ω_0 un ensemble *stable par meurtre* portant la loi $\mathbb{P}^\mu$. Peut on affirmer que Ω_0 porte $\widetilde{\mathbb{P}}^x$, sauf pour des x formant un ensemble μ–évanescent ?

Si Ω_0 appartient à $\mathcal{F}^\circ$, la réponse est très simple : soit Z l'indicatrice de Ω_0^c ; Ω_0 étant stable par meurtre, on a $Z \circ k_t \leq Z$ identiquement, donc le processus $(Z \circ k_t)$ est évanescent. Il en est alors de même de sa projection coprévisible $(z \circ X_t)$ où $z = \widetilde{\mathbb{P}}^\bullet(\Omega_0^c)$, ce qui constitue le résultat désiré.

En pratique, Ω_0 ne sera pas $\mathcal{F}^\circ$–mesurable, mais sera l'ensemble des $\omega \in \Omega$ (l'espace lusinien construit en 40, 2)) possédant l'une des propriétés suivantes :

— La trajectoire $X_\bullet(\omega)$ ne rencontre pas un certain ensemble borélien $A \subset E$,

— La fonction $g \circ X_\bullet(\omega)$ est càdlàg., g étant borélienne sur Z.

Ces ensembles sont *coanalytiques* dans l'espace lusinien Ω (pour le second, *cf.* IV.34), et l'on peut utiliser XI.56, comme en 40 2), pour construire un ensemble lusinien $\Omega' \subset \Omega_0$ portant $\mathbb{P}^\mu$ stable par meurtre. On se trouve alors ramené au cas simple précédent.

On notera que l'hypothèse auxiliaire $\zeta < \infty$ de 41 n'a pas été utilisée ici.

43 Nous allons (en utilisant à nouveau l'hypothèse auxiliaire) améliorer la résolvante et le semi–groupe du processus retourné.

a) Désignons par Ω_1 l'ensemble des ω possédant les propriétés suivantes :

— la trajectoire $X_\bullet(\omega)$ ne rencontre pas l'ensemble μ–évanescent N (fin du n° 41);

— les fonctions $\widetilde{U}_p f_n \circ X_\bullet(\omega)$ sont càdlàg., f_n parcourant la suite dense dans $\mathcal{C}(F)|_E$ de 70.1, et $p>0$ étant rationnel. Noter qu'on a la même propriété, par convergence uniforme, pour tout $f \in \mathcal{C}(F)|_E$ et tout $p>0$.

D'après 40, Ω_1 porte les lois $\widetilde{\mathbb{P}}^x$, sauf pour des x appartenant à un borélien μ–évanescent A_1. Soit Ω_2 l'ensemble des $\omega \in A_1$ tels que $X_\bullet(\omega)$ ne rencontre pas A_1, et soit A_2 un borélien évanescent contenant A_1, et tel que pour $x \in A_2^c$ la loi $\widetilde{\mathbb{P}}^x$ soit portée par $\Omega_2 \ldots$ Continuant ce procédé, et nommant A la réunion des A_n, on a construit un ensemble borélien μ–évanescent $A \subset A_1$ tel que, sous toute loi $\widetilde{\mathbb{P}}^x$ avec $x \in A^c$, le processus $(\widetilde{X}_t)$ reste dans A^c. En particulier,

— *les mesures* $\widetilde{U}_p(x, dy)$, $\widetilde{P}_t(x, dy)$ *sont portées par* A^c ;

— *pour* $f \in \mathcal{C}(F)|_E$ *le processus* $(\widetilde{U}_p(\widetilde{X}_t\,, f))$ *est continu à gauche sous* $\widetilde{\mathbb{P}}^x$;

— *pour* $f \in \mathcal{C}(F)|_E$ *les fonctions* $\widetilde{P}_t(x, f)$, $\widetilde{P}_t(x\,, \widetilde{U}_p f)$ *sont continues à gauche* (cela résulte de la propriété précédente par intégration).

L'équation résolvante est satisfaite par les $\widetilde{U}_p$, considérés comme noyaux sur A^c. Mais alors, par le même argument que dans la construction du semi-groupe de Ray gauche en XII.83, on peut inverser la transformation de Laplace et établir que *les noyaux* $\widetilde{P}_t$ *forment un semi-groupe sur* A^c.

b) Il reste encore un effort : augmenter l'ensemble μ–évanescent A, de sorte que pour tout $x \in A^c$ la loi $\widetilde{\mathbb{P}}^x$ soit celle d'un *processus de Markov de semi-groupe* $(\widetilde{P}_t)$.

Les noyaux $\widetilde{P}_t$ étant définis par la propriété $\widetilde{P}_t(x, f) = \widetilde{\mathbb{E}}^x\,[f \circ X_t]$, il n'y a pas lieu de s'interroger sur la loi d'entrée de ce processus.

Considérons l'ensemble H des $x \in A^c$ tels que, sous $\widetilde{\mathbb{P}}^x$, les processus continus à gauche

$$M_t^{p,f} = e^{-pt}\,\widetilde{U}_p f \circ \widetilde{X}_t + \int_0^t e^{-ps} f \circ \widetilde{X}_s\, ds \quad (p > 0\ f \in \mathcal{C}(F)|_E)$$

soient des martingales de la filtration $\widetilde{\mathcal{F}}_{t-}$. Nous savons d'après XIV.18 que cette propriété de martingale exprime la caractère markovien de $(\widetilde{X}_t)$ sous la loi $\widetilde{\mathbb{P}}^x$, avec le semi-groupe $(\widetilde{P}_t)$.

Il suffit de vérifier la propriété de martingale pour p rationnel, $f = f_n$, t rationnel, et il en résulte aisément que H est borélien. Sachant cela, pour vérifier que H^c est μ–évanescent, il suffit de vérifier que $\mathbb{P}^\mu\{\widetilde{X}_T \notin H\} = 0$ pour tout temps prévisible T de la filtration $(\widetilde{\mathcal{F}}_t))$, tel que $0 < T \leq \zeta$. Or nous avons vu en (41.5)) que, sous la loi $\mathbb{P}^\mu$, le processus $(\widetilde{X}_{T+t})$ est markovien de semi-groupe $(\widetilde{P}_t)$ par rapport à la filtration $(\widetilde{\mathcal{F}}_{T+t})$, et cette propriété est préservée si l'on désintègre la loi suivant une v.a. appartenant à toutes les tribus de la filtration. Prenant cette v.a. initiale égale à $\widetilde{X}_T$ nous voyons que $\widetilde{\mathbb{P}}^{\widetilde{X}_T} \in H^c$ p.s., le résultat souhaité.

La démonstration n'est pas encore tout à fait finie : il faut remettre en route la mécanique de a) ci–dessus, et diminuer encore un peu H, pour assurer que le processus $(\widetilde{X}_t)$ reste dans cet ensemble sous toutes les lois $\widetilde{\mathbb{P}}^x$, $x \in H$. Les détails sont confiés au lecteur.

44 Nous avons tout établi sous l'hypothèse auxiliaire $\zeta < \infty$. Il faut nous en débarrasser.

Nous remarquons d'abord que les mesures $\widetilde{\mathbb{P}}^x$ ont été définies au n° 40, indépendamment de cette hypothèse. Ensuite, pour tout temps de retour fini L, le processus (X_t) tué à l'instant L est markovien droit, avec le semi-groupe de transition $(P_t^{c_L})$ et la mesure initiale $c_L \cdot \mu$, c_L désignant la fonction excessive $\mathbb{P}^\bullet\{L > 0\}$ (*cf.* XVI.37). La théorie précédente s'applique alors, pour montrer que le processus retourné $(\widetilde{X}_t^L)$ est modérément markovien, avec un semi-groupe de transition $(\widetilde{P}_t^L)$ dépendant a priori de L. Mais si M est un t. de r. fini tel que $L \leq M$, $M-L=T$ est un t. d'a. de la filtration $(\widetilde{\mathcal{F}}_t^M)$, et la propriété de Markov modérée aux instants $T+t$ montre que le semi-groupe $(\widetilde{P}_t^M)$ peut servir de fonction de transition au processus $(\widetilde{X}_t^L)$.Donc ces deux semi-groupes ne peuvent différer que sur un ensemble $c^L \cdot \mu$-évanescent (relativement au semi-groupe $(P_t^{/c_L})$), ou encore $I_{\{c_L>0\}} \cdot \mu$-évanescent relativement à (P_t).

Considérons alors les temps de retour finis ζ^ε du n° 17, pour $\varepsilon = 1/n$, et désignons par $(\widetilde{P}_t^n)$ les semi-groupes correspondants. Soit H l'ensemble des x tels que la suite des mesures $\widetilde{P}_t^n(x, dy)$ soit constante pour $n \geq n_0$ suffisamment grand (dépendant de x mais non de t). Pour $x \in H$ notons $\widetilde{P}_t(x, dy)$ cette valeur constante, et pour $x \in H^c$ (ensemble μ-évanescent) posons $\widetilde{P}_t(x,dy)=0$. Les noyaux ainsi construits peuvent servir de fonction de transition à tous les processus retournés $(\widetilde{X}_t^L)$, où L est majoré par l'un des ζ^ε. Il ne reste plus qu'à mettre en route une dernière fois le procédé de régularisation reposant sur 42 pour transformer les $\widetilde{P}_t$ en un vrai semi-groupe sur un espace d'états un peu réduit. □

45 REMARQUES. a) Soient (A_t) une fonctionnelle additive gauche, $(u \circ X_t)$ la projection coprévisible du processus optionnel (A_t), ν la mesure $\nu(f) = \mathbb{E}^\mu [\int f \circ X_s \, dA_s]$ ("de Revuz"), et enfin η la mesure excessive μU. Nous avons vu au n° 8 que l'on a alors $\nu U = u \cdot \eta$.

Lorsque A_t est de la forme $\int_0^t h \circ X_s \, ds$, cela s'interprète simplement au moyen du retournement du temps. La mesure ν vaut $h \cdot \mu U = h \cdot \eta$, et $\nu U = (\widetilde{U} h) \cdot \eta$, puisque U et $\widetilde{U}$ sont en dualité par rapport à η. Considérons d'autre part la v.a. $Z = A_\infty = \int_0^\infty h \circ X_s \, ds$; le processus $Z \circ k_t$ vaut $\int_0^t h \circ X_s \, ds = A_t$. La fonction u est donc égale à $\widetilde{\mathbb{E}}^\bullet [Z]$ à un ensemble μ-évanescent près. Supposant pour simplifier $\zeta < \infty$, Z s'écrit aussi $\int_0^\infty h \circ \widetilde{X}_s \, ds$, et il est clair que $\widetilde{\mathbb{E}}^x [Z] = \widetilde{U} h(x)$.

b) Revenons à une fonctionnelle gauche quelconque (A_t), et remarquons d'abord que, ν ne chargeant pas les ensembles μ-évanescents, $< \nu, \widetilde{U} h >$ ne dépend pas du choix du semi-groupe retourné. On peut donc définir la mesure $\nu \widetilde{U}$. *Nous allons montrer que cette mesure est égale à* $a \cdot \eta$, *où* a *est la fonction* $\widetilde{\mathbb{E}}^\bullet [A_\infty]$.

Ceci est la forme "gauche" du théorème de Revuz 36, dans le cas où $\eta = \mu U$.

Pour établir cela, on écrit

$$< \nu \widetilde{U}, h > = < \nu, \widetilde{U} h > = \mathbb{E}^\mu \left[\int_0^\infty dA_t \int_0^t h \circ X_s \, ds \right] ,$$

où l'on a utilisé le fait que la mesure dA_t est coprévisible, et que le processus $\widetilde{U} h \circ X_t$ est la projection coprévisible de $(\int_0^t h \circ X_s \, ds)$ d'après a). On applique alors le th. de Fubini

$$\ldots = \mathbb{E}^\mu \left[\int_0^\infty h \circ X_s (A_\infty - A_s) \, ds \right] = \mathbb{E}^\mu \left[\int_0^\infty h \circ X_s \, a \circ X_s \, ds \right] = < a \cdot \eta, h > .$$

Nous arrêtons ici la discussion des retournés modérément markoviens et des fonctionnelles additives gauches, sujet un peu marginal dans la théorie des processus de Markov.

Le théorème principal de retournement

46 Nous allons supposer ici que l'on nous donne le semi-groupe droit (P_t), une mesure excessive η, *et un semi-groupe droit* $(\widehat{P}_t)$ *en dualité avec* (P_t) *par rapport à* η. Noter la différence avec la théorie des n^{os} précédents, dans laquelle on devait construire le semi-groupe dual.

Nous allons établir le *théorème principal de retournement du temps* (Hunt [6] en temps discret, Nagasawa [1] en temps continu, extension aux processus droits due à M. Weil et à J. Walsh). Nous partirons pour cela du théorème de Chung et Walsh, bien que celui-ci soit historiquement bien plus tardif, et plus difficile — mais nous n'utiliserons de ce théorème que la partie élémentaire, qui est le caractère markovien du retourné continu à gauche, avec des noyaux de transition $\widetilde{P}_t$ qui ne forment pas un vrai semi-groupe.

Nous verrons au chapitre XVIII une autre approche du théorème de retournement, au moyen des mesures de Kuznetsov, qui n'utilise pas le théorème de Chung et Walsh.

Fixons quelques notations : μ désignera une loi initiale *dont le potentiel* μU *est absolument continu par rapport à* η.

Lorsque η est une mesure de référence, comme il arrive fréquemment, cette propriété est satisfaite par *toute* loi initiale.

Il existe alors une densité k de la mesure excessive μU par rapport à η, qui est une *fonction coexcessive* (*cf.* XII.71 ; ce résultat n'exige pas que la dualité soit forte).

Nous désignons par L un temps de retour fini (donc $\leq \zeta$) ; supposons que le processus (X_t) admette des limites à gauche dans E pour $0 < t < \zeta$. Nous définissons alors le retourné continu à droite

$$(46.1) \qquad \widehat{X}_t^L = \widetilde{X}_{t+}^L = X_{(L-t)-} \quad \text{si } 0 < t < L\,;\ = \partial \text{ pour } t \geq L.$$

Le principe de notation est : des $\tilde{}$ pour les objets "gauches", des $\hat{}$ pour les objets "droits". Comme il y a une seule filtration (continue à droite) intervenant dans le problème de retournement, nous la désignons indifféremment par $(\widetilde{\mathcal{F}}_t^L)$ ou $(\widehat{\mathcal{F}}_t^L)$ suivant le contexte.

Le "théorème de retournement" comporte d'une part un énoncé principal, que voici, et d'autre part un certain nombre de précisions techniques fort utiles, que l'on trouvera aux n°s 50–52.

47 THÉORÈME. *Sous la loi* $\mathbb{P}^\mu$, *le processus* (X_t) *admet des limites à gauche sur* $]0,\zeta[$, *ce qui permet de définir pour* $t > 0$ *le retourné continu à droite* $(\widehat{X}_t^L)$ *(cf. (46.1)). Ce dernier processus est markovien par rapport à la filtration* $(\widehat{\mathcal{F}}_t^L)$, *et admet comme semi-groupe de transition le semi-groupe droit* $(\widehat{P}_t^{/k})$.

Avant de passer à la démonstration, nous simplifierons un peu les notations. Les semi-groupes $(\widehat{P}_t^{/k})$ et (P_t) sont en dualité par rapport à la mesure $\mu U = k\cdot\eta$

$$< f\,, \widehat{P}_t^{/k} g >_{k\cdot\eta} = < f\,, \widehat{P}_t(kg) >_\eta = < P_t f\,, kg >_\eta = < P_t f\,, g >_{k\cdot\eta}\,.$$

Nous pouvons alors établir l'énoncé en appelant η la mesure excessive μU, en prenant $k = 1$ et en appelant $(\widehat{P}_t)$ le semi-groupe droit $(\widehat{P}_t^{/k})$.

48 Nous savons que le processus $(\widetilde{X}_t^L)$ est markovien dans la filtration $(\widehat{\mathcal{F}}_{t-}^L)$, avec $(\widetilde{P}_t)$ comme semi-groupe de transition. Pour alléger, nous omettons provisoirement la mention de L.

Adjoignons à l'espace Ω une v.a. exponentielle S de paramètre 1, indépendante des processus; le processus $Y_t = \widetilde{X}_{S+t}$ est markovien, de semi-groupe $(\widetilde{P}_t)$. Nous allons montrer qu'il est aussi *markovien, de semi-groupe* $(\widehat{P}_t)$. Comme les noyaux $\widetilde{P}_t$ et $\widehat{P}_t$ sont tous deux en dualité avec P_t par rapport à η, il nous suffit de montrer que les lois des v.a. Y_t ne chargent pas les ensembles η-négligeables. Or nous avons pour tout ensemble $A \subset E$

$$\mathbb{P}^\mu\{Y_t \in A\} = \mathbb{E}^\mu\left[\int_0^{(L-t)^+} I_{\{X_{L-t-s} \in A\}}\, e^{-s}\, ds\right] \le \eta(A)\ .$$

D'après le n° XVII.6, le processus (Y_t) admet des *limites à droite* le long d'un ensemble dénombrable D. Comme il est continu à gauche, ce sont des limites à droite tout court. Cela signifie aussi que, p.s. sous la mesure $\mathbb{P}^\mu(d\omega) \times e^{-s}ds$, le processus (X_t) admet des limites à gauche sur l'intervalle $]\,0, (L(\omega) - s)^+\,[$; une application facile du théorème de Fubini montre alors que, $\mathbb{P}^\mu$-p.s., le processus X admet des limites à gauche sur $]\,0, L\,[$. Comme le t. de r. fini L est arbitraire, cela entraîne l'existence de limites à gauche sur $]\,0, \zeta\,[$ (*cf.* 17), et l'assertion a) de l'énoncé est établie.

Toujours d'après le n° XVII.6, le processus continu à droite (Y_{t+}) est markovien de semi-groupe $(\widehat{P}_t)$, et pour toute fonction p-excessive u relativement à ce semi-groupe le processus $(u \circ Y_{t+})$ est càdlàg.. Comme ci-dessus, le théorème de Fubini entraîne que le processus $(u \circ X_{t-})$ est càglàd. sur $]\,0, \zeta\,[$ (avec une limite à droite en 0). En particulier, le processus $(u \circ \widehat{X}_t)_{t>0}$ est continu à droite.

Ecrivons la propriété de Markov du processus $(\widetilde{X}_t)$ sous la forme

$$\mathbb{E}\left[\int_0^\infty e^{-ps} f \circ \widetilde{X}_s\, ds \,|\, \widehat{\mathcal{F}}_{t-}\right] = \int_0^t e^{-ps} f \circ \widetilde{X}_s\, ds + e^{-pt}\, \widetilde{U}_p f \circ \widetilde{X}_t\ .$$

Dans les deux intégrales, nous pouvons remplacer $\widetilde{X}_t$ par $\widehat{X}_t$. D'autre part, on a pour presque tout t $\widetilde{U}_p f \circ \widetilde{X}_t = \widehat{U}_p f \circ \widetilde{X}_t$ (les deux résolvantes sont en dualité par rapport au même noyau, donc égales η-p.p., et on applique Fubini), et on a aussi $\widetilde{X}_t = \widehat{X}_t$ pour presque tout t (pour ω fixé les deux trajectoires ne diffèrent que sur un ensemble dénombrable). Tout cela mis ensemble entraîne que les deux processus continus à droite

$$\mathbb{E}\left[\int_0^\infty e^{-ps} f \circ \widehat{X}_s\, ds \,|\, \widehat{\mathcal{F}}_t\right] \quad \text{et} \quad \int_0^t e^{-ps} f \circ \widehat{X}_s\, ds + e^{-pt}\, \widehat{U}_p f \circ \widehat{X}_t$$

sont égaux pour presque tout t, et donc indistinguables. En inversant la transformation de Laplace, cela entraîne que $(\widehat{X}_t)$ est markovien de semi-groupe $(\widehat{P}_t)$, et l'assertion b) de l'énoncé est établie.

Compléments au théorème de retournement

49 Les n^{os} suivants vont apporter à l'énoncé de 47 plusieurs précisions importantes : il s'agit de remplacer les résultats établis "$\mathbb{P}^\mu$-p.s. pour toute mesure μ telle que $\mu U \ll \eta$" par des résultats vrais "$\mathbb{P}^x$-p.s. pour tout x n'appartenant pas à un ensemble η-évanescent". Cette expression est parfois agrégée en η *-q.p.*, lu η *-quasi-partout*. Nous préparons le travail dans ce n° par une série de remarques.

La discussion qui suit est, à de légères variantes près, la répétition de discussions antérieures. Le lecteur fera bien de la parcourir rapidement : même l'omission complète des démonstrations est pardonnable.

a) Soit μ une loi initiale, et soit Ω_0 une partie $\mathcal{F}$-mesurable de Ω, stable par translation, portant $\mathbb{P}^\mu$ et telle que

$$(49.1)\qquad (\theta_t\omega \in \Omega_0 \text{ pour tout } t > 0) \implies (\omega \in \Omega_0)$$

Alors la fonction $z = \mathbb{P}^\bullet(\Omega_0^c)$ est excessive et μ-négligeable, et l'ensemble $A = \{z = 0\}$ (qui porte μ) est donc $\mathcal{E}$-mesurable, finement fermé et absorbant. D'autre part, Ω_0 porte $\mathbb{P}^x$ pour tout $x \in A$. Ainsi la propriété $\mathbb{P}^x(\Omega_0^c) = 0$ a lieu μ *-quasi-partout.*

b) Voici une application simple de a) : soit H un ensemble $\mathcal{E}$-mesurable et μ-évanescent. Prenons pour Ω_0 l'ensemble des trajectoires qui sur l'intervalle $]0,\zeta]$ (ouvert en 0 à cause de (49.1)) restent dans H^c. Alors la fonction z est le potentiel d'équilibre e_H, et l'ensemble finement fermé A ci-dessus est $\{e_H = 0\}$. Pour $x \in A$, H est ε_x *-polaire* (H n'est pas rencontré pour $t > 0$); si l'on veut inclure 0, *i.e.* que H soit ε_x-évanescent, il faut prendre $x \in A \setminus H$, ensemble absorbant qui porte μ, mais n'est plus finement fermé.

c) Seconde application : supposons que sous la loi $\mathbb{P}^\mu$, le processus X admette des limites à gauche dans E sur $]0,\zeta[$. Désignons par E' un sous-ensemble lusinien de E tel que X reste $\mathbb{P}^\mu$-p.s. dans E' (hypothèse droite HD3). Puis, en utilisant le fait que les processus (X_t) et (X_{t-}) ne diffèrent que sur une réunion dénombrable de graphes de t. d'a., il est facile d'agrandir un peu d'ensemble lusinien E' de sorte que le processus (X_{t-}) soit lui aussi à valeurs dans E' sur $]0,\zeta[$. Nous appliquons alors a) en prenant pour Ω_0 l'ensemble des $\omega \in \Omega$ qui sont càdlàg. à valeurs dans E' sur l'intervalle $]0,\zeta[$. Cet ensemble est $\mathcal{F}$ mesurable d'après IV.19, et le raisonnement de a) fournit un ensemble absorbant A finement fermé portant μ, tel que sous toute loi $\mathbb{P}^x$ $(x \in A)$ le processus (X_t) soit càdlàg. sur $]0,\zeta[$. Le raisonnement est le même pour l'intervalle $]0,\zeta]$.

d) Nous continuons à supposer l'existence des limites X_{t-} sur $]0,\zeta[$. Soit f une fonction presque-borélienne, et supposons que sous la loi $\mathbb{P}^\mu$ le processus $(f \circ X_{t-})$ soit càglàd. *y compris une limite à droite en* 0. Encadrons f entre deux fonctions boréliennes $f' \leq f''$ telle que les processus $(f' \circ X_t)$ et $(f'' \circ X_t)$ soient $\mathbb{P}^\mu$-indistinguables. Comme ci-dessus, on peut augmenter un peu f', diminuer f'', de telle sorte que les processus $(f' \circ X_{t-})$ et $(f'' \circ X_{t-})$ soient eux aussi indistinguables. Nous prenons alors pour Ω_0 *l'ensemble des* $\omega \in \Omega$ *tels que les trajectoires* $(f'' - f') \circ X_t(\omega)$ *et* $(f'' - f') \circ X_{t-}(\omega)$ *soient nulles sur* $]0,\zeta[$, *et que la trajectoire* $f' \circ X_t(\omega)$ *soit càglàd. sur cet intervalle* (sans limite à droite en 0 à cause de (79.1)). Alors a) nous fournit un ensemble absorbant A tel que Ω_0 porte toute loi $\mathbb{P}^x$, $x \in A$.

Ceci étant fait, occupons nous de la limite à droite en 0. Soit D un ensemble dénombrable dense dans $]0,\infty[$. Considérons les v.a.

$$\underline{H} = \liminf_{t\downarrow 0, t\in D} f' \circ X_{t-} \ , \ \overline{H} = \limsup_{t\downarrow 0, t\in D} f'' \circ X_{t-} \ .$$

(sous $\mathbb{P}^x$ $(x\in A)$ on peut supprimer la mention $t\in D$). D'après la loi de tout ou rien, $\underline{H}$ et $\overline{H}$ sont de la forme $\underline{h}\circ X_0$, $\overline{h}\circ X_0$, où $\underline{H} = \mathbb{E}^\bullet[\,\underline{H}\,]$ est presque–borélienne, de même que $\overline{h}$. D'après la propriété de Markov forte, on a pour tout t. d'a. T et sous *toute* loi $\mathbb{P}^x$ $\underline{h}\circ X_T = \underline{H}\circ\theta_T$ (de même pour $\overline{h}$), et l'existence de limites à droite sur $]0,\zeta[$ combinée avec le théorème de section optionnel entraîne que sous $\mathbb{P}^x$ $(x\in A$ cette fois) les processus $(\underline{h}\circ X_t)$ et $(\overline{h}\circ X_t)$ sont indistinguables pour $t>0$. L'hypothèse faite sur μ au début entraîne le même résultat pour $t=0$ sous $\mathbb{P}^\mu$. Si l'on remplace alors A par $A' = A\cap\{\underline{h}=\overline{h}\}$ (qui porte μ), on voit que *pour tout* $x\in A'$, *le processus* $(f\circ X_{t-})$ *est càglàd., y compris la limite à droite en* 0.

e) Encore un petit effort : le processus $\underline{H}_{t+} = \liminf_{s\downarrow\downarrow t} f'\circ X_{s-}$ est progressif, et sous $\mathbb{P}^x$ $(x\in A)$ il ne diffère du processus optionnel $(f'\circ X_{s-})$ que sur une réunion dénombrable de graphes de t. d'a.; il est donc optionnel. Le théorème de section optionnel entraîne alors que *les processus* $\underline{H}_{t+}$ *et* $\underline{h}\circ X_t$ *sont* $\mathbb{P}^x$*-indistinguables, pour tout* $x\in A'$.

Existence de limites à gauche

Nous revenons au théorème principal de retournement de 46–47, et nous commençons par énoncer explicitement le résultat fourni par la remarque c) précédente :

50 THÉORÈME. *Il existe un ensemble finement fermé absorbant A portant la mesure excessive η, tel que sous toute loi $\mathbb{P}^x$ $(x\in A)$ le processus (X_t) admette sur l'intervalle $]0,\zeta[$ des limites à gauche dans E.*

DÉMONSTRATION. Appliquer la remarque c) du n° précédent, en prenant pour μ une loi équivalente à la mesure excessive η.

REMARQUE. Si λ est une loi telle que λU soit absolument continu par rapport à η, on a $X_t\in A$ $\mathbb{P}^\lambda$-p.s. pour presque tout t, et comme A est absorbant finement fermé on voit que *A porte λ.*

51 Nous allons maintenant améliorer la seconde partie de 47, en nous occupant de *fermer en* 0 *le processus retourné.*

Les notations sont celles de 47, la loi initiale μ étant telle que $\mu U \ll \eta$, et la densité correspondante k étant choisie coexcessive. L'ensemble $K=\{0<k<\infty\}$ porte μU, donc X_t lui appartient pour presque tout t. Par ailleurs, la fonction $j=1/k$ est excessive pour le semi–groupe de transition $(\widehat{P}_t^{/k})$ du processus retourné à L ; le processus $(\widehat{X}_t^L)$ appartenant pour presque tout t à l'ensemble $K=\{0<j<\infty\}$, il lui appartient en fait pour *tout* t.

Soit $\widehat{F}^{/k}$ un compactifié de Ray de l'ensemble K, relativement au semi–groupe $(\widehat{P}_t^{/k})$ (compactifié de sortie). D'après XVII.13, pour tout temps de retour fini L le processus $(\widehat{X}_t^L)_{t>0}$ admet une limite à droite en 0 à valeurs dans $\widehat{F}^{/k}$, qui ferme le processus en 0, et qui appartient à l'espace d'entrée de $\widehat{F}^{/k}$ (qui est ici un "espace de sortie"). Notre but est de démontrer :

THÉORÈME. *Sur l'ensemble* $\{L < \zeta\}$, *la limite à droite* $\widehat{X}^L_{0+}$ *est p.s. égale à la limite à gauche ordinaire* $X_{L-} \in E$.

DÉMONSTRATION. Supposons d'abord qu'il existe un t. de r. fini M tel que $L < M$. Alors le processus $(\widehat{X}^M_t)$ est à valeurs dans E (et même dans $\{0 < k < \infty\}$, continu à droite dans les deux topologies de E et de $\widehat{F}^{/k}$, et la propriété de Markov forte au temps d'arrêt $M - L$ montre que la v.a. $\widehat{X}^M_{M-L} = X_{L-}$ ferme en 0 le processus $\widehat{X}^L$. Plus généralement, la même conclusion subsiste sur l'ensemble $\{L < M\}$ pour tout t. de r. fini M. On obtient alors l'énoncé en faisant parcourir à M la suite des t. de r. ζ^ε du n° 17.

REMARQUE. Sur l'ensemble $\{L = \zeta\}$, il serait naturel de faire la conjecture suivante : si la limite à gauche $X_{\zeta-}$ existe dans E, elle ferme le processus retourné. Nous allons montrer sur un exemple (dû à J. Glover) que cette conjecture est fausse, et la situation à l'instant ζ ne semble pas complètement tirée au clair.

Nous prenons pour E le cercle unité dans $\mathbb{R}^2$, pour (X_t) le processus de translation uniforme, tué à l'instant $T = \inf\{t > 0 : X_t = 1\}$, qui devient la durée de vie. Noter que le point 1 ne disparaît pas de l'espace d'états, et le potentiel $\varepsilon_1 U = \eta$ est la loi uniforme sur le cercle. Nous prenons η comme mesure de dualité, $\mu = \varepsilon_1$, $k = 1$. Le dual naturel serait le processus de translation uniforme en sens inverse, tué au même temps d'entrée (et il n'y aurait alors aucune pathologie), mais nos hypothèses nous permettent de modifier le semi-groupe $(\widehat{P}_t)$ en rendant le point 1 absorbant ($\widehat{P}_t(1, \{1\}) = 1$ pour tout t) ce qui ne modifie ni le caractère droit, ni la dualité. Alors dans le compactifié de sortie le point 1 se dédouble, le point initial du retourné étant un *nouveau* point $1' \notin E$, tandis que la limite $X_{\zeta-}$ dans la topologie de E reste *l'ancien* point 1, et ne ferme pas le processus retourné.

Comportement des fonctions coexcessives

52 Les résultats de ce n° sont dus à M. Weil [3]. Il s'agit d'étudier le comportement, le long les trajectoires du processus (X_t), des fonctions p-excessives du semi-groupe *dual* $(\widehat{P}_t)$. L'énoncé n'explicite pas tout le contenu de la démonstration, celle-ci indiquant aussi en quel sens les fonctions coexcessives sont presque-boréliennes.

THÉORÈME. *Soit* h *une fonction* p*-excessive pour le semi-groupe* $(\widehat{P}_t)$. *Il existe un ensemble presque-borélien absorbant* B *portant la mesure* η, *tel que sous toute loi* $\mathbb{P}^x$ $(x \in B)$ *le processus* (X_t) *admette des limites à gauche sur* $]0, \zeta[$, *le processus* $(h \circ X_{t-})$ *soit continu à gauche sur* $]0, \zeta[$, *et admette des limites à droite sur* $[0, \zeta[$, *celles-ci étant d'ailleurs de la forme* $h^* \circ X_t$, *où* h^* *désigne une fonction presque-borélienne sur* E.

On notera qu'il s'agit de limites à droite du processus $(h \circ X_{t-})$, non $(h \circ X_t)$; pour ce dernier, ce ne sont que des limites à droite *essentielles*.

DÉMONSTRATION. Nous commençons par supposer que η est le potentiel μU d'une loi de probabilité.

En utilisant le caractère presque-borélien des fonctions p-excessives pour le semi-groupe $(\widehat{P}_t)$, et le retournement du temps aux t. de r. ζ^ε, on encadre h entre deux fonctions boréliennes h' et h'' telles que le processus $((h''-h')\circ X_{t-})$ soit $\mathbb{P}^\mu$-évanescent pour $0<t<\zeta$. En procédant comme en 49 d), on peut diminuer h'' et augmenter h' de sorte que cela ait lieu aussi pour le processus $((h''-h')\circ X_t)$. En appliquant 49 on peut alors construire un ensemble absorbant finement fermé A portant μ tel que, sous toute loi $\mathbb{P}^x$ $(x\in A)$ les limites à gauche X_{t-} existent $\mathbb{P}^x$-p.s. pour $0<t<\zeta$, et les deux processus ci-dessus soient $\mathbb{P}^x$ évanescents sur le même intervalle.

En particulier, les fonctions p-coexcessives sont "presque-boréliennes" pour le processus non retourné, en un sens légèrement affaibli : au lieu de pouvoir prendre une loi initiale quelconque, on impose à celle-ci d'être portée par un ensemble absorbant A convenable — mais en revanche, l'encadrement borélien que l'on a réalisé vaut pour toutes les lois initiales portées par A.

Utilisant ensuite la continuité à droite des fonctions p-coexcessives sur les trajectoires du processus retourné à ζ^ε et appliquant 49 d), on obtient l'énoncé sous l'hypothèse simplificatrice faite au début. Nous allons maintenant nous en affranchir.

Nous choisissons la loi initiale μ équivalente à η ; alors μU est équivalente à η, et nous pouvons désigner par k une version coexcessive de la densité de μU par rapport à η, par j la fonction $1/k$, excessive par rapport au semi-groupe $(\widehat{P}_t^{/k})$, dual de (P_t) par rapport à μU. Nous pourrons appliquer le cas particulier précédent aux fonctions coexcessives h/k et $1/k$, et en déduire le comportement annoncé pour le processus $(h\circ X_{t-})$, *sur tout intervalle où le processus $(k\circ X_{t-})$ est borné supérieurement et inférieurement.*

Nous allons traiter d'abord le cas des intervalles compacts de $]0,\zeta[$. Il nous restera ensuite à faire l'étude en 0.

Rappelons (*cf.* VI.17) que les trajectoires d'une surmartingale continue à droite positive (Z_t), finie pour tout $t>0$, sont bornées supérieurement sur tout intervalle $[a,+\infty[$ $(a>0)$ et bornées inférieurement sur tout intervalle compact de $[0,T[$, $T=\inf\{s : Z_s=0\}$. Appliquant cela pour tout t. de r. fini L à la surmartingale $(j\circ \widehat{X}_t^L)_{t>0}$, qui est finie et >0 pour tout $t>0$ d'après les premières lignes de 51, nous voyons que le processus $(j\circ X_{t-})$ est borné des deux côtés sur tout intervalle compact de $]0,\zeta[$, p.s. sous $\mathbb{P}^\mu$. Pour passer de là aux mesures $\mathbb{P}^x$, où x appartient à un ensemble absorbant A portant μ, il faut appliquer 49 a) à un ensemble Ω_0 convenable, et pour avoir la mesurabilité nécessaire, encadrer j entre deux fonctions boréliennes j' et j'' comme au début : on peut se passer des détails.

L'étude en 0 procède comme en 49 d), en introduisant les v.a.

$$\underline{H}=\liminf_{s\downarrow 0} h'\circ X_{s-}=\liminf_{s\downarrow 0,\, s\in D} h'\circ X_{s-}=\underline{h}\circ X_0 \quad \text{p.s.}$$

$$\underline{H}_{t+}=\liminf_{s\downarrow\downarrow t} h'\circ X_{s-}=\underline{H}\circ\theta_t\ .$$

Comme en 49 d), le théorème de section optionnel entraîne que les processus $(\underline{H}_{t+})$ et $(\underline{h}\circ X_t)$ sont $\mathbb{P}^\mu$-indistinguables pour $t>0$. On définit de même $\overline{H}_{t+}$, $\overline{H}$, $\overline{h}$, et l'étude faite pour $t>0$ montre que pour tout $x\in A$ on a $\mathbb{P}^x$-p.s. $\underline{H}_{t+}=\overline{H}_{t+}$ pour $t>0$.

Donc l'ensemble $\{\underline{h} < \overline{h}\}$ est ε_x–polaire pour tout $x \in A$, et il suffit de remplacer A par $A \cap \{\underline{h} = \overline{h}\}$. Quant à la fonction h^* de l'énoncé, on peut la prendre égale à $\underline{h}$ ou $\overline{h}$.

Limites à gauche des fonctions excessives

53 Dans les n^{os} précédents, nous avons utilisé le retournement du temps pour étudier des processus de la forme $(h \circ X_{t-})$. Nous allons maintenant étudier des processus de limites à gauche de la forme $((h \circ X)_{t-})$, où h est une fonction p–excessive, ou plus généralement une fonction presque–borélienne telle que les limites en question existent. La dualité nous permettra de décrire ces processus de manière assez satisfaisante, malgré une petite difficulté à l'instant ζ. Nous appliquerons cela au n° suivant à l'étude de l'hypothèse (CMF) d'Azéma (20, 25, 33).

Comme précédemment, nous choisissons une mesure initiale μ telle que μU soit absolument continue par rapport à la mesure de dualité η, avec une densité coexcessive notée k.

THÉORÈME. *Soit f une fonction presque–borélienne, telle que sous la loi $\mathbb{P}^\mu$ le processus $(f \circ X_t)$ soit càdlàg. Il existe alors une fonction presque–borélienne f^* telle que les processus $((f \circ X)_{t-})$ et $(f^* \circ X_{t-})$ soient indistinguables pour $0 < t < \zeta$. Si l'on prend la limite $X_{\zeta-}$ dans le compactifié de Ray $\widehat{F}^{/k}$ (cf. 51), ce résultat peut s'étendre à l'instant ζ, sur l'ensemble $\{\zeta < \infty\}$.*

DÉMONSTRATION. Le cas où la durée de vie est finie $\mathbb{P}^\mu$–p.s. est très simple. Le processus retourné à l'instant ζ est alors markovien de semi–groupe $(\widehat{P}_t^{/k})$, et peut être fermé en 0 par une v.a. $\widehat{X}_0$ à valeurs dans le compactifié de Ray $\widehat{F}^{/k}$. On applique alors 49 d) à ce processus retourné.

Pour traiter le cas général, on tue le processus (X_t) au t. de r. fini L valant ζ si $\zeta < \infty$, et 0 sinon. Ce processus admet le semi–groupe de transition $(P_t^{/c})$ et la mesure initiale $c\cdot\mu$, où c désigne la fonction excessive $\mathbb{P}^\bullet\{L > 0\}$. Celui–ci est en dualité avec $(\widehat{P}_t^{/k})$ relativement à la mesure $(c\cdot\mu)\,U^{/c} = (ck)\,\eta$, et il suffit de lui appliquer le résultat précédent sur le même compactifié de Ray $\widehat{F}^{/k}$.

Il resterait encore, comme en 50, à passer de la mesure initiale μ à l'ensemble des mesures initiales $\mathbb{P}^x$, où x appartient à un ensemble absorbant portant μ.

54 REMARQUE. Le processus (X_{t-}) est à valeurs dans l'ensemble $K = \{0 < k < \infty\}$ pour $t < \zeta$, et à l'instant ζ il appartient à *l'espace d'entrée* $\widehat{F}_e^{/k}$ (XVII.13, 25) du semi–groupe dual $(\widehat{P}_t^{/k})$. A tout point de cet espace correspond une loi d'entrée $(\widehat{\theta}_t^{x/k})$ pour ce semi–groupe, portée par K, telle que $\lim_t \widehat{\theta}_t^{x/k}(1) = 1$, et *extrémale*. Les mesures $\widehat{\theta}_t^x = \frac{1}{k}\cdot\widehat{\theta}_t^{x/k}$ sur K forment alors une loi d'entrée extrémale pour $(\widehat{P}_t)$ — non nécessairement bornée, ce pourquoi elle ne correspond pas nécessairement à un point d'entrée dans le compactifié de Ray $\widehat{F}$ de E pour $(\widehat{P}_t)$. La mesure $\widehat{\rho}_x = \int_0^\infty \widehat{\theta}_t^x\, dt$, que l'on peut noter symboliquement $\frac{1}{k(x)}\varepsilon_x\widehat{U}$, est une *mesure coexcessive extrémale pour* $(\widehat{P}_t)$, normalisée par la condition $L(\widehat{\rho}_x\,,\,k)=1$.

On trouvera dans les articles de Dynkin [15], [16] une étude plus détaillée du comportement de sortie des processus de Markov, du point de vue des mesures coexcessives extrémales.

Application à l'hypothèse CMF

55 Nous allons montrer ici que l'hypothèse CMF d'Azéma est "presque" satisfaite lorsque le semi groupe (P_t) admet un semi-groupe dual droit $(\widehat{P}_t)$ par rapport à la mesure excessive η. Il faut cependant 1) se limiter aux lois initiales μ dont le potentiel est absolument continu par rapport à η, et 2) prendre la limite à gauche $X_{\zeta-}$ dans un compactifié de Ray convenable. De manière précise, nous allons établir l'énoncé suivant :

L'existence des limites à gauche a été vue en 50–51. Signalons au passage que la *transience* du semi-groupe dual, qui a été utilisée en 33, mérite une petite discussion, sans créer de difficulté : si g est une fonction strictement positive sur E telle que Ug soit finie, seuls les points de l'ensemble $\{\widehat{U}(gk)<\infty\}$ interviennent dans le retournement du temps.

THÉORÈME. *Sous la loi* $\mathbb{P}^\mu$, *tout processus à la fois prévisible et cooptionnel est de la forme* $(f\circ X_{t-})$, *où* f *est presque-borélienne sur le compactifié de Ray* $\widehat{F}^{/k}$.

DÉMONSTRATION. Il suffit de montrer que la projection prévisible d'un processus cooptionnel est de cette forme. Par un argument de classes monotones, on peut se ramener au cas d'un processus de la forme $Z_t=I_{]\,0,L\,]}$, où L est un temps de retour. La projection *optionnelle* de (Z_t) est alors le processus $(c\circ X_t)$ où $c=\mathbb{P}^\bullet\{L>0\}$; alors la projection prévisible cherchée est le processus $(c\circ X)_-$, et on conclut grâce au n° précédent.

Retour aux mesures de Revuz

56 Nous revenons au théorème de Revuz, que nous avions traité en 33–36 en utilisant l'hypothèse CMF, et que nous allons maintenant rattacher aux hypothèses de dualité faible. Nous continuons à désigner par μ une mesure de potentiel $\mu U=\xi$ absolument continu par rapport à la mesure de dualité η.

Soit (A_t) une fonctionnelle additive prévisible de potentiel $a=\mathbb{E}^\bullet[A_\infty]$. Nous posons

$$\nu(f)=\mathbb{E}^\mu\Big[\int_{[0,\infty[}f\circ X_{s-}\,dA_s\Big]\ , \tag{56.1}$$

où les limites à gauche sont prises dans E pour $s<\zeta$, dans le compactifié de Ray $\widehat{F}^{/k}$ pour $s=\zeta$; ν *est donc une mesure sur* $\widehat{F}^{/k}$, et (comme en 32) nous l'appellerons la *mesure de Revuz de* A, relativement à la mesure excessive $\xi=k\cdot\eta$.

Il nous arrivera d'utiliser ce mot pour une FA *brute* A de potentiel a ; ν est alors aussi la mesure de Revuz, au sens précédent, de la projection duale prévisible de A.

Nous nous proposons d'abord de donner une démonstration directe (analogue à 45 b)) de la forme "élémentaire" du théorème de Revuz, qui n'utilise pas la fonctionnelle de masse — autrement dit

(56.2) $\quad \nu\widehat{U}^{/k} = a\cdot\xi$, généralisable en $(f\cdot\nu)\widehat{U}^{/k} = (U_A^- f)\cdot\xi$.

Nous commençons par vérifier que sous $\mathbb{P}^\mu$ *la projection cooptionnelle d'un processus de la forme* $\int_0^t h\circ X_r\,dr$ *($h \geq 0$ sur E) est le processus* $(\widehat{U}^{/k}\circ X_{t-})$. En effet, si L est un t. de r. fini, on a

$$\mathbb{E}^\mu\left[\int_{[0,L[} h\circ X_r\,dr\right] = \mathbb{E}^\mu\left[\int_{[0,\infty[} h\circ \widehat{X}_s^L\,ds\right] =$$
$$= \mathbb{E}^\mu\left[\widehat{U}^{/k}h\circ\widehat{X}_0\, I_{\{L>0\}}\right] = \mathbb{E}^\mu\left[\widehat{U}^{/k}h\circ X_{L-}\, I_{\{L>0\}}\right] .$$

On a alors, puisque la mesure dA est cooptionnelle,

$$<\nu\widehat{U}^{/k}, h> = <\nu, \widehat{U}^{/k}h> = \mathbb{E}^\mu\left[\int \widehat{U}^{/k}h\circ\widehat{X}_{s-}\,dA_s\right] = \mathbb{E}^\mu\left[\int dA_s \int_0^s h\circ\widehat{X}_r\,dr\right] ,$$

on applique ensuite le théorème de Fubini

$$\mathbb{E}^\mu\left[\int h\circ\widehat{X}_r(A_\infty - A_r)\,dr\right] = \mathbb{E}^\mu\left[\int (ha)\circ\widehat{X}_r\,dr\right] = <\mu U, ah> .$$

Cela s'écrit encore $<\xi, h>$, et la démonstration est achevée.

57 Nous passons au "vrai" théorème de Revuz. Supposons les deux semi-groupes en dualité *forte* par rapport à η ; choisissons la mesure μ équivalente à η (il en est de même alors de ξ et η), de sorte que (P_t) et $(\widehat{P}_t^{/k})$ sont en dualité forte par rapport à ξ. Soit $u_y = u^{/k}(\cdot, y)$ une version excessive de la densité de $\varepsilon_y\widehat{U}^{/k}$ par rapport à ξ. La formule (56.2) s'écrit alors (l'intégrale étant étendue à $\widehat{F}_e^{/k}$)

(57.1) $$a = \int u^{/k}(\cdot, y)\,\nu(dy) \ , \ U_A^- f = \int u^{/k}(\cdot, y) f(y)\,\nu(dy) .$$

Ces relations vraies p.p. le sont en fait partout puisqu'elles concernent des fonctions excessives. La première s'interprète comme une représentation intégrale de la fonction excessive a au moyen de fonctions excessives extrémales. La seconde nous permet de calculer la *mesure de Revuz* ν' *de* (A_t) *par rapport à* η, qui est toujours une mesure sur $\widehat{F}_e^{/k}$: si $L(\eta, a) < \infty$ on a $\lambda(\eta, h^x) < \infty$ pour ν–presque tout x, et

(57.2) $$\nu'(f) = \lambda(\eta, U_A^- f) = \int \nu(dy) f(y) L(\eta, u_y) .$$

Nous allons interpréter $L(\eta, u_y)$. Nous remarquons d'abord que, si (P_t) et $(\widehat{P}_t)$ sont en dualité par rapport à η, si a et $\widehat{b}$ dont deux fonctions respectivement excessive et coexcessive, on a

(57.3) $$L(\widehat{b}\eta, a) = \widehat{L}(a\eta, \widehat{b}) .$$

Il suffit en effet d'établir cela lorsque $\widehat{b}$ est un potentiel $\widehat{U}j$; alors le second membre vaut $<a\cdot\eta\,,j>$, et le premier $L((j\cdot\eta)U\,,a) = <j\cdot\eta\,,a>$. Appliquons cela à (P_t), $(\widehat{P}_t^{/k})$ et ξ avec $a = u_y$, $\widehat{b} = 1/k$. Il vient du côté droit de (57.2)

$$L(\eta, u_y) = L(\frac{1}{k}\cdot\xi\,,u_y) = \widehat{L}^{/k}(h^x\cdot\xi\,,1/k)\;.$$

D'autre part, $u_y\cdot\xi = \varepsilon_x\widehat{U}^{/k}$, de sorte que le côté droit de cette égalité peut être considéré comme définissant *la valeur* $1/k(x)$ *de* $1/k$ *au point* x. Enfin, cette valeur s'écrit aussi $\lim_t <\theta_t^{x/k}\,,1/k> = \lim_t <\theta_t^x\,,1>$, et cela montre que si $L(\eta\,,a) < \infty$ (comme nous l'avons supposé), *le point* x *se retrouve* ν*-p.s. dans l'espace d'entrée de* $\widehat{F}$. Ainsi la mesure de Revuz ν' peut s'écrire $(1/k)\cdot\nu$ sur $\widehat{F}_e^{/k}$ avec une interprétation convenable de $1/k$ aux points frontière. Au lieu d'interpréter cette égalité sur $\widehat{F}_e^{/k}$ on peut tout transporter sur $\widehat{F}_e$, et la relation (57.1) se lit alors $a\cdot\eta = \nu'\widehat{U}$, ce qui est une version du théorème de Revuz.

La formule de dualité de Hunt

58 Nous allons présenter une variante, inspirée d'Azéma [3], de la *formule de dualité de Hunt,* l'une des plus utiles de toute la théorie de la dualité. Sous sa forme classique (*cf.* Blumenthal et Getoor [1], chap. VI, th. 1.16, p.261), cette formule concerne un couple de processus de Markov en dualité *forte,* sur un espace localement compact, et possédant certaines propriétés de quasi-continuité à gauche (processus "standard"). Elle exprime que pour toute mesure positive μ et tout ensemble borélien A, la réduite $P_A U\mu$ du potentiel $U\mu = \int u(\cdot\,,y)\mu(dy)$ est aussi le potentiel $U(\mu\widehat{P}_A)$ de la balayée de μ sur A, relativement au semi-groupe dual. Notre première version de cette formule s'applique seulement aux potentiels de la classe (D) (potentiels de fonctionnelles additives), mais n'exige pas l'hypothèse de dualité forte. Elle n'exige pas non plus que les processus soient standard, au prix d'une petite modification de la définition des réduites. Elle sera ensuite précisée au n° 62 sous les hypothèses de dualité forte.

Nous rappelons d'abord, pour la commodité du lecteur, les notations de XV.51–52 sur les ensembles aléatoires (voir aussi XX.1). Puis nous donnons quelques notions sur le balayage des mesures (pour plus de détails, voir Getoor [13]).

Soit M un ensemble aléatoire de la demi-droite *ouverte* (il y a une théorie analogue dans la demi-droite fermée, comportant quelques différences, en particulier la convention $\sup(\emptyset) = 0-$ à la manière de 8). On pose

$$(58.1)\qquad \begin{aligned} D_t &= \inf\{s > t\,:\,s\in \mathrm{M}\}\quad;\quad D_0 = D\quad;\quad R_t = D_t - t\\ g_t &= \sup\{s < t\,:\,s\in \mathrm{M}\}\\ G_t &= \sup\{s \le t\,:\,s\in \mathrm{M}\}\quad;\quad A_t = t - G_t \end{aligned}$$

Les notations ℓ_t, L_t sont parfois utilisées pour g_t, G_t. Noter que les grandes lettres correspondent à des processus càd., la petite à un processus càg. ($d_t = \inf\{s \ge t\,:\,s\in \mathrm{M}\}$

existe aussi, mais on l'utilise rarement, c'est pourquoi elle ne figure pas dans le tableau). Les D_t forment une famille continue à droite, et si M est progressif ce sont des temps d'arrêt.

Soient $H \subset E$ et $M = \{t > 0 : X_t \in H\}$. Alors le t. d'a. D n'est pas celui que nous avons noté D_H en XIV.77, mais le "vrai" temps d'entrée T_H. Il nous semble que le risque de confusion est minime.

Soit $\alpha(\omega, dt)$ une mesure aléatoire sur $]0,\infty[$, dont le processus croissant associé $A_t = \alpha(\cdot,]0,t])$ est à valeurs *finies* — nous renverrons à Sharpe [1] pour les mesures aléatoires ne satisfaisant pas à cette condition. On construit une nouvelle mesure aléatoire β, appelée la *balayée de α sur* M, en appliquant les règles suivantes :

1) Pour tout intervalle (G_t, D_t) contigu à M, la masse de α portée par l'intervalle $]G_t, D_t]$ est transportée au point G_t. Toutefois la masse contenue dans l'intervalle $]0, D]$ est considérée comme perdue puisque l'on travaille sur $]0,\infty]$.

2) La masse de α non portée par les intervalles contigus du type précédent est laissée en place.

On vérifie aisément que le processus croissant (B_t) associé à la mesure β est donné par la formule

(58.2) $$B_t = \beta(\cdot,]0,t]) = A_{D_t} - A_D .$$

Il est fini si $A_\infty < \infty$, ou si les D_t sont finis; même si A est adapté et M optionnel, ce processus n'est pas adapté en général : B_t est seulement $\mathcal{F}_{D_t}$-mesurable. C'est pourquoi on dit que B est le *balayé brut* de A sur M. On construit alors au moyen d'une projection duale les *balayés optionnel et prévisible* de A sur M.

$$B_s = A_{D_s} - A_D = A_s + (A_D \circ \theta_s - A_D) .$$

La propriété suivante est simple et importante :

59 THÉORÈME. *Si* M *est homogène, et si* (A_t) *est une fonctionnelle additive brute, il en est de même de* (B_t).

DÉMONSTRATION. L'homogénéité de M se traduit par la relation $D_s = s + D \circ \theta_s$, et on a alors une décomposition de B en somme de deux processus. Le premier est la FA brute A, et le second est aussi une FA brute, (non nécessairement croissante) comme tout processus de la forme $U_s = u \circ \theta_s - u$.

60 Soit H un ensemble presque-borélien dans E, et soit M l'ensemble aléatoire cooptionnel $\{t \in]0,\zeta[: X_t \in H \text{ ou } X_{t-} \in H\}$. Le début D de cet ensemble aléatoire est un temps terminal parfait exact. Si f est une fonction excessive, nous noterons $P_H^{\circ} f$ la fonction excessive $\mathbb{E}^{\bullet}[f \circ X_D]$, parfois appelée *réduite extérieure de f sur H*. Dans de nombreux cas, cette fonction est égale à la réduite régularisée $P_H f$. C'est le cas si H est ouvert, et aussi pour tout H lorsque (P_t) est un semi-groupe de Feller. En effet, (XIV.92) entraîne que l'addition de l'ensemble $\{t : X_{t-} \in H\}$ ne modifie pas le début de l'ensemble $\{t : X_t \in H\}$.

Soit A une FA (brute), de potentiel $a = \mathbb{E}^{\bullet}[A_\infty]$, et soit B la balayée brute de A sur M. Le potentiel $b = \mathbb{E}^{\bullet}[B_\infty]$ de B est égal à

(60.1) $$\mathbb{E}^{\bullet}[A_\infty - A_D] = \mathbb{E}^{\bullet}[A_\infty \circ \theta_D] = P_H^{\circ} a\,.$$

61 Nous conservons les notations précédentes pour énoncer le théorème de dualité de Hunt. Noter que l'on ne changerait pas les mesures de Revuz en remplaçant A par sa projection duale prévisible, et de même pour B.

THÉORÈME. *Soient ν_A et ν_B les mesures de Revuz des fonctionnelles A et B, relativement à la mesure excessive η. Ces mesures sont liées par la relation*

(61.1) $$\nu_B = \nu_A \widehat{P}_H^{\circ}\,.$$

Nous allons supposer ici, pour simplifier, que η est un potentiel μU. On passerait au cas général en utilisant les arguments de 57.

DÉMONSTRATION. Nous avons d'abord pour $f \geq 0$, d'après (58.2)

$$\nu_B(f) = \mathbb{E}^{\mu}\Big[\int f(X_{s-})\,dB_s\Big] = \mathbb{E}^{\mu}\Big[\int f(X_{s-})\,dA_{D_s}\Big]\,.$$

La relation $s \leq D_t$ équivaut à $g_s \leq t$. On en déduit que $A_{D_t} - A_D = \int_D^\infty I_{]0,t]}(g_s)\,dA_s$ identiquement en t et ω, et cela entraîne

$$\nu_B(f) = \mathbb{E}^{\mu}\Big[\int f(X_{g_s-})\,dA_s\Big]\,.$$

Dans cette formule, nous pouvons remplacer le processus $f(X_{g_s-})\,I_{\{s>D\}}$ par sa projection cooptionnelle, et pour achever la démonstration il suffit de montrer que celle-ci vaut $\widehat{P}_H^{\circ} f \circ X_{s-}$. Cela revient à prouver que l'on a, pour tout t. de r. fini L

$$\mathbb{E}^{\mu}[f(X_{g_L-})\,I_{\{L>D\}}] = \mathbb{E}^{\mu}[\widehat{P}_H^{\circ} f(X_{g_L-})\,I_{\{L>0\}}]\,.$$

Or la v.a. $f(X_{g_L-})\,I_{\{L>D\}}$ se lit $f(\widehat{X}^L_{T_H})\,I_{\{L>0\}}$, $(\widehat{X}^L_t)$ désignant le processus retourné à L et T_H le début de l'ensemble $\widehat{\mathrm{M}} = \{\widehat{X}^L \in H \text{ ou } \widehat{X}^{L-} \in H\}$. Si $L \leq D$, la trajectoire retournée ne rencontre pas H, on a donc $T_H = +\infty$ et par convention $f(\widehat{X}^L_{T_H}) = 0$. La propriété de Markov forte du retourné nous permet de remplacer cela dans l'espérance par $\widehat{P}_H^{\circ} f \circ \widehat{X}^L_0\, I_{\{L>0\}}$, et le théorème est établi.

Si l'on était parti de l'ensemble aléatoire $\{t : X_{t-} \in H\}$, on aurait trouvé par retournement l'ensemble $\{t : \widehat{X}^L_t \in H\}$, qui aurait conduit à la réduite ordinaire $\widehat{P}_H$

REMARQUE. Lorsqu'on applique la formule de dualité aux fonctionnelles $A_t = \int_0^t f \circ X_s\,ds$, on obtient que :

(61.2) *Les noyaux $P_H^{\circ} U$ et $\widehat{P}_H^{\circ} \widehat{U}$ sont en dualité par rapport à η.*

La démonstration figure au n° suivant.

62 Nous allons maintenant déduire de 61 la forme la plus utile de la formule de balayage de Hunt, qui concerne deux semi–groupes droits en dualité forte : cette hypothèse entraînant l'existence de bonnes densités (XII.72), on a

$$\int P_H^{\circ}(x,dz)\,U(z,y) = \int U(x,z)\,\widehat{P}_H^{\circ}(y,dz)\,. \tag{62.1}$$

DÉMONSTRATION. Soit f une fonction positive sur E. Nous prenons pour A la fonctionnelle additive $\int_0^t f\circ X_s\,ds$, dont la mesure de Revuz ν_A est $f\cdot\eta$. Alors d'après 61 la mesure de Revuz ν_B vaut $(f\cdot\eta)\widehat{P}_H$, et le théorème de Revuz nous dit que

$$(f\cdot\eta)\widehat{P}_H^{\circ}\widehat{U} = (P_H^{\circ}Uf)\cdot\eta\,.$$

Ceci équivaut à (61.2). En utilisant les densités, cette formule se traduit par l'égalité des deux mesures

$$\int f(y)\,\eta(dy)\widehat{P}_H^{\circ}(y,dz)\,\widehat{U}(z,x)\,\eta(dx) = \int \eta(dx)\,P_H^{\circ}(x,dz)\,U(z,y)\,f(y)\,\eta(dy)\,.$$

Il existe donc un ensemble η–négligeable $\mathcal{N}$ tel que l'on ait, pour $y\notin\mathcal{N}$

$$\widehat{P}_H^{\circ}(y,dz)\,\widehat{U}(z,x) = P_H^{\circ}(x,dz)\,U(z,y)$$

η–p.p. en x. Mais le côté droit est une fonction excessive, puisqu'il s'obtient en appliquant à la fonction excessive $U(\cdot,y)$ le noyau P_H° associé à un temps terminal exact. Le côté gauche est aussi une fonction excessive, en tant que potentiel de la mesure positive $\widehat{P}_H^{\circ}(y,dz)$. Comme deux fonctions excessives égales η–p.p. sont égales partout, l'égalité a lieu pour tout x, dès que $y\notin\mathcal{N}$. Mais alors on fixe x et le côté gauche est une fonction coexcessive en y (c'est la (co)réduite de $\widehat{U}(x,\cdot)$) de même que le côté droit (copotentiel de la mesure positive $P_H^{\circ}(x,dz)$). Donc l'égalité sur $\mathcal{N}^c$ entraîne l'égalité partout, et la formule (62.1) est établie.

Application aux semi–groupes symétriques

63 Supposons que le semi–groupe (P_t) soit *symétrique* par rapport à η. Alors la formule de dualité de Hunt a des conséquences particulièrement intéressantes.

Commençons par supposer que (P_t) admette une durée de vie finie, et que $\eta=\mu U$. Alors le processus (X_t) de mesure initiale μ et son retourné à l'instant ζ (rendu continu à droite) sont identiques en loi. Soit F un compactifié de Ray de E ; la mesure $\mu U=\eta$ étant copotentiel de la même mesure μ, portée par les points normaux, celle–ci ferme aussi le retourné en 0. Donc la limite $X_{\zeta-}$ existe dans les deux topologies, appartient à E et admet pour loi μ. D'autre part, nous savons que (X_t) est continu à droite à la fois dans la topologie de E et dans celle d'un compactifié de Ray F. Par retournement du temps, cela nous dit que les limites à gauche de (X_t) sont les mêmes dans les deux topologies, pour $0<t<\zeta$. En particulier, la limite à gauche X_{t-} dans la topologie de Ray n'est jamais un point de branchement. Comme il en est de même à l'instant ζ, *le processus (X_t) n'a que des sauts totalement inaccessibles* (les mêmes pour les deux topologies).

Considérons alors un compact K de E, et une suite décroissante d'ouverts G_n, dont les adhérences ont pour intersection K. La limite des temps d'entrée T_{G_n} est le début de l'ensemble homogène $\{t : X_t \in K \text{ ou } X_{t-} \in K\}$, et il résulte aisément de la remarque précédente que ce début est en fait le début de K. On en déduit que les noyaux P_K° et P_K sont égaux pour les compacts, puis pour les ensembles boréliens et presque boréliens. La formule de dualité de Hunt est donc valable avec des réduites ordinaires, et la formule (61.2) exprime alors que *le noyau $P_H U$ est symétrique par rapport à η.*

Ceci a été établi sous deux restrictions. La plus facile à lever concerne la durée de vie finie : il suffit de remplacer P_t par $e^{-pt}P_t$ et μ par $\mu(I+pU)$, après quoi on fait tendre p vers 0. Pour se débarrasser de l'hypothèse concernant η, on choisit une mesure μ telle que le potentiel $\xi = \mu U$ soit équivalent à η, et posons $\xi = k\cdot\eta$, où k est coexcessive (ou excessive, c'est la même chose), et l'inégalité de Jensen entraîne que $\sqrt{k}$ l'est aussi. Alors le semi-groupe $(P_t^{/\sqrt{k}})$ est symétrique par rapport à ξ (qui est maintenant un potentiel), on lui applique le résultat ci-dessus et on revient au semi-groupe initial.

Distributions de dernière sortie

64 Nous continuons à tirer des conséquences du théorème principal de retournement. Supposons que les deux semi-groupes (P_t) et $(\widehat{P}_t)$ soient en dualité forte par rapport à $\xi = \mu U$. Soit $\widehat{F}$ un compactifié de sortie de E. Le processus (X_t) admet des limites à gauche dans $\widehat{F}$, qui appartiennent à E pour $t<\zeta$. Plus généralement, si u est une fonction excessive, les semi-groupes $(P_t^{/u})$ et $(\widehat{P}_t)$ sont en dualité par rapport à $u\cdot\xi = (u\cdot\mu)U^{/u}$, et le processus u-transformé de (X_t) admet lui aussi des limites à gauche dans $\widehat{F}$.

Pour simplifier, nous supposerons que u est >0, et finie hors d'un ensemble μ-polaire, que nous oublions aussitôt.

THÉORÈME. *La mesure sur $\widehat{F}$*

$$\nu_u(f) = \mathbb{E}^{u\mu/u}\,[f(X_{\zeta-})\,I_{\{\zeta<\infty\}}] \tag{64.1}$$

admet pour potentiel la fonction excessive v, partie purement excessive de u.

DÉMONSTRATION. Nous commençons par le cas où $u=1$. La mesure $\nu=\nu_1$ ferme en 0 le processus retourné en ζ, donc on a si f est positive sur E (nulle au point ∂ comme d'habitude)

$$<\nu\widehat{U}, f> = \widehat{\mathbb{E}}^{\nu}\,[\int_0^{\infty} f\circ X_s\,ds] = \mathbb{E}^{\mu}\,[I_{\{\zeta<\infty\}}\int_0^{\infty} f(X_s)\,ds]\ . \tag{64.2}$$

Pour calculer cette dernière intégrale, on a besoin de la martingale $\mathbb{P}\{\zeta<\infty\,|\,\mathcal{F}_s\}$, qui peut s'écrire

$$I_{\{\zeta\le s\}} + I_{\{s<\zeta\}}\mathbb{P}\{\zeta\circ\theta_s<\infty\,|\,\mathcal{F}_s\}$$

et vaut donc $c\circ X_s$ sur $[0,\zeta[$, c désignant la fonction $\mathbb{P}^{\bullet}\{\zeta<\infty\}$, partie purement excessive de la fonction excessive 1. Comme f est nulle sur $[\zeta,\infty[$, (64.2) s'écrit

$$\mathbb{E}^{\mu}\,[\int_0^{\infty}(cf)\circ X_s\,ds] = <\mu U, cf>\ .$$

La mesure copotentiel de ν admet donc pour densité par rapport à μU la fonction excessive c. Autrement dit, la fonction excessive $U\nu$ est égale à c presque partout, et donc partout.

Si l'on remplace le semi-groupe (P_t) par $(P_t^{/u}$, on est amené à calculer de même la fonction $\mathbb{P}^{x/u}\{\zeta < \infty\}$, et le lecteur vérifiera sans peine qu'elle est égale à v/u, où v est la partie purement excessive de u. Le même calcul nous donne alors

$$< \nu_u \widehat{U}, f > = < (u\mu)\, U/u, fv/u > = < v, f >_\xi$$

et on voit que la mesure ν_u admet v pour potentiel.

65 REMARQUES. a) Le compactifié de sortie $\widehat{F}$ (compactifié de Ray relativement au semi-groupe dual) est la version utilisée par les probabilistes du *compactifié de Martin* de E (la méthode primitive de Martin utilisait le noyau potentiel $u(x,y)$ seul, et non toute la résolvante). Le théorème que nous venons d'établir est donc une version de la représentation intégrale des fonctions (purement) excessives sur le compactifié de Martin. Nous n'avons pas complètement atteint la théorie de Martin (qui concerne aussi les fonctions invariantes), mais nous n'en sommes pas loin. De plus, nous avons obtenu une interprétation probabiliste de la mesure représentative.

b) Le théorème 64 entraîne que, sous la loi $\mathbb{P}^{u\mu/u}$, la v.a. $X_{\zeta-}$ prend ses valeurs dans le support de ν_u. Autrement dit, "le u-processus va mourir sur les masses de la fonction excessive u".

c) Le raisonnement que nous avons fait dans le cas où $u=1$ s'applique aussi à un temps de retour $L \leq \zeta$, la seule différence étant que la fonction excessive c doit être interprétée comme $\mathbb{P}^\bullet\{L > 0\}$. Ceci est particulièrement intéressant lorsque L est l'instant de dernier passage dans un ensemble A, c étant alors le potentiel d'équilibre e_A. (c'est une remarque de Chung, *cf. Sém. Prob. VIII*, p.210–216.

d) Lorsque u est le potentiel d'une fonctionnelle additive A (arrêtée à l'instant ζ), on retrouve le théorème de Revuz. Nous avons vu en effet en XVI.37 le procédé suivant de construction d'un processus $(\overline{X}_t)$de loi $\mathbb{P}^{u\mu/u}$. On prend $\overline{\Omega} =]\,0,\infty\,[\times\Omega$ sous la mesure

$$\overline{\mathbb{P}}\,(ds, d\omega) = \mathbb{P}^\mu(d\omega)\, dA_s(\omega)$$

et $\overline{X}_t(s,\omega) = X_t(\omega)$ si $t < s$, ∂ si $t \geq s$, de durée de vie $\overline{\zeta}(s,\omega) = s \wedge \zeta(\omega)$. Dans ces conditions, la loi ν de $\overline{X}_{\overline{\zeta}-}$ est donnée par

$$\nu(f) = \mathbb{E}^\mu\,[\int f(\overline{X}_{\overline{\zeta}-}(s,\omega))\, dA_s] = \mathbb{E}^\mu\,[\int f(\overline{X}_{s-}(\omega))\, dA_s]$$

du fait que dA ne charge pas $[\,\zeta,\infty\,[$. Autrement dit, ν est la mesure de Revuz de A.

Appendice : le th. de retournement classique

66 Nous nous proposons de faire le lien entre le théorème élémentaire de retournement du temps XIV.13, et le théorème plus profond donné dans ce chapitre.

Considérons deux semi-groupes droits (P_t) et $(\widehat{P}_t)$ en dualité par rapport à une mesure excessive $\eta = \mu U$. Nous allons calculer, au moyen de $(\widehat{P}_t)$, la fonction de transition (non homogène) du processus retourné à un temps fixe u.

Pour cela, nous passons à l'espace-temps, avec les notations suivantes : désignons par (π_t) le semi-groupe de translation uniforme vers la droite sur $\mathbb{R}_+$, et par $(\widehat{\pi}_t)$ le semi-groupe de translation uniforme vers la gauche, tué en 0, qui est le dual du précédent par rapport à la mesure de Lebesgue λ. Nous posons ensuite $E' = \mathbb{R}_+ \times E$; $P'_t = \pi_t \otimes P_t$, $\widehat{P}'_t = \widehat{\pi}_t \otimes \widehat{P}_t$. Ces deux semi-groupes sont en dualité par rapport à $\lambda' = \lambda \otimes \eta$. Si nous faisons partir le processus (P'_t) avec la mesure $\varepsilon_x \otimes \mu$, la mesure potentiel correspondante vaut $\xi' = \int_0^\infty \varepsilon_s \otimes \mu_s$, en posant $\mu_t = \mu P_t$. Plus généralement, si $m = (\mu_t)$ est une loi d'entrée, alors $m' = (\varepsilon_t \otimes \mu_t)$ est une loi d'entrée pour (P'_t), admettant la mesure potentiel ξ' ci-dessus. Le processus étendu à l'espace-temps s'interprète sous cette loi d'entrée comme le couple $X'_t = (t, X_t)$ avec une première composante déterministe, et le temps fixe u est alors p.s. égal au temps de dernière rencontre de $\{u\} \times E$.

Tout revient donc à déterminer le semi-groupe dual de (P'_t) par rapport à ξ', connaissant le semi-groupe dual $(\widehat{P}'_t)$ par rapport à η'. Cela entre dans la théorie générale du chapitre lorsque la mesure ξ' est absolument continue par rapport à η' (et admet alors par rapport à celle-ci une densité coexcessive $k(t,x)$).

Nous sommes donc amenés à faire l'hypothèse d'existence de densités $k_t(x)$ des mesures $\mu_t(dx)$ par rapport à η. La relation $\mu_t = \mu_s P_{t-s}$ pour $s < t$ se traduit par $k_t = \widehat{P}_{t-s} k_s$ η-p.p., d'où la possibilité de régulariser ces densités en une fonction coexcessive sur E'. Ensuite, nous savons calculer le nouveau semi-groupe dual sur E', que nous préférons écrire sous la forme d'une fonction de transition non homogène,

$$\widehat{P}_{t,s}(x, dy) = \frac{\widehat{P}_{t-s}(x, dy)\, k_s(y)}{k_t(dy)} .$$

Par rapport au théorème de retournement élémentaire, qu'avons nous gagné ? Les densités ayant été bien choisies, nous pouvons retourner le temps, non seulement à un temps fixe mais à un temps de retour (pour le processus étendu à l'espace-temps), et le processus retourné possède la propriété de Markov forte.

CHAPITRE XIX

Processus à naissance aléatoire

La théorie élémentaire des processus de Markov (non homogènes) est symétrique par retournement du temps. Si l'on tient à préserver cette symétrie dans la théorie avancée, l'utilisation d'un instant de mort ζ conduit logiquement à l'introduction d'un instant de naissance également aléatoire. Ou encore, s'il y a destruction de masse, il faut par symétrie introduire un mécanisme de création. Cette idée simple a mis très longtemps à prendre sa forme définitive. La première tentative vraiment importante est celle des *quasi-processus* de Hunt ([6], 1960). Nous serons amenés à en parler dans ce chapitre, mais elle présente des caractères un peu désagréables (comme son nom l'indique, elle ne conduit pas à de vrais processus de Markov) qui lui ont fait jouer un rôle un peu marginal. Les tentatives qui ont abouti à la bonne notion sont dues à Leviatan (1973), Mitro (1979) et surtout (après Dynkin [15] [16]) Kuznetsov (1974), ce dernier article possédant une simplicité et une généralité qui en font sans aucun doute le travail de base sur le sujet — d'autant plus que Fitzsimmons [3] est parvenu à rattacher les quasi-processus de Hunt aux processus de Kuznetsov comme *mesures de Palm* de ces derniers. Il a cependant fallu longtemps pour que l'on en comprenne le rôle central en théorie des processus de Markov, en particulier pour le développement de la théorie des mesures excessives (Fitzsimmons–Maisonneuve [1]) - mais nous ne traiterons pas ce sujet de manière aussi détaillée qu'il le mérite, l'ouvrage récent de Getoor [13] nous en dispensant.

Le chapitre est organisé de la manière suivante : nous consacrons un paragraphe à la construction des mesures de Kuznetsov, un paragraphe aux notions de théorie des flots nécessaires pour l'utilisation de la stationnarité des processus de Kuznetsov, et en particulier à la notion de *mesure de Palm*. Nous achevons le chapitre sur des applications aux processus de Markov, en particulier aux *décompositions de dernière sortie* des mesures excessives.

1. MESURES DE KUZNETSOV

Ce paragraphe est consacré à la démonstration d'un seul théorème, que nous prouvons sous des hypothèses très peu restrictives — notre démonstration, qui est celle même de Kuznetsov un peu "rajeunie", s'appliquerait d'ailleurs à des fonctions de transition non homogènes dans le temps. Il s'agit d'un théorème de construction aussi fondamental que le théorème élémentaire XIV.8, mais qui ne résulte pas immédiatement du théorème de limites projectives de Kolmogorov, les systèmes de mesures considérés étant sous-projectifs plutôt que projectifs, et constitués le plus souvent de mesures non bornées.

Le paragraphe ne comporte pas d'énoncé formel : nous expliquons d'abord quelles propriétés doit posséder la mesure que nous désirons construire (1–3), puis nous la construisons

(4–7), et enfin nous donnons quelques précisions relatives aux processus droits (8–9). Le paragraphe doit donc être lu à la suite, d'autant plus qu'il contient les notations qui servent dans tout le reste du chapitre. Il est presque entièrement indépendant des chapitres XV à XVIII.

Pour une autre démonstration du théorème de Kuznetsov (dans le cas des semi-groupes droits et des règles d'entrée stationnaires), voir Getoor–Glover [3].

Processus de Markov à naissance aléatoire

1 Sur un bon espace d'états E (lusinien, radonien...), considérons un semi-groupe sousmarkovien (P_t), et son extension markovienne $(\overline{P}_t)$ au moyen du point ∂. Pour toute loi μ sur E, on sait construire un processus de Markov (X_t) admettant (P_t) — ou plus exactement $(\overline{P}_t)$ — comme semi-groupe de transition, μ comme loi initiale, et dont les trajectoires ont une durée de vie ζ :

(1.1) $$X_t \in E \quad \text{pour } 0 \leq t < \zeta, \quad X_t = \partial \quad \text{pour } t > \zeta .$$

Nous ne spécifions rien pour $t = \zeta$.

Nous n'avons pas détaillé le cas sousmarkovien en XIV.24. Il suffit de montrer que les trajectoires du processus canonique de XIV.24 (construit sur un espace produit), qui ne satisfont pas à (1.1), forment un ensemble intérieurement négligeable (II.31). C'est d'ailleurs évident, car tout élément de la tribu produit dépend d'une infinité dénombrable de coordonnées.

La durée de vie est p.s. strictement positive pour toute loi initiale si et seulement si

(1.2) $$\lim_{t \downarrow 0} P_t 1 = 1 .$$

Cette condition est toujours satisfaite par les semi-groupes droits sur E. *Nous conseillons à notre lecteur de supposer le semi-groupe droit pour lire la démonstration*, bien que nous fassions un effort pour établir le théorème en toute généralité (passages entre $^{*} \ldots {}_{*}$).

L'hypothèse (1.2) est mise en défaut, par exemple, par les semi-groupes tués admettant des points non permanents : pour un tel point x on a $X_0 = x$, $X_t = \partial$ pour $t > 0$.

Nous nous proposons de définir des *processus de Markov à naissance aléatoire* (ces derniers mots seront omis si le contexte est clair) admettant (P_t) comme semi-groupe de transition. Ce seront des processus $(Y_u)_{u \in U}$ indexés par une partie U de $\mathbb{R}$ — le cas intéressant étant $U = \mathbb{R}$ tout entier — à valeurs dans E_∂, définis sur un espace probabilisé *σ-fini* $(W, \mathcal{G}, \mathbb{Q})$. Nous désignerons par $(\mathcal{G}_u^\circ)$ la filtration naturelle du processus (Y_u).

Ces notations sont complètement disjointes des notations usuelles des processus indexés par $\mathbb{R}$. En particulier, on distingue du premier coup d'œil les instants $u, v \ldots \in U$ des instants $s, t \ldots \in \mathbb{R}_+$.

Nous imposons un premier axiome :

1. *Pour* $\mathbb{Q}$*-presque tout* $w \in W$, *l'ensemble* $\{u \in U : Y_u(w) \in E\}$ *est un intervalle de* U, *appelé* intervalle de vie.

Nous imposerons plus loin que cet intervalle soit p.s. non vide (axiome 4). Noter aussi, lorsque $U = \mathbb{R}$, que l'intervalle de vie n'est pas nécessairement ouvert ou fermé. S'il est p.s. ouvert, nous dirons que le processus lui-même est *ouvert*.

La borne inférieure de l'intervalle de vie sera notée α, et appelée *instant de naissance,* la borne supérieure β est *l'instant de mort.* Lorsque $U = \mathbb{R}$ la v.a. $\zeta = \beta - \alpha$ est la *durée de vie.*

REMARQUE. Plusieurs auteurs ont cherché à distinguer l'"avant naissance" de l'"après mort" par l'adjonction de deux points à l'espace d'états au lieu du seul point ∂. Nous préférons ne pas le faire.

L'axiome suivant exprime que le processus se comporte comme un processus de Markov gouverné par (P_t), *à partir de son entrée dans* E. Pour tout $u \in U$, nous désignons par $\mathbf{Q}^u$ la mesure $\mathbf{Q}(\cdot\,, Y_u \in E)$.

2. *Pour tout $u \in U$, le processus $(Y_v)_{v \geq u}$ est, sous la mesure $\mathbf{Q}^u$, un processus de Markov par rapport à la filtration $(\mathcal{G}_v^\circ)_{v \geq u}$, admettant (P_t) comme semi-groupe de transition.*

La mesure initiale de ce processus est la répartition de Y_u restreinte à E. Nous la notons $\eta_u(A) = \mathbf{Q}\{Y_u \in A\}$ $(A \in \mathcal{E})$, et nous imposons la condition

3. *Pour tout u, la mesure η_u sur E est σ-finie.*

En revanche, on peut avoir $\mathbf{Q}\{Y_u = \partial\} = +\infty$.

Il résulte en particulier de l'axiome 2 que l'on a

$$\begin{aligned} &\mathbf{Q}\{Y_{u_1} \in dx_1, \dots, Y_{u_k} \in dx_k\} = \\ (1.3) \qquad &\eta(dx_1) P_{u_2 - u_1}(x_1, dx_2) \dots P_{u_k - u_{k-1}}(x_{k-1}, dx_k) \;, \end{aligned}$$

où l'on a supposé $u_1 < \dots < u_k$ et les deux membres sont des mesures sur E^k.

La dernière condition, de nature technique comme la précédente, sera appelée la *minimalité* de la mesure. Elle sert à garantir l'unicité dans la construction des mesures de Kuznetsov. Nous ne l'imposerons pas aussi systématiquement que les axiomes 1–3, car il sera parfois commode de travailler sur des processus non minimaux (n° 6).

4. *La mesure (σ-finie) $\mathbf{Q}$ est borne supérieure des mesures $\mathbf{Q}^u$, $u \in U$.*

Si U est fini ou dénombrable, cette condition signifie que presque toute trajectoire du processus (Y_u) rencontre E. Si U est non dénombrable, la mesure $\mathbf{Q}$ étant σ-finie, il existe une partie dénombrable D telle que $\mathbf{Q} = \sup_{u \in D} \mathbf{Q}^u$, et la condition signifie que presque toute trajectoire rencontre E en un point de D. Si la durée de vie est strictement positive $\mathbf{Q}$-p.s., la propriété 4 est satisfaite, et l'on peut prendre pour D n'importe quel ensemble dénombrable dense. Inversement, si le processus est minimal et si (1.2) est satisfaite, la durée de vie est strictement positive p.s. sous chaque $\mathbf{Q}^u$, donc sous $\mathbf{Q}$.

D'après l'axiome 3, la mesure $\mathbf{Q}$ est σ-finie sur chaque ensemble $\{Y_u \in E\}$; si l'axiome 4 est satisfait, elle est donc automatiquement σ-finie sur W.

* Si l'on ne fait pas l'hypothèse (1.2), il peut arriver que le processus $(Y_v)_{v \geq u}$ de l'axiome 2 ait une durée de vie nulle, *i.e.* ne soit dans E qu'à l'instant u. Mais la minimalité entraîne

alors que ces trajectoires à durée de vie nulle accomplissent leur fugace passage dans E *en un instant de l'ensemble dénombrable non aléatoire* D. $*$

REMARQUE. Dynkin et Kuznetsov construisent des processus à naissance aléatoire d'un type un peu plus général : ils se placent dans le cas non–homogène dans le temps (extension facile), et surtout ils ajoutent du côté droit de la formule (1.3) un facteur supplémentaire $h_{u_k}(x_k)$, les fonctions (h_u) $(u \in U)$ étant positives et constituant une *règle de sortie* pour le semi-groupe (P_t), *i.e.* $P_{v-u}h_u \leq h_v$ pour $u < v$. Cette définition (que nous n'utiliserons pas) généralise celle des h–processus.

Règles d'entrée

2 La famille des mesures $(\eta_u)_{u \in U}$ sur E est appelée la *règle d'entrée* du processus (Y_u) (en anglais *entrance rule*). Ces mesures satisfont à l'inégalité

$$\eta_u P_{v-u} \leq \eta_v \quad \text{pour } u < v \ . \tag{2.1}$$

En effet, le côté gauche vaut $\mathbf{Q}\{Y_u \in E, Y_v \in \bullet\}$, et le côté droit $\mathbf{Q}\{Y_v \in \bullet\}$. Plus généralement, nous appellerons *règle d'entrée* toute famille $(\eta_u)_{u \in U}$ de mesures σ–finies sur E, satisfaisant à (2.1).

Voici les deux exemples principaux de règles d'entrée.

a) Soit $(\mu_t)_{t>0}$ (*resp.* $t \geq 0$) une *loi d'entrée* ($\mu_s P_t = \mu_{s+t}$) pour le semi–groupe (P_t). Fixons $v \in U$ et posons

$$\eta_u = 0 \quad \text{pour } u \leq v, \quad \eta_u = \mu_{u-v} \quad \text{pour } u > v \quad , \tag{2.2}$$

(*resp.* $u < v$ à gauche et $u \geq v$ à droite). Cette famille est alors une règle d'entrée indexée par $\mathbb{R}$. Il en est de même, plus généralement, lorsque la famille (μ_t) est une *surloi d'entrée* ($\mu_s P_t \leq \mu_{s+t}$).

La construction des mesures de Kuznetsov contient donc celle du processus de Markov associé à une loi d'entrée bornée ou non. Pour les surlois d'entrée , voir Leviatan [1], M. Weil [6].

Si (μ_t) est la loi d'entrée d'un processus de Markov $(X_t)_{t>0}$, on peut définir un processus de Markov $(Y_u)_{u \in \mathbb{R}}$ admettant la règle d'entrée (2.2) en posant

$$Y_u = \partial \quad \text{pour } u \leq v, \quad Y_u = X_{u-v} \quad \text{pour } u > v.$$

b) Soit ξ une mesure excessive pour (P_t) ; on définit une règle d'entrée (dite *stationnaire*) en posant

$$\eta_u = \xi \quad \text{pour tout } u \in \mathbb{R}. \tag{2.3}$$

L'étude des processus de Markov à règle d'entrée stationnaire sera le thème principal de ce chapitre. Elle permet une approche probabiliste de la structure de la mesure excessive ξ, qui donne de manière élégante beaucoup de résultats de théorie du potentiel.

3 Indiquons quelques propriétés des règles d'entrée, lorsque $U = \mathbb{R}$.

a) Si $u < u' < v$, on a $(\eta_u P_{u'-u}) P_{v-u'} \leq \eta_{u'} P_{v-u'}$, donc la fonction $u \longmapsto \eta_u P_{v-u}$ est croissante pour $u < v$. Nous dirons que la règle d'entrée est *régulière* si l'on a pour tout v

(3.1) $$\eta_v = \sup_{u<v} \eta_u P_{v-u} \quad \text{pour tout } u \ .$$

Si (η_u) est une règle d'entrée quelconque, on peut lui associer une règle d'entrée régulière (la *régularisée* de (η_u)) définie par

(3.2) $$\widehat{\eta}_v = \sup_{u<v} \eta_u P_{v-u} \ .$$

La notation et le mot "régulière" (qui sonne mal avec "règle" !) sont imposés par l'analogie avec la régularisation des fonctions surmédianes. En fait, la plupart des auteurs se bornent à l'étude des règles d'entrée régulières, et omettent cet adjectif (la seule règle d'entrée non régulière présentant quelque intérêt étant celle des processus de Markov $(X_t)_{t \geq 0}$). Dans la suite, afin que le lecteur puisse omettre (s'il le désire) les passages concernant les règles d'entrée non régulières, nous les placerons entre astérisques * ... *.

b) Pour un processus (Y_u) de règle d'entrée η_u, on a $\eta_u P_{v-u} = \mathbf{Q}\{Y_v \in \cdot \ , Y_u \in E\}$ pour $u < v$, donc $\widehat{\eta}_v = \mathbf{Q}\{Y_v \in \cdot \ , \alpha < v\}$. Il en résulte que

(3.3) $$\eta_v - \widehat{\eta}_v = \mathbf{Q}\{Y_v \in \cdot \ , \alpha = v\} \ .$$

La régularité signifie donc que $\mathbf{Q}\{Y_v \in E \, , \alpha = v\} = 0$, ou que l'on ne modifie pas la règle d'entrée en remplaçant Y_α par ∂. D'après (3.3), la mesure $\mathbf{Q}$ étant σ-finie, la règle d'entrée ne peut différer de sa régularisée que sur un ensemble dénombrable.

Nous verrons plus loin, en supposant (1.2) sur le semi-groupe, que *toute* règle d'entrée est la règle d'entrée d'un processus de Markov, et diffère donc de sa régularisée au plus sur un ensemble dénombrable. Lorsque (1.2) n'est pas satisfaite, on a des exemples triviaux du contraire : il suffit de prendre $P_t = 0$ pour $t > 0$, et $P_0 = I$. Alors *toute* famille (η_u) de mesures positives σ-finies est une règle d'entrée, dont la régularisée est toujours nulle.

Si (P_t) est droit, ou plus généralement sous (1.2), on peut aussi supposer que $Y_\beta = \partial$ (convention usuelle à l'instant de mort), et travailler alors sur des processus ouverts en α et β.

Le théorème de Kuznetsov

4 Dans les n°s 4 à 8 nous allons présenter le *théorème de Kuznetsov*, qui établit (sous la seule hypothèse (1.2) sur le semi-groupe) l'existence d'un processus de Markov à naissance aléatoire (Y_u) indexé par $\mathbb{R}$, admettant une règle d'entrée (η_u) donnée, ainsi que l'unicité "en loi" de ce processus si on lui impose d'être *minimal* — nous nous permettrons de parler de "loi" pour des mesures qui ne sont même pas de masse finie ! Nous montrerons aussi que si le semi-groupe est droit, on peut construire une version de ce processus continue à droite sur son intervalle de vie. Nous ne donnerons d'énoncé formel qu'à la fin de la démonstration, et pour les semi-groupes droits seulement.

Bien que notre but soit le cas $U = \mathbb{R}$, la construction (qui procède par limites projectives, comme celle des processus de Markov ordinaires) exige en fait que l'on démontre trois "théorèmes de Kuznetsov", en traitant d'abord le cas d'un ensemble d'indices U fini, puis celui d'un ensemble dénombrable dense, et enfin celui de $\mathbb{R}$. Nous travaillons chaque fois sur $W = (E_\partial)^U$ muni de ses coordonnées Y_u, et il s'agit de construire sur W une mesure $\mathbb{Q}$, que nous appellerons la *mesure de Kuznetsov* associée à la règle d'entrée donnée. Il faut payer un certain prix pour l'utilisation de mesures non bornées, mais la construction n'est pas vraiment plus difficile que celle des processus de Markov ordinaires au n° XIV.8.

5 Dans ce n°, nous allons établir le théorème de Kuznetsov lorsque l'ensemble d'indices U est *fini*. Le plus petit élément de U est noté u_0, et pour tout $u \in U$ distinct de u_0 nous notons u' le prédécesseur de u dans U. Si μ est une mesure σ-finie sur E, nous désignons par $\Pi(u,\mu)$ la mesure sur $W = E_\partial^U$ sous laquelle le processus $(Y_v)_{v \geq u}$ est markovien de semi-groupe (P_t) et de mesure initiale μ, tandis que pour $v < u$ on a $Y_v = \partial$.

Si $\mathbb{Q}$ est une mesure sur W faisant de (Y_u) un processus minimal de règle d'entrée (η_u), on a

$$(5.1) \qquad \mathbb{Q} = \mathbb{Q}(\,\cdot\,, Y_{u_0} \in E) + \sum_{u > u_0} \mathbb{Q}(\,\cdot\,, Y_u \in E, Y_{u'} = \partial)\,.$$

Sous la mesure $\mathbb{Q}(\bullet, Y_u \in E, Y_{u'} = \partial)$, on a $Y_v = \partial$ p.s. pour $v < u$, tandis que le processus $(Y_v)_{v \geq u}$ est markovien de semi-groupe (P_t) ; cette mesure est donc de la forme $\Pi(u, \mu_u)$, et tout revient à déterminer les mesures initiales μ_u. Or il est clair que $\mu_{u_0} = \eta_{u_0}$, et on voit aisément pour $u > u_0$ que $\mu_u = \eta_u - \eta_{u'} P_{u-u'}$. L'unicité en découle immédiatement. Pour établir l'existence, nous posons (les mesures μ_v étant maintenant connues)

$$(5.2) \qquad \mathbb{Q} = \mathbb{Q}_U = \sum_{v \in U} \Pi(v, \mu_v)$$

et il nous faut vérifier que sous cette mesure le processus est bien un processus de Markov à naissance aléatoire admettant la règle d'entrée (η_u). Le premier point est évident, car sous chaque mesure $\Pi(v, \mu_v)$ le processus $(Y_u)_{u \in U}$ est un processus de Markov à naissance aléatoire, de règle d'entrée $(\eta_u^v)_{u \in U}$ nulle pour $u < v$. Il reste donc seulement à montrer que $\eta_u = \sum_{v \leq u} \eta_u^v$, ce qui est facile.

REMARQUE. La construction de cette mesure ressemble à la décomposition de Doob discrète : pour construire le processus croissant associé à une surmartingale de la forme $(f_u \circ X_u)$, où les f_u sont des fonctions positives sur E, on somme les v.a. $(f_u - P_{u-u'} f_u) \circ X_{u'}$, tandis qu'ici on a sommé les lois de processus de Markov de mesure initiale $\eta_u - \eta_{u'} P_{u-u'}$.

6 Passons au cas où U est *infini dénombrable*. Pour toute partie finie non vide F de U, notons $\mathbb{Q}_F$ la mesure de Kuznetsov relative à la règle d'entrée $(\eta_u)_{u \in F}$. Les mesures $\mathbb{Q}_F$ ne forment pas un système projectif. En effet, si $G \subset F$ le processus $(Y_u)_{u \in G}$ sous la loi $\mathbb{Q}_F$ est bien markovien avec la règle d'entrée voulue, *mais il n'est pas nécessairement minimal*. En revanche, pour tout $r \in U$ la famille des mesures indexées par les parties finies de U

$$(6.1) \qquad \mathbb{Q}_F^r = \mathbb{Q}_{F \cup \{r\}}(\,\cdot\,, Y_r \in E)$$

constitue un système projectif. Montrons qu'il admet une limite projective $\mathbb{Q}_U^r$ sur $W = E_\partial^U$.

Le théorème classique d'existence et d'unicité des limites projectives s'applique seulement aux mesures bornées, mais il est aisé de contourner cette difficulté : soit φ une fonction sur E_∂, strictement positive sur E et nulle en ∂, telle que $< \eta_r, \varphi > < \infty$. Les mesures bornées $\mathbf{Q}_F^{(r)} = (\varphi \circ Y_r) \cdot \mathbf{Q}_F^r$ forment alors un système projectif, dont la limite projective $\mathbf{Q}_U^{(r)}$ est portée par le sous-ensemble $\{Y_r \in E\}$ de W. La limite projective Q_U^r cherchée est alors égale à $(\varphi \circ Y_r)^{-1} \cdot \mathbf{Q}_U^{(r)}$.

Etablissons ensuite l'unicité d'une mesure $\mathbf{Q}$ sur W rendant le processus $(Y_u)_{u \in U}$ markovien minimal, de règle d'entrée (η_u). Pour toute partie finie F de U la loi de $(Y_u)_{u \in F}$ sous $\mathbf{Q}$ ne diffère de la mesure $\mathbf{Q}_F$ construite au n° 5 que par une masse (peut-être infinie) sur la trajectoire constante égale à ∂ ; la loi de ce processus sous $\mathbf{Q}^r = \mathbf{Q}(\cdot\, , Y_r \in E)$ est donc égale à $\mathbf{Q}_F^r$. Utilisant une fonction $\varphi > 0$ comme ci-dessus, le théorème d'unicité classique pour les limites projectives entraîne que $\mathbf{Q}^r$ est égale à Q_U^r, et enfin la minimalité entraîne

$$\mathbf{Q} = \bigvee_{r \in U} \mathbf{Q}_U^r \,, \tag{6.2}$$

ce qui décrit explicitement $\mathbf{Q}$. Pour établir l'existence, nous utilisons (6.2) comme définition de $\mathbf{Q}$, et remarquons que $\mathbf{Q} = \mathbf{Q}_U^r$ sur $W^r = \{Y_r \in E\}$. En effet, cela revient à dire que l'on a $\mathbf{Q}_U^v \leq \mathbf{Q}_U^r$ sur W^r pour tout $v \in U$, et cette inégalité résulte du calcul de ces deux mesures comme limites projectives des mesures $\mathbf{Q}_F^v(\cdot \cap \{Y_r \in E\})$, $\mathbf{Q}_F^r$ pour des parties finies F contenant à la fois v et r, la propriété étant par ailleurs évidente dans le cas fini.

Ce point étant acquis, il devient clair que l'axiome 2 est satisfait (car sous $\mathbf{Q}_U^r$ le processus $(Y_u)_{u \geq r}$ est markovien de mesure initiale η_r); comme $\mathbf{Q}_U^r$ est portée par W^r, $\mathbf{Q}$ est portée par la réunion des W^u, d'où la minimalité. Enfin $\mathbf{Q}_U^r$ est σ-finie sur W^r, donc $\mathbf{Q}$ l'est également, et comme $\mathbf{Q}$ est portée par la réunion des W^u elle est σ-finie sur W. Cela achève la démonstration.

7 Nous passons au cas d'une règle d'entrée indexée par $\mathbb{R}$: nous allons traiter rapidement le cas général dans ce n° , et décrire plus en détail le cas des processus droits au n° 8.

Nous désignons maintenant par W l'ensemble de toutes les trajectoires w à valeurs dans E, définies sur un intervalle non vide (α, β) de $\mathbb{R}$ (le type de cet intervalle n'est pas précisé, et il peut être réduit à un point). On pose $Y_u(w) = w(u)$ si u appartient à l'intervalle de vie, et ∂ sinon. On désigne par $\mathcal{G}^\circ$ la tribu engendrée par les Y_u, par $\mathcal{G}_D^\circ$ la tribu engendrée par ces v.a. lorsque u parcourt un ensemble dénombrable D. Il est facile d'interpréter la construction du n° 6 comme celle d'une mesure $\mathbf{Q}_D$ sur $(W, \mathcal{G}_D^\circ)$, pour tout ensemble dénombrable D. Si nous pouvons prouver l'existence d'un ensemble (dénombrable dense) D_0 tel que l'on ait $\mathbf{Q}_{D'}\big|_{\mathcal{G}_D^\circ} = \mathbf{Q}_D$ pour tout couple (D, D') d'ensembles dénombrables tels que $D_0 \subset D \subset D'$, nous recollerons les fonctions d'ensembles $\mathbf{Q}_D$ $(D \supset D_0)$ en une unique fonction $\mathbf{Q}$ sur la réunion des tribus $\mathcal{G}_D^\circ$ — qui est la tribu $\mathcal{G}^\circ$. Il est clair que $\mathbf{Q}$ sera une mesure sur $\mathcal{G}^\circ$, et la vérification des propriétés de Q sera à peu près évidente.

Sous l'hypothèse (1.2), si $D \subset D'$ sont deux ensembles dénombrables *denses*, la loi $\mathbf{Q}_{D'}$ ne charge pas l'ensemble des trajectoires dont l'intervalle de vie est réduit à un point. Cet intervalle de vie rencontre alors D, et $\mathbf{Q}_{D'}$ induit sur $\mathcal{G}_D^\circ$ la loi d'un processus *minimal* de loi d'entrée (η_u) ; d'après l'unicité établie en 6 cette loi est égale à $\mathbf{Q}_D$, et la compatibilité est assurée. * Si l'on ne fait pas l'hypothèse (1.2), on ne peut exclure l'existence de trajectoires à durée de vie nulle, et il est alors nécessaire de supposer (*cf.* 3 b)) que l'ensemble des points où la règle d'entrée diffère de sa régularisée est dénombrable. On le suppose alors contenu dans l'ensemble dénombrable dense D_0, et le raisonnement précédent s'étend sans difficulté. *

Cela achève la démonstration.

Le cas des processus droits

8 Dans le cas des semi-groupes droits, on remplace l'argument de compatibilité ci-dessus par le raisonnement suivant.

Soit D un ensemble dénombrable dense dans $\mathbb{R}$; nous travaillons sur la mesure $\mathbf{Q}$ construite au n° 6 sur $(E_\partial)^D$. * Si la règle d'entrée n'est pas régulière, l'ensemble des points où elle diffère de sa régularisée sera ajouté à D. * Pour tout $u \in D$, le processus $(Y_v)_{v \geq u}$ (indexé par D, sur l'ensemble $\{Y_u \in E\}$) est un processus de Markov dans la filtration $(\mathcal{G}_v^\circ)$ gouverné par le semi-groupe droit (P_t) ; il admet la loi d'entrée $(\eta_u P_{v-u})$. Le semi-groupe étant droit, ce processus admet une durée de vie >0 et des limites à droite Y_v^+ $(v \in \mathbb{R},\, u \leq v < \beta)$ appartenant à E, à la fois pour la topologie initiale et pour la topologie d'un compactifié de Ray.

Jetant les ensembles exceptionnels, on transporte la mesure $\mathbf{Q}$ sur l'espace W_d des trajectoires continues à droite (pour les deux topologies) sur leur intervalle de vie (ouvert). Soit H une v.a. positive sur W ; nous avons pour toute v.a. $H \geq 0$ sur Ω et pour $u \in \mathbb{R}$

$$\mathbb{E}_\mathbf{Q}[H \circ \theta_u\,,\, Y_u \in E] = \sup_{r \in D,\, r<u} \mathbb{E}_\mathbf{Q}[H \circ \theta_u\,,\, Y_u \in E\,,\, Y_r \in E]\;,$$

$$\mathbb{E}_\mathbf{Q}[\,\mathbb{E}^{Y_u}[H]\,,\, Y_u \in E] = \sup_{r \in D,\, r<u} \mathbb{E}_\mathbf{Q}[\,\mathbb{E}^{Y_u}[H]\,,\, Y_u \in E\,,\, Y_r \in E]\;.$$

Les deux côtés droits de ces relations sont égaux pour chaque $r \in D$ d'après la propriété de Markov de $(Y_v)_{v \geq r}$ sur $\{Y_u \in E\}$, et l'égalité passe à la limite, et montre que (Y_u) est un processus de Markov à naissance aléatoire. Lorsque $H = h \circ X_0$, la première ligne montre aussi que ce processus admet la règle d'entrée (η_u).

Une construction analogue s'appliquerait aux trajectoires càdlàg. ou continues à gauche (cas des processus retournés modérément markoviens), etc. Nous ne donnons pas de détails.

9 *Nous allons maintenant fixer les notations des mesures de Kuznetsov dans le cas des semi-groupes droits, telles qu'elles seront utilisées dans tout le reste du chapitre.*

On désigne par W l'ensemble des trajectoires w à valeurs dans E, définies et continues à droite sur un intervalle *ouvert non vide* $]\alpha(w), \beta(w)[$; on pose sur cet intervalle $Y_u(w) = w(u)$, et $Y_u(w) = \partial$ hors de l'intervalle de vie. Il est commode d'ajouter à W la trajectoire $[\partial]$ [1], constante et égale à ∂ ; elle n'est pas chargée par les mesures de Kuznetsov, en vertu de leur minimalité. On conviendra que $\alpha([\partial]) = +\infty$, $\beta([\partial]) = -\infty$. La tribu engendrée par les applications Y_u est notée $\mathcal{G}^\circ$, et la filtration naturelle $(\mathcal{G}_u^\circ)$. Avec ces

---

[1] On utilisera la même notation sur Ω.

notations, on peut donner un énoncé formel de la partie du théorème de Kuznetsov qui nous intéresse le plus :

THÉORÈME. *Etant donnés un semi-groupe sousmarkovien droit* (P_t) *et une règle d'entrée régulière* $(\eta_u)_{u\in\mathbb{R}}$, *il existe sur* W *une mesure* σ*-finie* $\mathbb{Q}$ *et une seule, sous laquelle le processus* (Y_u) *est markovien à naissance aléatoire minimal, admet* (P_t) *comme semi-groupe de transition et* (η_u) *comme règle d'entrée. Cette mesure sera appelée la mesure de Kuznetsov associée à la règle d'entrée* (η_u).

En utilisant le fait que les processus $(Y_u)_{u\geq v}$ sont des processus de Markov continus à droite ordinaires sur $\{Y_u \in E\}$, on étend aux processus de Kuznetsov de nombreux résultats établis dans les chapitres antérieurs (tels que la continuité à droite des fonctions p-excessives sur les trajectoires).

Revenons aux notations générales. Nous *identifions* l'ensemble Ω_+ des applications continues à droite à durée de vie définies sur $]\,0,\infty\,[$ au sous-ensemble $\{\alpha=0\}\cup\{\,[\partial]\,\}$ de W ; ainsi X_t et Y_t s'identifient pour $t>0$. Nous utiliserons souvent l'application θ_u de W dans Ω_+ définie par

(9.1) $$X_t\circ\theta_u = Y_{u+t} \quad \text{si } Y_u\in E, \quad =\partial \text{ sinon.}$$

Il n'y a pas d'inconvénient à utiliser la même notation que pour les opérateurs de translation classiques, car pour $w\in\Omega_+$ les deux notions se confondent. Nous désignons par (σ_u) la famille des *opérateurs de translation sur* W, définie par

(9.2) $$Y_v\circ\sigma_u = Y_{v+u} \quad (u,v\in\mathbb{R})$$

On peut définir sur W des opérateurs k_u (*killing*, meurtre) et b_u (*birthing*) de la manière suivante

(9.3) $$\begin{aligned} Y_v(k_u(w)) &= Y_v(w) \quad \text{pour } v<u,\ =\partial \text{ pour } v\geq u \\ Y_v(b_u(w)) &= Y_v(w) \quad \text{pour } v>u,\ =\partial \text{ pour } v\leq u. \end{aligned}$$

Malgré leur nom anglais, les opérateurs b_u raccourcissent le temps de vie de la trajectoire comme les opérateurs de meurtre, mais en cisaillant au début plutôt qu'à la fin. Nous proposons donc le nom français d'*opérateur d'oubli*.

Nous désignerons par W_p le sous-ensemble $\{\alpha>-\infty\}$ de W, et par W_i son complémentaire $\{\alpha=-\infty\}$. Ces deux lettres sont respectivement les initiales de *potentiel*, *invariante*. En effet, la mesure de Kuznetsov stationnaire associée à une mesure excessive η est portée par W_i si η est invariante, par W_p si η est un potentiel (voir les n°s 13 et 24).

La propriété de Markov forte

10 Soit S un temps d'arrêt de la filtration $(\mathcal{G}^{\circ}_{u+})$ — ou, un peu plus généralement, de la filtration $(\mathcal{G}_u)$ obtenue en augmentant la précédente de tous les ensembles $\mathbb{Q}$-négligeables.

a) Considérons le processus

(10.1) $$Z_u = Y_u \quad \text{si } S<u\,, \quad Z_u=\partial \quad \text{sinon,}$$

(avec les notations de (9.3), on a $Z_u = Y_u \circ b_S$). Nous définissons ainsi un nouveau processus de Markov à naissance aléatoire de semi-groupe (P_t), non nécessairement minimal. En effet, pour tout u le processus $(Z_v)_{v \geq u}$ sur $\{Z_u \in E\}$ est la restriction du processus de Markov $(Y_v)_{v \geq u}$ sur $\{Y_u \in E\}$ à l'ensemble $\{S < u\}$, qui appartient à la tribu initiale.

b) Posons $X_t = Y_{S+t}$, $\mathcal{F}_t = \mathcal{G}_{S+t}$; sur l'ensemble $\{\alpha < S < \beta\}$ le processus (X_t) est markovien de semi-groupe (P_t), par rapport à la filtration $(\mathcal{F}_t)$ (mais sa loi initiale n'est pas nécessairement σ-finie). Pour établir cela, on remarque que les ensembles de la forme $H = \{\alpha < u < S\,,\ Y_u \in A\}$, où u parcourt un ensemble dénombrable dense et A est une partie de E de mesure finie pour η_u, appartiennent à $\mathcal{F}_0 \cap \mathcal{G}_u$; le processus $(Y_{u+t})_{t \geq 0}$ sur H est un processus de Markov ordinaire, continu à droite et de mesure initiale bornée ; on lui applique alors la propriété forte de Markov à l'instant $S' = (S-u)^+$.

Ce raisonnement montre que la mesure initiale du processus est somme d'une série de mesures bornées, ce qui élimine une partie de la pathologie des mesures non σ-finies (*cf.* le n° 29).

REMARQUE. En appliquant le résultat précédent aux t. d'a. $S = \alpha + t$ $(t > 0)$, on voit aisément que sur l'ensemble $\{-\infty < \alpha < \infty\}$ le processus $(Y_{\alpha+t})_{t>0}$ est markovien de semi-groupe (P_t), avec les mêmes commentaires que plus haut quant à sa loi d'entrée.

11 Nous allons nous restreindre désormais à l'étude des mesures de Kuznetsov associées à une règle d'entrée *stationnaire* $\eta_u = \eta$, où η est une mesure excessive (et nous dirons alors que $\mathbb{Q}$ est la mesure de Kuznetsov de la mesure excessive η). Pour tout $v \in \mathbb{R}$, le processus $(Y_{v+u})_{u \in \mathbb{R}}$ est un processus de Markov à naissance aléatoire admettant la règle d'entrée $\eta_{v+u} = \eta$; d'après l'unicité dans le théorème de Kuznetsov, ce processus a même loi que le processus (Y_u). Autrement dit, *la mesure* $\mathbb{Q}$ *est invariante par le flot* (σ_v), *et le processus* (Y_u) *est stationnaire.* Cela permet d'appliquer aux processus de Markov bon nombre de résultats de théorie des flots, qui seront présentés au §2.

Exemples de mesures de Kuznetsov

12 Nous allons maintenant décrire, de façon plus concrète, certaines mesures de Kuznetsov stationnaires.

a) Le plus simple de tous les processus de Markov est le processus à un seul état a, avec $P_t(a, \{a\}) = e^{-ct}$. La masse unité ε_a est excessive, et nous allons décrire le processus de Kuznetsov stationnaire correspondant.

Prenons comme espace mesuré $W = \mathbb{R}_+ \times \mathbb{R}$, les deux coordonnées étant notées ζ et α, et la mesure $\mathbb{Q}$ étant le produit d'une loi exponentielle e_c de paramètre c par la mesure $c\lambda$, multiple de la mesure de Lebesgue (on aimerait dire que ζ et α sont indépendantes de "lois" e_c et $c\lambda$, mais ce langage est un peu dangereux). On pose $\beta = \alpha + \zeta$ et $Y_u = a$ si $\alpha < u < \beta$, ∂ sinon. Le couple (β, ζ) a même loi que (α, ζ), de sorte que la situation est invariante par retournement du temps. Pour vérifier que Y_u est bien le processus de Kuznetsov désiré, on peut procéder directement, ou utiliser b) ci-après, ε_a étant le potentiel de la mesure $\mu = c\varepsilon_a$.

b) Revenons aux semi-groupes généraux. Lorsque la mesure excessive η est un potentiel μU, on peut donner une construction très simple de la mesure de Kuznetsov associée. Pour tout $v \in \mathbb{R}$, soit φ_v l'application de Ω_+ (ou Ω) dans W définie par

$$Y_u(\varphi_v(\omega)) = X_{u-v}(\omega) \quad \text{si } u > v, \ = \partial \text{ sinon.} \tag{12.1}$$

Alors la mesure de Kuznetsov $\mathbb{Q}$ associée à μU est l'intégrale

$$\mathbb{Q} = \int_{\mathbb{R}} \varphi_v(\mathbb{P}^\mu)\, dv\ . \tag{12.2}$$

En effet, cette mesure est une intégrale de "lois" de processus de Markov à naissance aléatoire, donc c'en est une aussi; elle admet la règle d'entrée désirée, et enfin il est clair qu'elle est minimale.

Le processus de Markov $(Y_{\alpha+t})_{t>0}$ peut être fermé en 0, et la "loi" du couple $(\alpha, (Y_{\alpha+t})_{t\geq 0})$ est égale à $\lambda \otimes \mathbb{P}^\mu$. En langage probabiliste, un peu dangereux dans le cas de mesures infinies, le processus est distribué suivant $\mathbb{P}^\mu$ conditionnellement à la valeur de α.

c) La construction précédente peut être généralisée de manière significative. Supposons que η soit le potentiel $\int_0^\infty \mu_t\, dt$ d'une *loi d'entrée* $m = (\mu_t)_{t>0}$ au lieu d'une mesure μ. Remplaçons Ω par l'ensemble Ω_+ des trajectoires définies sur l'intervalle ouvert $]\,0,\infty\,[$, muni de la mesure $\mathbb{P}^m$ associée à la loi d'entrée. On a alors, avec la même définition de φ_v que ci-dessus

$$\mathbb{Q} = \int_{\mathbb{R}} \varphi_v(\mathbb{P}^m)\, dv\ . \tag{12.3}$$

Comme dans la discussion précédente, l'instant de naissance α et le processus $(Y_{\alpha+t})_{t>0}$ ont pour "loi jointe" $\lambda \otimes \mathbb{P}^m$.

d) Supposons que η soit invariante et munissons Ω de la "loi" $\mathbb{P}^\eta$. Le processus $(X_t)_{t\geq 0}$ est alors stationnaire, et il est classique (Doob [1], p.456) que ce processus peut alors être prolongé en un processus stationnaire sur toute la droite. Toutefois, ce résultat repose sur le théorème de Kolmogorov et n'est pas tout à fait évident pour une mesure infinie : voir Getoor–Glover [3], th. (3.4) p.61 et sa démonstration p.66. La mesure de Kuznetsov associée à η est alors la "loi" du processus stationnaire sur toute la droite ainsi construit. L'instant de naissance α vaut identiquement $-\infty$ pour une telle mesure. Voir aussi 13 ci-dessous.

On trouvera dans Getoor–Glover [3] une démonstration du théorème de Kuznetsov (pour les règles d'entrée stationnaires) à partir des deux cas particuliers c) et d). L'ensemble de la preuve n'est pas vraiment plus léger que la démonstration générale ci-dessus, mais l'idée très simple mérite d'être retenue.

13 Nous savons d'après XVII.23 que toute mesure purement excessive est potentiel d'une loi d'entrée; d'après b), on a p.s. $\alpha > -\infty$ sous la mesure de Kuznetsov correspondante. Pour une mesure invariante, au contraire, on a p.s. $\alpha = -\infty$.

Faisons alors le chemin en sens inverse : partons d'une mesure excessive η quelconque, construisons la mesure de Kuznetsov associée, et posons

$$\mathbb{Q}_i = \mathbb{Q}(\cdot\,,\ \alpha = -\infty)\ ,\ \ \mathbb{Q}_p = \mathbb{Q}(\cdot\,,\ \alpha > -\infty)\ . \tag{13.1}$$

On vérifie aisément que ces mesures sont invariantes par le flot (σ_u), et que sous chacune d'elles, le processus (Y_u) est markovien de semi-groupe (P_t). Ce sont donc les mesures de Kuznetsov associées à deux mesures excessives η_i, η_p. D'autre part, si f est une fonction η-intégrable >0 on a

$$(13.2) \qquad <\eta P_t, f> = \mathbb{E}_{\mathbb{Q}}[\, f\circ Y_0 \,,\, \alpha < -t\,] \;.$$

On voit donc que η_i est la partie invariante de η, tandis que η_p en est la partie purement excessive (et cela justifie les notations W_i, W_p du n° 9). On a donc trouvé une interprétation probabiliste de la décomposition de Riesz des mesures excessives.

Sachant que la partie purement excessive de η est le potentiel d'une loi d'entrée m (XVII.23; nous verrons en 22 ci-dessous que ce résultat peut aussi s'établir à partir du théorème de Kuznetsov), on peut utiliser les résultats de XVII.13 sur les lois d'entrée fermables pour préciser le comportement du processus de Kuznetsov à l'instant de naissance. Soit g une fonction >0 et intégrable$/\eta_p$, et soit $h=Ug$; soit W_{pot} l'ensemble des $w \in W$ tels que $\alpha > -\infty$, que la limite $Y_{\alpha+}$ existe dans un compactifié de Ray F de E et appartienne à E, et enfin que $\lim_{u\to\alpha} h\circ Y_u > 0$. Alors il résulte de XVII.13, et du calcul (12.3) de la mesure de Kuznetsov associée à η_p, que W_{pot} est l'ensemble naturel sur lequel le processus de Kuznetsov est fermable en α. La partie potentiel de la mesure η est la mesure

$$(13.3) \qquad \eta_{pot} = \mathbb{Q}\{Y_0 \in \cdot \; ; \; W_{pot}\} \;.$$

On écrit d'habitude Y_α au lieu de $Y_{\alpha+}$. Le véritable intervalle de vie du processus de Kuznetsov continu à droite (Y_u) est l'intervalle

$$(13.4) \qquad J = [\alpha, \beta[\quad \text{pour } w \in W_{pot}, \quad]\alpha, \beta[\quad \text{pour } w \notin W_{pot}.$$

La propriété de Markov forte du n° 10 s'étend aux t. d'a. S dont le graphe passe dans J, le processus (Y_{S+t}) étant alors markovien jusqu'à l'instant 0.

En utilisant les arguments de retournement du temps du n° suivant, on peut faire une étude analogue en β.

Retournement du temps et construction de Mitro

Nous allons commencer par indiquer un résultat simple de retournement du temps sous les mesures de Kuznetsov. Nous en déduirons une construction très intuitive des mesures de Kuznetsov dans le cas stationnaire, due à J. Mitro [1].

14 Considérons un processus à naissance aléatoire (Y_u) admettant la règle d'entrée stationnaire $\eta_u = \eta$. Désignons par $(\widehat{P}_t)$ un semi-groupe sousmarkovien sur E, en dualité avec (P_t) par rapport à η. Les hypothèses droites ne seront pas utilisées ici.

THÉORÈME. *Si l'on remplace l'ordre de* $\mathbb{R}$ *par l'ordre opposé, le processus* (Y_u) *est un processus de Kuznetsov stationnaire pour le semi-groupe* $(\widehat{P}_t)$.

Nous verrons plus tard (n° 33) comment on déduit de ce résultat une seconde démonstration du théorème de retournement du temps XVIII.47.

DÉMONSTRATION. Il s'agit de vérifier que pour $u \in \mathbb{R}$, pour toute fonction positive f sur E et toute fonction positive H sur Ω, on a une propriété de Markov vers l'arrière

$$\mathbb{E}_{\mathbb{Q}}\left[f(Y_{u-t})\, H \circ \theta_u \,;\, Y_u \in E \right] = \mathbb{E}_{\mathbb{Q}}\left[\widehat{P}_t f(Y_u)\, H \circ \theta_u \,;\, Y_u \in E \right] .$$

Pour établir cela, on conditionne par rapport à $\mathcal{G}_u$ en utilisant la propriété de Markov vers l'avant, ce qui a pour effet de remplacer $H(\cdot)$ par une expression de la forme $h(Y_u)$. Comme $Y_u \in E$, on peut supposer h nulle au point ∂, et alors l'égalité se réduit à $< f \,,\, P_t h >_\eta = < \widehat{P}_t f \,,\, h >_\eta$.

REMARQUE. a) Si l'on remplace l'ordre de $\mathbb{R}$ par l'ordre opposé, la continuité à droite devient continuité à gauche. Si le semi-groupe $(\widehat{P}_t)$ est droit, on aura donc à rendre continue à droite la version ainsi construite.

b) Pour les processus de Kuznetsov admettant une règle d'entrée (η_u) non stationnaire, le retourné est markovien, mais non homogène dans le temps. La relation de dualité devient alors

$$(14.1) \qquad < f \,,\, P_{u,v} h >_{\eta_u} = < \widehat{P}_{v,u} f \,,\, h >_{\eta_v} ,$$

où l'on écrit aussi sous forme non homogène, par raison de symétrie, la fonction de transition vers l'avant.

15 Au n° 1, nous avons posé $\mathbb{Q}^r = \mathbb{Q}(\cdot \,,\, Y_r \in E)$, ces mesures déterminant $\mathbb{Q}$ par la relation de minimalité $\mathbb{Q} = \vee_r \mathbb{Q}^r$. Nous allons indiquer maintenant la construction explicite des mesures $\mathbb{Q}^r$ donnée par Mitro.

Considérons des instants $u_k < \ldots < u_1 < r < v_1 < \ldots < v_\ell$. Il s'agit de calculer l'intégrale sous $\mathbb{Q}^r$ de la fonction

$$(15.1) \qquad f_k \circ Y_{u_k} \ldots f_1 \circ Y_{u_1} \; h \circ Y_r \; g_1 \circ Y_{v_1} \ldots g_\ell \circ Y_{v_\ell}$$

où les f_i, h et les g_i sont des fonctions positives sur E. La formule qu'indique Mitro pour cette espérance est

$$(15.2) \qquad \int_E \widehat{\mathbb{E}}^{r,x} \left[f_1 \circ X_{u_1} \ldots f_k \circ X_{u_k} \right] \; h(x) \; \mathbb{E}^{r,x} \left[g_1 \circ X_{v_1} \ldots f_\ell \circ X_{v_\ell} \right] ,$$

dont la signification est la suivante : on ne suppose ni la règle d'entrée stationnaire, ni les fonctions de transition homogènes dans le temps; l'espérance $\mathbb{E}^{r,x}$ est relative à un processus de Markov vers l'avant, partant du point x à l'instant r avec la fonction de transition (P_{uv}), et de même $\widehat{\mathbb{E}}^{r,x}$ correspond à un processus de Markov vers l'arrière avec la fonction de transition $(\widehat{P}_{vu})$, duale de la précédente comme à la fin du n° 14.

Compte tenu du n° précédent, cette formule est presque évidente : on part de (15.1), et on conditionne d'abord par rapport à la tribu $\mathcal{G}_r$ (ce qui fait apparaître l'espérance $\mathbb{E}^{r,x}$), puis par rapport à Y_r (ce qui fait apparaître de même $\widehat{\mathbb{E}}^{r,x}$).

Cette méthode était à la base de la construction du "processus auxiliaire" de Mitro, dans le cas particulier de deux semi-groupes droits en dualité et d'une règle d'entrée stationnaire. On voit ici que le procédé est entièrement général. Il est cependant moins élémentaire que celui de Kuznetsov, puisqu'il exige la connaissance des deux fonctions de transition.

2. FLOTS ET MESURES DE PALM

Définition des flots

16 Dans ce paragraphe, nous allons travailler sur les objets construits au paragraphe précédent

$$W\,,\,\mathcal{G}^{\circ}\,,\,\mathbb{Q}\,,\,(\sigma_u)_{u\in\mathbb{R}} \quad ; \qquad \text{aussi } (\mathcal{G}_u^{\circ})_{u\in\mathbb{R}}\,,$$

où $\mathbb{Q}$ est la mesure de Kuznetsov associée à une règle d'entrée *stationnaire*. Mais nous allons oublier en partie le caractère markovien du processus (Y_u), et retenir surtout l'invariance de la mesure (σ–finie) $\mathbb{Q}$ par le groupe à un paramètre (σ_u). La structure ainsi définie est appelée un *flot*, et l'emprunt essentiel que nous ferons à la théorie des flots est la notion de *mesure de Palm* d'un compteur (ou plus généralement d'une hélice). Nous réduisons donc autant qu'il est possible la description axiomatique générale des flots.

Nous désignons par (σ_u) un groupe à un paramètre de transformations préservant la mesure $\mathbb{Q}$, et possèdant la propriété de mesurabilité suivante :

> *Pour toute fonction $\mathcal{G}^{\circ}$-mesurable f, la fonction $(u,w) \longmapsto f(\sigma_u w)$ est $\mathcal{B}(\mathbb{R}) \times \mathcal{G}^{\circ}$-mesurable.*

Dans le cas des mesures de Kuznetsov, on établit cela en raisonnant par classes monotones à partir des v.a. f de la forme $g_1 \circ Y_{u_1} \ldots g_k \circ Y_{u_k}$ où les g_i sont continues sur E, en utilisant la continuité à droite du processus.

En théorie ergodique, on se contenterait de la mesurabilité par rapport à la mesure complétée $du \otimes \mathbb{Q}(dw)$, propriété qui s'étend alors aux v.a. f mesurables par rapport à la tribu complétée $\mathcal{G}$ de $\mathcal{G}^{\circ}$.

Cette propriété de mesurabilité permet de définir, pour φ $\mathcal{G}^{\circ}$–mesurable bornée, les v.a. de la forme $F = \int_a^b \varphi \circ \sigma_u \, du$ $(-\infty < a, b < \infty)$; si φ est $\mathbb{Q}$–intégrable, F l'est aussi, et l'application $u \longmapsto F \circ \sigma_u$ est continue en norme uniforme et en norme L^1.

On impose fréquemment en théorie ergodique que ces v.a. engendrent un sous–espace dense de L^1. Dans le cas des mesures de Kuznetsov, cette propriété est satisfaite : en utilisant un peu de théorie ergodique ponctuelle (dans l'esprit de XII.49), on se ramène en effet à vérifier que les v.a. bornées intégrables f telles que $f \circ \sigma_u \to f$ pour $u \to 0$ engendrent la tribu $\mathcal{G}^{\circ}$. Or il suffit de prendre des v.a. f du type considéré plus haut, les g_i étant des p–potentiels η–intégrables.

REMARQUE. Les flots des mesures de Kuznetsov admettent une structure plus riche de *flots filtrés* : la filtration $(\mathcal{G}_u^{\circ})$ et le groupe à un paramètre (σ_u) sont liés par la relation

$$\sigma_u^{-1}(\mathcal{G}_v^{\circ}) = \mathcal{G}_{u+v}^{\circ}\,. \tag{16.1}$$

On voit donc que la filtration est entièrement déterminée par la tribu $\mathcal{G}_0^{\circ}$, sur laquelle opère le *semi*–groupe $\theta_t' = \sigma_{-t}$ $(t \geq 0)$. Comme nous utiliserons peu la filtration, nous ne donnerons pas de détails ici.

Dans ce paragraphe, nous appliquons la théorie des flots aux processus de Markov. En sens inverse, de nombreuses idées de la théorie des processus de Markov peuvent s'appliquer à la théorie des flots filtrés, en faisant jouer à $(W, \mathcal{G}_0^{\circ})$ le rôle de l'espace d'états du processus de Markov. Voir Lazaro–Meyer [1], Benveniste [1].

Nous allons définir diverses notions et notations relatives aux flots, en commençant par les plus simples.

17 Une v.a. $\mathcal{G}$–mesurable f est dite *invariante* si l'on a $f \circ \sigma_u = f$ identiquement en u, sur un ensemble stable par translation et portant la mesure $\mathbf{Q}$. Il est clair que ces v.a. sont exactement les fonctions mesurables par rapport à la tribu des ensembles invariants. Un exemple important de v.a. invariante est fourni par les intégrales

$$(17.1) \qquad J(f) = \int_{-\infty}^{+\infty} f \circ \sigma_u \, du$$

où f est une fonction positive.

En théorie ergodique, on s'intéresse plutôt aux $\liminf$ et $\limsup$ des moyennes $\frac{1}{2t} \int_{-t}^{+t} f(u)\, du$ pour $t \to \infty$, qui sont nulles si la v.a. $J(f)$ est finie. Notre intérêt pour les v.a. (17.1) reflète l'accent mis sur la transience en théorie des processus de Markov.

Autre exemple important de v.a. invariantes : si T est une v.a. stationnaire (*cf.* 18 ci-dessous), l'ensemble

$$(17.2) \qquad W_T = \{-\infty < T < +\infty\}$$

est invariant, et de plus (en théorie des mesures de Kuznetsov) les v.a. Y_{T+u} sur W_T, à valeurs dans E_∂, sont invariantes pour tout $u \in \mathbb{R}$.

V. a. stationnaires

18 Une v.a. S à valeurs dans $\overline{\mathbb{R}}$ est dite *stationnaire* si l'on a identiquement en $u \in \mathbb{R}$

$$(18.1) \qquad S = u + S \circ \sigma_u$$

sur un ensemble W_0, stable par translation et portant la mesure $\mathbf{Q}$. Pour un flot filtré, les *temps d'arrêt stationnaires* jouent un rôle particulièrement important. Ils sont appelés aussi temps d'arrêt *intrinsèques* d'après M. Weil [4]. En théorie des mesures de Kuznetsov, les instants de naissance et de mort α et β, les temps d'entrée du processus (Y_u) dans les ensembles boréliens $H \subset E$, fournissent des exemples de t. d'a. stationnaires. Les instants de dernier passage dans H sont des exemples de v.a. stationnaires qui ne sont pas des temps d'arrêt.

REMARQUE. Il résulte de l'invariance de la mesure $\mathbf{Q}$ par le flot que la "loi" de toute v.a. stationnaire est invariante par translation. Elle peut donc comporter une masse en $-\infty$, en $+\infty$, et une mesure sur $\mathbb{R}$ proportionnelle à la mesure de Lebesgue (éventuellement avec un coefficient égal à $+\infty$). En particulier, il n'existe pas de v.a. stationnaire finie si la mesure $\mathbf{Q}$ est bornée.

Le cas de la v.a. stationnaire α est instructif. Elle ne prend p.s. pas la valeur $+\infty$; la mesure de l'ensemble $\alpha=-\infty$ est la masse totale de la partie invariante η_i de η (n° 13). D'autre part, si la partie purement excessive de η est le potentiel de la loi d'entrée $m=(\mu_t)$, on a d'après (12.3), α valant 0 sous $\mathbb{P}^m$ et v sous $\varphi_v(\mathbb{P}^m)$

(18.2) $$\mathbb{Q}\{u<\alpha<v\}=(v-u)\,\mathbb{E}^m[1]=(v-u)\,L(\eta_p,1)\,.$$

19 Nous allons préciser la remarque précédente, en donnant une condition nécessaire et suffisante pour l'existence d'une v.a. stationnaire p.s. finie.

Rappelons les notations $J(f)=\int_{-\infty}^{+\infty} f\circ\sigma_u\,du$ $(f\geq 0)$ et $W_S=\{S\in\mathbb{R}\}$ pour une v.a. stationnaire S.

THÉORÈME. *Soit S une v.a. stationnaire. Alors on a $J(f)<\infty$ p.s. sur W_S, quelle que soit $f\geq 0$ intégrable/$\mathbb{Q}$. Inversement sur l'ensemble invariant $\{0<J(f)<\infty\}$ il existe une v.a. stationnaire p.s. finie.*

On dira que le flot est dissipatif *s'il existe une v.a. stationnaire p.s. finie sur W entier.*

Nous verrons au n° 24 que le flot de Kuznetsov associé à une mesure excessive η est dissipatif si et seulement si η est dissipative au sens de XVII.19–20. La terminologie est donc cohérente.

DÉMONSTRATION. Soit f une fonction ≥ 0 sur W. Posons sur $\{0<J(f)<\infty\}$

$$A_u=\frac{1}{J(f)}\int_{-\infty}^{u} f\circ\sigma_r\,dr\,.$$

Ce processus est (p.s.) continu, strictement croissant entre les bornes 0 et 1, et tel que $A_u\circ\sigma_v=A_{u+v}$ $(u,v\in\mathbb{R})$. L'unique instant où il prend la valeur $1/2$ est alors une v.a. stationnaire.

En sens inverse, soient f,h deux v.a. positives sur W. Une application immédiate du théorème de Fubini nous donne (l'espérance étant relative à $\mathbb{Q}$)

(19.1) $$\mathbb{E}[\,J(f)\cdot h\,]=\mathbb{E}[\,f\cdot J(h)\,]\,.$$

Si S est une v.a. stationnaire, on a d'autre part pour toute fonction $\gamma\geq 0$ sur $\mathbb{R}$ (prolongée par 0 aux points $\pm\infty$).

(19.2) $$J(\gamma\circ S)=\lambda(\gamma)\,I_{W_S}$$

où λ est la mesure de Lebesgue. Prenons alors dans (19.1) $h=\gamma\circ S$; on obtient

(19.3) $$\mathbb{E}[\,J(f)\gamma\circ S\,]=\lambda(\gamma)\,\mathbb{E}[\,f\,I_{W_S}\,]\,.$$

Si γ est >0 sur $\mathbb{R}$ et λ–intégrable, $f\geq 0$ et $\mathbb{Q}$–intégrable, il apparaît que $J(f)$ est p.s. finie sur l'ensemble invariant W_S. □

Mesure de Palm d'une v.a. stationnaire

Nous allons suivre une présentation économique de la théorie empruntée à Fitzsimmons [3], qui traite les applications aux mesures de Kuznetsov et aux quasi–processus de Hunt, en utilisant seulement les mesures de Palm associées aux v.a. stationnaires. Nous traiterons au n° 30 les mesures de Palm d'hélices quelconques.

20 La *mesure de Palm* π_S associée à une v.a. stationnaire S est définie sur $(W, \mathcal{G}^\circ)$ par la formule

$$\pi_S(h) = \mathbb{E}_{\mathbf{Q}}\left[h \circ \sigma_S\,,\ 0 < S \leq 1\right] \quad (h \geq 0)\,. \tag{20.1}$$

Cette mesure est évidemment portée par l'ensemble invariant $W_S = \{S \in \mathbb{R}\}$.

L'identité des v.a. stationnaires $r + S(\sigma_r w) = S(w)$ nous donne en prenant $r = S(w)$ que $S \circ \sigma_S = 0$ sur W_S. Appliquons alors (20.1) en prenant pour h l'indicatrice de l'ensemble $\{S \neq 0\}$, il vient que *la mesure de Palm* π_S *est portée par* $\{S = 0\}$. Les propriétés fondamentales des mesures de Palm sont résumées dans le théorème suivant, dont une forme plus générale sera donnée au n° 30, avec une démonstration qui est la même en substance.

THÉORÈME. *La mesure de Palm* π_S *est* σ*-finie, et satisfait à*

$$\mathbb{E}_{\mathbf{Q}}\left[h(S, \sigma_S)\, I_{W_S}\right] = \int h(r, w)\, dr\, \pi_S(dw) \tag{20.2}$$

pour toute fonction $h(r, w) \geq 0$ *sur* $\mathbb{R} \times W$, *mesurable pour la tribu-produit.*

DÉMONSTRATION. Soit f une fonction ≥ 0 sur W ; on a d'après (19.3) et (20.1), en désignant par γ l'indicatrice de $]0, 1]$

$$\mathbb{E}\left[f\, I_{W_S}\right] = \mathbb{E}\left[J(f)\, \gamma \circ S\right] = \pi_S(J(f))\,.$$

En prenant $f > 0$ et $\mathbf{Q}$-intégrable, on a $J(f) > 0$ et on voit que π_S est σ-finie. Pour établir (20.2), on applique cette formule en prenant $f = h(S, \sigma_S)$. Alors $f \circ \sigma_u = h(S - u, \sigma_S)$, qui vaut p.s. $h(-u, \cdot)$ sous la mesure π_S portée par $\{S = 0\}$. Donc $J(f) = \int h(-u, \cdot)\, du$ et on obtient (20.2) en changeant u en $-u$.

REMARQUES. a) Lorsque h dépend seulement de w, la formule (20.2) s'écrit $\mathbf{Q}(h) = \pi_S(J(h))$. Prenant $h > 0$ intégrable/$\mathbf{Q}$, on voit que π_S est même σ-finie sur la tribu invariante. b) Dans le cas des flots de Kuznetsov, appliquons (20.2) avec $h(r, w) = f \circ Y_{-r}(w)\, I_B(r)$, f étant une fonction positive sur E et B un borélien de $\mathbb{R}$, de sorte que $h(S, \sigma_S) = f \circ Y_0\, I_B(S)$ sur W_S. Nous obtenons

$$\mathbb{E}\left[f \circ Y_0\,,\ S \in B\right] = \pi_S\Big(\int_{-B} f \circ Y_u\, du\Big) \tag{20.3}$$

formule qui nous servira surtout lorsque S est p.s. finie : pour $B = \mathbb{R}$ le côté gauche vaut alors $\eta(f)$.

c) Si h est une fonction invariante, la relation (20.1) s'écrit

$$\pi_S(h) = \mathbb{E}_{\mathbf{Q}}\left[h\,,\ 0 < S \leq 1\right]$$

et cela montre que la mesure de Palm est absolument continue par rapport à $\mathbf{Q}$ *sur la tribu invariante* (la remarque précédente montre que cela ne s'étend pas en général à la tribu $\mathcal{G}$).

21 Voici une autre propriété très simple et importante des mesures de Palm des v.a. stationnaires. On en trouvera au n° 32 la version générale pour les hélices.

THÉORÈME. *Si S et T sont deux v.a. stationnaires, π_S et π_T sont égales sur les ensembles invariants contenus dans $W_S \cap W_T$.*

DÉMONSTRATION. Prenons dans (19.3) $f = \delta \circ T$, où δ est une fonction positive sur $\mathbb{R}$. Alors $J(f) = \lambda(\delta) I_{W_T}$ et on a

$$\lambda(\delta)\mathbb{E}[\gamma \circ S\, I_{W_T}] = \lambda(\gamma)\mathbb{E}[\delta \circ T\, I_{W_S}] \; . \tag{21.1}$$

Lorsque $\gamma = \delta = I_{]0,1]}$, cela devient un énoncé concernant les mesures de Palm : $\pi_S(W_T) = \pi_T(W_S)$. Cette propriété s'améliore d'elle même en restreignant le flot à un ensemble invariant A : on a

$$\pi_S(A \cap W_T) = \pi_T(A \cap W_S) \; . \tag{21.2}$$

Lorsque A est contenu dans $W_S \cap W_T$ on obtient l'énoncé.

REMARQUES. a) Lorsque $S = T$, l'égalité (21.1) montre que l'on obtient la même mesure sur la tribu invariante de W_S en remplaçant l'indicatrice $\gamma = I_{]0,1]}$ par n'importe quelle fonction γ d'intégrale 1 sur $\overline{\mathbb{R}}$, nulle aux points $\pm\infty$. Cela se voit aussi sur (20.1), appliquée à une fonction de la forme $h(r,w) = \gamma(r) f(w)$.

b) Dans le cas des flots de Kuznetsov, la tribu $\mathcal{G}$ étant engendrée par les v.a. Y_u, sa restriction à W_S est engendrée par S et par les v.a. *invariantes* Y_{S+u}. D'où l'importance de la tribu invariante.

Application aux mesures de Kuznetsov

22 Nous appliquons les résultats précédents aux flots des processus de Kuznetsov, pour obtenir le premier résultat de l'article de Fitzsimmons–Maisonneuve [1], qui est la détermination de la mesure de Palm π_α. Cette mesure est portée par l'ensemble $\{\alpha = 0\}$, que nous avons identifié au n° 9 à Ω_+ (privé de $[\partial]$).

THÉORÈME. *La mesure π_α se lit sur Ω_+ comme la mesure $\mathbb{P}^m$ associée à une loi d'entrée $m = (\mu_t)$, dont le potentiel $\int_0^\infty \mu_s\, ds$ est égal à la partie purement excessive de η.*

Ou encore : sous π_α le processus $(Y_u)_{u \leq 0}$ est égal à ∂, tandis que $(Y_u)_{u>0}$ est markovien de semi-groupe (P_t) et de loi d'entrée (μ_t). Cela décrit complètement π_α. Noter la relation entre les formules (20.2) et (12.3).

DÉMONSTRATION. Nous partons de la définition explicite (20.1) de la mesure de Palm. Il résulte d'abord de la propriété de Markov aux instants $\alpha + t$, $t > 0$, sur l'ensemble $\{0 < \alpha < 1\}$, que le processus $(Y_t)_{t>0}$ est markovien sous π_α, avec la "loi d'entrée" $\mu_t(A) = \pi_\alpha\{Y_t \in A\}$ — ce mot est encore entre guillemets, car nous n'avons pas vérifié que ces mesures sont σ-finies. Nous le faisons en appliquant (20.3) avec $B =]-\infty, 0[$ et $S = \alpha$

$$\begin{aligned} \mathbb{Q}\{Y_0 \in A, W_\alpha\} &= \mathbb{Q}\{Y_0 \in A, -\infty < \alpha < 0\} \\ &= \pi_\alpha\Big(\int_0^\infty I_{\{Y_s \in A\}}\, ds\Big) = \int_0^\infty \mu_t(A)\, dt \; , \end{aligned} \tag{22.1}$$

qui entraîne en particulier $\mu_t U \leq \eta$ pour tout t. Nous avons vu au n° 13 que le côté gauche de ces égalités est égal à $\eta_p(A)$, où η_p est la partie purement excessive de η. Nous avons donc retrouvé, au moyen des mesures de Kuznetsov, le fait qu'une mesure purement excessive est potentiel d'une loi d'entrée (XVII.23).

23 REMARQUES. a) L'article de Fitzsimmons–Maisonneuve [1] utilise de même les mesures de Kuznetsov pour donner une démonstration probabiliste directe de la décomposition de η en somme d'une mesure harmonique et d'un potentiel (correspondant à la fermeture du processus en α), que nous avons traitée au n° 13 en nous appuyant sur les résultats du chapitre XVII.

b) Le raisonnement de 22 s'applique, non seulement à α, mais à tout temps d'arrêt stationnaire $S > \alpha$. D'après la forme a) de la propriété de Markov forte (n° 10), le processus

$$Z_u = Y_u \quad \text{si } S < u \ , \quad Z_u = \partial \quad \text{sinon},$$

est un processus de Markov à naissance aléatoire, de règle d'entrée

$$\xi_u(A) = Q(Y_u \in A,\ S < u) \quad (A \in \mathcal{E}) \ . \tag{23.1}$$

Comme S a été supposé stationnaire, cette mesure ne dépend pas de u ; il s'agit donc d'une mesure excessive majorée par S, que nous noterons η_S, et appellerons la ***réduite de η suivant S***. Nous rattacherons cette notion à la notion traditionnelle de réduite au n° 41, et la traiterons alors plus en détail. Pour l'instant, retenons la propriété suivante

(23.2) *La mesure de Kuznetsov associée à η_S est* $Q(b_S \in \bullet,\ \alpha \leq S < \beta)$.

où b_S est l'opérateur d'oubli (birthing) à l'instant S (n° 9).

Le raisonnement fait plus haut pour α et Y peut être recommencé pour S et Z, et montre que les mesures sur $\mathcal{E}$

$$\nu_t(A) = \pi_S(Y_t \in A) = Q\{Y_{S+t} \in A,\ 0 < S \leq 1\}$$

forment une loi d'entrée, dont le potentiel est la partie purement excessive de η_S. En particulier, si l'on a $\alpha < S$, le processus peut être fermé en 0, et *la mesure excessive η_S est un potentiel de mesure.*

TERMINOLOGIE. Le nom de *balayée* est plus usuel que celui de réduite, mais nous utilisons quant à nous ces termes de la manière suivante : une ***réduite*** opère sur des objets excessifs (mesures ou fonctions) et les transforme en objets plus petits. L'opération de balayage correspondante opère sur les "sources" de ces objets excessifs (mesures ou fonctions positives, fonctionnelles additives...). Il s'agit bien ici d'une opération du premier type.

Dissipativité des flots de Kuznetsov

24 Les v. a. α et β (qui n'ont pas de sens pour un flot arbitraire) jouent un rôle fondamental en théorie des mesures de Kuznetsov. Nous allons préciser, dans le cas des flots de Kuznetsov, le critère de dissipativité d'un flot donné au n° 19. Voir en 47 une application à la décomposition $\eta = \eta_c + \eta_d$

THÉORÈME. *La dissipativité du flot de Kuznetsov* (σ_u) *équivaut à chacune des propriétés suivantes :*

a) Il existe une suite de t. d'a. stationnaires $S_n > \alpha$, *qui tend vers* α *en décroissant.*

b) La mesure excessive η *est limite d'une suite croissante de potentiels* $\mu_n U$ *(autrement dit,* η *est dissipative au sens de XVII.19).*

c) Il existe une fonction strictement positive k *sur* E *telle que* η *soit portée par l'ensemble absorbant* $\{Uk < \infty\}$.

DÉMONSTRATION. Supposons le flot dissipatif. La mesure η étant σ-finie, soit k une fonction sur E, strictement positive et η-intégrable. La fonction $f = k \circ Y_0$ est alors intégrable sur W, donc $J(f) = \int_{-\infty}^{+\infty} k \circ Y_s \, ds$ est p.s. finie d'après la démonstration du théorème 19. Pour $n \geq 1$, les v.a.

$$(24.1) \qquad S_0 = +\infty \ , \ S_n = \inf \{ u : \int_{-\infty}^{u} k \circ Y_s \, ds \geq 1/n \}$$

constituent alors une suite satisfaisant à a). Montrons que a) $\Longrightarrow$ b). Si S est un t. d'a. stationnaire, nous avons vu au n° 23 que le processus Z_u valant Y_u pour $u > S$, ∂ pour $u \leq S$ est le processus de Kuznetsov associé à la mesure excessive η_S (la réduite de η suivant S). La relation $S_n \downarrow \alpha$ entraîne que $\eta_{S_n} \uparrow \eta$. Enfin, la relation $S_n > \alpha$ entraîne que η_{S_n} est un potentiel d'après 23. On a b) $\Longrightarrow$ c), car si $\mu_n U \uparrow \eta$ et $k > 0$ est η-intégrable, l'ensemble absorbant $\{Uk < \infty\}$ porte les mesures μ_n, donc leurs potentiels $\mu_n U$, et enfin η. Pour l'implication c) $\Longrightarrow$ a), désignons par E' l'ensemble absorbant $\{Uk < \infty\}$ et par (Y'_u) le processus de Kuznetsov d'espace d'états E', construit à partir du semi-groupe (transient) (P_t) restreint à E' et de la restriction de la mesure excessive η. Ce processus est aussi un processus de Kuznetsov relatif à (P_t) et à η ; il est donc identique en loi à (Y_u) et il nous suffit de montrer que (Y'_u) est dissipatif. Changeant de notations, nous pouvons supposer que $Uk < \infty$ partout sur E. Nous construisons alors une v.a. stationnaire S p.s. finie de la manière suivante. Nous reprenons les v.a. S_n de (24.1), qui pour $n \to \infty$ sont telles que $n \downarrow\downarrow \alpha$; nous désignons par m le premier indice (aléatoire) tel que $\alpha < S_m < \beta$, et nous posons $S = S_m$; alors S est la v.a. stationnaire cherchée.

La condition $\alpha \in \mathbb{R}$ p.s. entraîne que η est purement excessive, donc dissipative, mais la réciproque n'est pas vraie : la transience de (P_t) suffit à entraîner la dissipativité de la mesure η, même si est elle invariante (auquel cas $\alpha = -\infty$ p.s.).

Application aux quasi–processus

Bien que la plupart des applications de la notion de mesure de Palm aux processus de Markov appartiennent au §3, nous préférons donner la principale d'entre elles avant d'aborder les hélices générales. Nous allons ramener aux mesures de Palm la notion de *quasi-processus*, telle qu'elle a été définie (Nagasawa [1], Weil [4]) en temps continu, étendant la définition des "approximate Markov chains" donnée par Hunt en temps discret.

25 Nous reprenons les notations générales relatives à l'ensemble W des trajectoires continues à droite à valeurs dans E, définies sur l'intervalle ouvert $]\alpha, \beta[$. Comme pour les mesures de Kuznetsov, nous considérons une mesure σ-finie μ sur W, *mais cette mesure n'est définie que sur la tribu des ensembles universellement mesurables invariants.* Il en résulte qu'on ne peut parler de la "loi" du processus (Y_u) sous μ. En revanche, pour toute v.a. stationnaire S, les v.a. Y_{S+u} $(u \in \mathbb{R})$, définies sur l'ensemble invariant $W_S = \{S \in \mathbb{R}\}$, sont invariantes; on peut donc parler de la "loi" du processus (Y_{S+u}) — d'où finalement le nom de "quasi–processus".

Soit η une mesure excessive. Nous disons qu'une mesure (σ–finie) μ sur la tribu invariante, ne chargeant pas ∂, définit un *quasi-processus de potentiel* η si les trois propriétés suivantes sont satisfaites :

1) pour tout temps d'arrêt stationnaire T, le processus $(Y_{T+t})_{t>0}$ sur l'ensemble $\{T \in \mathbb{R}, \alpha \leq T < \beta\}$ est un processus de Markov de semi-groupe (P_t) ;

2) pour toute fonction positive f sur E (prolongée par 0 au point ∂) on a

$$\mu\Big(\int_{-\infty}^{+\infty} f \circ Y_s\, ds\Big) = \eta(f)\ . \tag{25.1}$$

(Du côté gauche, l'intégration en μ porte bien sur une fonction invariante). Comme au n° 24, cette propriété entraîne la suivante :

3) Il existe une suite décroissante de temps d'arrêt stationnaires $S_n > -\infty$, de limite égale à α. En effet, si $f > 0$ est η–intégrable, on a $\int_{-\infty}^{+\infty} f \circ Y_s\, ds < \infty$ p.s., et l'on peut prendre

$$S_n = \inf\{u\ :\ \int_{-\infty}^{u} f \circ Y_s\, ds \geq 1/n\}\ . \tag{25.2}$$

Voici le résultat classique sur les quasi–processus, auquel le travail beaucoup plus récent de Fitzsimmons [3] donne sa pleine signification.

THÉORÈME. *Si la mesure η est dissipative, il existe une et une seule mesure σ-finie μ sur la tribu invariante de W, faisant de (Y_u) un quasi-processus de potentiel η. Cette mesure est induite par la mesure de Palm π_S où S est une v.a. stationnaire arbitraire, finie $\mathbb{Q}$-p.s..*

EXISTENCE. Puisque la mesure excessive η est dissipative, la mesure de Kuznetsov associée $\mathbb{Q}$ admet une v.a. stationnaire S p.s. finie (24). D'après 21, la mesure induite sur la tribu invariante par la mesure de Palm correspondante π_S ne dépend pas du choix de S, et nous la noterons donc simplement π. On a remarqué en (20.3) que π est σ–finie sur la tribu invariante. Nous allons montrer qu'elle possède les propriétés 1) et 2).

Soit T un t. d'a. stationnaire. L'ensemble invariant W_S porte $\mathbb{Q}$, donc aussi π_T, et d'après (21.2) π_S induit la même mesure que π_T sur W_T muni de la tribu invariante. D'autre part, nous avons vu au début en 22-23 que, sous la mesure de Palm π_T, le processus $(Y_{T+t})_{t>0}$ sur W_T est markovien de semi-groupe (P_t). Cela établit la propriété 1), et la propriété 2) a été vue en (20.3).

UNICITÉ. Nous allons ramener l'unicité d'une mesure μ sur la tribu invariante possédant les propriétés 1) et 2) à celle de la mesure de Kuznetsov de règle d'entrée stationnaire η.

Nous *définissons* une mesure $\mathbb{Q}$ sur W par la formule

$$\mathbb{Q}(h) = \mu(J(h)) \tag{25.3}$$

pour toute v.a. $\mathcal{G}^\circ$-mesurable $h \geq 0$. Considérons un t. d'a. stationnaire $T \geq \alpha$, et désignons par μ_T la mesure $\mu(\theta_T \in \cdot\,, W_T)$ sur Ω_+, qui est markovienne par définition des quasi-processus. Nous allons vérifier d'abord que la mesure $\mathbb{Q}(b_T \in \bullet, W_T)$ (sur W_T) est la mesure de Kuznetsov associée à la mesure excessive

$$\eta_T(f) = \mu_T\Big(\int_0^\infty f \circ X_s\, ds\Big) .$$

Nous remarquons que $b_u = \varphi_u \circ \theta_u$ pour $u \geq \alpha$, où θ_u applique W dans Ω_+ (*cf.* (9.1)) et φ_u (*cf.* (12.1)) va en sens inverse. On a pour toute fonction $g \geq 0$ sur $\mathbb{R} \times \Omega_+$

$$\begin{aligned}\mathbb{Q}(g(T,\theta_T), W_T) &= \mu\Big(I_{W_T} \int_{\mathbb{R}} g(T-u,\theta_T)\,du\Big) = \mu\Big(I_{W_T} \int_{\mathbb{R}} g(-u,\theta_T)\,du\Big)\\ &= \lambda \otimes \mu_T(g) .\end{aligned}$$

Appliquons cela à une fonction $h \geq 0$ sur W, en prenant $g(u,\omega) = h(\varphi_u \omega)$; il vient

$$\mathbb{Q}(h(b_T), W_T) = \int_{\mathbb{R}} \mu_T(h(\varphi_u))\,du$$

et en comparant cela à (12.3) on obtient le résultat cherché.

Utilisons la suite décroissante $S_n \downarrow \alpha$ de t. d'a. stationnaires fournie par la propriété 3) des quasi-processus. Désignons par $\mathbb{Q}_n$ la mesure markovienne $\mathbb{Q}(b_{S_n} \in \cdot\,, W_{S_n})$. Comme les ensembles invariants négligeables sont les mêmes pour μ et pour $\mathbb{Q}$, on a aussi $S_n \downarrow \alpha$ $\mathbb{Q}$-p.s., et les "lois" sous $\mathbb{Q}_n$ des processus $(Y_{u+s})_{s \geq 0}$ sur $\{Y_u \in E\}$ vont en croissant, et tendent vers la "loi" correspondante sous $\mathbb{Q}$. Il en résulte que $\mathbb{Q}$ est la mesure de Kuznetsov (unique) de règle d'entrée η. Comme η a été supposée dissipative, il existe sous $\mathbb{Q}$ une v.a. stationnaire p.s. finie, et elle est aussi finie μ-p.s.. La mesure μ est alors déterminée sur la tribu invariante par la formule

$$\mu(A) = \mathbb{Q}(A\,, 0 < S \leq 1) ,$$

et cela prouve l'unicité de μ.

Lorsque η est purement excessive, potentiel d'une loi d'entrée m, on sait décrire d'après 12 c) la mesure de Palm de $\mathbb{Q}$ comme la mesure $\mathbb{P}^m$, sans restriction à la tribu des ensembles invariants. La notion de quasi-processus est donc d'un intérêt limité dans ce cas. Elle sert surtout à remplacer les représentations d'une mesure invariante (dissipative) comme limites de suites croissantes de potentiels, par une représentation globale comme "potentiel" d'un objet probabiliste.

26 REMARQUES. a) On peut préciser l'approximation du temps de naissance en utilisant des t. d'a. stationnaires qui sont en plus des *temps d'entrée dans des ensembles*. Pour faire comprendre le raisonnement, considérons d'abord l'approximation de β : nous avons vu en 19 que le processus (Y_u) passe sa vie dans un ensemble de la forme $\{0 < g < \infty\}$, où g est un potentiel Uk. La théorie des surmartingales entraîne que $\lim_{u \to \infty} g \circ Y_u = 0$ p.s., donc les temps de retour stationnaires

$$L_n = \sup\{u\; :\; g \circ Y_u > 1/n\}$$

sont p.s. finis et tendent en croissant vers β. Retournons alors le temps, en supposant pour simplifier que (P_t) admet un semi-groupe dual droit (on pourrait se débrouiller avec un dual modérément markovien, mais la situation serait moins familière). L'hypothèse de dissipativité du flot étant préservée par ratoiurnement du temps, il existe une fonction $k>0$ de copotentiel $g=\widehat{U}k$ tel que les temps d'entrée

$$S_n = \inf\{u : g \circ Y_{u-} > 1/n\}$$

soient finis et tendent en décroissant vers α.

b) Weil a utilisé les quasi-processus pour donner, dans certains cas, un calcul sans passage à la limite de la fonctionnelle de masse $L(\eta, h)$. Nous allons présenter cela d'après Fitzsimmons, sous une forme plus générale.

Considérons sur Ω une fonction $\mathcal{F}$-mesurable positive H possédant les propriétés $H([\partial])=0$ et

$$H \circ \theta_t \leq H \ , \qquad \lim_{t\downarrow 0} H \circ \theta_t = H \ . \tag{26.1}$$

La fonction $h=\mathbb{E}^\bullet[H]$ sur E est alors excessive, et on dit souvent que la v.a. H elle-même est *excessive*. L'exemple principal est celui où H est la v.a. A_∞ d'une FA, mais la v.a. $H=A_\infty^2$ joue aussi un rôle en théorie de l'énergie.

Comme d'habitude, il suffit d'exiger que (26.1) ait lieu sur un ensemble stable par translation et portant toutes les lois $\mathbb{P}^\mu$ — ou, pour ce qui nous intéresse ici, les lois $\mathbb{P}^\mu$ telles que $\mu U \leq \eta$.

Nous étendons la v.a. H à W par la formule

$$H(w) = \lim_{u\downarrow\downarrow\alpha} H(\theta_u w) = \sup_{\alpha<u<\beta} H \circ \theta_u \ . \tag{26.2}$$

Cette v.a. est alors invariante, et nous avons l'important résultat suivant (π désignant comme au n° précédent la "loi" du quasi-processus de potentiel η sur la tribu invariante)

$$\pi(H) = L(\eta, h) \ . \tag{26.3}$$

Considérons en effet une suite décroissante (S_n) de t. d'a. stationnaires tels que $S_n \downarrow\downarrow \alpha$; si l'on désigne par μ_n la "loi" de Y_{S_n} on a $\mu_n U \uparrow \eta$, et alors

$$\pi(H) = \lim_n \pi(H \circ \theta_{S_n}) = \lim_n \mathbb{E}^{\mu_n}[H] = \lim_n < \mu_n, h > = L(\eta, h) \ .$$

Noter que si $L(\eta,h)<\infty$ la v.a. invariante H est finie π-p.s., et donc aussi Q-p.s.

c) Une application fréquente de cette relation concerne le calcul des mesures de Revuz ou mesures caractéristiques de fonctionnelles additives. Nous discuterons plus en détail au n° 38 l'extension des FA à W. Il suffira de dire ici que si A est une FA (parfaite), les mesures $dA_{u-r}(\theta_r w)$ sur $]\, r, \infty\,[$ sont compatibles pour $r > \alpha(w)$, et se recollent lorsque $r \downarrow \alpha$ en une mesure sur $]\, \alpha, \infty\,[$ de masse totale $A_\infty(w)$ — l'extension à W de la v.a. excessive A_∞ sur Ω. En particulier, si la fonction $a=\mathbb{E}^\bullet[A_\infty]$ est telle que $L(\eta, a) < \infty$, cette masse totale est finie, et l'on peut définir sur W

$$A_u = 0 \quad \text{si } u \leq \alpha, \quad A_u = \int_\alpha^u dA_v \quad \text{si } u > \alpha.$$

Il est facile d'exprimer explicitement ce processus pour $u>\alpha$

$$A_u(w) = \lim_{r\downarrow\downarrow\alpha} A_{u-r}(\theta_r w) \ . \tag{26.4}$$

Toujours sous l'hypothèse $L(\eta, a) < \infty$, remplaçons la fonctionnelle A par $f \cdot A$ où f est borélienne positive et bornée sur E ; nous obtenons la *mesure caractéristique* ν_A

$$\nu_A(f) = L(\eta, U_A f) = \pi\Big(\int_{\mathbb{R}} f \circ Y_u \, dA_u \Big) . \tag{26.5}$$

Nous verrons au n° 32 que cela vaut aussi

$$\nu_A(f) = \mathbb{E}_Q \Big[\int \gamma(u) f(Y_u) \, dA_u \Big] \tag{26.6}$$

où γ est une fonction d'intégrale 1 sur $\mathbb{R}$ (d'habitude, l'indicatrice de $]0,1]$).

L'hypothèse $L(\eta, a) < \infty$ n'a servi qu'à faire l'extension à W sous la forme d'une FA ; si A est une FA finie sur $[0, \zeta[$, on peut toujours l'étendre en une mesure aléatoire homogène dA finie sur les compacts de $]\alpha, \beta[$, mais pouvant exploser en α. Pour cette extension, (26.5) et (26.6) restent valables sans supposer ν_A σ-finie.

Le cas des mesures de Revuz se traite de même, en remplaçant le processus (Y_u) par (Y_{u-}), lorsque le processus de Kuznetsov admet des limites à gauche.

d) Lorsque (P_t) est transient, on définit traditionnellement la *capacité* d'un ensemble borélien B relativement à une mesure excessive η comme le nombre $L(\eta, e_B)$, e_B désignant le potentiel d'équilibre $\mathbb{P}^\bullet\{T_B < \infty\}$. On peut interpréter cela comme la mesure de l'ensemble des trajectoires du quasi-processus de potentiel η qui rencontrent B. Compte tenu de l'interprétation de la loi du quasi-processus comme mesure de Palm, on peut enfin transcrire cette définition dans le langage des mesures de Kuznetsov. On trouvera un excellent exposé sur les capacités au §10 de Getoor [13], et on se reportera aussi aux travaux originaux, Fitzsimmons [3], Getoor [14], Getoor–Steffens [1] [2], Steffens [2].

Hélices d'un flot

27 Revenons à un flot général (σ_u). Nous appelons *hélice* du flot un processus croissant (fini, continu à droite) $(A_u)_{u \in \mathbb{R}}$ tel que l'on ait $A_0 = 0$ et

$$A_u + A_v \circ \sigma_u = A_{u+v} \tag{27.1}$$

identiquement en $u, v \in \mathbb{R}$, sur un ensemble stable par le flot et portant la mesure $\mathbb{Q}$. Dans le cas des flots filtrés, on doit distinguer les hélices *adaptées* et les hélices non nécessairement adaptées ou *brutes*, l'adaptation signifiant que pour $u < v$ l'*accroissement* $A_v - A_u$ est $\mathcal{G}_v$-mesurable. Cela revient à dire que *pour t positif* le processus (A_t) est adapté au sens usuel.

Les hélices correspondent, en théorie des flots, aux fonctionnelles additives de la théorie des processus de Markov. Les hélices non nécessairement croissantes, en particulier les hélices martingales, jouent un rôle important en théorie des flots filtrés (Lazaro–Meyer [1]).

Les hélices croissantes, purement discontinues et à sauts unité sont appelées *compteurs*. Etant donnée une v.a. stationnaire S, il existe un compteur à un seul saut (au plus) — appelé aussi *compteur simple* — admettant S comme unique instant de saut. La théorie des mesures de Palm des v.a. stationnaires entre de cette manière dans la théorie relative aux hélices, qui va être développée maintenant.

Il y a une bijection évidente entre les hélices A et les *mesures aléatoires homogènes* μ finies sur les intervalles bornés de $\mathbb{R}$, donnée par la formule

$$A_u = \mu(\,]0,u]\,) \quad \text{pour } u \geq 0, \quad = \mu(\,]-u,0]\,) \quad \text{pour } u < 0.$$

Lorsqu'on travaille sur les flots de Kuznetsov, on rencontre plus naturellement les mesures aléatoires homogènes μ portées par $]\alpha,\beta[$ (parfois $]\alpha,\infty[$), finies sur les compacts de cet intervalle mais pouvant "exploser au bord". Une telle mesure ne peut être décrite par une hélice nulle en 0. Cependant, nous avons vu en 24 que si le flot est dissipatif, il existe des v.a. stationnaires $S_n \downarrow\downarrow \alpha$, et par retournement du temps des v.a. stationnaires $T_n \uparrow\uparrow \beta$. Désignons par I_n l'indicatrice de $]S_n, T_n[$, considéré comme vide si $S_n \geq T_n$. Alors la mesure aléatoire homogène $I_n \cdot \mu$ tend en croissant vers μ, et peut être définie par une hélice finie. Cela permet d'étendre aux mesures aléatoires homogènes finies sur $]\alpha,\beta[$ presque tout ce que l'on établira pour les hélices.

28 Nous aurons besoin du lemme suivant, de nature technique. Il est évident dans le cas des compteurs simples (v.a. stationnaires) où l'on peut prendre $\psi = 1$.

THÉORÈME. *Soit A une hélice, et soit W_A l'ensemble invariant*

$$W_A = \{w \,:\, A_\bullet(w) \neq 0\} \quad ; \tag{28.1}$$

Il existe une fonction strictement positive ψ sur $\mathbb{R} \times W$ telle que

$$I_{W_A} = \int_{-\infty}^{+\infty} \psi(u,\cdot\,)\, dA_u(\cdot\,)\,. \tag{28.2}$$

DÉMONSTRATION. Soit D l'ensemble (aléatoire) $\{n \in \mathbb{Z} \,:\, A_n - A_{n-1} > 0\}$. Posons $g = \sum_{k\in D} 2^{-|k|}$, puis sur W_A

$$\psi(u,\cdot\,) = \sum_{n\in D} \frac{2^{-|n|}}{(A_n - A_{n-1})\,g}\, I_{]\,n-1,n]}(u)\,,$$

et sur $(W_A)^c$, $\psi(u,\cdot\,) = 1$ par exemple. Cette fonction satisfait à (28.2). □

REMARQUE. Supposons le flot dissipatif, et soit μ une mesure aléatoire homogène portée par $]\alpha,\beta[$ (ou $]\alpha,\infty[$), finie sur les compacts de cet intervalle (n° 27). Désignons par m le premier indice k (aléatoire) tel que I_k ne soit pas μ–négligeable. Soit A_n l'hélice associée à la mesure aléatoire homogène $I_{m+n} \cdot \mu$; l'ensemble W_{A_n} ne dépend pas de n, et on peut alors appliquer à A_n le lemme 28 pour construire une fonction ψ_n comme ci–dessus. Posant alors

$$\psi = 2^{-n} \sum\nolimits_n \psi_n I_{m+n}\,, \tag{28.3}$$

on voit que $\int \psi(u,\cdot\,)\,\mu(du)$ est l'indicatrice de l'ensemble $\{\mu(du,\cdot\,) \neq 0\}$.

Mesures de Palm d'hélices générales

Dans les n^{os} qui suivent, nous allons définir et étudier la notion de *mesure de Palm* π_A associée à une hélice (croissante) A (ou plus généralement, une mesure aléatoire homogène du type de 27–28). Cette notion vient de la théorie des files d'attente, où elle cherche à traduire l'idée intuitive de *probabilité conditionnelle d'un évènement, sachant qu'un compteur A* (non nécessairement stationnaire) *saute à l'instant t*. On essaie alors d'établir l'existence d'une limite du genre

$$\pi_{t,A}(f) = \lim_{\varepsilon \downarrow 0} \frac{1}{\varepsilon} \mathbb{E}\left[f\,;\, A_t > A_{t-\varepsilon} \right] .$$

Pour trouver ainsi une probabilité, il faut que le compteur soit convenablement normalisé, mais on se contente de l'existence de la limite ci-dessus, même si elle définit une mesure non bornée.

L'existence des mesures de Palm n'est pas du tout évidente. On dispose de résultats substantiels dans le cas des flots, qui va nous occuper maintenant, et où l'on ne restreint évidemment pas la généralité en prenant $t = 0$. Il est alors avantageux de prendre une définition des mesures de Palm n'utilisant pas de passage à la limite : celle de Mecke [1], qui s'étend d'ailleurs à des processus stationnaires indexés par un groupe localement compact autre que $\mathbb{R}$.

Dans le cas markovien avec mesure initiale excessive, la notion de mesure de Palm est très liée à celle de mesure de Revuz d'une fonctionnelle additive.

29 Nous avons déjà rencontré, à propos des noyaux potentiels de résolvantes, la classe des mesures qui, sans être nécessairement σ-finies, peuvent s'écrire comme somme d'une infinité dénombrable de mesures bornées. Dynkin leur a trouvé le nom de *mesures* Σ*-finies*, que nous utiliserons dans ce n° pour sa brièveté. On peut leur appliquer le théorème de Fubini sans précaution spéciale, et ce sera leur propriété essentielle dans les démonstrations ci-dessous. Nous commençons par un lemme très simple (Getoor [11]).

LEMME. *Soit μ une mesure Σ-finie sur $\mathbb{R} \times W$, invariante par les translations sur la première coordonnée. Il existe alors une mesure Σ-finie unique ν sur W telle que l'on ait $\mu = \lambda \otimes \nu$, λ désignant la mesure de Lebesgue. De plus, si μ est σ-finie il en est de même de ν.*

DÉMONSTRATION. S'il existe une telle mesure, elle est donnée par la formule suivante, où g est mesurable positive sur W, et γ borélienne positive sur $\mathbb{R}$, d'intégrale $\lambda(\gamma) = 1$

$$\nu(g) = \int \mu(ds, dw)\,\gamma(s)\,g(w) ,$$

d'où l'unicité. Inversement, fixons γ et définissons par cette formule une mesure ν sur W, évidemment Σ-finie. On a alors pour $f(s,w)$ mesurable positive

$$\begin{aligned} \mu(f) &= \int \lambda(dr) \int \mu(ds, dw)\,\gamma(s-r)\,f(s,w) \quad \text{(Fubini et } \lambda(\gamma)=1) \\ &= \int \lambda(dr) \int \mu(ds, dw)\,\gamma(s)\,f(s+r,w) \quad \text{(invariance par translation)} \\ &= \int \nu(dw) \int \lambda(dr)\,f(r,w) = \lambda \otimes \nu(f) \quad \text{(Fubini).} \end{aligned}$$

S'il existe $f>0$ et μ–intégrable, il existe au moins un r tel que $f(r,\cdot)$ soit ν–intégrable, donc ν est σ–finie.

30 Nous revenons aux flots, et considérons une hélice A sur W (l'extension aux mesures aléatoires homogènes de 27–28 est d'ailleurs immédiate). Voici le résultat principal de cette section; si A est un compteur simple, on retrouve (20.1).

THÉORÈME. *Soit* γ *une fonction positive d'intégrale* 1 *sur* $\mathbb{R}$. *La mesure positive sur* W

$$\pi_A(f) = \int \mathbf{Q}(dw) \int \gamma(r) f(\sigma_r w)\, dA_r(w) \tag{30.1}$$

est σ*–finie, ne dépend pas du choix de* γ, *et on a l'identité*

$$\int \mathbf{Q}(dw) \int h(r\,,\sigma_r w)\, dA_r(w) = \int h(r,w)\, dr\, \pi_A(dw) \tag{30.2}$$

On appelle π_A la mesure de Palm *de l'hélice* A.

DÉMONSTRATION. Nous définissons une mesure $\pi(dr,dw)$ sur $\mathbb{R}\times W$ par la formule

$$\int h(r,w)\,\pi(dr,dw) = \int \mathbf{Q}(dw) \int h(r\,,\sigma_r w)\, dA_r(w)\ . \tag{30.3}$$

La mesure $\mathbf{Q}$ étant σ–finie, il résulte aisément de 28 que π l'est aussi. Dans cette expression, faisons le changement de variable $w=\sigma_{-u}z$ qui préserve la mesure $\mathbf{Q}$; en utilisant la relation $dA_r(\sigma_{-u}z) = dA_{r-u}(z)$ on obtient

$$\pi(h) = \int \mathbf{Q}(dz) \int h(r+u, \sigma_r z)\, dA_r(z) = \pi(h(u+\cdot\,,\cdot))\ .$$

D'après le lemme 29, il existe une mesure σ–finie π_A et une seule, telle que l'on ait

$$\pi(h) = \int \mathbf{Q}(dw) \int h(r\,,\sigma_r w)\, dA_r(w) = \int \lambda(dr)\, \pi_A(dw)\, h(r,w)\ .$$

c'est à dire (30.1).

31 REMARQUES. a) La forme traditionnelle des mesures de Palm est donnée par (30.2), en prenant pour γ l'indicatrice de $]0,1]$. Dans la théorie de Mecke, où les flots sont indexés par un groupe localement compact arbitraire laissant invariante une mesure, un tel choix explicite est impossible. Il n'existe pas non plus d'*hélices* dans cette théorie — mais en fait, tout ce que nous avons dit pour les mesures de Palm d'hélices s'étend immédiatement aux *mesures aléatoires homogènes* $\alpha(w,du)$, sous la seule réserve de l'existence d'une fonction $\psi(u,w)>0$ telle que $\int \psi(u,w)\,\alpha(w,du) < \infty$ (pour les hélices, c'est le lemme 28).

Notons aussi la propriété évidente suivante (qui s'étend aux mesures aléatoires homogènes) : si deux hélices A et B sont liées par la relation $dB = \varphi\cdot dA$, où φ est une fonction invariante, alors on a aussi $\pi_B = \varphi\cdot\pi_A$.

b) On peut reconstruire la mesure $\mathbf{Q}$ sur l'ensemble invariant W_A, en utilisant la fonction ψ du n° 28 :

$$\mathbb{E}[\,f I_{W_A}\,] = \int f(\sigma_{-r}w)\,\psi(r,\sigma_{-r}w)\, dr\, \pi_A(dw) \qquad (f\geq 0) \tag{31.1}$$

(prendre dans (30.3) $h(r,w) = f(\sigma_{-r}w)\psi(r,\sigma_r w)$). On peut aussi changer r en $-r$ du côté droit de cette formule, en utilisant l'invariance par symétrie de la mesure de Lebesgue. Dans le cas d'une v.a. stationnaire S, on obtient simplement (ψ étant prise égale à 1)

$$\mathbb{E}[\, f I_{W_S}\,] = \int f(\sigma_r w)\, dr\, \pi_S(dw)\ . \tag{31.2}$$

c) (Cette remarque peut être omise sans inconvénient). Munissons $W' = \mathbb{R} \times W$ des opérateurs de translation

$$\sigma'_u(r,w) = (r-u\,,\ \sigma_u w)\ . \tag{31.3}$$

A toute hélice A et toute mesure μ sur W on associe une mesure sur W', notée $\mu \otimes A$, dont la valeur sur la fonction $f(r,w) \geq 0$ est donnée par

$$\int f(r,w)\, \mu{\otimes}A(dr,dw) = \int \mu(dw) \int f(r,w)\, dA_r(w)\ . \tag{31.4}$$

Si μ est σ–finie, il résulte aisément du lemme 28 que $\mu \otimes A$ l'est aussi. Le cas le plus intéressant est celui où $\mu = \mathbb{Q}$, invariante par le flot (σ_u) ; *alors* $\mathbb{Q}' = \mathbb{Q} \otimes A$ *est invariante par le flot* (σ'_u). En effet, si l'on remplace dans (31.4) f par $f \circ \sigma'_u$, l'intégrale intérieure du côté droit devient, en posant $z = \sigma_v w$ et en utilisant la relation $dA_r \circ \sigma_{-v} = dA_{r-v}$

$$\int f(r-v,\ \sigma_v w)\, dA_r(w) = \int f(r-v,\ z)\, dA_r(\sigma_{-v} z) = \int f(u,z)\, dA_u(z)\ . \tag{31.5}$$

Pour obtenir l'invariance de $\mathbb{Q}'$ il ne reste plus qu'à intégrer sur W, en remarquant que le changement de variable $w \longmapsto z = \sigma_v w$ préserve la mesure $\mathbb{Q}$.

Inversement, on peut montrer que si $\mathbb{Q}$ est σ–finie et la mesure $\mathbb{Q}{\otimes}A$ est invariante par le flot (σ'_u), alors $\mathbb{Q}$ est invariante par (σ_u) sur W_A. Voir *Sém. Prob. IX*, LN 465, p. 42. Noter aussi l'analogie entre la construction de $\mu \otimes A$ et l'une des constructions de h–processus, au n° XVI.33.

L'espace W' possède aussi une involution remarquable

$$J(r,w) = (-r\,,\ \sigma_r w)\ , \tag{31.6}$$

et $J\sigma'_u J$ se réduit à la translation suivant $\mathbb{R}$, $(r,w) \longmapsto (r{+}u,\ w)$. Alors l'invariance de $\mathbb{Q}'$ par le flot (σ'_u) signifie que $J(\mathbb{Q}')$ est invariante par translation — et en effet, cette mesure est égale à $\lambda \otimes \pi_A$.

d) Nous ne tenterons pas ici de justifier l'interprétation intuitive des mesures de Palm donnée au début de la section. Montrons cependant que la mesure de Palm d'un compteur A se comporte bien comme une “loi conditionnelle sachant que le compteur saute à l'instant 0”, en ce sens qu'elle est portée par l'ensemble des w tels que $A_\bullet(w)$ saute à l'instant 0. Plus généralement, *la mesure de Palm* π_A *d'une hélice* A *quelconque est portée par l'ensemble* H *des* w *tels que* $A_{-\varepsilon}(w) < 0$ *pour tout* $\varepsilon > 0$.

Pour voir cela, nous remarquons que si a désigne une fonction croissante et continue à droite sur $\mathbb{R}$, la mesure da est portée par l'ensemble C_a des *points de croissance à gauche de* a, c'est à dire des points u tels que $a(v) < a(u)$ pour tout $v < u$ (ce résultat élémentaire est laissé au lecteur). On voit alors d'après (30.2) que π_A est portée par l'ensemble des w tels que 0 soit point de croissance à gauche de $A_\bullet(w)$, c'est à dire H.

e) En particulier, on retrouve le fait que la mesure de Palm d'une v.a. stationnaire S est portée par l'ensemble $\{S=0\}$. Bien que les mesures de Palm soient fréquemment étrangères à $\mathbb{Q}$, elles ne chargent pas les *ensembles polaires* du flot, c'est à dire les ensembles K tels que le processus $(I_K \circ \sigma_u)$ soit $\mathbb{Q}$–évanescent.

Sur l'utilisation des mesures de Palm d'hélices en théorie des flots, on pourra consulter les articles de Benveniste [1] [2].

Une identité sur les mesures de Palm

32 Nous allons établir dans ce n° une remarquable identité sur les mesures de Palm, due à Neveu [6], mise en lumière par Fitzsimmons [3], et dont le n° 21 est un cas particulier.

THÉORÈME. *Soient A et B deux hélices. On a*

$$\pi_B\left(\int f(r\,,\sigma_r w)\,dA_r(w)\right)=\pi_A\left(\int f(-r,w)\,dB_r(w)\right). \tag{32.1}$$

DÉMONSTRATION. Nous calculons le côté gauche en utilisant (30.1)

$$\mathbb{E}\left[\int_0^1 dB_u\left(\int f(r,\sigma_r)\,dA_r\right)\circ\sigma_u\right]=\mathbb{E}\left[\int_0^1 dB_u\left(\int f(r,\sigma_{r+u})\,dA_{r+u}\right)\right]$$
$$=\mathbb{E}\left[\int_0^1 dB_u\left(\int f(v-u,\sigma_v)\,dA_v\right)\right]=\mathbb{E}\left[\int dA_v\int_0^1 dB_u\,f(v-u,\sigma_v)\right]$$
$$=\mathbb{E}\left[\int dA_v\,g(v,\sigma_v)\right]\quad\text{avec } g(r,w)=\textstyle\int_{-r}^{1-r} dB_u(w)\,f(-u,w)\,.$$

Utilisant alors (30.2), cela donne

$$\pi_A\left(\int g(r,w)\,dr\right)=\pi_A\left(\int f(-r,w)\,dB_r(w)\right).$$

L'identité est établie.

REMARQUE. (Peut être omise). Neveu énonce son résultat sous la forme suivante, avec les notations de la remarque 31 c), en particulier, l'involution $J(r,w)=(-r,\sigma_r w)$

$$J(\pi_B\otimes A)=\pi_A\otimes B\,. \tag{32.2}$$

Dans le cas où $A=B$, cela signifie que *la mesure $\pi_A\otimes A$ est invariante par l'involution J*, résultat dû à Mecke.

REMARQUES. a) Lorsque A et B sont les compteurs simples associés à des v.a. stationnaires S, T telles que $W_S=W_T$ (i.e. simultanément finies), l'identité de Neveu s'écrit

$$\pi_S=\sigma_S(\pi_T)\,, \tag{32.3}$$

pour toute fonction $f\geq 0$ sur W, ce qui entraîne en particulier l'égalité des deux mesures de Palm sur la tribu invariante, vue (de manière bien plus élémentaire) au n° 22. Pour établir (32.3), nous pouvons supposer que $W_S=W_T=W$. Nous écrivons (32.1) sous la forme

$\pi_T\,(f(S,\sigma_S) = \pi_S\,(f(-T,\cdot)$, et nous l'appliquons à une fonction dépendant seulement de la seconde variable.

b) Revenons à la formule (26.5), qui calcule la mesure caractéristique ν_A d'une fonctionnelle additive sous la forme

$$\nu_A(h) = \pi_S\,(\int_{\mathbb{R}} h\circ Y_u\,dA_u)\ ,$$

S désignant une v.a. stationnaire finie arbitraire. Appliquons (32.2) en prenant pour B le compteur simple associé à S. La fonction $f(r,w)$ de (32.2) ne dépend pas de r et vaut $h\circ Y_0(w)$, de sorte que le second membre vaut $\pi_A(h\circ Y_0)$. Autrement dit, *la mesure caractéristique ν_A est la "loi" de Y_0 sous la mesure de Palm π_A*. En explicitant celle–ci, on obtient (γ désignant une fonction positive d'intégrale 1 sur $\mathbb{R}$)

(32.4) $$\nu_A(f) = \mathbb{E}_{\mathbb{Q}}\,[\int j(u)\,f(Y_u)\,dA_u\,]\ .$$

§3. APPLICATIONS AUX PROCESSUS DE MARKOV

Le retournement du temps

Nous allons d'abord utiliser les flots de Kuznetsov stationnaires associés à un semi–groupe droit (P_t) sur E, pour donner une seconde démonstration (Dynkin [17]) du théorème XVIII.47 sur le retournement du temps, supposant l'existence d'un semi–groupe dual droit. Cette démonstration illustre un principe important : les processus de Markov des chapitres antérieurs apparaissent ici sous la forme, non des processus de Kuznetsov eux mêmes, mais des quasi–processus correspondants (mesures de Palm).

33 Sur l'espace W des trajectoires à naissance et mort aléatoires, à intervalle de vie ouvert, càdlàg sur leur intervalle de vie (avec les autres notations habituelles), nous construisons la mesure de Kuznetsov stationnaire $\mathbb{Q}$ associée à la mesure excessive η. Nous utilisons d'autre part l'espace Ω_+ des trajectoires ω définies sur $]\,0,\infty\,[$, à durée de vie >0, càdlàg. sur $]\,0,\zeta\,[$ — avec sa tribu $\mathcal{F}^\circ$, ses coordonnées X_t et ses opérateurs de translation θ_t.

Les instants de naissance α et de mort β sont des v.a. stationnaires pour le flot (σ_u). Nous ferons l'hypothèse que *toutes deux sont p.s. finies* : nous avons vu plus haut la signification de la condition $\alpha\in\mathbb{R}$: η est le potentiel d'une loi d'entrée m. La condition $\beta\in\mathbb{R}$ est entraînée par la précédente dès que la fonction 1 est purement excessive.

Le théorème de retournement va être la traduction de la remarque de 21 suivant laquelle *les mesures de Palm π_α et π_β induisent la même mesure sur la tribu invariante.* Pour interpréter cela, nous rappelons la description de π_α au n° 22 : sous cette mesure portée par $\{\alpha=0\}$, les v.a. invariantes $Y_{\alpha+t}$ $(t>0)$ forment un processus de Markov de "loi" $\mathbb{P}^m$, où m est une loi d'entrée pour (P_t), de potentiel η. Nous pouvons identifier l'ensemble $\{\alpha=0\}$ à Ω_+, le processus $(Y_{\alpha+t})$ se lisant comme le processus (X_t) des coordonnées.

De même, le n° 14 nous dit que la mesure $\mathbb{Q}$ s'interprète aussi, en inversant l'ordre sur $\mathbb{R}$, comme mesure de Kuznetsov pour le semi-groupe dual $(\widehat{P}_t)$. Il en résulte que sous π_β les v.a. invariantes $Y_{(\beta-t)-}$ $(t>0)$ forment un processus de Markov continu à droite de loi $\widehat{\mathbb{P}}^{\widehat{m}}$, la loi d'entrée $\widehat{m}$ pour $(\widehat{P}_t)$ étant aussi de potentiel η. Pour interpréter l'égalité $\pi_\alpha = \pi_\beta$ sur la tribu invariante, en termes des "lois" $\mathbb{P}^m$ et $\widehat{\mathbb{P}}^{\widehat{m}}$ sur Ω_+, on observe que l'opération qui fait passer du processus $(Y_{\alpha+t})$ au processus $(Y_{(\beta-t)-})$, lue sur Ω_+, devient l'opération de retournement à ζ. La mesure $\widehat{\mathbb{P}}^{\widehat{m}}$ est donc la retournée de $\mathbb{P}^m$, et la démonstration est achevée.

Par rapport au chapitre précédent, nous avons gagné de considérer une mesure η qui est le potentiel d'une loi d'entrée, et non plus d'une mesure. En revanche, nous avons dû supposer la durée de vie finie, alors que le théorème XVIII.47 s'applique directement à tous les temps de retour finis (nous donnons quelques indications sur ce point en 35 plus bas).

REMARQUE. Sans aucune hypothèse de finitude sur α et β, les mesures de Kuznetsov de règle d'entrée stationnaire η pour les deux semi-groupes sont images l'une de l'autre par $u \longmapsto -u$. D'autre part, si η est dissipative et S est une v.a. stationnaire p.s. finie pour le flot (σ_u), $-S$ est une v.a. stationnaire pour le flot (σ_{-u}), et les deux mesures de Palm sont images l'une de l'autre par la même application. Cela s'interprète comme un résultat général sur le retournement des quasi-processus (découvert par Hunt en temps discret).

Extension de divers types de v.a. et de processus

34 Nous avons déjà mentionné au n° 26 l'extension à W des FA définies sur Ω. Nous allons reprendre ces problèmes d'extension de manière plus systématique.

Le cas le plus simple est celui d'un *processus homogène* (H_t) sur Ω ou Ω_+, satisfaisant d'abord identiquement (voir le commentaire à la fin du n°) à la relation $H_{s+t} = H_s \circ \theta_t$. On peut alors définir sur W un processus homogène $(\widetilde{H}_u)$ sur $]\,\alpha, \infty\,[$ par la relation

$$\widetilde{H}_u(w) = H_{u-r}(\theta_r w) \quad \text{si } \alpha < r < u, \tag{34.1}$$

cette expression ne dépendant pas de r. Si le processus H est fermé en 0, on a simplement $\widetilde{H}_u = H_0 \circ \theta_u$ sur $\{\alpha < u\}$. La convention usuelle pour étendre $\widetilde{H}$ hors de l'intervalle $]\,\alpha, \infty\,[$ consiste à le prolonger par 0.

Un processus et son extension sont en général désignés par la même lettre, mais nous conserverons ici les ~ pour la clarté.

Les questions d'adaptation, bien que très faciles, méritent un peu de soin. L'extension d'un processus homogène adapté est encore adaptée à la filtration du passé $(\mathcal{G}_u)$ (continue à droite et augmentée). L'extension d'un processus homogène quelconque est *adaptée à la filtration décroissante des tribus du futur* $\widehat{\mathcal{G}}_u$. Cela se voit clairement dans le cas d'un processus homogène fermé, où H_0 est une fonctionnelle du processus $(X_t)_{t \geq 0}$, donc $\widetilde{H}_0$ une fonctionnelle de $(Y_u)_{u \geq 0}$; pour un processus homogène ouvert la filtration décroissante doit être rendue continue à gauche.

COMMENTAIRE. En pratique, il est nécessaire de "donner un peu de mou" en permettant des ensembles exceptionnels dans la définition de l'homogénéité (ou plus bas des temps de retour, temps terminaux, etc.). Supposons donc que l'homogénéité ait lieu identiquement, non sur Ω_+ entier mais sur un ensemble $\Omega_0 \subset \Omega_+$, universellement mesurable, stable par les opérateurs de translation θ_t et de meurtre k_t, et portant toutes les mesures $\mathbb{P}^x$ (ou parfois seulement $\mathbb{P}^\eta$). Sachant que pour tout u le processus $(Y_v)_{v \geq u}$ sur $\{Y_u \in E\}$ a pour loi $\mathbb{P}^\eta$, il est facile de voir que la mesure de Kuznetsov $\mathbb{Q}$ est portée par l'ensemble W_0 des w tels que $\theta_u w \in \Omega'$ pour tout $u > \alpha(w)$, et les raisonnements s'appliquent alors sur W_0 sans changement. L'ensemble W_0 est stable par les opérateurs σ_u, k_u et b_u (opérateurs d'oubli, n° 9).

35 L'extension précédente s'applique en particulier à un ensemble homogène $\mathbf{H}$, et entraîne celle du début et de la fin de $\mathbf{H}$; décrivons cela en termes de temps terminaux et de temps de retour, sans mentionner $\mathbf{H}$ lui–même.

Il y a de petites distinctions agaçantes entre temps terminaux et débuts d'ensembles homogènes : on aime bien travailler d'une part sur les temps terminaux $\leq \zeta$, et d'autre part sur les ensembles homogènes dans $]\,0,\zeta\,[$, dont le début est ou bien $<\zeta$ ou bien égal à $+\infty$. Nous ne proposons pas de remède universel.

Considérons sur Ω_+ ou Ω un temps de retour $L \leq \zeta$, satisfaisant identiquement (pour simplifier) à la propriété $L \circ \theta_t = (L-t)^+$. Sur W, il est facile de voir que $u + L \circ \theta_u$ est fonction croissante de u sur l'intervalle $]\,\alpha, \infty\,[$, d'où l'existence de la limite

$$\widetilde{L}(w) = \lim_{u \downarrow\downarrow \alpha} u + L(\theta_u w) \ , \tag{35.1}$$

qui est une v.a. stationnaire $\geq \alpha$. L'ensemble $\{\widetilde{L} > u\}$ se décompose en $\{\alpha > u\}$ et

$$\{\alpha \leq u \, , \, \widetilde{L} > u\} = \{\alpha \leq u \, , \, L \circ \theta_u > 0\}$$

d'où il résulte que $\widetilde{L}$ est un temps d'arrêt de la filtration naturelle (complétée) du processus retourné (Y_{-u}).

A partir de là, et si L est fini p.s., il est facile de généraliser le raisonnement de retournement fait en 33, en remplaçant partout β par $\widetilde{L}$.

Plus généralement, ce procédé conduit à une extension stationnaire $\widetilde{S}$ de toute v.a. positive $S \leq \zeta$ sur Ω_+ possédant les propriétés

$$S \leq t + S \circ \theta_t \ , \ \lim_{t \downarrow 0} S \circ \theta_t = S \ .$$

Par exemple, un temps terminal parfait exact R possède les propriétés $R \circ \theta_t = R - t$ sur $\{t < R\}$ et $R = \lim_{t \to 0} R \circ \theta_t$, auxquelles on ajoute la condition $R \leq \zeta$ et la propriété de temps d'arrêt (qui n'intervient pas dans le problème d'extension). L'extension $\widetilde{R}$ de R à W est alors une v.a. stationnaire. Si R est le début d'un ensemble homogène $\mathbf{H}$, $\widetilde{R}$ est le début de $\widetilde{\mathbf{H}}$.

36 Nous allons appliquer ce qui précède en exposant rapidement la dualité des temps terminaux, d'après Mitro [2]. Nous supposons que le semi-groupe (P_t) admet un semi-groupe dual droit $(\widehat{P}_t)$, et ajoutons implicitement aux définitions de W, Ω l'existence de limites à gauche dans E, sur l'intervalle de vie ouvert.

Considérons un fermé aléatoire $\mathbf{M} \subset]\,\alpha,\beta\,[$ sur W, homogène (identiquement) et adapté à la famille $(\mathcal{G}^*_{u+})$; comme au n° 12, nous définissons une application φ de Ω ou Ω_+ (privé de ∂) dans W par

(36.1) $$Y_u(\varphi(\omega)) = X_u(\omega) \quad \text{si } u>0\,,\ = \partial \text{ sinon.}$$

et nous définissons de même $\widehat{\varphi}$ par

(36.2) $$Y_u(\widehat{\varphi}(\omega)) = X_{(-u)-}(\omega) \quad \text{si } u<0\,,\ = \partial \text{ sinon.}$$

Posons aussi

$$R(\omega) = \zeta(\omega) \wedge \inf\{t>0\ :\ t \in \mathbf{M}(\varphi(\omega)\,)\}$$

et de même

$$\widehat{R}(\omega) = \zeta(\omega) \wedge \inf\{t>0\ :\ -t \in \mathbf{M}(\widehat{\varphi}(\omega))\}$$

Alors on vérifie que R et $\widehat{R}$ sont des temps terminaux parfaits exacts. Soient f et g deux fonctions positives sur E. On a en conditionnant vers l'arrière

$$\mathbb{E}_{\mathbf{Q}}[\,f\circ Y_0\, g\circ Y_t\,,\ t<R\,] \;=\; <f, Q_t g>_\eta$$

où (Q_t) est le semi-groupe subordonné à (P_t) associé au temps terminal R. Nous remplaçons la condition $t<R$ par $]\,0,t\,]\cap \mathbf{M}=\emptyset$, et remarquons que

$$\mathbf{Q}\{\,]\,0,t]\,\cap \mathbf{M}=\emptyset\,,\ \{0\}\cap\mathbf{M}\neq\emptyset\,\} = 0$$

car G est à coupes dénombrables, et 0 ne lui appartient p.s. pas (stationnarité). Décalons le tout de $-t$, ce qui nous donne

$$\mathbb{E}_{\mathbf{Q}}[\,f\circ Y_{-t}\, g\circ Y_0\,,\ [-t,0]\,\cap \mathbf{M}=\emptyset\,]\ .$$

On retourne le temps et on procède comme ci-dessus, pour écrire cette espérance $<\widehat{Q}_t f, g>_\eta$, où cette fois $(\widehat{Q}_t)$ est le semi-groupe subordonné à $(\widehat{P}_t)$ associé à $\widehat{R}$. L'égalité ainsi obtenue exprime que *les semi-groupes* (Q_t) *et* $(\widehat{Q}_t)$ *sont en dualité par rapport à* η.

Pour obtenir un théorème maniable, il ne faut pas considérer M comme donné, mais indiquer un chemin partant de R et aboutissant à $\widehat{R}$. Pour cela, on utilise le fait que tout temps terminal R est le début de l'ensemble $\mathbf{D}$ des valeurs de $D_t = t + R\circ\theta_t$, t parcourant $\mathbb{R}_+$ (ensemble fermé à droite, que l'on peut fermer si on le désire). L'extension $\underline{\mathbf{D}}$ de $\mathbf{D}$ à W est (l'adhérence de) l'ensemble des valeurs de $u + R\circ\theta_u$ pour $u>\alpha$, et on lui applique alors la construction précédente. A noter l'expression de $\widehat{R}$

(36.3) $$\widehat{R}(\omega) = \sup_{t<\zeta(\omega)}\ t - R(\rho_t\omega)\ ,$$

où $\rho_t\omega$ est la trajectoire retournée à $t<\zeta(\omega)$,

(36.4) $$X_s(\rho_t\omega) = X_{(t-s)-}(\omega) \quad \text{si } 0\le s<t\,,\ = \partial \text{ sinon}$$

Nous complétons cette définition en convenant que pour $0<t=\zeta$ $\rho_t\omega$ est une trajectoire définie de manière analogue, mais ouverte en 0, et que pour $t>\zeta$ on a $\rho_t\omega = [\partial]$.

37 On peut traiter de manière semblable le cas d'une FM (exacte) (M_t) donnée sur Ω. Nous nous trouvons ici devant deux problèmes liés, celui de l'extension de la fonctionnelle à W et celui de la construction de la fonctionnelle duale. Nous ne donnerons pas tous les détails, car la démonstration est simple en substance, mais exige beaucoup de minutie.

Une étape préliminaire consiste à construire sur Ω une bonne version de la fonctionnelle. Cela a été fait en XV.8–10, mais le résultat qui y explicitement énoncé ne répond pas tout à fait à nos besoins. Voici comment il faut le modifier légèrement. On part d'une version préliminaire (M_t°) comme en XV.10, satisfaisant aux conditions banales (trajectoires continues à droite, décroissantes, arrêtées à $\zeta-$; condition $M_\bullet^\circ(\,[\partial]\,)=1$) et surtout *adaptée à la filtration* $(\mathcal{F}_{t+}^\circ)$ *engendrée, sans complétion, par le processus* X *à valeurs dans* $(E,\mathcal{E})$. Il en résulte que les v.a. M_t° sont universellement mesurables, et que l'on a

$$(37.1)\qquad M_t^\circ = M_t^\circ\circ k_u \quad\text{pour } t<u \quad\text{et}\quad M_{t-}^\circ = M_{t-}^\circ\circ k_t \text{ pour } t>0\ .$$

On reprend alors le procédé de régularisation de Walsh (XV.8) : pour $t>0$

$$M_t = \operatorname{limsupess}_{s\to 0} M_{t-s}^\circ\circ\theta_s\ ,$$

et on établit les propriétés supplémentaires suivantes : M_t est universellement mesurable sur Ω ; les ensembles U et V de XV.(8.5), XV.(8.6) sont universellement mesurables, et *stables par les opérateurs de meurtre* k_t, de telle sorte que l'ensemble V, sur lequel M satisfait à l'identité multiplicative, est stable par translation et meurtre, et que (M_t) satisfait encore à (37.1).

On trouvera les détails de démonstration dans le *Sém. Prob. VIII*, p. 183–184. D'autre part, l'ensemble de la question est admirablement présenté en appendice dans Getoor [13].

Comme V est universellement mesurable, stable par translation et meurtre, et porte toutes les lois $\mathbb{P}^\mu$, on peut lui faire jouer le rôle de Ω et oublier dans la suite tous les ensembles exceptionnels.

Nous passons à la construction de la fonctionnelle duale. Selon une idée de Walsh [8], on définit pour $0<t<\zeta(\omega)$

$$(37.2)\qquad \widehat{M}_{t-}(\omega) = M_{t-}(\theta_{-t}\widehat{\varphi}(\omega))\ ,$$

ou, si l'on préfère, $M_{t-}(\rho_t(\omega))$. Il est facile de voir que ceci est une fonction décroissante de t : plus précisément, si $0<s<t<\zeta$ on a

$$(37.3)\qquad \widehat{M}_{t-}(\omega) = \widehat{M}_{s-}(\omega)\,M_{t-s}(\theta_{-t}\widehat{\varphi}(\omega))$$

et le facteur de droite est ≤ 1. Il en résulte d'abord que l'on peut prolonger $\widehat{M}_{t-}$ jusqu'en $t=\zeta$ (puis au delà par arrêt, et ensuite que l'on peut définir $\widehat{M}_t$ sur $\mathbb{R}_+$ en prenant une limite à droite. On vérifie que $\widehat{M}_{t-}=\widehat{M}_{t-}\circ k_t$ (adaptation), puis à partir de (37.3) l'identité multiplicative. On a donc construit une nouvelle FM (exacte) sur Ω par retournement du temps.

On introduit alors comme au n° précédent les semi–groupes (Q_t) et $(\widehat{Q}_t)$ subordonnés respectivement à (P_t) et $(\widehat{P}_t)$, et on écrit

$$< f, Q_t g >_\eta = \mathbb{E}_{\mathbf{Q}}\,[\, f \circ Y_0 \, g \circ Y_t \, M_t \circ \theta_0 \,]$$

avec un $t < \zeta \circ \theta_0$ implicite, dû à la nullité de g au point ∂. Nous remplaçons Y_0, Y_t par des limites à gauche grâce à l'absence de discontinuités fixes, et nous choisissons t de telle sorte que l'on ait

$$M_t = M_{t-} \quad \mathbb{P}^\eta - p.s. \quad \text{et} \quad \widehat{M}_t = \widehat{M}_{t-} \quad \widehat{\mathbb{P}}^\eta - p.s. \,.$$

Retournons le temps dans le processus de Kuznetsov, et utilisons (37.2) pour écrire cela $\mathbb{E}_{\mathbf{Q}}\,[\, f \circ Y_{(-t)-} \, g \circ Y_{0-} \, \widehat{M}_{t-} \circ \widehat{\theta}_0 \,]$ où $\widehat{\theta}_0(w)$ est la trajectoire $(Y_{(-t)-}(w))_{t \geq 0} \in \Omega$. Utilisant alors la propriété de Markov du retourné, cette espérance vaut $< \widehat{Q}_t f, g >_\eta$, et nous voyons que les semi–groupes (Q_t) et $(\widehat{Q}_t)$ sont en dualité par rapport à η.

Dernière question à étudier à propos des FM, celle de l'extension à W. On pose d'abord pour $u > \alpha$

$$\text{(37.4)} \qquad \widetilde{M}_u = \lim\nolimits_{v \downarrow\downarrow \alpha} M_{u-v} \circ \theta_v \;,$$

puis $\widetilde{M}_\alpha = \lim_{u \downarrow \alpha} M_u$; l'existence d'un $u > \alpha$ tel que $\widetilde{M}_u \neq 0$ entraîne que $\widetilde{M}_\alpha = 1$, et dans le cas contraire on a $\widetilde{M}_\alpha = 0$. On peut convenir que $M_u = 1$ pour $u < \alpha$. Le lecteur vérifiera que l'on a pour $\omega \in \Omega$ $\widetilde{M}_t(\varphi(\omega)) = M_t(\omega)$, que la multiplicativité a lieu sous la forme $\widetilde{M}_{u+t} = \widetilde{M}_u M_t \circ \theta_u$, et il examinera l'extension à W des propriétés de continuité à droite et d'adaptation. Noter en particulier que la fonctionnelle a été étendue à $\Omega_+ = \{\alpha = 0\}$.

On peut remarquer que la FM est complètement déterminée par la connaissance de la v.a. invariante M_β sur W ; on a en effet $M_{u-} = M_\beta \circ k_u$ pour $\alpha < u < \beta$.

38 Nous passons maintenant à l'extension des fonctionnelles additives, dont il a déjà été parlé au n° 26 de manière assez rapide.

Considérons une fonctionnelle additive brute A sur Ω, ou plus généralement une mesure aléatoire homogène μ. Nous supposons pour simplifier que l'homogénéité a lieu sans ensemble exceptionnel. Nous avons vu au n° 26 qu'il existe une mesure aléatoire et une seule sur l'intervalle $]\,\alpha, \infty\,[$ (notée ici $d\widetilde{A}$ ou $\widetilde{\mu}$) telle que, pour $\alpha(w) < u$, la mesure induite par $\widetilde{\mu}(w)$ sur $]\,u, \infty\,[$ et la mesure induite par $\mu(\theta_u w)$ sur $]\,0, \infty\,[$ se correspondent par translation. Nous avons vu aussi que la masse totale de l'extension $d\widetilde{A}$ est égale à $L(\eta, a)$, où a désigne la fonction $\mathbb{E}^\bullet\,[A_\infty]$ sur E.

Supposons que A admette une projection duale optionnelle B (on aurait une discussion semblable en remplaçant "optionnel" par "prévisible"; nous la laissons au lecteur), et que la mesure η soit dissipative. Alors pour tout processus optionnel $Z \geq 0$ sur W on a encore

$$\text{(38.1)} \qquad \mathbb{E}_{\mathbf{Q}}\,[\int_{\mathbb{R}} Z_s \, d\widetilde{A}_s\,] = \mathbb{E}_{\mathbf{Q}}\,[\int_{\mathbb{R}} Z_s \, d\widetilde{B}_s\,] \;.$$

En effet, nous savons d'après 19 qu'il existe des t. d'a. stationnaires S_n tels que $S_n \downarrow\downarrow \alpha$ (en particulier, $S_n > -\infty$). On établit alors (38.1) en appliquant l'opérateur θ_{S_n} pour se ramener à Ω, et en faisant tendre n vers l'infini.

Dans la théorie usuelle des processus de Markov (situation du chapitre XVIII), on permet parfois aux mesures aléatoires de charger le graphe de ζ, et leur extension charge alors celui de β alors qu'on lui interdit par construction de charger celui de α. Nous n'avons pas l'intention de lever cette dissymétrie un peu gênante, mais voir Fitzsimmons [6].

39 Nous allons étudier sommairement le comportement des FA lors du retournement du temps, sans vraiment approfondir ce sujet, qui a fait l'objet de plusieurs articles (Getoor [21], Sharpe [3], Mitro [2], Atkinson–Mitro [1]).

Nous laissons de côté dans ce livre le thème voisin de la dualité des systèmes de sortie, et du retournement du temps pour les excursions (Getoor–Sharpe [8], Fitzsimmons [7], Mitro [5], Kaspi [4]).

Supposons que la FA (A_t) soit adaptée; e^{-A} est alors une FM à laquelle on peut appliquer 37, et on sait alors (après avoir choisi une bonne version de A) lui associer une FA $\widehat{A}$, par la formule $\widehat{A}_{t-}(\omega)=A_{t-}(\theta_{-t}\widehat{\varphi}(\omega))$. On remarque alors que *les extensions de dA et de $\widehat{A}$ à W se correspondent simplement par changement de u en $-u$.*

Les mesures de Palm de dA et $d\widehat{A}$ sont elles aussi images l'une de l'autre par $u \longmapsto -u$. La forme analytique de la dualité des FA consiste à dire formellement que A et $\widehat{A}$ ont même mesure de Revuz. Plus exactement, sous dualité, la mesure caractéristique de l'une est la mesure de Revuz de l'autre.

Application au théorème de Revuz

40 Considérons d'abord une FA (adaptée) sur Ω portée par $]0,\zeta[$, et que nous étendons à W sans changement de notation. Supposons que le processus $A_u = \int_{-\infty}^u dA_r$ soit à valeurs finies, une condition suffisante pour cela étant que $L(\eta,a)<\infty$, où a est le potentiel $\mathbb{E}^\bullet[A_\infty]$. L'homogénéité de la mesure dA_u entraîne $A_u \circ \sigma_r = A_{u+r}$, et la mesure sur E

$$\eta_A(f) = \mathbb{E}_{\mathbb{Q}}[A_u\, f\circ Y_u] \qquad (f \geq 0) \tag{40.1}$$

ne dépend donc pas de u. Nous avons en utilisant d'abord l'adaptation et le fait que dA est portée par $]\alpha,\beta[$, puis la propriété fondamentale (30.3) des mesures de Palm

$$\begin{aligned}\eta_A(f) &= \mathbb{E}_{\mathbb{Q}}[f\circ Y_u \int_{-\infty}^u dA_r] = \mathbb{E}_{\mathbb{Q}}[\int_{-\infty}^u \mathbb{E}[f\circ Y_u\,|\,\mathcal{G}_r]\, I_{\{Y_r\in E\}}\, dA_r] \\ &= \mathbb{E}_{\mathbb{Q}}[\int_{-\infty}^u P_{u-r}(Y_r,f)\, dA_r] = \pi_A(\int_0^\infty P_t(Y_0,f)\, dt) \\ &= \nu_A(Uf) = \nu_A U(f)\,.\end{aligned}$$

où ν_A est l'image de la mesure de Palm π_A par la v.a. Y_0, c'est à dire la mesure caractéristique de A d'après (32.4). L'égalité en fin de première ligne demande quelque attention, car nous appliquons le théorème VI.57, établi pour un processus croissant intégrable et une mesure bornée; mais comme ce résultat ne repose que sur l'adaptation et non sur l'homogénéité, il est facile de lever ces scrupules d'intégrabilité.

Supposons maintenant que le semi-groupe (P_t) admette un semi-groupe dual droit, et calculons $\eta_A(f)$, en prenant $u=0$, en insérant $I_{\{Y_0\in E\}}$ du côté droit de (40.1) (car f est nulle au point ∂), et en conditionnant par rapport à la tribu du futur en 0, grâce à la propriété markovienne du retourné. Il vient

$$\mathbb{E}_{\mathbf{Q}}\,[\,A_0\,f\circ Y_0\,] = \mathbb{E}_{\mathbf{Q}}\,[\,(A_0 - A_\alpha)\,f\circ Y_0\,] = \mathbb{E}_{\mathbf{Q}}\,[\,(f\widehat{a})\circ Y_0\,] = \eta(f\widehat{a})$$

où $\widehat{a}$ est la fonction coexcessive $\widehat{\mathbb{E}}^{\bullet}\,[\,A_\infty\,]$. Cela veut dire que $\nu_A\,U = \widehat{a}\cdot\eta$, ce qui est le théorème de Revuz vu sous forme duale. Pour une FA prévisible, on aurait un raisonnement analogue en utilisant après (40.1) la version continue à gauche de la martingale.

Réduites de mesures excessives

41 Les réduites de mesures excessives, communément appelées balayées, ont été rapidement définies au n° 23. Nous allons les étudier de manière un peu plus détaillée. Nous traiterons seulement ici le cas d'une mesure excessive *dissipative* (pour l'étude des mesures excessives quelconques, qui utilise un passage à la limite à partir des mesures p–excessives avec $p>0$, on consultera le chapitre 4 de la monographie de Getoor [13]). La propriété 24 c) nous permet alors de nous ramener au cas d'un semi–groupe transient.

Nous commençons par rappeler la théorie classique (due à Hunt). Soit $T \leq \zeta$ un temps terminal exact, et soit d'abord η une mesure excessive de la forme λU, de sorte que pour $f \geq 0$ on a $\eta(f) = \mathbb{E}^{\lambda}\,[\,\int_0^\infty f\circ X_s\,ds\,]$. La *réduite ηR_T de η suivant T* se définit par

$$(41.1) \qquad <\eta R_T\,,\,f> = \mathbb{E}^{\lambda}\,[\,\int_T^\infty f\circ X_s\,ds\,]\ .$$

Comme d'habitude, on évitera d'interpréter l'opérateur R_T comme un noyau. Compte tenu de la relation

$$P_T U f = \mathbb{E}^{\bullet}\,[\,\int_T^\infty f\circ X_s\,ds\,]\ ,$$

le côté droit de (41.1) peut s'écrire aussi sous la forme $<\lambda, P_T U_f>$. Ainsi,

$$(41.2) \qquad \text{si } \eta = \lambda U\text{, on a } \eta R_T = (\lambda P_T)U$$

ce qui prouve que ηR_T est alors excessive majorée par η.

Le semi–groupe étant transient, la relation $\alpha U \leq \beta U$ entraîne $\alpha(h) \leq \beta(h)$ pour toute fonction excessive h. Prenant $h = P_T U f$, on voit que l'inégalité $\alpha U \leq \beta U$ entraîne $\alpha U R_T \leq \beta U R_T$. Cela permet de définir ηR_T pour une mesure excessive η quelconque, par la formule

$$(41.3) \qquad \eta R_T = \sup_{\lambda U \leq \eta} (\lambda U) R_T\ .$$

Lorsque $\eta = \lambda U$, on a en utilisant la fonctionnelle de masse

$$L(\eta R_T, Uf) = L((\lambda P_T)U, Uf) = <\lambda P_T, Uf> = L(\eta, P_T U f)\ .$$

Par passage à la limite croissant, cela s'étend à toute mesure excessive η, puis on a de même pour toute fonction excessive h

$$(41.4) \qquad L(\eta R_T, h) = L(\eta, P_T h)\ .$$

L'opération R_T possède une autre ressemblance avec la réduction des fonctions excessives. Désignons par F l'ensemble $\{x : \mathbb{P}^x\{T=0\}=1\}$ des points réguliers pour le temps terminal T, et soit $f \geq 0$, nulle hors de F. Nous avons alors $P_T U f = U f$, donc

$$<(\lambda U)R_T, f> = <\lambda, P_T U f> = <\lambda, Uf> = <\lambda U, f> .$$

Cela signifie que les mesures $(\lambda U)R_T$ et λU sont égales sur F, et cette propriété s'étend aux mesures excessives quelconques par passage à la limite croissant.

Ce résultat ne présente pas d'intérêt lorsque F est de potentiel nul, contrairement au cas des réduites de fonctions.

Une dernière remarque : on a

$$((\lambda U)R_T)R_T = (\lambda P_T U)R_T = (\lambda P_T P_T)U$$

donc si l'opérateur P_T est idempotent on a $((\lambda U)R_T)R_T = (\lambda U)R_T$, et cela s'étend à toutes les mesures excessives par passage à la limite croissant.

REMARQUE. Supposons que le processus X admette des limites à gauche, et que (P_t) ait un semi-groupe dual droit $(\widehat{P}_t)$. Nous prenons pour T le temps terminal parfait exact suivant, où A est un ensemble presque borélien

$$T = \inf\{t > 0 : X_t \in A \text{ ou } X_{t-} \in A\} .$$

L'opérateur P_T correspond sur les fonctions excessives à la *réduite extérieure* P_A° (XVIII.60). La mesure excessive λU admet pour densité le copotentiel $\widehat{U}\lambda$, et la formule de dualité de Hunt (XVIII.60–61) nous dit que $\widehat{P}_A^{\circ}\widehat{U}\lambda = \widehat{U}(\lambda P_A^{\circ})$. Nous avons par (41.2)

$$<(\lambda U)R_T, f> = <\lambda P_T U, f> = <\widehat{U}(\lambda P_A^{\circ}), f>_\eta = <\widehat{P}_A^{\circ}\widehat{U}\lambda, f>_\eta .$$

La densité de $(\lambda U)R_T$ est donc la (co)réduite extérieure de la densité de λU, ce qui justifie le langage, surtout si l'on se rappelle que pour les processus de Hunt les réduites extérieures sont les mêmes que les réduites ordinaires.

On peut aussi se demander si la réduite d'une mesure excessive η sur un ensemble A au sens de la théorie du potentiel, c'est à dire l'enveloppe inférieure des mesures excessives majorant η sur A, entre dans le schéma précédent. Fitzsimmons [4] montre qu'il en est bien ainsi, le temps terminal T étant le *temps de pénétration dans* A, c'est à dire la borne inférieure des t tels que $\int_0^t I_A(X_s)\,ds > 0$.

42 Nous allons maintenant relier cette notion aux mesures η_S de (23.1), dont la définition utilise les mesures de Kuznetsov. Pour cela, nous utilisons le n° 35 pour associer à tout temps terminal exact T un temps d'arrêt stationnaire, sans changer de notation

$$T(w) = \lim_{u \downarrow\downarrow \alpha(w)} u + T(\theta_u w) . \tag{42.1}$$

On a alors le résultat suivant :

THÉORÈME. *Soit (Y'_u) le processus de Markov à naissance aléatoire stationnaire*

$$Y'_u = Y_u \text{ si } T < u, \ = \partial \text{ sinon.}$$

Alors la mesure excessive associée η_T (n° 23) est la réduite ηR_T de η suivant T.

On notera que la mesure η_S est définie en 23 pour toute v.a. stationnaire S, tandis que l'énoncé ne concerne que les temps terminaux. Les deux classes ne coïncident pas : les v.a. stationnaires sont stables par $\wedge$ et $\vee$, les temps terminaux par $\wedge$ seulement.

DÉMONSTRATION. La formule (20.3), avec $B =]-\infty, 0[$, donne pour $f \geq 0$ sur E

$$< \eta_T , f > = \pi_T (\int_0^{+\infty} f \circ Y_u \, du) = \pi_T (\int_T^{+\infty} f \circ Y_u \, du)$$

car la mesure de Palm π_T est portée par $\{T = 0\}$ (n° 20, c)). Ceci est l'intégrale de la v.a. invariante $I_{\{T \in \mathbb{R}\}} \int_T^{\infty} f \circ Y_u \, du$ pour la mesure de Palm π_T, que l'on peut remplacer d'après 21 par la mesure de Palm π d'une v.a. stationnaire p.s. finie S (la loi du quasi–processus de potentiel η). Il vient donc

$$< \eta_T , f > = \pi (\int_T^{\infty} f \circ Y_u \, du \, ; \, -\infty < T) \tag{42.2}$$

Si η est purement excessive, on peut prendre $S = \alpha$ et η est le potentiel d'une loi d'entrée $m = (\mu_t)$, donc le côté droit s'écrit d'après 22

$$\mathbb{E}^m [\int_T^{\infty} f \circ X_s \, ds] = \lim_{t \downarrow 0} < \mu_t , P_T U f > = < \eta R_T , f > .$$

Lorsque η est seulement dissipative, on procède de la manière suivante : on approche α par une suite décroissante S_n de t. d'.a. intrinsèques $S_n > -\infty$ (24), et on applique le résultat précédent aux processus de Kuznetsov (Y_u^n) obtenus par oubli jusqu'à l'instant S_n (opérateur b_{S_n}). Désignant par η^n la mesure correspondante sur E, qui est purement excessive puisque l'instant de naissance est $> -\infty$, nous avons que $\eta_T^n = \eta^n R_T$. Lorsque $n \to \infty$ le côté droit tend en croissant vers η_T, et le côté gauche vers η_T.

On trouvera chez Getoor [13] une interprétation de l'énoncé, et une démonstration, qui s'appliquent à toutes les mesures excessives, dissipatives ou non.

Décompositions de dernière sortie

Cette section doit être lue après celle qui porte le même titre au chapitre suivant, n° 62, dont nous reprenons les notations. Nous nous proposons ici d'utiliser les mesures de Kuznetsov pour définir la *décomposition de dernière sortie d'une mesure excessive* η par rapport à un fermé aléatoire homogène M.

43 En guise d'introduction, considérons le cas particulier où η est un potentiel μU. Nous partons de la décomposition de dernière sortie XX.(62.4) de la résolvante (U_p)

$$U_p - V_p = P_R^p U_p = U_\Lambda^p (m I + \widehat{V}_p) .$$

Nous faisons $p = 0$, et nous intégrons par rapport à μ. La mesure $\mu P_R U$ est la mesure excessive réduite de η au sens de 23 et 41 ; nous la noterons η_R (la notation ηR_T de 23 étant interdite lorsque T s'appelle R !). Nous obtenons donc

$$\eta_R = \mu U_\Lambda (m I + \widehat{V}) ,$$

et μU_Λ est la "mesure caractéristique" de Λ par rapport à η. On pourrait étendre cette formule à une mesure η dissipative, mais nous allons plutôt en donner, au moyen du processus de Kuznetsov associé à η, une interprétation qui rend inutile la distinction entre mesures dissipatives et conservatives.

44 Nous prolongeons à W, à la manière du n° 34, l'ensemble aléatoire homogène $\mathbf{M}$ et son temps local optionnel Λ. On continue à avoir la relation fondamentale

$$\mathbb{E}_{\mathbf{Q}}\left[\sum_{g\in\mathbf{G}} Z_g(1-e^{-R_g})\right] = \mathbb{E}_{\mathbf{Q}}\left[\int_{\mathbb{R}} Z_s\,d\Lambda_s\right]$$

pour tout processus positif $\mathcal{G}$-optionnel (Z_t). L'intervalle d'intégration est en fait réduit à $]\,\alpha,\beta]$, qui porte la mesure $d\Lambda$.

La formule de sortie conserve sa forme habituelle, pour toute fonction $f\geq 0$ sur $\mathbb{R}\times\Omega$ et tout processus (Z_u) optionnel et positif

$$(44.1)\qquad \mathbb{E}_{\mathbf{Q}}\left[\sum_{g\in\mathbf{G}} Z_g f(g,\theta_g)\right] = \mathbb{E}_{\mathbf{Q}}\left[\int_{]\,\alpha,\infty\,[} Z_s\,\widehat{\mathbb{E}}^{Y_s}\left[f(s,\cdot)\right] d\Lambda_s\right].$$

Voici l'identité principale qui relie le processus de Kuznetsov de règle d'entrée η et le système de sortie.

THÉORÈME. *Soient π la mesure de Palm de Λ et ρ la distribution de Y_0 sous π (i.e. la mesure caractéristique de Λ d'après (32.4)). On a pour tout $r\in\mathbb{R}$ et toute fonction positive h sur $\mathbb{R}\times\Omega$*

$$(44.2)\qquad \mathbb{E}_{\mathbf{Q}}\left[h(A_r,\theta_{G_r})I_{\{-\infty<G_r<r\}}\right] = \int \rho(dx)\,\widehat{\mathbb{E}}^x\left[\int_0^R h(t,\cdot)\,dt\right].$$

On verra en 45 (remarque b) à la fin) que la mesure ρ est σ-finie.

DÉMONSTRATION. En raisonnant comme en XX.(62.1), on déduit de (44.1) pour tout $r\in\mathbb{R}$ fixé

$$\mathbb{E}_{\mathbf{Q}}\left[h(A_r,\theta_{G_r})I_{\{-\infty<G_r<r\}}\right] = \mathbb{E}_{\mathbf{Q}}\left[\int_{]-\infty,r\,[} \widehat{\mathbb{E}}^{Y_u}\left[h(r-u,\cdot), R>r-u\right]\Lambda(du)\right].$$

Le côté droit se met sous la forme $\mathbb{E}_{\mathbf{Q}}\left[\int_{\mathbb{R}}\varphi(u,\sigma_u)\,d\Lambda(u)\right]$, $\varphi(u,w)$ abrégeant ici $I_{\{u<r\}}\widehat{\mathbb{E}}^{Y_0(w)}\left[h(r-u,\cdot), R>r-u\right]$. Utilisant alors la définition de la mesure de Palm π en (30.1), nous pouvons écrire cela

$$\pi\Big(\int_{-\infty}^r \widehat{\mathbb{E}}^{Y_0}\left[h(r-u,\cdot), R>r-u\right]du\Big) = \pi\Big(\widehat{\mathbb{E}}^{Y_0}\Big[\int_0^R h(t,\cdot)\,dt\Big]\Big)$$
$$= \int \rho(dx)\,\widehat{\mathbb{E}}^x\left[\int_0^R h(t,\cdot)\,dt\right].$$

REMARQUES. a) Si l'on supprime la condition $G_r<r$ du côté gauche, il s'ajoute au côté droit de (44.2) un terme $\int m(x)f(0,x)\rho(dx)$.

b) Les résultats de ce n° et du suivant restent valables si l'on remplace le système de sortie $\mathcal{F}$-optionnel par le système de sortie $\mathcal{R}$-prévisible, en modifiant les notations de la manière habituelle, et en remplaçant Y_s par $Y_{s-}^D = Y_s$ si $s \in \mathbf{D}$, Y_{s-} sinon. La mesure ρ est alors la distribution de Y_{0-}^D sous la mesure de Palm du temps local $\mathcal{R}$-prévisible Λ. Se rappeler que la propriété $\mathbb{P}^x\{X_0 \neq x\} = 0$ n'est plus garantie !

45 Venons-en à la décomposition de dernière sortie de la mesure η. Comme d'habitude, $\widehat{V}(\cdot, f)$ désigne la fonction $\widehat{\mathbb{E}}^{\bullet}\,[\int_0^R f(X_s)\,ds]$. Soit η^R la mesure $\mathbb{Q}(Y_u \in \cdot\,,\, u < D)$ sur E, qui est excessive pour le semi-groupe (Q_t) tué à R. Comme la stationnarité de D entraîne $\mathbb{Q}\{D = u\} = 0$, la différence $\eta - \eta^R$ est la réduite η_R (23). Voici alors la décomposition de dernière sortie de la mesure η.

THÉORÈME. *On a pour toute fonction $f \geq 0$ sur E*

$$\eta(f) = \eta^R(f) + \rho(mf + \widehat{V}f)\ . \tag{45.1}$$

DÉMONSTRATION. On part de l'égalité

$$\eta(f) = \eta^R(f) + \mathbb{E}_{\mathbb{Q}}\,[g \circ Y_u\,,\, u \in \mathbf{M}] + \mathbb{E}_{\mathbb{Q}}\,[g \circ Y_u\,,\, -\infty < G_u < u]\ . \tag{45.2}$$

Le second terme à droite ne dépend pas de u, donc peut être remplacé par

$$\mathbb{E}_{\mathbb{Q}}\,[\int_{]0,1]} f \circ Y_u\, I_{\mathbf{M}}(u)\,du] = \mathbb{E}_{\mathbb{Q}}\,[\int_{]0,1]} (mf) \circ Y_u\, \Lambda(du)\,] = \rho(mf)\ .$$

Enfin, le troisième terme se transforme en appliquant (44.2) avec $h(t, \cdot) = f(X_t)\, I_{\{t<R\}}$.

REMARQUES. a) La formule (45.2) peut aussi se mettre sous la forme

$$< \eta_R\,, f > = < \rho\,, mf + \widehat{V}f >\ . \tag{45.3}$$

b) Si f est >0 et intégrable/η, il résulte de (45.1) que la fonction $mf + \widehat{V}f$ est intégrable/ρ. Cette fonction étant strictement positive d'après la normalisation (45.1), on voit que ρ est σ-finie.

c) En prenant dans (44.2) une fonction $h(t, \omega)$ de la forme $f(t, X_0(\omega))$, on obtient la formule

$$\mathbb{E}_{\mathbb{Q}}\,[f(A_r, Y_{G_r}),\, -\infty < G_r] = \int \rho(dx)\,(\,m(x)\,f(0,x) + \widehat{\mathbb{E}}^x\,[\int_0^R f(t,x)\,dt]\,) \tag{45.4}$$

(si l'on utilise le système de sortie prévisible, le dernier x doit être remplacé par X_0).

Une mesure invariante remarquable

46 Si a désigne un état récurrent pour une chaîne de Markov irréductible (X_n), la mesure $\xi(f) = \mathbb{E}^a\,[\sum_{n<T_a} f \circ X_n]$ est invariante, et c'est à un facteur constant près la seule mesure excessive. Nous allons établir un résultat analogue en temps continu, d'après Getoor [16] (qui mentionne aussi un travail non publié de Silverstein sur ce sujet).

Nous prenons pour M la fermeture de l'ensemble $\{t > 0 : X_t = a\}$, où $a \in E$ est régulier pour lui même (et sera récurrent plus bas). Choisissons pour η une mesure excessive arbitraire. La mesure ρ associée au système de sortie $\mathcal{R}$–prévisible est portée par $\{a\}$ (ce pourrait être faux pour le système de sortie $\mathcal{F}$–optionnel : penser au cas où a est stable).

Comme nous savons que ρ est σ–finie, elle est alors bornée, et d'après (45.1) la réduite η_R est égale à $\rho(1)\xi$, en posant

$$\xi = m(a)\varepsilon_a + \widehat{V}(a,\cdot)\ . \tag{46.1}$$

Soit φ la fonction $\mathbb{E}^{\bullet}[e^{-R}]$; on a

$$\widehat{V}\varphi(a) = \widehat{\mathbb{E}}^a[\int_0^R e^{-R_t}\,dt] = \widehat{\mathbb{E}}^a[1-e^{-R}] = 1-m(a)$$

et comme $\varphi(a)=1$ on en déduit que $\xi(\varphi)=1$.

Voici une interprétation de la mesure ξ, que l'on doit à Kaspi [2]. Considérons d'abord deux t. d'a. S,T tels que $S\le T\,,T\in \mathrm{M}$ sur $\{T<\infty\}$. On a

$$\begin{aligned}\mathbb{E}^a[\int_S^T f{\circ}X_s\,ds] &= f(a)\,\mathbb{E}^a[\int_S^T f{\circ}X_s\,I_{\mathrm{M}}(s)\,ds] + \mathbb{E}^a[\sum_{g\in \mathrm{G}\cap\,]S,T]}\int_g^{D_g} f{\circ}X_s\,ds]\\ &= f(a)\,m(a)\,\mathbb{E}^a[\Lambda(T)-\Lambda(S)] + \mathbb{E}^a[\int_S^T \widehat{\mathbb{E}}^{X_s}[\int_0^R f{\circ}X_s\,ds]\,d\Lambda_s] \qquad (46.2)\\ &= \xi(f)\,\mathbb{E}^a[\Lambda(T)-\Lambda(S)]\ .\end{aligned}$$

En particulier, soit (τ_t) l'inverse continu à droite du temps local de a ; en prenant $S=0$, $T=\tau_t$, on obtient

$$\mathbb{E}^a[\int_0^{\tau_t} f{\circ}X_s\,ds] = \mathbb{E}^a[\Lambda_\infty\wedge t]\ \xi(f)\ . \tag{46.3}$$

Si a est récurrent, on a $\Lambda_\infty=\infty$ et le côté droit vaut simplement $t\xi(f)$.

THÉORÈME. *Supposons que a soit récurrent. La mesure ξ est alors σ–finie et invariante, portée par l'ensemble $A=\{\mathbb{P}^{\bullet}\{R<\infty\}=1\}$, et c'est à un facteur constant près la seule mesure excessive portée par A.*

Si a n'est pas récurrent, on peut montrer que ξ *n'est pas* σ–finie.

DÉMONSTRATION. Montrons d'abord que $\widehat{V}(a,\cdot)$, et donc ξ, est portée par A. En effet,

$$\begin{aligned}\int \mathbb{P}^x\{R=\infty\}\,\widehat{V}(a,dx) &= \widehat{\mathbb{E}}^a[\int_0^R I_{\{R_t=\infty\}}\,dt] = \widehat{\mathbb{E}}^a[R\,,\,R=\infty]\\ &= \mathbb{E}^a[\sum_{g\in\mathrm{G}} e^{-g}R_g\,I_{\{R_g=\infty\}}] = 0\end{aligned}$$

du fait que a est récurrent. Nous avons vu plus haut que $\xi(\varphi)=1$; la fonction φ étant strictement positive sur A, on en déduit que ξ est σ–finie.

Nous reprenons ensuite un calcul de Kaspi [2], en supposant $f\ge 0$ bornée et ξ–intégrable, et en appliquant (46.3). D'abord,

$$<\xi P_t,f> = \mathbb{E}^a[\int_0^{\tau_1} P_t f\circ X_s\,ds] = \mathbb{E}^a[\int_0^{\tau_1} f\circ X_{s+t}\,ds] = \mathbb{E}^a[\int_t^{\tau_1+t} f\circ X_s\,ds]\ .$$

Nous écrivons $\int_t^{\tau_1+t} = \int_t^{\tau_1} + \int_{\tau_1}^{\tau_1+t}$, où la première intégrale est négative si $t > \tau_1$; ce recours aux différences est légitime, car l'intégrale $\int_0^{\tau_1+t}$ a une espérance finie sous $\mathbb{P}^a$ (il en est ainsi de $\int_0^{\tau_1}$ parce que f est intégrable, et de $\int_{\tau_1}^{\tau_1+t}$ parce que f est bornée). On applique alors la propriété de Markov forte, sachant que $X_{\tau_1} = a$

$$\mathbb{E}^a\left[\int_{\tau_1}^{\tau_1+t} f\circ X_s\,ds\right] = \mathbb{E}^a\left[\left(\int_0^t f\circ X_s\,ds\right)\circ\theta_{\tau_1}\right] = \mathbb{E}^a\left[\int_0^t f\circ X_s\,ds\right].$$

L'invariance en résulte. Reste à prouver l'unicité. Si η est une mesure excessive arbitraire, de mesure de Kuznetsov $\mathbb{Q}$, nous savons (23) que la mesure de Kuznetsov de la réduite η_R s'obtient en réduisant l'intervalle de vie de $\mathbb{Q}$ à $]\,D,\infty\,[$. La mesure η_R étant proportionnelle à ξ, et donc invariante, on doit avoir $D = -\infty$ sur l'ensemble $\{D < \infty\}$. Si η est portée par A on a $D < \infty$ $\mathbb{Q}$–p.s., donc aussi $D = -\infty$, et enfin $\eta = \eta_R$ est proportionnelle à ξ.

Appendice : partie dissipative d'une mesure excessive

47 La décomposition d'une mesure excessive η en ses parties conservative et dissipative a été établie aux n°s XVII.19–20 au moyen de considérations de théorie ergodique. Nous allons en indiquer ici une démonstration probabiliste au moyen des flots de Kuznetsov.

Nous travaillons sur le processus de Kuznetsov de règle d'entrée stationnaire η. Soit g une fonction sur E, partout >0 et η–intégrable, et considérons l'ensemble (indépendant de u et invariant)

$$A = \left\{ \int_{-\infty}^{u} g(Y_r)\,dr < \infty \right\}. \tag{87.1}$$

Cet ensemble appartenant à $\mathcal{G}_u$ pour tout u, le processus (Y_u) restreint à A ou à A^c est un processus de Markov à naissance aléatoire et stationnaire. Les mesures

$$\eta_d = \mathbb{Q}\{A\,,\,Y_u \in \bullet\} \quad , \quad \eta_c = \mathbb{Q}\{A^c\,,\,Y_u \in \bullet\}\,, \tag{87.2}$$

sont donc excessives, et nous allons voir qu'on obtient ainsi la décomposition cherchée.

Tout d'abord, le début de la démonstration de 24 montre qu'il existe sur A une suite de v.a. stationnaires $S_n \downarrow\downarrow \alpha$, et il en résulte que la mesure excessive η_d est dissipative, et le flot restreint à A dissipatif. En particulier, il admet une v.a. stationnaire p.s. finie. Inversement, soit $f = g\circ Y_0$; nous savons d'après 19 que pour toute v.a. stationnaire S on a $J(f) < \infty$ sur $W_S = \{S \in \mathbb{R}\}$, et a fortiori on a $W_S \subset A$. On en déduit d'abord que A est le plus grand ensemble de la forme W_S, et en particulier ne dépend pas de g.

Il résulte de 24 que la mesure η_d est limite d'une suite croissante de potentiels, et portée par $\{Ug < \infty\}$ pour $g > 0$ et intégrable$/\eta$. D'autre part, le début de 24, après retournement du temps, montre que l'on a $\int_u^\infty g(Y_r)\,dr = +\infty$ p.s. sur A^c. En particulier, on voit que $\{Ug = +\infty\}$ η_c–p.s., et les mesures η_c et η_d sont portées par deux ensembles disjoints. Enfin, le même raisonnement montre qu'un potentiel de fonction ≥ 0 ne prend η_c–p.s. que les valeurs 0 et $+\infty$, autrement dit, que η_c est conservative.

CHAPITRE XX

Ensembles aléatoires Excursions

Les chapitres précédents sont en bonne partie des variations sur le théorème d'arrêt des martingales ou la propriété de Markov forte. Ce chapitre–ci cherche à dépasser les temps d'arrêt, et à rassembler divers résultats de conditionnement par des évènements anticipants, en théorie des processus de Markov et en théorie générale des processus. Le chapitre XV a déjà donné un aperçu des méthodes utilisées, avec le système de Lévy et la théorie des ensembles régénératifs. Les *systèmes de sortie* qui constituent le centre du chapitre reprennent la même idée de compensation d'un processus ponctuel. Nous avons mis l'accent sur les aspects du sujet relevant de la théorie générale, en présentant la théorie des ensembles aléatoires selon Azéma [1], [8], et les travaux tout récents d'Azéma–Yor [3].

Le dernier paragraphe présente enfin le théorème fondamental sur le grossissement de filtrations — presque sans applications, hélas, car le livre est déjà gros.

1. ENSEMBLES ALÉATOIRES

Ce paragraphe est un peu encombré de résultats techniques. Pour une première lecture, voici ce qui est important : les notations (1–2; 7), la définition du temps local (10-11), la caractérisation des fins d'ensembles optionnels ou prévisibles (12-14) et les v.a. honnêtes (18), les diverses tribus en un temps aléatoire (21). On peut ensuite passer directement aux systèmes de sortie.

1 Nous reprenons d'abord les définitions et notations générales des ensembles aléatoires (XV.51-53, voir aussi XVIII.58).

Nous travaillons sur un espace probabilisé filtré $(\Omega, \mathcal{F}, \mathbb{P}, (\mathcal{F}_t))$ satisfaisant aux conditions habituelles. En théorie des processus de Markov, on considérera surtout des ensembles aléatoires homogènes dans l'intervalle $]0,\infty[$, mais l'étude sur la droite entière a pris de l'importance (Taksar [1], Kaspi–Maisonneuve [1]).

Soit M un ensemble aléatoire dans $]0,\infty[$ (*cf.* 2 c) plus bas), supposé $\mathcal{F}$–progressif pour commencer. Nous utiliserons les notations standard

(1.1) $$D_t = \inf\{s > t : s \in \mathrm{M}\}, \quad R_t = D_t - t .$$

On a $D_0 = R_0$, que l'on simplifiera souvent en D ou R. Les v.a. D_t forment une famille croissante et continue à droite de temps d'arrêt. Rappelons que les trajectoires du processus càdlàg. (R_t) sont des fonctions "en dents de scie descendantes". Nous posons aussi

(1.2) $$G_t = \sup\{s \le t : s \in \mathrm{M}\} \quad (G_0 = 0) \quad ;$$

c'est un processus croissant adapté, continu à droite si M est fermé droit. On ne modifie pas la famille des temps d'arrêt D_t en remplaçant M par son adhérence $\overline{\mathrm{M}}$ dans $]0,\infty[$, qui est optionnelle (IV.90), et M sera donc supposé fermé, sauf mention explicite du contraire. On pose $g_t = G_{t-}$, et $d_t = D_{t-}$ $(d_0 = 0)$.

La "mention explicite" concernera en quelques rares endroits le cas où M est prévisible, et où seule l'adhérence à gauche est autorisée. Pour aider la mémoire, les processus notés avec des grandes lettres G_t, D_t sont continus à droite, les autres continus à gauche.

L'ensemble des extrémités gauches d'intervalles contigus à M est appelé l'*ensemble de sortie* de M ; il était noté $\mathrm{M}^{\rightarrow}$ en XV.51, mais nous préférons le noter maintenant G. De même l'*ensemble d'entrée* dans M (ensemble des extrémités droites d'intervalles contigus) sera noté D au lieu de $\mathrm{M}^{\leftarrow}$.

2 REMARQUES. a) L'espace Ω canonique pour la réalisation des fermés aléatoires est l'ensemble des fermés de $]0,\infty[$ (ou de $\mathbb{R}$ suivant le cas), muni de la filtration naturelle (rendue continue à droite) du processus (G_t). Le processus (R_t) ou (D_t) engendre la même tribu, mais avec une filtration naturelle anticipante (*cf.* b)).

b) Dans la théorie des ensembles aléatoires interviennent souvent plusieurs filtrations : la filtration donnée $(\mathcal{F}_t)$, la filtration "rapide" $(\mathcal{F}_{D_t})$, et la filtration "lente" qui est à peu près $(\mathcal{F}_{G_t})$ (n° 23). Nous les désignerons ci-dessous par $(\mathcal{R}_t)$ et $(\mathcal{A}_t)$ en l'honneur des processus (R_t) et (A_t). Les processus optionnels et prévisibles ordinaires seront donc appelés, pour la clarté $\mathcal{F}$-optionnels et $\mathcal{F}$-prévisibles, et l'on rencontrera aussi des processus $\mathcal{R}$-prévisibles, etc.. Lorsque ce sera nécessaire pour la clarté, nous distinguerons de même les $\mathcal{F}$-t. d'a. et les $\mathcal{R}$-t. d'a..

c) Dans ce chapitre, nous travaillons sur des ensembles aléatoires dans $]0,\infty[$, dont la fin L est définie par la convention $\sup(\emptyset) = 0$. Il est parfois plus naturel de travailler sur des processus optionnels définis sur $[0,\infty[$, et des processus prévisibles sur $]0,\infty[$. On est alors amené, dans le cas optionnel, à adjoindre un point $0- < 0$ et à considérer des v.a. L pouvant prendre la valeur $0-$.

On peut toujours ramener l'intervalle $[0,\infty[$ à $]0,\infty[$ par l'artifice suivant : poser $\mathcal{F}'_t = \mathcal{F}_{t-1}$ pour $t \geq 1$, $\mathcal{F}_0$ pour $t < 1$, et raisonner sur l'ensemble M décalé de 1 vers la droite. Cela permet de se débarrasser, si on le désire, des nombreuses indicatrices $I_{\{0<L...\}}$ figurant dans le chapitre.

La filtration rapide

3 Il est clair que la filtration $\mathcal{R}_t = \mathcal{F}_{D_t}$ satisfait aux conditions habituelles. Nous commençons par quelques remarques de mesurabilité. Rappelons que M est progressif fermé, donc optionnel. La relation

$$\mathrm{M} = \{t : R_{t-} = 0\} \tag{3.1}$$

montre que M est $\mathcal{R}$*-prévisible*. De même, D est une réunion dénombrable de graphes de t. d'a., donc un ensemble $\mathcal{F}$-optionnel ; la relation

$$\mathrm{D} = \bigcup_{\varepsilon=1/n} \{t \geq \varepsilon : R_{(t-\varepsilon)-} = \varepsilon\} \tag{3.2}$$

montre que **D** *est* $\mathcal{R}$*-prévisible.* Quant à **G**, sa description comme

$$(3.3)\qquad \mathbf{G} = \{t : R_{t-} = 0,\ R_t > 0\}$$

montre qu'il est $\mathcal{R}$–optionnel. En particulier, c'est un ensemble mesurable, et il est facile de voir que $\mathbf{G} \cap]-\infty, t]$ est en fait mesurable par rapport à la tribu $\mathcal{B}(\mathbb{R}) \times \mathcal{F}_t$: **G** est donc $\mathcal{F}$–progressif, mais il n'est en général pas $\mathcal{F}$–optionnel.

4 THÉORÈME. *Soit* S *un t. d'a./*$\mathcal{R}$ *; alors* D_S *est un t. d'a./*$\mathcal{F}$*, et l'on a* $\mathcal{R}_S = \mathcal{F}_{D_S}$.

DÉMONSTRATION. La première affirmation est évidente lorsque $S = t_A$ (*cf.* IV.53), avec $A \in \mathcal{R}_t = \mathcal{F}_{D_t}$. En prenant des inf finis on passe au cas des t. d'a. étagés, puis aux t. d'a. quelconques en utilisant un passage à la limite décroissant.

Pour la seconde affirmation, nous remarquons que pour $A \in \mathcal{R}_S$, S_A est un $\mathcal{R}$–t. d'a., donc $D_{S_A} = (D_S)_A$ est un $\mathcal{F}$–t. d'a., et $A \in \mathcal{F}_{D_S}$. Cela montre que $\mathcal{R}_S \subset \mathcal{F}_{D_S}$. Inversement, pour toute v.a. $\mathcal{F}_{D_S}$–mesurable h il existe un processus $\mathcal{F}$–optionnel (H_t) tel que $h = H_{D_S}$ (IV.64). Le processus $K_t = H_{D_t}$ est alors $\mathcal{R}$–optionnel (c'est évident lorsque (H_t) est continu à droite, et on passe au cas général par classes monotones), et l'on a $h = K_S$, donc h est $\mathcal{R}_S$–mesurable.

5 Pour les temps $\mathcal{R}$–prévisibles, on a le résultat suivant. Rappelons que **M** et **D** sont des ensembles $\mathcal{R}$–prévisibles d'après 3.

THÉORÈME. *Soit* S *un temps prévisible/*$\mathcal{R}$.

a) Si le graphe de S *est contenu dans* **D**, S *est un t. d'a./*$\mathcal{F}$ *et l'on a* $\mathcal{R}_{S-} = \mathcal{F}_S$.

b) Si le graphe de S *est contenu dans* $\mathbf{M} \setminus \mathbf{D}$, S *est un t. d'a. prévisible/*$\mathcal{F}$ *et l'on a* $\mathcal{R}_{S-} = \mathcal{F}_{S-}$.

DÉMONSTRATION. Choisissons une suite S_n de $\mathcal{R}$–t. d'a. annonçant S et posons $S'_n = D_{S_n}$ (si l'on travaille sur $\mathbb{R}_+$ au lieu de $\mathbb{R}$, il y a de petites difficultés en 0, laissées au lecteur). On a d'après IV.56 $\mathcal{R}_{S-} = \vee_n \mathcal{R}_{S_n}$, et cette dernière tribu est égale à $\vee_n \mathcal{F}_{S'_n}$ d'après le théorème 4.

a) La condition sur le graphe de S entraîne que la suite (S'_n) est stationnaire : pour tout ω on a $S'_n(\omega) = S(\omega)$ pour n assez grand, donc S est un $\mathcal{F}$–temps d'arrêt, et $\vee_n \mathcal{F}_{S'_n} = \mathcal{F}_S$.

b) Comme le graphe de S est contenu dans $\mathbf{M} \setminus \mathbf{D}$, il existe des points de **M** entre S_n et S, et la suite S'_n annonce S sur $\{S < \infty\}$. La conclusion est alors immédiate.

6 On en déduit aussitôt le résultat suivant, fort utile.

THÉORÈME. *Soit* (U_t) *un processus mesurable positif, et soient* α, β, γ *respectivement ses projections prévisible/*$\mathcal{F}$*, optionnelle/*$\mathcal{F}$ *et prévisible/*$\mathcal{R}$*. On a alors*

$$(6.1)\qquad \gamma I_{\mathbf{M}} = \beta I_{\mathbf{D}} + \alpha I_{\mathbf{M} \setminus \mathbf{D}}\ .$$

DÉMONSTRATION. L'ensemble **D** est $\mathcal{R}$–prévisible à coupes dénombrables, donc réunion d'une suite de graphes de temps $\mathcal{R}$–prévisibles. On applique d'abord le théorème précédent pour vérifier que le processus $\beta I_{\mathbf{D}}$ est $\mathcal{R}$–prévisible (ce qui est évident pour $\alpha I_{\mathbf{M} \setminus \mathbf{D}}$). L'énoncé se ramène alors, par définition des projections, à vérifier que pour tout temps S

$\mathcal{R}$–prévisible dont le graphe est contenu dans D (*resp.* $\mathrm{M}\setminus\mathrm{D}$), on a $\mathbb{E}[U_S\,|\,\mathcal{R}_{S-}] = \beta_S$ (*resp.* α_S), et cela se déduit à nouveau du théorème 5.

Il en résulte en particulier que tout processus $\mathcal{R}$–prévisible nul hors de M est $\mathcal{F}$–optionnel. En utilisant 4 on vérifie qu'un processus $\mathcal{R}$–optionnel positif nul hors de M ne diffère que sur G de sa projection $\mathcal{F}$–optionnelle.

Exemples markoviens

7 Les principales applications de la théorie concernent les ensembles aléatoires homogènes des processus de Markov droits. Nous allons les décrire tout de suite afin de disposer d'exemples concrets. Nous y ferons allusion dans la suite en parlant du "cas markovien homogène" (terminologie hybride : M est homogène dans un contexte markovien!)

On prend ici pour Ω la réalisation continue à droite canonique d'un semi–groupe droit (P_t) sur E, munie de limites à gauche dans un compactifié de Ray $\widehat{E}$. L'ensemble aléatoire M sera comme d'habitude un fermé aléatoire optionnel dans $]\,0,\infty\,[$, et sera de plus *homogène.* Un tel fermé aléatoire est uniquement déterminé par le temps terminal (parfait, exact)

$$R = R_0 = \inf\{t > 0 \,:\, t \in \mathrm{M}\} \;, \tag{7.1}$$

qui permet de calculer les t. d'a. $D_t = t + R\circ\theta_t$. En pratique, R est le plus souvent le temps d'entrée dans un ensemble presque–borélien H, et M est alors l'adhérence de $\{t \,:\, X_t \in H\}$.

Si le processus (X_t) admet un dual fortement markovien, tout ensemble aléatoire optionnel et cooptionnel dans $]\,0,\zeta\,[$, fermé ou non, est indistinguable d'un ensemble $\{t \,:\, (X_{t-},X_t) \in H\}$, où H est borélien dans $E\times E$ (*cf.* Walsh et Weil [1], Sharpe [4], Getoor–Sharpe [8], et la remarque à XVIII.23).

On peut associer à M divers éléments de théorie du potentiel : la fonction 1–excessive

$$\varphi = \mathbb{E}^{\bullet}\,[e^{-R}] \;, \tag{7.2}$$

et l'ensemble $\mathcal{E}$–mesurable $F = \{\varphi = 1\}$ des *points réguliers* pour R; lorsque M est de la forme $\{X \in H\}$, φ est le 1–potentiel d'équilibre de H, F l'ensemble des points réguliers pour H. D'autre part, on lui associe le semi–groupe et la résolvante

$$Q_t(x,f) = \mathbb{E}^{x}\,[f\circ X_t\,,\, t < R] \;,\; V_p = \int_0^{\infty} e^{-ps} Q_s\, ds \;. \tag{7.3}$$

La fonction $V_1(1)$ est 1–excessive relativement à (Q_t), et joue un assez grand rôle dans cette théorie; nous la noterons v. On a si $R \leq \zeta$

$$v = \mathbb{E}^{\bullet}\,[\int_0^{R} e^{-s}\, ds] = 1 - \varphi \;. \tag{7.4}$$

Nous conserverons ces notations dans toute la suite du chapitre.

Classification des points de G

Nous revenons à la situation générale, afin de classer les points de $\mathbf{G}$ relativement aux filtrations $\mathcal{F}$ et $\mathcal{R}$. Comme nous l'avons vu en XV.53, la partie de l'ensemble de sortie qui ne contient aucun graphe de temps d'arrêt, ou aucun graphe de t. d'a. $\mathcal{R}$–prévisible, est celle qui possède le plus d'intérêt.

8 Nous allons appliquer le théorème 6 au processus $\mathcal{R}$–optionnel $U_t = e^{-R_t}$ borné par 1, en conservant les notations α, β, γ pour les projections de ce processus. Rappelons (VI.46) que l'ensemble des points où un processus optionnel diffère de sa projection prévisible est un ensemble optionnel à coupes dénombrables (ou *mince*, pour parler plus brièvement). Les ensembles $\{U \neq \gamma\}$ et $\{\alpha \neq \beta\}$ sont donc minces. D'après le théorème 6, nous savons calculer la restriction de γ à $\mathbf{M}$, qui vaut β sur $\mathbf{D}$ et α sur $\mathbf{M} \setminus \mathbf{D}$.

Un calcul "explicite" des deux projections, dans le cas markovien homogène, est donné à la fin du n° 8.

THÉORÈME. *1) L'ensemble* $\mathbf{G}$ *admet, relativement à la filtration* $(\mathcal{F}_t)$, *une décomposition*

(8.1) $$\mathbf{G} = \mathbf{G}_\pi \cup \mathbf{G}_o$$

où $\mathbf{G}_\pi = \mathbf{G} \cap \{\beta = 1\}$ *est un ensemble progressif mince qui ne contient aucun graphe de t. d'a., tandis que* $\mathbf{G}_o$ *est une réunion dénombrable de graphes de t. d'a..*

2) Relativement à la filtration $(\mathcal{R}_t)$, $\mathbf{G}$ *admet une décomposition analogue*

(8.2) $$\mathbf{G} = \mathbf{G}_c \cup \mathbf{G}_d$$

où $\mathbf{G}_c = \mathbf{G} \cap \{\gamma = 1\}$ *est une réunion dénombrable de graphes de t. d'a./*$\mathcal{R}$ *totalement inaccessibles, tandis que* $\mathbf{G}_d$ *est contenu dans une réunion dénombrable de graphes prévisibles/*$\mathcal{R}$. *On a*

(8.3) $$\mathbf{G}_\pi \subset \mathbf{G}_c \ , \ \mathbf{G}_c \setminus \mathbf{G}_\pi = (\mathbf{G} \setminus \mathbf{D}) \cap \{\alpha = 1, \beta < 1\} \ .$$

Les lettres c, d correspondront plus loin aux parties continue et discontinue dans la décomposition du temps local $\mathcal{R}$–prévisible.

DÉMONSTRATION. L'ensemble $\mathcal{R}$–prévisible $\mathbf{H} = \mathbf{M} \cap \{\gamma < 1\}$ est mince : il est en effet contenu dans la réunion des deux ensembles minces $\mathbf{M} \cap \{U < 1\} = \mathbf{G}$ et $\{U \neq \gamma\}$. Noter que la restriction de γ à $\mathbf{M}$ est $\mathcal{F}$–optionnelle, donc $\mathbf{H}$ est en fait $\mathcal{F}$–optionnel mince. Toujours d'après 6, $\mathbf{M} \cap \{\beta < 1\}$ ne diffère du précédent que par un sous–ensemble de $\{\alpha \neq \beta\}$, il est donc également mince.

L'ensemble $\mathcal{F}$–progressif $\mathbf{G}_o = \mathbf{G} \cap \{\beta < 1\}$ est donc contenu dans une réunion dénombrable de graphes de $\mathcal{F}$–t. d'a.. Il est donc lui–même une telle réunion (*cf.* IV.64), et en particulier $\mathcal{F}$–optionnel.

Pour tout $\mathcal{F}$–temps d'arrêt T l'ensemble $\{R_T = 0\}$ appartient à $\mathcal{F}_T$ et l'on a $\{R_T = 0, T < \infty\} = \{\beta_T = 1, T < \infty\}$ par définition de la projection optionnelle β ; $\mathbf{G}_\pi$ est donc disjoint de tout graphe de $\mathcal{F}$–t. d'a.. Cela prouve (8.1), mais on peut établir un résultat plus précis :

(8.4) $$\{R_\bullet = 0\} \subset \{\beta_\bullet = 1\} \ .$$

En effet, ces deux ensembles sont $\mathcal{R}$–optionnels, et il suffit de montrer (d'après le théorème de section $\mathcal{R}$–optionnel) que tout graphe de $\mathcal{R}$–t. d'a. T contenu dans le premier ensemble l'est aussi dans le second. Mais on a $T = D_T$, qui est un $\mathcal{F}$–t. d'a. d'après 4, et on se trouve ramené au résultat vu plus haut.

Passons à (8.2) : L'ensemble $\mathcal{R}$–optionnel mince $\mathbf{G}_d = \mathbf{G} \cap \{\gamma < 1\}$ est contenu dans l'ensemble $\mathcal{R}$–prévisible mince $\mathbf{M} \cap \{\gamma < 1\}$, qui est une réunion dénombrable de graphes de $\mathcal{R}$–temps d'arrêt prévisibles contenus dans $\mathbf{M}$. D'autre part $\mathbf{G}_c = \mathbf{G} \cap \{\gamma = 1\}$ est disjoint de tout graphe prévisible $[T]$ passant dans $\mathbf{M}$. En effet, la relation $\gamma_T = 1$ entraîne $R_T = 0$ p.s., donc $T \notin \mathbf{G}$. Comme $\mathbf{G}_c$ est $\mathcal{R}$–optionnel mince, il est réunion de graphes de $\mathcal{R}$–t. d'a. totalement inaccessibles.

Précisons les rapports entre ces deux décompositions. On a $\mathbf{G}_c \cap \mathbf{D} = \emptyset$ et $\gamma = \alpha$ sur $\mathbf{M} \setminus \mathbf{D}$, donc $\mathbf{G}_c = (\mathbf{G} \setminus \mathbf{D}) \cap \{\alpha = 1\}$. D'autre part, $\mathbf{G}_\pi$ est disjoint de $\mathbf{D} \cup \{\beta \neq \alpha\}$, donc $\mathbf{G}_\pi \subset \mathbf{G}_c$ et

$$\mathbf{G}_c \setminus \mathbf{G}_\pi = (\mathbf{G} \setminus \mathbf{D}) \cap \{\alpha = 1, \beta < 1\} .$$

REMARQUES. a) Dans le cas markovien homogène, la projection optionnelle β est égale à $\varphi \circ X$, où φ est la fonction 1–excessive $\mathbb{E}^\bullet\left[e^{-R}\right]$. La projection prévisible α se calcule alors en utilisant les limites à gauche sur le compactifié de Ray, et vaut $P_0\varphi \circ X_-$. Pour le calcul de $\mathbf{G}_c \setminus \mathbf{G}_\pi$, on note qu'en un temps totalement inaccessible X_{t-} appartient à E, donc l'opérateur P_0 peut être oublié. Supposons que $\mathbf{M}$ soit l'adhérence d'un ensemble de la forme $\{t : X_t \in A\}$ pour un $A \subset E$ presque borélien; alors $\{\varphi = 1\}$ est l'ensemble des points réguliers pour A, et un passage dans $\mathbf{G}_c \setminus \mathbf{G}_\pi$ se produit chaque fois que l'on sort de $\mathbf{M}$ par un saut, allant d'un point régulier pour A vers un point irrégulier pour A.

b) Dans le cas markovien, $\mathbf{M}$ étant homogène, les ensembles $\mathbf{G}$, $\mathbf{D}$ le sont aussi, le processus $\beta = \varphi \circ X$ est homogène, et sa projection prévisible (écrite en a) ci–dessus) est homogène et ne dépend pas de la mesure initiale. Donc les ensembles $\mathbf{G}_\pi$, $\mathbf{G}_c$ sont homogènes.

9 Examinons quelques exemples d'ensembles aléatoires homogènes associés à des processus de Markov.

1) Prenons pour $\mathbf{M}$ l'ensemble des zéros du mouvement brownien, déjà étudié au chapitre XV. Dans ce cas, la fonction φ et le processus (X_t) sont continus, et l'on a donc $\varphi \circ X_t = 1$ sur $\mathbf{M}$. Les tribus optionnelle et prévisible sont identiques, et l'on a $\alpha = \beta = \gamma = 1$ sur $\mathbf{M}$. On a vu aussi que $\mathbf{M}$ est parfait de mesure nulle (donc d'intérieur vide). On en déduit que $\mathbf{G} = \mathbf{G}_c = \mathbf{G}_\pi$.

2) Soit (X_t) une chaîne de Markov à un nombre fini d'états. Nous prenons pour $\mathbf{M}$ un ensemble $\{t > 0 : X_t \in A\}$. Cet ensemble est fermé droit optionnel, réunion d'intervalles semi–ouverts successifs $[S_k, T_k[$ (avec une petite correction en 0, l'ensemble des temps étant $]0, \infty[$). L'ensemble $\mathbf{G}$ est la réunion des graphes des $\mathcal{F}$–temps d'arrêt totalement inaccessibles T_k, et on a $\mathbf{G} = \mathbf{G}_o = \mathbf{G}_c$. Il peut être décrit lui même comme un ensemble homogène discret : l'ensemble des instants où le processus saute de A vers A^c.

3) Prenons pour (X_t) un processus admettant des limites à gauche, et pour $\mathbf{M}$ l'ensemble des instants t tels que $d(X_{t-}, X_t) > a > 0$, d désignant une distance définissant la topologie de E. Alors $\mathbf{M} = \mathbf{G}$ est réduit à ses points isolés.

Notre objet principal au §2 sera le calcul de l'espérance de certaines sommes étendues à $\mathbf{G}$. L'exemple 3) indique une relation entre ce calcul et le Chap. XV, où nous avons calculé, à propos du système de Lévy, l'espérance de sommes sur les sauts du processus. Mais lorsque $a \to 0$ les instants de sauts deviennent le plus souvent denses dans $\mathbb{R}_+$, et on ne peut décrire la sommation sur tous les sauts dans le langage utilisé ici. En fait, c'est la théorie des excursions que l'on peut faire entrer dans celle du système de Lévy, et non l'inverse.

Temps local d'un ensemble aléatoire

10 Plaçons nous pour un instant en théorie des processus de Markov, en prenant pour $\mathbf{M}$ l'ensemble des points où le processus X rencontre un ensemble finement fermé F (une "frontière"). On cherche alors à décrire la structure de X en recollant des "excursions hors de la frontière" le long d'un "processus sur la frontière". Pour construire ce dernier processus, on cherche à faire un changement de temps au moyen d'une FA portée par la frontière, et celle–ci est appelée *temps local*, en analogie avec le temps local du mouvement brownien en 0, vu au chapitre XV. Nous allons reprendre cette notion de manière générale, en développant les n°s XV.52–53.

L'objet de cette section est la construction d'un processus croissant optionnel (une FA dans le cas markovien), aussi régulier que possible, de support contenu dans $\mathbf{M}$ et si possible égal à $\mathbf{M}$. Pour ce faire, la méthode traditionnelle consiste à considérer le processus croissant non adapté, porté par $\mathbf{M}$

$$\mathcal{L}_t = \int_0^t I_{\mathbf{M}}(s)\,ds + \sum_{g\in\mathbf{G},g\leq t} (1-e^{-R_g}) = \mathcal{L}'_t + \mathcal{L}''_t \tag{10.1}$$

(rappelons que $0 \notin \mathbf{G}$). En prenant une projection duale sur chacune des trois tribus intéressantes, on obtient trois processus croissants, appelés respectivement *temps local $\mathcal{F}$-optionnel, $\mathcal{F}$-prévisible,* et *$\mathcal{R}$-prévisible,* bien que ces processus ne remplissent pas toujours les conditions exigées au début du n°. Dans le cas markovien homogène, $(\mathcal{L}_t)$ est une FA brute, et nous savons au moins que les deux premiers temps locaux sont des FA adaptées. Le temps local $\mathcal{R}$–prévisible présente certains avantages et mérite d'être traité en détail (Maisonneuve [15], Kaspi–Maisonneuve [2]).

Tout d'abord, nous nous assurerons de l'existence de ces projections duales en vérifiant que

$$\mathbb{E}^\bullet\left[\int_0^\infty e^{-s}\mathcal{L}(ds)\right] = \mathbb{E}^\bullet\left[e^{-R}\right] \leq 1 \tag{10.2}$$

(d'où aussi un p–potentiel borné pour tout $p>0$). L'expression sous l'espérance vaut en effet

$$\int_{\mathbf{M}} e^{-s}ds + \int_0^\infty e^{-s}\,d\mathcal{L}''_s = \int_{\mathbf{M}} e^{-s}ds + \sum_{s\in\mathbf{G}} e^{-s}(1-e^{-R_s})$$
$$= \int_{\mathbf{M}} e^{-s}ds + \sum_{s\in\mathbf{G}} (e^{-s}-e^{-D_s}) = \int_{D_0}^{+\infty} e^{-s}ds = e^{-D_0}\;.$$

Les temps locaux $\mathcal{F}$–optionnel et $\mathcal{R}$–prévisible ont des propriétés très voisines. Nous allons étudier le second, qui est moins connu et exige un peu plus de soin. Nous le désignons par L, et notons $L = L' + L''$ la décomposition correspondant à celle de $\mathcal{L}$ en (10.1) — bien entendu $L' = \mathcal{L}'$ est sa propre projection.

L'énoncé suivant donne les principales propriétés de L, les notations α, β, γ ayant leur sens du n° 8.

Le "temps local $\mathcal{F}$–prévisible" n'a d'intérêt que si $\mathbf{M}$ lui même est prévisible; sinon il n'est pas nécessairement porté par $\mathbf{M}$.

11 THÉORÈME. *Le processus croissant L est à la fois prévisible/$\mathcal{R}$ et optionnel/$\mathcal{F}$. Il admet $\mathbf{M}$ comme support (dans $]0,+\infty[$), et sa partie discontinue est égale à $\sum_{s\in\mathbf{M}, s\leq t}(1-\gamma_s)$.*

Si $\mathbf{M}$ est un ensemble aléatoire homogène d'un processus droit, L est une FA.

REMARQUE. Le lecteur vérifiera de même que la partie discontinue du temps local optionnel est $\sum_{s\in\mathbf{G}_o, s\leq t}(1-\beta_s) = \sum_{s\in\mathbf{G}, s\leq t}(1-\beta_s)$ (*cf.* aussi le n° 50).

DÉMONSTRATION. L'ensemble $\mathcal{R}$–prévisible $\mathbf{M}$, fermé dans $]0,\infty[$, est le support de la mesure aléatoire $d\mathcal{L}$; montrons qu'il est alors égal au support $\mathbf{S}$ de dL, sa projection $\mathcal{R}$–prévisible. D'abord, $\mathbf{M}$ porte $d\mathcal{L}$, puis dL, donc $\mathbf{M}$ contient $\mathbf{S}$. Inversement, $\mathbf{S}$ est l'adhérence de l'ensemble des points de croissance à gauche de L, ensemble $\mathcal{R}$–prévisible qui porte dL, puis $d\mathcal{L}$, donc $\mathbf{S}$ contient $\mathbf{M}$.

Nous donnons ensuite une forme plus explicite au calcul de L : le processus croissant $L'_t = \int_0^t I_{\mathbf{M}}(s)\,ds$ est déjà $\mathcal{F}$–prévisible, et c'est une FA dans le cas markovien. Pour calculer la projection duale $\mathcal{R}$–prévisible de $\mathcal{L}''$, nous partageons ce processus en $\lambda_c + \lambda_d$, le premier terme comportant la sommation sur $\mathbf{G}_c = \mathbf{G}\cap\{\gamma = 1\}$, et le second sur $\mathbf{G}_d = \mathbf{G}\cap\{\gamma < 1\}$.

L'ensemble $\mathbf{G}_d = \mathbf{G}\cap\{\gamma<1\}$ est contenu dans l'ensemble $\mathbf{H} = \mathbf{M}\cap\{\gamma<1\}$, qui est $\mathcal{R}$–prévisible mince (n° 8) et donc réunion de graphes de temps $\mathcal{R}$–prévisibles. On a $R_s = 0$ pour $s\in\mathbf{H}\setminus\mathbf{G}_d$, donc

$$\sum_{s\in\mathbf{G}_d}(1-e^{-R_s})\varepsilon_s = \sum_{s\in\mathbf{H}}(1-e^{-R_s})\varepsilon_s$$

et la projection prévisible de la seconde somme est $\sum_{s\in\mathbf{H}}(1-\gamma_s)\varepsilon_s$. Compte tenu du fait (n° 8, Rem. a)) que, dans le cas markovien

$$\gamma_s = \varphi\circ X_s \quad \text{pour } s\in\mathbf{D}, \quad P_0\varphi\circ X_{s-} \quad \text{pour } s\in\mathbf{M}\setminus\mathbf{D}$$

on vérifie aisément que la projection duale est une FA.

La description de la projection duale de λ_c est plus simple : la somme porte sur des $\mathcal{R}$–t. d'a. totalement inaccessibles, la projection duale correspondante est continue et portée par $\mathbf{M}$. Or il résulte de 6 que les projections $\mathcal{R}$–prévisible et $\mathcal{F}$–prévisible d'un processus mesurable U ne diffèrent sur $\mathbf{M}$ que sur un ensemble mince; donc la projection duale $\mathcal{R}$–prévisible est aussi projection duale $\mathcal{F}$–prévisible, et en particulier elle est adaptée (et c'est une FA dans le cas markovien homogène).

Fins d'ensembles optionnels et prévisibles

Après les temps d'arrêt, les classes les mieux connues de temps aléatoires sont les *fins* d'ensembles optionnels et prévisibles. Nous allons les caractériser du point de vue de la théorie générale des processus.

Dans cette section, l'ensemble des temps des processus sera ouvert en 0.

12 On peut associer à un "temps" arbitraire L (une v.a. à valeurs dans $[0,+\infty]$) plusieurs processus stochastiques. D'abord les projections duales prévisible a^L et optionnelle A^L du processus croissant brut $I_{\{t\geq L>0\}}$; elles sont nulles en 0, mais peuvent admettre un saut à l'infini. Ensuite, le potentiel de a^L et le potentiel gauche de A^L, c'est à dire la surmartingale continue à droite $c_t^L = \mathbb{P}\{t<L\,|\,\mathcal{F}_t\}$, projection optionnelle de $I_{]0,L[}$, et la surmartingale forte optionnelle C^L projection optionnelle de $I_{]0,L]}$. On voit aisément que $C_+^L = c^L$, et que $C_-^L = c_-^L$ est projection prévisible de $I_{]0,L]}$ (la comparaison détaillée entre C^L et c^L sera faite au n° 16). Enfin, les deux derniers processus, importants surtout en théorie du grossissement, sont les martingales continues à droite $M_t^L = \mathbb{E}[A_\infty^L\,|\,\mathcal{F}_t] = A_t^L + c_t^L$ et de même $m^L = a^L + c^L$.

Si L *évite les temps d'arrêt,* c'est à dire si $\mathbb{P}\{T=L>0\}=0$ pour tout t. d'a. T, $A^L = a^L$ est continu et l'on a $C^L = c^L$. Donnons tout de suite un exemple qui servira fréquemment d'illustration dans ce chapitre.

EXEMPLE. Prenons $L=G_u$, le dernier zéro avant u d'un mouvement brownien (B_t) issu de 0 ; L est fini, et évite les t. d'a. d'après la propriété de Markov forte. Alors la condition $L>t$ équivaut à l'existence d'un zéro du brownien entre t et u ; autrement dit le mouvement brownien $(B_{t+s}-B_t)$, indépendant de $\mathcal{F}_t$, a un minimum inférieur à $-B_t$ sur l'intervalle $[0,u-t]$, évènement dont la probabilité se calcule par le principe de la réflexion (XIV.55). Si l'on pose

$$\Phi(r,x) = \frac{1}{\sqrt{2\pi r}}\int_x^\infty e^{-y^2/2r}\,dy \tag{12.1}$$

on a

$$c_t^L = 2\Phi(u-t\,,\,|B_t|)\,,$$

et en particulier pour $t=L$ on a $B_t=0$ et $c_t=1$.

13 Etant donné un processus croissant B, nous désignons par $\Gamma(B)$ l'ensemble des points de croissance à gauche de B, $\Gamma(B)=\{t>0\,:\,\forall s<t\;\;B_s<B_t\}$; il porte la mesure aléatoire dB, d'où son nom de *support gauche de* B. Si B est optionnel (prévisible) $\Gamma(B)$ l'est aussi.

Le théorème suivant, emprunté à Azéma [1], est très utile. Il montre que A^L ou C^L renferme une information complète sur L si L est une fin d'ensemble optionnel, de même que a^L et c^L pour une fin d'ensemble prévisible. Il est complété par 15 pour des temps arbitraires.

THÉORÈME. *a) L'ensemble* $\Gamma(a^L)$ *contient le graphe de* L *(dans* $]0,\infty]$ *).*

b) Si L *est la fin d'un ensemble prévisible,* L *est aussi la fin de* $\Gamma(a^L)$ *qui est alors (à un ensemble évanescent près) le plus petit ensemble prévisible fermé à gauche contenant* $[L]$ *.*

c) Sous la même hypothèse, L *est aussi la fin de l'ensemble* $\{c_-^L = 1\}$*, qui est (à un ensemble évanescent près) le plus grand ensemble prévisible contenu dans* $]0,L]$ *.*

On a un énoncé analogue dans le cas optionnel, en remplaçant a^L *par* A^L *,* c_-^L *par* C^L *; de plus l'ensemble* $\{C^L = 1\}$ *est fermé dans* $]0,\infty]$ *.*

DÉMONSTRATION. L'ensemble prévisible $\Gamma(a^L)$ portant da^L, il porte aussi la mesure aléatoire $I_{\{L>0\}}\varepsilon_L$, dont la précédente est projection prévisible. Cela signifie qu'il contient le graphe $[L]$.

Supposons que L soit la fin d'un ensemble prévisible $\mathbf{K}$. Alors l'adhérence à gauche $\mathbf{H}$ de $\mathbf{K}$ est encore prévisible (IV.89–91), et contient évidemment $[L]$. Donc l'ensemble $\mathbf{H}$ porte ε_L, puis da^L par projection prévisible. Comme il est fermé à gauche il contient alors $\Gamma(a^L)$, dont la fin est ainsi $\leq L$. Mais comme $\Gamma(a^L)$ contient $[L]$ d'après a), cette fin est exactement L.

Soit $\mathbf{C}$ l'ensemble $\{c_-^L = 1\}$. Le processus c_-^L étant projection prévisible de $I_{]0,L]}$, la projection prévisible de l'inclusion $\mathbf{K} \subset]0,L]$ donne $I_{\mathbf{K}} \leq c_-^L$ donc $\mathbf{K} \subset \mathbf{C}$ (plus généralement, cela s'applique à tout ensemble prévisible $\mathbf{K}$ situé à gauche de L, ce qui entraînera plus bas le caractère maximal de $\mathbf{C}$). Désignant par N la fin de $\mathbf{C}$ on a donc $L \leq N$. Par continuité à gauche à l'instant N on a $c_{N-}^L = 1$ sur l'ensemble $\{N > 0\}$, donc

$$\mathbb{P}\{N > 0\} = \mathbb{E}[c_{N-}^L I_{\{N>0\}}] = \mathbb{E}[\int c_{s-}^L da_s^N] .$$

La mesure aléatoire da^N étant prévisible, nous remplaçons c_-^L par $I_{]0,L]}$ dans la dernière intégrale, ce qui donne $\mathbb{P}\{N > 0\} = \mathbb{E}[a_L^N]$. Comme le côté gauche vaut aussi $\mathbb{E}[a_\infty^N]$, on voit que L se trouve après la fin de $\Gamma(a^N)$, c'est à dire N d'après b). Donc on a $L = N$.

Le cas optionnel se traite de même, mais de plus l'adhérence d'un ensemble optionnel est optionnelle. Le caractère maximal de l'ensemble $\{C^L = 1\}$ entraîne alors qu'il est fermé.

14 Nous allons maintenant évaluer L "par la droite", en cherchant le plus petit temps d'arrêt majorant L. Le résultat est amélioré au n° suivant.

THÉORÈME. *Soit* L *un temps arbitraire. Les ensembles* $\{c^L = 0\}$, $\{c_-^L = 0\}$ *et* $\{C^L = 0\}$ *sont disjoints de* $]0,L[$ *, et ont la même borne inférieure* T *, qui est le plus petit t. d'a. majorant* L *.*

DÉMONSTRATION. D'après VI.17, l'ensemble $\{c^L = 0\}$ est un intervalle stochastique $[T,\infty[$, et sur $[0,T[$ les processus c^L et c_-^L sont strictement positifs. Le résultat analogue pour C^L est établi au n° 5 e) de l'appendice sur les surmartingales fortes (vol. B) : il existe un t. d'a. T' tel que les trois processus C^L, C_-^L, C_+^L soient strictement positifs sur $[0,T'[$, nuls sur $]T',\infty[$. Comme $c^L = C_+^L$ on a $T = T'$. La relation $c_T^L = 0$ entraîne que $a_T^L = a_\infty^L$, donc T se trouve après la fin du support de $\Gamma(a^L)$, et enfin à droite de L.

Pour tout t. d'a. U majorant L l'ensemble prévisible $]U,\infty[$ est négligeable pour ε_L, donc $a^L_U = a^L_\infty$ et $c^L_U = 0$, et enfin $U \geq T$. Ainsi, T est le plus petit t. d'a. majorant L.

15 Nous étendons une partie des résultats de 13 (d'après Jeulin [1]) à un fermé gauche aléatoire M — le cas le plus important étant celui des intervalles stochastiques déterminés par des temps arbitraires, $]0,L]$ ou plus généralement $]\lambda,L]$ $(\lambda \leq L)$; alors M^c est aussi un fermé gauche. Noter que lorsque $\mathrm{M} =]0,L]$, la fonction c n'est pas égale à c^L, mais à c^L_-.

THÉORÈME. *Soit* M *un ensemble aléatoire dans* $]0,\infty[$ *; on désigne par* C *et* c *les projections optionnelle et prévisible de* I_{M}.

a) Si M *est fermé à gauche, les ensembles* $\{C = 1\}$ *et* $\{c = 1\}$ *sont fermés à gauche, et sont respectivement (aux ensembles évanescents près) le plus grand ensemble optionnel et le plus grand ensemble prévisible contenu dans* M. *Si* M *est fermé, il en est de même de* $\{C = 1\}$.

b) Si M^c *est fermé à gauche, les processus* C *et* c *sont strictement positifs sur* M.

REMARQUES. 1) Notons tout de suite deux conséquences utiles. Il résulte de b) que si $\mathrm{M} =]\lambda,L]$, le processus $c = c^L_- - c^\lambda_-$ est strictement positif sur M, ce qui sera essentiel pour les calculs de projections prévisibles en théorie du grossissement. D'autre part, lorsque $\mathrm{M} =]0,L]$, l'ensemble $\{c^L_- = 0\} \subset]L,\infty[$ est négligeable pour la mesure aléatoire ε_L, et donc aussi pour sa projection prévisible da^L (et de même $\{C^L = 0\}$ pour dA^L).

2) L'ensemble $\{C^L = 1\}$, qui est le plus grand ensemble optionnel contenu dans $]0,L]$, sera appelé de manière imagée *l'ombre optionnelle* de L, et de même pour l'ombre prévisible. On dit qu'un fermé aléatoire optionnel est *saturé* s'il est égal à l'ombre optionnelle de sa fin.

DÉMONSTRATION. Traitons le cas prévisible, qui est un peu plus délicat. Soit $\mathrm{H} = \{C = 1\}$; par définition de $c_T = \mathbb{P}\{T \in \mathrm{M} \,|\, \mathcal{F}_{T-}\}$ pour tout t. d'a. prévisible T, la relation $T \in \mathrm{H}$ entraîne p.s. $T \in \mathrm{M}$. Soit (A_t) un processus croissant intégrable prévisible, tel que la mesure dA soit portée par H, et soit τ_t le t. d'a. $\inf\{s : A_s \geq t\}$, prévisible en tant que début d'un ensemble prévisible fermé à droite; on a d'après VI.56

$$\int_0^\infty U_s\, dA_s = \int_0^\infty U_{\tau_s} I_{\{\tau_s < \infty\}}\, ds$$

pour tout processus mesurable positif (U_t). Prenant $U = I_{\mathrm{H}^c}$ on voit que $\tau_t \in \mathrm{H}$ pour presque tout t, donc $\tau_t \in \mathrm{M}$, et on voit que dA est aussi portée par M.

Pour montrer que $\mathrm{H} \subset \mathrm{M}$, il suffit de montrer que tout temps L (seulement mesurable) qui passe dans H passe aussi dans M. Or prenons pour dA ci-dessus la projection prévisible de ε_L ; dA est portée par H, donc par le fermé gauche M, et le support gauche $\Gamma(dA)$ est donc contenu dans M. D'après 13 a), $\Gamma(dA)$ contient le graphe de L, et L passe bien dans M.

Le reste est facile : il est immédiat que tout ensemble prévisible contenu dans M est contenu dans H, donc H est maximal; la fermeture à gauche de H est encore prévisible et contenue dans M, donc égale à H. Enfin, si M^c est fermé à gauche l'ensemble $\{1-c=1\}$ est contenu dans M^c d'après a), d'où b).

16 Nous revenons aux intervalles stochastiques $]0, L]$, en supposant cette fois que L est une fin d'optionnel. Nous désignons par $\mathbf{M}$ l'ombre optionnelle de L (qui est fermée saturée). Nous allons préciser (d'après Jeulin [1]) les relations entre C^L et c^L.

THÉORÈME. *On a*

$$C^L = c^L \vee I_{\mathbf{M}} , \tag{16.1}$$

et l'ensemble $\{C^L \neq c^L\}$ *est la partie optionnelle* $\mathbf{G}_o$ *(cf. 8) de* $\mathbf{G}$, *l'ensemble de sortie de* $\mathbf{M}$.

DÉMONSTRATION. Nous omettons la mention de L pour alléger. Nous avons vu que $C - c$ est projection optionnelle de $I_{[L]}$, et que $C_L = 1$. Alors on a

$$0 \leq (C - c)I_{\{C<1\}} = {}^o(I_{[L]}\, I_{\{C<1\}}) = 0 ,$$

d'où aussitôt (16.1). En particulier, l'ensemble $\mathbf{H} = \{C \neq c\}$ est contenu dans $\mathbf{M}$. Comme $c = C_+$, on a $c = 1$ sur $\mathbf{M} \setminus \mathbf{G}$, donc $\mathbf{H} \subset \mathbf{G}$; comme $\mathbf{H}$ est optionnel, il est contenu dans $\mathbf{G}_o$, et il reste seulement à montrer l'inclusion inverse — autrement dit, que pour tout t. d'a. T passant dans $\mathbf{G}$ on a $c_T < 1$ sur $\{T < \infty\}$.

Plaçons nous sur $\{T < \infty\}$ dans la filtration $(\mathcal{F}_{T+t})$, pour laquelle $S = D_T - T$ est un t. d'a., et posons $Z_t = C_{T+t}$. On a $Z_t = M_{T+t} - A_{(T+t)-}$, mais sur l'intervalle $]0, S]$ on a $A_{(T+t)-} = A_T$, donc le processus Z^S est une martingale, comprise entre 0 et 1. Sur l'ensemble où $Z_{0+} = 1$ elle est identiquement égale à 1, ce qui entraîne $T = D_T$; comme on a par hypothèse $T < D_T$ p.s. sur $\{T < \infty\}$, on voit que $c_T\ (= C_{T+}) < 1$ p.s..

REMARQUE. Lorsque L évite les t. d'a., on a $C = c$ identiquement, donc $\mathbf{G}_o = \emptyset$, et l'on voit que $\mathbf{G}$ aussi évite les t. d'a.

17 Nous allons reprendre certains résultats du n° 13, en les énonçant dans un langage un peu différent, dont l'importance apparaîtra plus tard.

Nous revenons à la v.a. L, et nous nous donnons une v.a. intégrable σ arbitraire. Nous considérons la mesure aléatoire $\sigma I_{\{L>0\}} \varepsilon_L$, et ses deux projections prévisible dv_t^σ et optionnelle dV_t^σ — lorsque $\sigma = 1$, ce sont les mesures notées précédemment da^L et dA^L. Nous considérons d'autre part la projection optionnelle (y_t^σ) de $\sigma I_{[L,\infty[}$, qui est pour $\sigma \geq 0$ une *sous*martingale continue à droite uniformément intégrable, et la projection optionnelle Y^σ du processus continu à gauche $\sigma I_{]L,\infty]}$ (pour $\sigma \geq 0$ une sousmartingale forte régulière). Lorsque $\sigma = 1$, ce sont les deux processus $1 - c^L$ et $1 - C^L$. On omet la mention de σ lorsque le sens est clair. Voici une extension facile du théorème 13 :

Supposons que σ *soit strictement positive sur* $\{L < \infty\}$.

1) Si L *est une fin d'ensemble prévisible, l'ombre prévisible de* L *est l'ensemble* $\{y_-^\sigma = 0\}$, *et porte* dv^σ.

2) Si L *est une fin d'ensemble optionnel, l'ombre optionnelle de* L *est l'ensemble* $\{Y^\sigma = 0\}$, *et porte* dV^σ.

La démonstration est immédiate. Dans le cas optionnel, par exemple, l'ensemble $\{Y = 0\}$ ne dépend pas du choix de σ (théorème de section optionnel) et les ensembles optionnels négligeables pour dV n'en dépendent pas non plus. On peut donc se ramener à 13 en remplaçant σ par 1. L'ensemble $\{Y = 0\}$, qui est le plus grand ensemble optionnel à gauche de L, est donc *fermé*.

Lorsque σ n'est pas >0, on peut seulement affirmer que y_-, Y s'annulent sur les ombres correspondantes.

Variables aléatoires honnêtes

18 DÉFINITION. *Une v.a. L à valeurs dans $[0,+\infty]$ est dite* honnête *si, pour tout $t \in]0,+\infty[$, il existe une v.a. $\mathcal{F}_t$-mesurable L_t telle que $L = L_t$ sur l'ensemble $\{L < t\}$.*

Si l'on distingue les tribus $\mathcal{F}_\infty$ et $\mathcal{F}$, on ajoutera que L est $\mathcal{F}_\infty$-mesurable.

Tout t. d'a. est une v.a. honnête (prendre $L_t = L \wedge t$), mais on rencontre beaucoup de v.a. honnêtes intéressantes qui ne sont pas des t. d'a.. Par exemple, soit X un processus réel continu adapté, et posons $\overline{X} = \sup_s X_s$, $\overline{X}_t = \sup_{s \leq t} X_s$. La v.a.

$$L = \inf\{s : X_s = \overline{X}\} \tag{18.1}$$

est honnête. En effet, sur l'ensemble $\{L < t\}$ on a $L = \inf\{s : X_s = \overline{X}_t\}$, qui est $\mathcal{F}_t$-mesurable.

Par exemple, X_t peut représenter le cours d'une certaine action à l'instant t, et L est le moment idéal pour vendre son paquet d'actions. Tous les spéculateurs cherchent à connaître L sans jamais y parvenir, d'où son nom de v.a. honnête.

19 Le théorème suivant caractérise les v.a. honnêtes, et en donne aussitôt de nombreux exemples (tels que les v.a. G_t de la théorie des ensembles aléatoires).

THÉORÈME. *Pour que L soit honnête, il faut et il suffit qu'il existe un ensemble optionnel* $\mathbf{H}$ *dans $]0,\infty] \times \Omega$ tel que L soit la fin de* $\mathbf{H}$.

DÉMONSTRATION. La fin L d'un ensemble progressif $\mathbf{H}$ est toujours une v.a. honnête. En effet, L coïncide sur $\{L < t\}$ avec la fin de l'ensemble $\mathbf{H} \cap (]0,t] \times \Omega)$, qui est $\mathcal{F}_t$-mesurable.

Inversement, supposons que L possède la propriété 18. Quitte à remplacer L_t par $L_t \wedge t$ on peut supposer $L_t \leq t$. Pour $t > 0$, remplaçons ensuite L_t par $L'_t = \sup_{s \in Q_t} L_s$, Q_t désignant l'ensemble des rationnels $\leq t$; pour tout $t > 0$ on a $L = L'_t$ sur $\{L < t\}$, et L'_t est fonction croissante de t. Le processus $X_t = L'_{t+}$ est alors optionnel, et pour tout t on a encore $L = X_t$ sur $\{L < t\}$; d'autre part la fonction $X_\bullet$ est au dessous de la diagonale jusqu'à l'instant L, et ensuite elle garde la valeur constante L. Ainsi, L coïncide sur $\{L < \infty\}$ avec la fin de l'ensemble optionnel $\mathbf{K} = \{t \in]0,\infty] : X_t = t\}$. Sur $\{L = \infty\}$ cette construction ne donne rien, et on doit prendre pour $\mathbf{H}$ la réunion de $\mathbf{K}$ et de l'ensemble optionnel $\{+\infty\} \times \{L = \infty\}$.

REMARQUE. Les fins d'ensembles optionnels $\mathbf{H} \subset [0,\infty[$ ne permettent pas de construire toutes les v.a. honnêtes (Jeulin [1], p. 74).

On ne possède pas de caractérisation aussi simple des fins d'ensembles prévisibles (mais voir Azéma [7], p. 192, Corollaire 3).

20 Dans les problèmes de conditionnement ou de grossissement, il est intéressant de construire une filtration simple dans laquelle L est un temps d'arrêt.

THÉORÈME. *a) Soit L une v.a. honnête. Les ensembles de la forme*

$$C = (A \cap \{t < L\}) \cup (B \cap \{L \leq t\}) \quad \text{avec } A, B \in \mathcal{F}_t \tag{20.1}$$

forment une tribu $\mathcal{G}_t$, et la famille $(\mathcal{G}_t)$ est une filtration satisfaisant aux conditions habituelles, dans laquelle L est un temps d'arrêt.

b) Un processus H est prévisible/$\mathcal{G}$ si et seulement s'il admet une représentation de la forme

$$H = J\, I_{]0,L]} + K\, I_{]L,\infty[} \tag{20.2}$$

où les processus J et K sont prévisibles/$\mathcal{F}$.

DÉMONSTRATION. a) Soit C donné par (20.1), et soit $u > t$. La définition des v.a. honnêtes entraîne l'existence de $D \in \mathcal{F}_u$ tel que $\{L < t\} = D \cap \{L \leq u\}$, et la relation

$$C = (A \cap \{u < L\}) \cup \big((A \cap D^c) \cup (B \cap D)\big) \cap \{L \leq u\}\big)$$

montre que $\mathcal{G}_t \subset \mathcal{G}_u$. La continuité à droite est facile.

b) Il suffit d'examiner les générateurs des tribus prévisibles. Si les processus J, K de (20.2) sont $\mathcal{F}$-adaptés et continus à gauche, il est clair que U est $\mathcal{G}$-adapté et continu à gauche. Inversement, supposons U $\mathcal{G}$-adapté et continu à gauche, et choisissons pour tout s rationnel un couple J_s°, K_s° de v.a. $\mathcal{F}_s$-mesurables, tel que

$$U_t = J_s^{\circ} \quad \text{sur } \{s \leq L\}, \quad = K_s^{\circ} \quad \text{sur } \{s > L\}.$$

Puis posons pour $t > 0$ réel $J_t = \liminf_{s \uparrow\uparrow t} J_s^{\circ}$, et de même pour K. Ces processus sont $\mathcal{F}$-prévisibles (IV.92), et on a la décomposition (20.2).

21 REMARQUE. Les processus J et K ne sont pas uniques, mais nous allons en donner des versions "canoniques".

Soit U un processus mesurable borné, et soit H sa projection prévisible/$\mathcal{G}$; nous savons a priori que H est de la forme (20.2). Multipliant K par $I_{]0,L]}$ et $I_{]L,\infty[}$ et prenant une projection prévisible/$\mathcal{F}$, nous trouvons que

$$^{p}(U I_{]0,L]}) = J c_-^L \,, \qquad ^{p}(U I_{]L,\infty[}) = K(1 - c_-^L)\,. \tag{21.1}$$

Il en résulte que J et K sont uniquement déterminés sur les ensembles $\{c^L > 0\}$ et $\{1 - c^L > 0\}$ respectivement, qui contiennent respectivement $]0, L]$ et $]L, \infty[$. Pour avoir des représentants uniques, il ne reste qu'à les prolonger par 0 hors de ces ensembles.

Le calcul précédent s'applique en particulier lorsque $U = H$ est $\mathcal{G}$- prévisible, et donne alors "explicitement" J et K.

22 Pour étudier la tribu optionnelle, nous faisons la remarque suivante : les processus de la forme $a(t)\,U(\omega)$ engendrent tous les processus mesurables, par combinaisons linéaires, puis par classes monotones. Donc les processus de la forme $a(t)\,U_t(\omega)$, où (U_t) est une martingale/$\mathcal{G}$ continue à droite, engendrent aussi par classes monotones la tribu optionnelle/$\mathcal{G}$. Or calculons cette martingale, d'abord p.s. pour chaque valeur de t

$$(22.1)\qquad U_t = \mathbb{E}\left[U \mid \mathcal{G}_t\right] = \frac{\mathbb{E}\left[U I_{\{t<L\}} \mid \mathcal{F}_t\right]}{c_t^L} I_{\{t<L\}} + \frac{\mathbb{E}\left[U I_{\{t\geq L\}} \mid \mathcal{F}_t\right]}{1-c_t^L} I_{\{t\geq L\}} \,.$$

Le premier terme ne pose aucun problème, car l''ensemble $\{c^L=0\}$ est à droite de L (14). De même, l'ensemble $\{c^L=1\}$ est contenu dans $\{C^L=1\}$, donc à gauche de L, et le second terme ne pose aucun problème sur $]\,L,\infty]$. La martingale telle qu'elle est écrite est donc continue à droite sur ces deux intervalles, et il ne se pose de difficulté d'interprétation que sur l'intersection du graphe de L avec $\{c^L=1\}$, ensemble sur lequel la martingale doit être définie par passage à la limite à droite.

COROLLAIRE. *tout processus optionnel/$\mathcal{G}$ admet une décomposition de la forme*

$$(22.2)\qquad H\,I_{[\,0,L\,[} + J\,I_{[\,L\,]} + K\,I_{]\,L,\infty\,[}$$

où H et K sont optionnels/$\mathcal{F}$, et où J est progressif/$\mathcal{F}$.

Comme au n° précédent, K et H sont uniques si on leur impose d'être nuls respectivement sur l'ombre optionnelle $\{C^L=1\}$, et sur l'ensemble $\{C^L=0\}$.

Nous reprendrons cette discussion au §3, consacré au grossissement.

Application à un théorème de Walsh

23 Ce n° est une digression : il utilise le calcul de la martingale (22.1) dans le cas markovien homogène, en prenant pour L la fin d'un ensemble aléatoire $\mathbf{M}$, optionnel et homogène dans $]\,0,\infty\,[$. Cela donne aisément un très utile résultat de Walsh (dans Meyer-Smythe-Walsh [1]).

Nous désignons comme d'habitude par R le début de $\mathbf{M}$, qui est un temps terminal exact, et par (Q_t) le semi-groupe tué correspondant. Nous désignons par γ la fonction

$$(23.1)\qquad \gamma = \mathbb{P}^\bullet\{\mathbf{M}=\emptyset\} = \mathbb{P}^\bullet\{R=\infty\} = \mathbb{P}^\bullet\{L=0\}\,.$$

Voici le théorème de Walsh. L'énoncé suppose le semi-groupe (P_t) markovien, et le semi-groupe (Q_t) est alors sousmarkovien.

Le résultat s'étend à un semi-groupe sousmarkovien (P_t), que l'on rend markovien au moyen du point ∂, et à un ensemble aléatoire $\mathbf{M}\subset]\,0,\zeta\,[$; mais alors la fonction γ vaut 1 au point ∂, et n'est invariante/(Q_t) que sur l'espace d'états $E\cup\{\partial\}$; vue sur E elle est seulement excessive.

THÉORÈME. *La fonction γ est invariante pour (Q_t), et le processus $(X_{L+t})_{t>0}$ sur l'ensemble $\{L<\infty\}$ est markovien par rapport à la filtration $(\mathcal{F}_{L+t})$, et admet comme semi-groupe de transition le semi-groupe $\Xi_t = Q_t^{/\gamma}$.*

Nous verrons aux n°s 59–60 ce que l'on peut dire à l'instant $t=0$.

DÉMONSTRATION. On vérifie que γ est invariante pour (Q_t) en appliquant la propriété de Markov :

$$\gamma(x) = \mathbb{P}^x\{R=\infty\} = \mathbb{P}^x\{t < R,\, R\circ\theta_t = \infty\} = \mathbb{E}^x\left[\gamma\circ X_t,\, t<R\right] = Q_t(x,\gamma)\ .$$

Pour établir la partie essentielle de l'énoncé, nous étendons un peu la formule (22.1), pour calculer la projection optionnelle, dans la filtration grossie $\mathcal{G}$, d'un processus mesurable V positif ou borné. Cela donne

$$\text{(23.2)}\qquad \frac{{}^o(VI_{[0,L[})}{c^L}\, I_{[0,L[} + \frac{{}^o(VI_{[L,\infty[})}{1-c^L}\, I_{[L,\infty[}\ ,$$

avec une difficulté d'interprétation sur le graphe de L qui ne nous gêne pas, car nous allons travailler sur $]\,L,\infty\,[$. Le dénominateur vaut sur cet 'intervalle

$$\text{(23.3)}\qquad 1-c_t^L = \mathbb{P}^\bullet\{L\le t\,|\,\mathcal{F}_t\} = \mathbb{P}^\bullet\{R\circ\theta_t = \infty\,|\,\mathcal{F}_t\} = \gamma\circ X_t\ .$$

Nous appliquons cela au processus $V_t = f(X_{t+v})$, la formule donnant alors l'espérance $\mathbb{E}\left[f(X_{T+v})\,|\,\mathcal{G}_T\right]$ en un $\mathcal{G}$-temps d'arrêt $T>L$, $T=L+u$ par exemple. Le processus ${}^o(VI_{[L,\infty[})$ est la version continue à droite du processus

$$\mathbb{E}\left[f\circ X_{t+v}\,,\, L\le t\,|\,\mathcal{F}_t\right] = \mathbb{E}\left[f\circ X_{t+v}\,,\, R\circ\theta_t=\infty\,|\,\mathcal{F}_t\right] =$$
$$\mathbb{E}\left[f\circ X_{t+v}\,,\, R\circ\theta_t > t+v, R\circ\theta_{t+v}=\infty\,|\,\mathcal{F}_t\right] = Q_v(X_t, f\gamma)\ .$$

Rassemblant numérateur et dénominateur, on trouve que

$$\mathbb{E}\left[f(X_{T+v}\,|\,\mathcal{G}_T\right] = Q_v^{/\gamma}(X_T, f)\ ,$$

qui est le théorème de Walsh.

24 Nous allons étendre ce théorème en lui appliquant l'artifice du *passage à l'espace-temps,*[1] afin d'obtenir des résultats concernant le dernier point $L=G_u$ de l'ensemble aléatoire homogène M avant un instant $u>0$. Le processus X_{L+t} est alors markovien, mais *non homogène*. Nous reprendrons cette étude au n° 60, au moyen du système de sortie.

Considérons sur $\bar\Omega = \mathbb{R}\times\Omega$ l'opérateur de translation $\bar\theta_t(r,\omega) = (r+t, \theta_t\omega)$ et les v.a. $\bar X_t(r,\omega) = (r+t, X_t(\omega))$, qui forment un processus de Markov (droit) sous les lois $\bar{\mathbb{P}}^{s,x} = \varepsilon_s\otimes\mathbb{P}^x$. Nous allons appliquer le n° précédent à ce processus droit, et au fermé aléatoire homogène $\bar{\mathrm{M}}_u$ suivant

$$(t,(s,\omega))\in\bar{\mathrm{M}}_u \iff t>0,\, t+s\le u\,,\, (t,\omega)\in\mathrm{M}\ .$$

Le début et la fin correspondants valent

$$\bar D(s,\omega) = D(\omega)\quad \text{si } D(\omega)\le u-s,\ +\infty \text{ sinon,}$$
$$\bar L(s,\omega) = G_{u-s}(\omega)\quad \text{si } G_u(\omega)\le u-s,\ 0 \text{ sinon.}$$

---

[1] Souvent utilisé pour ramener les processus de Markov non homogènes dans le temps à la théorie homogène.

Rappelons que G_u est ici noté L. Le théorème 23, sous la mesure $\overline{\mathbb{P}}^{0,x}$, nous dit que le processus $(L+t, X_{L+t})$ est markovien (homogène) par rapport à la filtration $(\mathcal{F}_{L+t})$. Comme L est $\mathcal{F}_L$-mesurable, on en déduit que le processus (X_{L+t}) lui-même est markovien non homogène conditionnellement à la valeur de L [1]. Nous allons calculer sa fonction de transition.

Nous calculons d'abord le semi-groupe de transition sur l'espace-temps. Voici successivement le semi-groupe tué au début $\bar{D}$ de $\bar{\mathrm{M}}$, la fonction $\bar{c}(s,x) = \bar{\mathbb{P}}^{s,x}\{\bar{D} = \infty\}$, et le semi-groupe $\bar{\Xi}_t$ du théorème de Walsh

$$\begin{aligned} \bar{Q}_t((s,x),f) &= \mathbb{E}^x\left[f(s+t,X_t)\,,\, D > (u-s)\wedge t\right] \\ \bar{c}(s,x) &= \bar{\mathbb{P}}^{s,x}\{\bar{D} = +\infty\} = \mathbb{P}^x\{D > u-s\} \\ \bar{\Xi}_t((s,x),f) &= \frac{\mathbb{E}^x\left[f(s+t,X_t)\,,\, D > u-s\right]}{\mathbb{P}^x\{D > u-s\}} \end{aligned} \tag{24.1}$$

Prenons $s=0$ et revenons sur E (f ne dépendant plus que de x). Nous savons alors calculer pour $0 \le s < t$

$$\mathbb{E}\left[f\circ X_{L+t}\,|\,\mathcal{F}_{L+s}\right] = F(L, X_{L+s}) \quad \text{sur } \{L<\infty\}$$

avec pour $s>0$

$$F(\ell,x) = \bar{\Xi}_{t-s}((\ell+s,x),f) = \frac{\mathbb{E}^x\left[f(X_{t-s}), D > u-\ell-s\right]}{\mathbb{P}^x\{D > u-\ell-s\}}\,. \tag{24.2}$$

Évènements antérieurs à un temps arbitraire

25 Etant donnée une v.a. U à valeurs dans $[0,+\infty]$, il est traditionnel (Chung et Doob [1]) de définir les trois tribus $\mathcal{F}_U$, $\mathcal{F}_U^-$ et $\mathcal{F}_U^+$ de la manière suivante : une v.a. Z est $\mathcal{F}_U$-mesurable s'il existe un processus $\mathcal{F}$-*optionnel* (Z_t) indexé par $[0,+\infty]$ tel que $Z = Z_U$. La tribu $\mathcal{F}_U^+$ s'obtient en remplaçant le mot optionnel par *progressif*, et la tribu $\mathcal{F}_U^-$ en le remplaçant par *prévisible*, ce dernier cas supposant comme d'habitude, si l'on travaille sur $[0,\infty]$, que la filtration comporte une tribu $\mathcal{F}_{0-}$.

Les notations traditionnelles sont $\mathcal{F}_U$, $\mathcal{F}_{U-}$ et $\mathcal{F}_{U+}$, mais cela prête à de graves confusions.

On a $\mathcal{F}_U = \mathcal{F}_U^+$ lorsque U est un t. d'a., mais si U est par exemple le dernier zéro du mouvement brownien avant t, le signe de l'excursion entre U et t est une v.a. mesurable/$\mathcal{F}_U^+$ et orthogonale à $\mathcal{F}_U$.

26 La tribu prévisible ayant des générateurs explicites, la tribu $\mathcal{F}_U^-$ admet les générateurs

$$A\cap\{t<U\} \quad (t\ge 0,\ A\in\mathcal{F}_t) \tag{26.1}$$

[1] Lorsque X est le mouvement brownien et M l'ensemble de ses zéros, ce processus est appelé le *méandre brownien* sur l'intervalle (L,u).

auxquels il convient d'ajouter, si U prend la valeur 0, les éléments de $\mathcal{F}_0$ (ou plutôt de $\mathcal{F}_{0-}$ si cette tribu a été choisie distincte de $\mathcal{F}_0$). La tribu $\mathcal{F}_U^+$ se décrit aussi simplement lorsque U est honnête : une v.a. Z est $\mathcal{F}_U^+$–mesurable si et seulement si pour tout $s > 0$ (ou seulement pour s rationnel) il existe une v.a. $\mathcal{F}_s$–mesurable Z_s° telle que

$$(26.2) \qquad Z = Z_s^\circ \quad \text{sur l'ensemble } \{U < s\}$$

(si $\mathcal{F}_\infty$ est distincte de $\mathcal{F}$, ajouter que Z coïncide sur $\{U = \infty\}$ avec une v.a. Z_∞° mesurable/$\mathcal{F}_\infty$). En effet, si $Z = Z_U$ pour un processus progressif (Z_t), et si $U_s \leq s$ est $\mathcal{F}_s$–mesurable égale à U sur $\{U < s\}$ (honnêteté), on prendra $Z_s^\circ = Z_{U_s}$. Inversement, si (26.2) est satisfaite pour s rationnel, on définit un processus progressif (Z_t) tel que $Z = Z_U$ en posant pour t réel

$$Z_t = \liminf_{s \downarrow\downarrow t,\, s \in \mathbb{Q}} Z_s^\circ \quad \text{si } t < \infty, \quad Z_\infty = Z_\infty^\circ .$$

27 Le théorème suivant est souvent utile.

THÉORÈME. *Soient K et L deux temps arbitraires tels que $K \leq L$. Si K est mesurable/$\mathcal{F}_L$ (resp. /$\mathcal{F}_L^-$) on a $\mathcal{F}_K \subset \mathcal{F}_L$ (resp. $\mathcal{F}_K^- \subset \mathcal{F}_L^-$). L'hypothèse précédente est toujours satisfaite si K est une fin d'ensemble optionnel (resp. prévisible).*

DÉMONSTRATION. Si Z est un processus adapté continu à droite, puis optionnel, le processus arrêté Z^L est mesurable/$\mathcal{B}(\mathbb{R}_+)\times\mathcal{F}_L$, donc $Z_K = Z_K^L$ est mesurable/$\mathcal{F}^L$. Le raisonnement est semblable dans le cas prévisible.

Supposons que K soit la fin d'un ensemble optionnel M, et prenons pour Z l'indicatrice de M ; alors K est aussi la fin de l'ensemble $\{Z^L = 1\}$, et K est donc mesurable/$\mathcal{F}_L$.

REMARQUE. Si K est honnête et Z est une v.a. mesurable/$\mathcal{F}_K^+$, nous avons vu en 26 que pour tout t il existe une v.a. $\mathcal{F}_t$–mesurable Z_t telle que $Z = Z_t$ sur $\{K < t\}$, et a fortiori sur $\{L < t\}$. On en déduit que $\mathcal{F}_K^+ \subset \mathcal{F}_L^+$.

La filtration lente

Cette section sera utilisée dans la théorie des systèmes de sortie, mais peut être temporairement omise.

28 Revenons à l'ensemble aléatoire M : la famille (G_t) est une famille croissante et continue à droite de fins d'optionnels, donc 27 nous dit que la famille $\mathcal{F}_{G_t}$ est une filtration, contenue dans $(\mathcal{F}_t)$ puisque $G_t \leq t$. Nous désignerons par $\mathcal{A}_t^\circ$ cette filtration, et nous appellerons *filtration lente* la filtration *continue à droite* $(\mathcal{A}_t)$ correspondante (pour aider la mémoire, noter que $(\mathcal{A}_t)$ et $(\mathcal{R}_t)$ se correspondent comme les processus A_t et R_t). Alors que la filtration rapide $\mathcal{R}$ avançait sur $\mathcal{F}$, celle–ci retarde. Cependant, le processus de l'âge (A_t) est encore adapté à la filtration lente, et il en résulte que M *est encore $\mathcal{A}$-optionnel.* On a le résultat suivant (dont la partie b) nous a été communiquée par J. Azéma) :

THÉORÈME. *a) Soit T un t. d'a. de la filtration $(\mathcal{A}_t)$. Alors T est aussi un t. d'a. de $(\mathcal{F}_t)$, et l'on a $\mathcal{F}_{G_T} \subset \mathcal{A}_T \subset \mathcal{F}_T$.*

b) On a plus précisément $\mathcal{A}_T \subset \mathcal{F}_{G_T}^+$, et $\mathcal{A}_T = \mathcal{F}_{G_T}$ sur l'ensemble $\{G_T < T\}$.

c) Soit (Z_t) un processus $\mathcal{F}$-optionnel. Alors le processus (Z_{G_t}) est $\mathcal{A}$-optionnel.

Pour $T = t$ on obtient que $\mathcal{F}_{G_t} \subset \mathcal{A}_t \subset \mathcal{F}^+_{G_t}$.

DÉMONSTRATION. Le premier point et l'inclusion $\mathcal{A}_T \subset \mathcal{F}_T$ sont évidents, puisque $(\mathcal{A}_t)$ est une sous-filtration de $(\mathcal{F}_t)$. Si (Z_t) est un processus $\mathcal{F}$-adapté continu à droite, le processus (Z_{G_s}) est $\mathcal{A}$-adapté continu à droite. Cela prouve c), et aussi l'inclusion $\mathcal{F}_{G_T} \subset \mathcal{A}_T$.

La partie b) est plus délicate. Nous commençons par le cas où T est un t. d'a. de la filtration $(\mathcal{A}^\circ_t)$, prenant ses valeurs dans un ensemble fini U (la notation u, v sert à désigner des éléments de U). Soit aussi h une v.a. $\mathcal{A}^\circ_T$-mesurable. Pour tout $u \in U$ il existe un processus (indicateur) $\mathcal{F}$-optionnel Y^u et un processus $\mathcal{F}$-optionnel X^u, tels que

$$I_{\{T=u\}} = Y^u_{G_u} , \quad h I_{\{T=u\}} = X^u_{G_u} .$$

On peut supposer que $Y^u_s = 0$ pour $s > u$. Nous remarquons que pour $u < v$ on a $Y^u_{G_v} = 0$ sur $\{T = v\}$. En effet, c'est clair si $G_u = G_v$, et la relation $G_u < G_v$ entraîne $u < G_v$ donc $Y^u_{G_v} = 0$. Posons alors

$$Z^v = X^v Y^v \prod\nolimits_{u<v} (1 - Y^u) .$$

Nous avons d'abord $Z^v_{G_v} = h I_{\{T=v\}}$. En effet sur cet ensemble le premier facteur $X^v_{G_v} Y^v_{G_v}$ vaut h tandis que tous les $Y^u_{G_v}$ avec $u < v$ valent 0, et hors de l'ensemble tout vaut 0. Sur l'ensemble $\{T = u\}$ avec $u < v$ on a $Y^u_{G_u} = 1$ donc $Z^v_{G_u} = 0$, et si $u > v$ on a $Y^v_{G_u} = 0$ donc $Z^v_{G_u} = 0$. En définitive, on a donc $Z^v_{G_T} = Z^v_{G_v} I_{\{T=v\}} = h I_{\{T=v\}}$, et si l'on pose $Z = \sum_v Z_v$ on a $Z_{G_T} = h$.

Considérons ensuite un t. d'a./$\mathcal{A}$ T arbitraire, une v.a. $\mathcal{A}_T$-mesurable h, et soit T_n la n-ième approximation dyadique supérieure de T. Nous venons de voir que h est mesurable/$\mathcal{F}_{G_{T_n}}$ pour tout n, et cela entraîne qu'elle possède la propriété (26.2) pour $U = G_T$, et donc est mesurable/$\mathcal{F}^+_{G_T}$. Plus précisément, il existe un processus $\mathcal{F}$-optionnel Z^n tel que $h = Z^n_{G_{T_n}}$; soit $Z = \liminf_n Z^n$. Sur l'ensemble $\{G_T < T\}$ les G_{T_n} tendent stationnairement vers G_T (il en est de même sur $\{T \in \mathbf{G}\}$, d'ailleurs), et on a donc $h = Z_{G_T}$ sur $\{G_T < T\}$.

29 Ce n° peut être omis sans inconvénient : il indique une autre filtration retardée, plus petite que la précédente, et dans laquelle $\mathbf{M}$ est encore optionnel. Néanmoins, cette filtration semble moins importante.

Rappelons la notation $g_t = \sup\{s < t, s \in \mathbf{M}\} = G_{t-}$, et posons provisoirement $\mathcal{B}_t = \mathcal{F}^-_{g_t}$. On convient que $g_0 = 0$ et que tous les processus adaptés sont "continus à gauche" en 0, de sorte que $\mathcal{B}_0 = \mathcal{F}_0$. Pour $s < t$ appliquons le théorème 27 en prenant $K = g_s$, $L = g_t$; K étant la valeur en L du processus prévisible $Z_u = u I_{\{u \leq s\}} + g_s I_{\{u > s\}}$, on voit que la famille $(\mathcal{B}_t)$ est une filtration. Nous désignerons alors par $(\mathcal{A}'_t)$ la filtration continue à droite associée. Le processus (A_{t-}) est adapté à $(\mathcal{B}_t)$, donc (A_t) est $\mathcal{A}'$-optionnel, et l'on voit que $\mathbf{M}$ *est encore $\mathcal{A}'$-optionnel.*

REMARQUE. Soit (Z_t) un processus $\mathcal{F}$-adapté et continu à gauche. Le processus (Z_{g_t}) est alors $\mathcal{B}$-adapté et continu à gauche, donc $\mathcal{A}'$-prévisible (et a fortiori $\mathcal{A}$-prévisible). Cela s'étend à tous les processus (Z_t) $\mathcal{F}$-prévisibles.

Le résultat suivant est peu important, mais il montre que la filtration $\mathcal{A}'$ est à certains égards plus simple que la filtration $\mathcal{A}$.

THÉORÈME. *La tribu $\mathcal{A}'$-prévisible est engendrée par les processus déterministes et par les processus de la forme (Z_{g_t}), où Z est $\mathcal{F}$-adapté continu à gauche.*

DÉMONSTRATION. 1) Appelons $\mathcal{K}$ la tribu sur $\mathbb{R}_+ \times \Omega$ ainsi engendrée, évidemment contenue dans la tribu $\mathcal{B}$-prévisible. Il nous suffit de prouver la mesurabilité/$\mathcal{K}$ des processus de la forme $Y = hI_{]r,\infty[}$, où h est $\mathcal{B}_r$-mesurable; on peut alors supposer que $h = U_{g_r}$ où (U_t) est $\mathcal{F}$-adapté continu à gauche. L'intervalle stochastique $]r, D_r]$ peut s'écrire $\{s > r : g_s = r\}$, et appartient donc à $\mathcal{K}$. Le processus $(U_{g_t}$ garde sur $]r, D_r]$ la valeur h, donc $hI_{]r,D_r]}$ est $\mathcal{K}$-mesurable. D'autre part, le processus $Z = hI_{]r,\infty]}$ est $\mathcal{F}$-adapté continu à gauche, et le processus (Z_{g_t}) est égal à $hI_{]D_r,\infty]}$. En ajoutant ces deux processus on obtient le résultat désiré.

La filtration continue à droite $(\mathcal{A}'_t)$ est plus petite que la filtration $(\mathcal{A}_t)$ du n° 28. On peut affirmer qu'elles sont égales si $\mathbf{G}$ évite les $\mathcal{F}$-t. d'a. En effet, soit (Z_t) un processus càdlàg. $\mathcal{F}$-adapté; la limite à droite en t du processus (Z_{g_s-}) vaut

$$Z_{G_t} = Z_t \text{ si } t \in \mathbf{M} \setminus \mathbf{G},\ Z_{G_t-} \text{ sinon.}$$

Cette v.a. est $\mathcal{A}'_t$-mesurable, mais comme $\mathbf{G}$ évite les t. d'a. et l'ensemble des sauts de Z est une réunion de graphes de t. d'a., on peut remplacer Z_{G_t-} par Z_{G_t} (et en particulier par Z_t sur $\{t \in \mathbf{G}\}$), et on retrouve alors les générateurs de $\mathcal{A}^{\circ}_t$. On a donc $\mathcal{A}^{\circ}_t \subset \mathcal{A}'_t$, et par continuité à droite $\mathcal{A}_t = \mathcal{A}'_t$.

La "formule de balayage"

30 Ce n° présente un résultat auxiliaire très utile, connu sous le nom de *formule de balayage d'Azéma-Yor* (*cf.* Azéma–Yor [1], p.6). La forme prévisible en est plus classique que la forme optionnelle.

Les notations sont les suivantes : $\mathbf{H}$ est un ensemble aléatoire fermé à droite optionnel, les notations standard G_t, etc (n° 1) étant relatives à $\overline{\mathbf{H}}$. On convient que $G_0 = g_0 = 0$. Le processus Y est une semimartingale (spéciale) admettant une décomposition canonique $Y = M + A$, où M est une martingale locale continue à droite et A un processus croissant prévisible A — non nécessairement continu à droite en b).

THÉORÈME. *Supposons que l'on ait $Y = 0$ sur $\mathbf{H}$.*

a) Supposons A continu à droite. Alors pour tout processus prévisible borné (Z_t), le processus $U_t = Z_{g_t}$ est prévisible, et l'on a

$$(30.1) \qquad U_t Y_t = U_0 Y_0 + \int_0^t U_s \, dY_s$$

b) Supposons $\mathbf{H}$ *fermé,* A *continu à gauche, et posons* $A_{t+} = B_t$. *Alors pour tout processus optionnel borné* (Z_t), *le processus* $U_t = Z_{G_t}$ *est optionnel, et le processus* $Y'_t = U_t Y_t$ *admet une décomposition* $M' + B'_-$ *du même type que* Y, *avec* $B'_t = \int_0^t U_s\, dB_s$. *En particulier, si la mesure* dB *est portée par* $\mathbf{H}$ *il en est de même de* dB'.

DÉMONSTRATION. Nous traiterons en détail le cas optionnel, qui est moins connu. Tout d'abord, on peut se ramener par arrêt au cas où M appartient à la classe $\mathcal{H}^1$. Nous allons établir que $U_t Y_t - \int_0^{t-} U_s\, dB_s$ est une martingale continue à droite, en commençant par le cas où Z est l'indicatrice d'un intervalle stochastique $[0, T[$; le processus U est alors l'indicatrice de l'intervalle $[0, R[$ avec $R = d_T$, et comme $Y_{d_T} = 0$ sur $\{d_T < \infty\}$, le processus $Y' = UY$ est égal au processus arrêté Y^R, tandis que le processus $A'_t = \int_0^{t-} U_s\, dB_s$ est égal à $(B^{R-})_- = (A_-)^R$. La différence $Y' - A'$ est donc égale à la martingale arrêtée M^R. On considère ensuite le cas où Z est une combinaison linéaire finie d'indicatrices d'intervalles $[S_i, T_i[$, puis on étend le résultat par classes monotones. On peut remarquer que si Z est borné par 1 en valeur absolue, la norme $\mathcal{H}^1$ de $\mathbf{M}'$ est bornée par celle de $\mathbf{M}$.

L'utilisation des t. d'a. d_T impose la nullité de Y sur la partie optionnelle de $\mathbf{G}$, et donc sur $\mathbf{H}$ entier (car Y ne saute pas sur la partie purement progressive de $\mathbf{G}$).

Dans le cas prévisible, la démonstration est un peu plus simple : on remplace $[0, T[$ par $]0, T]$, $[0, d_T[$ par $]0, D_T]$, et l'arrêt à gauche est remplacé par l'arrêt ordinaire (qui est une opération d'intégrale stochastique).

REMARQUES. a) Le résultat s'applique en particulier dans le cas des martingales càd. ($A = 0$), mais il faut bien noter pour b) l'hypothèse que $\mathbf{H}$ est fermé, alors que l'ensemble des zéros d'une martingale càd. n'est en général pas fermé.

b) Plaçons nous sous les hypothèses de a). Nous venons de voir que le produit $Z_{g_t} Y_t$ est une semimartingale lorsque Z est $\mathcal{F}$–prévisible borné. Que peut on dire lorsque Z est optionnel ? progressif ? La réponse est que la propriété de semimartingale reste vraie, mais il n'est pas du tout évident d'en écrire une décomposition. Le *Sém. Prob. XIII* contient une très intéressante discussion de ce problème, le résultat définitif étant celui de N. El Karoui [4].

d) Pour de nombreuses et belles applications aux martingales continues et aux temps locaux, voir Revuz–Yor [1], p. 241–249.

Martingales relatives

Nous abordons un sujet qui s'est récemment développé de manière étonnante, à partir des travaux (non encore parus) où Azéma et Yor déterminent toutes les martingales qui s'annulent sur l'ensemble des zéros du mouvement brownien. Il est encore trop tôt pour juger de l'importance des notions introduites ici, mais les résultats obtenus sont très élégants.

31 Comme pour la formule du balayage, nous avons affaire à des processus qui se présentent sous deux aspects, une forme *droite* continue à droite, et une forme (dite *gauche*) qui ne l'est pas nécessairement,

Soient $\mathbf{H}$ un ensemble aléatoire et Y un processus optionnel. Nous dirons que Y est une *martingale relative* associée à $\mathbf{H}$ dans chacun des deux cas suivants

1) $\mathbf{H}$ est prévisible, Y est continu à droite, Y_t est intégrable pour tout t, et pour $s < t$ on a

$$(31.1) \qquad Y_s = \mathbb{E}\left[Y_t I_{\{G_t \leq s\}} \,|\, \mathcal{F}_s \right] .$$

2) $\mathbf{H}$ est optionnel, Y_T est intégrable pour tout t. d'a. borné T, et pour tout couple de t. d'a. bornés $S \leq T$ on a

$$(31.2) \qquad Y_S = \mathbb{E}\left[Y_T I_{\{G_T < S\}} \,|\, \mathcal{F}_S \right] .$$

On retrouve les martingales ordinaires lorsque $\mathbf{H} = \emptyset$. Nous verrons d'autres raisons justifiant le nom de martingales relatives donné à ces processus.

La propriété (31.1) ou (31.2) entraîne que le processus $|Y|$ est majoré par la martingale $\mathbb{E}\left[|Y_u| \,|\, \mathcal{F}_t \right]$ sur tout intervalle borné $[0, u]$, et il n'y a donc aucune difficulté d'intégrabilité. Pour simplifier la discussion, nous ajoutons à la définition des martingales relatives (sauf mention expresse du contraire) *l'intégrabilité uniforme des variables aléatoires Y_u*.

Si Φ est une fonction convexe positive nulle en 0, le processus $\Phi \circ Y$ est une sousmartingale positive ordinaire sous la seule réserve de l'intégrabilité. Prenant $\Phi(t) = t^{\pm}$, on voit que Y est différence de deux sousmartingales positives de la classe (D), continues à droite dans le cas droit et fortes régulières dans le cas gauche. La limite Y_∞ existe donc, p.s. et dans L^1, et les deux propriétés (31.1–2) deviennent

$$(31.3) \qquad Y_s = \mathbb{E}\left[Y_\infty I_{\{L \leq s\}} \,|\, \mathcal{F}_s \right] ,$$

$$(31.4) \qquad Y_S = \mathbb{E}\left[Y_\infty I_{\{L < S\}} \,|\, \mathcal{F}_S \right] ,$$

On reconnaît les processus y^σ et Y^σ du n° 17, avec $\sigma = Y_\infty$.

Inversement, ces propriétés entraînent que les processus sont des martingales relatives. Prenons par exemple le cas droit. Tout d'abord, le second membre de (31.3) peut être interprété comme une projection optionnelle, continue à droite. Ensuite, soient S et T deux t. d'a. avec $S \leq T$. L'ensemble $\{L \leq S\}$ est l'intersection $\{L \leq T\} \cap \{G_T \leq S\}$ (et de même en remplaçant partout $\leq$ par $<$). On a donc

$$(31.5) \qquad \begin{aligned} \mathbb{E}\left[Y_T I_{\{G_T \leq S\}} \,|\, \mathcal{F}_S \right] &= \mathbb{E}\left[Y_\infty I_{\{L \leq T\}} I_{\{G_T \leq S\}} \,|\, \mathcal{F}_S \right] \\ &= \mathbb{E}\left[Y_\infty I_{\{L \leq S\}} \,|\, \mathcal{F}_S \right] = Y_S \end{aligned}$$

qui étend (31.1) en une relation entre t. d'a.. Le raisonnement est le même pour (31.4).

Les relations (31.3–4) ne faisant intervenir que la fin L de l'ensemble $\mathbf{H}$, on peut aussi parler de *martingales relatives associées à L*. Noter que cette dernière notion laisse une certaine indétermination sur l'ensemble $\mathbf{H}$.

32 REMARQUES. a) Comme les martingales ordinaires, les martingales relatives sont uniquement déterminées par leur v.a. à l'infini, sous une condition d'intégrabilité uniforme.

b) En prenant $S = T$ dans (31.2), on voit que $Y = 0$ sur l'ensemble $\{G_S = S\}$, et on en déduit que $Y = 0$ sur $\overline{\mathbf{H}}$. Ceci n'est pas nouveau, puisque Y est un processus de la forme

Y^σ, et donc nul en fait sur l'ombre optionnelle de L. De même, dans la décomposition canonique $Y = M + V_-$ on sait que dV est porté par $\overline{\mathbf{H}}$: voir en 33 plus bas la réciproque de cette propriété. On a des considérations analogues pour les martingales relatives droites.

c) Soient Y une martingale relative associée à L et T un temps d'arrêt. Alors le processus arrêté $Y' = Y^T$ est une martingale relative associée à $L' = G_T$. Cela revient à remplacer $\mathbf{H}$ par $\mathbf{H} \cap]0, T]$.

33 Nous allons donner une autre caractérisation des martingales relatives au moyen de leur décomposition canonique. Soit $Y = M + V_\pm$ une semimartingale, où M est une martingale uniformément intégrable et V est un processus à variation intégrable continu à droite, prévisible dans le cas $+$, optionnel dans le cas $-$ (mais V_- est prévisible).

THÉORÈME. *1) Supposons que l'on ait $Y = M + V$, et que le processus prévisible continu à droite V soit porté par l'ensemble $\mathbf{H} = \{Y_- = 0\}$. Alors Y est une martingale relative droite associée à la fin L de $\mathbf{H}$. Plus précisément, on a $Y = y^\sigma$ avec $\sigma = Y_\infty$.*

2) Supposons que l'on ait $Y = M + V_-$, que l'ensemble $\mathbf{H} = \{Y = 0\}$ soit fermé, et que V soit porté par $\mathbf{H}$. Alors on a de même $Y = Y^\sigma$ avec $\sigma = Y_\infty$, et Y est une martingale relative gauche associée à L.

DÉMONSTRATION. Nous commençons par le second cas. Soit T un t. d'a.; sur l'ensemble $\{T > L\}$ on a $d_T = \infty$; sur l'ensemble $\{T \leq L,\, L > 0\}$ on a $d_T \in \mathbf{H}$ donc $Y_{d_T} = 0$. Par conséquent, avec le choix de $\sigma = Y_\infty$ on a

$$\begin{aligned} Y_T^\sigma &= \mathbb{E}[Y_\infty I_{\{T>L>0\}} \,|\, \mathcal{F}_T] = \mathbb{E}[Y_{d_T} \,|\, \mathcal{F}_T] = \mathbb{E}[M_{d_T} + V_{d_T-} \,|\, \mathcal{F}_T] \\ &= M_T + V_{T-} = Y_T \,. \end{aligned}$$

Le premier cas est plus subtil, et se trouve dissimulé dans un article de Barlow–Yor [3]. Soit s un instant fixe, et soit $S = D_s$. Introduisons le t. d'a.

$$R = S_A \quad \text{avec } A = \{Y_{S-} = 0\,,\, s < S\}.$$

Le graphe de R est l'intersection des ensembles $]0, S]$, $]s, \infty]$, $\{Y_- = 0\}$; il est donc prévisible. Montrons d'abord que

$$Y_s = \mathbb{E}[Y_S^{R-} \,|\, \mathcal{F}_s]$$

Pour cela, on décompose Y en $M + V$, et on a

$$M_s = M_s^{R-} = \mathbb{E}[M_S^{R-} \,|\, \mathcal{F}_s]$$

parce que M^{R-} est une martingale, R étant prévisible. On a d'autre part $V_S^{R-} = V_s$. En effet, sur A on a $V_S^{R-} = V_{S-} = V_s$ car $dV = 0$ sur $]s, D_s[$; sur A^c on a $R = \infty$ et $V_S^{R-} = V_S$, mais ou bien $s = S$, ou bien $Y_{S-} \neq 0$, auquel cas V ne saute pas à l'instant S et on a encore $V_S = V_s$.

Il reste alors à vérifier que $Y_S^{R-} = Y_\infty I_{\{L \leq s\}}$. D'abord, sur l'ensemble $\{L \leq s\}$ on a $S = \infty = R$ et l'égalité est évidente. Sur l'ensemble $\{s < L\}$ le second membre est nul et on a $S < \infty$; Y_S^{R-} vaut Y_{S-} sur A (et il est alors nul par définition de A) et Y_S sur A^c ;

dans ce dernier cas on a $S = s$ ou $S \notin \mathbf{H}$, ce qui exclut que S soit isolé à droite, donc $Y_S = 0$. □

34 Le théorème 33 permet de donner de nombreux exemples de martingales relatives. D'abord, toute martingale u.i. ordinaire X est une martingale relative droite (gauche) associée à $\{X_- = 0\}$ (*resp.* $\{X = 0\}$ si cet ensemble est fermé). Voici trois exemples moins évidents, de martingales relatives associées à l'ensemble $\mathbf{M}$ des zéros d'un mouvement brownien, dans diverses filtrations. On remarquera que la théorie précédente s'applique sur tout intervalle $[0, t]$, mais que les conditions d'intégrabilité n'ont pas lieu jusqu'à l'infini.

Soit (B_t) un mouvement brownien standard issu de 0, dans sa filtration naturelle $(\mathcal{F}_t)$. Le premier exemple est celui de la sousmartingale $Y_t = |B_t|$, $\mathbf{M}$ étant l'ensemble des zéros de B et le processus croissant associé à Y étant le temps local usuel de $\mathbf{M}$.

Dans le second exemple, on pose $S_t = \sup_{s \leq t} B_s$, la sousmartingale positive est $Y = S - B$ et le processus croissant est $V = S$. En effet, nous avons vu en XV.58 que le couple (Y_t, S_t) est identique en loi au couple $(|B'_t|, L'_t)$, où B' est un autre mouvement brownien, de temps local L'. Cependant, la filtration dans laquelle on travaille est plus riche que celle du mouvement brownien B'.

Dans le troisième exemple enfin, on pose $G_t = \sup\{s \leq t : B_s = 0\}$, et $Y_t = \sqrt{t - G_t}$. Alors Azéma a montré (et nous reprendrons sa démonstration plus bas) que Y est, *dans sa filtration naturelle, qui est celle de l'ensemble des zéros du brownien*, une sousmartingale continue à droite, dont l'ensemble des zéros est $\mathbf{M}$ — dans la filtration brownienne, ce n'est pas une semimartingale. Nous verrons que le processus croissant prévisible associé à Y, dans la petite filtration, est proportionnel au temps local brownien, et il est donc continu, et porté par $\mathbf{M}$.

Martingales nulles à l'instant L

35 Nous considérons une v.a. honnête L, et nous cherchons à déterminer les martingales (ordinaires) nulles à l'instant L. Nous renvoyons le lecteur à 25 pour la définition des trois tribus $\mathcal{F}_L^-$, $\mathcal{F}_L$ et $\mathcal{F}_L^+$. Les deux premières tribus sont égales si L évite les t. d'a. Noter que l'ensemble $\{L = 0\}$ appartient à $\mathcal{F}_L^-$.

THÉORÈME. *Soit $X_t = \mathbb{E}[X_\infty \,|\, \mathcal{F}_t]$ une martingale uniformément intégrable. Pour que X soit nulle à l'instant L sur l'ensemble $\{0 < L \leq \infty\}$, il est nécessaire que*

(35.1) $$\mathbb{E}[X_\infty \,|\, \mathcal{F}_L^-] = 0 \quad \textit{sur } \{L > 0\},$$

et suffisant que

(35.2) $$\mathbb{E}[X_\infty \,|\, \mathcal{F}_L] = 0 \quad \textit{sur } \{L > 0\},$$

cette condition entraînant que X s'annule sur l'ombre $\mathbf{M}$ de L.

Les conditions (35.1) et (35.2) étant équivalentes lorsque L évite les t. d'a., on a dans ce cas une caractérisation complète des martingales nulles à l'instant L.

DÉMONSTRATION. Commençons par une remarque concernant les martingales u.i. positives (X_t). Soient σ une v.a. positive bornée, et V^σ la projection duale optionnelle du processus croissant $\sigma I_{\{0<L\leq t\}}$ (n° 17). On a par définition de celui–ci

$$\mathbb{E}[\sigma X_L, L>0] = \mathbb{E}[\int X_s dV_s^\sigma] = \mathbb{E}[X_\infty V_\infty^\sigma]$$

Comme L est une fin d'optionnel, on a $V_\infty^\sigma = V_L^\sigma$ (n° 13), et l'on peut remplacer X_∞ par $\mathbb{E}[X_\infty \,|\, \mathcal{F}_L]$. Nous désignons cette v.a. par X'_∞ et introduisons la martingale correspondante (X'_t). On peut alors remonter les calculs

$$\mathbb{E}[X'_\infty V_\infty^\sigma] = \mathbb{E}[\int X'_s dV_s^\sigma] = \mathbb{E}[\sigma X'_L\, , L>0]$$

Comme σ est arbitraire, on en déduit que $X_L = X'_L$ sur $\{L>0\}$. Ce résultat s'étend alors par différence au cas d'une martingale uniformément intégrable (X_t) non nécessairement positive. Ainsi, toute martingale de la forme $X_t = \mathbb{E}[X \,|\, \mathcal{F}_t]$, où X est orthogonale à $\mathcal{F}_L$ sur $\{L>0\}$, est nulle à l'instant L.

Montrons ensuite que, si (35.2) est satisfaite, X est en fait nulle sur toute l'ombre M de L. Soit K une v.a. honnête majorée par L ; on a vu au n° 27 que $\mathcal{F}_K \subset \mathcal{F}_L$, et par conséquent (35.2) entraîne $\mathbb{E}[X_\infty\, , K>0 \,|\, \mathcal{F}_K] = 0$, et à nouveau $X_K = 0$. Appliquant cela à $K = G_T$ où T est un t. d'a., on voit que $X_T = 0$ sur l'ensemble $\{T>0\, , T \in \mathrm{M}\}$. D'après le théorème de section optionnel, cela entraîne que $X = 0$ sur M.

Passons à (35.1), et supposons que X soit nulle à l'instant L. Le processus optionnel positif $|X|$ est nul p.p. pour la mesure $\varepsilon_L I_{\{L>0\}}$, donc aussi pour sa projection optionnelle dA. Soit H le support (fermé) de cette mesure, qui admet pour fin L d'après 13. On a $X = 0$ aux points isolés de H, qui sont des sauts de A, et aussi, X étant càd., aux points de H non isolés à droite. On applique alors la forme droite de la formule de balayage 30 (qui n'exige pas que X soit nulle sur H entier), d'après laquelle $H_t = Z_{g_t} X_t$ est une martingale (évidemment u.i.) pour tout processus prévisible borné Z. Soit D le début de H ; on a $X_D = 0$ sur $\{D<\infty\}$, donc

$$0 = \mathbb{E}[H_D\, , D \in \mathrm{H}] = \mathbb{E}[H_\infty\, , D \in \mathrm{H}] = \mathbb{E}[Z_L X_\infty\, , L>0]$$

comme Z est arbitraire, on obtient (35.1).

36 REMARQUES. a) Le problème en jeu dans l'énoncé est de savoir si X s'annule sur un *fermé* optionnel H de fin L. En effet, X est alors une martingale relative associée à H, et donc s'annule sur toute l'ombre de L (33).

b) Le résultat concernant les martingales admet une version un peu moins précise concernant les processus Y^σ du n° 17 : si nous posons $\sigma' = \mathbb{E}[\sigma \,|\, \mathcal{F}_L]$, le processus $V^{\sigma'}$ est (presque évidemment) égal à V^σ, et les processus Y^σ et $Y^{\sigma'}$ ne diffèrent donc que d'une martingale nulle sur l'ombre de L.

c) Désormais, nous allons nous intéresser surtout aux fins d'optionnels L (v.a. honnêtes), et aux martingales relatives correspondantes, qui sont du type gauche, et nulles sur toute l'ombre M de L, en suivant toujours les travaux d'Azéma–Yor. L'étude analogue pour les martingales relatives droites ne mérite peut être pas de grossir ce livre.

Martingales relatives et martingales ordinaires

37 Nous allons dans cette section utiliser la filtration grossie $(\mathcal{G}_t)$ du n° 20, dans laquelle la v.a. honnête L est devenue un t. d'a.. Nous posons alors pour $t \geq 0$ $\mathcal{H}_t = \mathcal{G}_{L+t}$, et on voit aisément que $\mathcal{H}_0$ est égale à $\mathcal{F}_L^+$, tribu en général différente de $\mathcal{F}_L$ (*cf.* la structure des processus $\mathcal{G}$–optionnels au n° 22).

Soit $(H_t)_{t>0}$ un processus optionnel/$\mathcal{H}$; le processus $K_t = H_{t-L} I_{\{t>L\}}$ est optionnel/$\mathcal{G}$, et d'après 22 il existe un *unique* processus (J_t) optionnel/$\mathcal{F}$, tel que $J = K$ sur $]\,L, \infty]$, et nul sur l'ombre de L. Nous poserons $J = \Pi(H)$ (la notation d'Azéma–Yor est $\rho(H)$). Ainsi, pour $H_t = Y^\sigma_{L+t} = y^\sigma_{L+t}$ on a $\Pi(H) = Y^\sigma$.

38 Nous fixons une v.a. intégrable $\xi > 0$, que nous supposons d'intégrale 1 pour simplifier (elle ne l'est pas toujours dans les applications), et introduisons la loi $\mathbb{Q} = \xi \cdot \mathbb{P}$. Nous considérons une v.a. intégrable σ, et posons $\rho = \sigma/\xi$, intégrable par rapport à $\mathbb{Q}$. Nous calculons d'après la formule (22.1), appliquée sous la loi $\mathbb{Q}$, la martingale $U_t = \mathbb{E}_{\mathbb{Q}}[\rho \,|\, \mathcal{G}_t]$

$$U_t = \frac{\mathbb{E}_{\mathbb{Q}}[\rho I_{\{t<L\}} \,|\, \mathcal{F}_t]}{\mathbb{Q}\{t < L \,|\, \mathcal{F}_t\}} I_{\{t<L\}} + \frac{\mathbb{E}_{\mathbb{Q}}[\rho I_{\{t\geq L\}} \,|\, \mathcal{F}_t]}{\mathbb{Q}\{t \geq L \,|\, \mathcal{F}_t\}} I_{\{t\geq L\}}$$

Nous exprimons cela en fonction d'espérances/$\mathbb{P}$

$$\frac{\mathbb{E}[\sigma I_{\{t<L\}} \,|\, \mathcal{F}_t]}{\mathbb{E}[\xi I_{\{t<L\}} \,|\, \mathcal{F}_t]} I_{\{t<L\}} + \frac{\mathbb{E}[\sigma I_{\{t\geq L\}} \,|\, \mathcal{F}_t]}{\mathbb{E}[\xi I_{\{t\geq L\}} \,|\, \mathcal{F}_t]} I_{\{t\geq L\}}$$

ou enfin (avec des notations expliquées plus loin)

$$\frac{X^\sigma}{X^\xi} I_{]\,0,L\,[} + \frac{Y^\sigma}{Y^\xi} I_{[\,L,\infty\,[} \; . \tag{38.1}$$

Commençons par le second terme. De même que la surmartingale qui apparaît dans la formule (22.1) est c^L (continue à droite) et non C^L, les processus qui devraient figurer ici sont les versions continues à droite Y^ξ_+, Y^σ_+. Néanmoins, le $+$ est inutile sur $]\,L, \infty]$, et l'expression se définit sur le graphe de L par continuité à droite. Il est donc inutile d'alourdir la notation. Pour le premier terme, X^ξ est défini comme la version continue à droite de la surmartingale $\mathbb{E}[\xi I_{\{t<L\}} \,|\, \mathcal{F}_t]$, et on sait qu'elle ne s'annule pas sur $]\,0, L\,[$.

39 Nous traduisons la moitié droite de la formule dans le langage des martingales relatives associées à l'ombre M de L : celles–ci sont exactement les processus Y^σ avec $\sigma \in L^1(\mathbb{P})$, tandis que le processus (où l'on pourrait aussi bien utiliser des y^σ)

$$\eta_t = \frac{Y^\sigma_{L+t}}{Y^\xi_{L+t}} \qquad (t > 0) \tag{39.1}$$

est la martingale $\mathbb{E}_{\mathbb{Q}}[\rho \,|\, \mathcal{H}_t]$, $\rho = \sigma/\xi$ étant un élément arbitraire de $L^1(\mathbb{Q})$. Il y a donc *bijection* entre vraies martingales/$(\mathcal{H}, \mathbb{Q})$ uniformément intégrables et martingales relatives — ce qui est une autre justification pour ce nom.

Voici deux conséquences importantes, la seconde desquelles est le *théorème quotient* d'Azéma–Yor [3] .

COROLLAIRE 1. *La martingale relative* Y^σ *s'exprime à partir de la martingale* $\eta_t^\rho = \mathbb{E}_\mathbb{Q}[\rho\,|\,\mathcal{H}_t]$, *où* $\rho = \sigma/\xi$, *par la formule*

$$Y^\sigma = Y^\xi\,\Pi(\eta)\ . \qquad (39.1)$$

DÉMONSTRATION. Les deux côtés sont des processus optionnels, égaux sur $]L,\infty]$ et nuls sur l'ombre de L. □

COROLLAIRE 2. *Si* Y *est une martingale relative associée à* L, *le rapport* Y_t/Y_t^ξ *admet p.s. une limite à droite finie en tout point de* $\mathbf{G}$.

DÉMONSTRATION. Plaçons nous d'abord à l'instant L en supposant d'abord $\sigma \geq 0$. La martingale (38.1) admet à l'instant L la limite finie $\ell = \mathbb{E}_\mathbb{Q}[\rho\,|\,\mathcal{G}_L]$, et reste nulle pour $t>0$ sur l'ensemble $\{\ell=0\}$. Revenant à la filtration $(\mathcal{F}_t)$, on voit que le rapport Y_t^σ/Y_t^ξ admet pour $t\downarrow\downarrow L$ la limite finie $\mathbb{E}[\sigma\,|\,\mathcal{F}_L^+]/\mathbb{E}[\xi\,|\,\mathcal{F}_L^+]$, cette limite étant >0 sur l'ensemble $\{\sigma>0\}$. On en déduit qu'un rapport de la forme

$$\frac{Y_t^\tau}{Y_t^\sigma} = \frac{\mathbb{E}[\tau\,,\,L<t\,|\,\mathcal{F}_t]}{\mathbb{E}[\sigma\,,\,L<t\,|\,\mathcal{F}_t]}$$

où $\tau \in L^1(\mathbb{P})$ n'est pas nécessairement positive, admet pour $t\downarrow\downarrow L$ la limite finie $\mathbb{E}[\tau\,|\,\mathcal{F}_L^+]/\mathbb{E}[\sigma\,|\,\mathcal{F}_L^+]$ sur l'ensemble où le dénominateur est >0. Cela constitue une agréable extension des résultats classiques connus pour les temps d'arrêt.

Soit ensuite T un temps d'arrêt$/\mathcal{F}$, et posons $\mathbf{M}' = \mathbf{M}\cap]0,T]$, dont la fin est $L' = G_T$. On peut appliquer le résultat précédent à L' et aux processus Y^σ, Y^ξ arrêtés à T (n° 32, c)). Cela entraîne que le rapport Y_t^σ/Y_t^ξ admet p.s. une limite à droite finie à l'instant G_T sur l'ensemble $\{T\notin\mathbf{M}\}$. Autrement dit, la discussion précédente s'applique non seulement à l'instant L, mais au début de chaque excursion hors de l'ombre.

40 La bijection entre martingales relatives et martingales$/(\mathcal{H},\mathbb{Q})$ a plusieurs conséquences fort intéressantes sur la structure des martingales relatives. En effet, toute martingale se décompose de manière unique en une martingale constante (dans le temps) et une martingale nulle à l'origine, et cela conduit à distinguer deux types de martingales relatives.

Dire que la martingale η^ρ est constante signifie que la v.a. terminale ρ est mesurable$/\mathcal{H}_0 = \mathcal{F}_L^+$. Il existe alors un processus progressif (U_t) tel que $\rho = U_L$. Montrons qu'alors le processus Y^σ $(\sigma=\rho\xi)$ peut s'écrire

$$Y_t^\sigma = U_{G_t}Y_t^\xi\ . \qquad (40.1)$$

En effet, les deux membres sont égaux pour $t>L$, et nuls sur l'ombre de L. Il reste donc seulement à vérifier que le côté droit est un processus optionnel$/\mathcal{F}$, ce que nous laisserons au lecteur, avec l'indication que ce processus est nul sur $\mathbf{M}$, et continu à droite sur $\mathbf{M}^c$. La signification intuitive de cette formule est que les excursions de Y^σ ont la même forme que les excursions de Y^ξ, à un facteur près (de signe quelconque, éventuellement nul) qui est choisi au début de chaque intervalle contigu.

Dans l'exemple des zéros du mouvement brownien (B_t) sur $[0,1]$, avec $Y^\sigma=B$, $Y^\xi=|B|$, le processus (U_{G_t}) fixe les signes des excursions browniennes.

41 La nullité à l'instant initial de la martingale/$(\mathcal{H}, \mathbb{Q})$ η^ρ s'exprime sur σ par la relation $\mathbb{E}[\sigma \,|\, \mathcal{F}_L^+] = 0$. En particulier, on a $\mathbb{E}[\sigma \,|\, \mathcal{F}_L] = 0$, et d'après 35 *ces processus sont des martingales/*$\mathbb{P}$. Intuitivement, la nullité en 0 de la martingale associée exprime que Y^σ *tend vers* 0 *plus vite que* Y^ξ *à l'instant* L, et cette propriété ne dépend pas de ξ en vertu du théorème quotient.

Comme au n° 39, on peut se demander si cette propriété a lieu seulement au début de la dernière excursion ou en tout point de G. A cet effet, et comme en 39, nous arrêtons Y à un temps d'arrêt T, ce qui remplace σ par $\tau = \mathbb{E}[\sigma I_{\{L<T\}} \,|\, \mathcal{F}_T]$, et L par $K = G_T$. Or l'ensemble $\{L < T\}$ appartient à $\mathcal{F}_{L}$, et la relation $\mathbb{E}[\sigma \,|\, \mathcal{F}_L^+] = 0$ entraîne la même propriété pour τ. Les v.a. K, L étant honnêtes avec $K \leq L$, on a $\mathcal{F}_K^+ \subset \mathcal{F}_L^+$ d'après la remarque de 27, et on a bien finalement $\mathbb{E}[\tau \,|\, \mathcal{F}_K^+] = 0$.

Nous reviendrons sur l'étude des martingales du second type lorsque nous disposerons de plus de résultats sur le grossissement.

42 EXEMPLE. Revenons au cas de l'ensemble des zéros du mouvement brownien sur $[0, u]$ (n° 12). La sousmartingale Y^σ correspondant à $\sigma = 1$ vaut

$$Y_t = 1 - 2\Phi(u - t, |B_t|)$$

On peut calculer le processus croissant associé en utilisant les formules d'Ito et de Tanaka : la dérivée $\Phi'_x(t, x)$ étant égale à $(-1/\sqrt{2\pi t})\, e^{-x^2/2t} = p(t, x)$, et les autres termes disparaissant, nous avons

$$Y_t = 2 \int_0^t p(u - t, |B_t|)\, d|B_t| .$$

La partie à variation finie vaut donc

$$dV_t = 2p(u - t, 0)\, d\Lambda_t = (2/\sqrt{2\pi(u - G_t)})\, d\Lambda_t .$$

D'après la formule du balayage, le processus

$$Z_t = \sqrt{(\pi/2)(u - G_t)}\, \big(1 - 2\Phi(u - t, |B_t|)\big)$$

est une sousmartingale dont le processus croissant associé est Λ, et par conséquent la différence $M = Z - |B|$ est une martingale. Il est très facile de voir qu'en chaque début d'excursion le rapport $Z_t / |B_t|$ a une limite égale à 1, donc M tend vers 0 plus vite que $|B|$ en chaque début d'excursion, et finalement M *est une martingale du second type.*

On peut faire une autre remarque intéressante. La sousmartingale $Y_t = \mathbb{P}\{L \leq t \,|\, \mathcal{F}_t\}$ est définie à partir de l'ensemble aléatoire M seulement, et il en est de même de Z_t ; lorsqu'on fait tendre u vers l'infini, on obtient $|B_t|$ comme limite. Ainsi, ce processus peut être reconstruit de manière naturelle à partir de l'ensemble aléatoire M.

43 REMARQUE. La méthode que nous avons utilisée pour construire une martingale relative $Y \geq 0$ associée à un fermé aléatoire M échoue lorsque M est p.s. non borné. En effet, l'ombre de $L = \infty$ est $\mathbb{R}_+ \times \Omega$ et non M. Si l'on cherche à représenter M comme réunion d'ensembles M_n à fin bornée et à passer à la limite, il faut renormaliser les sousmartingales $\mathbb{P}\{t > L_n \,|\, \mathcal{F}_t\}$ qui tendent vers 0 lorsque $n \to \infty$. C'est pourquoi Azéma propose de passer à la limite sur des martingales relatives $Y^n \geq 0$ dont le processus croissant soit le *temps local de* $\mathbf{M}_n$.

L'exemple précédent est une illustration de cette idée : nous avons construit par renormalisation des sousmartingales Y (qui tendent vers 0 lorsque $u \to \infty$) les sousmartingales Z, et vérifié que celles-ci ont pour limite $|B|$. Mais on ignore si ce phénomène est général, et le problème posé par Azéma n'a été résolu (au moyen du système de sortie) que dans la filtration lente. Nous en parlerons au paragraphe suivant.

Une extension de la formule du balayage

44 Nous aurons besoin au n° suivant d'une extension partielle de la formule du balayage (30) aux processus progressifs (Stricker [6]). Soit Y une martingale relative droite associée à $\mathbf{H}$ (prévisible, contenu dans $\{Y_- = 0\}$), et soit U un processus uniformément borné, progressif, constant sur les intervalles semi-ouverts $[G_t, D_t[$ contigus à $\mathbf{H}$ — autrement dit, un processus du type Z_{G_t}, avec Z progressif. On se propose de montrer que le processus adapté $X = UY$ est encore une martingale relative associée à $\mathbf{H}$. D'abord, X est continu à droite partout : sur les intervalles $[G_t, D_t[$ de manière évidente, et aussi aux points de $\overline{\mathbf{H}} \setminus \mathbf{G}$, car on y a $Y = Y_+ = 0$ donc $X = X_+ = 0$. Ensuite, la définition (31.1) des martingales relatives s'écrit, pour $s < t$

$$Y_s = \mathbb{E}\left[Y_t I_{\{G_t \leq s\}} \mid \mathcal{F}_s\right] .$$

Sur tout l'intervalle contigu $[s, D_s[$ le processus U est constant, et donc on a

$$\mathbb{E}\left[X_t I_{\{G_t \leq s\}} \mid \mathcal{F}_s\right] = U_s \mathbb{E}\left[Y_t I_{\{G_t \leq s\}} \mid \mathcal{F}_s\right] = U_s Y_s = X_s$$

qui est la propriété désirée.

Martingales relatives et théorème de Gilat

La motivation de ce n° est fournie par le *théorème de Gilat.* Celui-ci affirme que toute sousmartingale positive peut être considérée comme la valeur absolue d'une martingale définie sur un espace élargi. La démonstration originale de Gilat [1] n'était pas constructive, mais reposait sur un argument de convergence vague à partir du cas discret. Depuis lors, d'autres démonstrations en ont été données, directement en temps continu. Voir par exemple XXIII.46, pour le cas d'une sousmartingale admettant une décomposition multiplicative (par ex. une sousmartingale strictement positive). Nous allons en traiter ici un autre cas particulier en suivant Barlow dans Barlow–Yor [3]. L'idée est de transformer une sousmartingale en martingale en tirant au sort le signe de ses excursions, et ce raisonnement nous intéresse en raison de sa parenté avec la "formule du balayage" 30. Barlow [3] a pu donner une démonstration générale (assez difficile) du théorème de Gilat en mélangeant les deux cas particuliers traités ici.

45 On considère une martingale relative droite Y, et l'adhérence $\mathbf{H}$ de l'ensemble prévisible $\{Y_- = 0\}$. On désigne par (D_n) une suite de t. d'a. à graphes disjoints épuisant l'ensemble $\mathbf{D}$, et par $]G_n, D_n[$ l'énumération correspondante des intervalles contigus à $\mathbf{H}$.

On peut supposer que $D^0 = D$ et, contrairement à l'habitude, on considérera l'intervalle initial $]0, D^0[$ comme un intervalle contigu à $\mathbf{H}$.

Nous allons d'abord expliquer comment on réalise un "tirage au sort au début de chaque intervalle contigu à $\mathbf{H}$".

Nous élargissons l'espace Ω en le remplaçant par $\Omega' = \Omega \times W$, où $W = \mathbb{R}^{\mathbb{N}}$, les applications coordonnées sur Ω' étant notées π et ξ^n. Comme d'habitude, on identifie une v.a. f sur Ω à la v.a. $f\circ\pi$ sur Ω' sans changer de notation, et la tribu $\mathcal{F}$ ou $\mathcal{F}_t$ se transporte sur Ω'. La loi de probabilité sur Ω' est $\mathbb{P}\otimes\mu^{\mathbb{N}}$ où μ est une loi de probabilité admettant un moment du premier ordre égal à 0 — le cas particulier traité par Barlow consistant à prendre pour μ une loi de Bernoulli symétrique.

On appelle $\mathcal{G}_t$ la tribu sur Ω' engendrée par $\mathcal{F}_t$ et par toutes les v.a. $\xi^m I_{\{D^m \leq t\}}$. On définit encore la tribu plus grosse $\mathcal{H}_t$ par adjonction de la v.a. correspondant à l'excursion enjambant t, c'est à dire

$$U_t = \sum \xi^n I_{\{G^n \leq t < D^n\}} \;.$$

Nous laisserons le lecteur vérifier que l'on définit bien ainsi deux filtrations; on ignore si elles sont continues à droite, mais peu importe.

Voici la remarque essentielle. Soit φ une fonction borélienne sur $\mathbb{R}$, bornée pour commencer. On a

$$\text{(45.1)} \qquad \mathbb{E}\left[\varphi(U_t) \mid \mathcal{F}_\infty \vee \mathcal{G}_t\right] = \mu(\varphi)\;.$$

En effet, on a pour n fixé

$$\mathbb{E}\left[\varphi(\xi^n) I_{\{G^n \leq t < D^n\}} \mid \mathcal{F}_\infty \vee \mathcal{G}_t\right] = \mu(\varphi)\,\mathbb{P}\{G^n \leq t < D^n \mid \mathcal{F}_\infty \vee \mathcal{G}_t\} = \mu(\varphi) I_{\{G^n \leq t < D^n\}}$$

car la trace sur $\{G^n \leq t < D^n\} \in \mathcal{F}_\infty$ de $\mathcal{F}_\infty \vee \mathcal{G}_t$ est contenue dans $\mathcal{F}_\infty \vee \mathcal{T}(\xi^m, m \neq n)$, indépendante de ξ^n. En sommant sur n on obtient (45.1).

Appliquant cela au calcul de $\mathbb{E}\left[f g_t \varphi(U_t)\right]$, où les trois fonctions sont bornées, f est mesurable/$\mathcal{F}_\infty$ et g_t mesurable/$\mathcal{G}_t$, on montre aisément que

$$\mathbb{E}\left[f \mid \mathcal{H}_t\right] = \mathbb{E}\left[f \mid \mathcal{F}_t\right]$$

et cela s'étend à la filtration $(\mathcal{H}_t)$ rendue continue à droite (nous ne changerons pas de notation). Il en résulte en particulier que Y reste une martingale relative associée à $\mathbf{H}$ dans la nouvelle filtration.

D'après 44 il en est de même pour $X = UY$. Pour montrer que X est une martingale/$\mathcal{H}$, il suffit alors de montrer que pour $s < t$

$$\mathbb{E}\left[X_t I_{\{G_t > s\}} \mid \mathcal{H}_s\right] = 0\;.$$

Or nous avons $X_t = \varphi(U_t) Y_t$, φ étant l'application identique de $\mathbb{R}$, et sur l'ensemble $\{G_t > s\} \in \mathcal{F}_\infty$ la tribu $\mathcal{H}_s$ est contenue dans $\mathcal{G}_t$, car l'excursion en cours à l'instant s est achevée à l'instant t. On applique alors (45.1) et on voit que l'on obtient bien une martingale.

REMARQUE. Ce procédé a d'autres applications. On peut par exemple prendre pour Y la valeur absolue d'un mouvement brownien, et pour μ une loi de probabilité sur le plan, de moyenne nulle. On obtient alors une martingale plane qui lance les excursions browniennes dans des directions aléatoires autour de l'origine. Ces martingales ont été introduites par Walsh dans *Temps Locaux* (Azéma–Yor [1], p.37–45), et leur filtration fait l'objet d'une étude de Barlow, Pitman et Yor dans *Sém. Prob. XXIII*.

2. SYSTÈMES DE SORTIE

Ce paragraphe étend à des situations très générales la théorie des excursions hors d'un ensemble régénératif, présentée au chapitre XV. La méthode est essentiellement la même : à partir de la compensation de certaines sommes portant sur toutes les extrémités gauches d'intervalles contigus à M, et définissant des processus à variation finie non adaptés, on obtient des formules de conditionnement en des instants (v.a. honnêtes) qui ne sont pas des temps d'arrêt, mais des temps de dernier passage dans M avant un instant fixe ou un temps d'arrêt. Nous commençons par développer la théorie pour les processus de Markov, puis nous en décrivons l'analogue (incomplet) en théorie générale des processus, et nous revenons aux ensembles aléatoires, pour construire certaines sousmartingales positives, associées par Azéma à un ensemble aléatoire quelconque.

Prélude : conditionnement par le passé strict

Les trois n^{os} qui suivent ne font pas partie du sujet principal du chapitre, mais constituent le prototype des méthodes de conditionnement utilisées plus loin. Le lecteur qui le désire peut passer sans inconvénient à la définition des systèmes de sortie (n° 49).

Il s'agit d'étudier le conditionnement par rapport à la tribu $\mathcal{F}_{R-}$, où R est un temps terminal parfait exact, l'accent étant mis surtout sur le cas où R est *totalement inaccessible*. Le résultat principal (Weil [2], Walsh–Weil [1]) aurait déjà pu être présentés dans les chapitres XV–XVI, comme application du système de Lévy.

Bien que nous n'utilisions pas ce résultat pour traiter la théorie du système de sortie, il y a une relation étroite entre les deux sujets. Le système de sortie est en réalité le système de Lévy d'un processus de Markov à valeurs dans l'espace des trajectoires, appelé *processus d'incursions* chez Maisonneuve [4]; *cf.* aussi Pitman [2].

46 Nous allons supposer ici, pour simplifier, que X est un processus de Ray. Comme en XV.35 l'ensemble des sauts totalement inaccessibles du processus X est noté J. Cet ensemble peut être décrit par les propriétés

$$(46.1) \qquad (s \in J) \Longleftrightarrow (s > 0\,,\, X_{s-} \neq X_s\,,\, X_{s-} \notin B)\,,$$

B désignant l'ensemble des points de branchement et les limites à gauche étant prises au sens de Ray. Voir XV.31, et pour l'extension aux processus droits le n° XVI.8, où l'on montre que pour $s \in J$ la limite à gauche X_{s-} est la même dans la topologie de Ray et dans la topologie initiale de E.

Rappelons la définition d'un *système de Lévy* (N, H) du processus X (XV.35, XVI.9) : H est une FA continue, N un noyau de $(E, \mathcal{E})$ dans $(E, \mathcal{B})$ permettant d'écrire pour tout processus prévisible Z et toute fonction borélienne positive f sur $E \times E$

$$(46.2) \qquad \mathbb{E}\Big[\sum_{s \in J} Z_s\, f(X_{s-}, X_s)\Big] = \mathbb{E}\Big[\int_0^\infty Z_s \overline{N} f(X_{s-})\, dH_s\Big] \ ,$$

en désignant par $\overline{N} f$ la fonction $\int N(\cdot, dy)\, f(\cdot, y)$. Comme la sommation ne porte que sur les $s \in J$, on peut supposer $N(x, \cdot) = 0$ pour $x \in B$, et nous le ferons dans la suite. En utilisant le fait que J est une réunion dénombrable de graphes de t. d'a., on peut étendre cette formule (par encadrement) à une fonction f universellement mesurable.

Au second membre, la continuité de H permet de remplacer X_{s-} par X_s dans les intégrales, et il en est de même dans plusieurs formules ci-dessous. Nous utiliserons cette remarque dans les n^{os} qui suivent, sans plus l'expliciter.

Soit R le début d'un ensemble aléatoire fermé $\mathrm{M} \subset]0, \infty[$, optionnel et homogène. Une adaptation immédiate de XV.35 permet de définir un *système de Lévy de X sur* M : conservant la même fonctionnelle H, nous construisons un noyau $n \leq N$ tel que l'on ait la formule analogue à (46.2), avec des modifications évidentes des notations

$$(46.3) \qquad \mathbb{E}\Big[\sum_{s \in J \cap \mathrm{M}} Z_s\, f(X_{s-}, X_s)\Big] = \mathbb{E}\Big[\int_0^\infty Z_s\, \overline{n}(X_{s-}\,,\, f)\, dH_s\Big] \ .$$

Comme H est continue, on peut remplacer X_{s-} par X_s dans la dernière intégrale.

Si $\varphi(x, \cdot)$ désigne une densité de $n(x, \cdot)$ par rapport à $N(x, \cdot)$, densité que l'on peut choisir $\mathcal{E} \times \mathcal{B}$-mesurable, il résulte de (46.2) que $J \cap \mathrm{M}$ est indistinguable de l'ensemble

$$\{s > 0 \,:\, X_s \neq X_{s-} \notin B\,,\, \varphi(X_{s-}, X_s) = 1\} \ .$$

Il s'agit là d'un cas particulier du th. (4.2) de Benveniste–Jacod [1], concernant les mesures aléatoires homogènes portées par J.

En remplaçant le processus prévisible Z par le processus (prévisible) $Z\, I_{]0,R]}$, on obtient la formule

$$(46.4) \qquad \mathbb{E}\big[Z_R\, f(X_{R-}, X_R)\,,\, R \in J\big] = \mathbb{E}\Big[\int_0^R Z_s\, \overline{n} f(X_s)\, dH_s\Big] \ .$$

En particulier, si l'on prend $Z = f = 1$, le côté gauche est fini, et l'on voit que l'ensemble $\{x \,:\, n(x, 1) = +\infty\}$ est négligeable pour la mesure aléatoire $I_{]0,R]} \cdot dH$.

47 Voici le résultat principal de conditionnement par rapport au passé strict en un temps terminal R.

THÉORÈME. *a) L'évènement $\{R \in J\}$ appartient à $\mathcal{F}_{R-}$.*

b) Soit ν le noyau sousmarkovien sur E défini, pour $A \in \mathcal{B}$, par les relations

$$(47.1) \qquad \nu(x, A) = \frac{n(x, A)}{n(x, E)} \quad \text{si } x \notin B\,,\ 0 < n(x, E) < \infty\,, \quad = 0 \ \text{sinon.}$$

Alors on a sur l'ensemble $\{R \in J\}$

$$\mathbb{P}\{X_R \in A \mid \mathcal{F}_{R-}\} = \nu(X_{R-}, A) . \tag{47.2}$$

DÉMONSTRATION. a) Le raisonnement s'applique ici à un t. d'a. R non nécessairement terminal. L'évènement $U = \{R < \infty, X_{R-} \in B\}$ appartient à $\mathcal{F}_{R-}$. D'autre part, soit V l'évènement $\{R < \infty, X_R = X_{R-}\}$; d'après XIV.53 pour les processus de Ray (renvoyant au raisonnement de XIV.47 pour le cas fellérien), le t. d'a. R_V est prévisible, donc $V = \{R = R_V < \infty\}$ appartient à $\mathcal{F}_{R-}$. Alors $\{R \in J\}^c = U \cup V \cup \{R = \infty\}$ (XV.48) appartient à $\mathcal{F}_{R-}$.

Passons à la prédiction de X_R connaissant $\mathcal{F}_{R-}$, sur l'ensemble $\{R \in J\}$. La formule (47.2) équivaut à l'égalité

$$\mathbb{E}[Z_R, X_R \in A, R \in J] = \mathbb{E}[Z_R \nu(X_{R-}, A), R \in J] \tag{47.3}$$

pour tout ensemble borélien $A \subset E$ et tout processus prévisible positif Z. Comme A est borélien, la fonction $\nu(\cdot, A)$ est $\mathcal{E}$-mesurable, et le processus $Z_s \nu(X_{s-}, A)$ est prévisible. Nous lui appliquons (46.3) et nous obtenons

$$\begin{aligned}\mathbb{E}[Z_R \nu(X_{R-}, A), R \in J] &= \mathbb{E}[\int_0^R Z_s \nu(X_s, A) n(X_s, E) dH_s] \\ &= \mathbb{E}[\int_0^R Z_s n(X_s, A) I_{\{0<n(X_s,E)<\infty\}} dH_s] \\ &= \mathbb{E}[\int_0^R Z_s n(X_s, A) dH_s] = \mathbb{E}[Z_R, X_R \in A, R \in J] .\end{aligned}$$

Dans l'avant-dernière intégrale, on a supprimé l'indicatrice de l'ensemble H-négligeable $\{s : n(X_s, E) = \infty\}$, et celle de $\{n(X_s, E) = 0\}$ en raison du facteur $n(X_s, A)$. La formule (47.3) en résulte.

48 REMARQUES. a) La tribu $\mathcal{F}_{R-}$ est engendrée, aux ensembles de mesure nulle près, par le processus X tué à l'instant R. La première assertion de l'énoncé est donc surprenante : étant donné un temps d'arrêt R, on peut savoir (à un ensemble négligeable près) s'il va y avoir un saut à l'instant R, par simple examen de la trajectoire sur l'intervalle $[0, R[$ ouvert.

Pour mettre ce résultat à l'épreuve, supposons que X soit un processus de Hunt, et examinons le cas où R est le temps d'entrée dans un ensemble presque-borélien F, que l'on peut supposer finement fermé. Nous allons montrer qu'*un saut se produit à l'instant* R *si et seulement si l'on a* $X_{R-} \notin F$. Comme on a p.s. $X_R \in F$, il est clair que $(X_{R-} \notin F) \Longrightarrow (X_{R-} \neq X_R)$. L'implication inverse s'écrit $\mathbb{P}\{X_{R-} \in F, X_{R-} \neq X_R\} = 0$, et découle (les sauts de X étant totalement inaccessibles) de la relation

$$\mathbb{P}\{X_{R-} \in F, X_{R-} \neq X_R\} = \mathbb{P}\{X_{R-} \in F, R \in J\} = \mathbb{E}[\int_0^R I_{\{X_{s-} \in F\}} n(X_s, E) dH_s] .$$

On peut remplacer X_{s-} par X_s dans l'indicatrice, et alors l'intégrale s'annule par définition de R (*cf.* aussi XIV.92, XVI.12).

b) Lorsque le temps terminal accessible $R_{\{R\notin J\}}$ est prévisible (et en particulier dans le cas des processus de Hunt, pour lesquels tous les t. d'a. accessibles sont alors prévisibles), on a d'après XIV.53, sur l'ensemble $\{X_{R-}\in B\,,\,0<R<\infty\}$

$$\mathbb{P}\{X_R\in A\,|\,\mathcal{F}_{R-}\} = P_0(X_{R-},A)\,. \tag{48.1}$$

On peut donc décrire complètement, dans ce cas, le conditionnement de X_R par $\mathcal{F}_{R-}$. Contrairement à ce que suggère un examen rapide, cette loi conditionnelle ne dépend pas de X_{R-} seul, car il faut encore que *l'ensemble* $\{R\in J\}\in\mathcal{F}_{R-}$ *appartienne à la tribu engendrée par* X_{R-}. Lorsque cette propriété est satisfaite (autrement dit, lorsqu'il existe un ensemble D tel que la condition $R\in J$ soit équivalente à $X_{R-}\in D$) le futur et le passé strict $\mathcal{F}_{R-}$ sont conditionnellement indépendants sachant X_{R-}, et on a donc une vraie propriété de Markov. La remarque précédente donne un exemple de cette situation.

Système de sortie $\mathcal{F}$–optionnel

49 Soit $\mathbf{M}$ un ensemble aléatoire optionnel et homogène dans $]0,\infty[$, que l'on peut supposer fermé. Nous allons décrire le calcul d'espérances du type suivant (*cf.* XV.77)

$$\mathbb{E}^{\mu}\,[\sum_{g\in\mathbf{G}} Z_g\, f\circ\theta_g] \tag{49.1}$$

où (Z_s) est un processus optionnel positif, et f est une v.a. positive sur Ω. La mesure initiale μ est arbitraire, et ne sera mentionnée qu'en cas de nécessité.

En principe, le point ∂ est traité ci–dessous comme un point ordinaire, et la convention de nullité de toutes les fonctions au point ∂ n'est pas en vigueur. Si l'on souhaite rester dans le cadre habituel, il faut supposer dans (49.1) que f est nulle sur la trajectoire $[\partial]$, et plus bas que $R\le\zeta$ (ce qui revient à dire que l'ensemble aléatoire $\mathbf{M}$ contient $]\zeta,\infty[$.

Pour éviter des complications de théorie de la mesure, *nous supposerons d'abord que* (P_t) *est un semi-groupe de Feller ou de Ray.* Cette hypothèse sera partiellement levée au n° 56. La tribu $\mathcal{F}^{\circ}$ sur l'espace Ω des applications càdlàg. à durée de vie de $\mathbb{R}_+$ dans E est alors lusinienne (IV.23), ce qui permet d'utiliser le théorème simple IX.11 de régularisation de pseudo–noyaux.

THÉORÈME. *Il existe une FA* (Λ_t) *admettant un* 1*–potentiel borné, et un noyau* $x\longmapsto\widehat{\mathbb{P}}^x$ *de* $(E,\mathcal{B}_u(E))$ *dans* $(\Omega,\mathcal{F}^{\circ})$ *(les intégrales correspondantes seront notées* $\widehat{\mathbb{E}}^x$ *) possédant les propriétés suivantes :*

1) Les mesures $\widehat{\mathbb{P}}^x$ *sont portées par l'ensemble* $\{X_0=x\}$*, par l'ensemble* $\{R>0\}$*, et pour tout* x *on a* $\widehat{\mathbb{E}}^x\,[1-e^{-R}]<\infty$*. En particulier, ces mesures sont* σ*–finies.*

2) L'espérance (49.1) est donnée par la "formule de sortie"

$$\mathbb{E}\,[\sum_{g\in\mathbf{G}} Z_g\, f\circ\theta_g] = \mathbb{E}\,[\int_0^{\infty} Z_s\,\widehat{\mathbb{E}}^{X_s}\,[f]\;d\Lambda_s\,]\,. \tag{49.2}$$

3) Sous toute mesure $\widehat{\mathbb{P}}^x$*, le processus* $(X_t)_{t>0}$ *sur* Ω *est markovien de semi–groupe* (P_t) *(avec une loi d'entrée qui peut n'être pas bornée, ni même* σ*–finie).*

Le couple formé par la fonctionnelle (Λ_t) et le noyau $\widehat{\mathbb{P}}^\bullet$ est appelé un *système de sortie $\mathcal{F}$-optionnel* pour l'ensemble aléatoire $\mathbf{M}$. Bien que les systèmes de sortie optionnels soient les plus courants, il existe aussi (nous en parlerons) des systèmes de sortie $\mathcal{F}$-prévisibles et $\mathcal{R}$-prévisibles.

Une fois Λ choisie, les mesures $\widehat{\mathbb{P}}^x$ sont déterminées à un ensemble Λ*-négligeable* près, en appelant ainsi un ensemble A tel que $\mathbb{E}^\bullet[\int I_A \circ X_s \, d\Lambda_s] = 0$.

Le système de sortie que nous construisons possède quelques propriétés supplémentaires : la fonctionnelle additive Λ est le temps local optionnel de $\mathbf{M}$ (n° 10), et les mesures $\widehat{\mathbb{P}}^x$ sont soumises à la condition de normalisation (53.2).

50 La démonstration du théorème 49 est assez longue, et nous lui consacrons plusieurs numéros. Nous commençons par traiter la partie banale de l'ensemble de sortie.

Soient φ la fonction $\mathbb{E}^\bullet[e^{-R}]$, β le processus optionnel $(\varphi \circ X_t)$; on pose aussi $v = 1 - \varphi$ (7.4). Nous pouvons partager la somme (49.1) suivant l'ensemble optionnel $\mathbf{G}_o = \mathbf{G} \cap \{\beta < 1\}$ et l'ensemble progressif $\mathbf{G}_\pi = \mathbf{G} \cap \{\beta = 1\}$. La contribution de la première somme se traite de manière à peu près évidente : on représente $\mathbf{G}_o$ comme une réunion de graphes disjoints de temps d'arrêt, en chacun desquels on applique la propriété de Markov forte, et on obtient

$$\mathbb{E}[\sum_{g \in \mathbf{G}_o} Z_g f \circ \theta_g] = \mathbb{E}[\sum_{g \in \mathbf{G}_o} Z_g \mathbb{E}^{X_g}[f]] = \mathbb{E}[\int_0^\infty Z_s \widehat{\mathbb{E}}^{X_s}[f] \, d\Lambda_s^o]$$

où l'on a posé $\widehat{\mathbb{P}}^x = (1/v(x)) \mathbb{P}^x$ si $v(x) > 0$, et

$$\Lambda_t^o = \sum_{g \in \mathbf{G}_o, g \leq t} v(X_g) , \tag{50.1}$$

qui est une FA optionnelle purement discontinue — nous verrons au n° suivant que cette somme est finie, et que la FA ainsi construite admet un 1-potentiel borné.

51 Passons à la construction de la fonctionnelle additive (Λ_t) de l'énoncé. A cet effet, nous remarquons que le processus croissant brut

$$U_t = \int_0^t e^{-s} I_{\mathbf{M}}(s) \, ds + \sum_{g \in \mathbf{G}, g \leq t} e^{-g} (1 - e^{-R_g})$$

est majoré par e^{-R} (*cf.* 10), donc admet une projection duale optionnelle finie. Alors la FA brute

$$\mathcal{L}_t = \int_0^t I_{\mathbf{M}}(s) \, ds + \sum_{g \in \mathbf{G}, g \leq t} (1 - e^{-R_g}) = \int_0^t e^s \, dU_s \tag{51.1}$$

admet aussi une projection duale optionnelle finie Λ_t, FA adaptée admettant un 1-potentiel borné par 1. Soit $\mathcal{L}^o$ la fonctionnelle brute purement discontinue correspondant à la sommation sur $\mathbf{G}_o$ (8.1), et soit $\mathcal{L}^\pi$ la somme du terme intégral et de la partie discontinue relative à $\mathbf{G}_\pi$. La projection duale optionnelle du premier terme, qui est une somme portant sur une réunion dénombrable de graphes de t. d'a., peut être évaluée par la propriété de

Markov forte, et l'on voit aussitôt qu'elle est égale à la FA Λ^o de (50.1). D'autre part, $\mathbf{G}_\pi$ ne rencontrant aucun graphe de t. d'a., la projection duale correspondante Λ^π est une FA continue. On pose $\Lambda = \Lambda^o + \Lambda^\pi$, le temps local optionnel de $\mathbf{M}$ (n° 10).

52 Soit f une v.a. positive $\mathcal{F}^\circ$-mesurable sur Ω, comprise entre 0 et 1. Considérons la fonctionnelle additive brute

$$V_t^\pi(f) = \sum_{g\in\mathbf{G}_\pi,\, g\le t} (1-e^{-R_g})\, f\circ\theta_g \;. \tag{52.1}$$

La mesure aléatoire $dV_t^\pi(f)$ est majorée par la mesure $d\mathcal{L}_t^\pi$ introduite plus haut. Sa projection duale optionnelle $\widetilde{V}^\pi(f)$ est continue, et satisfait à l'inégalité $d\widetilde{V}_t^\pi(f) \le d\Lambda_t^\pi$, et le théorème de Motoo (XV.13) entraîne l'existence d'une fonction $Nf \le 1$, définie à un ensemble de potentiel nul près relativement au noyau potentiel de Λ^π, telle que l'on ait

$$d\widetilde{V}_t^\pi(f) = Nf\circ X_t \, d\Lambda_t^\pi \;, \tag{52.2}$$

et donc aussi, pour tout processus $\mathcal{F}$-optionnel $Z \ge 0$

$$\mathbb{E}\big[\sum_{g\in\mathbf{G}_\pi} Z_g\, f\circ\theta_g (1-e^{-R_g})\big] = \mathbb{E}\big[\int_0^\infty Z_s\, Nf\circ X_s \, d\Lambda_s^\pi\big] \;. \tag{52.3}$$

La v.a. f était comprise entre 0 et 1, mais l'extension de (52.3) à une fonction positive bornée, puis seulement positive, est immédiate, N devenant un pseudo-noyau sousmarkovien relativement à la classe négligeable des ensembles de potentiel nul pour Λ.

La masse totale $N1$ serait égale à 1 si l'on n'avait pas inclus dans $d\Lambda^\pi$ le terme intégral $I_{\mathbf{M}}(s)\,ds$. *Elle est en particulier égale à* 1 *dans le cas fréquent où* $\mathbf{M}$ *est de mesure nulle.* Nous poserons d'une manière générale

$$N(x,1) = 1 - m(x) \;. \tag{52.4}$$

Le temps local sans terme intégral est assez fréquemment utilisé. On obtient les formules correspondantes en remplaçant partout m par 0.

Si l'on prend Z borné et nul pour $s > t$, les deux membres de (52.3) sont des mesures bornées en f, et c'est le bon moment pour faire des prolongements. On peut d'abord étendre (52.3) aux fonctions f universellement mesurables sur Ω, et d'autre part utiliser un raisonnement par classes monotones pour mélanger Z et f : soit $h(t,\omega,\omega')$ une fonction mesurable pour la tribu $\mathcal{O}\otimes\mathcal{F}^\circ$ ($\mathcal{O}$ étant la tribu optionnelle) et soit $H(t,\omega,x) = \int N(x,d\omega')\,h(t,\omega,\omega')$ [1]. On a alors

$$\mathbb{E}\big[\sum_{s\in\mathbf{G}_\pi} Z_s\, h(s,\cdot,\theta_s\cdot)(1-e^{-R_s})\big] = \mathbb{E}\big[\int_0^\infty Z_s\, H(s,\cdot,X_s(\cdot))\, d\Lambda_s^\pi\big] \;. \tag{52.5}$$

On aurait le même résultat avec $\mathbf{G}$, Λ au lieu de $\mathbf{G}_\pi$, Λ^π. La fonction $h(s,\omega,\omega')$ est souvent de la forme $f(s,k_s\omega,\omega')$ ou $f(s,a_s\omega,\omega')$, où k_s désigne un opérateur de meurtre, a_s un opérateur d'arrêt, et $f(s,\omega,\omega')$ est mesurable en ses trois variables.

---

[1] En toute rigueur, pour écrire cela il faut avoir régularisé le pseudo-noyau (n° suivant).

53 Nous appliquons maintenant IX.11 pour régulariser (sans changer de notation) le pseudo–noyau N en un vrai noyau markovien de E dans Ω — dans cette première étape, on peut munir E de sa tribu borélienne.

Partons de (52.3) et prenons pour f l'indicatrice de l'ensemble $\{R=0\}$. Le côté gauche étant nul, il en est de même du côté droit, donc nous pouvons remplacer (sans changer de notation) $N(x,dw)$ par $N(x,dw)\,I_{\{R(w)>0\}}$. Cela fait perdre le caractère borélien de N, mais nous avons appris en XV.26 à calculer une bonne version de la FM exacte $I_{\{t<R\}}$ à partir du semi–groupe associé, qui est $\mathcal{E}$–mesurable. Il en résulte que l'on peut supposer R mesurable par rapport à la tribu $\mathcal{F}^\circ$ engendrée (sans complétion) par les v.a. X_t à valeurs dans $(E,\mathcal{E})$. Le noyau N ainsi modifié est alors un peu mieux qu'universellement mesurable.

Rappelons que $\beta_t = \varphi\circ X_t = 1$ pour $t \in \mathbf{M}\setminus\mathbf{G}_o$ (*cf.* 8), et que F est l'ensemble presque–borélien $\{\varphi=1\}=\{v=0\}$; l'ensemble optionnel $\{X\in F\}$ porte la mesure $d\mathcal{L}^\pi$, donc aussi sa projection optionnelle $d\Lambda^\pi$. Nous pouvons alors définir les mesures $\widehat{\mathbb{P}}^x$: pour $x\in F$

$$(53.1)\qquad \widehat{\mathbb{E}}^x\,[f] = N(x,\frac{f}{1-e^{-R}})$$

Cette mesure est σ–finie puisque N est portée par $\{R>0\}$ et $1-e^{-R}$ est intégrable. Nous avons d'après (52.4) la normalisation des mesures $\widehat{\mathbb{P}}^x$

$$(53.2)\qquad \widehat{\mathbb{E}}^x\,[1-e^{-R}] = 1-m(x) \quad \text{pour } x\in F,$$

sauf peut être sur un ensemble Λ^π–négligeable. Pour $x\notin F$ nous reprenons la définition précédant (50.1)

$$(53.3)\qquad \widehat{\mathbb{P}}^x = \frac{1}{v(x)}\,\mathbb{P}^x\ .$$

La normalisation $\widehat{\mathbb{E}}^x\,[1-e^{-R}] = 1-m(x)$ s'étend à $x\notin F$, si l'on convient que $m=0$ sur F^c. D'autre part, la formule (52.5) prend la forme (sous les mêmes hypothèses sur h)

$$(53.4)\qquad \mathbb{E}\,[\sum_{s\in\mathbf{G}_\pi} Z_s\,h(s,\omega,\theta_s\omega)\,] = \mathbb{E}\,[\int_0^\infty Z_s\,H(s,\omega,X_s(\omega))\,d\Lambda_s^\pi\,]$$

où l'on a posé cette fois $H(s,\omega,x) = \widehat{\mathbb{E}}^x\,[h(s,\omega,\cdot)]$. On a une formule analogue en remplaçant $\mathbf{G}_\pi$ par $\mathbf{G}$, Λ^π par Λ.

54 Nous parvenons maintenant à l'étape cruciale : vérifier le caractère markovien du processus $(X_t)_{t>0}$ sous les mesures $\widehat{\mathbb{P}}^x$. Nous allons d'abord vérifier une "propriété de Markov" pour les sommes (49.1).

LEMME. *Fixons $t>0$ et soient a et b deux v.a. positives sur Ω, la première étant $\mathcal{F}_t^\circ$–mesurable. Posons $B(x)=\mathbb{E}^x\,[b]$. Alors si $Z\geq 0$ est optionnel on a*

$$(54.1)\qquad \mathbb{E}\,[\sum_{s\in\mathbf{G}} Z_s\,a\circ\theta_s\,b\circ\theta_{s+t}\,] = \mathbb{E}\,[\sum_{s\in\mathbf{G}} Z_s\,a\circ\theta_s\,B\circ X_{s+t}\,]\ .$$

DÉMONSTRATION. L'ensemble progressif G devient optionnel (et même prévisible) si l'on remplace la filtration $(\mathcal{F}_s)$ par $(\mathcal{F}_{s+\varepsilon})$ avec $\varepsilon > 0$. Dans cette filtration, l'ensemble mince G est réunion d'une suite de graphes disjoints $[T_n]$ de temps d'arrêt, et nous sommes ramenés à sommer sur $T = T_n$ des expressions de la forme $\mathbb{E}[Z_T\, a\circ\theta_T\, b\circ\theta_{T+t}]$. Mais si l'on prend $\varepsilon < t$, $T+t$ est un t. d'a. de la filtration $(\mathcal{F}_s)$, et $Z_T\, a\circ\theta_T$ est $\mathcal{F}_{T+t}$-mesurable. On peut donc appliquer la propriété de Markov forte usuelle à l'instant $T+t$, et remplacer $b\circ\theta_{T+t}$ par $B\circ X_{T+t}$, ce qui nous donne (54.1). □

Par projection duale optionnelle, nous déduisons de (54.1), à un ensemble U_Λ-négligeable près

$$\widehat{\mathbb{E}}^\bullet [a \cdot b\circ\theta_t] = \widehat{\mathbb{E}}^\bullet [a \cdot B\circ X_t] \tag{54.2}$$

et si nous faisons parcourir à t l'ensemble des rationnels, à a et b des ensembles dénombrables appropriés de générateurs des tribus, nous obtenons la propriété de Markov des mesures $\widehat{\mathbb{P}}^x$ hors d'un ensemble U_Λ-négligeable choisi une fois pour toutes — prendre garde dans le raisonnement que les mesures ne sont pas finies : il faut introduire des deux côtés un facteur $I_{\{R>\varepsilon\}}$ avec $\varepsilon<t$, puis faire tendre ε vers 0.

Quitte à remplacer $\widehat{\mathbb{P}}^x$ par 0 (et $m(x)$ par 1) sur l'ensemble exceptionnel, on peut supposer celui-ci vide.

55 La mesure $\widehat{\mathbb{P}}^x$ ne possède la propriété de Markov que pour $t > 0$, mais c'est une mesure sur Ω, et en particulier les trajectoires sont définies et continues à droite en 0. Montrons que l'on a $X_0 = x$ $\widehat{\mathbb{P}}^x$-p.s., sauf pour des x formant un ensemble Λ-négligeable. A cet effet, nous appliquons (53.4) en prenant $Z = 1$, $h(s,\omega,\omega') = 1$ si $X_s(\omega) \neq X_0(\omega')$, et 0 sinon. Alors le côté gauche de (53.4) est nul, parce que les instants de G_π ne sont pas des instants de saut du processus. Du côté droit, on voit apparaître $\widehat{\mathbb{P}}^{X_s}\{X_s \neq X_0(\cdot)\}$. On a donc bien $\widehat{\mathbb{P}}^x\{x \neq X_0\} = 0$ pour Λ^π-presque tout x. Cela règle la question des $x \in F$, et pour $x \notin F$ le résultat est évident, $\widehat{\mathbb{P}}^x$ et $\mathbb{P}^x$ étant proportionnelles.

Nous verrons au n° 66 que cette importante propriété n'est pas nécessairement satisfaite par les autres systèmes de sortie.

REMARQUE. Le même raisonnement donne un résultat voisin : si k est une fonction presque borélienne et finement continue sur E, il existe un ensemble Λ-négligeable N tel que l'on ait pour tout $x \notin N$

$$\lim_{t\downarrow 0} k\circ X_t = k(x)\ , \quad \widehat{\mathbb{P}}^x\text{-p.s.}$$

Le cas où k est borélienne est très simple : il suffit de reprendre le raisonnement en prenant $h(s,\omega,\omega') = 1$ si $k\circ X_s(\omega) = \lim_{t\downarrow 0} k\circ X_t(\omega')$, et $h(s,\omega,\omega') = 0$ sinon (et en particulier si la limite à droite n'existe pas). Lorsque k n'est pas borélienne, il faut procéder par encadrement, et on rencontre une difficulté tenant au fait que le processus $(X_t)_{t>0}$ sous $\widehat{\mathbb{P}}^x$ n'a pas nécessairement une loi d'entrée σ-finie. On tourne cette difficulté en raisonnant sur les processus $(X_t)_{t\geq\varepsilon}$ sur $\{R\geq\varepsilon\}$ $(\varepsilon>0)$; nous laissons les détails au lecteur.

56 Cela achève la démonstration du théorème, sous les hypothèses de Feller ou de Ray, qui nous ont seulement servi à régulariser le pseudo-noyau N, grâce au caractère lusinien de l'espace canonique Ω de la réalisation de Ray. Nous allons discuter ici le résultat analogue pour des processus droits plus généraux, mais en recommandant au lecteur d'omettre ce n° .

Nous avons démontré au n° IX.41 un théorème "fin" de régularisation de pseudo-noyaux, qui s'appliquerait ici sous les hypothèses suivantes : Ω est coanalytique, E est lusinien, et la classe négligeable est celle des ensembles de mesure nulle pour toutes les mesures appartenant à un ensemble *analytique* de mesures bornées sur E.

Nous allons essayer de faire entrer les systèmes de sortie dans ce schéma. Fixant la loi initiale μ, nous avons vu au chapitre XVII que l'on peut toujours trouver un ensemble lusinien E_0 portant μ, et tel que le processus (X_t) sous la loi $\mathbb{P}^\mu$ vive dans E_0. D'autre part, nous avons aussi appris au chapitre XVII (en nous appuyant sur le caractère presque-borélien des fonctions excessives) à réduire encore un peu E de manière à rendre le semi-groupe borélien. Ce que nous avons fait pour (P_t) peut encore être fait pour U_Λ, et alors l'ensemble des mesures $\varepsilon_x U_\Lambda$ $(x \in E_0)$ est analytique, tandis que l'ensemble des trajectoires continues à droite à valeurs dans E_0 est coanalytique (IV.34). On peut donc appliquer le théorème de régularisation "fin" et raisonner comme ci-dessus — mais le noyau dépendra de la mesure initiale choisie.

Cependant, si la mesure μ est une mesure de référence, la démonstration se simplifie, et le noyau sert pour toutes les mesures initiales à la fois (IX.13).

Le processus d'excursions

57 Revenons au n° 49. En pratique, on travaille rarement sur des expressions de la forme (49.1) : on ne somme pas sur les $s \in \mathrm{G}$ une fonctionnelle $f \circ \theta_s$ de toute la trajectoire future, mais une fonctionnelle de l'*excursion* débutant à l'instant s, c'est à dire la trajectoire $\iota_s(\omega)$ définie par

(57.1) $$X_t(\iota_s(\omega)) = X_{s+t}(\omega) \quad \text{si } t < R_s(\omega),\ \partial \text{ sinon.}$$

Cette définition a un sens même si $s \notin \mathrm{G}$, et elle représente alors (si s appartient à un intervalle contigu à M) la partie future de l'excursion chevauchant s. Ces morceaux de trajectoires sont appelés *incursions* dans le travail [1] de Maisonneuve–Meyer. Ce sont des "excursions incomplètes".

Le calcul de ces sommes sur les excursions, qui est en fait plus ancien que celui des sommes (49.1), en est évidemment un cas particulier, et on a une formule analogue à (49.2)

(57.2) $$\mathbb{E}\Big[\sum_{s\in \mathrm{G}} Z_s f\circ \iota_s\Big] = \mathbb{E}\Big[\int_0^\infty Z_s\, \widetilde{\mathbb{E}}^{X_s}[f]\, d\Lambda_s\Big]\ .$$

où la mesure $\widetilde{\mathbb{P}}^x$ est l'image de $\widehat{\mathbb{P}}^x$ par l'application k_R (meurtre à l'instant R) de Ω dans lui même.

Nous allons vérifier que, sous la mesure $\widetilde{\mathbb{P}}^x$, le processus (X_t) est un processus de Markov gouverné par le semi-groupe (Q_t) tué à l'instant R. Fixons $a > 0$ et $A \in \mathcal{F}_a$. Nous savons que, sous la loi $\widehat{\mathbb{P}}^x$, le processus (X_{a+t}) sur l'ensemble $A \cap \{R > a\}$ est markovien de semi-groupe (P_t) et de mesure initiale $\widehat{\mathbb{P}}^x(X_a \in \bullet,\ A \cap \{R > a\})$. Mais d'autre part nous savons que $\widehat{\mathbb{E}}^x[1 - e^{-R}] < \infty$, et donc $\widehat{\mathbb{P}}^x(A \cap \{R > a\}) < \infty$. Ce processus de Markov ayant une mesure initiale bornée, on peut lui appliquer la théorie habituelle du meurtre à un temps terminal, pour vérifier qu'il est transformé par l'opérateur k_R en un processus de Markov de semi-groupe (Q_t).

Contrairement à ce qui se passait sous la mesure $\widehat{\mathbb{P}}^x$, on a toujours affaire ici à un processus de Markov (gouverné par (Q_t)) dont la loi d'entrée est formée de mesures bornées, même si leur masse totale tend vers l'infini en 0. C'est sans doute la raison pour laquelle la formule (57.2) est plus populaire que (49.1–2)

Rappelons que nous avons déjà vu en XV.77 une formule du type (57.2), concernant les excursions à partir d'un point non polaire de l'espace d'états.

Application au balayage

58 La démonstration que nous avons donnée de l'existence du système de sortie optionnel est celle de Maisonneuve [9]. Les démonstrations antérieures utilisaient toutes la méthode de *balayage* sur M de la fonctionnelle additive $A_t(h) = \int_0^t h \circ X_s \, ds$ ($h \geq 0$ sur E). Nous allons faire le rapport entre ces deux points de vue, mais en supposant connu le théorème 49.

Tout d'abord, nous rappelons la définition (XVIII.58) de l'opération de *transport (brut)* d'une mesure aléatoire dA sur un fermé aléatoire M, ou de *balayage (brut)* sur M du processus croissant A correspondant : la masse portée par M est laissée fixe, la masse portée par $]g, D_g]$ ($g \in \mathrm{G}$) est transportée au point g, la masse portée par $]0, D_0]$ est perdue. Cette opération ne commute pas avec la multiplication par e^{ps} ; on définit donc une famille de nouvelles opérations (*p-transport, p-balayage)* en transportant sur M la mesure aléatoire $e^{-ps} dA_s$, puis en remultipliant par e^{ps}. On montre que si M est un fermé aléatoire homogène, le p–transport brut sur M préserve l'homogénéité des mesures aléatoires (ou encore : la p–balayée d'une FA est une FA). Nous n'aurons pas besoin ici de ce résultat général.

Ayant défini transport et balayage bruts, on définit le p–transport optionnel (*resp.* prévisible) d'une mesure aléatoire, en appliquant la projection optionnelle (prévisible). Cette opération, elle aussi, préserve l'homogénéité.

Dans le cas de $dA_t(h) = h \circ X_t \, dt$, le p–transport brut conduit à la mesure aléatoire homogène

$$(58.1) \qquad I_{\mathrm{M}}(s)\, h \circ X_s \, ds + \sum_{g \in \mathrm{G}} e^{pg} \left(\int_g^{D_g} e^{-pr} h \circ X_r \, dr \right) \varepsilon_g(ds)$$

Cette mesure aléatoire figure parmi celles dont le système de sortie donne la projection optionnelle. Nous savons donc effectuer complètement le p–transport optionnel, qui nous donne la mesure aléatoire

$$(58.2) \qquad d\widetilde{A}_s^{(p)}(h) = I_{\mathrm{M}}(s)\, h \circ X_s \, ds + \widehat{\mathbb{E}}^{X_s} \left[\int_0^R e^{-pr} h \circ X_s \, dr \right] d\Lambda_s$$

Introduisons les notations suivantes, pour $x \in F$

$$(58.3) \qquad \widehat{Q}_t(x, h) = \widehat{\mathbb{E}}^x \left[h \circ X_t \, , \, t < R \right] \quad ; \quad \widehat{V}_p(x, h) = \widehat{\mathbb{E}}^x \left[\int_0^R e^{-ps} h \circ X_s \, ds \right] .$$

Pour $x \in F^c$, nous posons $\widehat{Q}_t = Q_t$, $\widehat{V}_p = V_p$ (noter la différence avec la définition des mesures $\widehat{\mathbb{P}}^x$ en (49.2)). Il résulte de 57 que les mesures $\widehat{Q}_t(x,\cdot)$ forment une loi d'entrée sur F^c pour le semi-groupe (Q_t), les mesures $\widehat{V}_p$ une loi d'entrée pour la résolvante (V_p).

Dans les formes anciennes de la théorie, on établissait une "équation résolvante" pour $(\widehat{V}_p)$, puis une propriété de semi-groupe pour $(\widehat{Q}_t)$ et on l'utilisait pour *construire* le système de sortie.

Les considérations précédentes ont surtout un intérêt historique, mais il en va autrement pour les remarques suivantes, dues initialement à Dynkin et développées par El Karoui–Reinhard [1]. La fonction $v = \mathbb{E}^\bullet[\int_0^R e^{-s}ds] = 1 - \varphi$ sur F^c est strictement positive, 1–excessive pour le semi-groupe Q_t, et on peut donc définir la résolvante sousmarkovienne sur F^c

(58.4) $$W_p(x,h) = \frac{1}{v(x)} V_{p+1}(x, hv) .$$

Pour $x \in F$, on vérifie aussitôt que les mesures $\widehat{W_p}(x,h) = \widehat{V}_{p+1}(x,hv)$ forment une loi d'entrée pour cette résolvante. On peut alors interpréter F comme une sorte de *frontière d'entrée de* F^c *pour la résolvante* (W_p). Cela va résulter du calcul suivant

$$\begin{aligned} p\widehat{W_p}(x,h) &= p\widehat{\mathbb{E}}^x\,[\int_0^R e^{-(p+1)s} h\circ X_s\, v\circ X_s\, ds] \\ &= p\widehat{\mathbb{E}}^x\,[\int_0^R e^{-ps} h\circ X_s\, ds \int_s^{D_s} e^{-u}\, du] \\ &= \widehat{\mathbb{E}}^x\,[\int_0^R e^{-u}\, du \int_0^{u\wedge R} p e^{-ps} h\circ X_s\, ds] . \end{aligned}$$

Première conséquence : si $h \leq 1$, l'intégrale intérieure est majorée par 1, donc $p\widehat{W_p}(x,h)$ est majoré par $\widehat{\mathbb{E}}^x\,[\int_0^R e^{-u}\,du] = 1$ (*cf.* 49). D'autre part, si h (toujours bornée) est finement continue au point x, on déduit de la remarque du n° 55 que $h\circ X_t \to h(x)$ sous la mesure $\widehat{\mathbb{P}}^x$, et on a par conséquent (sauf pour des $x \in F$ formant un ensemble Λ–négligeable, dépendant de la fonction h)

(58.5) $$\lim_{p\to\infty} p\widehat{W_p}(x,h) = h(x) .$$

Tout cela fournit le cadre adéquat pour l'utilisation d'une compactification de Ray de F^c relativement à la résolvante sousmarkovienne (W_p). Nous renverrons à El Karoui–Reinhard [1] pour ce point de vue. Nous n'en retiendrons ici qu'une idée simple : les v–transformées des mesures non bornées $\widehat{\mathbb{Q}}^x$ apparaissent comme des lois de processus de Markov ordinaires, issus d'un point d'entrée pour la résolvante (W_p).

D'une manière générale, la transformation au moyen de la fonction excessive v sert à assurer le contrôle des masses totales des mesures, sans lequel il est impossible, par exemple, d'utiliser des arguments de convergence étroite.

Formules de conditionnement

Nous avons appris aux n°s 23-24 à étudier le processus X_{L+t}, où X est un processus de Markov, L le dernier point d'un ensemble aléatoire homogène, ou bien le dernier point de cet ensemble avant t. Au moyen du système de sortie, nous allons étendre cela à d'autres excursions que la dernière, et nous allons aussi préciser le comportement au début de l'excursion. Nous avons déjà vu en XV.88 un cas particulier de ces résultats.

59 Commençons par les notations. Définissons pour $0 \leq a \leq \infty$ des mesures $\mathbb{P}_{a,x}$ sur Ω (espérances $\mathbb{E}_{a,x}$) de la manière suivante. Pour $0 < a < \infty$ d'abord, φ étant $\mathcal{F}^*$-mesurable positive sur Ω

$$\mathbb{E}_{a,x}[\varphi] = \frac{\widehat{\mathbb{E}}^x[\varphi, R > a]}{\widehat{\mathbb{P}}^x\{R > a\}} \qquad (0/0 = 0)\,. \tag{59.1}$$

Pour $a = \infty$, on remplace $R > a$ par $R = \infty$. Enfin on pose $\mathbb{P}_{0,x} = \mathbb{P}^x$ pour tout $x \in E_\partial$.

Montrons que, sous la mesure $\mathbb{P}_{a,x}$, le processus $(X_t)_{t \geq 0}$ est markovien non homogène, avec la fonction de transition

$$K_{st}(x, f) = \frac{\widehat{Q}_{t-s}(x, f\,Q_{a-t}1)}{\widehat{Q}_{a-s}(x, 1)} \qquad (0/0 = 0)\,. \tag{59.2}$$

pour $s, t \in [0, a]$, et $K_{st} = P_{t-s}$ pour $s, t \in [a, \infty[$. L'étude sur le second intervalle est facile et sans intérêt, et nous la laissons au lecteur. Supposons donc $s < t \leq a$. On remarque d'abord que X_s et X_t peuvent être remplacés par les v.a. Y_s et Y_t du processus tué à l'instant R, et la mesure $\widehat{\mathbb{P}}^x$ est remplacée ensuite par la mesure correspondante $\widetilde{\mathbb{P}}^x$ du processus tué, ce qui nous laisse avec des lois d'entrée σ-finies pour le semi-groupe (Q_t). Nous sommes ramenés à vérifier que l'on a pour $s < t \leq a$

$$\widetilde{\mathbb{E}}^x[\varphi_s f \circ Y_t, R > a] = \widetilde{\mathbb{E}}^x[\varphi_s K_{st}(Y_s, f), R > a]\,.$$

où φ_s est $\mathcal{F}_s$-mesurable positive et f est positive sur E. La vérification est aisée, en représentant $\{R > a\}$ comme intersection de $\{R > s\}$ et $\{R \circ \theta_s > a - s\}$. Le côté gauche s'écrit alors

$$\widetilde{\mathbb{E}}^x[\varphi_s \widetilde{\mathbb{E}}^{Y_s}[f \circ Y_{t-s}, R > a - s], R > s]$$

et le côté droit

$$\widetilde{\mathbb{E}}^x[\varphi_s K_{st}(Y_s, f)\, Q_{a-s}(Y_s, 1), R > s]\,.$$

Dans la première formule, l'espérance intérieure s'écrit $Q_{t-s}(Y_s, f\,Q_{a-t}1))$, et on retombe sur la définition de K_{st}. □

Ceci est un exemple de conditionnement sur l'intervalle $[0, a]$ par la condition finale (*cf.* XIV.14) $\zeta > a$ (durée de vie du semi-groupe tué), et correspond à une h-transformation non homogène, relative à la fonction $h(s, x) = Q_{a-s}(x, 1)$. Les noyaux K_{st} satisfont identiquement à la relation de Chapman-Kolmogorov.

60 Un instant $u > 0$ étant fixé, nous allons étudier le conditionnement à l'instant $L = G_u$, dernier passage dans M avant u. Rappelons la convention $L = 0$ s'il n'y a pas de rencontre de M sur $]0, u]$.

La propriété cruciale est donnée par le lemme suivant :

THÉORÈME. *Posons* $L = G_u$ *; on a pour tout processus optionnel positif* (Z_s), *toute v.a. positive* φ *sur* Ω

(60.1) $$\mathbb{E}[Z_L\,\varphi\circ\theta_L] = \mathbb{E}[Z_L\,\mathbb{E}_{u-L,X_L}[\varphi]\,]\ .$$

Plus généralement, si l'on pose $L_s = G_u + s$ $(s \geq 0)$, *on a*

(60.2) $$\mathbb{E}[Z_{L_s}\varphi\circ\theta_{L_s}] = \mathbb{E}[Z_{L_s}\mathbb{E}_{(u-L_s)^+,X_{L_s}}[\varphi]\,]\ .$$

DÉMONSTRATION. Commençons par (60.1). Nous insérons dans les espérances les indicatrices de $\{L=u\}$, $\{0=L<u\}$, $\{0<L<u\}$, et traitons les trois cas séparément. Pour le premier et le second cas, l'égalité résulte de la propriété de Markov aux instants u et 0 respectivement. Dans le troisième cas, la relation à vérifier peut s'écrire

(60.3) $$\mathbb{E}[\textstyle\sum_{g\in\mathbf{G}} Z_g\,h(g,\cdot,\theta_g\cdot)\,] = \mathbb{E}[\textstyle\sum_{g\in\mathbf{G}} Z_g\,h'(g,\cdot,\theta_g\cdot)\,]$$

où l'on a posé

$$h(s,\omega,\omega') = \varphi(\omega')I_{\{0<u-s<R\}}(\omega')\ ,\quad h'(s,\omega,\omega') = \mathbb{E}_{u-s,X_s(\omega)}[\varphi]\ I_{\{0<u-s<R\}}(\omega')\ .$$

$(0<s<u$; si $u=+\infty$ remplacer l'indicatrice par $I_{\{R=\infty\}})$. En effet, la condition $0<u-s<R$ dans l'indicatrice entraîne que la somme porte sur le seul point $g=L=G_u$. Appliquons alors (53.4); les fonctions correspondantes $H(s,\omega,x)$ et $H'(s,\omega,x)$ valent respectivement

$$\widehat{\mathbb{E}}^x[\varphi\,,\,R>u-s] \quad \text{et} \quad \mathbb{E}_{u-s,X_s(\omega)}[\varphi]\ \widehat{\mathbb{P}}^x\{R>u-s\}$$

(avec la même petite modification que plus haut pour $u=\infty$). Pour $x=X_s(\omega)$ ces deux expressions sont égales, d'après la définition des mesures $\mathbb{P}_{u,x}$. En les intégrant par rapport à $d\Lambda_s$ on obtient donc le même résultat.

La démonstration de (60.2) est semblable à celle de (60.1), à cela près qu'au lieu de la formule du système de sortie, on utilise la formule élémentaire suivante, exprimant la propriété de Markov forte sur l'ensemble optionnel à coupes dénombrables $\mathbf{G}^s = \{t : A_t = s\}$

(60.4) $$\mathbb{E}[\textstyle\sum_{g\in\mathbf{G}^s} Z_g\,f(g,\theta_g\cdot)] = \mathbb{E}[\textstyle\sum_{g\in\mathbf{G}^s} Z_g\,\mathbb{E}^{X_g}[f(g,\cdot)\,]\,]\ .$$

REMARQUE. Lorsque $u=\infty$, on retrouve avec (60.2) le théorème de Walsh (23-24), et de plus la propriété (60.1) décrit le comportement du processus en 0.

61 On peut généraliser de manière significative la formule (60.1), en prenant $L=G_T$, le dernier point de M avant un *temps d'arrêt* T *de la filtration continue à droite* $\mathcal{A}_t = (\mathcal{F}_{G_t})_+$ du n° 28. Récrivons la formule à établir, en désignant par Z un processus $\mathcal{F}$-optionnel positif tel que $Z_\infty = 0$, et par L la v.a. G_T

(61.1) $$\mathbb{E}[Z_L\,\varphi\circ\theta_L\,] = \mathbb{E}[Z_L\,\mathbb{E}_{T-L,X_L}[\varphi]\,]\ ,$$

dont voici une forme conditionnelle

(61.2) $$\mathbb{E}[\varphi\circ\theta_{G_T}\,|\,\mathcal{A}_T\,] = \mathbb{E}_{A_T,X_{G_T}}[\varphi] \quad \text{sur}\quad \{G_T<\infty\}.$$

On notera que (61.2) est une amélioration de (61.1), car les v.a. de la forme Z_L engendrent a priori une tribu moins riche que $\mathcal{A}_T$. D'autre part, comme d'habitude, ces formules peuvent s'étendre à φ mesurable par rapport à la complétion universelle $\mathcal{F}^*$, puis par classes monotones : si $h(\omega,\omega')$ est positive, mesurable par rapport à $\mathcal{A}_T \otimes \mathcal{F}^*$, on a sur $\{T<\infty\}$

$$(61.3) \qquad \mathbb{E}\left[h(\cdot,\theta_{G_T}\cdot)\,|\,\mathcal{A}_T\right](\omega) = \mathbb{E}_{A_T(\omega),X_{G_T}(\omega)}\left[h(\omega,\cdot)\right] .$$

DÉMONSTRATION. Pour établir (61.1), on commence par le cas où T est un t. d'a. strict étagé, prenant des valeurs $t_i \leq +\infty$ en infinité dénombrable. Pour chaque $t=t_i$, l'indicatrice de $\{T=t\}$ est de la forme $H^i_{G_t}$, H^i étant l'indicatrice d'un ensemble $\mathcal{F}$–optionnel. On établit alors la formule (61.1) en sommant sur $t=t_i$ les formules

$$\mathbb{E}\left[Z_{G_t}H^i_{G_t}\,\varphi\circ\theta_{G_t}\right] = \mathbb{E}\left[Z_{G_t}H^i_{G_t}\,\mathbb{E}_{t-G_t,X_{G_t}}[\varphi]\right] ,$$

qui sont des cas particuliers de (60.1). On aurait aussi bien pu sommer sur les t_i finis, autrement dit insérer des deux côtés $I_{\{T<\infty\}}$ dans l'espérance.

Passons au cas général. Nous prenons pour T un t. d'a. de la filtration $(\mathcal{A}_t)$, et désignons par T_n ses approximations dyadiques supérieures, qui sont des t. d'a. étagés du type précédent, tels que $\{T_n=\infty\}=\{T=\infty\}$. Nous coupons en trois l'égalité (61.1) à établir, en y insérant les indicatrices de $\{T=\infty\}$, de $\{T\in \mathrm{M},\, T<\infty\}$ et de $\{T\notin \mathrm{M},\, T<\infty\}$. La première relation a déjà été établie; la seconde est la propriété de Markov forte ordinaire, reste la troisième. On est ramené à passer à la limite dans l'égalité suivante, où l'on a posé $L_n=G_{T_n}$,

$$\mathbb{E}\left[Z_{L_n}\varphi\circ\theta_{L_n},\, T\notin \mathrm{M},\, T<\infty\right] = \mathbb{E}\left[Z_{L_n}\mathbb{E}_{T_n-L_n,X_{L_n}}[\varphi],\, T\notin \mathrm{M},\, T<\infty\right] .$$

Or la condition $T\notin \mathrm{M}$ entraîne que l'on a $L_n=L$ pour n assez grand, donc $X_{L_n}=X_L$ et $T_n-L_n\downarrow T-L>0$. Le côté gauche ne pose aucun problème, et quant au côté droit il faut utiliser la continuité en droite de (59.1) en $a>0$, si φ est bornée.

Avant de passer à (61.2), remarquons que la convention $0/0=0$ n'intervient pas en réalité dans ce genre de formules, car on a, en appelant $D(x,a)=\widehat{\mathbb{P}}^x\{R>a\}$ le dénominateur,

$$(61.4) \qquad D(X_L,A_L)>0 \quad \text{sur } \{L<\infty\}.$$

Appliquons en effet (61.1) avec $Z_t=1=\varphi$, de sorte que le côté gauche se réduit à $\mathbb{P}\{G_T>\infty\}$. Du côté droit, la convention $0/0=0$ nous laisse l'indicatrice de $\{L<\infty,\, D(X_L,A_L)>0\}$.

Le passage à (61.2) est facile. Nous avons établi (61.1) avec $I_{\{T<\infty\}}$ inséré des deux côtés. Prenant $Z=1$ et remplaçant T par T_K ($K\in\mathcal{A}_T$) nous obtenons (61.2) sur $\{T<\infty\}$. Pour obtenir le même résultat sur $\{G_T<\infty,\, T=\infty\}$, on considère les t. d'a. $T'_n=T\wedge n$, un évènement $K\in\mathcal{A}_{T'_m}$ et on écrit la formule précédente à l'instant T'_n, avec $n>m$

$$\mathbb{E}\left[\varphi\circ\theta_{L_n},\, L_n\leq m,\, T_n=n,\, K\right] = \mathbb{E}\left[\mathbb{E}_{T_n-L_n,X_{L_n}}[\varphi],\, L_n\leq m,\, T_n=n,\, K\right]$$

et on fait tendre vers l'infini d'abord n, puis m, en utilisant la remarque (61.4) sur le dénominateur $D(X_L,A_L)$.

EXEMPLE. Le début G^a de la première excursion de longueur $> a$ est la v.a. $L = G_T$ correspondant au temps d'arrêt $T = \inf\{t \,:\, A_t > a\}$, et on a $A_T = a$ sur $\{T < \infty\}$. On sait donc calculer la loi de la première excursion de longueur $> a$, conditionnée par $X_{G^a} = x$, et on constate qu'elle est identique à la loi de l'excursion chevauchant u, sachant que $A_u = a$, $X_{G_u} = x$ (résultat de Getoor [16]).

REMARQUE. Dans Getoor–Sharpe [8], on trouvera une autre situation intéressante, où l'excursion chevauchant T est conditionnellement indépendante de $\mathcal{F}_{G_T}$ connaissant X_{G_T} : celle où T est un *temps terminal* (voir l'article cité pour un énoncé complet). Ce résultat est présenté et amélioré dans l'article de Boutabia–Maisonneuve [1], où l'on trouvera aussi une synthèse de divers résultats sur les lois d'excursions conditionnées par leur longueur ou leur valeur finale.

Formules de "dernière sortie"

62 Les décompositions de la fonction de transition du type

$$P_u(x,g) = Q_u(x,g) + \int_{[0,u]} H(x,ds,dy)\, P_{u-s}(y,g)$$

sont presque aussi anciennes (au moins en temps discret) que la théorie des processus de Markov. On les obtient en appliquant la propriété de Markov forte au début T de $\mathbf{M} \cap [0,u]$, la mesure $H(x,ds,dy)$ valant $\mathbb{P}^x\{T \in ds, X_T \in dy\}$. On appelle cela une *décomposition d'entrée* (first entrance decomposition). Le système de sortie va nous permettre de décomposer (P_t) suivant la valeur du dernier instant G_u de $\mathbf{M} \cap [0,u]$ (*décomposition de sortie,* last exit decomposition).

La méthode pour obtenir une formule de sortie est très voisine de celle qui nous a conduit à (60.1) : nous calculons au moyen de (53.4) la somme

$$\mathbb{E}\big[\sum_{s\in\mathbf{G}} Z_s\, h(s,\cdot,\theta_s\cdot)\big]$$

$$\text{avec} \quad h(s,\omega,\omega') = k(u-s, X_0(\omega'))\, g\circ X_{u-s}(\omega')\, I_{\{0<u-s<R\}}(\omega)\ .$$

($0 < s < u$; k et g universellement mesurables positives sur $\mathbb{R}_+ \times E$ et E respectivement; Z optionnel positif). Comme en 60, la condition $0 < u - s < R$ dans l'indicatrice entraîne que la somme porte sur le seul point $s = L = G_u$, et nous obtenons la formule

(62.1) $$\mathbb{E}\big[Z_{G_u} k(u - G_u, X_{G_u})\, g\circ X_u\,,\ 0 < G_u < u\big] = \\ = \mathbb{E}\Big[\int_{]0,u[} Z_s\, k(u-s, X_s)\, \widehat{Q}_{u-s}(X_s, g)\, d\Lambda_s\Big]$$

En prenant $Z = k = 1$, nous calculons $\mathbb{E}[g\circ X_u\,,\ 0 < G_u < u]$, et en rajoutant les termes $\mathbb{E}[g\circ X_u\,,\ 0 = G_u] = Q_u(x,g)$ et $\mathbb{E}[g\circ X_u\,,\ G_u = u] = \mathbb{E}[g\circ X_u\,,\ u\in\mathbf{M}]$ nous obtenons la décomposition de dernière sortie désirée

(62.2) $$P_u(x,g) = Q_u(x,g) + \mathbb{E}^x[g\circ X_u\,,\ u\in\mathbf{M}] + \mathbb{E}^x\Big[\int_{]0,u[} \widehat{Q}_{u-s}(X_s,g)\, d\Lambda_s\Big]\ .$$

En multipliant par e^{-pu} et en intégrant, on obtient la décomposition de dernière sortie de la résolvante,

(62.3) $$U_p g = V_p g + U_\Lambda^p(mg + \widehat{V}_p g) ,$$

où U_Λ^p est le p-potentiel de la FA Λ. Les divers termes de cette relation ont une interprétation probabiliste, particulièrement claire lorsque Λ est continu, l'ensemble M étant alors sans point isolé, et R coïncidant avec le temps d'entrée dans l'ensemble F, qui joue le rôle d'une "frontière". Le premier terme est la résolvante du semi-groupe tué, et décrit les trajectoires qui ne touchent pas la frontière. La fonction m (qui est nulle si M est de mesure nulle) mesure le temps de séjour à la frontière. Le terme en $\widehat{V}^p$ décrit les excursions à partir d'un point de la frontière vers l'intérieur.

Reste le terme en U_Λ^p, qui exprime comment les excursions se recollent. La relation $U_\Lambda^p = P_R^p U_\Lambda^p$ détermine U_Λ^p à partir de sa restriction à F. En notant (τ_t) l'inverse continu à droite du temps local, cette restriction apparaît, pour chaque p fixé, comme le 0-potentiel du semi-groupe (S_t^p) défini sur la "frontière" par

$$S_t^p f = \mathbb{E}^\bullet \left[e^{-p\tau_t} f \circ X_{\tau_t} \right] .$$

On trouvera d'autres résultats sur les décompositions de dernière sortie au chapitre XIX, à partir du n° 38.

REMARQUE. Ce qui vient d'être dit serait également valable avec le système de sortie $\mathcal{R}$-prévisible (n° 66 ci-dessous), à condition de poser

$$U_\Lambda^p h = \mathbb{E}^\bullet \left[\int_0^\infty e^{-ps} h \circ X_s^D \, d\Lambda_s \right] .$$

63 Les formules précédentes calculent des espérances; on peut aussi calculer des espérances conditionnelles, à partir de 61. Nous nous bornerons ici à établir le caractère markovien (homogène) du processus $\check{X}_t = (A_t, X_{G_t})$ à valeurs dans $\mathbb{R}_+ \times E$ [1], qui joue ici le rôle du *processus de l'âge* dans la théorie élémentaire du renouvellement. Tout repose sur l'identité

$$G_{t+u} = G_t + G_{A_t+u}(\theta_{G_t})$$

qui entraîne

(63.1) $$\check{X}_{t+u}(\omega) = \check{X}_{A_t(\omega)+u}(\theta_{G_t}\omega) .$$

Soit alors T un t. d'a. de la filtration $(\mathcal{A}_t)$; on a en appliquant (61.3) à une v.a. positive de la forme $f(\omega, \omega') = h(\check{X}_{a+u}(\theta_g \omega')$ avec $a = A_T(\omega)$, $g = G_T(\omega)$

(63.2) $$\mathbb{E}\left[h \circ \check{X}_{T+u} \,|\, \mathcal{A}_T \right] = \mathbb{E}_{A_T, X_{G_T}}\left[h \circ \check{X}_{A_T+u} \right] \,]$$

où (comme d'habitude) $T = T(\omega)$ et $G_T = G_T(\omega)$ sont traités comme des constantes dans l'intégration du côté droit. Si nous posons alors

(63.3) $$\check{P}_u((t,x), h) = \mathbb{E}_{t,x}\left[h \circ \check{X}_{t+u} \right] ,$$

[1] Ou plus exactement E_∂.

la formule (63.2) apparaît comme une propriété de Markov forte.

Vérifions la propriété de semi-groupe des noyaux $\check{P}_t$. Il s'agit de prouver que

$$\mathbb{E}_{s,x}\,[h \circ \check{X}_{s+t+u}] = \mathbb{E}_{s,x}\,[\check{P}_u(\check{X}_{s+t}, h)]\ .$$

Nous allons montrer qu'on a en fait, en posant $\mathcal{H} = \mathcal{F}_s \vee \theta_s^{-1}(\mathcal{A}_t)$

$$\mathbb{E}_{s,x}\,[h \circ \check{X}_{s+t+u}\,|\,\mathcal{H}] = \check{P}_u(\check{X}_{s+t}, h)\ .$$

Nous avons toujours $R > s$ sous $\mathbb{P}_{s,x}$, d'après la définition (59.1) de ces mesures. Décomposons la formule à établir suivant les évènements $\{R \le s+t\}$ et $\{R > s+t\}$, qui appartiennent à la tribu $\mathcal{H}$. Sur le second, on a $G_{s+t} = 0$, $\check{X}_{s+t} = (s+t, x)$, et la tribu $\mathcal{H}$ est dégénérée. La formule à établir se réduit donc au calcul, d'une part de

$$\frac{\mathbb{E}_{s,x}\,[h \circ \check{X}_{s+t+u}\,,\, R > s+t]}{\mathbb{P}_{s,x}\{R > s+t\}} = \frac{\widehat{\mathbb{E}}^x\,[h \circ \check{X}_{s+t+u}\,,\, R > s+t]}{\widehat{\mathbb{P}}^x\{R > s+t\}}$$

(*cf.* 59.1) et d'autre part de

$$\check{P}_u((s+t, x), h) = \mathbb{E}_{s+t,x}\,[h \circ \check{X}_{s+t+u}]$$

qui a bien la même valeur. Sur le premier ensemble $\{R \le s+t\}$, nous avons $G_{s+t+u} = s + G_{t+u} \circ \theta_s$, et $\check{X}_{s+t+u} = \check{X}_{t+u} \circ \theta_s$. D'autre part, nous avons vu au n° 59 que sous la mesure $\mathbb{P}_{s,x}$ le processus (X_{s+r}) est markovien de semi-groupe (P_r). Comme on a p.s. $R > s$, tout le calcul se fait sur ce processus et on obtient comme en (63.2)

$$\mathbb{E}_{s,x}\,[\,h(\check{X}_{t+u} \circ \theta_s)\,|\,\mathcal{H}\,] = \check{P}_u(\check{X}_{s+t}, h)$$

Le résultat désiré est établi.

Personne n'a pris la peine de prouver que le processus fortement markovien $(\check{X}_t)$ est en fait un processus droit, ce qui doit être vrai, utile, et fort ennuyeux à démontrer (pour le processus de la section suivante, le travail a été fait par Maisonneuve–Meyer [1]).

Etude du reste de vie

64 Dans la théorie du renouvellement du chapitre XV, les deux quantités fondamentales sont l'âge $A_t = t - G_t$ et le reste de vie $R_t = D_t - t$, la première étant connue à l'instant t et la seconde, anticipante, pouvant seulement être estimée. Dans la théorie plus générale de ce chapitre, ces deux processus deviennent les premières composantes des deux processus de Markov $\check{X}_t = (A_t, X_{G_t})$ et $\hat{X}_t = (R_t, X_{D_t})$. Le premier ayant été étudié en 63, nous présentons maintenant le second processus, moins intuitif par suite de son caractère anticipant, mais en fait beaucoup plus simple. On n'utilisera pas du tout le système de sortie, mais seulement la propriété de Markov forte du processus (X_t).

Bien que l'utilisation du chapeau puisse prêter à confusion avec les mesures du système de sortie, nous employons dans ce n°, par analogie avec 63, les notations (assez courantes) $\hat{X}_t = (R_t, X_{D_t})$ et $(\hat{P}_t)$ pour le semi-groupe correspondant.

THÉORÈME. *Sous toute loi* $\mathbb{P}^\mu$, *le processus* $\hat{X}_t = (R_t, X_{D_t})$ *à valeurs dans* $\overline{\mathbb{R}}_+ \times E$ [1] *est fortement markovien par rapport à la filtration* $\mathcal{R}_t$, *de semi-groupe*

$$(64.1) \qquad \hat{P}_u((t,x),h) = \mathbb{E}^x\left[h(R_{u-t}, X_{D_{u-t}})\right] \quad si \ u \geq t$$
$$= h(t-u,x) \quad si \ u < t\ .$$

On notera que t peut prendre la valeur $+\infty$, et que $\hat{P}_0$ n'est pas l'identité en général.

DÉMONSTRATION. Soit S un $\mathcal{R}$-t. d'a. fini et soit $T = D_S$, qui est un $\mathcal{F}$-t. d'a. et satisfait à $\mathcal{R}_S = \mathcal{F}_T$ (n° 4). Nous voulons établir la formule

$$(64.2) \qquad \mathbb{E}\left[h \circ \hat{X}_{S+t} \,|\, \mathcal{R}_S\right] = \hat{P}_t(\hat{X}_S, h)\ ,$$

où h peut être supposée borélienne positive. Sur l'ensemble $\{t < R_S\} \in \mathcal{R}_S$ on a $\hat{X}_{S+t} = (R_S - t, X_{D_S})$, et la formule est satisfaite. Sur l'ensemble $\{t \geq R_S\}$ on peut écrire

$$h \circ \hat{X}_{S+t}(\omega)) = g(\omega, \theta_T\omega)$$

avec $g(\omega,\omega') = h(\hat{X}_{t-R_S(\omega)}(\omega'))$, fonction $\mathcal{F}_T \otimes \mathcal{F}$-mesurable. La propriété de Markov forte à l'instant T donne alors $\mathbb{E}^{X_T}\left[g(\omega,\cdot)\right] = \hat{P}_t(\hat{X}_S(\omega), h)$.

La vérification de la propriété de semi-groupe des noyaux $\hat{P}_t$ est laissée au lecteur (Maisonneuve [4], p. 24).

COMMENTAIRES. Ici, le caractère droit du processus a été (laborieusement) établi par Maisonneuve–Meyer dans *Sém. Prob. VIII*. En fait, il y a "au dessus" du processus $(\hat{X}_t)$ un gros processus de Markov, également droit, à valeurs dans $\overline{\mathbb{R}}_+ \times \Omega$; c'est le *processus d'incursions*, (R_t, ι_t), que nous ne cherchons pas à décrire ici (voir Maisonneuve [4]).

D'autre part, la démonstration précédente n'utilise que très partiellement la structure du processus de Markov (X_t) : la propriété de Markov forte, ou l'homogénéité du processus, n'ont été appliqués qu'à des temps d'arrêt T de la forme D_S, *dont le graphe passe dans l'ensemble aléatoire* M. Cette remarque permet d'étendre de manière significative la théorie classique du renouvellement : il existe une description axiomatique relativement simple de processus possédant la propriété de Markov et l'homogénéité seulement sur un certain ensemble aléatoire M, et une méthode générale permettant de ramener ces processus aux processus de Markov ordinaires. On pourra consulter sur cette question la monographie de Maisonneuve [4], remise à jour et améliorée en [16].

Ces processus sont connus sous le nom de *systèmes régénératifs* ou encore *semi-régénératifs* selon une suggestion de Çinlar, le mot "régénératif" étant alors réservé au cas où la propriété de Markov (indépendance conditionnelle) est remplacée par l'indépendance ordinaire, à la manière de la théorie du chapitre XV.

65 Faisons une digression pour introduire encore un processus de Markov homogène, qui aurait pu être défini bien plus tôt, car les raisonnements qui le concernent sont tout à fait élémentaires : il s'agit du processus (A_t, X_t), dans la filtration $(\mathcal{F}_t)$.

Nous désignons par W l'ensemble des couples $w = (\alpha, \omega)$, où ω appartient à Ω, et α est une "fonction en dents de scie ascendantes" à valeurs dans $\mathbb{R}_+$, c'est à dire une fonction

[1] Ou plus exactement E_∂.

positive càdlàg., linéaire de pente 1 dans tout intervalle où elle est continue, et dont tous les sauts aboutissent à la valeur 0. Nous imposerons à ces deux trajectoires la relation

$$\forall t > 0, \quad \alpha(t) = 0 \Longleftrightarrow t \in \mathrm{M}(\omega) .$$

Cette relation, et le fait que α est en dents de scie, permettent de reconstruire entièrement la trajectoire α en connaissant ω et la valeur initiale $\alpha(0)$. On a en effet

$$\alpha(t)) = A_t(\omega) \quad \text{pour } t \geq R(\omega), \ \alpha(0) + t \text{ pour } 0 \leq t < R(\omega),$$

ce dernier intervalle pouvant être vide. Les coordonnées sur W (qui engendrent sur W la tribu $\mathcal{G}^{\circ}$ et la filtration $(\mathcal{G}_t^{\circ})$ de la manière accoutumée) seront notées $A_t(w)$ et $X_t(w)$. On définit pour tout $a \geq 0$ et tout $x \in E$ une mesure $\mathbb{Q}^{a,x}$ sur W, image de $\mathbb{P}^x$ par l'application déterministe précédente de Ω dans W, correspondant à la valeur initiale a. Noter que $A_0 = a$ $\mathbb{Q}^{a,x}$-p.s. si x est irrégulier pour le temps terminal R, mais si x esr régulier on a $A_0 = 0$ p.s., ce qui est un phénomène de branchement. Nous définissons aussi des noyaux sur $\mathbb{R}_+ \times E$

$$Q_t((a,x), f) = \mathbb{E}^{a,x}[f(A_t, X_t)]$$

et alors on établit la propriété de Markov : sous toute loi $\mathbb{Q}^{a,x}$

$$\mathbb{E}[f(A_{s+t}, X_{s+t}) \,|\, \mathcal{G}_s] = Q_t((A_s, X_s), f)$$

ce qui, du même coup entraîne la propriété de semi-groupe des noyaux (Q_t). La démonstration est très facile si l'on remarque que

$$A_{s+t} = A_t \circ \theta_s \quad \text{si } R \circ \theta_s < t, \ A_s + t \text{ sinon},$$

et nous laisserons les détails au lecteur.

Autres systèmes de sortie

66 Revenons à un fermé aléatoire homogène optionnel $\mathrm{M} \subset]0, \infty[$. Nous allons faire la théorie du système de sortie $\mathcal{R}$-prévisible, et parler brièvement du système $\mathcal{F}$-prévisible.

Indiquons d'abord quel est le but recherché. On va apporter deux modifications à la formule de sortie

$$\mathbb{E}[\sum_{g \in \mathrm{G}} Z_g f \circ \theta_g] = \mathbb{E}[\int_0^{\infty} Z_s \widehat{\mathbb{E}}^{X_s}[f] \, d\Lambda_s] ,$$

1) Le processus positif (Z_s) et la mesure aléatoire $d\Lambda_t$ seront prévisibles par rapport à la filtration $(\mathcal{R}_t)$ (*resp.* $(\mathcal{F}_t)$).

2) Dans l'espérance au second membre, la valeur de la fonction $\mathbb{E}^{\bullet}[f]$ ne sera plus prise au point X_s, mais en X_s ou X_{s-} (choix à préciser) de manière à définir un processus prévisible/$\mathcal{R}$ (*resp.* /$\mathcal{F}$).

La possibilité de telles modifications doit être étudiée en détail. En revanche, une fois la formule établie, il n'y aura pas de difficulté à établir le caractère markovien des mesures $\widehat{\mathbb{P}}^x$.

La formule ainsi obtenue sert à peu près aux mêmes usages que dans le cas optionnel : établir des formules de conditionnement par rapport à des tribus du type $\mathcal{R}_{L-}$ ou $\mathcal{F}_{L-}$, en un instant L de dernier passage dans $\mathbf{M}$. Cependant, nous nous abstiendrons de développer ces applications, renvoyant pour cela à Getoor [16], Maisonneuve [4], [9], [15].

Après ces généralités, passons à l'étude du système de sortie $\mathcal{R}$–prévisible. Rappelons l'étude du temps local $\mathcal{R}$–prévisible faite au n° 11 : La projection $\mathcal{R}$–prévisible $d\Lambda$ de la mesure aléatoire $\sum_{g\in\mathbf{G}}(1-e^{-R_g})\varepsilon_g$ est une FA à la fois $\mathcal{R}$–prévisible et $\mathcal{F}$–optionnelle, comportant trois termes :

1) une partie continue correspondant à la sommation sur $\mathbf{G}_c$; elle est au moins égale à la partie continue de la fonctionnelle du théorème 49, qui correspond à l'ensemble plus petit $\mathbf{G}_\pi$.

2) La contribution de $\mathbf{G}\cap\mathbf{D}$ (ensemble indistinguable de $\mathbf{D}\cap\{\beta<1\}=\mathbf{D}\cap\{\gamma<1\}$, et donc $\mathcal{R}$–prévisible), qui est une FA purement discontinue, $\mathcal{F}$–optionnelle et $\mathcal{R}$–prévisible d'après 5

$$\sum_{s\in\mathbf{D},\, s\leq t}(1-\varphi\circ X_s) \qquad (\varphi=\mathbb{E}^{\bullet}[e^{-R}]) \tag{66.1}$$

qui ne porte que sur les points isolés de $\mathbf{M}$.

3) La partie discontinue de la contribution de $\mathbf{G}\setminus\mathbf{D}$, qui est une FA purement discontinue $\mathcal{F}$–prévisible (la représenter comme une somme de sauts $\mathcal{R}$–prévisibles portés par $\mathbf{M}\setminus\mathbf{D}$, et utiliser le n° 5).

$$\sum_{s\in\mathbf{M}\setminus\mathbf{D},\, s\leq t}(1-P_0\varphi\circ X_{s-})\ . \tag{66.1'}$$

Nous poserons d'autre part

$$X^D_{t-}=X_t \quad \text{si } t\in\mathbf{D}, \text{ et } X_{t-} \text{ sinon,} \tag{66.2}$$

processus des limites à gauche de $X^D_t=X_{D_t}$. L'ensemble $\mathbf{D}$ étant $\mathcal{R}$–prévisible à coupes dénombrables (n° 3), le théorème 5 entraîne que ce processus est $\mathcal{R}$–prévisible.

Avec ces notations, la théorie du système de sortie $\mathcal{R}$–prévisible peut s'énoncer ainsi :

THÉORÈME. *Il existe un noyau $x\longmapsto\widehat{\mathbb{P}}^x$ de $(E,\mathcal{B}_u(E))$ dans $(\Omega,\mathcal{F}^\circ)$ possédant les propriétés $\widehat{\mathbb{P}}^x\{R=0\}=0$, $\widehat{\mathbb{E}}^x[1-e^{-R}]<\infty$ comme au n° 49, et*

$$\mathbb{E}[\sum_{g\in\mathbf{G}}Z_g f\circ\theta_g]=\mathbb{E}[\int_0^\infty Z_s\,\widehat{\mathbb{E}}^{X^D_{s-}}[f]\,d\Lambda_s] \tag{66.3}$$

pour toute v.a. positive f sur Ω et tout processus $\mathcal{R}$-prévisible positif (Z_t). Sous toute mesure $\widehat{\mathbb{P}}^x$, le processus $(X_t)_{t>0}$ sur Ω est markovien de semi-groupe (P_t) (avec éventuellement une loi d'entrée non σ-finie, comme en 49).

Comme en 49 aussi, on a la normalisation $\widehat{\mathbb{E}}^x[1-e^{-R}]=1-m(x)$.

DÉMONSTRATION. Nous allons reprendre les raisonnements des n°s 49 à 56, en indiquant les modifications nécessaires.

Tout d'abord, pour un point $x \in F^c$ qui n'est pas un point de branchement, nous faisons le même choix qu'en 50

$$(66.4) \qquad \widehat{\mathbb{P}}^x = (1-\varphi(x))^{-1}\,\mathbb{P}^x \quad ;$$

Si x est un point de branchement avec $P_0\varphi(x) < 1$, nous prenons

$$(66.5) \qquad \widehat{\mathbb{E}}^x\,[f] = \frac{\mathbb{E}^x\,[f\,,R>0]}{1-P_0\varphi(x)} = \frac{1}{1-P_0\varphi(x)}\int_{F^c} P_0(x,dy)\,\mathbb{E}^y\,[f]\ .$$

Avec ce choix des lois $\widehat{\mathbb{P}}^x$, on a la formule suivante, relative à la partie $\mathcal{R}$-accessible $\mathbf{G}_d$ de $\mathbf{G}$ (n° 8), qui fournit la partie discontinue Λ^d de la fonctionnelle Λ

$$(66.6) \qquad \mathbb{E}\,[\sum_{g\in\mathbf{G}_d} Z_g\, f\circ\theta_g\,] = \mathbb{E}\,[\int_0^\infty Z_s\,\widehat{\mathbb{E}}^{X^D_{s-}}\,[f]\;d\Lambda^d_s\,]\ .$$

En effet, nous pouvons supposer Z nul hors de l'ensemble $\mathcal{R}$-prévisible $\mathbf{M}$, puis traiter séparément (l'ensemble $\mathbf{D}$ étant $\mathcal{R}$-prévisible) les cas de $ZI_{\mathbf{D}}$ et $ZI_{\mathbf{M}\setminus\mathbf{D}}$. Pour le premier cas, le théorème 5 nous ramène à la propriété de Markov forte ordinaire du processus (X_t). Pour le second cas, nous enfermons $\mathbf{G}\cap(\mathbf{M}\setminus\mathbf{D})$ dans une réunion de graphes de temps $\mathcal{R}$-prévisibles T_n, contenus dans $\mathbf{M}\setminus\mathbf{D}$. Nous omettons temporairement l'indice n. D'après le théorème 5, tout revient à calculer

$$\mathbb{E}\,[Z_T\, f\circ\theta_T\, I_{\{T\in\mathbf{G}\}}\,|\,\mathcal{F}_{T-}\,] \quad ;$$

Z_{T_n} sort, nous remplaçons l'indicatrice par $I_{\{R\circ\theta_T>0\}}$ et nous appliquons la propriété de Markov modérée du processus X à l'instant T, ce qui nous donne la valeur

$$Z_T\,\mathbb{E}^{X_{T-}}\,[f\,,R>0] = Z_T\,(1-P_0\varphi\circ X_T)\,\mathbb{E}^{X^D_{T-}}\,[f]$$

d'où la formule souhaitée en remplaçant T par T_n et en sommant sur n.

Cela règle la partie discontinue. La partie continue, relative à la sommation sur $\mathbf{G}_c$, nous fatiguera moins : tout d'abord, la partie continue Λ^c de Λ néglige les instants t où $X_t \neq X_{t-}$, et ceux où $X_t \notin F$. D'autre part, le raisonnement à faire par application du théorème de Motoo et d'un théorème de régularisation de pseudo–noyaux est identique à celui des n°s 51-53. Pour établir le caractère markovien des mesures $\widehat{\mathbb{P}}^x$, on a besoin d'étendre le lemme 52 à un processus $\mathcal{R}$-prévisible Z, que l'on peut supposer nul hors de $\mathbf{M}$; or un tel processus est $\mathcal{F}$-optionnel d'après 6. Nous ne donnerons pas d'autres détails.

REMARQUE. Soit Z un processus positif $\mathcal{F}$-optionnel, nul hors de l'ensemble $\{X\in F\}$, et soit Z' sa projection $\mathcal{F}$-prévisible, qui est aussi $\mathcal{R}$-prévisible et ne diffère de Z que sur une réunion dénombrable de graphes de $\mathcal{F}$-t. d'a.. Les mesures aléatoires

$$\sum_{g\in\mathbf{G}_\pi} Z_g\, f\circ\theta_g\,\varepsilon_g \quad\text{et}\quad \sum_{g\in\mathbf{G}_\pi} Z'_g\, f\circ\theta_g\,\varepsilon_g$$

sont donc p.s. égales, et ont pour projection $\mathcal{R}$-prévisible la mesure $Z'_s\,\widehat{\mathbb{E}}^{X^D_{s-}}\,[f]\;d\Lambda_s$. Mais comme $\mathbf{G}_\pi \subset \mathbf{G}_c$, cette projection prévisible est diffuse, et l'on peut remplacer Λ par sa partie continue Λ^c. On peut alors remplacer X^D_{s-} par X_s et Z' par Z, et on a obtenu une formule de projection $\mathcal{F}$–optionnelle

$$\mathbb{E}\big[\sum_{g\in \mathbf{G}_\pi} Z_g f\circ\theta_g\big] = \mathbb{E}\big[\int_0^\infty Z_s \widehat{\mathbb{E}}^{X_s}[f]\,d\Lambda^c_s\big] \tag{66.7}$$

calculée au moyen du système de sortie $\mathcal{R}$–prévisible. On peut déduire de cette relation la formule du système de sortie $\mathcal{F}$–optionnel concernant $\mathbf{G}_\pi$. En effet, la mesure aléatoire $d\Lambda^\pi_t$ du cas optionnel est, d'après le théorème de Motoo, de la forme $h\circ X_t\,d\Lambda^c_t$; les anciennes mesures $\widehat{\mathbb{P}}^x$ sont donc des multiples $h(x)\widehat{\mathbb{P}}^x$ des nouvelles mesures, et comme la normalisation est la même dans les deux cas h ne peut être qu'une indicatrice. Autrement dit, la partie intéressante du système de sortie optionnel peut être lue, en principe, sur le système de sortie $\mathcal{R}$–prévisible.

EXEMPLE. Lorsque $\mathbf{G}_\pi$ est vide, les deux systèmes de sortie peuvent être très différents, comme le montre l'exemple suivant.

Considérons un processus de Markov à deux états a, b, et prenons pour $\mathbf{M}$ l'adhérence de $\{X=a\}$. Alors $\mathbf{G}_\pi=\emptyset$ et $\mathbf{G}_c=\mathbf{G}_o=\mathbf{G}$. Le temps local optionnel comporte une masse unité en tout point de $\mathbf{G}$ et le terme en $I_{\mathbf{M}}(s)\,ds$, tandis que le temps local $\mathcal{R}$–prévisible est proportionnel à cette dernière fonctionnelle. D'autre part, toutes les excursions hors de $\mathbf{M}$ partent du point b, et le système de sortie dans le cas optionnel comporte une mesure $\widehat{\mathbb{P}}^b$ de processus issu du point b (parce que $X_t=b$ sur $\mathbf{G}$) et une mesure $\widehat{\mathbb{P}}^a=0$, tandis que dans le cas $\mathcal{R}$–prévisible on a $X^D_{t-}=a$ sur le support du temps local, et la mesure ainsi construite s'appelle $\widehat{\mathbb{P}}^a$, bien qu'elle décrive un processus issu de b. Cela tient au fait que le processus saute de a vers b sur $\mathbf{G}_c$.

67 La théorie du système de sortie $\mathcal{F}$–prévisible est beaucoup moins plaisante que les précédentes. Une première difficulté tient au fait qu'*il n'existe pas toujours de vrai temps local $\mathcal{F}$-prévisible* (porté par $\mathbf{M}$). En utilisant la projection $\mathcal{R}$–prévisible comme intermédiaire, on voit que cela provient de la FA optionnelle (66.1), dont la projection duale $\mathcal{F}$–prévisible n'est pas forcément portée par $\mathbf{M}$ — et même si c'est le cas, son support ne sera pas forcément $\mathbf{M}$ entier. Comme $\mathbf{D}\cap\{\varphi\circ X<1\}$ est l'ensemble $\mathbf{D}\cap\mathbf{G}$ des points isolés de $\mathbf{M}$, cela revient à dire que

(67.1) $\mathbf{M}$ *porte la projection prévisible de la mesure aléatoire* $\sum_{s\in\mathbf{D}\cap\mathbf{G}}\varepsilon_s$.

Cela a lieu en particulier si $\mathbf{M}$ est sans point isolé, ou si $\mathbf{D}\cap\mathbf{G}$ est prévisible, ou si $\mathbf{M}$ est prévisible. La condition (67.1) n'est donc pas une condition déraisonnable.

En particulier, la condition (67.1) est toujours satisfaite dans la filtration $\mathcal{R}_t$, puisque $\mathbf{M}$ est $\mathcal{R}$–prévisible.

Malheureusement, même si (67.1) est satisfaite, il reste une seconde difficulté proprement "markovienne", tenant à la structure de la densité d'une FA prévisible purement discontinue par rapport à une autre FA prévisible : peut elle être choisie de la forme $f\circ X_-$? Comme il existe une version de cette densité à la fois prévisible et cooptionnelle, ce problème est lié à l'hypothèse CMF de XVIII.25, XVIII.55.

Ces deux difficultés réunies font que la théorie ne mérite peut être pas d'être exposée en détail.

Systèmes de sortie en théorie générale

68 Nous allons traiter maintenant une variante de la théorie du système de sortie, qui s'applique à diverses situations de théorie générale des processus. Nous en présentons la forme $\mathcal{F}$–optionnelle, mais il en existe aussi une version $\mathcal{R}$–prévisible (ou $\mathcal{F}$–prévisible, *cf.* la remarque à la fin de ce n°). Les démonstrations sont les mêmes en substance que celles des théorèmes 49 ou 66, mais dans une situation plus simple — une seule mesure complète $\mathbb{P}$ au lieu de toute la famille des mesures $\mathbb{P}^x$, pas de propriétés de Markov à vérifier, etc.

Nous revenons à la situation générale d'un fermé aléatoire optionnel M dans $]0,\infty[$, et désignons par Λ_t son temps local $\mathcal{F}$–optionnel[1] — dans le cas $\mathcal{R}$–prévisible, on utiliserait le temps local correspondant, qui d'après 10–11 est à la fois $\mathcal{R}$–prévisible et $\mathcal{F}$–optionnel. Nous nous donnons d'autre part un espace d'états radonien $(W,\mathcal{W})$, et un processus (ϑ_t), mesurable, en général non adapté (il s'agit de le prédire), et possédant la propriété suivante : *il existe une fonction universellement mesurable* ρ *sur* W *telle que* $R_t = \rho\circ\vartheta_t$ *pour tout* $t\in\mathbb{R}_+$.

> La notation ϑ_t rappelle la situation markovienne où ϑ_t est l'opérateur de translation θ_t, W l'ensemble Ω des trajectoires continues à droite muni de la tribu $\mathcal{F}^\circ$. Dans d'autres situations, où l'on étudie par exemple l'ensemble M des zéros d'une martingale continue X, W peut être l'ensemble des applications réelles càdlàg. nulles en 0 et $\vartheta_t(\omega)$ la trajectoire $X_{t+\cdot}(\omega)$.

On a alors un analogue du théorème 49, sous la forme suivante :

THÉORÈME. *Il existe un noyau* $(s,\omega)\longmapsto N_s(\omega,dw)$ *de* $\mathbb{R}_+\times\Omega$ *muni de la tribu* $\mathcal{F}$*-optionnelle dans* $(W,\mathcal{W})$, *possédant les propriétés suivantes :*

1) On a $\int N_s(\omega,dw)(1-e^{-\rho(w)})=1$.

2) On a pour tout processus $\mathcal{F}$*-optionnel positif* (Z_t) *et toute fonction universellement mesurable positive* f *sur* W, *la "formule de sortie"*

$$\mathbb{E}\Big[\sum_{g\in G} Z_g\, f\circ\vartheta_g\Big] = \mathbb{E}\Big[\int_0^\infty Z_s\, N_s(\cdot,f)\,d\Lambda_s\Big]\ . \tag{68.1}$$

La démonstration, proche de 49 mais plus simple, est laissée au lecteur (ou voir Maisonneuve [4]). Comme dans le cas markovien, les valeurs de N_s pour $s\notin M$ n'ont pas d'importance.

REMARQUE. Pour la théorie du système de sortie $\mathcal{R}$–prévisible, on doit remplacer le processus $\mathcal{F}$–optionnel Z (que l'on peut supposer nul hors de M) par un processus $\mathcal{F}$–optionnel sur D et $\mathcal{F}$–prévisible sur $M\setminus D$ (*cf.* 6). Quant à la théorie du système de sortie $\mathcal{F}$–prévisible, elle ne comporte, en théorie générale des processus, que la première des deux difficultés signalées au n° 67, et tenant à la construction d'un temps local $\mathcal{F}$–prévisible : si la condition (67.1) est satisfaite, il existe un énoncé $\mathcal{F}$–prévisible analogue à 68.

[1] On n'éprouve guère le besoin ici d'inclure le terme en $I_M(s)\,ds$.

69 Nous allons décalquer en théorie générale les résultats de conditionnement 59-60. Pour cela nous aurons besoin des notations suivantes. Tout d'abord, nous définissons un noyau markovien $\Pi_t(\omega, dw)$ sur $\mathbb{R}_+ \times \Omega$ muni de la tribu optionnelle, à valeurs dans W, possédant la propriété suivante :

Pour toute fonction $\mathcal{W}$-mesurable positive h, le processus $(\Pi_t h)$ est projection optionnelle du processus $(h \circ \vartheta_t)$.

L'existence de tels noyaux (et leur unicité à un ensemble évanescent près) est due à L. Schwartz [2], qui en a fait une étude approfondie. Dans la situation où nous sommes, il s'agit (comme 68) d'une application très familière du théorème de régularisation de pseudo-noyaux IX.11. Dans le cas markovien homogène, $\Pi_t(\omega, \cdot)$ serait la mesure $\mathbb{P}^{X_t(\omega)}$. Nous étendons ces noyaux à la tribu universellement mesurable, et nous définissons des noyaux dépendant de deux paramètres t et $a \in [0, \infty]$ (*cf.* (59.1))

$$(69.1) \qquad \Pi_{a,t}(h) = \begin{cases} \Pi_t(h) & \text{si } a = 0 \\ \dfrac{N_t(h\,,\,\rho > a)}{N_t(\rho > a)} & \text{si } 0 < a < \infty, \\ \dfrac{N_t(h\,,\,\rho = \infty)}{N_t(\rho = \infty)} & \text{si } a = \infty. \end{cases}$$

Nous avons alors l'énoncé suivant

THÉORÈME. *Soit $u > 0$, et soit L la v.a. G_u. On a pour toute fonction universellement mesurable positive h sur W et tout processus $\mathcal{F}$-optionnel positif (Z_t)*

$$(69.2) \qquad \mathbb{E}[Z_L\, h \circ \vartheta_L] = \mathbb{E}[Z_L\, \Pi_{u-L,L}(\cdot, h)] .$$

et sous forme conditionnelle

$$(69.3) \qquad \mathbb{E}[h \circ \vartheta_L \,|\, \mathcal{F}_L] = \Pi_{u-L,L}(\cdot, h) .$$

On a un résultat analogue pour $u = \infty$, en se restreignant à l'ensemble $\{L < \infty\}$.

DÉMONSTRATION. Le raisonnement est identique à celui qui a été fait au n° 60 pour le système de sortie markovien, et nous ne le reproduirons pas. Le même raisonnement qu'en 61 permet de remplacer l'instant fixe u par un t. d'a. T de la filtration "lente" (continue à droite) $(\mathcal{A}_t)$.

REMARQUE. Lorsqu'on travaille sur le système de sortie $\mathcal{R}$–prévisible, la filtration qui donne lieu à une formule de conditionnement à la manière de 61 est la filtration $(\mathcal{R}_{G_t}^-)$. Désignons la par exemple par $(\mathcal{L}_t)$ pour rappeler qu'il s'agit d'une filtration "lente", aucune notation n'étant consacrée. Le n° 6 décrit complètement la tribu $\mathcal{R}_{G_t}^-$, toujours comprise entre $\mathcal{F}_{G_t}^-$ et $\mathcal{F}_{G_t} = \mathcal{A}_t^\circ$, et en particulier égale à $\mathcal{F}_{G_t}^-$ si M est parfait — dans ce cas, on est donc bien en train de conditionner par rapport au passé strict usuel. Lorsque M est discret, en revanche, on a $\mathcal{L}_t = \mathcal{F}_{G_t}$.

Nous avons introduit au n° 29 la filtration $\mathcal{B}_t = \mathcal{F}_{g_t}^-$, contenue dans $(\mathcal{L}_t)$, et nous avons vu que la filtration continue à droite correspondante est égale à $(\mathcal{A}_t)$ si G ne contient aucun graphe de temps d'arrêt. Dans ce cas (qui est le plus intéressant en pratique), la filtration continue à droite $(\mathcal{L}_{t+})$ est elle aussi égale à $(\mathcal{A}_t)$, et toutes ces distinctions subtiles disparaissent.

Application aux ensembles aléatoires

70 Nous allons appliquer le théorème précédent au cas d'un fermé aléatoire optionnel $\mathbf{M}$, en prenant $W = [0,\infty]$ et $\vartheta_t(\omega) = R_t(\omega)$ (et $\rho(w) = w$). Le système de sortie s'interprète alors comme un noyau $\mathcal{F}$–optionnel à valeurs dans $[0,\infty]$, noté $N(\omega,s,dr)$ ou $N_s(\omega,dr)$, porté par $]0,\infty]$, tel que $\int N(\omega,s,dr)(1-e^{-r}) = 1$, et pour lequel on a, si (Z_t) est $\mathcal{F}$–optionnel positif, la "formule de sortie"

$$(70.1)\qquad \mathbb{E}\Big[\sum_{g\in\mathbf{G}} Z_g\, h(g,R_g)\Big] = \mathbb{E}\Big[\int_0^\infty Z_s\Big(\int N_s(\cdot,dr)\,h(s,r)\Big)\,d\Lambda_s\Big]\ .$$

Le noyau $N(s,dr)$ peut être remplacé par $N(G_s,dr)$ sans rien changer, puisque $s = G_s$ sur M (et par $\varepsilon_\infty(dr)$ si $s < D_0$); il est alors optionnel par rapport à la filtration lente $(\mathcal{A}_t)$. *Cela sera fait implicitement dans toute la suite.*

Nous introduisons aussi la "fonction de répartition" de la mesure N, qui est bornée près de l'infini (et non près de 0 en général)

$$(70.2)\qquad n(\omega,s,r) = N(\omega,s,\,]r,\infty])$$

et qui est normalisée (le terme en $I_{\mathbf{M}}(s)\,ds$ étant absent du temps local) par la condition

$$(70.3)\qquad \int N(s,\omega,du)\int_0^u e^{-r}dr = \int_0^\infty n(\omega,s,r)\,e^{-r}\,dr = 1\ .$$

EXEMPLE. Dans le cas markovien, ce noyau s'exprime au moyen du système de sortie optionnel

$$(70.4)\qquad N_s(\cdot,f) = \widehat{\mathbb{E}}^{X_s}\,[f(R)]\ .$$

Dans le cas plus particulier des ensembles régénératifs sans points isolés, le théorème XV.77 entraîne que le noyau $N_s(\omega,dr)$ ne dépend ni de s ni de ω, et vaut $\nu(dr)$, ν étant la mesure de Lévy du subordinateur inverse de Λ. Lorsque M est l'ensemble des zéros du mouvement brownien, cette mesure de Lévy a été déterminée en XV.(70.1), et vaut $c\,dz/\sqrt{z}$; la fonction $n(x)$ vaut donc $\sqrt{\pi x}$ en tenant compte de la normalisation (70.3).

Dans la filtration lente $(\mathcal{A}_t)$, on a l'importante formule de conditionnement suivante, où S désigne un $\mathcal{A}$–t. d'a.

$$(70.5)\qquad \mathbb{E}\,[f(D_S-G_S)\,|\,\mathcal{A}_S]\;I_{\{0<G_S<S\}} = \frac{\int_{A_S}^\infty N(S,dr)\,f(r)}{n(S,A_S)}\,I_{\{0<G_S<S\}}\ .$$

(Noter que sur l'ensemble $\{S=\infty\}$ la condition $G_S < S$ entraîne $G_S < \infty$). On fait la convention habituelle $0/0 = 0$ — et comme d'habitude on vérifie en prenant $f = 1$ que cette convention est inutile : le dénominateur est en fait > 0 sur l'ensemble $\{0 < G_S < S\}$.

On remplace aisément la fonction $f(r)$ par une fonction $f(\omega,r)$ mesurable pour la tribu $\mathcal{A}_S \times \mathcal{B}$.

Pour éviter à notre lecteur de revenir aux n°s 59–60, rappelons que cela s'établit en traitant d'abord le cas où S est un temps constant u, et en appliquant alors d'une part la formule (70.1) au processus optionnel Z et à la fonction $h(s,r) = f(r)\,I_{\{0<s<u,\, r>u-s\}}$, et d'autre part au processus $Z_s \int_{A_s}^{\infty} N(s,dr)\,f(r)/n(s,A_s)$ et à la fonction $h(s,r) = I_{\{0<s<u,\, r>u-s\}}$. Après quoi on passe aux temps d'arrêt étagés, puis aux t. d'a. quelconques.

71 REMARQUE. En un temps prévisible S de la filtration lente $(\mathcal{A}_t)$, on a la formule de conditionnement "gauche" suivante, analogue à (70.5)

$$(71.1)\qquad \mathbb{E}\left[f(d_S - g_S)\,|\,\mathcal{A}_{S-}\right] I_{\{0<g_S<S\}} = \frac{\int_{[a_S,\infty]} N(g_S,dr)\,f(r)}{N(g_S,\,[a_S,\infty])}\, I_{\{0<g_S<S\}}\,,$$

le dénominateur étant p.s. >0 sur $\{0 < g_S < S\}$.

Esquissons la démonstration, car elle comporte un point délicat. Soit B l'ensemble $\{0 < g_S < S\}$; on introduit une suite (S_n) annonçant le temps prévisible S_B, et les évènements $B_n = \{0 < G_{S_n} < S_n\}$, qui tendent vers B. Adoptons les notations simplifiées $g_S = g$, $d_S = d$, $G_{S_n} = G_n$, $D_{S_n} = D_n$, etc. et appliquons sur B_n la formule (70.5). Comme D_n et G_n tendent vers d et g de manière stationnaire, il n'y a aucune difficulté du côté gauche (pour f bornée). Du côté droit, posons de même $A_{S_n} = A_n$, $a_S = a$; l'intervalle $]\,A_n,\infty]$ tend vers $[a,\infty]$, et il faut simplement s'assurer que la v.a. $N(g,\,[a,\infty])$ est p.s. non nulle sur B.

Posons de manière générale $b_t = \inf\{r\,:\,n_t(r) = 0\}$. Les N_t ayant été choisis tels que $N_t = N_{G_t}$ (70), le processus (b_t) satisfait aussi à $b_t = b_{G_t}$ et borne a priori la taille de l'intervalle contigu à M enjambant t. On a donc $a \le R_g \le b_g$, et en particulier $N(g,\,[a,\infty]) > 0$ si $N(g,\{b_g\}) > 0$.

Supposons que cette dernière quantité soit nulle. Il résulte de (70.5) que l'on a p.s. $R_{G_n} < b_{G_n}$ sur l'ensemble $N(G_n,\{b_{G_n}\}) = 0\}$, et comme sur B on a $G_n = g$ pour n assez grand, on y a aussi $a \le R_g < b_g$, ce qui entraîne $N(g,\,[a,\infty]) > 0$. Cela achève la démonstration.

Une sousmartingale remarquable

72 Soit M un fermé aléatoire optionnel. Nous nous proposons de construire une sousmartingale positive nulle sur M, dont le processus croissant associé soit le temps local (optionnel) Λ. Nous avons signalé au n° 43 les difficultés posées par ce problème lorsque M est p.s. non borné, et plus généralement lorsque la fin de M est un temps d'arrêt. On ignore encore comment le résoudre dans la filtration $\mathcal{F}$, mais l'utilisation du système de sortie va nous permettre de le faire dans la filtration lente $\mathcal{A}$.

Reprenons le processus optionnel de noyaux $N_s(\omega,\cdot)$, sa "fonction de répartition" n, et le processus $b_s = \inf\{r\,:\,n_s(r) = 0\}$ du n° précédent. L'inf pouvantt être pris sur les r rationnels, la relation $b_s = b_{G_s}$ entraîne que ce processus est $\mathcal{A}$–optionnel.

Le résultat suivant est dû à Azéma :

THÉORÈME. *Soit* Y *le processus nul sur* M

$$Y_s = \frac{1}{n(s, A_s)} I_{\{0<G_s<s\}} \tag{72.1}$$

Si pour tout s *on a* $N(s,\{b_s\}) = 0$ *sur* $\{b_s < \infty\}$, *le processus* $Y - \Lambda_-$ *est une martingale locale/*$\mathcal{A}$.

On en déduit que le processus Y est continu à droite si et seulement si Λ est continu, et par exemple si $n_s(0) = +\infty$ pour tout s. En effet, nous avons signalé au n° 8 que la partie atomique de $d\Lambda$ vaut $\sum_{g\in\mathbf{G}}(1-\beta_g)\varepsilon_g$. On a alors d'après la formule de sortie (70.1)

$$1 \geq \mathbb{E}[\sum_{g\in\mathbf{G}} e^{-g}(1-\beta_g)] = \mathbb{E}[\int_0^\infty e^{-s}(1-\beta_s)n_s(0)\,d\Lambda_s]$$

$$= (+\infty)\,\mathbb{E}[\int_0^\infty e^{-s}(1-\beta_s)\,d\Lambda_s^d] \ .$$

Le processus Λ étant localement intégrable, il existe des t. d'a. $T_n \uparrow \infty$ tels que les processus arrêtés Y^{T_n} soient des sousmartingales (fortes) de la classe (D). Le processus Y peut donc être considéré, en un sens précis, comme une *sousmartingale (forte) locale*.

Lorsque $N(s,\{b_s\})$ n'est pas nul, on sait construire un processus croissant explicite W porté par la partie $\mathcal{A}$–prévisible de $\mathbf{D}$, tel que $Y + W_-$ soit une sousmartingale locale de processus croissant Λ, mais on y perd la nullité sur M. Voir l'énoncé complet dans Azéma [8], p.452.

DÉMONSTRATION. Donnons la preuve dans ses grandes lignes. Nous choisissons deux nombres $\varepsilon > 0$ et $c \in]0,1[$ (à la fin de la démonstration, c tendra vers 1 puis ε vers 0), et nous posons

$$Y_t^\varepsilon = Y_t\, I_{\{b_t \geq \varepsilon\}} \ . \tag{72.2}$$

a) Nous considérons le processus $\mathcal{A}$–optionnel suivant (dépendant de ε et c sans que cela apparaisse dans la notation)

$$V_t = \begin{cases} \varepsilon & \text{si } b_t < \varepsilon \\ c\,b_t & \text{si } \varepsilon \leq b_t < \infty \\ 1/(1-c) & \text{si } b_t = \infty; \end{cases} \tag{72.3}$$

V est fini, borné inférieurement par un nombre > 0, constant sur les intervalles contigus $[G_t, D_t[$ (et sur $[0, D_0[$ d'après la convention du n° 70 concernant N). La définition de b_t entraîne que $n(t, V_t) > 0$ si $b_t \geq \varepsilon$, et $n(t, V_t) = 0$ si $b_t < \varepsilon$. D'autre part, lorsqu'on fait tendre c vers 1 en gardant ε fixé, V_t tend vers $b_t \vee \varepsilon$.

b) Nous introduisons ensuite le $\mathcal{A}$–t. d'a. T suivant, qui évite M. Il dépend lui aussi de ε et c

$$T = \inf\{t > R \, : \, A_t > V_t\}$$

et nous posons $G_T = L$. Si la coupe de M n'est pas vide, la v.a. L est le début du premier intervalle d'excursion $[g, d[$ $(g \in \mathbf{G})$ dont la longueur dépasse (strictement) V_g (s'il en existe), et alors on a $T = g + V_g$. S'il n'existe pas de tel intervalle on a $L = T = \infty$. Noter que l'on a $L = 0, T = \infty$ si la coupe de M est vide.

Comme V_g est presque la longueur maximum d'excursion b_g autorisée à l'instant g, et comme $N(g,\{b_g\})=0$ par hypothèse si $b_g<\infty$ il faut attendre longtemps pour rencontrer une telle excursion. Pour ne pas interrompre la preuve, nous admettons provisoirement que *T tend vers $+\infty$ lorsque $c\to 1$, ε restant fixé* — soulignons que T peut être infini sans que cela gêne en rien la suite de la démonstration (au contraire!).

c) Considérons le processus $\mathcal{A}$–optionnel

$$Z_t=\frac{I_{\{b_t\geq\varepsilon\}}}{n(t,V_t)}\qquad (0/0=0)\quad ;$$

On a noté plus haut que le numérateur et le dénominateur sont simultanément nuls ou >0. Le processus croissant brut

$$H_t=Z_L\,I_{\{0<L\leq t\}}$$

nul sur $\{L=\infty\}$, peut aussi s'écrire comme une somme $\sum_{g\in\mathbf{G},\,g\leq t\wedge T}Z_g\,I_{\{R_g>V_g\}}$ (comportant un seul terme non nul). D'après la formule de sortie, la projection duale $\mathcal{A}$–optionnelle de H est égale à

$$\Lambda^\varepsilon_{t\wedge T}=\int_0^{t\wedge T}I_{\{b_s\geq\varepsilon\}}\,d\Lambda_s\ . \tag{72.4}$$

En particulier, H est intégrable sur tout intervalle $[0,t]$.

d) Conformément à la méthode de 43 (appliquée dans la filtration lente) nous cherchons ensuite la projection $\mathcal{A}$–optionnelle de H_-. *Nous allons montrer que celle-ci est le processus $Y^\varepsilon_{t\wedge T}$* (*cf.* (72.2)).

Soit S un $\mathcal{A}$–t. d'a. fini. Nous avons $H_{S-}=Z_L\,I_{\{0<L<S\}}$; nous coupons l'espérance conditionnelle en deux morceaux,

$$\mathbb{E}[H_{S-}\,,\,S\leq T\,|\,\mathcal{A}_S]+\mathbb{E}[H_{S-}\,,\,S>T\,|\,\mathcal{A}_S]\ .$$

Pour $S>T$ (second terme) l'indicatrice figurant dans H_{S-} est automatiquement égale à 1 ; la v.a. intérieure est $\mathcal{A}_S$–mesurable et l'espérance conditionnelle vaut donc

$$Z_L I_{\{S>T\}}=Z_T I_{\{S>T\}}=\frac{1}{n(T,V_T)}I_{\{b_T\geq\varepsilon\}}I_{\{S>T\}}=$$
$$\frac{1}{n(T,A_T)}I_{\{b_T\geq\varepsilon\}}I_{\{S>T\}}=Y_T\,I_{\{b_T\geq\varepsilon\}}I_{\{S>T\}}=Y^\varepsilon_T I_{\{S>T\}}\ .$$

Pour $S\leq T\}$ l'indicatrice de $\{0<L<S\}$ dans H_{S-} exprime que S tombe dans l'intervalle d'excursion $]\,L,D_L\,[$; cela équivaut encore par la définition de T à $S\leq T$, $D_S-G_S>V_S$. On peut aussi écrire $Z_L=Z_S$ qui sort de l'espérance conditionnelle. Ainsi

$$H_{S-}I_{\{S\leq T\}}=Z_S\,I_{\{S\leq T\}}\,I_{\{0<G_S<S\,,\,D_S-G_S>V_S\}}\ .$$

D'après la formule de conditionnement, il vient

$$\mathbb{P}\{0<G_S<S\,,\,D_S-G_S>V_S\,|\,\mathcal{A}_S\}=\frac{n(S,V_S)}{n(S,A_S)}\,I_{\{0<G_S<S\}}$$

qui se combine avec $Z_S = I_{\{b_S \geq \varepsilon\}}/n(S, V_S)$ pour donner Y_S^ε. La propriété annoncée est donc établie.

e) Le processus croissant H étant intégrable sur tout intervalle borné, nous voyons que $Y_{t\wedge T}^\varepsilon = Y^T I_{\{b \geq \varepsilon\}}$ *est une (vraie)* $\mathcal{A}$*-sousmartingale forte régulière, de processus croissant* Λ^ε. Nous avons en particulier, pour tout t. d'a. borné S, $\mathbb{E}[Y_{S\wedge T}^\varepsilon] = \mathbb{E}[\Lambda_{(S\wedge T)-}^\varepsilon]$. Faisant tendre c vers 1 avec ε fixé, nous voyons que $Y^\varepsilon - \Lambda_-^\varepsilon$ est une martingale locale, et que $\mathbb{E}[Y_S^\varepsilon] \leq \mathbb{E}[\Lambda_{S-}^\varepsilon]$. Ceci passe à la limite pour $\varepsilon \to 0$ pour donner

$$\mathbb{E}[Y_S] \leq \mathbb{E}[\Lambda_{S-}] \ . \tag{72.5}$$

Introduisons les temps d'arrêt

$$S_n = n \wedge \inf\{t : Y_t \geq n\}$$

Puisque $S_n \leq n$, Λ_{S_n-} est intégrable, et il en est de même de Y_{S_n} d'après (72.5); comme $n \vee Y_{S_n}$ domine Y sur $[0, S_n]$, on voit que $Y - \Lambda_-$ est une martingale uniformément intégrable sur cet intervalle. Cela achève la démonstration.

Revenons à la propriété admise plus haut. Puisque c varie, nous le rétablissons dans la notation, et posons $\lim_{c\uparrow 1} T_c = \tau$. Plaçons nous sur l'ensemble $\{\tau < \infty\}$; comme l'âge $A_{T_c} = V_{T_c}$ reste borné inférieurement, les instants T_c appartiennent au même intervalle d'excursion pour c voisin de 1, et G_{T_c} garde alors la valeur $g_\tau = L$. Mais on a par construction $V_{T_c} = cb_L$, donc $\tau - L = b_L$, et l'excursion commençant en L atteint la valeur maximum b_L, ce qui est exclu d'après la formule de sortie

$$\mathbb{E}\Big[\sum_{g\in\mathbf{G}} I_{\{R_g = b_g < \infty\}}\Big] = \mathbb{E}\Big[\int N(s, \{b_s\}) I_{\{b_s < \infty\}} \, d\Lambda_s\Big] = 0 \ . \ \square$$

73 REMARQUES. a) Supposons que $N(t, \omega, \cdot)$ soit une mesure fixe $N(\cdot)$, comme dans le cas des ensembles régénératifs[1] ; b_t est alors une constante b, et si $b < \infty$ l'hypothèse de 72 s'écrit $N(\{b\}) = 0$. Dans ce cas, la sousmartingale Y s'obtient en traçant dans chaque intervalle d'excursion la même courbe déterministe $1/n(t - G_t)$ — pour l'ensemble des zéros du mouvement brownien, $Y_t = \sqrt{t - G_t}$ à une constante multiplicative près.

Sous cette hypothèse, on peut alléger la démonstration de 72 en remplaçant le t. d'a. T par $T_a = \inf\{t > R : A_t > a\}$ $(0 < a < b)$ et le processus (Z_t) par la constante $1/n(a)$. On trouve alors que le processus $Y - \Lambda_-$ arrêté à T_a est une martingale uniformément intégrable, Y^{T_a} étant borné par $1/n(a)$. Nous laissons les détails au lecteur.

b) Revenons au cas général. Une autre modification intéressante de la démonstration consiste à prendre pour T un temps constant u, donc $L = G_u$, et à poser sur l'intervalle $[0, u]$ $Z_t = I_{\{b_t > u-t\}}/n(t, u-t)$, la définition de (H_t) ne changeant pas. On obtient cette fois que $(Y_t I_{\{b_t > u-t\}})$ est une sousmartingale forte régulière sur cet intervalle, de processus croissant $\int_0^t I_{\{b_s > u-s\}} \Lambda(ds)$. Lorsque $b_t = \infty$ pour tout t, les indicatrices sont égales à 1, et on voit que $Y - \Lambda_-$ est une (vraie) sousmartingale de processus croissant Λ.

---

[1] Voir d) plus loin.

c) Le théorème 72 subsiste sans changement, en donnant le sens suivant aux notations : Λ est le temps local $\mathcal{R}$–prévisible, et de même pour le système de sortie $N(s,\omega,dr)$; la filtration $(\mathcal{A}_t)$ est remplacée par la filtration $(\mathcal{R}_{G_t-})$ rendue continue à droite. La formule de sortie (70.1) est valable sans changement pour un processus $\mathcal{R}$–prévisible Z, et la formule de conditionnement (70.5) s'applique dans la nouvelle filtration.

d) Il est naturel de se demander si l'hypothèse $N(s,\omega,\cdot) = N(\cdot)$ de a) entraîne que M est régénératif. Azéma [8], répond positivement à cette question (p.436-439) lorsque M est de mesure de Lebesgue nulle. Nous allons en traiter ici un cas particulier. Supposons que Λ, le temps local $\mathcal{R}$–prévisible, soit continu (on peut montrer qu'il en est ainsi lorsque N est de masse infinie), et posons $\gamma_t = \inf\{s : \Lambda_s > t\}$. Nous allons montrer que *la partie discontinue* γ^d *de* γ *est un subordinateur de mesure de Lévy* N. Lorsque M est de mesure nulle, γ est purement discontinu, et on peut conclure que M est l'image d'un subordinateur, donc un ensemble régénératif.

Soit f une fonction positive sur $\mathbb{R}_+$, telle que $f(x) \le 1 - e^{-x}$. La formule de sortie montre que

$$\sum_{g\in\mathbf{G},\, g\le t} e^{-g} f(R_g) - N(f)\int_0^t e^{-s}\Lambda(ds)$$

est une $\mathcal{R}$–martingale locale; la condition sur f entraîne qu'elle est uniformément intégrable. En faisant un changement de temps au moyen du processus (non continu à droite, strictement croissant) $\beta = \gamma_-$, on voit que le processus

$$\sum_{0<s\le t} e^{-\beta_s} f(\gamma_s - \beta_s) - N(f)\int_0^t e^{-\beta_s}\,ds$$

est une martingale u.i. par rapport à la filtration $\mathcal{R}_{\beta_t} = \mathcal{F}_{\gamma_t}$. Introduisant alors un processus prévisible $U \ge 0$ de cette filtration, et posant $\zeta = \Lambda_\infty$, on obtient

$$\mathbb{E}\,[\sum_{s>0} U_s f(\gamma_s - \beta_s)\,] = N(f)\,\mathbb{E}\,[\int_0^{t\wedge\zeta} U_s\,ds\,] ,$$

signifiant que la partie discontinue $\gamma^d = \gamma - \beta$ est un subordinateur de mesure de Lévy N.

On en déduit par exemple que la v.a. Λ_{T_a} (*cf.* a)), qui est l'instant du premier saut de γ ou γ^d d'amplitude $>a$, admet une loi exponentielle de paramètre $n(a)$.

§3. ÉLÉMENTS DE THÉORIE DU GROSSISSEMENT

Les résultats contenus dans ce paragraphe ont été établis indépendamment par Barlow [1] et par Yor [17], et les développements ultérieurs les plus remarquables sont dus à Jeulin–Yor et spécialement Jeulin [1]. Nous avons effleuré la théorie au n° 22; le résultat que nous y avons vu en passant, et qui donne une expression des martingales de la filtration grossie, ressemble à la forme multiplicative du théorème de Girsanov (VII.48), tandis que la théorie que nous allons indiquer ici ressemble à la forme additive de celui-ci (VII.49). Nous n'avons malheureusement pas la place de traiter le grossissement initial, ni de donner les nombreux exemples concrets présentés par Jeulin. On consultera les articles de Jeulin–Yor [2][3][4], le volume des Lecture Notes de Jeulin [1], ainsi que celui de Jeulin–Yor [1], *Grossissements de filtrations, exemples et applications,* qui comporte aussi une introduction à la théorie.

74 Nous nous plaçons dans une filtration $(\mathcal{F}_t)$ satisfaisant aux conditions habituelles, en supposant pour simplifier que $\mathcal{F} = \bigvee_t \mathcal{F}_t$. Considérons une v.a. L à valeurs dans $[0,\infty]$ [1]; si $\mathcal{G}_t^{\circ}$ désigne la tribu engendrée par $\mathcal{F}_t$ et par la v.a. $L \wedge t$, il est facile de voir que la famille $(\mathcal{G}_t^{\circ})$ est la plus petite filtration contenant $(\mathcal{F}_t)$ et admettant L comme temps d'arrêt (au sens large). Pour disposer des conditions habituelles on pose $\mathcal{G}_t = \mathcal{G}_{t+}^{\circ}$ (les ensembles de mesure nulle ayant déjà été adjoints à $\mathcal{F}_0$). Nous dirons que $(\mathcal{G}_t)$ est la filtration obtenue par *grossissement progressif* de $(\mathcal{F}_t)$ au moyen de la v.a. L. Elle pourra éventuellement être notée $(\mathcal{F}_t^L)$ s'il est nécessaire d'expliciter la v.a. utilisée.

L'apport d'information dû au grossissement modifie les prédictions des évènements futurs, autrement dit, les martingales/$\mathcal{F}$ ne restent pas des martingales/$\mathcal{G}$. Le problème du grossissement consiste à donner des conditions sur L assurant que cet apport d'information n'est pas catastrophique, les martingales/$\mathcal{F}$ restant des *semimartingales*/$\mathcal{G}$, dont on cherchera alors une décomposition explicite.

La théorie du grossissement étudie d'autres problèmes : l'adjonction d'un nombre quelconque (éventuellement infini) de v.a. comme ci-dessus; le problème du *grossissement initial,* où une v.a. est adjointe à la tribu $\mathcal{F}_0$.

Certaines quantités introduites au n° 12 vont jouer un rôle important dans ce paragraphe. Ce sont la mesure aléatoire dA^L, projection optionnelle de la mesure $\varepsilon_L I_{\{L>0\}}$, les potentiels gauche $C_T^L = \mathbb{E}[A_\infty - A_{T-} \mid \mathcal{F}_T]$ (projection optionnelle de $[0,L]$) et droit $c_t^L = \mathbb{E}[A_\infty - A_t \mid \mathcal{F}_t]$ (c_-^L est la projection prévisible de $]0,L]$), et surtout la martingale

$$M_t^L = \mathbb{E}[A_\infty \mid \mathcal{F}_t] \qquad (74.1)$$

qui appartient à BMO (VII.80). Celle-ci apparaît de la manière suivante : si (N_t) est une martingale de la classe $\mathcal{H}^1$, on a [2]

(74.2)

$$\mathbb{E}[N_L] = \mathbb{E}[\int N_s dA_s] = \mathbb{E}[N_\infty A_\infty] = \mathbb{E}[N_\infty M_\infty] = \mathbb{E}[<N,M>_\infty] .$$

---

[1] Dans certains cas, on adjoint la valeur $0- < 0$.

[2] On se permet d'omettre la mention de L lorsque le contexte est clair.

On utilise de même m^L pour évaluer $\mathbb{E}[N_{L-}]$.

La théorie avant L

Le résultat essentiel de cette section est le théorème 76, établi sans aucune restriction sur L : les martingales de la petite filtration, *arrêtées à l'instant* L, restent des semimartingales de la filtration grossie, dont on sait écrire la décomposition canonique. Le problème analogue après L est plus délicat, et nous le traiterons seulement (n° 79) dans le cas où L est une v. a. honnête; cependant, le théorème 79 est beaucoup plus important que 76, avec une démonstration très voisine. Le lecteur pressé peut donc passer directement au n° 79, quitte à revenir en arrière de temps en temps pour compléter un détail de démonstration.

75 Pour l'étude avant L, il est commode de se placer dans une filtration $(\mathcal{F}_t^{L)})$ un peu plus grosse que $(\mathcal{G}_t)$

$$(A \in \mathcal{F}_t^{L)}) \Longleftrightarrow \quad (A \in \mathcal{F}_\infty \quad \text{et il existe } A_t \in \mathcal{F}_t \text{ tel que } A \cap \{L > t\} = A_t \cap \{L > t\}) \quad . \tag{75.1}$$

On vérifie aisément que cela définit une filtration satisfaisant aux conditions habituelles, et pour laquelle L est un temps d'arrêt. Elle coïncide jusqu'à l'instant L avec $(\mathcal{G}_t)$, et après L avec la filtration constante égale à $\mathcal{F}_\infty$. En voici quelques propriétés élémentaires.

a) Si H est un processus prévisible$/\mathcal{F}^{L)}$, il existe un processus J prévisible$/\mathcal{F}$ tel que $H = J$ sur $]0, L]$ (le vérifier pour les générateurs $]t, \infty[\times A$, $A \in \mathcal{F}_t^{L)}$). D'après 15, J peut être choisi nul sur $\{c_- = 0\}$, et il est alors unique (21) et donné par $J = {}^p(H I_{]0,L]})/c_-$.

b) Si T est un temps d'arrêt$/\mathcal{F}^{L)}$, il existe un t. d'a S pour $\mathcal{F}$ tel que $S \wedge L = T \wedge L$ (appliquer la remarque précédente avec $H = I_{]0,T]}$ et prendre $S = \inf\{t : J_t = 0\}$.)

c) Soit $\xi \in L^1$. Alors une version continue à droite de la martingale $\xi_t = \mathbb{E}[\xi \mid \mathcal{F}_t^{L)}]$ est donnée par la formule (*cf.* 22)

$$\xi_t = \frac{1}{c_t} \mathbb{E}[\xi I_{\{t<L\}} \mid \mathcal{F}_t] + \xi I_{\{t \geq L\}} \ . \tag{75.2}$$

En effet, il est très facile de voir que pour chaque t ceci est une version de l'espérance conditionnelle cherchée; la continuité à droite est évidente sur $[L, \infty[$ et sur $]0, L[$. On peut en dire un peu plus : le processus des limites à gauche de cette martingale vaut

$$\xi_- = \frac{1}{c_-} {}^p(\xi I_{]0,L]}) + \xi I_{]L,\infty[} \ . \tag{75.3}$$

On a vu en effet au n° 15 que $c_- > 0$ sur $]0, L]$.

d) A partir de là, et en raisonnement par classes monotones, il est facile de calculer les projections optionnelle$/\mathcal{F}^{L)}$ et prévisible$/\mathcal{F}^{L)}$ d'un processus mesurable positif (U_t). Ce sont respectivement les processus

$$\begin{array}{c} \dfrac{1}{c} {}^o(U I_{[0,L[}) + U I_{[L,\infty[} \\ \dfrac{1}{c_-} {}^p(U I_{]0,L]}) + U I_{]L,\infty[} \ , \end{array} \tag{75.4}$$

où les projections figurant dans cette formule sont relatives à la filtration $(\mathcal{F}_t)$.

e) Il est aussi facile d'écrire les projections duales optionnelle et prévisible d'un processus croissant intégrable B. Les voici sous forme différentielle

$$(75.5)\qquad \begin{aligned} &\frac{I_{[0,L[}}{c}\, d(I_{[0,L[}\cdot B)^o + I_{[L,\infty[}\, dB \\ &\frac{I_{]0,L]}}{c_-}\, d(I_{]0,L]}\cdot B)^p + I_{]L,\infty[}\, dB\ . \end{aligned}$$

76 Voici le théorème principal sur l'étude du grossissement avant L ; il est complété aux n°s 77–78 par des variantes et précisions diverses.

THÉORÈME. *Soit N une martingale$/\mathcal{F}$ de la classe $\mathcal{H}^1$. Alors le processus arrêté N^L est une semimartingale$/\mathcal{F}^{L)}$ de la classe $\mathcal{S}^1$, admettant comme dérive (partie prévisible à variation intégrable) le processus*

$$(76.1)\qquad V_t = \int_0^{t\wedge L} \frac{1}{c^L_{s-}}\, d\!<N, M^L>_s\ .$$

DÉMONSTRATION. On peut supposer que $N_0 = 0$. Comme la norme BMO_2 de M est au plus $\sqrt{3}$ (VII.80), l'inégalité de Fefferman nous donne

$$\mathbb{E}\big[\int_0^\infty |d[N,M]_s|\,\big] \le \sqrt{6}\, \| N \|_{\mathcal{H}^1}$$

(norme $\mathcal{H}^1$ quadratique), d'où la même inégalité pour $<N,M>$. Autrement dit, le processus V est à variation intégrable.

Soit H un processus prévisible$/\mathcal{F}^{L)}$, et soit J le processus prévisible$/\mathcal{F}$ nul sur $\{c_- = 0\}$ et tel que $J = H$ sur $]0,L]$ (75 b)). Nous *définissons* l'intégrale stochastique $H\cdot N^L$ comme la valeur en L de l'intégrale stochastique $J\cdot N$ dans la filtration $\mathcal{F}$ (d'après VIII.23, celle–ci ne dépend d'ailleurs que des valeurs de J sur $]0,L]$). On vérifie aisément que si $H = h I_{]t,\infty[}$, avec h $\mathcal{F}^{L)}_t$–mesurable, et si j est une v.a. $\mathcal{F}_t$–mesurable égale à h sur $\{t < L\}$, on peut prendre $J = j I_{]t,\infty[}$, et on a $(H\cdot N^L)_\infty = h(N_L - N_t)\, I_{\{t<L\}}$. Autrement dit, l'"intégration" que l'on a définie est bien un prolongement de l'intégrale stochastique élémentaire.

On a d'après (74.2)

$$\mathbb{E}[(H\cdot X)_\infty] = \mathbb{E}[(J\cdot X)_L] = \mathbb{E}[\int J_s\, d\!<N,M>_s]$$

Le processus $<N,M>$ étant $\mathcal{F}$–prévisible, nous pouvons remplacer J par $J I_{]0,L]}/c_-$ qui a la même projection prévisible, et alors nous obtenons

$$(76.2)\qquad \mathbb{E}[\int H_s\, dX_s] = \mathbb{E}[\int_0^L H_s \frac{d\!<N,M>_s}{c_{s-}}] = \mathbb{E}[\int H_s\, dV_s]\ .$$

La relation (76.2) ayant lieu pour tout processus prévisible borné H, et V étant un processus à variation intégrable prévisible, on en déduit d'abord que l'intégrale stochastique ainsi définie est un prolongement par continuité de l'intégrale stochastique élémentaire, autrement dit, que N^L est une semimartingale/$\mathcal{G}$. Ensuite, cette relation identifie V comme la dérive de X dans la filtration $\mathcal{G}$.

77 REMARQUES. a) Un raisonnement très voisin montre que le processus

$$N_t^L - \int_0^{t\wedge L} \frac{1}{C_s^L}\, d[N, M^L]_s \tag{77.1}$$

est une martingale/$\mathcal{F}^{L)}$.

Ces résultats s'étendent aux martingales locales (par localisation!). Leur ressemblance avec le th. de Girsanov (VII.49) n'est pas fortuite, et une étude détaillée des relations entre le théorème de Girsanov pour un couple de lois non absolument continues, la mesure de Föllmer d'une surmartingale positive, et le grossissement, se trouve dans l'article de Yoeurp [3].

b) On a un résultat parallèle à 76 pour *l'arrêt à* $L-$. On a en utilisant l'autre martingale $m = m^L$

$$\mathbb{E}[N_{L-}] = \mathbb{E}[<N, m>_\infty] = \mathbb{E}[\int_0^{t\wedge L} \frac{1}{c_{s-}^L}\, d<N, m>_s] \;.$$

et en procédant comme ci-dessus, on voit que le processus

$$N^{L-} - \int_0^{t\wedge L} \frac{1}{c_{s-}^L}\, d<N, m^L>_s \;. \tag{77.2}$$

est une $\mathcal{F}^{L)}$-martingale. On peut remarquer que $m^L = c^L + a^L$, et $[N, a^L]$ est une martingale locale (lemme de Yoeurp : VII.36), donc on peut remplacer $<N, m>$ par $<N, c>$.

c) Lorsque L est un t. d'a., le théorème 76 est évident : si $L > 0$ on a $c = I_{[0,L[}$, $A = I_{[L,\infty[}$, $M = 1$, $V = 0$. Mais la remarque précédente a des applications non triviales au cas où L est un temps d'arrêt : si L est par exemple un t. d'a. totalement inaccessible, m^L est à variation finie, avec un seul saut égal à -1 à l'instant L ; donc $[N, m]_t = -\Delta N_L\, I_{\{t\geq L\}}$, et $<N, m>$ en est le compensateur prévisible.

78 Ce n° est une digression, et peut être omis.

Lorsque N appartient à $\mathcal{H}^1(\mathcal{F})$, nous avons vu que N^L appartient aussi à $\mathcal{S}^1(\mathcal{F}^{L)})$. Que peut-on dire pour les autres espaces $\mathcal{H}^p$? Voici quelques résultats dans ce sens.

Comme M^L appartient à BMO avec une norme indépendante de L, on déduit de l'inégalité de Fefferman VII.(86.4) que, pour tout processus $\mathcal{F}$-optionnel H

$$\mathbb{E}[\int |H_s|\,|d[N, M^L]_s|] \leq c\,\mathbb{E}[(\int H_s^2\, d[N, N]_s)^{1/2}] \;.$$

Appliquons cela en prenant $H = I_{[S,T[}$, où S et T sont deux t. d'a. bornés tels que $S \leq T$. Il vient, avec les notations abrégées $U_t = \int_0^t |d[N, M^L]_s|$ et $B_t = [N, N]_t$

$$\mathbb{E}[U_{T-} - U_{S-}] \leq c\,\mathbb{E}[I_{\{S<T\}}\, B_{T-}] \;.$$

Appliquant alors le lemme de Lenglart–Lepingle–Pratelli (XXIII.13), nous obtenons pour F croissante modérée (sans chercher à préciser la constante) l'inégalité

$$\mathbb{E}[F(U_\infty)] \leq c\,\mathbb{E}[F([N,N]_\infty^{1/2})] .$$

Si F est en outre convexe, nous pouvons remplacer dans cette inégalité le processus croissant U par sa projection duale prévisible (VI.(100.2)), qui majore elle même le processus croissant $\int_0^t |d\langle N, M^L\rangle_s|$. On obtient alors une majoration intéressante, qui contrôle le second terme de (76.1), en prenant la projection duale prévisible sur la filtration $(\mathcal{F}_t^{L)})$, que l'on calcule par (75.5)

$$\mathbb{E}[F(\int_0^\infty |dV_s|)] \leq c\,\mathbb{E}[F([N,N]_\infty)^{1/2}] . \tag{78.1}$$

En particulier, la connaissance de la norme $\mathcal{H}^p$ de N contrôle la norme L^p du sup du premier terme de (78.1), la norme L^p de la variation totale et du sup du second terme, et finalement la norme du processus N dans $\mathcal{S}^p(\mathcal{F}^{L)})$.

L'étude après L

Nous passons à la partie la plus intéressante de l'étude du grossissement progressif, celle qui se rattache vraiment à la théorie du renouvellement : l'étude après L, cette v.a. étant maintenant supposée *honnête*. Nous empruntons la démonstration de Jeulin [1] (à peine plus compliquée que celle de 76, et qui repose uniquement sur la description de la tribu prévisible de la filtration grossie (20-21).

79 Voici le résultat principal sur le grossissement par une v.a. honnête L. Voir (74.1) pour la définition de M^L.

THÉORÈME. *Soit N une martingale/$\mathcal{F}$ de la classe $\mathcal{H}^1$. Alors N est aussi une semimartingale/$\mathcal{G}$ de la classe $\mathcal{S}^1$, admettant comme dérive (partie prévisible à variation intégrable) le processus à variation intégrable V donné par*

$$dV_t = \frac{d\langle N, M^L\rangle_t}{c_{t-}^L} I_{\{t\leq L\}} - \frac{d\langle N, M^L\rangle_t}{1-c_{t-}^L} I_{\{t>L\}} . \tag{79.1}$$

Il n'y a pas de difficulté à l'instant L : la masse éventuelle sur le graphe de L vient du terme de gauche, qui n'a pas de singularité, et les intégrales sont absolument convergentes.

Par localisation, on voit que *toute semimartingale (spéciale) de la filtration $\mathcal{F}$ reste une semimartingale (spéciale) de la filtration grossie $\mathcal{G}$.*

DÉMONSTRATION. Nous pouvons supposer que $N_0 = 0$, et nous abrégeons M^L en M. Nous procédons comme dans la démonstration de 76, en vérifiant d'abord que V est un processus à variation intégrable au moyen de l'inégalité de Fefferman, et en définissant directement l'intégrale stochastique $H \cdot N$ pour tout processus prévisible/$\mathcal{G}$ et borné H. A cet effet, nous écrivons H sous la forme $JI_{]0,L]} + KI_{]L,\infty[}$ (*cf.* (20.2)), où J et

K sont prévisibles/$\mathcal{F}$ et choisis canoniquement (21) : J nul sur $\{c_- = 0\}$, K nul sur $\{c_- = 1\}$. Nous posons ensuite

(79.2) $$(H \cdot N)_\infty = (J \cdot N)_L + ((K \cdot N)_\infty - (K \cdot N)_L) .$$

Comme en 76, il faut vérifier que si $H = hI_{]t,\infty]}$ avec h mesurable/$\mathcal{G}_t$, cette expression vaut bien $h(N_\infty - N_t)$. Les détails sont laissés au lecteur.

On calcule ensuite l'espérance de cette intégrale stochastique, que l'on trouve égale à

$$\mathbb{E}\left[\int_0^\infty J_s d\langle N, M\rangle_s - K_s d\langle N, M\rangle_s\right] .$$

Le terme $(K \cdot N)_\infty$ a disparu de l'espérance, du fait que $N_0 = 0$. On utilise ensuite le fait que $\langle N, M\rangle$ est prévisible, le fait que $J = 0$ sur $\{c_- = 0\}$ et $K = 0$ sur $\{1 - c_- = 0\}$ pour transformer ceci en

$$\mathbb{E}\left[\int_0^L J_s \frac{d\langle N, M\rangle_s}{c_{s-}}\right] - \mathbb{E}\left[\int_L^\infty K_s \frac{d\langle N, M\rangle_s}{1 - c_{s-}}\right]$$

C'est à dire $\mathbb{E}\left[\int_0^\infty H_s dV_s\right]$. On en déduit que N est une semimartingale de la filtration grossie, puis on obtient que sa dérive est V.

Comme en 78, on peut étudier l'appartenance de N à des espaces de semimartingales autres que $\mathcal{S}^1$. Voir Jeulin [1] pour les détails.

Grossissements multiples

80 Pourquoi ajouter une seule v.a. ? Le livre de Jeulin contient des exemples de grossissements multiples, comportant même une infinité de v.a.. Nous allons nous borner ici à un cas particulier simple, celui où l'on adjoint successivement une v.a. honnête L (ce qui donne une filtration $\mathcal{F}_t^L = \mathcal{G}_t$, puis une v.a. $\mathcal{G}$-honnête λ *majorée par* L (cette dernière restriction a pour seul but de simplifier l'écriture, voir Jeulin p. 88 lorsqu'on l'omet). Soit $\mathcal{F}_t^{\lambda,L} = \mathcal{H}_t$ la nouvelle filtration. On sait a priori, par une double application de 79, que toute martingale/$\mathcal{F}$ reste une semimartingale/$\mathcal{H}$, et il reste seulement à calculer sa dérive. Nous allons indiquer ce calcul, sans donner tous les détails.

Comme en 79, on part de la forme (ici presque évidente) d'un processus $\mathcal{H}$-prévisible borné H

$$H = PI_{]0,\lambda]} + QI_{]\lambda,L]} + RI_{]L,\infty[}$$

où P, Q, R sont trois processus prévisibles/$\mathcal{F}$, que l'on peut choisir nuls respectivement sur $\{c^\lambda = 0\}$, $\{c^L - c^\lambda = 0\}$, $\{1 - c^L = 0\}$. On définit ensuite l'intégrale stochastique $(H \cdot N)_\infty$ par imitation de (79.2) et on calcule son espérance, qui vaut

$$\mathbb{E}\left[\int_0^\infty P_s d\langle N, M^\lambda\rangle_s + Q_s d\langle N, M^L - M^\lambda\rangle_s - R_s d\langle N, M^L\rangle_s\right] =$$

$$\mathbb{E}\left[\int_0^\lambda P_s \frac{d\langle N, M^\lambda\rangle_s}{c_{s-}^\lambda} + \int_\lambda^L Q_s \frac{d\langle N, M^L - M^\lambda\rangle_s}{c_{s-}^L - c_{s-}^\lambda} - \int_L^\infty R_s \frac{d\langle N, M^L\rangle_s}{1 - c_{s-}^L}\right] .$$

D'où la dérive de N dans la filtration $\mathcal{H}$

$$dV = \frac{d<N, M^\lambda>}{c_-^\lambda} I_{]0,\lambda]} + \frac{d<N, M^L - M^\lambda>}{c_-^L - c_-^\lambda} I_{]\lambda,L]} - \frac{d<N, M^L>}{1 - c_-^L} I_{]L,\infty[} .$$

Noter que cette formule contient seulement des quantités relatives à la filtration initiale $\mathcal{F}$.

REMARQUES. a) Si maintenant on se restreint de la filtration $\mathcal{F}^{\lambda,L}$ grossie par les deux v.a. à la filtration $\mathcal{F}^\lambda$ grossie par la seule v.a. λ (qui en général n'est pas honnête par rapport à $\mathcal{F}$), il résulte du théorème de Stricker (VII.60) que N reste une semimartingale. On trouvera dans Jeulin [1], p. 86–88, l'étude de cette filtration et le calcul de la dérive de N. Cela montre bien que l'honnêteté n'est pas une condition indispensable en théorie du grossissement.

b) Un second exemple de grossissement sans honnêteté est fourni par le théorème de Jacod VII.63 : l'adjonction à $\mathcal{F}_0$ (grossissement initial) d'une v.a. L qui ne prend qu'une infinité de valeurs préserve les semimartingales. Il en est de même a fortiori du grossissement progressif par L, qui conduit à une plus petite filtration.

Grossissement et changement de loi

Les résultats de cette section ne sont pas particulièrement importants, mais ils répondent à une question naturelle dans ce chapitre. Ils se justifient, ainsi que les notations utilisées, par la formule (38.1), qui associe à toute martingale relative Y^σ une vraie martingale sur l'intervalle $[L,\infty[$, dans la filtration grossie et après changement de loi. Cette martingale est donnée sous forme multiplicative, et nous allons en indiquer la forme additive en nous inspirant de résultats non publiés de Yor.

81 Il s'agit donc de combiner le théorème de grossissement 79 avec le théorème de Girsanov en remplaçant simultanément la filtration $\mathcal{F}$ par la filtration $\mathcal{F}^L = \mathcal{G}$ et la loi $\mathbb{P}$ par $\mathbb{Q} = \zeta \cdot \mathbb{P}$, où ζ est une v.a. positive intégrable, que l'on supposera pour simplifier d'intégrale 1 (normalisation anodine) et *strictement* positive p.s.. Les résultats seront exprimés en fonction des quantités suivantes, toutes relatives à la filtration et à la loi de départ.

— La surmartingale continue à droite $X_t = \mathbb{E}[\zeta I_{\{t<L\}} \,|\, \mathcal{F}_t]$, et la sousmartingale continue à droite $X_t = \mathbb{E}[\zeta I_{\{t\geq L\}} \,|\, \mathcal{F}_t]$; la martingale du changement de loi $Z_t = \mathbb{E}[\zeta \,|\, \mathcal{F}_t] = X_t + Y_t$.

On prendra garde que les notations X, Y ont été utilisées ailleurs pour désigner des processus analogues, mais non continus à droite.

— La projection duale optionnelle U du processus croissant $\zeta I_{\{t\geq L\}}$, et la martingale $M = X + U$.

Voici alors le résultat principal de la section.

THÉORÈME. *Soit N une martingale (locale)$/(\mathcal{F},\mathbb{P})$ telle que le crochet oblique $<N,Z>$ existe (hypothèse exigée par le théorème de Girsanov). Alors N est une semimartingale spéciale$/(\mathcal{G},\mathbb{Q})$ dont la dérive V est donnée par*

$$(81.1)\quad dV = \frac{d<N,M>}{X_-} \text{ sur }]0,L] \quad ; \; dV = \frac{d<N,Z-M>}{Y_-} \text{ sur }]L,\infty[$$

DÉMONSTRATION. Le résultat étant assez peu important, nous laisserons les détails de calcul au lecteur. On peut supposer pour simplifier que $N_0 = 0$. Nous écrivons d'abord le théorème de Girsanov dans la filtration $\mathcal{F}$

$$dZ = \frac{1}{Z_-} d\langle N, Z\rangle + (dZ - \frac{1}{Z_-} d\langle N, Z\rangle) = dW + dH \tag{81.2}$$

Le processus H est une martingale (locale) $/(\mathcal{F}, \mathbb{Q})$, tandis que W est à variation finie prévisible, et se retrouvera dans la dérive finale.

Notre travail principal va consister à calculer la dérive de H relativement à $(\mathcal{G}, \mathbb{Q})$, en appliquant la formule de grossissement 79. Cette dérive vaut, en munissant de $'$ les quantités relatives à $(\mathcal{F}, \mathbb{Q})$

$$\frac{d\langle H, M'\rangle'}{c'_-} \text{ avant } L \quad ; \quad \frac{-d\langle H, M'\rangle'}{1 - c'_-} \text{ après } L \tag{81.3}$$

Les crochets obliques aussi sont calculés sous $\mathbb{Q}$. Nous commençons par calculer la surmartingale

$$c'_t = \mathbb{Q}\{t < L \mid \mathcal{F}_t\} = X_t / Z_t \ . \tag{81.4}$$

Il nous faut ensuite A', la projection duale optionnelle sous $\mathbb{Q}$ de $\zeta I_{t \geq L}$; il est facile de voir que $dA' = dU/Z$, et par conséquent la martingale M' vaut

$$M'_t = \frac{X_t}{Z_t} + \int_0^t \frac{dU_s}{Z_s} \ . \tag{81.5}$$

L'étape suivante consiste à calculer le crochet droit $dC = [dH, dM']$. A cet effet on remarque que, si R, S, T sont trois semimartingales, on a

$$d[R, ST] = S_- \cdot d[R, T] + T \cdot d[R, S] \tag{81.6}$$

comme si l'on avait la formule $d(ST) = S_- dT + TdS$ valable pour des semimartingales prévisibles. Utilisant cela, et l'expression (81.5) de M', on obtient

$$dC = [dH, dM'] = \frac{1}{Z} [dH, dX + dU - \frac{X_-}{Z_-} dZ] \ . \tag{81.7}$$

Il faut ensuite calculer le crochet oblique $\langle H, M'\rangle'$, qui est le compensateur prévisible $C^{p'}$ sous $\mathbb{Q}$. Or il est facile de vérifier que

$$dC^{p'} = \frac{1}{Z_-} (Z \cdot dC)^p \tag{81.6}$$

où du côté droit figure un compensateur prévisible sous $\mathbb{P}$. On trouve donc

$$d\langle H, M'\rangle' = \frac{1}{Z_-} \langle dH, dX + dU - \frac{X_-}{Z_-} dZ\rangle$$

avec cette fois un crochet oblique sous $\mathbb{P}$. On a alors une bonne surprise : du côté droit du crochet on a une martingale $/\mathbb{P}$, et cela autorise à remplacer dH par dN (le crochet oblique d'un processus à variation prévisible et d'une martingale est nul, lemme de Yoeurp, VII.35).

On a ainsi calculé tous les éléments de la formule de grossissement, et on connaît la dérive de H, à laquelle il convient d'ajouter le terme $dW = d\!< N, Z > / Z_-$ de (81.2). La dérive avant L est alors

$$\frac{< dN, dZ >}{Z_-} + \frac{Z_-}{X_-}\frac{1}{Z_-} < dN, dX + dU - \frac{X_-}{Z_-}\,dZ > = \frac{1}{X_-} < dN, dM > .$$

tandis qu'après L on trouve

$$\frac{< dN, dZ >}{Z_-} - \frac{Z_-}{Z_- - X_-}\frac{1}{Z_-} < dN, dX + dU - \frac{X_-}{Z_-}\,dZ > .$$

Remplaçant X_- par $Z_- - Y_-$ on obtient l'expression (81.1).

82 Pour donner un exemple, appliquons ceci à la filtration du mouvement brownien (B_t) sur l'intervalle $[0,1]$, en prenant pour L le dernier zéro avant 1, pour ζ la v.a. $|B_1|$ (non normalisée), et pour N une intégrale stochastique brownienne $J \cdot B$. Alors on a calculé en 34 la sousmartingale $Y = Y^\zeta = |B|$, qui admet la décomposition (formule de Tanaka)

$$Y_t = \int_0^t \operatorname{sgn}(B_s)\, dB_s + \frac{1}{2} L_t \quad \text{(temps local en 0).}$$

Comme $Y = Z - X = Z - M + U$, on a $U = \frac{1}{2}L$ et $Z - M = \operatorname{sgn}(B) \cdot dB$. Cela permet aussitôt de calculer la dérive après L

$$\frac{d\!< N, Z - M >_s}{Y_s} = \frac{J_s \operatorname{sgn}(B_s)\, dB_s}{|B_s|} = J_s \frac{ds}{B_s} \; .$$

On retrouve la transformée de Hilbert brownienne (*cf.* XXIII.38), que l'on considère ici après le dernier zéro L, donc sur un intervalle où elle est parfaitement régulière. Le calcul avant L fait intervenir la valeur de $Z_t = \mathbb{E}\,[\,|B_1|\,|\,\mathcal{F}_t\,]$, donnée par le semi-groupe brownien, et nous ne pousserons pas le calcul plus loin.

Illustration : la décomposition de Williams

Nous allons maintenant illustrer la théorie du grossissement en présentant, d'après Jeulin [1] p.97-110, une démonstration de la décomposition de Williams des trajectoires browniennes. Nous donnons les idées probabilistes essentielles, mais nous admettons quelques résultats classiques sur les processus de Bessel, et l'étude approfondie de cet exemple (et des autres) dans le livre de Jeulin reste vivement conseillée.

83 Voici les notations : X est un mouvement brownien réel, et on travaille sous la loi $\mathbb{P} = \mathbb{P}^0$; τ_a est le temps d'entrée dans $\{a\}$, et τ sans autre mention désigne τ_1. On désigne par σ le dernier zéro avant τ, par m le maximum (compris entre 0 et 1) de X sur $]0, \sigma]$, par ρ le dernier instant avant σ où X atteint ce maximum — nous verrons en fait que X prend p.s. la valeur m en un seul point. La *décomposition de Williams* consiste à décrire explicitement la loi jointe des morceaux de la trajectoire brownienne sur les intervalles $]0, \rho]$, $]\rho, \sigma]$, $]\sigma, \tau]$, et $]\tau, \infty[$

Comme τ est un temps terminal, les deux segments déterminés par τ sont bien connus : à droite le processus $X_{\tau+t}$ est un mouvement brownien issu de 1, indépendant de $\mathcal{F}_\tau$. A gauche, le processus tuè à τ, que nous noterons Y_t, est markovien, et admet pour semi-groupe de transition le semi-groupe brownien tué en 1, noté (Q^1_t).

Nous utiliserons le résultat classique suivant : pour $a \le x \le b$, on a

$$\mathbb{P}^x\{\tau_a < \tau_b\} = \frac{x-a}{b-a} \tag{83.1}$$

(cette probabilité vaut 1 pour $x<a$, 0 pour $x>b$).

84 ÉTUDE SUR $]\sigma,\tau]$. Pour le processus (Y_t), σ est le dernier passage en 0, qui entre dans le champ du théorème de Walsh 23 (multiplicatif) du point de vue markovien, du théorème de grossissement 79 (additif) du point de vue de la théorie générale des processus.

Nous nous proposons de montrer par ces deux méthodes que *le processus $(Y_{\sigma+t})$ est un processus de Bessel de dimension 3, issu de 0, tué au premier instant où il rencontre 1, ce processus étant de plus indépendant de $\mathcal{F}_\sigma$.*

Pour appliquer la méthode multiplicative, il faut d'abord calculer le semi-groupe (Q^1_t) tué à la rencontre de 0 ce qui revient à tuer le semi-groupe brownien à la rencontre de $\{0,1\}$. Le semi-groupe correspondant est noté (Q^{01}_t). Ensuite, il nous faut la fonction excessive pour ce semi-groupe

$$\gamma(x) = (\mathrm{Q}^1)^x\{\sigma = 0\} = \mathbb{P}^x\{\tau_0 \ge \tau_1\} = x^+ I_{\{x<1\}}$$

d'après (83.1). Alors le processus $(Y_{\sigma+t})$ admet pour semi-groupe de transition $(Q^{01/\gamma}_t)$. En toute rigueur, l'ensemble des temps est $]0,\infty[$, et nous laisserons au lecteur (il n'y a pas de difficulté) la vérification de la fermeture en 0. Le processus (Y_t) lui même est à valeurs dans $[0,1]$, et se construit sur cet intervalle à partir du mouvement brownien par trois transformations multiplicatives : meurtre en 1, meurtre en 0, conditionnement par γ. Nous pouvons effectuer ces transformations dans l'ordre suivant : meurtre en 0, transformation par $\gamma'(x)=x$ (qui coïncide avec γ sur $[0,1]$) et meurtre en 1. Or nous avons vu en XIII.37 d) et XIII.38 que les deux premières transformations produisent un semi-groupe de Bessel de dimension 3, que la dernière tue à la rencontre de 1.

Pour utiliser la méthode de grossissement, on remarque d'abord que σ évite les t. d'a. d'après la propriété de Markov forte, ce qui supprime la distinction entre m^σ et M^σ. On a

$$c^\sigma_t = \mathbb{P}\{t<\sigma \,|\, \mathcal{F}_t\} = \mathbb{P}\{\exists s,\, t<s<\tau,\, X_s = 0 \,|\, \mathcal{F}_t\} = I_{\{t<\tau\}}\mathbb{P}^{X_t}\{\tau_0<\tau_1\}\,.$$

Comme $X_t<1$ sous la loi $\mathbb{P}$ sur l'intervalle $[0,\tau[$, on a

$$c^\sigma_t = (1-X^+_t)\,I_{\{t<\tau\}}\,. \tag{84.1}$$

En utilisant la formule de Tanaka, on voit alors que

$$A^\sigma_t = \frac{1}{2}L_t \quad , \quad M^\sigma_t = 1 - \int_0^{t\wedge\tau} I_{\{X_s>0\}}\,dX_s\,, \tag{84.2}$$

et on peut écrire, dans la filtration grossie

$$X_t = -\int_0^{t\wedge\sigma}\frac{1}{1-X_s}I_{\{X_s>0\}}\,ds + \int_0^{t\wedge\tau}\frac{1}{1-X_s}I_{\{s\ge\sigma\}}\,ds + B_t$$

où le processus B est une martingale continue de la filtration grossie admettant le même crochet droit que X ; d'après VIII.59 c'est donc un mouvement brownien dans la filtration grossie. Dans celle–ci, le processus $\xi_t = X_{\sigma+t}$ est, jusqu'au temps d'arrêt $T = \tau - \sigma = \inf\{t : \xi_t = 1\}$, une solution positive de l'équation différentielle stochastique singulière

$$\xi_t = B_t + \int_0^t \frac{ds}{\xi_s} .$$

Or on peut montrer que celle–ci admet une unique solution positive, qui est un processus de Bessel de dimension 3 issu de 0. Autrement dit, on retrouve le fait que $(Y_{\sigma+t})$ est un processus de Bessel tué à sa première rencontre du point 1.

85 ÉTUDE SUR $]0,\sigma]$. Le processus (Y_t) de durée de vie τ est un processus de Markov de semi–groupe (Q_t^1), pour lequel σ est la dernière rencontre de 0, donc un temps de retour. Par conséquent, d'après XVI.37, le processus Y tué à l'instant σ est un processus de markov dont le semi–groupe est transformé de (Q_t^1), par la fonction excessive (sur l'espace d'états $]-\infty,1[$)

$$u(x) = (\mathbb{Q}^1)^x\{\sigma > 0\} = \mathbb{P}^x\{\tau_0 < \tau_1\} = 1 \wedge (1-x) .$$

On y verra plus clair en échangeant les rôles de 0 et 1 : au lieu de travailler sur $]-\infty,1[$ on travaille sur $]0,\infty[$, on désigne par (Q_t) le semi–groupe brownien tué en 0, et alors le nouveau semi–groupe s'écrit

$$\frac{Q_t(x,dy)\,1\wedge y}{1\wedge x} = \frac{Q_t(x,dy)\,y}{x}\,\frac{1\wedge(1/y)}{1\wedge(1/x)}$$

Autrement dit, ce qu'on construit est un semi–groupe de Bessel transformé par la fonction $v(x) = 1\wedge(1/x)$.

Il y a ici une remarque à faire, qui illustre bien certains points du chapitre XVIII. Il est clair que le processus Y tué à l'instant σ va mourir au point 0, mais comment voir sur le processus de Bessel transformé par v que celui–ci va mourir au point 1 ? Soit (Z_t) le processus de Bessel; le processus $M_t = 1/Z_t$ est une martingale locale continue positive (on peut interpréter Z comme la norme d'un mouvement brownien dans $\mathbb{R}^3$, que l'on compose avec sa fonction de Green en 0), et le processus $1\wedge(1/Z)$ est une surmartingale dont le processus croissant associé est porté par l'ensemble $\{Z=1\}$. On retrouve donc le principe de XVIII.65, selon lequel un v–processus va mourir sur les masses de v.

86 La description du processus avant σ peut être rendue beaucoup plus explicite : la décomposition de Williams dit que

a) la valeur m du maximum est uniformément répartie sur $]0,1[$, indépendante de σ et de tout le processus $(X_{\sigma+t})$.

b) Conditionnellement à la valeur de m, le processus (X_t) tué à l'instant ρ a la même loi qu'un mouvement brownien issu de 0, tué à sa première rencontre de m. En particulier, ρ étant par définition la dernière rencontre de m sur $[0,\sigma]$, cette valeur n'est prise qu'une seule fois.

c) Conditionnellement à la valeur de m, le processus $(m - X_{\rho+t})$ tué à l'instant $\sigma-\rho$ a même loi qu'un processus de Bessel (de dimension 3) issu de 0, et tué à sa première rencontre de m. De plus, ce processus est indépendant du précédent.

Le fait que m soit uniformément répartie est à peu près évident : on a d'après (84.1)

$$\mathbb{P}\{m \geq a\} = \mathbb{P}\{\tau_a < \sigma\} = \mathbb{E}\left[c^{\sigma}_{T_a}\right] = 1 - a \, .$$

87 SECOND GROSSISSEMENT. La v.a. ρ est honnête par rapport à la filtration $\mathcal{F}^{\sigma}$, et nous allons faire un double grossissement à la manière de 81. Pour cela, il nous faut connaître c^{ρ} et M^{ρ} (ou encore m^{ρ} puisque ρ évite les t. d'a.). On pose $S_t = \sup_{s<t} X_s$; l'évènement $\{t < \rho\}$ peut s'écrire $\{U < \sigma\}$, U étant le t. d'a. $\inf\{u > t \,:\, X_u \geq S_t\}$. Par conséquent, d'après (84.1)

$$c^{\rho}_t = \mathbb{P}\{t < \rho \,|\, \mathcal{F}_t\} = \mathbb{E}\left[c^{\sigma}_U \,|\, \mathcal{F}_t\right] = (1 - X^+_U)\, I_{\{U<\tau\}} = (1 - S_t)\, I_{\{t<\tau\}} \, .$$

C'est un processus décroissant continu, et l'on a donc

$$(87.1) \qquad A^{\rho}_t = 1 - S_{t\wedge\rho} \quad , \quad M^{\rho}_t = 1 \, .$$

Par conséquent, la dérive de X dans la filtration doublement grossie vaut d'après (84.2)

$$(87.2) \qquad dV_t = 0 \quad \text{sur }]0, \rho] \, , \qquad = -\frac{dt}{S_t - X_t}\, I_{\{X_t>0\}} \quad \text{sur }]\rho, \sigma] \, ,$$
$$= \frac{dt}{X_t}\, I_{\{t\leq\tau\}} \quad \text{sur }]\sigma, \infty[.$$

et comme précédemment, la partie martingale de X est un mouvement brownien B. Dans la seconde formule, on remarquera que $S_t = X_\rho = m$ sur $]\rho, \sigma]$.

La relation $dV = 0$ sur le premier intervalle signifie que $X = B$ *est un mouvement brownien jusqu'au temps d'arrêt* ρ.

D'autre part, le processus $I_{\{t\geq\rho\}} - A^{\rho}_t$ arrêté à ρ admet une projection duale prévisible nulle relativement à $\mathcal{F}$; il devient donc une martingale dans la filtration grossie, et comme A^{ρ} est continu on voit que ρ est un temps d'arrêt *totalement inaccessible*. Comme ρ est la fin de l'ensemble prévisible $]0, \rho]$, il est d'après 13 la fin du support gauche de a^{ρ} (qui est le processus A^{ρ} de la filtration $\mathcal{F}$). Autrement dit, on a $S_t < S_\rho = m$ pour $t < \rho$. Cela signifie que la valeur m n'est pas atteinte avant l'instant ρ, et elle est donc atteinte *une seule fois* sur $[0, \sigma]$.

Digression sur le grossissement initial

88 Nous n'avons pas présenté, dans ce livre, de résultats généraux sur le grossissement initial. Aussi allons nous traiter directement le cas particulier, fort intéressant, qui nous est nécessaire (Jeulin [1], p.58–60). Cela donnera une bonne idée de cette opération, plus élémentaire que le grossissement progressif.

Commençons par quelques idées générales. Il existe une opération assez naturelle contenant les deux types de grossissememt, et consistant à introduire à la fois une v.a. honnête L comme temps d'arrêt, et de l'information supplémentaire à l'instant L, représentée par une tribu (séparable) $\mathcal{U}$ (et n'affectant que l'étude après L). On obtient le grossissement progressif si $\mathcal{U}$ est triviale , et le grossissement initial si $L = 0$. Lorsque $\mathcal{U}$ est engendrée par une partition finie (U_n) de Ω, le grossissement préserve les semimartingales et on dispose de formules explicites. L'extension aux tribus arbitraires se fait par un passage à la limite le long d'une famille croissante de sous–tribus finies, opération qui exige une étude assez délicate.

Supposons pour simplifier la v.a. honnête L finie, et les ensembles U_n non négligeables. Un processus prévisible borné de la filtration grossie peut s'écrire

(88.1) $$H = J I_{]0,L]} + I_{]L,\infty[} \sum_n I_{U_n} K_n \ ,$$

où les K_n et J sont des processus prévisibles/$\mathcal{F}$. On introduit les surmartingales $c_t^n = \mathbb{P}\{U_n, t < L \,|\, \mathcal{F}_t\}$ de somme $c^L = c$, les projections duales optionnelles A^n des processus croissants $I_{U_n} I_{[L,\infty[}$, enfin les martingales $M^n = c^n + A^n$. Alors on vérifie que le grossissement préserve les semimartingales, et que la dérive dans la filtration grossie d'une $\mathcal{F}$–martingale locale N vaut après L

(88.2) $$-\sum_n I_{U_n} \frac{d\langle N, M^n\rangle}{c_-^n} \ .$$

Nous laissons les détails au lecteur. Dans le cas où $L = 0$, on retrouve le théorème de grossissement initial de Jacod (VII.63).

89 Voici l'exemple qui nous intéresse. Considérons (dans une filtration $\mathcal{F}$ satisfaisant aux conditions habituelles) un temps T, fini et totalement inaccessible. Soit (A_t) le compensateur prévisible (continu) de $I_{[T,\infty[}$. Nous allons effectuer le grossissement initial par la v.a. $A_\infty = A_T$.

Soit (M_t) la martingale $I_{\{t \geq T\}} - A_t$. Si f est borélienne bornée, l'intégrale stochastique $M_t^f = \int_0^t f(A_s)\, dM_s$ vaut

(89.1) $$M_t^f = f(A_T) I_{t \geq T} - \int_0^t f(A_s)\, dA_s = f(A_T) I_{\{t \geq T\}} - F(A_t)$$

en posant $F(t) = \int_0^t f(s)\, ds$. En particulier, la relation $\mathbb{E}[M_\infty^f] = 0$ nous donne l'égalité $\mathbb{E}[f(A_T)] = \mathbb{E}[F(A_T)]$. La fonction f étant arbitraire, cela signifie que A_T *a une loi exponentielle de paramètre* 1.

Ce résultat s'améliore de lui–même : soient $t > 0$, $H \in \mathcal{F}_t$; on applique ce qui précède à $T' = T - t$ sur l'ensemble $H \cap \{T > t\}$ et dans la filtration $\mathcal{F}'_s = \mathcal{F}_{t+s}$; il vient que

(89.2) $$\mathbb{E}[g(A_T) I_{\{t<T\}} \,|\, \mathcal{F}_t] = \Phi g(t) I_{\{t<T\}} \ , \quad \text{où } \Phi g(t) = e^t \int_t^\infty g(s) e^{-s}\, ds \ .$$

REMARQUE. Lorsque $A_t = t \wedge T$, la v.a. $A_T = T$ admet une loi exponentielle, et les résultats précédents apparaissent comme une version élémentaire de la caractérisation XIV.65 des compteurs de Poisson.

Nous aurons besoin aussi de la martingale

(89.3) $$X_t^g = \mathbb{E}[g(A_T) \,|\, \mathcal{F}_t] = \Phi g(t) I_{\{t<T\}} + g(A_T) I_{\{t \geq T\}} \ ,$$

dont le saut à l'instant T vaut $g(A_T) - \Phi g(T)$.

Considérons ensuite une partition finie de $\mathbb{R}_+$ en ensembles d'indicatrices f_k, et soient U_k les ensembles d'indicatrice $u_k(A_T)$. Nous faisons le grossissement initial par la v.a. A_T

et considérons un processus prévisible H de la forme $H = \sum_k u_k(A_T)\,J^k$ où les J^k sont prévisibles/$\mathcal{F}$ et bornés par 1 en valeur absolue. Soit N une martingale $\mathcal{F}$ de la classe $\mathcal{H}^1$, nulle en 0. Nous avons en posant $N^k = J^k \cdot N$

$$\begin{aligned}\mathbb{E}[(H\cdot N)_\infty] &= \sum\nolimits_n \mathbb{E}[u_k(A_T)\,N^k_\infty] = \sum\nolimits_k \mathbb{E}[\,[X^{u_k}, N^k]_\infty] \\ &= \sum\nolimits_k \mathbb{E}[\,\Delta X^{u_k}\Delta N^k_T] = \sum\nolimits_k \mathbb{E}[\,J^k_T \Delta X^{u_k}\Delta N_T] \\ &= \sum\nolimits_k \mathbb{E}[\,\Delta N_T\,(\sum\nolimits_k J^k_T(u_k(A_T) - \Phi u_k(T)))\,]\ .\end{aligned}$$

Les indicatrices u_k ayant pour somme 1, on a aussi $\sum_k \Phi u_k = 1$, et on en déduit

$$|\,\mathbb{E}[\,(H\cdot N)_\infty|]\,| \leq 2\mathbb{E}[\,|\Delta N_T|]\ ,$$

indépendamment de la partition utilisée, ce qui prouve que N est restée une quasimartingale dans la filtration grossie. Nous ne chercherons pas à écrire explicitement la dérive de N dans la filtration grossie, mais nous en tirerons une conclusion essentielle pour la suite : *si N est continue, elle reste une martingale après le grossissement initial.*

Retour à la décomposition de Williams

90 GROSSISSEMENT INITIAL PAR $X_\rho = m$. D'après cette dernière remarque, le mouvement brownien B reste un mouvement brownien après le troisième et dernier grossissement, ce qui signifie qu'il est indépendant de $X_\rho = m$. La formule (87.1) donnant la dérive de X reste donc vraie après grossissement, et le processus X sur le premier segment $]\,0,\rho\,[$, conditionnellement à la valeur $X_\rho = m$, a bien la loi d'un mouvement brownien tué à la première rencontre de m.

Il reste à étudier la loi du processus X, toujours conditionnellement à la valeur de m, sur le second segment $[\rho,\sigma\,[$. Sur cet intervalle, la dérive du processus X, donnée par (87.2), est en $-1/(m - X_t)$, où m peut maintenant être traité comme une constante. Si l'on considère le processus $m - X$ au lieu du processus X, on tombe à nouveau sur une équation du type de Bessel, et la fin du raisonnement est facile (en admettant l'unicité de la solution de cette é.d.s.), et nous la laissons au lecteur.

CHAPITRE XXI

Décompositions chaotiques

Ce chapitre est consacré à des questions de théorie des processus qui remontent à un célèbre article de N. Wiener [1], et qui ont été considérées, jusqu'à une époque très récente, comme des propriétés particulières du mouvement brownien ou du processus de Poisson. Or on connaît maintenant des exemples de représentation chaotique qui ne concernent plus des processus à accroissements indépendants, et d'autre part les développements chaotiques ont pris une importance croissante dans la théorie des équations différentielles stochastiques. C'est pourquoi nous leur avons consacré ce chapitre, qui contient les parties déjà stabilisées d'un sujet en développement rapide.

1. INTÉGRALES STOCHASTIQUES MULTIPLES

Martingales "normales"

1 Nous nous plaçons sur un espace probabilisé $(\Omega, \mathcal{F}, \mathbb{P})$ muni d'une filtration $(\mathcal{F}_t)$ satisfaisant aux conditions habituelles. Pour abréger, nous dirons dans ce chapitre qu'une martingale (réelle, continue à droite) (X_t) est *normale* si son crochet oblique $d\langle X, X\rangle_t$ est égal à dt. La plupart du temps, X sera nulle en 0.

Les martingales normales les plus illustres sont

— le mouvement brownien standard,

— les processus de la forme $cN_t - t/c$, où (N_t) est un processus de Poisson à sauts unité, d'intensité λ, et où $c = \pm 1/\sqrt{\lambda}$.

Le premier exemple est la limite en loi du second pour $c \to 0$.

Dans le cas des martingales vectorielles, que nous considérerons plus loin, la normalité s'exprime par les conditions $d\langle X^i, X^j\rangle_t = \delta^{ij}\, dt$.

2 Il est parfois commode, dans le cas d'une martingale normale X, d'assouplir un peu la théorie de l'intégrale stochastique. La définition de l'intégrale stochastique $\int_0^\infty f(s)\, dX_s$, donnée au chapitre VIII, s'applique a priori à un processus (f_t) prévisible et tel que $\mathbb{E}\left[\int |f(s)|^2\, ds\right] < \infty$. Nous allons lui donner un sens pour des processus (f_t) possédant cette dernière propriété, mais mesurables et adaptés plutôt que prévisibles — un peu mieux, même : il suffit que la courbe $t \longmapsto f_t$, considérée comme application de $\mathbb{R}_+$ dans l'espace de Hilbert $H = L^2(\Omega)$, soit mesurable et adaptée ($f_t \in L^2(\mathcal{F}_t)$ pour tout t). Pour voir cela, on choisit d'abord pour tout t, un représentant de la classe f_t, de sorte que le processus (f_t) soit mesurable et adapté (IV.30). On en choisit ensuite une version prévisible (f'_t), en tronquant à n le processus pour se ramener au cas des processus bornés, en appliquant le théorème de projection prévisible, et en faisant tendre n vers l'infini. Cela permet de définir l'intégrale stochastique $\int_0^\infty f'_s\, dX_s$. Mais si l'on considère deux représentants prévisibles (f'_t) et (f''_t) de la courbe (f_t), on a

$$\mathbb{E}\left[\int_{[0,\infty[} |f'_s - f''_s|^2 ds\right] = 0$$

et par conséquent les deux intégrales stochastiques correspondantes sont p.s. égales. Leur valeur commune sera désignée par $\int_0^\infty f_s\, dX_s$.

Ce genre d'extensions de l'intégrale stochastique, qui amène à négliger la distinction entre processus prévisibles, optionnels et progressifs, exige une certaine prudence. Par exemple, si la martingale X est un processus de Poisson compensé, la formule VIII.(3.4) donnant les sauts de l'intégrale stochastique $f \cdot X$ n'est vraie que pour une version prévisible de f. De même, les intégrales de Stieltjes $X_- \cdot X$ et $X \cdot X$ sont différentes, bien que X et X_- soient égaux p.p., et c'est la première (prévisible) qui est la vraie intégrale stochastique.

3 Nous aurons à utiliser des résultats très simples sur des intégrales stochastiques $\int f(s,u)\, dX_s$ dépendant d'un paramètre u. Soit U un espace polonais muni d'une mesure (σ–finie) λ. Considérons une fonction $f(\omega,s,u)$ mesurable et de carré intégrable relativement à la mesure $d\mathbb{P}\otimes ds \otimes d\lambda$, adaptée pour tout u fixé. On peut alors (en utilisant le théorème de Fubini et les remarques ci–dessus), définir l'intégrale $\mathcal{J}_u = \int f(s,u)\, dX_s \in L^2(\Omega)$ pour presque tout u. Nous aurons besoin de savoir que *l'application* $u \longmapsto \mathcal{J}_u$ *est mesurable.* La démonstration est presque immédiate : il suffit d'approcher la fonction f, au sens de la norme $L^2(d\mathbb{P}\otimes ds \otimes d\lambda)$, par des fonctions pour lesquelles la propriété est évidente; on choisira ici les combinaisons linéaires de fonctions de la forme $a(\omega,s)\,b(u)$.

On trouvera dans l'article de Stricker–Yor [1] des résultats beaucoup plus généraux sur le calcul stochastique dépendant d'un paramètre.

Intégrales stochastiques multiples

4 Notre but, dans les n^{os} suivants, est la définition et l'étude des intégrales stochastiques multiples, relativement à une martingale normale X

$$\int_{\Sigma_n} f(s_1,\ldots,s_n)\, dX_{s_1}\ldots dX_{s_n}$$

où f est une fonction de carré intégrable sur le "simplexe croissant" Σ_n de $\mathbb{R}^n_+$

$$\Sigma_n = \{\, s_1 < s_2 \ldots < s_n \,\} \qquad \text{(on pose aussi } \Sigma_n(t) = \{\, s_1 < s_2 \ldots < s_n < t \,\}).$$

Ces intégrales ont été définies pour la première fois par Wiener [1], reprises par Ito [8], [9]. Cependant, nous allons travailler dans un système de notations différent du leur, adapté de Guichardet [1], et que nous appellerons la *notation courte.* Nous le trouvons extrêmement efficace, et nous l'utiliserons de manière systématique, bien qu'il soit peu familier aux probabilistes. Nous commençons donc par présenter cette notation.

On désigne par $\mathcal{P}$ (*resp.* $\mathcal{P}(t)$) l'ensemble des parties finies de $]0,\infty[$ (*resp.* de $]0,t]$). Lorsqu'on se borne aux parties à n éléments, on le précise en écrivant $\mathcal{P}_n$, $\mathcal{P}_n(t)$. On peut identifier une partie finie $A\in\mathcal{P}_n$ au n-uple $\{s_1 < s_2 \ldots < s_n\}$ de ses éléments rangés par ordre croissant; $\mathcal{P}_n$ est alors identifié au simplexe $\Sigma_n \subset \mathbb{R}_+^n$, et hérite de la tribu et de la mesure induites par la tribu borélienne et la mesure de Lebesgue de $\mathbb{R}_+^n$. L'ensemble $\mathcal{P}_0$ est réduit à un point, auquel nous attribuerons la masse 1. Tout cela munit $\mathcal{P} = \cup_n \mathcal{P}_n$ d'une tribu (lusinienne) et d'une mesure. Nous notons avec une lettre majuscule un élément générique $A = \{s_1 < \ldots < s_n\}$ de $\mathcal{P}$, désignons par $|A| = n$ le nombre de ses éléments, par dA l'élément de volume de la mesure précédente (on a $ds_1 \ldots ds_n$ sur Σ_n).

Si l'on munit $\mathcal{P}$ de la différence symétrique Δ, cet ensemble devient un *groupe mesurable*, non localement compact. La mesure dA n'est pas invariante par translation, mais nous verrons plus loin qu'elle possède des propriétés combinatoires intéressantes (qui ne la caractérisent pas de manière unique).

REMARQUE. Soit $(E,\mathcal{E})$ un espace mesurable lusinien. D'après I.11, on peut identifier E à une partie de $\mathbb{R}_+$, borélienne d'après III.21; cela munit E d'un ordre total mesurable, et on peut identifier l'ensemble $\mathcal{P}_n(E)$ des parties de E à n éléments au "simplexe croissant" $\Sigma_n(E)$, mesurable dans E^n. On vérifie alors (III.21) que la structure mesurable ainsi définie sur $\mathcal{P}(E)$ est indépendante du plongement de E dans $\mathbb{R}_+$ utilisé. On peut associer à toute mesure σ-finie diffuse μ sur E une mesure "dA" sur $\mathcal{P}(E)$, qui dans l'identification $\mathcal{P}_n(E) = \Sigma_n(E)$ se lit comme la mesure induite par $\mu^{\otimes n}$. La notation courte s'étend donc à cette situation générale. Voir aussi le n° 12.

En réalité, il ne s'agit pas d'une extension, mais d'un simple transport de structure; on peut montrer en effet que l'espace $(E,\mathcal{E},\mu)$ est *isomorphe* à l'intervalle $]0,\mu(E)[$ muni de la mesure de Lebesgue. Cf. Parthasarathy [1], section 26.

5 Considérons une martingale normale (X_t). Nous nous proposons d'associer à toute fonction $f\in L^2(\mathcal{P})$ une somme d'intégrales stochastiques multiples, de la forme

$$\begin{aligned} I(f) &= \int_{\mathcal{P}} f(A)\,dX_A \\ &= f(\emptyset) + \sum_{n>0} \int_{s_1<\ldots<s_n} f(s_1,\ldots s_n)\,dX_{s_1}\ldots dX_{s_n}\,. \end{aligned} \tag{5.1}$$

Ces intégrales multiples possèdant en outre la *propriété d'isométrie*

$$\mathbb{E}\,[\,I(f)\,I(g)\,] = \int_{\mathcal{P}} f(A)\,g(A)\,dA\,. \tag{5.2}$$

En particulier, si f est nulle hors de $\mathcal{P}_m$, g nulle hors de $\mathcal{P}_n$ avec $m \neq n$, le second membre est nul et les deux intégrales sont orthogonales.

La construction de ces intégrales sera donnée au n° 7.

Une généralisation triviale, mais utile, de ces intégrales consiste à remplacer la fonction déterministe $f(A)$ par une fonction $f(\omega,A)$ pouvant dépendre de ω, mais de façon $\mathcal{F}_0$-mesurable. Cette situation se ramène à la précédente en conditionnant par $\mathcal{F}_0$, et nous ne la traiterons pas en détail.

6 Les intégrales multiples de la forme $I(f)$, où f parcourt $L^2(\mathcal{P}_n)$, forment un sous-espace fermé de $L^2(\Omega)$ que l'on appelle le *n-ième chaos* de la martingale X et que nous désignerons par $\mathcal{C}_n$. Lorsque la martingale normale est un mouvement brownien ou un processus de Poisson compensé, on parle plus spécialement des *chaos de Wiener*, ou *de Poisson*.

Soit $\mathcal{G}$ la tribu engendrée par les v.a. X_t. D'après la propriété d'isométrie avec $L^2(\mathcal{P})$, les chaos sont orthogonaux dans $L^2(\mathcal{G})$. Si leur somme hilbertienne est $L^2(\mathcal{G})$ tout entier, on dit que (X_t) possède la *propriété de représentation chaotique (PRC)*. Nous verrons un peu plus bas que le mouvement brownien et les processus de Poisson compensés possèdent cette propriété, et le but essentiel de ce chapitre consiste, d'une part à étudier diverses propriétés du mouvement brownien liées à la représentation chaotique, et d'autre part à fournir d'autres exemples de la PRC.

7 Nous passons à la construction des intégrales stochastiques multiples. La méthode utilisée consiste à définir celles-ci comme des intégrales itérées, en procédant par récurrence sur $|A|$. Nous commençons par expliquer la notation et le calcul sur un exemple : supposons que la fonction $f(A)$ soit nulle pour $|A| > 3$. L'intégrale $I(f)$ que nous avons à calculer peut s'écrire sous la forme suivante (avec un numérotage des variables un peu différent de celui de (5.1))

$$\int_{\mathcal{P}_3} f_3(s_1,s_2,s_3)\,dX_{s_1}dX_{s_2}dX_{s_3} + \int_{\mathcal{P}_2} f_2(s_2,s_3)\,dX_{s_2}dX_{s_3} + \\ + \int_{\mathcal{P}_1} f_1(s_3)\,dX_{s_3} + f_0(\emptyset)$$

que nous écrivons comme l'intégrale stochastique ordinaire

$$f_0(\emptyset) + \int g_{s_3}\,dX_{s_3}\ , \tag{7.1}$$

d'un processus g donné par

$$g_s = \int_{\mathcal{P}_2} f_3(s_1,s_2,s)\,dX_{s_1}dX_{s_2} + \int_{\mathcal{P}_1} f_2(s_2,s)\,dX_{s_2} + f_1(s)\ .$$

Si l'on traite $s = s_3$ comme un paramètre, ceci est une somme d'intégrales multiples n'allant pas au delà du second chaos. En isolant la variable X_{s_2} on redescend de même à l'ordre 1, et on se trouve ramené à trois intégrations ordinaires successives, procédant de l'intérieur vers l'extérieur (des temps plus petits vers les temps plus grands). Voyons comment se fait la récurrence pour la formule d'isométrie : on a d'après (7.1)

$$\|I(f)\|^2 = |f_0(\emptyset)|^2 + \int \|g(\cdot,s_3)\|^2\,ds_3\ .. \tag{7.2}$$

Si la formule d'isométrie a lieu à l'ordre 2, nous avons

$$\|g(\cdot,s_3)\|^2 = |f_1(s_3)|^2 + \int |f_2(s_2,s_3)|^2\,ds_2 + |f_3(s_1,s_2,s_3)|^2\,ds_1ds_2$$

et en intégrant, on voit que la formule d'isométrie passe à l'ordre 3.

Ce raisonnement est entièrement général. Commençons par l'écriture formelle de la récurrence. Nous posons

(7.3) $$f'_t(B) = f(B \cup \{t\}) \quad \text{si } B \subset [0,t[\,, \quad =0 \text{ sinon},$$

et nous définissons un processus adapté (g_t)

(7.4) $$g_t = \int f'_t(B)\, dX_B \,.$$

Nous posons ensuite

(7.5) $$\int f(A)\, dX_A = f(\emptyset) + \int g_t\, dX_t \,.$$

Le passage de f à f'_t fait gagner ceci : si la fonction $f(A)$ est nulle pour $|A| > n$, alors $f'_t(A)$ est nulle pour $|A| > n-1$, ce qui est la clef de la récurrence, la mesurabilité du processus (g_t) s'établissant au moyen du lemme du n° 3. On procède exactement comme dans le cas $n = 3$, et nous laissons les détails au lecteur. L'intégrale multiple ayant été construite pour les fonctions $f(A)$ qui sont nulles pour $|A|$ suffisamment grand, on utilise enfin la formule d'isométrie pour l'étendre à tout $L^2(\mathcal{P})$.

On trouvera dans le *Sém. Prob. X*, p.328, une autre construction des intégrales stochastiques multiples, qui introduit une véritable tribu prévisible sur les "simplexes" Σ_n.

8 REMARQUES. La démonstration précédente a des conséquences intéressantes.

a) La construction de l'intégrale stochastique par itération s'étend aux martingales (X_t) dont le crochet oblique $d\langle X, X\rangle_t$ est *majoré* par dt, la formule d'isométrie étant remplacée par une inégalité entre deux normes L^2. Cependant, il y a des différences importantes : on ne peut plus affirmer que l'espace de toutes les v.a. représentables en intégrales stochastiques multiples est fermé dans L^2, et les chaos ne sont plus nécessairement orthogonaux. C'est pourquoi les intégrales stochastiques par rapport aux martingales "sous-normales" ont été peu utilisées.

b) La formule (7.5) montre que toute variable aléatoire représentable sous la forme $\int f(A)\, dX_A$ (avec une fonction $f(A)$ déterministe) l'est aussi sous la forme $c + \int g_t\, dX_t$, c étant une constante et (g_t) un processus adapté, et même prévisible d'après le raisonnement du n° 2. En particulier, *la propriété de représentation chaotique entraîne la propriété de représentation prévisible (PRP)* de VIII.58.

c) Il y a une relation formelle intéressante entre la représentation prévisible et la représentation chaotique. Supposons que toute v.a. F de carré intégrable admette une représentation prévisible, que nous écrivons

(8.1) $$F = \mathbb{E}[F] + \int_0^\infty g_t\, dX_t \,.$$

Les v.a. g_t elles mêmes admettent un développement en intégrale stochastique

(8.2) $$g_t = \mathbb{E}[g_t] + \int_0^\infty g_{st}\, dX_s = f_1(t) + \int_0^t g_{st}\, dX_s$$

où $f_1(t)$ est une fonction déterministe de carré intégrable, et où l'intervalle d'intégration a été réduit à $[0,t]$ du fait que g_t est $\mathcal{F}_t$–mesurable. Par conséquent

$$f = \mathbb{E}[f] + \int f_1(t)\,dX_t + \int_0^\infty dX_t \int_{s<t} g_{st}\,dX_s \ . \tag{8.3}$$

On développe à nouveau g_{st} en intégrale stochastique, ce qui fait sortir une fonction déterministe $f_2(s,t) = \mathbb{E}[g_{st}]$ sur $\mathcal{P}_2$ et un processus $g_{rst}\ldots$ En poursuivant ainsi, on obtient une série (convergente dans L^2) d'intégrales stochastiques multiples, dont la somme F_C représente la projection de la v.a. F sur la somme des chaos. Dire que F admet un développement chaotique revient à dire que $F_C = F$, ou encore que $\| F_C \|^2 = \| F \|^2$.

d) Le procédé ci–dessus fournit une méthode utile pour calculer un développement en chaos, et nous en verrons bientôt des exemples. Cependant, les coefficients du développement en chaos de la v.a. $F = I(f)$ sont donnés, de manière plus élémentaire, par la relation formelle

$$f_n(s_1,\ldots,s_n)\,ds_1\ldots ds_n = \mathbb{E}[dX_{s_1}\ldots dX_{s_n}\,F] \ ,$$

qui se transforme aisément, grâce au théorème de dérivation de Lebesgue, en un procédé de calcul rigoureux

$$f_n(s_1,\ldots,s_n) = \lim\nolimits_{\varepsilon\downarrow 0} \varepsilon^{-n}\mathbb{E}[(X_{s_1+\varepsilon}-X_{s_1})\ldots(X_{s_n+\varepsilon}-X_{s_n})F]$$

cette limite existant p.p. et au sens L^2.

e) La notation traditionnelle des intégrales stochastiques multiples est la "notation symétrique", dont nous présentons ici une variante. Elle consiste à écrire

$$F = \sum_n I_n(f_n)/n! \tag{8.4}$$

$$I_n(f_n) = \sum_n \int_{\mathbb{R}_+^n} f_n(s_1,\ldots,s_n)\,dX_{s_1}\ldots dX_{s_n}$$

où maintenant les fonctions f_n sont prolongées hors du simplexe Σ_n en des fonctions *symétriques* sur $\mathbb{R}_+^n$, et où l'on convient que les intégrales sur les "copies" du simplexe croissant (qui sont anticipantes) peuvent être calculées en remettant les variables dans le bon ordre. L'effet de cette opération, par rapport à une notation non–anticipante, est donc de multiplier et de diviser par $n!$, avec pour avantage l'*élimination de la structure d'ensemble totalement ordonné de* $\mathbb{R}_+^n$.

Cette élimination de l'ordre se fait aussi bien au moyen de la notation courte : la définition de l'espace des parties finies n'utilise pas explicitement le choix d'un ordre.

Notons la forme nouvelle de la propriété d'isométrie :

$$\| I(f) \|^2 = \sum_n \| f_n \|^2 / n! \tag{8.5}$$

où $\| f_n \|$ est maintenant la norme de la fonction symétrique f_n dans $L^2(\mathbb{R}_n^+)$.

REMARQUE. La construction des intégrales multiples symétriques peut se décomposer en deux étapes. D'abord, la construction au dessus de l'espace de Hilbert $\mathcal{H} = L^2(\mathbb{R}_+)$ d'un certain espace de Hilbert abstrait, l'*espace de Fock symétrique* $\Gamma(\mathcal{H})$, qui est la somme directe hilbertienne des puissances tensorielles symétriques de $\mathcal{H}$. Ensuite, la construction d'une isométrie entre $\Gamma(\mathcal{H})$ et un espace de variables aléatoires. La première étape peut être décrite dans un langage purement hilbertien, qui présente une grande importance en physique théorique. Pour plus de détails, on consultera Simon [1], ou bien l'exposé de *Sém. Prob. XX*, Lect. Notes in M. 1204, p. 249-285.

Vecteurs exponentiels

9 Soit $h(t)$ une fonction (réelle ou complexe) appartenant à $L^2(\mathbb{R}_+)$. Nous la prolongeons en une fonction H sur $\mathcal{P}$ par la formule

$$H(A) = \prod_{s \in A} h(s) \ . \tag{9.1}$$

On a en particulier $H(\emptyset) = 1$. Calculons la norme L^2 de H

$$\int_{\mathcal{P}} |H(A)|^2 \, dA = 1 + \sum_{n>0} \frac{1}{n!} \int_{\mathbb{R}_+^n} |h(s_1) \dots h(s_n)|^2 \, ds_1 \dots ds_n$$

$$= \sum_n \frac{1}{n!} \|h\|_2^{2n} = e^{\|h\|_2^2} \tag{9.2}$$

Cette norme étant finie, on peut définir la v.a.

$$\mathcal{E}(h) = \int H(A) \, dX_A$$

que l'on appelle *vecteur exponentiel* associé à h. La formule (9.2) admet la généralisation facile suivante

$$< \mathcal{E}(h) \, , \, \mathcal{E}(k) > \, = e^{< h,k >} \tag{9.3}$$

où le crochet peut désigner soit le produit scalaire hermitien complexe, soit le produit scalaire bilinéaire.

Dans la "notation symétrique", les vecteurs exponentiels s'écrivent

$$\mathcal{E}(h) = \sum_n I_n(h^{\otimes n}) / n! \ . \tag{9.4}$$

REMARQUE. Les fonctions $H(A)$ de la forme (9.1), où h est comprise entre 0 et 1, forment un ensemble de fonctions bornées stable par multiplication, contenant (pour $h = 0$) la fonction 1. Prenant h de la forme λk, où k est fixe et λ varie entre 0 et 1, dérivant m fois par rapport à λ et faisant $\lambda = 0$, on s'aperçoit sans peine que ces fonctions engendrent la tribu borélienne de $\mathcal{P}$. Le théorème des classes monotones I.21 entraîne alors qu'elles forment un ensemble total dans $L^2(\mathcal{P})$, et la PRC équivaut à la densité des vecteurs exponentiels dans $L^2(\Omega)$.

10 Pour trouver l'interprétation probabiliste des vecteurs exponentiels, désignons par $\mathcal{E}_t(h)$ le vecteur exponentiel $\mathcal{E}(hI_{[0,t]})$. Alors la formule (7.5) nous donne

$$\mathcal{E}_t(h) = 1 + \int_0^t \mathcal{E}_s(h)\, h(s)\, dX_s \ . \tag{10.1}$$

Ceci est une équation différentielle stochastique linéaire, entraînant en particulier que le processus $(\mathcal{E}_t(h))$ est une martingale locale, et donc admet des trajectoires càdlàg.. Si l'on veut écrire l'équation (10.1) sous forme correcte, du point de vue de la théorie des martingales, il faut remplacer le processus $(\mathcal{E}_t(h))$ par un processus prévisible qui lui soit égal pour presque tout t, et l'on peut prendre

$$\mathcal{E}_t(h) = 1 + \int_0^t \mathcal{E}_{s-}(h)\, h(s)\, dX_s \ . \tag{10.2}$$

On montre au chap. XXIII (n° 68) que si U est une semimartingale, l'équation différentielle stochastique

$$V_t = 1 + \int_0^t V_{s-}\, dU_s \tag{10.3}$$

admet une solution et une seule, l'*exponentielle stochastique* ou *exponentielle de Doléans* de U, notée souvent $\mathcal{E}(U)$, que l'on sait écrire explicitement

$$V_t = e^{U_t - \frac{1}{2}[U,U]^c_t} \prod_{s\le t} (1+\Delta U_s)\, e^{-\Delta U_s} \ , \tag{10.4}$$

où $[U,U]^c$ est la partie continue du crochet droit de la semimartingale U. Prenant pour U l'intégrale stochastique $\int h(s)\, dX_s$, on a dans le cas brownien

$$\mathcal{E}_t(h) = \exp\Big(\int_0^t h(s)\, dX_s - \frac{1}{2} \int_0^t h^2(s)\, ds \Big) \ . \tag{10.5}$$

Il est facile de vérifier directement que ce processus satisfait à (10.1). Dans le cas d'un processus de Poisson compensé $X_t = cN_t - t/c$ (n° 1) on a

$$\mathcal{E}_t(h) = e^{-\frac{1}{c}\int_0^t h(s)\, ds} \prod_{s\le t\ \Delta N_s\ne 0} \big(1 + ch(s)\big) \ . \tag{10.6}$$

Noter cependant que cette expression, obtenue par une simplification entre le premier facteur et les exponentielles du produit infini, n'est pas toujours correcte pour $t=\infty$ (elle exige dans ce cas que h appartienne à $L^2 \cap L^1$). On peut transformer agréablement (10.6) lorsque h est de la forme $(e^{ck}-1)/c$. On a alors

$$\mathcal{E}_t(h) = e^{\int_0^t k(s)\, dX_s}\, e^{\int_0^t (e^{ck(s)} - 1 - ck(s))\, ds/c^2} \ , \tag{10.7}$$

qui a une forme très semblable à (10.5), et prend exactement la forme brownienne (10.5) lorsque $c \to 0$.

PRC des processus de Wiener et de Poisson

11 Nous allons montrer ici que les processus de Wiener et de Poisson (compensés) possèdent la PRC.

Plaçons nous d'abord dans le cas brownien. Pour établir la PRC, il suffit de démontrer que la seule v.a. de carré intégrable Z, orthogonale à tous les chaos de Wiener, est la v.a. nulle. Or Z est alors aussi orthogonale aux chaos de Wiener complexes, et donc aux vecteurs exponentiels de la forme $\mathcal{E}(ih)$, où h est une fonction réelle étagée à support compact. Négligeant dans (10.5) le dernier facteur, qui est une constante, on voit que Z est orthogonale à toute v.a. de la forme

$$\exp(i\sum_k h_k(X(t_{k+1}) - X(t_k)) ,$$

c'est à dire, à tout polynôme trigonométrique en un nombre fini d'accroissements du mouvement brownien. On passe de là à toutes les fonctions continues bornées ne dépendant que d'un nombre fini de coordonnées, et on voit enfin que Z est nulle.

Pour le cas de Poisson, nous partons de même d'une fonction réelle étagée à support compact $k(t)$, et nous prenons $h(t) = (e^{ick(t)} - 1)/c$. L'expression (10.7) est alors le produit d'une constante (que nous oublions) par une exponentielle

$$\exp(ic\int k(s)\,dX_s) ,$$

et on peut alors conclure comme ci–dessus.

REMARQUE. On peut montrer que les seules martingales normales possédant la PRC, qui sont aussi des processus à accroissements indépendants et homogènes, sont les processus de Wiener et de Poisson compensés que nous venons de décrire. On a d'ailleurs un résultat plus fort : parmi les PAI homogènes dans le temps qui sont aussi des martingales, ce sont les seuls qui possèdent la propriété de représentation *prévisible*. Si l'on supprime la condition d'homogénéité dans le temps, les martingales à accroissements indépendants possédant la PRP ont été caractérisées par He et Wang [1] : la hauteur de saut en chaque point t doit être fonction déterministe de t. Aux sauts nuls correspond une composante gaussienne, aux sauts non nuls une composante poissonnienne compensée, d'intensité et de hauteur de sauts variables, et les deux composantes sont portées par deux ensembles disjoints. Inversement les martingales normales de ce type donnent lieu à une représentation chaotique, comme l'a montré Dermoune [1].

Extension aux mesures aléatoires gaussiennes

12 Dans le cas des PAI, on peut faire une théorie des intégrales stochastiques multiples sans l'intervention d'aucune structure temporelle. Cette théorie a été développée dans les trois articles [8] [9] [13] d'Ito, et elle est principalement utilisée dans le cas gaussien, que nous allons traiter d'abord.

Soit $(E,\mathcal{E})$ un espace mesurable séparable muni d'une mesure μ σ–finie et diffuse, et considérons sur E une mesure aléatoire gaussienne (centrée) $H \longmapsto X_H$ à accroissements indépendants, de variance μ (*cf.* XIV.69). Désignant par $\mathcal{X}$ la tribu sur Ω engendrée par les v.a. X_H ($H \in \mathcal{E}$), nous allons montrer que toute v.a. $F \in L^2(\mathcal{X})$ admet une représentation au moyen d'intégrales multiples symétriques (n° 8)

$$F = I(f) = \sum_n \frac{1}{n!} I_n(f_n) \ . \tag{12.1}$$

Nous allons ramener ce problème à celui qui a été traité précédemment pour le processus de Wiener. D'après I.11, il existe une application j de E dans l'intervalle $]0,1]$, mesurable, injective, engendrant la tribu $\mathcal{E}$. Si la mesure μ est de masse infinie, il convient de prendre quelques précautions pour s'assurer que $j(\mu)$ est une mesure de Radon sur $\mathbb{R}_+$: découper E en ensembles E_n de mesure ≤ 1, que l'on applique sur des intervalles successifs $]n, n+1]$. Ayant fait cela, on définit une mesure gaussienne à accroissements indépendants sur $\mathbb{R}_+$ par la formule $Y_H = X_{j^{-1}(H)}$. Le processus $Y_t = Y_{]0,t]}$ n'est pas un mouvement brownien, mais il s'y ramène par un changement de temps déterministe, et on peut donc lui appliquer le théorème de représentation chaotique[1]. Revenant alors à la situation initiale, on obtient la représentation chaotique pour la mesure aléatoire gaussienne initiale — représentation chaotique qui peut s'exprimer sous la forme traditionnelle des intégrales multiples de fonctions symétriques sur E^n, ou sous la "forme courte".

Bien entendu, on peut caractériser les éléments des chaos pour une mesure gaussienne, indépendamment de l'isomorphisme que nous avons utilisé. Pour les éléments du premier chaos, les intégrales stochastiques $\int f(s)\,dX_s$ avec $f \in L^2(\mu)$, il s'agit d'une intégration simple (approcher f dans L^2 par une fonction étagée, passer à la limite). Pour les chaos d'ordre supérieur, on peut caractériser de manière intrinsèque les intégrales stochastiques $I_n(f^{\otimes n})$ par la relation

$$\sum\nolimits_n t^n I_n(f^{\otimes n})/n! = \mathcal{E}(tf) = e^{t\int f(s)\,dX_s - t^2\|f\|^2/2} \ ,$$

ce qui, nous le verrons, se traduit en termes de polynômes d'Hermite.

Nous ne prétendons pas indiquer la meilleure approche de la représentation chaotique pour les mesures aléatoires gaussiennes (voir par ex. Neveu [8], qui traite le cas d'un *espace gaussien* général). Par ailleurs, il n'est pas vraiment indispensable que la mesure gaussienne soit diffuse (l'idée permettant de traiter les atomes est donnée au n° 14)

Polynômes d'Hermite

13 Les polynômes d'Hermite "des probabilistes" sont définis par leur fonction génératrice

$$e^{ux-u^2/2} = \sum\nolimits_k u^k h_k(x)/k! \ . \tag{13.1}$$

Nous avons vu plus haut qu'un vecteur exponentiel $\mathcal{E}(uf)$ du cas brownien admet, d'une part un développement en chaos convergent dans L^2

$$\mathcal{E}(uf) = \sum_k u^k I_k(f^{\otimes k})/k!$$

[1] Le même raisonnement s'applique aux mesures aléatoires de Poisson.

et d'autre part la représentation explicite

$$e^{u\int_0^\infty f(s)dX_s - u^2\|f\|^2/2} .$$

Appelant I l'intégrale $\int f(s)\,dX_s$, N la norme $\|f\|$, (13.1) permet de récrire cette expression

$$\sum_k u^k N^k\, h_k(I/N)\,/k!$$

et en identifiant les coefficients de u^k des deux côtés, on obtient la formule

$$I_k(f^{\otimes k}) = \|f\|^k\, h_k\Big(\frac{\int_0^\infty f(s)\,dX_s}{\|f\|}\Big) \tag{13.2}$$

Ce raisonnement est un peu formel, mais on peut le rendre rigoureux en prenant u complexe et en utilisant de l'analyticité au sens L^2 (voir par ex. Gebuhrer [1]). Un raisonnement plus lent, mais tout à fait élémentaire, donne un résultat un peu plus général :

LEMME. *Si M est une martingale continue de crochet $<M,M>_t = A_t$, l'intégrale stochastique itérée*

$$J_n(t) = \int_{s_1<\ldots<s_n<t} dM_{s_1}\ldots dM_{s_n} \tag{13.3}$$

est égale à

$$\frac{1}{n!}\,A_t^{n/2}\,h_n(M_t\,/\sqrt{A_t}) . \tag{13.4}$$

DÉMONSTRATION. Nous avons $J_0 = 1$, $J_1 = M$, $J_2 = \frac{1}{2}(M^2 - A)$, et il est très facile d'établir, à partir de la formule d'intégration par parties, la formule de récurrence

$$J_{n+1} = \frac{1}{n+1}(M\,J_n - A\,J_{n-1}) .$$

Si l'on compare cela avec la formule de récurrence des polynômes d'Hermite : $h_0(x) = 1$, $h_1(x) = x$, $h_2(x) = x^2 - 1$, et

$$h_{n+1}(x) = x\,h_n(x) - n\,h_{n-1}(x) ,$$

il devient clair que $J_n = \frac{1}{n!}A^{n/2}h_n(M\,/\sqrt{A})$.

REMARQUES. a) On a des considérations analogues pour le cas des processus de Poisson compensés (utilisant des "polynômes de Charlier" au lieu de polynômes d'Hermite), qu'il n'est pas spécialement intéressant d'expliciter (*cf. Sém. Prob. X*, p. 319–320).

b) Les polynômes d'Hermite $h_n(x)$ que nous utilisons ici diffèrent légèrement des polynômes $H_n(x)$ couramment utilisés en analyse, dont la fonction génératrice est e^{2ux-u^2}. On passe des uns aux autres par la relation $h_n(x) = 2^{-n/2}H_n(x/\sqrt{2})$.

c) Ecrivons que les deux membres de l'égalité

$$\int_{s_1<\ldots<s_n<1} dX_{s_1}\ldots dX_{s_n} = h_n(X_1)/n!$$

ont la même norme dans L^2. Nous obtenons la formule

(13.5) $$(h_n, h_n)_\gamma = n!\ ,$$

γ désignant la mesure gaussienne standard. On voit de même que deux polynômes d'Hermite de degré différents sont orthogonaux. Nous verrons au n° suivant que les polynômes d'Hermite forment un ensemble total dans $L^2(\gamma)$, par "passage du continu au discret". Ce n'est pas bouleversant, car l'argument utilisé en temps continu est le même en substance que celui que l'on utilise traditionnellement en temps discret.

Exemple de calcul de coefficients

14 Nous restons dans le cas brownien. Il n'est jamais très facile de calculer les coefficients du développement en chaos d'une v.a.. Nous allons présenter la méthode de calcul la plus importante sur le cas simple des v.a. de la forme $F = f(X_t)$, où t est fixé et f est par exemple une fonction bornée.

Tout d'abord, le coefficient d'ordre 0 du développement en chaos est l'espérance, qui vaut $\mathbb{E}[F] = P_t f(0)$, (P_s) désignant le semi–groupe brownien.

Il est facile d'écrire explicitement le processus (Φ_s) figurant dans la *représentation prévisible* de la v.a. F. En effet, la martingale $\mathbb{E}[F \,|\, \mathcal{F}_s]$ peut s'écrire pour $s < t$ sous la forme $g(t-s, X_s)$, où la fonction $g(r,x) = P_r(x,f)$ est $\mathcal{C}^\infty$ en (r,x) pour $r > 0$. Appliquant à cette fonction la formule d'Ito, les termes à variation finie disparaissent et il reste

$$F = f \circ X_t = P_t f(0) + \int_0^t g'_x(t-s, X_s)\, dX_s\ .$$

Nous avons vu au n° 8 que le coefficient $f_1(s)$ du développement en chaos vaut $\mathbb{E}[\Phi_s]$, c'est à dire ici $P_s(0, P'_{t-s}f) = P'_t f(0)$, $P'_t f$ désignant naturellement la dérivée de $P_t f$. On notera que ce coefficient ne dépend pas de s.

La v.a. Φ_s étant de nouveau de la forme $f_s \circ X_s$, on peut itérer la construction,

$$F = f \circ X_t = P_t f(0) + P'_t f(0) \int_0^t dX_s + \int_0^t dX_s \int_0^s P'_{s-r}(X_r, P'_{t-s} f)\, dX_r\ .$$

d'où le second coefficient, lui aussi constant

$$f_2(r,s) = P_r(0, P'_{t-s} P'_{s-r} f) = P''_t f(0)\ .$$

Continuant l'itération, et utilisant l'expression des intégrales itérées au moyen des polynômes d'Hermite, on obtient tout le développement en chaos sous la forme

(14.1) $$f \circ X_t = \sum_n D^n P_t f(0)\, t^{n/2} h_n(X_t)/n!$$

Le fait que les coefficients soient des constantes peut se comprendre ainsi : il existe un vaste groupe d'automorphismes mesurables de l'espace de Wiener, qui échange les accroissements dX_s $(s < t)$ mais préserve leur somme X_t, et le développement en chaos de $f \circ X_t$ (sous la forme courte par ex.) est invariant par ce groupe, de sorte que $f(A)$ ne peut dépendre que de $|A|$.

La formule (14.1) peut encore s'interpréter comme une identité dans $L^2(\gamma)$

$$f(x) = \sum_n D^n P_1 f(0)\, h_n(x)/n! \ . \tag{14.2}$$

On retrouve la fonction génératrice des polynômes d'Hermite en prenant $f(x) = e^{ux}$, $P_t f = e^{tu^2/2} f$. Noter que l'on a aussi d'après (13.5)

$$f(x) = \sum_n (h_n, f)\, h_n(x)/n! \ . \tag{14.3}$$

et par conséquent

$$(h_n, f) = D^n P_1 f(0) \ , \tag{14.4}$$

ce qui équivaut à une autre expression classique des polynômes d'Hermite

$$h_n(x) = (-1)^n e^{x^2/2} D^n e^{-x^2/2} \ . \tag{14.5}$$

La formule de multiplication

Nous allons maintenant illustrer l'efficacité de la "notation courte" en présentant la *formule de multiplication des intégrales stochastiques.* Nous allons nous occuper essentiellement du cas brownien.

Les sujets discutés dans ce paragraphe sont présentés avec plus de détails, et sous un éclairage très différent, dans une série d'exposés des *Sém. Prob. XX, XXI* intitulés *Eléments de Probabilités Quantiques.* En effet, les méthodes présentées ici peuvent servir à définir des multiplications non commutatives, qui jouent un certain rôle en physique théorique.

15 Nous allons d'abord établir rapidement la forme classique de la formule de multiplication, qui concerne des intégrales multiples de fonctions symétriques

$$I_n(f) = \int_{\mathbb{R}_+^n} f(s_1, \ldots, s_n)\, dX_{s_1} \ldots dX_{s_n} \ . \tag{15.1}$$

Dans ce n° et le suivant, nous étendrons cette notation aux fonctions $f \in L^2(\mathbb{R}_+^n)$ non nécessairement symétriques, en convenant que $I_n(f) = I_n(f_s)$, la fonction symétrisée de f (qui appartient aussi à L^2, avec une norme au plus égale à celle de f).

Etant données deux fonctions symétriques f et g de m et n variables respectivement, nous définissons leur *contraction d'ordre* p (où p est un entier $\leq n \wedge m$) comme la fonction de $n+m-2p$ variables (non symétrique en général) donnée par

$$\begin{aligned} & f \overset{p}{\smile} g(s_1, \ldots, s_{m-p}, t_1, \ldots, t_{n-p}) \\ & = \int f(s_1, \ldots, s_{m-p}, u_1, \ldots, u_p)\, g(u_p, \ldots, u_1, t_1, \ldots, t_{n-p})\, du_1 \ldots du_p \ . \end{aligned} \tag{15.2}$$

On a contracté successivement les indices qui se trouvent les plus rapprochés, mais pour des raisons d'ordre esthétique seulement : f et g étant symétriques, le choix des indices que l'on contracte est indifférent.

La contraction de deux fonctions de L^2 appartient encore à L^2. On a en effet d'après l'inégalité de Schwarz (en langage abrégé : les lettres s,t,u désignent des paquets de variables, les mesures notées ds, dt, du peuvent être différentes)

$$\int \Big(\int f(s,t)\, g(t,u)\, dt \Big)^2 ds\, du \leq \|f\|^2 \, \|g\|^2 \,.$$

Voici alors la formule de multiplication classique

THÉORÈME. *Avec les notations ci-dessus, on a*

$$(15.3) \qquad I_m(f)\, I_n(g) = \sum_{p=0}^{m\wedge n} p! \binom{m}{p} \binom{n}{p} I_{m+n-2p}(f \overset{p}{\smile} g)\,.$$

DÉMONSTRATION. Nous commençons par le cas où $f = a^{\otimes m}$, $g = b^{\otimes m}$, et alors $f \overset{p}{\smile} g = (a,b)^p\, a^{\otimes(m-p)}\, b^{\otimes(n-p)}$ (le produit scalaire (,) est bilinéaire, non hermitien). Commençons par un raisonnement formel. Nous introduisons deux variables r, s et rappelons que $\mathcal{E}(ra) = \sum_m r^m I_m(a^{\otimes m}/m!)$, $\mathcal{E}(sb) = \sum_n s^n I_n(a^{\otimes n}/n!)$. D'autre part, en utilisant la valeur explicite des vecteurs exponentiels, on a

$$\mathcal{E}(ra)\, \mathcal{E}(sb) = \mathcal{E}(ra+sb)\, e^{rs(a,b)}\,.$$

On obtient alors l'égalité cherchée en développant les exponentielles et en identifiant les coefficients de $r^m s^n$ des deux côtés. Pour rendre ce raisonnement rigoureux, il suffit de vérifier que pour z complexe et $f \in L^2(\mathbb{R}_+)$ l'application $z \longmapsto \mathcal{E}(zf)$ est entière à valeurs dans $L^p(\Omega)$ pour $p=2$ et $p=4$, et cela ne fait aucune difficulté puisque la v.a. $\int f(s)\, dX_s$ est gaussienne.

Par polarisation, on en déduit la formule (15.3) pour $f_m = a_1 \circ \ldots \circ a_m$, $g_n = b_1 \circ \ldots \circ b_n$ (produits symétriques). On l'étend par linéarité à des combinaisons linéaires de tels produits. Enfin, si f et g sont symétriques de carré intégrable, on les approche dans L^2 par des combinaisons linéaires f_k, g_k du type précédent; $I_m(f_k)$ et $I_n(g_k)$ tendent en probabilité vers $I_m(f)$ et $I_n(g)$, d'où le même résultat pour leurs produits. D'autre part, les contractions sont des opérations continues dans L^2, etc.

REMARQUE. Il résulte aussitôt de la formule de multiplication que l'ensemble des sommes *finies* d'éléments des chaos de Wiener constitue une algèbre contenue dans $L^2(\Omega)$, et donc dans tout $L^p(\Omega)$, $p<\infty$.

On trouvera dans Shigekawa [1] p.276 une formule un peu moins simple, mais dont la signification combinatoire est plus claire.

16 Nous allons maintenant traduire la formule de multiplication en "notation courte". Nous considérons deux variables aléatoires f,g et leur produit $fg = h$, dont nous écrivons les représentations chaotiques, en désignant par la même lettre (de manière un peu abusive) la v.a. elle même et la fonction qui la représente sur $\mathcal{P}$: $f = \int_{\mathcal{P}} f(A)\, dX_A$ etc.. Le problème consiste à calculer $h(A)$.

Sur $\mathcal{P}$ nous disposons de la mesure dA, et des opérations usuelles sur les ensembles, qui sont mesurables de $\mathcal{P} \times \mathcal{P}$ dans $\mathcal{P}$. La notation $A+B$ désigne la réunion $A \cup B$ si

$A \cap B = \emptyset$, et sinon elle est non définie (et alors $f(A+B)=0$ par convention, pour toute fonction f sur $\mathcal{P}$).

Nous partons de la formule de multiplication classique (15.3), que nous allons exactement retraduire en notation courte. Au lieu de $I_m(f)$, nous nous intéressons à $J_m(f) = I_m(f)/m!$ (l'intégrale sur le simplexe), de sorte que nous récrivons la formule

$$J_m(f)\, J_n(g) = \sum_p \frac{(m+n-2p)!}{p!\,(m-p)!\,(n-p)!} J_{m+n-2p}(h_p) ,$$

où h_p est ici la fonction symétrisée de $f \overset{p}{\smile} g$. Posons alors

$$A = \{s_1, \ldots, s_{m-p}\} \in \mathcal{P}_{m-p} \ , \quad B = \{t_1, \ldots, t_{n-p}\} \in \mathcal{P}_{n-p} \ ,$$
$$U = \{u_1, \ldots, u_p\} \in \mathcal{P}_p \ , \quad C = \{s_1, \ldots, s_{m-p}, t_1, \ldots, t_{n-p}\} \in \mathcal{P}_{m+n-2p} \ .$$

La fonction non symétrisée $f \overset{p}{\smile} g$ dépend des deux ensembles de variables A, B et l'on peut écrire

$$f \overset{p}{\smile} g(A, B) = p! \int_{\mathcal{P}_p} f(A+U) g(U+B)\, dU \ .$$

Nous avons écrit $A+U$, $B+U$, car 1) f, g sont symétriques, de sorte que l'ordre des variables importe peu, 2) U (ensemble variable) est p.s. disjoint des ensembles finis donnés A, B. Pour symétriser cette fonction nous choisissons deux parties A_0 et B_0 de C telles que $C = A_0 + B_0$, comportant respectivement $m-p$ et $n-p$ éléments, et nous faisons opérer toutes les permutations σ des éléments de C

$$\begin{aligned} h_p(C) &= \frac{1}{(m+n-2p)!} \sum_\sigma f \overset{p}{\smile} g(\sigma(A_0), \sigma(B_0)) \\ &= \frac{1}{(m+n-2p)!} \sum_{\substack{K+L=C \\ |K|=m-p,\, |L|=n-p}} \ \sum_{\substack{\sigma(A_0)=K \\ \sigma(B_0)=L}} f \overset{p}{\smile} g(K, L) \\ &= \frac{(m-p)!\,(n-p)!}{(m+n-2p)!} \sum_{\substack{K+L=C \\ |K|=m-p,\, |L|=n-p}} f \overset{p}{\smile} g(K, L) \ . \end{aligned}$$

Finalement, il vient

$$\Big(\int_{\mathcal{P}_m} f(A)\, dX_A\Big)\Big(\int_{\mathcal{P}_n} g(B)\, dX_B\Big) = \sum_{p=0}^{m \wedge n} \int_{\mathcal{P}_{m+n-2p}} h_p(C)\, dX_C$$

avec

$$h_p(C) = \sum_{\substack{K+L=C \\ |K|=m-p,\, |L|=n-p}} \int_{\mathcal{P}_p} f(K+U) g(L+U)\, dU \ .$$

La somme sur p est absorbée dans l'intégration sur $\mathcal{P}$, et les entiers m et n disparaissent complètement. Nous obtenons une formule d'allure beaucoup plus simple :

THÉORÈME. *Considérons deux v.a.*

$$f = \int_{\mathcal{P}} f(A)\, dX_A \ , \quad g = \int_{\mathcal{P}} g(B)\, dX_B$$

appartenant à une somme finie de chaos de Wiener, et soit $h = fg = \int_{\mathcal{P}} h(C)\, dX_C$ *leur produit. Alors on a*

$$h(C) = \int_{\mathcal{P}} \sum_{K+L=C} f(K+U)\, g(L+U)\, dU \ . \tag{16.1}$$

Cette formule est équivalente à (15.3), qu'elle ne fait que traduire. Il aurait été plus bref de l'établir directement à partir du cas des vecteurs exponentiels.

17 Maintenant que l'on dispose d'une notation maniable, on peut chercher à comprendre sur cette formule *l'associativité de la multiplication*. Cela amène à dégager une propriété fondamentale de la mesure dA sur $\mathcal{P}$, découverte par Maassen [1], qui supplée en partie à l'absence de mesure de Haar.

THÉORÈME. *Soit* $f(A,B)$ *une fonction positive mesurable sur* $\mathcal{P}\times\mathcal{P}$, *et soit* $F(A)$ *la fonction (positive, mesurable) sur* $\mathcal{P}$ *définie par*

$$F(M) = \sum_{A+B=M} f(A,B) \ . \tag{17.1}$$

Alors on a

$$\int_{\mathcal{P}} F(M)\, dM = \int_{\mathcal{P}\times\mathcal{P}} f(A,B)\, dA\, dB \ . \tag{17.2}$$

DÉMONSTRATION. Nous commençons par remarquer que la fonction (non nécessairement positive) sur $\mathcal{P}$

$$U(A) = \prod_{s\in A} u(s) \ , \tag{17.3}$$

qui, pour $u \in L^2$, représente le vecteur exponentiel $\mathcal{E}(u)$, est intégrable sur $\mathcal{P}$ si et seulement si u est intégrable sur $\mathbb{R}_+$, et alors

$$\int_{\mathcal{P}} U(A)\, dA = \sum_n \Big(\int u(s)\, ds\Big)^n/n! \doteq e^{\int u(s)\, ds} \ . \tag{17.4}$$

Si v désugne une seconde fonction intégrable, et que l'on prend $f(A,B) = U(A)V(B)$, la fonction $F(M)$ est du même type :

$$F(M) = \prod_{s\in M} (u+v)(s) \ .$$

La formule (17.2) se réduit alors à la propriété multiplicative de l'exponentielle. Pour passer au cas général, on remarque que les combinaisons linéaires de fonctions du type (17.3), avec

$|u| \leq 1$ à support compact, forment une algèbre de fonctions bornées sur $\mathcal{P}$, contenant les constantes et engendrant la tribu borélienne. On peut alors raisonner par classes monotones.

On pourrait aussi raisonner directement, en supposant $f(A,B)$ nulle si $|A| \neq p$, $|B| \neq q$, donc $F(M) = 0$ si $|M| \neq p+q$. La signification combinatoire de la formule apparaît alors clairement.

Voici plusieurs cas particuliers utiles de (17.2). Lorsque $f(A,B) = h(A+B)\, I_{\{|B|=k\}}$ on obtient

$$\int_{|B|=k} h(A+B)\, dA\, dB = \int h(M) \binom{|M|}{k} dM \ , \tag{17.5}$$

et plus généralement, lorsque $f(A,B) = h(A+B)\, \lambda^{|A|}\mu^{|B|}$, on obtient

$$\int_{|B|=k} h(A+B)\ \lambda^{|A|}\mu^{|B|}\, dA\, dB = \int h(M)\, (\lambda+\mu)^{|M|}\, dM \ . \tag{17.6}$$

18 (17.6) $\displaystyle\int_{|B|=k} h(A+B)\ \lambda^{|A|}\mu^{|B|}\, dA\, dB = \int h(M)\, (\lambda+\mu)^{|M|}\, dM$, et posons $k = fg$. Alors on a (en continuant à noter par le même symbole les v.a. et les fonctions sur $\mathcal{P}$ qui les représentent)

$$kh(C) = \int dZ \ (\sum_{H+W=C} k(H+Z)h(W+Z))$$

$$k(H+Z) = \int dN \ (\sum_{A+B=H+Z} f(A+N)g(B+N))$$

Une partition $A+B = H+Z$ peut se représenter comme

$$Z = L+M \ , \ H = U+V \ , \ A = U+L \ , \ B = V+M \ ,$$

et le théorème précédent nous dit que, si Z est une variable d'intégration parcourant $\mathcal{P}$, on obtient la même intégrale en partageant Z en somme $L+M$ et en considérant L, M comme des variables d'intégration indépendantes. Donc notre triple produit peut s'écrire

$$\int_{\mathcal{P}^3} dL\, dM\, dN \sum_{U+V+W=C} f(U+L+N)g(V+M+N)h(W+L+M) \ ,$$

qui est symétrique en f, g, h. L'associativité est établie.

19 REMARQUES. a) La formule de multiplication (16.1) apparaît comme la traduction globale de la règle de multiplication infinitésimale $(dX_s)^2 = ds$. Pour multiplier $\int f(A)\, dX_A$ par $\int g(B)\, dX_B$, il suffit de savoir multiplier dX_A par dX_B. Or la règle de multiplication infinitésimale nous donne

$$dX_A\, dX_B = d(A \cap B)\, dX_{A \Delta B}$$

Δ étant la différence symétrique, et $d(A \cap B)$ étant un scalaire (le sens de ces notations s'éclaircira sur un exemple concret, mettons $A = \{s,t,u\}$ et $B = \{v,u\}$). Pour obtenir l'expression de $fg = h = \int h(C)\, dX_C$, il reste à résoudre l'équation $A \Delta B = C$, sous la forme $A = K + M$, $B = L + M$, K et L formant une partition de C et $M = A \cap B$ devenant la variable d'intégration.

La règle de multiplication infinitésimale pour un mouvement brownien de variance différente s'obtient en remplaçant ds par $\sigma^2 ds$, et la formule de multiplication globale correspondante s'écrit (en conservant les mêmes notations)

$$h(C) = \int_{\mathcal{P}} \sum_{K+L=C} f(K+U)\, g(L+U)\, \sigma^{2|U|}\, dU \,. \tag{19.1}$$

Pour $\sigma = 0$ on obtient une multiplication (associative) intéressante, parfois appelée *produit de Wick.*

b) La structure d'ordre de la droite n'a pas été utilisée. Tout ce que nous avons dit s'applique donc aux mesures gaussiennes générales à accroissements indépendants. Seuls l'ensemble $\mathcal{P}(E)$ et la mesure dA changent avec la mesure gaussienne considérée.

c) Il existe aussi une formule de multiplication relative aux processus de Poisson compensés $X_t = cN_t - t/c$. Dans ce cas, la règle de multiplication infinitésimale est $dX_s^2 = ds + c\,dX_s$, et la formule intégrale est (avec $h = fg$ comme ci-dessus dans le cas brownien)

$$h(C) = \int_{\mathcal{P}} \sum_{K+L+M=C} f(K+L+U)\, g(L+M+U)\, c^{|L|}\, dU \,. \tag{19.2}$$

20 Ce n° est une digression, qui peut être omise sans inconvénient. Nous nous proposons de montrer que la formule (16.1) contient, par "passage du continu au discret", divers calculs gaussiens classiques.

Nous étendons d'abord la formule à un produit de plusieurs facteurs $h = f_1 \ldots f_n$. Il y faut $n(n-1)/2$ "variables d'intégration" U_{ij}, $i<j$, et il est commode de poser $U_{ji} = U_{ij}$. Nous avons alors

$$h(C) = \sum_{H_1+\ldots+H_n=C} \int dU_{12} dU_{13} \ldots, dU_{n-1,n} \prod_i f_i(H_i + \sum_{i \neq j} U_{ij}) \,. \tag{20.1}$$

Pour $n = 3$, c'est la formule que nous avons rencontrée dans la démonstration de l'associativité. Le cas particulier le plus intéressant de (20.1) concerne le produit de n éléments du premier chaos : $f_i(A) = 0$ pour $|A| \neq 1$. Alors dans (20.1) ou bien $|H_i| = 1$ et tous les U_{ij} correspondants sont vides, ou bien $|H_i| = 0$ et il y a exactement un U_{ij} tel que $|U_{ij}| = 1$, les autres étant vides. Par conséquent $h(C) = 0$ si $|C|$ (qui est aussi le nombre de H_i non vides) n'est pas de la forme $n - 2k$. S'il est de ce type, posons $C = \{s_1 < \ldots < s_{n-2k}\}$; alors les H_i non vides se représentent de la manière suivante, c désignant une application injective de $\{1, \ldots, n-2k\}$ dans $\{1, \ldots, n\}$

$$H_{c(1)} = \{s_1\} \,, \quad \ldots, \quad H_{c(n-2k)} = \{s_{n-2k}\} \,.$$

D'autre part, les U_{ij} non vides sont de la forme $U_{a(i)\,b(i)} = U_{b(i)\,a(i)}$, a et b désignant deux applications injectives de $\{1, \ldots, k\}$ dans $\{1, \ldots, n\}$ d'images disjointes, et disjointes aussi de l'image de c. Alors, dans la formule (20.1), les variables d'intégration vides donnent le produit $\prod_i f_{c(i)}(s_i)$ et celles qui sont non vides le produit $\prod_i (f_{a(i)}, f_{b(i)})$ (produit scalaire bilinéaire sur $\mathcal{P}$, égal aussi à $(f_{a(i)}, f_{b(i)})$ sur Ω). Finalement

$$h(C) = \sum_{a,b,c} \prod_{i=1}^{n-2k} f_{c(i)}(s_i) \prod_{j=1}^{k} (f_{a(i)}, f_{b(i)}) \,. \tag{20.2}$$

En particulier, l'espérance de $h = f_1 \ldots f_n$ correspond à $C = \emptyset$. Elle vaut 0 si n est impair, et si $n = 2k$ est pair on a

$$\mathbb{E}[f_1 \ldots f_{2k}] = \sum_{a,b} \prod_{j=1}^{k} (f_{a(i)}, f_{b(i)}) \,, \tag{20.3}$$

a, b désignant des injections de $\{1, \ldots, k\}$ dans $\{1, \ldots, n\}$ d'images disjointes. Nous avons raisonné sur le premier chaos de l'espace de Wiener, mais les formules (20.2) et (20.3) auxquelles nous avons abouti sont des formules gaussiennes universelles, et ont même une signification algébrique (définition d'une multiplication associative et commutative à partir d'un produit scalaire, à la manière des algèbres de Clifford dans le cas anticommutatif) qui dépasse le cadre des probabilités (*cf.* Dynkin [22][23]).

Représentations à plusieurs dimensions

21 Le résultat du n° 12 sur les mesures gaussiennes générales s'applique en particulier au mouvement brownien de dimension $\nu > 1$. Dans ce cas, l'espace gaussien de départ (le premier chaos) est formé de sommes d'intégrales stochastiques portant sur les diverses composantes

$$I_1(\mathbf{f}) = \sum_{\alpha} \int_0^{\infty} f_\alpha(s)\, dB_s^\alpha \,, \tag{21.1}$$

où $\mathbf{f}$ est le vecteur de composantes $f_\alpha \in L^2(\mathbb{R}_+)$. Dans le langage du n° 12, l'espace $(E, \mathcal{E}, \mu)$ est donc la somme de ν copies de $\mathbb{R}_+$ muni de la mesure de Lebesgue.

Le n-ième chaos de Wiener comprend ici des intégrales $\int \mathbf{f}(A)\, dX_A$, A parcourant l'ensemble des parties finies de E à n éléments. Une telle partie est un ensemble fini (non ordonné) de n points de $\mathbb{R}_+$ portant chacun une "marque" dans l'ensemble $\{1, \ldots, \nu\}$. Quitte à jeter un ensemble de mesure nulle, on peut supposer que ces points sont tous distincts, et les appeler $s_1 < \ldots < s_n$. L'ensemble des "marques" devient alors celui des applications θ de $\{1, \ldots, n\}$ dans $\{1, \ldots, \nu\}$, chacune de ces applications donnant lieu à un type d'intégrales multiples

$$\int_{s_1 < \ldots < s_n} f_\theta(s_1, \ldots, s_n)\, dB_{s_1}^{\theta(1)} \ldots dB_{s_n}^{\theta(n)} \,. \tag{21.2}$$

Les diverses applications θ décrivent des types différents de parties finies de E à n éléments, au dessus de la même partie de $\mathbb{R}_+$. La formule générale d'isométrie montre alors que les intégrales (21.2) correspondant à des applications θ différentes sont *orthogonales*.

Les intégrales stochastiques multiples ainsi définies sont adaptées à la structure temporelle usuelle du mouvement brownien ν-dimensionnel. Elles sont indispensables, par exemple, si l'on veut développer en chaos les solutions des équations différentielles stochastiques. Mais dans ce chapitre nous préférons utiliser une autre représentation de l'ensemble $\mathcal{P}(E)$, dans laquelle une partie finie A de E est identifiée à un système $(A_1, \ldots, A_\nu)$ de parties finies de $\mathbb{R}_+$. La décomposition de $\mathcal{P}(E)$ se fait alors suivant les nombres d'éléments $n_1, \ldots, n_\nu$ des parties finies A_i. Par exemple, dans le cas où $\nu = 2$, on aboutit à des intégrales multiples du type suivant

$$(21.2) \qquad \int_{\substack{s_1<\cdots<s_m \\ t_1<\cdots<t_n}} f(s_1, \ldots, s_m\,;\, t_1, \ldots, t_n)\, dX_{s_1} \ldots dX_{s_m} dY_{t_1} \ldots dY_{t_n} \;.$$

Les types d'intégrales correspondant aux diverses valeurs de m et n sont encore orthogonaux, mais la structure temporelle est moins bien respectée que dans la représentation qui précède, en ce sens que les s_i et les t_j peuvent être entrelacés.

REMARQUE. On peut encore écrire cette dernière représentation sous la forme

$$(21.3) \qquad \frac{1}{m!n!} \int_{\mathbb{R}_+^m \times \mathbb{R}_+^n} f(s_1, \ldots, s_m\,;\, t_1, \ldots, t_n)\, dX_{s_1} \ldots dX_{s_m} dY_{t_1} \ldots dY_{t_n} \;,$$

la fonction f étant symétrique par rapport à chacun des deux groupes de variables. L'extension au cas où $\nu > 2$ est immédiate.

22 A titre d'exemple, nous allons écrire quelques formules de multiplication relatives au cas $\nu = 2$, en notation courte, où les v.a. s'écrivent

$$(22.1) \qquad f = \int_{\mathcal{P}\times\mathcal{P}} f(A, B)\, dX_A\, dY_B \;.$$

Le cas $\nu = 2$ admet une autre représentation extrêmement commode, au moyen des deux *mouvements browniens complexes*, conjugués l'un de l'autre $Z = (X + iY)/\sqrt{2}$, $\overline{Z} = (X - iY)/\sqrt{2}$:

$$(22.2) \qquad f = \int_{\mathcal{P}\times\mathcal{P}} f(A, B)\, d\overline{Z}_A\, dZ_B \;,$$

avec la propriété d'isométrie

$$\mathbb{E}[\,|f|^2\,] = \int_{\mathcal{P}\times\mathcal{P}} |\, f(A, B)\,|^2\, dA\, dB \;.$$

La formule de multiplication correspond aux règles de multiplication infinitésimales

$$(22.3) \qquad dX_s^2 = dY_s^2 = ds \;,\; dX_s dY_s = 0 \quad ; \quad d\overline{Z}_s^2 = dZ_s^2 = 0 \;,\; d\overline{Z}_s dZ_s = ds \;.$$

qui nous donnent, pour le produit $h = fg$ de deux v.a. données par leur représentation chaotique sous la forme (22.1),

$$(22.4) \qquad h(A, B) = \int \sum_{\substack{R+S=A \\ T+U=B}} f(R + M, T + N)\, g(S + M, U + N)\, dM\, dN \;,$$

tandis que, sous la forme complexe (22.2), la formule est tordue

$$h(A,B) = \int \sum_{\substack{R+S=A \\ T+U=B}} f(R+M, T+N)\, g(S+N, U+M)\, dM\, dN \ , \tag{22.5}$$

Comme dans le cas du mouvement brownien ordinaire, nous pouvons construire toute une famille de multiplications associatives en insérant un poids $\sigma^{2(|M|+|N|)}$, du côté droit, dans l'une ou l'autre de ces formules (en particulier, pour $\sigma = 0$ nous obtenons le "produit de Wick"). Mais ici nous pouvons faire quelque chose de plus général, en insérant un poids de la forme $a^{|M|} b^{|N|}$. Si nous faisons cela sur la formule "tordue" (22.5), nous définissons des multiplications associatives, *mais non commutatives*, certaines desquelles ont une importance considérable en physique mathématique.

§2. ÉLÉMENTS D'ANALYSE DE WIENER

L'analyse en dimension infinie est un sujet très riche et ancien, qui a peu intéressé les probabilistes jusqu'à une date récente, à l'exception de l'école de T. Hida (et des premiers travaux de P. Lévy). Les physiciens se sont aperçus depuis longtemps que les structures fondamentales de la théorie quantique des champs peuvent être décrite en termes d'opérateurs sur un espace $L^2(\Omega)$ associé à une certaine mesure gaussienne — distincte de la mesure de Wiener, mais toutes les mesures gaussiennes de dimension infinie se ressemblent. Les travaux d'analyse sur ce type d'espaces ont été nombreux. Parmi les "classiques" que nous connaissons, et qui ont quelque rapport avec ce chapitre, citons en particulier la théorie de potentiel sur un espace de Hilbert de L. Gross, la définition par P. Krée des espaces de Sobolev gaussiens, et ses efforts avec B. Lascar pour établir une théorie des distributions et un calcul pseudo-différentiel en dimension infinie. Le sujet est en développement rapide.

L'enthousiasme des probabilistes pour l'analyse de Wiener date de ce que Stroock a appelé *the Malliavin Calculus* (Malliavin [1]) et qui est une synthèse, très puissante et originale, de techniques jusque là dispersées, appliquées à des situations probabilistes. Nous n'avons pas l'intention ici d'exposer le "Calcul de Malliavin", mais plutôt de nous intéresser aux parties du "Calcul" qui portent sur les développements en chaos.

Fonctions de Cameron–Martin

De même que le calcul différentiel classique commence avec les dérivées et dérivées partielles, il est naturel de commencer l'analyse de Wiener par la dérivation. Cela nous oblige d'abord à définir la classe des vecteurs par rapport auxquels on peut naturellement dériver sur l'espace de Wiener.

23 On dit qu'une fonction réelle u sur $\mathbb{R}_+$, continue et nulle en 0, est une *fonction de Cameron–Martin* si elle est de la forme $u(t) = \int_0^t h(s)\,ds$ avec $h \in L^2(\mathbb{R}_+)$.

Plaçons nous sur l'espace de Wiener canonique : Ω est l'ensemble des applications continues de $\mathbb{R}_+$ dans $\mathbb{R}$ nulles en 0, avec ses coordonnées X_t et la mesure de Wiener $\mathbb{P}$. Considérons la loi $\mathbb{Q} = \mathcal{E}(h)\cdot\mathbb{P}$ équivalente à $\mathbb{P}$. Comme X est à accroissements indépendants, on vérifie sans mal que la martingale fondamentale du changement de loi, $M_t = \mathbb{E}[\mathcal{E}(h)\,|\,\mathcal{F}_t]$, est formée des vecteurs exponentiels

$$\mathcal{E}_t(h) = \exp\left(\int_0^t h(s)dX_s - \frac{1}{2}\int_0^t h^2(s)\,ds\right).$$

On a donc $dM_t/M_t = dL_t = h(t)\,dX_t$. D'après le théorème de Girsanov VII.49, le processus $Y_t = X_t - \langle L, X\rangle_t$ est une martingale locale (continue) sous la loi $\mathbb{Q}$, et ce dernier crochet est égal à $\int_0^t h(s)\,ds = u(s)$. D'après VIII.59, la martingale locale $Y_t = X_t - u(t)$ est un mouvement brownien sous la loi $\mathbb{Q}$.

Si f est une v.a. sur $\mathcal{C}(\mathbb{R}_+, \mathbb{R})$, définie $\mathbb{P}$-p.s., on peut donc évaluer de deux manières l'intégrale de f par rapport à la mesure de Wiener $\mathbb{P}$:

$$\mathbb{E}_{\mathbb{P}}[f\circ X_\bullet] \quad \text{ou} \quad \mathbb{E}_{\mathbb{Q}}[f\circ Y_\bullet].$$

la seconde espérance s'écrit

$$\int f(\omega - u)\, e^{\int h(s)\,dX_s(\omega) - \|h\|^2/2}\, \mathbb{P}(d\omega).$$

Remplaçons dans cette formule f par $f\,\mathcal{E}(-h)$; comme on a $\int h(s)\,du(s) = \|h\|^2$, cette intégrale devient simplement $\int f(\omega - u)\,\mathbb{P}(d\omega)$, et nous obtenons le *théorème de Cameron-Martin :*

THÉORÈME. *Soit u une fonction de Cameron-Martin, de dérivée h. L'image $\tau_u\mathbb{P}$ de la mesure de Wiener $\mathbb{P}$ par la translation associée à u, c'est à dire*

$$\int f(\omega)\,\tau_u\mathbb{P}(d\omega) = \int f(\omega - u)\,\mathbb{P}(d\omega)$$

est absolument continue par rapport à $\mathbb{P}$, et admet pour densité le vecteur exponentiel $\mathcal{E}(-h)$.

On peut montrer que les fonctions de Cameron-Martin sont les seules pour lesquelles cette propriété de continuité absolue est satisfaite.

L'énoncé respecte les conventions usuelles en analyse pour la translation d'une mesure, mais la plupart du temps on s'intéressera à $\omega + u$ au lieu de $\omega - u$, et la densité sera $\mathcal{E}(h)$.

Dérivées et gradient

24 Etant donnée une v.a. f (par exemple, au moyen de son développement en chaos), la dérivée de f suivant un vecteur u sera naturellement définie comme limite au sens L^2 de quotients différentiels

$$\lim_{t\to 0} \frac{1}{t}\left(f(\cdot + tu) - f(\cdot)\right). \tag{24.1}$$

(Les autres L^p sont utiles aussi, mais nous les laissons de côté pour l'instant). Comme f n'est a priori qu'une classe de fonctions, la nécessité de définir la classe $f(\cdot + u)$ nous impose de prendre pour u un vecteur de Cameron–Martin. Introduisant la dérivée h de u, nous parlerons plutôt (de manière incorrecte, mais commode) de "dérivée suivant h", notée D_h.

Une définition précise de $D_h f$ pourrait donc être la suivante : *f appartient au domaine de D_h, et on a $D_h f = g$, si et seulement si $f \in L^2(\Omega)$, et les quotients différentiels (24.1) convergent dans L^2 vers g.* En fait, cette définition n'est ni commode, ni vraiment utile, parce que les translations n'opèrent pas continûment dans L^2. Faisons d'abord un calcul (*cf.* aussi 27) sur un élément $f = I_n(f_n)$ du n-ième chaos, où f_n est symétrique. Dans l'expression

$$f(\omega) = \int f_n(s_1, \ldots, s_n)\, dX_{s_1}(\omega) \ldots dX_{s_n}(\omega)$$

remplaçons ω par $\omega + tu$, donc $dX_s(\omega)$ par $dX_s(\omega) + th(s)\,ds$ et développons en t. Nous obtenons une somme

$$\sum_{i=1}^{n} t^p\, n(n-1)\ldots(n-p)\, I_{n-p}(f_n \overset{p}{\smile} h^{\otimes p})$$

où la contraction $\overset{p}{\smile}$ a été définie au n° 15. La translation est donc continue sur le n-ième chaos (en fait, elle préserve la somme des n premiers chaos, et opère continûment sur cet espace), et nous obtenons pour $D_h f$ un élément du $(n-1)$-ième chaos

(24.2) $$D_h I_n(f_n) = n I_{n-1}(f \overset{1}{\smile} h) .$$

A nouveau, la notation courte fait merveille pour exprimer ce résultat : si $f = \int f(A) dX_A$ avec $f(A) = 0$ pour $|A| > n$, alors $\varphi = D_h f$ est du même type, et l'on a

(24.3) $$\varphi(A) = \int f(A + s)\, h(s)\, ds .$$

Par conséquent, $|\varphi(A)|^2 \leq \| h \|^2 \int | f(A + s) |^2 ds$ et

$$\int_{\mathcal{P}} | \varphi(A) |^2\, dA \leq \| h \|^2 \int_{\mathcal{P}} | f(A + s) |^2\, dA\, ds = \| h \|^2 \int_{\mathcal{P}} | f(A) |^2 \, | A | \, dA$$

(*cf.* (17.5)). On voit que, si l'on oublie à présent l'appartenance à une somme finie de chaos, on peut *définir* D_h par (24.3), sous la condition $\varphi \in L^2$, toujours satisfaite si

(24.4) $$\int_{\mathcal{P}} | f(A) |^2 \, | A | \, dA < \infty ,$$

que nous interpréterons plus loin comme l'appartenance au domaine de la racine carrée $N^{1/2}$ de l'opérateur de nombre N.

Par exemple, tous les vecteurs exponentiels $\mathcal{E}(k)$ satisfont à (24.4), et on a d'après (24.3)

(24.5) $$D_h \mathcal{E}(k) = (h, k)\, \mathcal{E}(k) .$$

Calculons aussi l'adjoint de l'opérateur D_h : si $g = \int g(M)dX_M$ appartient au domaine de D_h^*, et $\gamma = D_h^* g$, on a

$$\gamma(M) = \sum_{s \in M} g(M-s)\,h(s) \tag{24.6}$$

($M - s$, notation abrégée pour $M \setminus \{s\}$). En effet, nous avons

$$(g, D_h f) = \int g(A)\,h(s)\,f(A+s)\,dA\,ds = \int j(A,B)\,dA\,dB$$

en posant $j(A,B) = g(A)\,f(A+s)\,h(s)$ si $B = \{s\}$ et 0 si $|B| \neq 1$. Utilisant (16.1), nous écrivons cela $\int J(M)\,dM$ avec

$$J(M) = \sum_{U+V=M} j(U,V) = \sum_{s \in M} g(M-s)\,h(s)\,f(M)$$

qui correspond bien au produit scalaire (γ, f) avec γ donné par (24.6).

Les opérateurs D_h^* et D_h, ou plutôt leurs versions "algébriques" (sur l'espace de Fock plutôt que l'espace $L^2(\Omega)$) jouent un grand rôle dans le formalisme mathématique de la physique quantique, où ils prennent les noms respectifs d'*opérateurs de création et d'annihilation*. On prendra seulement garde aux différences entre les structures bilinéaire et hermitienne !

Il est facile de voir que les combinaisons linéaires finies d'intégrales stochastiques multiples appartiennent au domaine de l'opérateur D_h^*. On peut utiliser cela pour vérifier que l'opérateur D_h est fermable (de même pour D_h^*).

L'opérateur de gradient

25 En géométrie différentielle sur $\mathbb{R}^\nu$, le vecteur ∇f est caractérisé par la relation $(e_i, \nabla f) = D_i f$, la dérivée partielle de f suivant e_i. Ici, les indices $i = 1, \ldots, \nu$ sont remplacés par les indices continus $t \in \mathbb{R}_+$, et le vecteur ∇f s'interprète comme un *processus* (non adapté en général).

DÉFINITION. *La v.a. $f \in L^2(\Omega)$ appartient au domaine de l'opérateur de gradient ∇ si et seulement s'il existe une application mesurable $s \longmapsto \psi_s$ de $\mathbb{R}_+$ dans $L^2(\Omega)$ telle que ($D_h f$ étant défini par (24.3))*

$$\int \|\psi_s\|^2\,ds < \infty \quad ; \quad \forall h \in L^2(\mathbb{R}_+) \quad D_h f = \int h(s)\,\psi_s\,ds \tag{25.1}$$

Ce processus (ψ_s), unique aux ensembles négligeables près en s, est appelé le *gradient* de f, et noté ∇f. Il est clair sur (24.3) que si le gradient existe, on a pour presque tout s

$$\psi_s = \int f(A+s)\,dX_A$$

et que la condition d'appartenance à L^2 du processus (ψ_s) est alors exactement la condition vue en (24.4)

$$(25.2) \qquad \int_{\mathcal{P}} |f(A+s)|^2\,dA\,ds = \int_{\mathcal{P}} |f(A)|^2\,|A|\,dA < \infty\ ,$$

qui inversement entraîne l'existence p.p. des vecteurs ψ_s et l'existence du gradient. La notion de gradient est donc en substance plus simple que celle de dérivée suivant h.

D'après la définition même du gradient, c'est un opérateur fermé. Cela permet souvent d'établir qu'une v.a. admet un gradient par un procédé d'approximation, sans connaître son développement en chaos.

Il faut aussi signaler qu'en véritable analyse de Wiener, on utilise les versions L^p de la définition du gradient, qui ne se traitent pas aussi simplement au moyen des développements chaotiques.

VARIANTE. En calcul différentiel classique, plutôt que de parler du vecteur des dérivées partielles $D_i f$, on préfère souvent parler de la forme différentielle $\sum_i D_i f\,dx^i$, linéaire en les variables dx^i. Si nous voulons faire ici l'opération analogue, il nous faut apporter une "différentielle" pour chaque point t, et une bonne manière de faire cela consiste à introduire un second mouvement brownien Y indépendant de X, et à appeler df une v.a. sur l'espace probabilisé produit, appartenant au premier chaos en Y

$$(25.3) \qquad df = \int f(A+s)\,dX_A\,dY_s\ .$$

Bien entendu, l'opérateur ∇ agit comme une dérivation par rapport au produit ordinaire ("de Wiener") des v.a. Nous allons vérifier cela de manière combinatoire, sur les développements en chaos. Cela aura une conséquence amusante : ∇ *agit aussi comme une dérivation par rapport à tous les produits définis en (19.1).* Soit h un produit fg, avec nos notations usuelles, de sorte que

$$h(M) = \int \sum_{A+B=M} f(A+U)\,g(B+U)\,\sigma^{2|U|}\,dU$$

$$\nabla_s h(M) = \int \sum_{A+B=M+s} f(A+U)\,g(B+U)\,\sigma^{2|U|}\,dU\ .$$

Cette somme se partage en deux, suivant que l'on attribue s à A ou bien à B, et on obtient ainsi le développement chaotique de $(\nabla_s f)\,g + f(\nabla_s g)$.

Multiprocessus et gradients itérés

26 Nous allons poursuivre l'idée que la différentiation d'une fonction scalaire fournit une forme différentielle plutôt qu'un vecteur, en considérant plus généralement les analogues des *tenseurs symétriques n fois covariants* (on peut aussi choisir l'aspect antisymétrique, *cf. Sém. Prob. XXI*, p. 37-39), ou bien comme des processus indexés de façon symétrique par n paramètres ("multiprocessus")

$$(26.1) \qquad G(\cdot, N) = \int G(M,N)\,dX_M \quad \text{avec} \quad |N| \in \mathcal{P}_n\ ,$$

ou enfin comme des fonctionnelles d'un mouvement brownien à deux dimensions (X, Y), appartenant au n-ième chaos en Y

(26.2) $$G = \int G(M, N)\, dX_M\, dY_N \quad ;$$

Les deux points de vue seront utilisés simultanément. La multiplication naturelle pour ces objets est un produit de Wiener en X, un produit de Wick en Y (comme la multiplication tensorielle symétrique des champs de tenseurs symétriques covariants en géométrie différentielle). Le produit d'un p-processus F et d'un q-processus G est donc un $(p+q)$-processus H

(26.3) $$H(M, N) = \int \sum_{A+B=M\,,\,R+S=N} F(A+U, R)\, G(B+U, S)\, dU\ .$$

Il existe aussi des *produits contractés* (le problème de définir les contractions elles mêmes est plus délicat; nous en parlerons un peu au n° 48). Par exemple, si F est un p-processus, G un q-processus, le produit contracté $K = F \vdash G$ est 0 si $q > p$, et si $q \leq p$ c'est le $(p-q)$-processus

(26.4) $$K(M, N) = \int \sum_{A+B=M} F(A+U, N+V)\, G(B+U, V)\, dU\, dV \quad ;$$

si $p=q$, N est vide, et nous avons un produit scalaire en les variables Y.

L'opération la plus importante pour nous est l'opérateur de gradient ∇, qui transforme les p-processus en $(p+1)$-processus. Voici nos axiomes

1) Pour un 0-processus (une v.a.), ∇ est le 1-processus (25.3).

2) ∇ est une dérivation pour le produit de Wiener-Wick décrit en (26.3)

3) Si F est un processus constant (*i.e.* $F(M, N)$ dépend seulement de N), alors $\nabla F = 0$.

Cette condition nous dit que nous sommes sur un espace "plat". Alors l'expression formelle de ∇F doit être

(26.5) $$\nabla F = \int \sum_{s \in N} F(M+s, N-s)\, dX_M dY_N\ .$$

On en déduit l'expression des gradients itérés ∇^k

(26.6) $$\nabla^k F = k! \int \sum_{B \subset N, |B|=k} F(M+B, N-B)\, dX_M dY_N\ .$$

Le cas le plus important est celui des v.a. f (0-processus)

(26.7) $$\nabla^k f = k! \int_{|N|=k} f(M+N)\, dX_M dY_N\ .$$

Nous pouvons écrire formellement, pour $|N| = k$

(26.8) $$D_N f = \int f(M+N)\, dX_M = \frac{\partial f}{\partial X_N},$$

afin que le gradient itéré $\nabla^k f$ apparaisse comme la somme $k!\int_{\mathcal{P}_k} D_N f\, dY_N$. La factorielle provient du fait que nos "indices de dérivation" sont pris en ordre croissant.

REMARQUE. En prenant $M = \emptyset$ dans (26.7), on isole le terme d'ordre k dans le développement chaotique de f (*cf.* Stroock [5], th. 11 pour le développement de cette idée).

Nous n'avons fait jusqu'ici que des calculs algébriques formels. Examinons maintenant si $\nabla^k f \in L^2$. On a

$$(26.9) \qquad \|\nabla^k f\|^2 = k!^2 \int_{|N|=k} |f(M+N)|^2\, dM dN = k!^2 \int |f(M)|^2 \binom{|M|}{k} dM ,$$

et dans ce cas, (26.8) a un sens pour presque tout N. Il est intéressant de noter que (26.8) permet d'exprimer le produit de Wiener au moyen de produits de Wick (notés $:$)

$$(26.10) \qquad fg = \sum_k \int_{\mathcal{P}_k} D_N f : D_N g\, dN .$$

La justification de notre définition des gradients itérés d'une v.a. f est l'égalité

$$D_{h_1} \ldots D_{h_k} f = \int dX_M \int f(M + s_1 \ldots + s_k)\, h(s_1) \ldots h(s_k)\, ds_1 \ldots ds_k$$

$$(26.11) \qquad = \int dX_M \Big(\int h_1(s_1) \ldots h_k(s_k)\, dY_{s_1} \ldots dY_{s_k} , \nabla^k f \Big)_Y ,$$

le facteur $k!$ dans $\nabla^k f$ venant de l'intégration sur le simplexe au lieu de $\mathbb{R}_+^k$ tout entier.

27 REMARQUE. Il n'y a pas de raison de se limiter à des multiprocessus homogènes en leur seconde variable. Partons d'une v.a. f sur l'espace de Wiener ordinaire, et associons lui le multiprocessus non homogène

$$(27.1) \qquad e^{t\nabla} f = \sum_k \frac{t^k}{k!} \nabla^k f = \int f(M+N)\, t^{|N|} dX_M\, dY_N .$$

Pour comprendre ce que cela signifie, raisonnons comme en 24. Supposant que la v.a. f appartient à la somme d'un nombre fini de chaos, donnons nous une fonction $h \in L^2(\mathbb{R}_+)$ et sa primitive u (fonction de Cameron–Martin), et cherchons le développement de Wiener de la v.a. $\varphi(\omega) = f(\omega + tu)$. On part de la représentation en intégrales multiples symétriques $f = \sum_m I_m(f_m)/m!$, on remplace dans les intégrales multiples dX_s par $dX_s + t h(s) ds$ et on développe le produit

$$\varphi = \sum\nolimits_{m,k} \frac{1}{m!} \frac{m!}{k!(m-k)!} t^k \int f(s_1, \ldots, s_k, t_1, \ldots, t_{m-k})\, h(s_1) \ldots h(s_k)$$
$$ds_1 \ldots ds_k\, dX_{t_1} \ldots dX_{t_{m-k}} .$$

Ces intégrales sont étendues à tout $\mathbb{R}_+^m$. Si on les réduit aux simplexes, on obtient

$$\varphi = \int dX_M \int dN\, f(M+N)\, t^{|N|} \prod_{s \in N} h(s) ,$$

(c'est un développement de Taylor $\sum_k t^k D_h^k f(\omega)/k!$), qui s'écrit aussi au moyen du multiprocessus (27.1)

(27.2) $$f(\bullet + tu) = (\ \mathcal{E}(h)\,,\ e^{t\nabla} f\ )_Y$$

Si l'on veut lever l'hypothèse d'appartenance à une somme finie de chaos, et définir ainsi une classe de fonctions "analytiques réelles" sur l'espace de Wiener, on est amené à supposer que l'intégrale $\int t^{2|N|}\,|f(M+N)|^2\,dMdN$ est finie pour tout t fini. Cela équivaut d'après (17.5) à la condition

(27.3) $$\int |f(M)|^2\,(1+t^2)^{|M|}\,dM < \infty\ ,$$

et signifie encore que la suite $\int_{\mathcal{P}_k} |f(M)|^2\,dM$ est à décroissance rapide. Les v.a. de ce type constituent l'un des espaces de "fonctions–test" utilisés sur l'espace de Wiener (ou de Fock).

Divergences et intégrale de Skorohod

28 Nous passons à l'étude de la *divergence*, qui est l'opérateur adjoint du gradient. Gaveau et Trauber [1] ont montré que cet opérateur (introduit en analyse de Wiener par Krée [1]) coïncide avec l'*intégrale de Skorohod*, l'une des extensions de l'intégrale stochastique d'Ito aux processus non adaptés. Depuis lors, le sujet s'est alors rapidement développé, menant à l'étude des divergences itérées comme intégrales de Skorohod multiples (Nualart–Pardoux [1], Nualart–Zakai [1], Jolis–Sanz [1], Solé–Utzet [1]).

L'opérateur de divergence itéré δ^k, adjoint du gradient itéré ∇^k, va transformer un $(p+k)$–processus (symétrique) G en un p–processus $\delta^k G$, de sorte que l'on ait pour tout p–processus F

(28.1) $$(\ F, \delta^k G\ ) = (\ \nabla^k F, G\ )\ .$$

Nous calculons le côté droit sous la forme

$$(\ \nabla^k F, G\ ) = k! \int \sum_{B \subset N} F(M+B, N-B)\, G(M,N)\, dM\, dN$$

(les conditions $|N| = p+k$, $|B| = k$ peuvent être omises, car les autres dimensions ne contribuent pas à l'intégrale)

$$= k! \int \sum_{B+C=N} F(M+B, C)\, G(M, B+C)\, dMdN$$

$$= k! \int F(M+B, C)\, G(M, B+C)\, dMdBdC \quad \text{(d'après (17.2))}$$

nous posons $M+B=U$ et utilisons à nouveau (17.2)

$$= k! \int \sum_{M+B=U} F(U,C)\, G(U-B, C+B)\, dCdU\ .$$

Nous obtenons donc la formule importante (qui s'étend aussitôt aux multiprocessus non homogènes)

$$(28.2)\qquad \delta^k G = k!\int \sum_{B\subset M,\,|B|=k} G(M-B,N+B)\,dX_M dY_N\ .$$

En particulier, si $k=1$

$$(28.3)\qquad \delta G = \int \sum_{s\in M} G(M-s,N+s)\,dX_M dY_N\ ,$$

et pour un processus (G_s) au sens usuel, nous obtenons la formule donnant son *intégrale de Skorohod*

$$(28.4)\qquad \delta G = \int \sum_{s\in M} G(M-s,s)\,dX_M\ .$$

Pourquoi appeler cela une intégrale ? Supposons que le processus (G_t) soit adapté, ce qui signifie que $G(A,t)$ n'est différent de 0 que si $A\le t$. On voit alors que la somme $\sum_{s\in M}$ est réduite à un seul terme, correspondant au dernier élément de M, et on vérifie alors aussitôt que ceci correspond au développement en chaos de l'intégrale d'Ito $\int G_s\,dX_s$.

De même, soit j un k–processus (symétrique) déterministe, c.à.d. ne dépendant pas du mouvement brownien X, mais seulement du temps. Avec le point de vue adopté plus haut, c'est un élément du k–ième chaos en Y seul. Alors sa divergence d'ordre k est la v.a.

$$(28.5)\qquad \delta^k j = k!\int j(A)\,dX_A\ .$$

Nos intégrales stochastiques multiples étant prises sur le simplexe, l'insertion de $k!$ revient à travailler sur l'espace entier, et nous voyons que la k–ième divergence s'interprète bien comme une "intégration".

29 Les calculs précédents ont été très formels. Nous allons les compléter par une condition suffisante simple assurant que $\delta^k G\in L^2$. Nous nous servirons pour cela du calcul suivant, dû à Nualart–Zakai. Etant donnés deux $(p+k)$–processus G et G', on a

$$(\,\delta^k G,\delta^k G'\,)/(k!)^2 =$$

$$(29.1)\qquad = \int \sum_{\substack{B\subset M,\,|B|=k\\ B'\subset M,\,|B'|=k}} G(M-B,N+B)\,G'(M-B',N+B')\,dM\,dN\ .$$

Posons $U=B\cap B'$, $|U|=k-j$, puis $H=B\backslash U$, $H'=B'\backslash U$, enfin $M=U+H+H'+V$; (17.2) transforme cette intégrale en

$$\sum_{j\le k}\int_{\substack{|H|=|H'|=j\\ |U|=k-j}} G(V+H',N+U+H)\,G'(V+H,N+U+H')\,dU\,dV\,dH\,dH'\,dN$$

Comme $G(A,B)=0$ pour $|N|\neq p+k$ il n'est pas nécessaire d'écrire que $|N|=p$. Posons encore $N+U=W$ et appliquons (17.5) pour H,H',V fixés. Le côté droit de (29.1) devient

$$\sum_{j\leq k}\int_{|H|=|H'|=j}\binom{|W|}{k-j}G(V+H',W+H)\,G'(V+H,W+H')\,dVdWdHdH' \ .$$

Dans le coefficient binômial, on remplace $|W|$ par $p+k-j$, et on le sort de l'intégrale. Comme la formule est tordue en H et H', ceci est difficile à calculer, mais l'inégalité de Schwarz permet d'assurer que cette intégrale existe, et de la majorer, en utilisant une norme[2] hilbertienne détordue

$$\|G\|_k^2=\sum_{j\leq k}\binom{p+k-j}{k-j}\int_{|H|=|H'|=j}|G(V+H',W+H)|^2\,dVdWdHdH'$$

(29.3) $$=\sum_{j\leq k}\binom{p+k-j}{k-j}\binom{p+k}{j}\int|G(M,N)|^2\binom{|M|}{j}\,dMdN\ ,$$

(*cf.* (17.5)) qui est l'objet naturel à considérer ici. Nous obtenons alors une majoration

(29.3) $$\|\delta^k G\|^2\leq\sum_{j\leq k}\binom{p+k-j}{k-j}\binom{p+k}{j}\int|G(M,N)|^2\binom{|M|}{j}\,dMdN\ ,$$

Explicitons la formule (29.1) pour l'intégrale de Skorohod ordinaire (première divergence d'un 1–processus). Il apparaît deux termes

$$<\delta G,\delta G'>=\int G(M,s)G'(M,s)\,dMds+\int G(M+s,t)G'(M+t,s)\,dMdsdt$$

(29.3) $$=\int(\,G_s,G'_s\,)\,ds+\int(\,\nabla_sG_t,\nabla_tG'_s\,)\,dsdt\ .$$

REMARQUE. On a des calculs entièrement analogues en cherchant à exprimer qu'un p–processus F admet un gradient d'ordre k dans L^2. On a

(29.4)
$$(\,\nabla^kF,\nabla^kF'\,)/k!^2=\int\sum_{\substack{B\subset N,\,|B|=k\\ B'\subset N,\,|B'|=k}}F(M+B,N-B)\,F'(M+B',N-B')\,dMdN\ .$$

Comme ci-dessus, on pose $B=U+H$, $B'=U+H'$, $N=U+H+H'+V$, avec cette fois $|H|=|H'|=j$, $|U|=k-j$, $|V|=p-j$. Le côté droit de (29.4) peut s'écrire

$$\sum_{j\leq k\wedge p}\int_{\substack{|H|=|H'|=j\\ |U|=k-j\,,\,|V|=p-j}}F(M+U+H,V+H')\,F'(M+U+H',V+H)\,dUdVdHdH'dN$$

La norme[2] "détordue" vaut alors (nous laissons les détails au lecteur)

$$\sum_{j\leq k\wedge p}\int_{\substack{|H|=|H'|=j\\ |U|=k-j\,|V|=p-j}}|F(M+U+H,V+H')|^2\,dUdVdHdH'dN$$

(29.5) $$=\sum_{j\leq k\wedge p}\int_{|K|=k,\,|S|=p}\binom{k}{j}\binom{p}{j}|F(M+K,S)|^2\,dMdKdS$$

$$= \sum_{j \le k \wedge p} \binom{k}{j} \binom{p}{j} \int |F(R,S)|^2 \binom{|S|}{k} dS$$

Pour les gradients itérés de v.a., la sommation dans la formule (29.4) ne porte que sur $B = B' = N = U$, $H = H' = \emptyset$

$$(\nabla^k f, \nabla^k f')/k!^2 = \int_{|N|=k} f(M+N) f'(M+N)\, dM\, dN =$$

(29.6) $$= \int f(R) f'(R) \binom{|R|}{k} dR\ .$$

Une formule de multiplication

30 Le comportement de l'intégrale de Skorohod ne correspond pas tout à fait à celui que l'on attend d'une intégrale stochastique, car une v.a. f (un processus qui ne dépend pas du temps) ne sort pas du signe d'intégration : on n'a pas $\delta^k(fj) = f(\delta^k j)$. Supposons en effet comme en (28.5) que j soit déterministe (dépende seulement de Y). On a alors

$$\delta^k(fj)(M) = k! \sum_{B \subset M, |B|=k} f(M-B) j(B)\ .$$

La condition $|B| = k$ peut être omise puisque les autres chaos ne ... pas, ... reconnaît alors un produit de Wick $f : \delta^k j$. Or la définition d'une intégrale stochastique $\int f_s\, dX_s$ dépend implicitemer ... Riemann" $\sum_i f_i(X_{t_{i+1}} - X_{t_i}$ ... relativement au produit de Wicl ... relativement au produit de Wic ... Nualart et Zakai. Dans le cas ... produits de Wick et les produits de Wiener figurant dans ces sommes de Riemann coïncident, parce que les deux facteurs sont, l'un dans le passé, l'autre dans le futur.

Nous allons poursuivre cette discussion en calculant le produit de Wick et le produit ordinaire (de Wiener) d'une v.a. f avec δG, où G est un p–processus. Pour le produit ordinaire $H = f\,\delta G$, on a

$$H(M,N) = \int \sum f(A+U)\, \delta G(C+U, N)\, dU$$

$$H(M,N) = \int \sum f(A+U)\, \delta G(C+U, N)\, dU$$

$$= \int \sum_{A+C=M} f(A+U) \sum_{t \in C+U} G(C+U-t, N+t)\, dU\ .$$

Nous partageons cette somme en deux. D'abord si $t \in C$

$$\int \sum_{A+C=M} f(A+U) \sum_{t \in C} G(C-t+U, N+t)\, dU$$

$$= \int \sum_{A+B+t=M} f(A+U)\, G(B+U, N+t)\, dU$$

$$= \int \sum_{t \in M} \sum_{A+B=M-t} f(A+U)\, G(B+U, N+t)\, dU\ ,$$

qui vaut $\delta(fg)$. Ensuite, si $t \in U$

$$\int \sum_{t \in U} \sum_{A+C=M} f(A+U)\, G(C+U-t, N+t)\, dU = \int \sum_{t \in U} \varphi(t, U-t)\, dU \ ,$$

avec $\varphi(t,V) = \sum_{A+C=M} f(A+V+t)\, G(C+V, N+t)$. D'après (17.2) ceci vaut $\int \varphi(t,V)\, dt\, dV$, et nous trouvons

$$\int dt \int \sum_{A+C=M} f(A+V+t)\, G(C+V, N+t)\, dV \ ,$$

qui est le produit contracté $G \vdash \nabla f$ de G et ∇f. Finalement

(30.1) $$f\,\delta G = \delta(fG) + (G \vdash \nabla f) \ .$$

Pour calculer le produit de Wick $H' = f \mathbin{:} G$, il suffit de prendre dans le calcul précédent $U = \emptyset$. On trouve que les processus qui ne dépendent pas du temps (autrement dit, les v.a.) sortent de l'"intégrale" δ, quelle que soit la dimension du multiprocessus G

(30.2) $$\delta(f \mathbin{:} G) = f \mathbin{:} \delta G \ .$$

La démonstration ci-dessus peut donner un résultat plus général : étant donnés un p-processus G et un q-processus F tel que $q \le p$, on peut calculer la divergence du produit contracté $G \vdash F$ (le calcul précédent correspond à $q=0$). On obtient

(30.3) $$\delta G \vdash F = \delta(G \vdash F) + (G \vdash \nabla F) \quad \text{ou} \quad \delta(G \vdash F) = (\delta G \vdash F) - G \vdash \nabla F .$$

Cela conduit encore à des formules relatives à $\delta^k G$, figurant dans les articles de Jolis–Sanz et Solé–Utzet. Pour $k=2$, par exemple

$$\delta^2(G \vdash F) = \delta^2 G \vdash F - 2\delta G \vdash \nabla F + G \vdash \nabla^2 F$$

(30.4) $$\delta^2 G \vdash F = \delta^2(G \vdash F) + 2\delta(G \vdash \nabla F) + G \vdash \nabla^2 F \ .$$

31 Nous avons vu que l'intégrale de Skorohod est une intégrale non adaptée relative au produit de Wick. Nous allons examiner, de manière heuristique, quelle correction il faudrait lui apporter pour obtenir une intégrale relative au produit ordinaire.

Tout d'abord, un terme élémentaire d'une somme de Riemann est le produit ordinaire d'une v.a. par un accroissement du mouvement brownien. Plus généralement, comment calcule-t-on le produit $h = fg$ de $f = \int f(A)\, dX_A$ par un élément du premier chaos $g = \int g(s)\, dX_s$? On part de la formule générale

$$h(C) = \int \sum_{A+B=C} f(A+M)\, g(B+M)\, dM$$

et on remarque que $B+M$ doit être de la forme $\{s\}$, ce qui ne laisse que deux possibilités : ou bien $B = \{s\}$, $M = \emptyset$, et la contribution correspondante est égale au produit de Wick $h' = f \mathbin{:} g$, ou bien $B = \emptyset$, $M = \{s\}$, dont la contribution est

$$h''(C) = \int f(C+s)\, g(s)\, ds \quad \text{donc } h'' = D_g f .$$

Appliquons cela aux sommes de Riemann d'un processus (f_s) sur un intervalle borné $[0,t]$, relatives à une subdivision donnée $\tau=(t_i)$. Chaque produit $f_{t_i}(X_{t_{i+1}}-X_{t_i})$ contribue deux termes comme ci–dessus. Ceux du premier type constituent une somme de Riemann pour une intégrale au sens de Wick, et on peut espérer qu'elles convergeront vers l'intégrale de Skorohod précédemment définie. La somme des termes du second type s'écrit

$$S(\tau)=\sum_i (D_{t_{i+1}}-D_{t_i})f_{t_i}\ , \tag{31.1}$$

où D_t désigne la dérivation suivant le vecteur $I_{[0,t]}$. Si le processus f_t est représenté sous la forme $\int f(A,t)\,dX_A$, le développement en chaos de $S(\tau)$ est donné par

$$\sum_i \int_{t_i}^{t_{i+1}} f(A+s,t_i)\,ds\ . \tag{31.2}$$

dont la limite devrait être $\int f(A+s,s)\,ds$. Il apparaît alors que le terme correctif que nous cherchons à calculer admet l'expression formelle $\int_0^t \nabla_s f_s\,ds$.

On notera l'un des résultats de la discussion ci–dessus : on a pu construire l'opérateur de multiplication par $\int g(s)\,dX_s$ sans faire référence au mouvement brownien lui même, comme la somme des deux opérateurs $D_g+D_g^*$ (d'annihilation et de création). On doit à von Neumann une axiomatique des probabilités, motivée par la physique, dans laquelle les v.a. ne sont pas des fonctions mesurables, mais des *opérateurs autoadjoints* (en général non bornés) sur un espace de Hilbert, et ce que nous venons de voir est la construction naturelle du mouvement brownien selon les idées de von Neumann. L'espace de Hilbert sous–jacent est l'espace de Fock, construit de manière abstraite. Pour plus de détails on pourra consulter le *Sém. Prob. XX*.

Le "mouvement brownien" sur l'espace de Wiener

Dans les n^{os} qui suivent, nous nous proposons d'introduire un troisième acteur fondamental de l'analyse de Wiener, l'*opérateur de nombre,* ou *opérateur d'Ornstein–Uhlenbeck.* Bien que cet opérateur ait une définition immédiate sur les développements en chaos, il s'interprète aussi comme le générateur infinitésimal d'un vrai semi–groupe de Markov symétrique en dimension infinie, et cela mérite une discussion un peu approfondie, faisant davantage intervenir la topologie de l'espace de Wiener que nous ne l'avons fait jusqu'ici.

Jusqu'à maintenant, nous avons surtout travaillé au niveau "mesurable" des développements chaotiques. Au dessous il y a le niveau "algébrique" des calculs abstraits sur l'espace de Fock, pour lequel il importe peu que la mesure soit gaussienne ou poissonnienne, par exemple. Au dessus, on rencontre un niveau "quasi–topologique" (voir Feyel–La Pradelle [1][2]) où l'on travaille sur des classes de fonctions quasi–continues pour des capacités convenables, et enfin un niveau "topologique" (qui se rencontre par exemple en théorie des grandes déviations).

32 Nous désignons par E l'espace des applications continues et nulles en 0 de $\mathbb{R}_+$ dans $\mathbb{R}$, muni de la topologie de la convergence compacte (pour laquelle E est un espace de Fréchet séparable). La tribu borélienne de E est la tribu usuelle engendrée par les coordonnées, et elle est aussi engendrée par les formes linéaires continues sur E. Nous désignons par μ la mesure de Wiener, qui est une mesure (de Radon, puisque E est polonais) gaussienne centrée.

Le dual E' de E est l'espace des mesures (signées) sur $\mathbb{R}_+$ à support compact, ne chargeant pas 0 ; comme nous sommes probabilistes, nous définirons une telle mesure θ au moyen de sa fonction de répartition nulle à l'infini $\alpha(x) = \theta(]\,x, \infty\,[)$, qui est une *fonction à variation bornée et à support compact* sur $\mathbb{R}_+$, continue en 0, et nous écrirons les formes linéaires sur E comme des intégrales stochastiques $\int \alpha(s)\, dX_s(\omega)$.

Le lecteur s'apercevra très vite que, pour les questions traitées ici, E pourrait être à peu près n'importe quel espace localement convexe. Nous allons faire, sans le dire officiellement, un bout de théorie générale des mesures gaussiennes, et celle–ci peut se développer de manière parfaite sur les e.l.c. qui sont lusiniens (non nécessairement métrisables) au sens de Bourbaki, *Top. Gén., Chap. IX, §6*. Tous les bons espaces de l'analyse sont de ce type (voir Fernique [1], Schwartz [4]). Bien que nous ne fassions pas de théorie générale, nous utiliserons à l'occasion le fait que ce qui vient d'être dit pour E s'applique aussi à $E \times E$, avec la mesure produit $\mu \otimes \mu$; ou bien nous remplacerons le mouvement brownien à une dimension par l'espace à d dimensions sans donner de détails.

Nous désignerons généralement les éléments de E' par des lettres grecques, et par e_α la fonction $e^{i\langle\alpha,\cdot\rangle}$ sur E. Nous définissons la *covariance* de la mesure μ par la formule

(32.1) $$q(\alpha, \beta) = \int_E \langle\alpha, x\rangle\, \langle\beta, x\rangle\, \mu(dx)$$

et abrégeons $q(\alpha, \alpha)$ en $q(\alpha)$, forme quadratique positive. La transformée de Fourier de μ est la fonction sur E'

$$\widehat{\mu}(\alpha) = e^{-q(\alpha)/2}\ .$$

Dans le cas de l'espace de Wiener, et avec la description du dual que nous avons donnée, la forme quadratique q vaut

$$q(\alpha) = \int_0^\infty \alpha(s)^2\, ds\ .$$

Elle est non dégénérée (on fait toujours cette hypothèse dans la théorie générale, ce qui revient à dire que μ n'est pas portée par un sous–espace fermé distinct de E).

Soit μ_t l'image de μ par l'homothétie de rapport $\sqrt{t}$. Les mesures μ_t forment un semi–groupe de convolution, et on peut définir sur E un semi–groupe de noyaux généralisant le semi–groupe brownien à des espaces de dimension infinie :

$$\Pi_t(x, f) = \int f(x+y)\, \mu_t(dy)\ .$$

Il est naturel d'appeler (Π_t) le *semi–groupe brownien* associé à μ, et son générateur A le *demi–laplacien* correspondant.

33 Nous avons ici un semi–groupe markovien sur un espace de dimension infinie, qui n'est pas localement compact. Peut on construire un processus de Markov associé (ξ_t) ayant de bonnes propriétés ? Une première réponse est fournie, dès que E est métrisable séparable, par la théorie des compactifications de Ray–Knight. Une seconde réponse, plus satisfaisante, montre qu'il est inutile de compactifier E : les travaux sur les mesures gaussiennes sur les e.l.c. (Gross [1], Schwartz [4] p.274, H. Sato [1]), aboutissent à des versions du mouvement brownien, dont les trajectoires sont des fonctions continues à valeurs dans E. Pour le cas particulier de la mesure de Wiener, nous allons emprunter à D. Williams [1] la très belle présentation explicite du mouvement brownien, qui montre aussitôt que les trajectoires sont continues.

Nous employons les lettres $\xi, \eta \ldots$ pour désigner des processus à valeurs dans E : les notations X_t, Y_t prêteraient à confusion lorsque E est l'espace de Wiener. De là aussi les notations un peu bizarres de l'alinéa suivant.

Considérons la mesure aléatoire gaussienne $M(A)$ sur le premier quadrant fermé $\mathbb{R}_+ \times \mathbb{R}_+$, de variance $\mathbb{E}[M(A)^2] = \lambda(A)$, la mesure de Lebesgue. A tout point $z = (s,t)$ du quart de plan associons le rectangle R_z de sommets opposés $(0,0)$, (s,t), et la v.a. $M(R_z)$, notée D_z. Ces v.a. constituent un processus à temps bidimensionnel, fort important, appelé le *drap brownien*.

Si z et z' sont deux points, appartenant à un même rectangle donné R_u, il est très facile de vérifier que

$$\mathbb{E}[(D_z - D_{z'})^2] = \lambda(R_z \Delta R_{z'}) \leq C(u)|z - z'|,$$

et la possibilité de majorer tous les moments d'une variable gaussienne à partir de la variance seule permet de remplacer l'exposant 2 par p. On est alors dans les conditions d'application du *lemme de Kolmogorov* (Chap. XXIII), et il en résulte que l'on peut construire une version du drap brownien (D_z) à trajectoires localement höldériennes, nulles sur le bord du quadrant.

Posant $z = (s,t)$, notons $\xi_t(\omega)$ l'application $s \longmapsto D_{st}(\omega) \in \mathcal{C}(\mathbb{R}_+, \mathbb{R})$. On définit ainsi un processus à valeurs dans E, continu (pour la topologie de la convergence compacte), et il est très facile de vérifier que ce que l'on a construit est une version continue du mouvement brownien issu de 0. Comme le semi-groupe est de convolution, les mouvements browniens issus des autres points se construisent par translation.

Pour qu'un processus de Markov soit intéressant, il ne suffit pas qu'il ait des trajectoires continues, il est bon qu'il satisfasse aux hypothèses droites. Le semi-groupe (Π_t) est évidemment borélien. La propriété de Markov forte est elle satisfaite dans la filtration naturelle $(\mathcal{F}_t)$? Soit π une application continue de E sur un espace $\widetilde{E}$ de dimension finie. Alors l'image $\pi(\mu) = \widetilde{\mu}$ est une mesure gaussienne, et le processus $\widetilde{\xi}_t = \pi \circ \xi_t$ à valeurs dans $\widetilde{E}$ est un "mouvement brownien" en dimension finie (associé à la mesure $\widetilde{\mu}$), relativement à la filtration $(\mathcal{F}_t)$. Ses trajectoires étant continues, il est fortement markovien par rapport à cette filtration, et alors il est facile, par un argument de densité, de revenir à la dimension infinie.

Toutes les martingales de la forme $\mathbb{E}[\varphi \mid \mathcal{F}_t]$, où $\varphi \in L^1$ ne dépend que du processus $(\widetilde{\xi}_t)$, sont continues. Par un argument de densité encore, on étend ce résultat à toutes les martingales, et l'on voit que (ξ_t) est une véritable diffusion en dimension infinie.

Cependant, ce processus possède quelques défauts sérieux. En dimension finie, le mouvement brownien était symétrique par rapport à la mesure de Lebesgue. En dimension infinie, il n'y a plus du tout de mesure invariante. Autre difficulté, les mesures μ_t ne sont plus équivalentes comme en dimension finie, mais étrangères. On ne sait donc plus, lorsque f est une classe de v.a. sur l'espace de Wiener, ce que peut signifier $f \circ \xi_t$ pour $t \neq 1$ sous la loi $\mathbb{P}^0$, ou encore $f \circ \xi_1$ sous la loi $\mathbb{P}^x$ (lorsque x n'est pas une fonction de Cameron–Martin).

REMARQUE. Voici (sans détails) un exercice amusant sur le drap brownien. Il s'agit d'une mesure gaussienne à accroissements indépendants, et toute v.a. admet donc une représentation

$f = \int f(A)\,dX_A$. Toute partie finie A du premier quadrant est contenue dans un plus petit rectangle R_z, et (si l'on excepte un ensemble négligeable de parties finies) la frontière de ce rectangle rencontre A ou bien ou seul point $z \in A$ ou bien en deux points z_1, z_2 incomparables pour l'ordre sur le quadrant. Le regroupement des intégrales correspondantes conduit alors à une "représentation prévisible"

$$f = \int F(z)\,dX_z + \int\!\!\int F(z_1, z_2)\,dX_{z_1} dX_{z_2}$$

due à Wong et Zakai (*ZW* 29, 1974). Nous n'en dirons pas plus sur la (riche, difficile et encore incomplète) théorie des processus à deux indices.

Le processus d'Ornstein–Uhlenbeck

34 Nous allons maintenant associer à la mesure gaussienne μ un autre semi-groupe sur E : le *semi-groupe d'Ornstein-Uhlenbeck*. Nous commençons par une définition provisoire (voir la convention du n° 35).

Plaçons nous d'abord sur $\mathbb{R}^d$, et prenons pour (ξ_t) le mouvement brownien standard. Le processus d'Ornstein-Uhlenbeck issu du point x est par définition la solution de l'*équation de Langevin*

$$\eta_t = x + \xi_t - \frac{1}{2}\int_0^t \eta_s\,ds \qquad (34.1)$$

qui est une équation différentielle stochastique linéaire, très facile à résoudre au moyen du changement d'inconnue $\eta_t = e^{-t/2}\zeta_t$, et l'on trouve

$$\eta_t = e^{-t/2}x + e^{-t/2}\int_0^t e^{s/2} d\xi_s$$

C'est un processus gaussien non centré. D'après la propriété de changement d'échelle du mouvement brownien, $e^{s/2}d\xi_s$ a la même loi que $d\xi'_{e^s}$, où (ξ'_t) est un autre mouvement brownien issu de 0. Le processus peut donc s'écrire

$$\eta_t = e^{-t/2}(x + \xi'_{e^t-1}) \,. \qquad (34.2)$$

Il est clair que (34.2) un processus de Markov, clair ensuite que l'on aurait pu aussi bien remplacer le mouvement brownien standard par un "mouvement brownien" associé à une mesure gaussienne arbitraire. Enfin, le calcul de la fonction de transition du processus (34.2) montre qu'elle est homogène dans le temps, et vaut

$$P_t(x, f) = \mathbb{E}\,[\,f(\,e^{-t/2}x + \sqrt{1-e^{-t}}\,X_1\,)\,] \qquad (34.3)$$

X_1 ayant pour loi μ. Cette expression est appelée *formule de Mehler*.

Quant au générateur L du processus d'Ornstein–Uhlenbeck, en calculant $\mathbb{E}\,[\,f\circ\eta_t\,]$ par la formule d'Ito sur (34.1), on voit que

$$Lf(x) = Af(x) - \frac{1}{2}\sum_i x^i D_i f(x) \,. \qquad (34.4)$$

A côté des caractères e_α ($\alpha \in E'$), introduisons les fonctions

$$\mathcal{E}(i\alpha) = e^{q(\alpha)/2)}\, e_\alpha \tag{34.5}$$

qui remplacent ici les vecteurs exponentiels. Dans le cas de l'espace de Wiener, les formes linéaires sont des intégrales stochastiques $\int \alpha(s)\, dX_s$ où α est à variation bornée et à support compact, et la notation est bien cohérente avec celle que nous avons déjà utilisée.

Posons aussi pour alléger $c = e^{-t/2}$, $d = \sqrt{1-e^{-t}}$. Un calcul direct sur la formule (34.3) donne

$$P_t(e_\alpha) = e^{-d^2 q(\alpha)/2}\, e_{c\alpha}\ , \qquad P_t\mathcal{E}(i\alpha) = \mathcal{E}(ic\alpha)\ . \tag{34.6}$$

On a $(e_\alpha, e_\beta)_\mu = e^{-q(\beta-\alpha)/2}$. On en déduit

$$(\,\mathcal{E}(i\alpha), \mathcal{E}(i\beta)\,)_\mu = e^{-q(\alpha\,,\beta)} \tag{34.7}$$

(on aurait une formule analogue pour le produit scalaire hermitien). Alors on vérifie immédiatement la propriété fondamentale de *symétrie* du semi-groupe d'Ornstein-Uhlenbeck par raapport à la mesure μ

$$< P_t f, g >_\mu = < f, P_t g >_\mu\ . \tag{34.8}$$

En effet, il suffit de vérifier cela sur les polynômes trigonométriques (combinaisons linéaires des caractères e_α ou des fonctions $\mathcal{E}(i\alpha)$), et pour ceux-ci, d'après (34.7), la symétrie se réduit à $q(e^{-t/2}\alpha, \beta) = q(\alpha, e^{-t/2}\beta)$.

Supposons que l'on ait $q(\alpha) = 1$. On a alors

$$\mathcal{E}(iu\alpha) = e^{iu(\alpha,\cdot)+u^2/2} = \sum_n i^n u^n\, h_n((\alpha, x))/n!$$

où h_n est le n-ième polynôme d'Hermite (*cf.* (13.1)). Développant d'autre part $P_t\mathcal{E}(iu\alpha) = \mathcal{E}(iu\alpha e^{-t/2})$ et identifiant les coefficients de u^n, on obtient que (si $q(\alpha) = 1$)

$$P_t(h_n \circ (\alpha, \cdot)) = e^{-nt/2}\, h_n \circ (\alpha, \cdot)\ . \tag{34.9}$$

et par conséquent, pour le générateur L

$$L(h_n \circ (\alpha, \cdot)) = -\frac{n}{2}\, h_n \circ (\alpha, \cdot)\ . \tag{34.10}$$

35 Comme P_t est un semi-groupe markovien symétrique, il définit une contraction de L^2. La formule (34.9) s'étend alors par linéarité et continuité, montrant que P_t *opère sur le* n*-ième chaos comme la multiplication par* $e^{-nt/2}$, *et* L *comme la multiplication par* $-n/2$. Comme la somme des chaos est l'espace entier, on décrit ainsi complètement la décomposition spectrale des opérateurs autoadjoints P_t et L.

On appelle *opérateur de nombre* sur l'espace de Wiener l'opérateur autoadjoint positif N qui multiplie par n les éléments du n-ième chaos : plus précisément, son domaine est l'ensemble des v.a. f dont la représentation chaotique $\int f(A)\, dX_A$ satisfait à $\int |f(A)|^2 |A|^2\, dA < \infty$, et on a alors

$$Nf = \int f(A)\, |A|\, dX_A\ . \tag{35.1}$$

Un calcul immédiat montre que l'opérateur N peut s'exprimer sous la forme $Nf = \delta\nabla f$. Nous venons de voir que $N = -2L$ sur la somme (non complétée) des chaos de Wiener; montrons rapidement que ces deux opérateurs sont en fait égaux. En effet L, considéré comme générateur du semi-groupe fortement continu (P_t) de contractions de L^2, est un opérateur fermé, et autoadjoint du fait que les P_t sont symétriques. Il coïncide sur la somme des chaos avec l'opérateur autoadjoint $-N/2$, donc par fermeture L est une extension de $-N/2$. Mais un opérateur autoadjoint n'admet pas d'extension symétrique autre que lui-même, donc $L = N/2$.

CONVENTION. *Pour mettre le processus d'O–U en harmonie avec l'opérateur de nombre, nous conviendrons souvent, sans changer de notation, de remplacer le semi-groupe (P_t) par le semi-groupe (P_{2t}), L par $2L$. La formule de Mehler (34.3) devra être modifiée en conséquence.*

L'*espace de Dirichlet* associé au semi-groupe (P_t) est le domaine de l'opérateur $\sqrt{-L}$ (*cf.* XIII.46), qui est (première application de la convention !) l'opérateur de multiplication par $\sqrt{n}$ sur le n-ième chaos. Cet espace est constitué par les v.a. $f \in L^2$ dont le développement en chaos satisfait à

$$\int |f(A)|^2\, |A|\, dA < \infty\,. \tag{35.2}$$

On notera que c'est exactement le domaine de l'opérateur de gradient (n° 25).

L'utilisation de formes de Dirichlet s'est révélée un outil très efficace pour construire des semi-groupes de Markov en dimension infinie, qui sont des perturbations du processus d'Ornstein–Uhlenbeck.

36 Nous allons maintenant nous occuper de l'*opérateur carré du champ* associé au processus d'Ornstein–Uhlenbeck.

L'ensemble des fonctions sur l'espace de Wiener de la forme

$$p_1(X_{t_1} - X_0)\, p_2(X_{t_2} - X_{t_1}) \dots p_n(X_{t_n} - X_{t_{n-1}}) \tag{36.1}$$

avec $0 < t_1 < \dots < t_n$, et où les p_i sont des polynômes trigonométriques sur $\mathbb{R}$, est une algèbre stable par le semi-groupe (P_t), dense dans L^2, et contenue dans le domaine de l'opérateur $L = -N$. Le semi-groupe (P_t) admet donc un opérateur carré du champ

$$2\Gamma(f,g) = L(fg) - fLg - (Lf)g\,. \tag{36.2}$$

La somme non complétée des chaos de Wiener est une algèbre plus simple possédant les propriétés précédentes. Cependant, on ne peut lui appliquer directement les résultats du Chap.XV, parce qu'elle est constituée de classes et non de fonctions.

Nous allons établir la formule importante

$$\Gamma(f,g) = \nabla f \cdot \nabla g\,. \tag{36.3}$$

Chercher l'extension maximale d'une relation de ce genre est toujours un problème délicat, car une telle formule peut avoir plusieurs significations voisines, mais distinctes — le gradient pouvant s'interpréter au sens de la dérivation forte, par exemple, ou au sens de L^p. Nous allons supposer ici, dans l'esprit de ce chapitre, que f, g appartiennent à une somme finie de chaos, et déduire (36.3) de la formule de multiplication des intégrales stochastiques. On a successivement

$$N(fg)(A) = |A| \int \sum_{U+V=A} f(U+M)\,g(V+M)\,dM$$

$$(f\,Ng)(A) = \int \sum_{U+V=A} f(U+M)\,g(V+M)\,|V+M|\,dM$$

$$((Nf)\,g)(A) = \int \sum_{U+V=A} f(U+M)\,g(V+M)\,|U+M|\,dM$$

d'où par différence, comme $L = -N$

$$\Gamma(f,g)(A) = \int \sum_{U+V=A} f(U+M)\,g(V+M)\,|M|\,dM\ . \tag{36.4}$$

Nous exprimons d'autre part le côté droit de (36.3) comme un produit contracté, comportant à la fois la multiplication (de Wiener) des v.a. (formule de multiplication des i.s. en dX), et le produit scalaire en dY :

$$\nabla f = \int f(U+s)\,dX_U\,dY_s\ , \qquad \nabla g = \int g(V+s)\,dX_V\,dY_s$$

$$\nabla f \cdot \nabla g\,(A) = \int \sum_{U+V=A} f(U+M+s)g(V+M+s)\,dM\,ds\ .$$

On applique alors (17.5) pour aboutir à (36.4).

37 REMARQUE. Le mouvement brownien a été moins étudié que le processus d'O–U. Le même argument que pour celui–ci montre le mouvement brownien un opérateur carré du champ, qui sur l'algèbre engendrée par les v.a. du type (36.1) est le même que celui du processus d'O–U.

Il convient d'imaginer (suivant une idée de Wiener, développée par McKean [2]) la mesure de Wiener μ comme portée par la "sphère de Wiener" S_1 de rayon 1 dans E, constituée par les trajectoires de variation quadratique (calculée le long des subdivisions dyadiques) égale à t sur tout intervalle $[0,t]$. La mesure μ_t est alors portée par la "sphère" S_t de rayon $\sqrt{t}$, et le mouvement brownien (ξ_t) issu de 0 appartient à la sphère S_t : sa partie radiale est déterministe, contrairement au cas des dimensions finies. Il est bon de considérer les "caractères" e_α (ou $e^{i\int h(s)\,dX_s}$) comme des fonctions définies sur E tout entier, mais les vecteurs exponentiels comme dépendant de la sphère choisie, en posant

$$\mathcal{E}^{(t)}(i\alpha) = e_\alpha e^{tq(\alpha)/2} \quad \text{ou} \quad e^{i\int \alpha(s)\,dX_s + t\,\|\alpha\|^2/2}$$

A partir de la relation $\Pi_t e_\alpha = e^{-tq(\alpha)/2} e_\alpha$, on prouve aisément que $\Pi_{t-s}\mathcal{E}^{(t)}(i\alpha) = \mathcal{E}^{(s)}(i\alpha)$ pour $s<t$. Autrement dit, si ξ_t est le mouvement brownien sur l'espace de Wiener, *le processus* $(\varepsilon_\alpha^t \circ \xi_t)$ *est une martingale.* Rappelons qu'à l'instant t, ξ_t est une v.a. à valeurs dans E, donc un processus stochastique (X_{tu}) dont la loi (si le mouvement brownien de dimension infinie est issu de 0) est celle d'un mouvement brownien scalaire de variance

$\mathbb{E}[X_{tu}^2] = tu$. La martingale précédente peut alors s'écrire, en notant $dX_t(A)$ un élément d'intégrale multiple relatif à (X_{tu})

$$\mathcal{E}^t(ih) \circ \xi_t = \int f(A)\, dX_t(A) \quad \text{avec} \quad f(A) = i^{|A|} \prod_{s \in A} h(s)\ .$$

On peut en déduire que les processus de cette forme sont en fait des martingales, pour toute fonction de carré intégrable $f(A)$ sur $\mathcal{P}$.

Positivité de certains opérateurs

38 Dans la discussion précédente, nous sommes partis de la formule de Mehler (34.3), qui fournissait manifestement des noyaux markoviens, et nous avons abouti au n° 35 au fait que P_t multiplie par e^{-nt} (convention !) les éléments du n–ième chaos. Aurait–il été possible de reconnaître directement sur les chaos la positivité de P_t ? Dans les deux n^{os} suivants nous présentons la réponse à cette question, d'après B. Simon [1], p. 26. Cette discussion peut être omise sans inconvénient.

Rappelons d'abord la notion de *produit tensoriel* de deux opérateurs $U : \mathcal{H} \to \mathcal{H}$ et $V : \mathcal{K} \to \mathcal{K}$ (deux espaces préhilbertiens ; les espaces d'arrivée pourraient être différents des espaces de départ, mais peu importe ici). C'est l'unique opérateur

$$U \otimes V \ : \mathcal{H}\bar{\otimes}\mathcal{K} \to \mathcal{H}\bar{\otimes}\mathcal{K}$$

cette notation désignant un produit tensoriel *non complété*, possédant la propriété que

$$(U \otimes V)(f \otimes g) = Uf \otimes Vg\ .$$

Montrons que si U et V sont des contractions il en est de même de $U \otimes V$ (ce qui entraînera en particulier que $U \otimes V$ se prolonge au produit tensoriel complété). Il suffit évidemment de traiter le cas de $U \otimes I$ et de $I \otimes V$, et de les composer. Soit un vecteur h de norme ≤ 1 dans $H \bar{\otimes} K$; c'est une somme finie $\sum_i f_i \otimes g_i$, et par le procédé d'orthogonalisation usuel, nous pouvons supposer que les f_i sont orthonormés dans H. Alors les $f_i \otimes g_i$ sont orthogonaux dans $H \otimes K$ et la condition $\| h \| \leq 1$ s'écrit $\sum_i \| g_i \|^2 \leq 1$. D'autre part les $Uf_i \otimes g_i$ sont orthogonaux eux aussi, et nous avons pour Uh

$$\| \textstyle\sum_i Uf_i \otimes g_i \|^2 = \sum_i \| Uf_i \|^2 \, \| g_i \|^2 \leq 1\ .$$

En particulier, si U est une contraction de $\mathcal{H}$, on peut définir par itération une contraction de $U^{\otimes n}$ sur $\mathcal{H}^{\otimes n}$, qui préserve évidemment le sous–espace symétrique, et induit donc une contraction U_n sur le "n–ième chaos non complété". En passant à la somme (avec la convention $U_0 = I$), on définit sur l'"espace de Fock non complété" un opérateur $\widetilde{U}$, que les physiciens appellent du mot un peu barbare de *seconde quantification* de U. Il s'agit en fait d'une sorte d'exponentielle tensorielle, analogue pour les opérateurs de la construction des vecteurs exponentiels. C'est évidemment une contraction, qui se prolonge donc en une contraction $\widetilde{U}$ sur l'espace de Fock complété.

En particulier, par seconde quantification de l'opérateur $e^{-t}I$ sur $\mathcal{H}$, on définit une contraction P_t de l'espace de Fock sur $\mathcal{H}$, qui généralise à la situation hilbertienne abstraite la définition du semi–groupe d'O–U.

Nous nous sommes bornés ici aux contractions pour simplifier, mais la notion de seconde quantification ne se restreint pas à ce cas : U peut même être un opérateur non borné, au prix de considérations de domaines un peu ennuyeuses.

L'opérateur $\widetilde{U}$ opère très simplement sur les vecteurs exponentiels. On a pour $h \in \mathcal{H}$

$$\widetilde{U}\,\mathcal{E}(h) = \mathcal{E}(Uh)\ . \tag{38.1}$$

Introduisons alors l'exponentielle complexe ordinaire $e_h = e^{-\|h\|^2/2}\mathcal{E}(ih)$ (h réel). Nous avons

$$\widetilde{U}\,e_h = \varphi(h)\,e_{Uh} \quad \text{avec} \quad \varphi(h) = e^{(\|Uh\|^2 - \|h\|^2)/2} \tag{38.2}$$

Du fait que U est une contraction, φ est l'exponentielle d'une forme quadratique négative, donc une *fonction de type positif.*

39 Revenons au cas de $\mathcal{H} = L^2(\mathbb{R}_+)$. Alors l'espace de Fock sur $\mathcal{H}$ s'identifie à $L^2(\Omega)$, et l'on peut parler de v.a. positives. La positivité du semi-groupe d'O-U est alors un cas particulier du résultat suivant : *la seconde quantification d'une contraction quelconque U préserve la positivité sur l'espace de Wiener.*

La notion de seconde quantification est purement algébrique, et relative à l'espace de Fock. La notion de positivité, en revanche, fait intervenir l'interprétation probabiliste des éléments de l'espace de Fock comme v.a. sur l'espace de Wiener. Surgailis [1][2] a étudié la positivité dans les interprétations de Poisson, qui exige une condition plus restrictive (voir l'exposé de Ruiz de Chavez [1]).

Nous nous bornerons à une esquisse de démonstration. Un argument de densité montre qu'il suffit de vérifier que $\widetilde{U}f \geq 0$ lorsque f est le carré du module d'un polynôme trigonométrique $\sum_{h\in I}\lambda_h e_h$, (où I est une partie finie de $\mathcal{H}$) autrement dit

$$f = \sum_{h,k\in I}\bar{\lambda}_h\lambda_k\,e_{k-h}$$

et on a alors

$$\widetilde{U}f = \sum_{h,k\in I}\varphi(k-h)\,\bar{\lambda}_h\lambda_k\,\bar{e}_{Uh}e_{Uk}\ .$$

et cette expression est bien positive.

Hypercontractivité

40 Le *théorème d'hypercontractivité* de Nelson, inventé pour les besoins de la théorie quantique des champs, est l'un des grands outils de l'analyse de Wiener. Il nous permettra, pour la première fois, de travailler sur des espaces L^p avec $p \neq 2$. Le mot *hypercontractif* appliqué à un opérateur signifie que celui-ci est "plus que contractif" : il est de norme ≤ 1 d'un L^p dans un L^q avec $q > p$.

La littérature sur l'hypercontractivité est énorme, et nous nous bornerons ici au cas du semi-groupe d'O-U, sans faire de théorie générale. Voir cependant XXII.51.

DÉFINITION. *On dit qu'un semi-groupe sousmarkovien (P_t) est hypercontractif (relativement à une mesure μ), avec la constante d'hypercontractivité λ, si pour tout*

$p > 1$ et tout $t > 0$, P_t est un opérateur de norme ≤ 1 de $L^p(\mu)$ dans $L^q(\mu)$ pour $1 \leq p \leq q \leq 1 + e^{\lambda t}(p-1)$.

La forme indiquée pour l'"intervalle d'hypercontractivité" est compatible avec la relation $P_s P_t = P_{s+t}$.

Le modèle des semi-groupes hypercontractifs est le semi-groupe d'Ornstein-Uhlenbeck, sur lequel la notion a été dégagée en plusieurs étapes. La constante d'hypercontractivité est 2 sous la convention du n° 35 ; si l'on travaillait sur le semi-groupe de générateur $-N/2$, elle serait égale à 1.

THÉORÈME. *Le semi-groupe d'Ornstein-Uhlenbeck (P_t) (de générateur $-N$) définit un opérateur de norme 1 de L^p dans L^q, pour*

$$1 < p \leq q \leq 1 + e^{2t}(p-1) . \tag{40.1}$$

On peut montrer que ce résultat est le meilleur possible : si on augmente encore q, l'opérateur cesse d'être borné.

DÉMONSTRATION. Nous allons donner la démonstration de Neveu [3], qui est certainement la plus belle pour un probabiliste. Ecrivons le noyau $P = P_t$ au moyen de la formule de Mehler

$$Pf(x) = \int f(ux + vy)\,\mu(dy) \quad \text{avec } u = e^{-t}, \quad u^2 + v^2 = 1 .$$

Le facteur e^{2t} de l'énoncé vaut alors u^{-2}. Soit r l'exposant conjugué de q ; il s'agit de démontrer que si f et g sont deux fonctions bornées, on a

$$(Pf, g)_\mu \leq \| f \|_p \, \| g \|_r \quad \text{pour} \quad u^2 \leq (p-1)(r-1) .$$

Nous pouvons supposer que f et g sont des fonctions d'un nombre fini de formes linéaires sur l'espace de Wiener, que nous pouvons choisir orthonormales pour la forme quadratique associée à μ. Nous sommes alors ramenés à un problème sur le semi-groupe d'O-U en dimension finie d, relatif à la mesure gaussienne standard. Quitte à remplacer f, g par leurs valeurs absolues, nous pouvons les supposer positives, et même (en leur ajoutant un petit $\varepsilon > 0$) bornées inférieurement.

Introduisons deux mouvements browniens indépendants dans $\mathbb{R}^d$, issus tous deux de 0 : (Y_t) et (Y'_t) ; ils engendrent à eux deux une filtration $(\mathcal{F}_t)$. Posons d'autre part $X_t = uY_t + vY'_t$; comme $u^2 + v^2 = 1$, c'est un mouvement brownien de la même filtration. Posons $F = f^p$, $G = g^r$, et introduisons les deux v.a. positives bornées $M = F(X_1)$, $N = G(Y_1)$. Comme Y'_1 est indépendante de Y_1 et de loi μ, on a

$$\begin{aligned} \mathbb{E}[M^{1/p} N^{1/r}] &= \mathbb{E}[f(uY_1 + vY'_1)\, g(Y_1)] \\ &= \mathbb{E}\Big[\int f(uY_1 + vz)\, g(Y_1)\, \mu(dz)\Big] \\ &= \mathbb{E}[Pf(Y_1)\, g(Y_1)] = (Pf, g)_\mu , \end{aligned}$$

la quantité qui nous intéresse. Nous écrivons la représentation prévisible des v.a. M et N, chacune dans son mouvement brownien propre

$$M = M_0 + \int_0^1 H_s \cdot dX_s \ , \ N = N_0 + \int_0^1 K_s \cdot dY_s \ ,$$

et définissons les processus M_t et N_t en restreignant à t l'intervalle d'intégration. Il apparaît sur ces représentations qu'il s'agit de martingales de la filtration $(\mathcal{F}_t)$, valant donc respectivement $\mathbb{E}[M \,|\, \mathcal{F}_t]$ et $\mathbb{E}[N \,|\, \mathcal{F}_t]$. Nous posons ensuite

$$d\!< M, M >_t = |H_t|^2 dt \ , \ d\!< N, N >_t = |K_t|^2 dt \ , \ d\!< M, N >_t = u H_t \cdot K_t dt \ .$$

La présence du facteur u dans le dernier terme exprime la corrélation des mouvements browniens X et Y, et constitue le détail essentiel de la démonstration. Posant pour alléger $a = 1/p$, $b = 1/r$ (nombres ≤ 1 tels que $a + b \geq 1$), nous pouvons calculer $M^a N^b$ par la formule d'Ito (légitime, car on reste loin de 0, les v.a. étant bornées inférieurement)

$$\begin{aligned} M^a N^b &= M_0^a N_0^b + \\ &+ \int_0^1 (\, a M_s^{a-1} N_s^b \, dM_s + b M_s^a N_s^{b-1} \, dN_s \,) + \frac{1}{2} \int_0^1 (\, a(a-1) \, M_s^{a-2} N_s^b \, d\!< M, M >_s + \\ &\qquad + 2ab \, M_s^{a-1} N_s^{b-1} \, d\!< M, N >_s + b(b-1) \, M_s^a N_s^{b-2} \, d\!< N, N >_s \,) \ . \end{aligned}$$

Nous remplaçons les crochets par leur valeur, et intégrons. Toutes les martingales locales sont de vraies martingales et disparaissent, et il reste

$$\mathbb{E}[M^a N^b] = \mathbb{E}[M^a]\,\mathbb{E}[N^b] + \mathbb{E}[\int_0^1 M_s^{a-2} N_s^{b-2} U_s \, ds]$$

$$U_s = a(a-1) \, N_s^2 \, |H_s|^2 + 2uab M_s N_s \, H_s \cdot K_s + b(b-1) \, M_s^2 \, |K_s|^2$$

On se trouve ramené à vérifier que $U \leq 0$, autrement dit que la forme quadratique

$$a(a-1) \, x^2 + 2uab \, xy + b(b-1) \, y^2$$

est négative pour $u^2 \leq (1-a)(1-b)/ab$, ce qui résulte du calcul de son discriminant.

41 Voici une application très utile du théorème de Nelson. Considérons un élément h du n-ième chaos, de norme 1 dans L^2. Appliquons le résultat précédent avec $p = 2$; la norme de $P_t h$ dans L^q est ≤ 1 pour $q = 1 + e^{2t}$, soit $2t = \log(q-1)$. Mais par ailleurs $P_t h = e^{-nt} h = (q-1)^{-n/2} \, h$. Ainsi, nous avons obtenu le résultat suivant :

THÉORÈME. *Les éléments du n-ième chaos de Wiener $\mathcal{C}_n$ appartiennent à tous les L^p, et on a pour $h \in \mathcal{C}_n$, $p \geq 2$*

(41.1) $$\| h \|_p \leq (p-1)^{n/2} \, \| h \|_2$$

Autre application intéressante : soit f une v.a. appartenant à un L^p avec $1 < p < 2$. Alors pour t suffisamment grand, $g = P_t f$ appartient à L^2, donc admet un développement chaotique $P_t g = \sum_n I_n(g_n)/n!$. On en déduit que f admet le *développement chaotique formel* $f = \sum_n I_n(e^{nt} g_n)/n!$. C'est une première indication de l'intérêt de tels développements chaotiques non convergents dans L^2, qui sont devenus récemment la base de la théorie des *distributions* sur l'espace de Wiener.

Une démonstration combinatoire d'hypercontractivité

42 Une des premières démonstrations d'hypercontractivité, due à Nelson [1], montrait que l'opérateur d'O–U P_t est *borné* de L^2 dans L^4, au moyen de la formule de multiplication des intégrales multiples. Lindsay a repris cette démonstration en précisant les estimations combinatoires utilisées, de manière à obtenir les meilleures constantes (mais pour des exposants particuliers). Nous indiquons au n° 43 quelques extensions, pour lesquelles il n'existe pas d'autre preuve.

Voici les notations : pour $a > 0$, a^N est l'opérateur qui multiplie par a^n les éléments du n–ième chaos; nous considérons deux v.a. f et g, données par leurs développements en chaos (on peut supposer que ce sont au départ de bonnes v.a., par exemple des combinaisons linéaires de vecteurs exponentiels), et nous désignons par h le produit fg, dont le développement en chaos est, rappelons le

$$h(U) = \sum_{A+B=U} f(A+M)\,g(B+M)\,dM \ , \tag{42.1}$$

Voici le point crucial de la démonstration de Lindsay.

LEMME. *Pour $h = fg$ on a l'inégalité*

$$\|c^N h\|^2 \leq \|a^N f\|^2 \, \|b^N g\|^2 \tag{42.2}$$

sous les conditions $a \geq c$, $b \geq c$, $(a^2 - c^2)(b^2 - c^2) \geq (c^2+1)^2$.

DÉMONSTRATION. Donnons nous quatre nombres $\lambda, \mu, \xi, \eta > 0$ et écrivons (42.1) sous la forme

$$h(U) = \sum_{A+B=U} \lambda^{-|A|}\mu^{-|B|}(\varphi_A, \psi_B)$$

le produit scalaire à droite étant relatif à la mesure $(\xi\eta)^{-|M|}dM$ et les fonctions φ_A, ψ_B étant données par

$$\varphi_A(M) = \lambda^{|A|}\xi^{|M|} f(A+M) \ , \qquad \psi_B(M) = \mu^{|B|}\eta^{|M|} g(A+M) \ .$$

Nous appliquons deux fois l'inégalité de Schwarz pour écrire cela

$$\Big(\sum_{A+B=U} \lambda^{-2|A|}\mu^{-2|B|}\Big)^{1/2} \Big(\sum_{A+B=U} \|\varphi_A\|^2 \, \|\psi_B\|^2 \Big)^{1/2}$$

(la norme est relative à la même mesure que le produit scalaire). La première parenthèse s'écrit $(\lambda^{-2} + \mu^{-2})^{|U|}$. Élevons au carré, multiplions par $c^{2|U|}$ et intégrons pour obtenir le côté gauche de (42.2). Utilisant la propriété fondamentale de la mesure, nous pouvons écrire le résultat

$$\int c^{2|A|+2|B|}(\lambda^{-2} + \mu^{-2})^{|A|+|B|} \, \|\varphi_A\|^2 \, \|\psi_B\|^2 \, dA dB$$

Ceci se décompose en produit de deux intégrales, dont voici la première

$$\int c^{2|A|}(\lambda^{-2}+\mu^{-2})^{|A|}\,\lambda^{2|A|}\,(\xi/\eta)^{|M|}\,f^2(A+M)\,dAdM$$

Nous posons $A+M=H$ et appliquons à nouveau la formule fondamentale. Comme on a

$$\sum_{A+M=H} u^{|A|}v^{|M|}=(u+v)^{|H|}$$

l'intgrale peut s'interpréter comme le premier facteur de droite de (42.2), à condition de prendre

$$a^2=c^2\lambda^2(\lambda^{-2}+\mu^{-2})+(\xi/\eta)=c^2+c^2\frac{\lambda^2}{\mu^2}+\frac{\xi}{\eta}$$

Prenons $\lambda^2=\xi$, $\mu^2=\eta$, il reste

$$a^2-c^2=(c^2+1)\,\frac{\xi}{\eta}\ .$$

et de même la seconde intégrale s'identifie au second facteur de (42.2) en posant

$$b^2-c^2=(c^2+1)\,\frac{\eta}{\xi}\ .$$

On voit alors que la relation entre a,b,c s'écrit comme l'indique l'énoncé.

43 REMARQUES. a) Si l'on pose $a^2+1=A$, $b^2+1=B$, $c^2+1=C$, la relation liant a,b,c s'écrit $1/C\geq 1/A+1/B$. On voit donc comment étendre la formule à un produit de plusieurs facteurs.

b) La formule (42.2) permet d'obtenir l'hypercontractivité entre les exposants 2 et $p=2j$ (entier pair), avec les meilleures constantes, c'est à dire

$$\|\,f^j\,\|_2\leq\|\,\sqrt{2j-1}^{\,N} f\,\|_2^j\ .$$

Le procédé de récurrence général, contenu dans une note à paraître de Lindsay, prendrait trop de place ici.

b) Nous ignorons si le théorème d'hypercontractivité complet peut se déduire (par interpolation ?) des cas particuliers qui viennent d'être signalés. En revanche, on notera que l'inégalité (42.2) avec $c>1$ n'est pas une conséquence immédiate du théorème d'hypercontractivité.

c) Nous avons dit au n° 19 que l'on définit des multiplications associatives en insérant, dans la formule (42.1), un facteur $\sigma^{2|M|}$ devant dM. La démonstration est susceptible de s'adapter à de tels produits, en remplaçant seulement (42.2) par la condition

$$(a^2-c^2)(b^2-c^2)\geq(c^2+\sigma^2)^2\ . \tag{43.1}$$

Le cas le plus intéressant est sans doute celui du produit de Wick ($\sigma=0$). D'autre part, il existe d'autres multiplications fort intéressantes entre variables aléatoires, associatives mais non commutatives, et qui s'obtiennent en insérant encore dans l'intégrale (42.1) un alternant $(-1)^{\varepsilon(A,B,M)}$ qu'il n'est pas nécessaire de détailler ici (*Sém. Prob. XX*, p.278). Toutes les majorations faites ci–dessus s'appliquent encore à ce cas. Un exemple en est le *produit extérieur,* qui est analogue au produit de Wick ($\sigma = 0$, $\varepsilon(A,B) = n(A,B)$, le nombre d'inversions lorsqu'on écrit successivement A et B). Nous renvoyons à l'article de Lindsay pour cette question.

Processus d'O–U et oscillateur harmonique

44 Nous allons maintenant, comme aux n°s 13–14, redescendre de la dimension infinie en dimension finie — pour simplifier, nous travaillerons en dimension 1.

Nous avons vu au n° 14 que si l'on considère une fonction f admettant un développement d'Hermite convergent dans $L^2(\gamma)$ (la mesure gaussienne standard),

$$f = \sum_n a_n h^n/n! \quad \text{avec} \quad \sum_n |a_n|^2/n! < \infty \ , \tag{44.1}$$

la v.a. $f(X_1)$ admet le développement chaotique $\int f(A)\, dX_A$, avec

$$f(A) = a_n \quad \text{si} \quad A \subset [0,1] \ , \ |A| = n \ , \quad \text{et } 0 \text{ sinon.}$$

Si l'on applique alors l'opérateur de gradient à la v.a. $f(X_1)$, à partir du développement chaotique, on trouve

$$\nabla f(X_1) = \varphi(X_1)Y_1 \quad \text{avec} \quad \varphi = \sum_n a_{n+1} h_n/n! \ ,$$

Mais par ailleurs il est immédiat d'appliquer l'opérateur D_h à une fonction de X_1 seulement, et on retrouve ainsi la formule bien connue $Dh_n = nh_{n-1}$, où maintenant D est la dérivée ordinaire sur la droite. L'opérateur adjoint de D par rapport à la mesure γ est $D^* = x - D$, et on a $D^*h_n = h_{n+1}$. Enfin, sur les fonctions de ce type, l'opérateur de nombre $Nh_n = nh_n$ se lit comme l'opérateur différentiel $D^*D = -D^2 + xD$.

La théorie de l'oscillateur harmonique, exposée dans les cours élémentaires de mécanique quantique, s'obtient en transportant les opérateurs D, D^* et N par l'isomorphisme $f \longmapsto f\sqrt{\gamma}$ de $L^2(\gamma)$ sur $L^2(\mathbb{R})$. Un opérateur A sur $L^2(\gamma)$ se lit alors sur $L^2(\mathbb{R})$ comme l'opérateur $\widetilde{A}f = \sqrt{\gamma}\, A(f/\sqrt{\gamma})$, et on obtient

$$\widetilde{D} = D + x/2 \ , \quad \widetilde{D}^* = -D + x/2 \ , \quad \widetilde{N} = -D^2 + x^2/4 - 1/2 \ .$$

La nouvelle base orthogonale est constituée par les *fonctions d'Hermite-Weber* $\varphi_n = h_n\sqrt{\gamma}$, et l'opérateur $H = \widetilde{N} + 1/2 = -D^2 + x^2/4$ est, en mécanique quantique élémentaire l'*hamiltonien de l'oscillateur harmonique* : ses fonctions propres sont les φ_n avec les valeurs propres (strictement positives) $n + 1/2$.

Pour la compréhension de la situation en dimension infinie, il est utile aussi de faire encore une remarque. Définissons la transformée de Fourier sur $L^2(\mathbb{R})$ au moyen de la normalisation un peu bizarre suivante (qui possède la propriété d'isomorphisme de Plancherel)

$$\widehat{f}(u) = \int e^{iux/2} f(x)\, dx/2\sqrt{\pi} \ . \tag{44.2}$$

Alors on a

(44.3) $$\widehat{\varphi}_n(u) = i^n \varphi_n(u) \; .$$

Le calcul formel conduisant à ce résultat est très simple (et nous laisserons au lecteur le soin de le justifier) : on multiplie les deux côtés par $t^n/n!$, on utilise la fonction génératrice des polynômes d'Hermite, et on est ramené à un calcul élémentaire d'intégrales gaussiennes.

45 La transformation qui nous a fait passer de l'opérateur d'O–U à l'oscillateur harmonique a une signification générale en théorie des processus de Markov, que nous allons présenter maintenant. Nous en donnerons seulement le schéma : il restera dans chaque cas particulier à vérifier les détails d'intégrabilité.

Considérons un processus de Markov (X_t) de semi–groupe (Π_t) et de générateur A. A toute fonction h du domaine étendu de A associons la martingale locale fonctionnelle additive

$$C_t^h = h \circ X_t - h \circ X_0 - \int_0^t Ah \circ X_s \, ds \; .$$

Nous supposerons que X admet un opérateur carré du champ, 2Γ donnant le crochet oblique des martingales C^h.

Fixons un élément ξ du domaine étendu, et considérons l'exponentielle stochastique de C^ξ, qui est une martingale locale fonctionnelle multiplicative M. Si les sauts de C^ξ sont ≥ -1, M^f est positive, et d'intégrale ≤ 1. On définit alors un semi–groupe sousmarkovien (P_t) par la formule

$$P_t f = \mathbb{E}^\bullet \left[f \circ X_t \, M_t \right]$$

Nous nous intéresserons surtout au cas où toutes les martingales C^h sont continues (X est une *diffusion*) et où la martingale locale M est une vraie martingale, le semi–groupe (P_t) étant alors markovien. Nous allons chercher son générateur B.

Pour cela, nous allons utiliser le théorème de Girsanov (VII.45) : la loi $\mathbb{P}^x$ est absolument continue par rapport à Π^x sur toute tribu $\mathcal{F}_t$, la martingale du changement de loi étant M, exponentielle stochastique de C^ξ. Si f appartient au domaine étendu de A, le processus C^f est une martingale locale sous Π^x, localement de carré intégrable; $C^f - < C^f, C^\xi >$ est alors une martingale locale sous $\mathbb{P}^x$. Le crochet est donné par l'opérateur carré du champ, et on peut donc affirmer que f appartient au domaine étendu de B, avec

(45.1) $$Bf = Af + 2\Gamma(f, \xi) \; .$$

EXEMPLE. Prenons pour X le mouvement brownien sur $\mathbb{R}$ de générateur D^2, pour ξ la fonction $-x^2/4$, de sorte que $2\Gamma(f,\xi) = 2D\xi Df = -xDf$. On voit que $B = D^2 - xD$, que nous avons identifié plus haut à $-N$, l'opérateur de nombre. Le semi–groupe (P_t) est donc le semi–groupe d'Ornstein–Uhlenbeck.

Revenons au cas d'une diffusion générale, et utilisons la continuité pour écrire explicitement la martingale M_t

$$M_t = e^{C_t^\xi - \frac{1}{2} < C^\xi, C^\xi >_t}$$

que nous décomposons en un produit de deux fonctionnelles multiplicatives. La première,

$$e^{-\int_0^t V(X_s)\,ds} \quad \text{avec} \quad V = A\xi + \Gamma(\xi,\xi) \tag{45.2}$$

(dans le cas de l'exemple, $V(x) = -1/2 + x^2/4$). Ensuite

$$g(X_t)/g(X_0) \quad \text{avec} \quad g = e^{\xi} \ . \tag{45.3}$$

Cela correspond à deux transformations successives du semi–groupe (Π_t), la première étant du type de Feynman–Kac (fonctionnelle multiplicative intégrale), et conduisant à un semi–groupe intermédiaire de générateur $A - V$ (l'opérateur $-\widetilde{N}$ du n° précédent), et la seconde du type des "h–processus" (mais avec une fonction h qui n'est pas excessive).

Intégrales de Stratonovitch multiples

46 Nous avons mentionné rapidement au n° VIII.28 l'*intégrale de Stratonovitch* d'un processus adapté H par rapport à une semimartingale *continue* X nulle en 0, que nous désignerons ici par le symbole $\int_0^t H_s\,\partial X_s$. Lorsque H est une semimartingale, ce processus est une semimartingale continue Y donnée par la formule

$$Y_t = \int_0^t H_{s-}\,\partial X_s = \int H_{s-}\,dX_s + \tfrac{1}{2}\,[H,X]_t \ . \tag{46.1}$$

Nous n'en avons pas fait de théorie détaillée, mais nous avons seulement justifié cette expression par le fait que l'intégrale de Stratonovitch obéit aux règles du calcul différentiel ordinaire : si f est de classe C^2

$$f(Y_t) = f(Y_0) + \int_0^t f'(Y_s)\,\partial Y_s = f(Y_0) + \int_0^t f'(Y_s)\,H_{s-}\partial X_s \ . \tag{46.2}$$

Plus généralement, un n–uple d'intégrales de Stratonovitch se transforme par une application C^2 de $\mathbb{R}^n$ dans $\mathbb{R}^d$ comme un n–uple de courbes différentiables, ce qui est le point de départ de l'extension aux semimartingales continues des formalismes de la géométrie différentielle. Une autre propriété intéressante de l'intégrale de Stratonovitch $\int_a^b H_s\,\partial X_s$ est son *invariance par retournement du temps*. En effet, elle est limite de sommes de Riemann de la forme

$$\sum_i \tfrac{1}{2}\,(H_{t_{i+1}} + H_{t_i})(X_{t_{i+1}} - X_{t_i}) \tag{46.3}$$

dans lesquelles les deux extrémités de l'intervalle jouent le même rôle.

Enfin, si K désigne une nouvelle semimartingale, on vérifie sur (46.1) la formule d'associativité (*cf.* aussi XXIII.69)

$$\int_0^t K_s\,\partial Y_s = \int_0^t (H_s K_s)\,\partial X_s \ . \tag{46.4}$$

Nous nous proposons dans les quelques n^{os} qui suivent de donner un sens aux intégrales de Stratonovitch multiples

$$S_n(f) = \int_{\mathbb{R}_+^n} f(s_1, \ldots, s_n)\, \partial X_{s_1} \ldots, \partial X_{s_n} \tag{46.5}$$

où f est une fonction symétrique (déterministe) de n variables, et d'esquisser le développement des v.a. en "chaos de Stratonovitch". Le trait caractéristique de ces intégrales multiples est d'exiger de la fonction f une régularité d'un type spécial : *l'existence de traces.*

47 Le calcul de l'intégrale de Stratonovitch $\int_0^t H_s \partial X_s$ d'une semimartingale H par rapport à une semimartingale X (ici le mouvement brownien) peut se rattacher au principe général suivant, que nous appliquerons aussi aux intégrales multiples : utiliser un procédé de régularisation de la trajectoire $X_\bullet$, qui en fait une trajectoire dérivable $X_\bullet^\varepsilon$, de dérivée

$$\dot{X}_t^\varepsilon = \int_{\mathbb{R}_+} \varphi_\varepsilon(t,s)\, dX_s \tag{47.1}$$

et qui converge vers l'identité lorsque $\varepsilon \to 0$; calculer l'intégrale ordinaire $\int_0^t H_s \dot{X}_s^\varepsilon\, ds$, et faire tendre ε vers 0.

Pour illustrer cela, et montrer aussi l'instabilité du procédé, considérons d'abord deux semimartingales càdlàg. H et X nulles en 0. Par convention, on prolongera X et H par 0 vers les s négatifs pour alléger la notation.Il n'est pas difficile de montrer que

$$\frac{1}{\varepsilon}\int_0^t H_{s-\varepsilon}(X_s - X_{s-\varepsilon})\, ds = \int_0^t dX_s \Big(\frac{1}{\varepsilon}\int_{s-\varepsilon}^s H_r\, dr \Big)$$

tend vers l'intégrale stochastique d'Ito $\int_0^t H_{s-}\, dX_s$. En écrivant

$$(H_s - H_{s-\varepsilon})(X_s - X_{s-\varepsilon}) = (H_s X_s - H_{s-\varepsilon} X_{s-\varepsilon}) - H_{s-\varepsilon}(X_s - X_{s-\varepsilon}) - X_{s-\varepsilon}(H_s - H_{s-\varepsilon})$$

on trouve aisément la limite de $\frac{1}{\varepsilon}\int_0^t (H_s - H_{s-\varepsilon})(X_s - X_{s-\varepsilon})\, ds$, qui vaut

$$H_t X_t - \int_0^t H_{s-}\, dX_s - \int_0^t X_{s-}\, dH_s = [H, X]_0^t\,.$$

Il en résulte que si l'on fait le calcul des intégrales régularisées, en prenant d'abord l'approximation simple vers l'arrière (adaptée)

$$X_s^\varepsilon = \frac{1}{\varepsilon}\int_{s-\varepsilon}^s X_r\, dr\ ,$$

l'intégrale approchée vaut

$$\frac{1}{\varepsilon}\int_0^t H_s (X_s - X_{s-\varepsilon})\, ds = \frac{1}{\varepsilon}\int_0^t H_{s-\varepsilon}(X_s - X_{s-\varepsilon})\, ds + \frac{1}{\varepsilon}\int_0^t (H_s - H_{s-\varepsilon})(X_s - X_{s-\varepsilon})\, ds$$

et converge vers $\int_0^t H_{s-}\, dX_s + [H, X]_t$. L'approximation vers l'avant (non adaptée), égale à $\frac{1}{\varepsilon}\int_0^t H_s (X_{s+\varepsilon} - X_s)\, ds$, qui tend vers l'intégrale d'Ito $\int_0^t H_{s-} dX_s$. On voit donc que l'intégrale de Stratonovitch correspond à la demi-somme des deux, et que les régularisations par convolution au moyen d'une approximation *symétrique* de la masse unité en 0 vont converger vers l'intégrale de Stratonovich.

Tous ces procédés ont été étudiés depuis longtemps par McShane et son école. Un autre procédé d'approximation (anticipant) fréquemment utilisé, et qui donne à la limite l'intégrale de Stratonovich, est l'interpolation linéaire de la trajectoire $X_\bullet$ aux points d'une subdivision de plus en plus fine. Il entre aussi dans le schéma (47.1).

Le cas élémentaire

48 Désormais X est le mouvement brownien. Nous noterons $S_n(f)$ l'intégrale de Stratonovitch multiple (46.5) (à définir), $I_n(f)$ l'intégrale d'Ito correspondante. Pour $n=1$ nous poserons

$$\int_0^t f(s)\,\partial X_s = \int_0^t f(s)\,dX_s = \widetilde{f}\ .$$

Il y a un cas où la définition de l'intégrale de Stratonovitch multiple ne pose aucun problème, celui d'une fonction de la forme $f = h^{\otimes n}$, car alors le calcul de l'intégrale de Stratonovitch itérée donne, par une récurrence immédiate

$$\text{(48.1)} \qquad \int_{s_1<\ldots<s_n<t} h(s_1)\ldots h(s_n)\,\partial X_{s_1}\ldots\partial X_{s_n} = \frac{1}{n!}\Big(\int_0^t h(s)\,dX_s\Big)^n\ .$$

On a donc

$$\sum_n \frac{\lambda^n}{n!} S_n(h^{\otimes n}) = e^{\lambda\widetilde{h}} = e^{\lambda^2(h,h)/2} \sum_n \frac{\lambda^n}{n!} I_n(h^{\otimes n})\ .$$

Identifiant des deux côtés les coefficients de λ^n, nous obtenons la formule suivante, exprimant une intégrale de Stratonovitch en fonction d'intégrales d'Ito :

$$\text{(48.2)} \qquad S_n(h^{\otimes n}) = \sum_{2p\le n} \frac{n!}{2^p p!(n-2p)!} I_{n-2p}\big((h,h)^p\,h^{\otimes(n-2p)}\big)\ .$$

Nous allons reprendre cette relation sous deux formes successives, plus intéressantes. Etant donnée une fonction symétrique f de n variables, définissons (formellement) sa *trace* $\operatorname{Tr} f$ comme la fonction de $n-2$ variables

$$\text{(48.3)} \qquad \operatorname{Tr} f(s_1,\ldots,s_{n-2}) = \int f(s_1,\ldots,s_{n-2},s,s)\,ds$$

Si $n=0$ ou 1 nous conviendrons que $\operatorname{Tr} f = 0$. On définit ensuite les traces itérées $\operatorname{Tr}^p f$. Dans ces conditions, on a $\operatorname{Tr}^p(h^{\otimes n}) = (h,h)^p\,h^{\otimes(n-2p)}$ si $p\le n/2$, et 0 sinon. La formule (48.2) s'écrit alors, pour $f = h^{\otimes n}$

$$\text{(48.4)} \qquad S_n(f) = \sum_{2p\le n} \frac{n!}{2^p p!(n-2p)!} I_{n-2p}(\operatorname{Tr}^p f)\ .$$

On obtient la seconde formule en considérant l'intégrale de Stratonovitch et la trace comme opérant sur les *suites de coefficients* $f=(f_n)$. On pose alors

$$\text{(48.5)} \qquad \operatorname{Tr}(f) = (\operatorname{Tr}(f_{n+2}))_{n\in\mathbb{N}}\ , \qquad S(f) = \sum_n \frac{S_n(f_n)}{n!}\ , \qquad I(f) = \sum_n \frac{I_n(f_n)}{n!}\ .$$

Avec ces notations, le coefficient combinatoire de (48.4) disparaît, et la formule prend la forme très simple, donnée dans Hu–Meyer [1]

(48.6) $$S(f) = I(e^{\frac{1}{2}\mathrm{Tr}} f) ,$$

qui suggère évidemment la formule

(48.7) $$I(f) = S(e^{-\frac{1}{2}\mathrm{Tr}} f) .$$

Notre travail dans les quelques numéros qui suivent va consister à étudier et interpréter cette formule dans des cas simples, puis à en donner une justification assez générale pour couvrir les cas pratiques intéressants.

49 Nous dirons qu'une fonction symétrique f sur $\mathbb{R}_+^n$ est *élémentaire* si elle est combinaison linéaire finie de produits symétriques $h_1 \circ \ldots \circ h_n$, les h_i appartenant à $L^2(\mathbb{R}_+)$. Par polarisation, il revient au même de dire qu'elle est combinaison linéaire finie de fonctions de la forme $h^{\otimes n}$. La trace de $h^{\otimes n}$ ayant été explicitement définie, la trace d'une fonction élémentaire s'en déduit par linéarité, et on a en particulier

(49.1)
$$\mathrm{Tr}^p(h_1 \circ \ldots \circ h_n) = \sum_{i_1<j_1,\ldots,i_p<j_p} \frac{2^p(n-2p)!}{n!} (h_{i_1}, h_{j_1}) \ldots (h_{i_p}, h_{j_p})\, h_{k_1} \circ \ldots \circ h_{k_{n-2p}}$$

où $k_1, \ldots k_{n-2p}$ sont les éléments restants après le choix de $i_1, j_1, \ldots i_p, j_p$. La formule (48.4) est donc, dans ce cas, une variante de la formule de multiplication du n° 20, exprimant le produit d'un nombre arbitraire d'éléments du premier chaos.

Nous dirons qu'une suite de fonctions symétriques $f = (f_n)$ est *élémentaire* si elle ne comporte qu'un nombre fini de termes non nuls, eux mêmes élémentaires au sens précédent. Pour une telle suite, la formule (48.6) a une signification rigoureuse, et la formule (48.7) s'en déduit de manière algébrique.

50 Nous développons dans ce n° l'interprétation des formules précédentes, sans résultats nouveaux.

a) Les formules du n° 48, écrites pour $h^{\otimes n}$ où $h \in L^2(\mathbb{R}_+)$ est de norme 1, sont équivalentes aux relations classiques entre les puissances x^n et les polynômes d'Hermite $h_n(x)$

$$x^n = \sum_{2p\le n} \frac{n!}{2^p p!(n-2p)!} h_n(x) , \qquad h_n(x) = \sum_{2p\le n} \frac{(-1)^n n!}{2^p p!(n-2p)!} x^n .$$

On peut alors se demander quelle est la signification de l'opérateur de trace.

Considérons deux fonctions de la forme

$$s(x) = \sum\nolimits_n a_n x^n/n! , \qquad j(x) = \sum\nolimits_n a_n h_n(x)/n! \quad ;$$

on passe de la fonction s à la fonction i au moyen de la *transformation d'Hermite* de l'analyse classique, dont l'expression est, lorsque s est un polynôme ou une fonction entière à croissance assez lente

$$j(x) = Hs(x) = \int s(x+iy)\, e^{-y^2/2} dy$$

(vérification : $s(x) = e^{tx}$, $j(x) = e^{tx - t^2/2}$). En sens inverse, on a

$$s(x) = H^{-1} j(x) = \int j(x-y)\, e^{-y^2/2} dy$$

(vérification sur les mêmes fonctions). Mais cette transformation a un domaine beaucoup plus grand : c'est l'opérateur $\Pi_1 = e^{\Delta/2}$ du semi–groupe brownien. Comparant cela avec l'expression (48.6), on voit qu'en dimension 1, *l'opérateur de trace correspond sur les v.a. au laplacien* Δ, *et sur les suites* $a = (a_n)$ *à l'opérateur de décalage* $\mathrm{Tr}(a)_n = a_{n-2}$ *si* $n \geq 2$, 0 *si* $n < 2$.

Ce point de vue est développé par Yan [7] dans le langage du bruit blanc. En dimension infinie, le laplacien n'est pas fermable sur l'espace L^2 de la mesure de Wiener, contrairement au laplacien d'Ornstein–Uhlenbeck.

b) Pour illustrer la formule (48.6), écrivons explicitement les premières intégrales multiples, en intégrant sur le simplexe croissant Σ_n au lieu de $\mathbb{R}_+^n$ entier pour varier le plaisir

$$\int_{\Sigma_2} f(s,t)\, \partial X_s \partial X_t = \int_{s<t} f(s,t)\, dX_s dX_t + \tfrac{1}{2} \int f(s,s)\, ds\ ,$$

$$\int_{\Sigma_3} f(s,t,u)\, \partial X_s \partial X_t \partial X_u = \int_{s<t<u} f(s,t,u)\, dX_s dX_t dX_u$$
$$+ \tfrac{1}{2} \int_{s<u} f(s,s,u)\, ds\, dX_u + \tfrac{1}{2} \int_{s<u} f(s,u,u)\, dX_s\, du\ ,$$

Dans l'intégrale quadruple, on aurait trois contractions simples ($s = t < u < v$, $s < t = u < v$, $s < t < u = v$) affectées du coefficient $1/2$, et on verrait apparaître la contraction double ($s = t < u = v$) affectée du coefficient $1/4$. Chaque contraction $u = v$ fait apparaître la différentielle déterministe du au lieu du produit de différentielles $dX_u dX_v$.

L'analogie avec la formule de multiplication des intégrales stochastiques est frappante, mais les intégrations sur les instants contractés ont lieu à l'intérieur d'une même fonction f et non entre deux fonctions f, g distinctes (produit contracté). Cela fait une différence considérable, car les coefficients des intégrales multiples ont été considérés jusqu'à maintenant comme des *classes* de fonctions sur le simplexe croissant ou sur $\mathbb{R}^n$, et ces intégrations n'ont donc pas de sens a priori.

Les formules précédentes ont une interprétation très intuitive. L'ensemble produit $\mathbb{R}_+^n$ comporte d'abord les n–uples à coordonnées toutes distinctes, qui constituent $n!$ copies du simplexe ouvert Σ_n. Il comprend ensuite les ensembles (de mesure nulle) sur lesquels se produisent des coïncidences de coordonnées. Les moins dégénérés sont ceux pour lesquels on n'a que des coïncidences par paires : nous appellerons *k–diagonale (simple)* un ensemble de n–uples $\{s_1, \ldots, s_n\}$ satisfaisant à des relations $s_{i_1} = s_{j_1}, \ldots s_{i_k} = s_{j_k}$, tous les indices indiqués étant différents, et toute coïncidence supplémentaire étant exclue. Le nombre des k diagonales simples distinctes dans $\mathbb{R}^n$ est $n!/2^k(n-2k)!\,k!$. Les intégrales multiples (toutes égales entre elles) d'une fonction symétrique f_n sur les k–diagonales simples, valent par définition

$$\int f_n(s_1, s_1, \ldots s_k, s_k, t_{2k+1}, \ldots t_{n-2k})\, ds_1 \ldots ds_k\, dX_{t_1} \ldots dX_{t_{n-2k}} = I_{n-2k}(\mathrm{Tr}^k(f_n))$$

Ainsi les diagonales simples ne sont plus négligeables. Nous conviendrons, en revanche, que les diagonales comportant des coïncidences d'ordre supérieur à 2 sont négligeables. Alors la relation entre les intégrales d'Ito et de Stratonovitch peut s'exprimer ainsi : $I_n(f_n)$ *est une intégrale sur* $\mathbb{R}_+^n$ *privé de toutes ses diagonales, tandis que* $S_n(f_n)$ *est l'intégrale sur* $\mathbb{R}_+^n$ *entier.*

La contribution des diagonales supérieures est nulle, parce que le mouvement brownien est une martingale continue, dont la variation quadratique est non nulle, mais les "variations" d'ordre supérieur sont nulles. Dans le cas des martingales normales non continues, on doit remplacer $dX_{s_1}\dots dX_{s_p}$ lors d'une coïncidence $s_1=\dots=s_p(=s)$ par $d[X,X]_s$ si $p=2$, et par une masse $(\Delta X_s)^p\varepsilon_s$ si $p>2$. Les intégrales de Stratonovitch de martingales discontinues n'ont été étudiées que pour le processus de Poisson (Solé–Utzet [2]) et n'ont pas encore d'applications importantes.

c) Si l'on avait eu affaire à une intégrale multiple relative à un système de mouvements browniens indépendants X^i, la contraction entre deux instants consécutifs $s=t$ aurait remplacé $dX_s^i dX_s^j$ par $\delta^{ij}ds$. Seules les contractions entre instants consécutifs et *affectés du même indice* contribuent à l'intégrale de Stratonovitch multiple.

Plus explicitement, les coefficients d'un développement en chaos par rapport à un mouvement brownien de dimension ν sont des fonctions $f_{n_1,\dots,n_\nu}$ de $n_1+\dots+n_\nu$ variables, symétriques par rapport à chacun des ν paquets de variables (*cf.* (21.3)), et il n'y a pas de contractions entre variables de paquets différents. On a donc des opérateurs de traces partielles Tr_i qui commutent, et la formule (48.6) reste valable, avec un opérateur de trace Tr qui est la somme des traces partielles.

d) Nous verrons plus loin divers procédés pour donner un sens aux traces : prenons l'exemple d'une fonction symétrique de deux variables $f(s,t)$. On peut définir $f(s,s)$ de manière "topologique", en exigeant que f ait une limite sur la diagonale. On peut montrer que les coefficients du développement en chaos de beaucoup de variables aléatoires intéressantes possèdent des limites sur la diagonale, mais le problème d'intégrabilité reste entier, et la topologie n'est pas un élément intrinsèque dans cette théorie. Ou bien, on peut demander que l'opérateur de L^2 dans L^2 de noyau f soit un opérateur à trace, et définir Tr f comme la trace de cet opérateur (Johnson–Kallianpur [1]), ce qui a l'avantage d'écarter le problème d'intégrabilité. Malheureusement, l'existence de traces en ce sens est difficile à vérifier. Une définition intéressante des traces est indiquée par Solé–Utzet [1]. Enfin, Hida a proposé depuis longtemps d'utiliser les résultats de la théorie des espaces de Sobolev, qui garantissent l'existence de traces sur les hyperplans.

51 Nous allons présenter une méthode due à Y.Z. Hu, qui justifie la formule (48.4) sous des conditions faciles à vérifier en pratique, et qui unifie les travaux de plusieurs auteurs sur ce sujet.

Considérons une approximation p.p. dérivable (X_t^ε) de la trajectoire brownienne, de la forme

$$\dot{X}_t^\varepsilon=\int_0^\infty \varphi_\varepsilon(t,u)\,dX_u\ , \tag{51.1}$$

où la fonction $\varphi_\varepsilon(t,u)$ satisfait à la condition

$$\int \varphi_\varepsilon(t,u)^2\, dt\, du < \infty\ . \tag{51.2}$$

La relation $\mathbb{E}\,[(\dot X_t^\varepsilon)^2] = \int \varphi_\varepsilon(t,u)^2\, du$ entraîne alors que la fonction $X_\bullet^\varepsilon$ est p.s. une fonction de Cameron–Martin. Nous interprétons les mots "une approximation de la trajectoire brownienne" de la manière suivante : pour toute fonction $h \in L^2(\mathbb{R}_+)$, $\int h(s)\dot X_s^\varepsilon\, ds$ converge dans L^2 vers $\int h(s)\, dX_s$ lorsque $\varepsilon \to 0$. D'après la formule d'isométrie des i.s., cela revient à faire l'hypothèse que *les opérateurs* R_ε : $h \longmapsto h_\varepsilon = \int h(s)\varphi_\varepsilon(s,\bullet)\, ds$ *convergent fortement vers l'identité sur* $L^2(\mathbb{R}_+)$. Toute suite fortement convergente étant bornée en norme, la norme de R_ε est bornée au voisinage de 0.

Nous utiliserons aussi la notation R_ε pour désigner l'extension des opérateurs précédents, par produit tensoriel, aux espaces $L^2(\mathbb{R}_+^n)$. La notation veut suggérer l'idée d'une régularisation : prenant $n=2$ pour fixer les idées, et considérant $f(s,t)$ comme le noyau d'un opérateur de Hilbert-Schmidt, le noyau $R_\varepsilon f(s,u) = \int f(s,t)\varphi_\varepsilon(t,u)\, dt$ définit un opérateur à trace. On peut étendre cette remarque aux dimensions $n>2$ au moyen d'une théorie des traces partielles (Johnson–Kallianpur [1]). Nous n'en aurons pas besoin ici.

Nous introduirons aussi la fonction

$$\psi_\varepsilon(s,u) = \int \varphi_\varepsilon(s,t)\varphi_\varepsilon(t,u)\, dt \tag{51.3}$$

qui appartient à $L^2(\mathbb{R}_+^2)$ (et définit un opérateur à trace), et nous désignerons par C_ε l'opérateur de *contraction* avec ψ_ε. Pour $n \geq 2$ cet opérateur transforme $f \in L^2(\mathbb{R}_+^n)$ en $R_\varepsilon f \in L^2(\mathbb{R}_+^{n-2})$

$$C_\varepsilon f(s_1,\ldots,s_{n-2}) = \int f(s_1,\ldots,s_{n-2},u,v)\,\psi_\varepsilon(u,v)\, du\, dv\ . \tag{51.4}$$

Pour $n=0,1$ on pose $C_\varepsilon f = 0$. Les opérateurs C_ε sont bornés, et nous verrons que $C_\varepsilon f$ doit être considéré comme une approximation de la trace $\mathrm{Tr}(f)$.

52 EXEMPLES. Les procédés d'approximation suivants présentent tous trois de l'intérêt.

a) La régularisation classique par convolution

$$X_t^\varepsilon = \frac{1}{2\varepsilon}\int_{t-\varepsilon}^{t+\varepsilon} X_s\, ds$$

($X_t = 0$ par convention pour $t<0$) entre presque dans le schéma précédent, mais ne satisfait par à (51.2), c'est pourquoi on ajoute la dernière indicatrice dans l'expression

$$\varphi_\varepsilon(t,u) = \frac{1}{2\varepsilon}\, I_{[t-\varepsilon,t+\varepsilon]}(u) I_{[0,1/\varepsilon]}(t)\ .$$

b) Soit (e_k) une base orthonormale de $L^2(\mathbb{R}_+)$. Nous posons pour $\varepsilon = 1/n$

$$\varphi_\varepsilon(t,u) = \sum\nolimits_{k\leq n} e_k(t)\, e_k(u)\ .$$

Alors $R_\varepsilon h$ est la projection de h sur le sous–espace engendré par les n premiers vecteurs de la base.

c) Pour $k = 1, \ldots, 2^{2n}$, soit Δ_k^n le k–ième intervalle de la subdivision dyadique de pas 2^{-n} sur $[0, 2^n]$. Posons alors, pour $\varepsilon = 2^{-n}$

$$\varphi_\varepsilon(t,u) = 2^n I_{\Delta_k^n}(t)\, I_{\Delta_k^n}(u) .$$

L'approximation correspondante de la trajectoire brownienne est linéaire par morceaux entre les points de la subdivision, puis constante sur $[2^n, \infty[$.

53 Soit une fonction symétrique f de n variables, appartenant à $L^2(\mathbb{R}_+^n)$; on lui associe une fonctionnelle continue sur l'espace de Cameron–Martin

$$F(g) = \int_{\mathbb{R}_+^n} f(s_1, \ldots, s_n)\, \dot{g}(s_1) \ldots \dot{g}(s_n)\, ds_1 \ldots ds_n \tag{53.1}$$

Nous définissons alors l'*intégrale de Stratonovitch multiple approchée* $S_n^\varepsilon(f) = F(X_\bullet^\varepsilon)$, et l'intégrale de Stratonovitch $S_n(f)$ elle même comme la limite de $S_n^\varepsilon(f)$, si elle existe au sens fort dans L^2. Cette "intégrale" dépend donc en général du procédé d'approximation utilisé, bien que celui–ci n'apparaisse pas dans la notation. Notre définition des procédés d'approximation entraîne que pour $n = 1$ cette définition redonne l'intégrale usuelle (de Stratonovitch et d'Ito). Lorsque $f = h^{\otimes n}$, on a $F(g) = (h, \dot{g})^n$, et $F(X_\bullet^\varepsilon) = (\int h_\varepsilon(s)\, dX_s)^n$, qui converge dans L^2 vers $(\int h(s)\, dX_s)^n$, l'intégrale de Stratonovitch $S_n(h^{\otimes n})$ telle qu'elle a été définie plus haut.

Nous dirons d'autre part que la fonction f_n admet une *k-trace* (au sens du procédé d'approximation donné) si les fonctions $R_\varepsilon C_\varepsilon^k f_n$ convergent dans $L^2(\mathbb{R}_+^{n-2k})$, et cette limite sera notée $\mathrm{Tr}^k(f_n)$, bien qu'elle dépende en général de l'approximation utilisée.

Si l'on exige que ces limites existent pour *tous* les procédés d'approximation du type 52 b), on obtient la définition des traces et de l'intégrale de Stratonovich au sens de Johnson–Kallianpur [1].

54 Nous passons au résultat principal de Hu, qui justifie la formule (48.4) sous des conditions de généralité très raisonnables.

THÉORÈME. *Soit $f = f_n$ une fonction symétrique appartenant à $L^2(\mathbb{R}_+^n)$. Pour que l'intégrale de Stratonovitch multiple $S_n(f_n)$ existe, il faut et il suffit que les traces itérées $\mathrm{Tr}^k(f)$ existent, et on a alors*

$$S_n(f_n) = \sum_{k \leq n/2} \frac{n!}{2^k\, k!\,(n-2k)!} I_{n-2k}(\mathrm{Tr}^k(f_n)) . \tag{54.1}$$

De plus, pour que les traces itérées existent, il suffit que les fonctions $C_\varepsilon^k f_n$ aient des limites dans L^2 lorsque $\varepsilon \to 0$.

DÉMONSTRATION. Nous commençons par établir la formule (la notation F vient de (53.1))

$$F(X_\bullet^\varepsilon) = \sum_{k \leq n/2} \frac{n!}{2^k\, k!\,(n-2k)!} I_{n-2k}(R_\varepsilon C_\varepsilon^k(f)) . \tag{54.1}$$

Lorsque $f = h^{\otimes n}$, cette formule s'écrit en posant $h_\varepsilon = R_\varepsilon h$

$$\Big(\int h_\varepsilon(s)\,dX_s\Big)^n = \sum_{k\le n/2} \frac{n!}{2^k\,k!\,(n-2k)!}\, I_{n-2k}((h\otimes h,\psi_\varepsilon)^k\, h_\varepsilon^{\otimes(n-2k)})$$

et ceci est encore une réécriture de (48.2), en tenant compte de la relation $(h_\varepsilon, h_\varepsilon) = (h\otimes h, \psi_\varepsilon)$. La formule (54.1) s'étend ensuite par linéarité aux fonctions élémentaires. Pour traiter le cas général, on approche f dans L^2 par une suite f^i de fonctions élémentaires; pour ε fixé le côté droit est une application continue de $L^2(\mathbb{R}_+^n)$ dans $L^2(\Omega)$, tandis que du côté gauche les polynômes F^i convergent partout vers F sur l'espace de Cameron–Martin. L'égalité est donc préservée par passage à la limite. On voit de plus que les v.a. $F^i\circ X^\varepsilon$ du côté gauche (qui sont des intégrales de Stratonovitch) convergent dans L^2 vers $F\circ X^\varepsilon$.

La première affirmation du théorème est alors immédiate : nous avons du côté droit le développement chaotique (fini) du côté gauche; pour que ce dernier converge dans L^2, il faut et il suffit que chacun de ses coefficients converge.

La seconde affirmation découle de la remarque suivante : si des vecteurs a_k d'un espace de Hilbert $\mathcal{H}$ convergent fortement vers a, et des opérateurs R_k convergent fortement vers l'identité (leurs normes restant donc bornées), alors $R_k a_k$ converge encore vers a.

REMARQUE. En pratique, la principale conséquence du théorème 54 concerne le cas de suites *finies* de coefficients, chacun desquels est une fonction f_n continue et bornée sur le simplexe *fermé* $\{0 \le s_1 \ldots \le s_n \le t\}$, nulle pour $s_n > t$. On vérifie alors aisément que chaque f_n admet des traces itérées, pour l'approximation par convolution (52, a)); ces traces sont données par la formule évidente d'intégration sur la diagonale, et sont elles mêmes des fonctions continues sur les simplexes fermés. Toute v.a. admettant un tel développement chaotique admet alors un unique développement en "chaos de Stratonovitch" dont les coefficients possèdent la même régularité, et les formules de traces permettent de passer de l'un à l'autre.

Cette théorie ne s'applique cependant qu'à des développements finis, ce qui est beaucoup trop restrictif.

Développement des solutions des é.d.s.

55 Pendant des années, l'analyse de Wiener est restée un peu en marge des préoccupations des probabilistes, par manque d'applications à des problèmes concrets. La situation a été complètement changée par l'article fondamental de Malliavin [1]. Celui–ci considère les solutions d'une équation différentielle stochastique à valeurs dans $\mathbb{R}^d$

$$X_t = x + \sum\nolimits_\alpha \int_0^t a_\alpha(X_s)\,dB_s^\alpha + \int_0^t a_0(X_s)\,ds \tag{55.1}$$

à coefficients $\mathcal{C}^\infty$ à dérivées de tous ordres bornées, et démontre de manière probabiliste l'existence d'une densité $\mathcal{C}^\infty$ pour la loi de X_t, sous les conditions du célèbre théorème d'hypoellipticité de Hörmander. Pour cela, la loi de X_t est considérée comme la mesure image de la mesure de Wiener par l'application X_t, et on cherche à raisonner comme en géométrie différentielle classique : l'existence d'une densité s'établit en montrant d'abord que l'application est "de classe C^∞", puis en examinant si l'application linéaire tangente est *surjective* presque partout.

Parmi les deux points à vérifier, différentiabilité et surjectivité, seul le premier nous intéresse ici (sur l'ensemble de l'article de Malliavin, on pourra consulter Stroock [3]-[4], Ikeda–Watanabe [1], et l'excellent exposé de Norris [1] dans le *Sém. Prob. XX*). Cette différentiabilité a lieu au sens suivant : *la v.a. X_t appartient au domaine de toutes les puissances L^k du générateur d'Ornstein–Uhlenbeck L, opérant dans tous les L^p avec* $1 \leq p < \infty$. En dimension finie, cela entraînerait la différentiabilité au sens ordinaire, grâce au théorème de plongement de Sobolev, mais ce n'est plus vrai en dimension infinie.

L'idée de faire tenir le rôle de la mesure de Lebesgue par une mesure gaussienne, en dimension infinie, remonte au moins à Segal. La théorie des espaces de Sobolev gaussiens a été, avant Malliavin, développée par P. Krée dans une série de travaux, et appliquée aux équations aux dérivées partielles en dimension infinie par Krée et B. Lascar. Pour un exposé récent, voir Feyel-La Pradelle [1] [2].

Le point qui nous intéresse ici est le suivant : une v.a. f étant donnée sur l'espace de Wiener, l'appartenance de $L^k f$ à L^p peut se lire, lorsque $p = 2$, sur le développement chaotique de f. Elle s'exprime par la décroissance suffisamment rapide de la norme L^2 des coefficients, sans autre restriction de régularité. La situation est moins claire pour $p \neq 2$: il existe bien des conditions suffisantes d'appartenance à L^p à partir du développement chaotique (hypercontractivité), mais on ignore apparemment si elles sont satisfaites par les solutions d'é.d.s.. Nous nous proposons ici de signaler que les solutions d'é.d.s. *ont des coefficients chaotiques réguliers*. Il s'agit ici de résultats beaucoup moins connus que ceux du "calcul de Malliavin", et dont l'importance est encore incertaine.

56 Nous revenons à l'équation (55.1), gouvernée par ν mouvements browniens indépendants. Si nécessaire, nous écrirons la solution (X_t^x) pour expliciter la dépendance en x. Nous ferons l'hypothèse que les coefficients sont lipschitziens afin de disposer du théorème d'existence globale des solutions, et nous admettrons (résultat classique depuis Ito) que le processus est markovien par rapport à la filtration naturelle des mouvements browniens, de générateur

$$L = \sum_i a_0^i D_i + \frac{1}{2} \sum_{\alpha ij} a_\alpha^i a_\alpha^j D_{ij}$$

(l'indice α ne prend pas la valeur 0 dans ce qui suit). Nous désignons par L_α l'opérateur différentiel $\sum_\alpha a_\alpha^i D_i$, et le semi-groupe de transition est noté (P_t).

Les calculs que nous allons faire ont un sens dans les variétés, où les opérateurs L, L_α ont une signification intrinsèque. Voir aussi XXIII.73.

Considérons une fonction h sur $\mathbb{R}^d$, bornée pour fixer les idées, et développons en chaos la v.a. $h(X_t)$; les coefficients dépendent de h, de t, et du point initial x. Nous les noterons donc

$$P_t(x, s_1, \alpha_1, \ldots, s_n, \alpha_n, h) \tag{56.1}$$

La notation rappelle que le coefficient dans le chaos d'ordre 0 vaut $\mathbb{E}[h \circ X_t^x] = P_t(x, h)$. Il y a ν^n coefficients pour le chaos d'ordre n, correspondant aux diverses manières d'attribuer la première,..., la n-ième place aux divers mouvements browniens.

La formule suivante est due à Krylov–Veretennikov [1], et a été redécouverte ensuite par Isobe–Sato [1] puis Meyer–Yan [1]; elle a été popularisée chez nous sous le nom de *formule d'Isobe–Sato*.

57 THÉORÈME. *On a si h est de classe $\mathcal{C}^\infty$, à dérivées de tous ordres bornées*

$$P_t(x,\, s_1, \alpha_1, \ldots, s_n, \alpha_n,\, h) =$$

$$\int P_{s_1}(x, dy_1)\, L_{\alpha_1} P_{s_2-s_1}(y_1, dy_2) \ldots L_{\alpha_n} P_{t-s_n}(y_n, h)\,. \tag{57.1}$$

DÉMONSTRATION. Il faut d'abord donner un sens à cette formule, et pour cela nous utilisons le théorème des flots stochastiques, XXIII.61. Les coefficients a^i_λ étant bornés ainsi que leurs dérivées de tous ordres, il n'est pas difficile d'établir que les dérivées de tous ordre en x de $X^w_t(\omega)$ appartiennent à tous les L^p en ω, avec des normes uniformément majorées en x. La formule $P_t(x,h) = \mathbb{E}\,[\,h \circ X^x_t\,]$ montre alors que cette fonction est de classe $\mathcal{C}^\infty$ en x avec dérivées de tous ordre bornées, on conserve cette propriété en appliquant L_α, et on itère.

Pour établir la formule elle même, admettons pour un instant que la fonction $f(s,x) = P_s(x,h)$ soit de classe $\mathcal{C}^2$. On peut alors appliquer la formule d'Ito à la martingale $P_{t-s}(X_s, h)$ sur l'intervalle $[0,t]$, ce qui donne après un calcul facile

$$h(X_t) = P_t(x,h) + \sum\nolimits_\alpha \int_0^t L_\alpha P_{t-s}(X_s, h)\, dB^\alpha_s\,. \tag{57.2}$$

Mais la fonction $L_\alpha P_{t-s} h$ est aussi régulière que h, et on a par la même formule

$$L_\alpha P_{t-s}(X_s, h) = P_s L_\alpha P_{t-s}(x,h) + \sum\nolimits_\beta \int_0^s L_\beta P_{s-r}(X_r,\, L_\alpha P_{t-s} h)\, dB^\beta_r$$

que l'on reporte dans (57.2). On met ainsi en évidence un terme dans le chaos d'ordre 0, un terme dans le chaos d'ordre 1, et une intégrale itérée que l'on vérifie aisément être orthogonale aux deux premiers chaos. On itère alors l'opération, et l'on voit se dessiner une "formule de Krylov–Veretennikov avec reste". Comme on sait a priori que la v.a. $h \circ X_t$ est développable en chaos de Wiener, il est clair que ce reste tend vers 0 dans L^2, et la formule est établie.

Au paragraphe suivant, nous utiliserons en sens inverse un raisonnement analogue : nous établirons que la v.a. est développable suivant les chaos en montrant que le reste de la formule de K–V tend vers 0.

Reste à établir la différentiabilité que l'on a utilisée. Tout d'abord, la fonction $P_t h$ est différentiable en x, et ses dérivées dépendent continûment de (t,x). Ensuite, en intégrant la formule d'Ito ordinaire pour $h \circ X_t$ on obtient la formule $P_t h = h + \int_0^t P_s L h\, ds$, qui prouve que $P_t h$ est dérivable en t et $P'_t h = P_t L h$, continue en (t,x). Comme Lh est aussi bonne que h le même raisonnement établit l'existence de la dérivée seconde.

58 A partir de la formule précédente, on peut démontrer (Léandre–Meyer [1]) que, sous les mêmes hypothèses qu'en 57, les coefficients du développement en chaos *admettent une extension de classe $\mathcal{C}^\infty$ au "simplexe" fermé*. Nous ne démontrerons pas ce résultat ici, faute de place. On en trouvera dans le *Sém. Prob. XXIII* deux démonstrations, celle de

Nualart [1] utilisant l'analyse de Wiener au lieu de la formule (57.1). L'étude du sujet est poursuivie dans l'article Bernard–Nualart [1], qui introduit toute une classe de semimartingales vectorielles admettant des développements en chaos de classe $\mathcal{C}^\infty$, et contenant les diffusions précédentes.

3. DÉVELOPPEMENTS CHAOTIQUES POUR CERTAINS PROCESSUS DE MARKOV

Jusqu'à maintenant, nous n'avons étudié que les développements chaotiques relatifs à certains processus à accroissements indépendants. L'un des traits remarquables des travaux récents sur ce sujet est d'avoir placé les développements chaotiques dans un contexte beaucoup plus général de théorie des processus de Markov, ou même de théorie des martingales. Les situations générales sont si loin d'être comprises que nous nous bornons essentiellement à des exemples dans ce paragraphe.

Décompositions chaotiques discrètes

Le cas discret est à la fois un guide et un piège. Il offre une situation idéale, qui semble indiquer que l'existence de développements chaotiques pourrait bien être un phénomène générique, plutôt qu'une situation exceptionnelle. Mais par ailleurs, la situation est tellement simple en temps discret, et tellement compliquée en temps continu, que c'en est plutôt décourageant.

59 Nous considérons sur un espace probabilisé $(\Omega, \mathcal{F}, \mathbb{P})$ une martingale (X_i) $(i = \{0, \ldots, N\})$, dans sa filtration naturelle discrète $(\mathcal{F}_i)$. On ne restreint pas la généralité en supposant que la tribu $\mathcal{F}$ est engendrée par les v.a. X_i. Nous posons $x_0 = X_0$ et $x_i = X_i - X_{i-1}$ pour $i > 0$; la v.a. x_0 jouera un très petit rôle : on peut toujours conditionner par $\mathcal{F}_0$, et donc supposer que cette tribu est dégénérée ; x_0 est alors une constante, intervenant dans les calculs comme un paramètre.

Pour $i > 0$ les x_i sont d'espérance nulle, et nous dirons que la martingale est *normale* si l'on a

$$\mathbb{E}[x_i^2 \mid \mathcal{F}_{i-1}] = 1 \quad \text{pour tout } i > 0. \tag{59.1}$$

Par exemple, les sommes de v.a. de Bernoulli indépendantes équidistribuées de moyenne nulle et de variance 1

$$\mathbb{P}\{x_i = \sqrt{q/p}\} = p \ , \ \mathbb{P}\{x_i = -\sqrt{p/q}\} = q \ , \tag{59.2}$$

constituent des martingales normales. Ce sont les analogues discrets du mouvement brownien (pour $p = q$) et des divers processus de Poisson compensés.

L'analogue de l'intégrale stochastique multiple $\int_{\mathcal{P}} f(A)\, dX_A$ est fourni par la somme $\sum_A f(A)\, x_A$, où $A = \{i_1 < \ldots, < i_k\}$ parcourt l'ensemble des parties de $\{1, \ldots, N\}$ et

x_A est le produit $x_{i_1} \dots x_{i_k}$ ($x_\emptyset = 1$ comme d'habitude). Dans le cas d'une martingale normale, on vérifie sans peine la formule d'isométrie

(59.3) $$\| \sum_A f(A)\, x_A \|^2 = \sum_A \| f(A) \|^2 .$$

La valeur de x_0 n'intervient pas dans les "éléments différentiels" x_A, mais figure éventuellement comme un paramètre dans la fonction $f(A)$.

60 Supposons que la martingale (X_i) (non nécessairement normale) possède la propriété de représentation prévisible. Posons $v_i = \mathbb{E}[x_i^2 \,|\, \mathcal{F}_{i-1}]$; la v.a. d'espérance conditionnelle nulle $x_i^2 - v_i$ peut s'écrire, en vertu de la PRP, comme le produit $u_i x_i$ de l'accroissement x_i par une v.a. u_i $\mathcal{F}_{i-1}$-mesurable. Alors x_i est racine de l'équation du second degré à coefficients $\mathcal{F}_{i-1}$-mesurables

(60.1) $$x_i^2 - u_i x_i - v_i = 0 .$$

Il en résulte que *le support de la loi conditionnelle de x_i connaissant $\mathcal{F}_{i-1}$ comporte au plus deux points* : ou bien cette loi est la masse unité ε_0, ou bien c'est une loi de Bernoulli d'espérance nulle et de variance v_i. On notera que le premier cas ne peut se produire pour une martingale normale.

Inversement, si cette propriété a lieu, la martingale possède la PRP discrète. On peut déduire cela de la remarque suivante : soit μ une loi sur $\mathbb{R}$ de moyenne nulle, portée par un ensemble à (un ou) deux éléments. Alors toute fonction f sur $\mathbb{R}$ est μ-p.s. égale à une combinaison linéaire des fonctions 1 et x, et elle est μ-p.s. proportionnelle à x si $\mu(f) = 0$. Appliquant cela aux lois conditionnelles, on voit que toute v.a. de la forme $H = h(x_0, \dots, x_i)$ telle que $\mathbb{E}[H \,|\, \mathcal{F}_{i-1}] = 0$ est p.s. de la forme $\eta(x_0, \dots, x_{i-1})\, x_i$, et cela signifie que la martingale possède la PRP.

On peut aussi vérifier que la condition ci-dessus sur les lois conditionnelles équivaut à l'*extrémalité* de la loi de la martingale (X_i), et utiliser les relations entre extrémalité et PRP — démonstration ridiculement compliquée, mais idée intéressante !

Supposons ensuite que la martingale soit normale, ce qui exclut que les lois conditionnelles précédentes puissent être dégénérées en 0, et montrons que la martingale (X_i) possède la *propriété de représentation chaotique*, plus forte que la PRP. La démonstration est très simple : l'hypothèse sur les lois conditionnelles permet de réaliser une martingale de même loi que X sur un espace probabilisé à 2^N points, donc la dimension de l'espace $L^2(\mathcal{F})$ est au plus 2^N. Mais par ailleurs le nombre des monômes x_A intervenant dans la représentation chaotique discrète est 2^N ; ces monômes sont orthogonaux, donc linéairement indépendants, et on voit que les chaos remplissent tout L^2.

61 REMARQUES. a) La représentation chaotique par rapport au processus de Bernoulli symétrique peut encore s'interpréter de la manière suivante. Soit G le groupe multiplicatif à deux éléments $\{-1, 1\}$; la mesure de Haar normalisée de G attribue la masse $1/2$ à chacun de ces deux éléments; d'autre part G admet deux caractères, la fonction 1 et l'application identique notée x.

Considérons ensuite le groupe produit $\Omega = G^N$, et désignons par x_i les applications coordonnées. Alors la mesure de Haar normalisée $\mathbb{P}$ sur Ω attribue à chaque point la masse

2^{-N}, et sous cette loi les x_i sont des v.a. de Bernoulli symétriques indépendantes. Les fonctions x_A sont alors exactement les caractères de Ω, et la représentation chaotique discrète correspond donc à la transformation de Fourier sur Ω.

b) On peut pousser très loin l'analogie entre le processus de Bernoulli symétrique et le mouvement brownien, les processus de Bernoulli non symétriques et les processus de Poisson compensés. En particulier, les opérateurs de dérivation sur l'espace de Wiener correspondent ici aux *opérateurs d'annihilation discrets*, on sait définir un opérateur de nombre discret et un processus d'Ornstein-Uhlenbeck, etc. Sur ces questions, on pourra consulter plusieurs exposés dans les *Sém. Prob. XX-XXII.*

Nous revenons au temps continu.

Un schéma général pour les processus de Markov

62 Les hypothèses suivantes, que nous ne cherchons pas à affaiblir au maximum, recouvrent un bon nombre d'exemples intéressants de représentation chaotique pour les processus de Markov.

Considérons un processus de Markov (X_t) sur un espace d'états E, de semi-groupe (P_t) et de générateur A. L'hypothèse fondamentale est *l'existence d'un nombre fini de martingales fonctionnelles additives Z^α ($\alpha = 1, \ldots, \nu$) possédant sous toute loi $\mathbb{P}^\mu$ la propriété des martingales normales*

(62.1) $$d\langle Z^\alpha, Z^\beta\rangle_t = \delta^{\alpha\beta}\, dt ,$$

et constituant une base de martingales pour la représentation prévisible, — autrement dit, toute martingale de carré intégrable peut s'écrire comme intégrale stochastique prévisible

(62.2) $$M_t = M_0 + \sum_\alpha \int_0^t H_s^\alpha\, dZ_s^\alpha .$$

Une conséquence de cette relation est la *continuité absolue de tous les crochets* $\langle M\rangle$, ce qui entraîne l'existence d'un opérateur carré du champ (XV.26). Le processus H^α est déterminé par

(62.3) $$\langle dM_s, dZ_s^\alpha\rangle = H_s^\alpha\, ds .$$

Lorsque la martingale M_t est la fonctionnelle additive associée à un élément f du domaine étendu, c'est à dire

(62.4) $$M_t = f(X_t) - f(X_0) - \int_0^t Af(X_s)\, ds ,$$

les processus (H_s^α) de la représentation (62.2) sont de la forme $h^\alpha(X_{s-})$ en vertu de (62.3) et du théorème de Motoo. Nous posons $h^\alpha = L_\alpha f$, classe de fonctions modulo les ensembles de potentiel nul. On a alors une première "formule d'Ito"

(62.5) $$f(X_t) = f(X_0) + \sum_\alpha \int_0^t L_\alpha f(X_s)\, dZ_s^\alpha + \int_0^t Af(X_s)\, ds .$$

En toute rigueur, nous devrions écrire $f(X_{s-})$, mais nous nous sommes permis de simplifier l'écriture conformément à 2. Les opérateurs L_α permettent de diagonaliser l'opérateur carré du champ

$$2\Gamma(f,g) = A(fg) - fAg - (Af)\,g = \sum\nolimits_\alpha L_\alpha(f)\,L_\alpha(g)\ . \tag{62.6}$$

Il est facile de transformer la formule (62.5) en y remplaçant f par $U_p h$, pour obtenir la formule

$$\begin{aligned} \mathbb{E}\Big[\int_0^\infty e^{-ps}h(X_s)\,ds\,|\,\mathcal{F}_t\Big] &= \int_0^t e^{-ps}h(X_s)\,ds + e^{-pt}U_ph(X_t) \\ &= U_ph(X_0) + \sum\nolimits_\alpha \int_0^t e^{-ps}L_\alpha U_ph(X_s)\,dZ_s^\alpha \end{aligned} \tag{62.7}$$

Toujours pour un élément h du domaine de L, nous avons alors une seconde "formule d'Ito"

$$h(X_t) = P_th(X_0) + \sum_\alpha \int_0^t L_\alpha P_{t-s}h(X_s)\,dZ_s^\alpha\ . \tag{62.8}$$

En effet, il suffit de montrer que les deux membres de (62.8) ont même transformée de Laplace en t, ce qui revient à la formule précédente pour $t=\infty$. Nous avons ici laissé au lecteur quelques détails à vérifier, tels que l'interversion de l'intégrale stochastique et de l'intégrale ordinaire.

63 Nous continuons le raisonnement ci-dessus dans la direction des développements chaotiques, en supposant que l'on dispose d'un domaine $\mathcal{D}$, contenu dans le domaine de A, *stable par le semi-groupe* (P_t) *et par les opérateurs* L_α. Nous pouvons alors utiliser un raisonnement familier d'itération, déjà vu aux n°s 8, 14 et 57. Nous écrivons d'après (62.8)

$$L_\alpha P_{t-s}h(X_s) = P_sL_\alpha P_{t-s}h(X_0) + \sum_\beta \int_0^s L_\beta P_{s-r}L_\alpha P_{t-s}h(X_r)\,dZ_r^\beta\ ,$$

et nous portons le résultat dans (62.8). Nous recommençons l'opération, et nous obtenons une *formule de Krylov-Veretennikov avec reste* (la récurrence serait plus facile à écrire sur le simplexe $\{s_1 > s_2 \ldots > s_n\}$, mais ce n'est pas dans les traditions).

THÉORÈME. *Posons pour* $h \in \mathcal{D}$, *comme au n° 57*

$$P_t(\cdot,\, s_1,\alpha_1,\ldots,s_n,\alpha_n,\, h) = P_{s_1}L_{\alpha_1}P_{s_2-s_1}L_{\alpha_2}\ldots L_{\alpha_n}P_{t-s_n}h \tag{63.1}$$

$$R_t(\cdot,\, s_1,\alpha_1,\ldots,s_n,\alpha_n,\, h) = L_{\alpha_1}P_{s_2-s_1}\ldots L_{\alpha_n}P_{t-s_n}h \tag{63.2}$$

Alors on a pour tout n

$$h(X_t) = \sum_{\substack{\alpha_1,\ldots,\alpha_k\\ k<n}} \int_{s_1<\ldots<s_k<t} P_t(X_0,\, s_1,\alpha_1,\ldots,s_k,\alpha_k,\, h)\,dZ_{s_1}^{\alpha_1}\ldots dZ_{s_k}^{\alpha_k} + R_n(t,h)$$

$$R_n(t,h) = \sum_{\alpha_1,\ldots,\alpha_n} \int_{s_1<\ldots<s_n<t} R_t(X_{s_1},\, s_1,\alpha_1,\ldots,s_n,\alpha_n,\, h)\,dZ_{s_1}^{\alpha_1}\ldots dZ_{s_n}^{\alpha_n}\ . \tag{63.3}$$

64 Nous cherchons à établir que, sous toute loi $\mathbb{P}^{\mu}$ avec μ bornée, tout élément de $L^2(\mathbb{P}^{\mu})$ admet un développement chaotique par rapport aux martingales normales Z^{α}. De manière précise, les coefficients de ce développement chaotique *dépendront de la v.a. initiale* X_0, et seront de la forme $h(X_0, s_1, \alpha_1, \ldots, s_n, \alpha_n)$, où h est une fonction borélienne en l'ensemble des variables (x, s_i), satisfaisant à la condition naturelle

$$\int_E \mu(dx)\, \mathbb{E}^x \left[\int_{s_1<\ldots<s_n} h^2(x, s_1, \ldots, s_n)\, ds_1 \ldots ds_n \right] < \infty .$$

Notre raisonnement suit celui de Biane [1].

Les hypothèses suivantes vont entraîner le résultat désiré : d'une part, pour $h \in \mathcal{D}$, la fonction $\mathbb{E}^{\bullet}[h(X_t)^2]$ est bornée (hypothèse simplificatrice pour éviter les problèmes d'intégrabilité). D'autre part, $\mathcal{D}$ est dense dans $L^2(\mu)$ pour toute mesure bornée μ. Enfin et surtout (c'est le point délicat), pour tout t fixé

$$\lim_n \mathbb{E}^x [R_n(t,h)^2] = 0 .$$

Il nous suffit de montrer que la fermeture dans $L^2(\mathbb{P}^{\mu})$ de l'ensemble des développements chaotiques du type précédent contient toute fonction de la forme $f_1 \circ X_{t_1} \ldots f_n \circ X_{t_n}$ où les f_i sont boréliennes bornées. Pour illustrer le raisonnement, nous nous limiterons au cas où $n = 1, 2$.

Dans le cas où $n = 1$, nous savons que le résultat est vrai pour $f \in \mathcal{D}$, et nous passons au cas général grâce à la densité de $\mathcal{D}$ dans $L^2(\mu P_t)$.

Passons à un produit $f \circ X_s\, g \circ X_t$. Soit $\lambda = \mu P_s$. On peut approcher $g \circ X_{t-s}$ dans $L^2(\mathbb{P}^{\lambda})$ par une somme finie d'intégrales stochastiques multiples de la forme

$$\int_{v_1<\ldots<v_n<t-s} h(X_0, v_1, \ldots, v_n)\, dZ^{\alpha_1}_{v_1} \ldots dZ^{\alpha_n}_{v_n} .$$

Appelons I_{t-s} cette variable aléatoire. Tout revient à savoir développer la v.a. $f \circ X_s\, I_{t-s} \circ \theta_s$ en chaos, avec des coefficients dépendant de X_0 seulement. Comme nous avons la liberté de choisir h dans un ensemble total, nous pouvons la supposer de la forme $a(x)\, k(v_1, \ldots, v_n)$, où a est borélienne bornée et $k(v_1, \ldots, v_n)$ est borélienne bornée, nulle pour $v_n > t - s$. Nous regroupons alors a avec f, et développons $(af) \circ X_s$ en une somme

$$\sum \int_{u_1<\ldots<u_m<s} j(X_0, u_1, \beta_1, \ldots, u_m, \beta_m)\, dZ^{\beta_1}_{u_1} \ldots dZ^{\beta_m}_{u_m}$$

Or si l'on appelle J_s l'une quelconque de ces intégrales, le produit $J_s I_{t-s} \circ \theta_s$ est une intégrale multiple étendue jusqu'à l'instant t.

Le raisonnement permettant de traiter le cas général est semblable, $f \circ X_s$ étant remplacée par le produit des fonctions antérieures à s, développable d'après l'hypothèse de récurrence.

65 Une fois établie l'existence du développement en chaos d'une v.a. φ, il est facile de choisir une version des coefficients qui ne dépend pas de la mesure initiale. Pour tout rectangle $R = [a_1, b_1] \times [a_n, b_n]$ contenu dans le simplexe croissant de $\mathbb{R}^n_+$, la formule d'isométrie permet en effet de calculer

$$\int_R h(x, s_1, \alpha_1, \ldots, s_n, \alpha_n)\, ds_1, \ldots, ds_n = \mathbb{E}^x\,[\varphi(Z_{b_1}^{\alpha_1} - Z_{a_1}^{\alpha_1}) \ldots (Z_{b_n}^{\alpha_n} - Z_{a_n}^{\alpha_n})\,]\ .$$

On applique alors le théorème de dérivation de Lebesgue.

66 A partir du schéma précédent, on peut retrouver la propriété de représentation chaotique des processus de Wiener et de Poisson.

a) Le cas du processus de Poisson correspond à $E = \mathbb{R}$, $X_t = X_0 + N_t$ où N_t est un processus de Poisson à sauts unité, d'intensité λ (de mesure de Lévy $\lambda\varepsilon_1$). Le générateur est $Af(x) = \lambda(f(x+1) - f(x))$, et le processus de Poisson compensé $Z_t = (N_t - \lambda t)/\sqrt{\lambda}$ est une martingale normale possédant la PRP. Le crochet droit $[M^f, Z]$ vaut

$$\frac{1}{\sqrt{\lambda}} \sum_{s \leq t} f(X_t) - f(X_{t-})$$

dont le compensateur est fourni par la mesure de Lévy. Il vient alors que $Lf(x) = \sqrt{\lambda}(f(x+1) - f(x))$, et cet opérateur est *borné*, de norme $m = 2\sqrt{\lambda}$. Si f est bornée par 1, la norme $\| R_n(t,f) \|^2$ du reste à l'ordre n est bornée par $m^{2n}t^n/n!$ (ce dernier coefficient provenant de l'intégration sur le simplexe), et tend donc vers 0.

b) Dans le cas du mouvement brownien en dimension d, A est le demi-laplacien, les martingales Z^α sont les composantes du mouvement brownien, et les L_α sont les opérateurs de dérivation. On peut prendre pour espace $\mathcal{D}$ celui des polynômes trigonométriques complexes. Si l'on prend pour f une exponentielle complexe $e^{iu \cdot x}$, chaque P_s multiplie f par le facteur $e^{-s\|u\|^2/2}$ de module ≤ 1, et chaque L_α par le facteur iu_α de module $\leq |u|$. Le reste d'ordre n comporte donc d^n termes orthogonaux, chacun desquels a une norme² majorée par $|u|^{2n}t^n/n!$, et le reste tend bien vers 0.

On pourrait songer à prendre comme espace $\mathcal{D}$ stable par le semi-groupe et les L_α celui des polynômes, avec l'avantage que le reste est alors nul à partir d'un certain rang. Mais alors le problème délicat devient celui de la densité des polynômes dans certains espaces $L^2(\mathbb{P}^\mu)$.

Le cas des chaînes de Markov

67 Considérons sur un espace d'états fini E à N éléments une fonction de transition (P_t) – autrement dit, une matrice de transition $p_t(i,j)$, sur laquelle nous ferons l'hypothèse habituelle que $\lim_{t \to 0} p_t(i,i) = 1$. Cette fonction de transition est fellérienne, et nous désignons par (X_t) le processus càdlàg. correspondant. Le générateur A est représenté par une matrice a_{ij} négative sur la diagonale, et positive en dehors.

Le semi-groupe (P_t) admet un système de Lévy N (relativement à dt) dont le noyau de Lévy est donné par la matrice $n(i,j)$, égale à $a(i,j)$ hors de la diagonale et nulle sur la diagonale. On associe à toute fonction h sur $E \times E$ une martingale de la forme

$$S_h(t) = \sum_{s \leq t,\, X_s \neq X_{s-}} h(X_{s-}, X_s) - \int_0^t Nh(X_s)\, ds \qquad (67.1)$$

en rappelant que $Nh(i) = \sum_j n(i,j)\, h(i,j)$. On peut aussi assujettir h à la condition

(67.2) $\qquad h(i,j) = 0$ pour tout couple (i,j) tel que $n(i,j) = 0$

et en particulier, à être nulle sur la diagonale. Le crochet oblique de deux telles martingales est donné par

$$d\!<S_h\,,\, S_k>_t = N(hk) \circ X_t\, dt\ .$$

Enfin, ces martingales engendrent toutes les autres par représentation prévisible. En effet, nous savons que c'est le cas pour les martingales fondamentales du processus

$$M_t^f = f(X_t) - f(X_0) - \int_0^t Af(X_s)\, ds\ .$$

Mais par ailleurs la filtration ne contient pas de martingales continues, donc M^f est somme compensée de ses sauts, ce qui signifie qu'elle est de la forme S_h avec $h(i,j) = f(j) - f(i)$.

La construction d'un système de martingales normales orthogonales (Z_t^α) du type (67.1) revient à trouver des fonctions $z^\alpha(i,j)$, nulles sur la diagonale et telles que

(67.3) $$\sum\nolimits_j n(i,j)\, z^\alpha(i,j)\, z^\beta(i,j) = \delta^{\alpha\beta}\ .$$

Pour chaque i, c'est le nombre $\nu(i) \le N-1$ des coefficients $n(i,j)$ non nuls qui détermine le nombre maximum possible de vecteurs $z^\alpha(i,\cdot)$ satisfaisant à (67.3), et l'on se trouve donc devant une contrainte de nature algébrique sur la matrice A : *le nombre* $\nu(i) = \nu$ *ne doit pas dépendre de* i. Si cette condition est satisfaite, toute fonction $h(i,j)$ possédant la propriété (67.2) admet la représentation

(67.4) $$h = \sum\nolimits_\alpha N(hz^\alpha)\, z^\alpha\ ,$$

signifiant que la martingale S_h admet une représentation en intégrale stochastique prévisible par rapport aux martingales Z^α. Cela nous donne aussi les opérateurs L_α

$$L_\alpha f(i) = \sum\nolimits_j n(i,j)\, z^\alpha(i,j)\,(f(j) - f(i))\ .$$

Comme on est en dimension finie, ces opérateurs sont bornés, et on voit comme ci-dessus que le reste de la série de Krylov-Veretennikov tend vers 0.

Equations de structure

68 Soit (X_t) une martingale localement de carré intégrable possédant la PRP. Alors la martingale locale $[X,X] - <X,X>$ admet une représentation en intégrale stochastique par rapport à X, que nous écrirons sous la forme

(68.1) $$d[X,X]_t = d\!<X,X>_t + \Phi_t\, dX_t\ ,$$

et que nous appellerons l'*équation de structure* de la martingale X. Nous nous intéressons avant tout aux martingales normales, pour lesquelles l'équation s'écrit

(68.2) $$d[X,X]_t = dt + \Phi_t\, dX_t\ .$$

Dans le cas discret, nous avons vu plus haut que l'existence d'une équation de structure équivaut à la PRP et même (dans le cas normal) à la PRC. Pour les martingales càdlàg., ce que l'on sait est contenu dans les trois articles d'Émery [5], [6],[7]. La fin de ce paragraphe se propose d'intéresser le lecteur aux problèmes posés par les équations de structure et la représentation chaotique. Elle contient quelques résultats sur les martingales solutions d'équations de structure, sur les martingales d'Azéma et d'autres exemples. La lecture des articles d'Emery est irremplaçable, et nous y renverrons d'ailleurs pour certains détails.

69 L'équation de structure la plus simple est évidemment

$$d[X,X]_t = dt \ . \tag{69.1}$$

Elle entraîne que la martingale X est continue avec un crochet oblique égal à t, et c'est donc un mouvement brownien.

Le degré suivant de complication est

$$d[X,X]_t = dt + c dX_t \ . \tag{69.2}$$

La martingale X est alors à variation finie, donc somme compensée de ses sauts. D'autre part, les sauts de X satisfont à la relation $(\Delta X_t)^2 = c\Delta X_t$, donc $\Delta X_t = c$. Il en résulte que X est un processus de Poisson compensé.

Le cas où le processus Φ est déterministe décrit des processus de Wiener/Poisson non homogènes dans le temps. Voir Émery [5], p.74.

Après ces équations de structure simples (et fondamentales) viennent les premières équations non triviales

$$d[X,X]_t = dt + c dX_t + \beta X_{t-} dX_t \ . \tag{69.3}$$

Le coefficient c peut être éliminé en posant $X = Y - c$. On supposera donc désormais que $c = 0$, et les solutions de (69.3) portent alors le nom de *martingales d'Azéma*. Leur prototype est le processus

$$X_t = \operatorname{sgn}(B_t)\sqrt{2(t-G_t)} \ , \tag{69.4}$$

découvert par Azéma dans ses travaux sur les ensembles aléatoires. Nous en reparlerons plus en détail au n° 72.

70 La résolution d'une équation de structure s'entend en général au sens suivant : on travaille sur l'espace Ω des trajectoires càdlàg., muni du processus (X_t) des coordonnées et de sa filtration naturelle; on se donne le processus prévisible Φ et la valeur initiale $X_0 = x$, et l'inconnue est une *loi de probabilité* $\mathbb{P}$, sous laquelle (X_t) est une martingale (normale) satisfaisant à l'équation de structure. Par exemple, si le processus Φ est continu à gauche et étagé relativement à une subdivision déterministe (t_n), l'existence et l'unicité de la loi solution se démontrent aisément par récurrence sur n, à partir des cas élémentaires cités plus haut : conditionnellement à $\mathcal{F}_{t_n}$, le processus X est sur l'intervalle $]\,t_n, t_{n+1}\,]$ un processus de Poisson compensé de valeur initiale X_{t_n}, de hauteur de sauts $\Phi(t_{n+1})$ ($\mathcal{F}_{t_n}$-mesurable), et d'intensité connue. Le cas limite de la hauteur de sauts nulle s'interprète comme un mouvement brownien standard.

La condition que $\mathbb{P}$ fasse de X une martingale (normale) ne peut être séparée de l'équation de structure : il se peut que celle-ci n'ait de sens que pour une telle loi (lorsque Φ est donné comme intégrale stochastique multiple, par exemple).

Soit $\mathcal{S}$ l'ensemble des solutions de l'équation de structure (68.2) ou (68.1), et soient trois lois de probabilité, satisfaisant à la relation $\mathbb{P} = \lambda\mathbb{P}_1 + (1-\lambda)\mathbb{P}_2$ avec $0<\lambda<1$, et sous chacune desquelles X est une martingale. Il est facile de voir que $\mathbb{P}$ appartient à $\mathcal{S}$ si et seulement s'il en est ainsi de $\mathbb{P}_1$ et $\mathbb{P}_2$. En particulier, si l'équation de structure admet une solution unique, celle-ci est une loi de martingale *extrémale,*, et possède donc la propriété de représentation prévisible (VIII.57).

A cause des martingales d'Azéma, on a surtout étudié les équations de structure pour lesquelles $\Phi_t = f(X_{t-})$. On peut les appeler *équations de structure markoviennes,* bien que leurs solutions ne soient pas nécessairement des processus de Markov — elles le sont lorsque l'unicité a lieu. Par discrétisation et passage à la limite étroite, on peut montrer que toute équation de structure de ce type avec f continue admet au moins une solution (*Sém. Prob. XXIII*, p.142-145). En revanche, Émery donne (p. 77-78) l'exemple de la fonction discontinue $f(x) = \text{sgn}(x)$ pour laquelle l'équation de structure n'a pas de solution issue de 0, et de la fonction $f(x) = -\text{sgn}(x)$ pour laquelle elle en a plusieurs.

71 Ce n° contient quelques propriétés simples des solutions d'équations de structure. Nous supposons que X est une martingale locale solution de (68.2) avec une valeur initiale $X_0 = x$ déterministe. Il est facile de voir (Émery [5], p.68) que X est alors une vraie martingale normale, et nous mettrons cela dans nos hypothèses sans nous y attarder.

a) En tout temps d'arrêt T, on a $(\Delta X_T)^2 = \Phi_T \Delta X_T$, donc si $\Delta X_T \neq 0$ on a $\Delta X_T = \Phi_T$.

b) Soit T un temps prévisible borné; alors ΔX_T^2 est intégrable et $\mathbb{E}[\Delta X_T^2 \,|\, \mathcal{F}_{T-}] = \Phi_T \mathbb{E}[\Delta X_T \,|\, \mathcal{F}_{T-}] = 0$. Donc X n'a pas de sauts prévisibles.

c) Les martingales $Y = I_{\{\Phi=0\}} \cdot X$ et $Z = I_{\{\Phi\neq 0\}} \cdot X$ sont orthogonales; la première a un crochet droit $d[Y,Y]_t = \Phi_t dt$ continu, et donc est *continue*. D'autre part, $\Phi \cdot X$ est à variation finie, donc purement discontinue, et il en est de même de $Z^\varepsilon = \Phi I_{\{|\Phi|>\varepsilon\}} \cdot X$, puis par intégrale stochastique de $I_{\{|\Phi|>\varepsilon\}} \cdot X$. En faisant tendre ε vers 0, on voit enfin que Z est *purement discontinue*. La décomposition $X = Y + Z$ nous donne donc les parties continue et purement discontinue de la martingale X.

d) Soit U un processus prévisible localement borné, et soit $W = U.X$. Nous avons

$$d[W,W]_t = U_t^2\,dt + U_t^2 \Phi_t\,dX_t = U_t^2\,dt + U_t \Phi_t\,dW_t$$

(qui *n'est pas* une équation de structure du type (68.1), car U et $U\Phi$ n'appartiennent pas à la filtration naturelle de la martingale W). Prenons pour U un processus prévisible borné de la forme $I_{\{\Phi\in H\}}/\Phi$, où H est une partie de $\mathbb{R}$ non adhérente à 0. Alors on a $U_t \Phi_t = 1$ sur $\{U \neq 0\}$, donc $(U\Phi) \cdot W = W$. La martingale W est à variation finie, sautant de 1 en chaque saut de X tel que $\Delta X \in H$; on a donc $[W,W]_t = N_t^H$ le nombre des sauts de X de ce type sur l'intervalle $[0,t]$, et nous avons identifié le *système de Lévy de*

X (VIII.68) : si $f(\omega, s, x)$ est un processus prévisible positif, dépendant mesurablement du paramètre $x \in \mathbb{R}$, nul pour $x = 0$

$$\mathbb{E}\left[\sum_{\Delta X_s \neq 0} f(s, \Delta X_s)\right] = \mathbb{E}\left[\int_0^\infty \frac{f(s, \Phi_s)}{\Phi_s^2} ds\right] .$$

e) Conservons le processus (U_t) précédent. La martingale W à sauts unité s'écrit $N - A$, où N_t est le nombre de sauts sur l'intervalle $[0, t]$ et $A_t = \int_0^t U_s^2 ds$. On a alors $\mathbb{E}[N_T] = \mathbb{E}[A_T]$ pour tout t. d'a. T, borné d'abord, puis quelconque. Posant $\tau_t = \inf\{s : A_s > t\}$, on voit que (W_{τ_t}) est une martingale à sauts unité, de crochet oblique $t \wedge A_\infty$. Il n'est pas difficile de déduire de XIV.65 qu'il existe alors, sur un espace probabilisé élargi, un processus de Poisson Z_t d'intensité 1 tel que $W_{\tau_t} = Z_t - t$ pour $t < A_\infty$, et on a alors $W_t = Z_{A_t} - A_t$ pour tout t.

L'idée consiste à construire un compteur de compensateur t, auquel s'applique XIV.65, en adjoignant à l'espace Ω un processus de Poisson indépendant, que l'on raccorde à l'instant A_∞ au bout du compteur N_{τ_t}. La seule difficulté consiste à écrire proprement la filtration dans laquelle on travaille.

72 Après ces remarques sur les équations de structure, passons à l'étude de la famille des martingales d'Azéma,

$$d[X, X]_t = dt + \beta X_{t-} dX_t . \tag{72.1}$$

Nous avons déjà mentionné plus haut l'existence d'une solution pour tout β. Les résultats obtenus par Émery sont de deux types. D'une part *l'unicité en loi* pour tout β, et donc la PRP. D'autre part, et c'est le résultat qui nous intéresse ici, la *représentation chaotique dans l'intervalle* $\beta \in [-2, 0[$, le cas où $\beta = 0$ (mouvement brownien) étant réglé d'avance.

Cet intervalle joue un rôle particulier, parce que les v.a. X_t sont alors *bornées*. Comparant en effet l'équation (72.1) à la formule $d(X_t^2) = 2X_{t-}dX_t + d[X, X]_t$, on voit que

$$(\beta + 2)\, d[X, X]_t - \beta\, d(X_t^2) = 2dt \tag{72.2}$$

Dans l'intervalle en question, on a donc $d(X_t^2) \leq (-2/\beta)\, dt$, et l'on voit que X_t reste borné. Noter le cas particulier $\beta = -2$, pour lequel $d(X_t^2) = dt$, les trajectoires de la martingale sautant entre les deux arcs de parabole $x = \pm\sqrt{x_0^2 + t}$.

Cette martingale résout donc le problème de Gilat pour une fonction déterministe (XXIII.46). Pour une étude plus approfondie, voir Emery [5], p.79.

Nous admettrons ici que le processus X défini par (69.4) (la martingale d'Azéma) est bien une martingale. On en trouvera une démonstration brève dans le livre de Protter [5], p.180-185. A vrai dire, nous n'en sommes pas bien loin : d'après la théorie générale des ensembles aléatoires, nous savons associer à l'ensemble M des zéros du brownien la *sous*martingale $Y_t = \sqrt{2(t - G_t)}$, nulle sur M, et dont le processus croissant associé est porté par M (XX.60 a)). Nous savons aussi en déduire une martingale en changeant aléatoirement le signe de ses excursions (XX.67), et celle-ci a la même loi que le processus (69.4).

Azéma a montré que la martingale $Y - A$ obtenue en compensant la sousmartingale Y est normale, et possède la PRP. On ignore si elle possède la PRC. Nous avons vu en XX.59 que A est proportionnel au temps local brownien.

Vérifions (en suivant Emery) que X satisfait à l'équation de structure avec $\beta = -1$. Tout d'abord, on a $I_{\{X_-=0\}} \cdot X = 0$ d'après XXIII.(26.6) (ceci vaut d'ailleurs pour toute martingale locale), tandis que pour tout $\varepsilon > 0$ on vérifie que $I_{\{|X_-|>\varepsilon\}} \cdot X$ est à variation finie. Il en résulte que X est purement discontinue, et donc $[X,X]_t = \sum_{s\leq t} \Delta X_s^2$. Mais les sauts ne se produisent que pour $s = d \in \mathbf{D}$ (extrémités droites d'intervalles contigus à $\mathbf{M}$) et $\Delta X_d^2 = 2(d-g)$; on a donc ($\mathbf{M}$ étant de mesure nulle) $[X,X]_t = 2G_t$. D'autre part,

$$2\int_0^t X_{s-}\,dX_s = X_t^2 - [X,X]_t = 2(t-G_t) - [X,X]_t = 2t - 2[X,X]_t ,$$

qui est l'équation de structure.

Représentation chaotique

73 Nous nous proposons d'établir le théorème suivant, dû à Émery :

THÉORÈME. *Pour $\beta \in [-2,0]$, la martingale d'Azéma possède la PRC.*

DÉMONSTRATION. L'argument principal de la démonstration consiste à montrer que si une v.a. F admet un développement chaotique (fini), et si G est un élément du premier chaos, alors FG admet un développement chaotique fini. L'hypothèse sur β n'intervient pas ici. On verra au n° 74 comment on en déduit, pour β dans le bon intervalle, que les v.a. admettant un développement chaotique sont denses dans L^2.

Faisons d'abord un raisonnement formel. Soient F une v.a. admettant un développement chaotique limité à l'ordre n. Alors on peut écrire $F_t = \mathbb{E}[F\,|\,\mathcal{F}_t] = \int_0^t f_s\,dX_s$, où les f_s ont un développement linité au $(n-1)$-ième chaos. De même, si $G = \int g(s)\,dX_s$ appartient au premier chaos, on écrit que $G_t = \mathbb{E}[G\,|\,\mathcal{F}_t] = \int_0^t g(s)\,dX_s$. Alors nous avons

$$FG = \int_0^\infty G_t f_t\,dX_t + \int_0^\infty g(t)\,F_t\,dX_t + \int_0^\infty g(t)\,f_t\,d[X,X]_t$$

La remarque du n° 2 nous a permis de simplifier G_{t-}, F_{t-} en G_t, F_t. Le second terme est dans le $(n+1)$-ième chaos, sous réserve d'intégrabilité. Le passage de F à f_t faisant descendre d'un chaos, faisons l'hypothèse de récurrence que $G_t f_t$ est développable en chaos; alors le premier terme est développable, sous réserve d'intégrabilité. Reste le troisième, pour lequel nous utilisons l'équation de structure. Nous trouvons d'abord $\int_0^\infty g(t)\,f_t\,dt$ qui ne pose en principe aucun problème, et puis $\beta\int_0^\infty g(t)\,f_t\,X_t\,dX_t$ (n° 2!) et l'hypothèse de récurrence fonctionne à nouveau, *parce que X_t appartient au premier chaos.*

Pour rendre la démonstration rigoureuse, il suffit de désigner par $\mathcal{H}_n$ l'espace des v.a. admettant un développement chaotique ne dépassant pas le n-ième chaos, et dont les coefficients sont bornés et à support compact. On suppose de même que g est bornée à support compact, et on fait l'hypothèse de récurrence que pour $F \in \mathcal{H}_{n-1}$ on a $FG \in \mathcal{H}_n$ (évidemment satisfaite pour $n = 1$). Alors le raisonnement précédent montre que pour $F \in \mathcal{H}_n$ on a $FG \in \mathcal{H}_{n+1}$, et la récurrence se poursuit sans obstacle.

Il en résulte que toute v.a. de la forme $\int_0^\infty g(s)\,dX_s$, avec g bornée à support compact, appartient à tous les L^p. et que tout polynôme en un nombre fini de telles v.a. est développable en chaos. Noter que le raisonnement par récurrence détermine complètement ce développement en chaos, de manière algébrique, et en particulier détermine l'espérance de la v.a., qui est le terme du développement dans le chaos d'ordre 0.

La méthode que nous venons d'utiliser s'applique à des équations de structure un peu plus générales (Emery [5], p.86). D'autre part, Emery a obtenu pour les martingales d'Azéma une véritable formule de multiplication des intégrales stochastiques, assez compliquée (non publiée).

74 Supposons maintenant que $\beta \in [-2,0[$ (le cas du mouvement brownien étant déjà connu). Considérons une v.a. de la forme $f(X_{t_1},\dots,X_{t_n})$, où les indices t_i restent fixés et f est continue sur $\mathbb{R}^n$. Comme on est dans le bon intervalle en β, les v.a. X_{t_i} prennent leurs valeurs dans un intervalle borné I, et f est approchable uniformément sur I^n par des polynômes P_k. Les v.a. $P_k(X_{t_1},\dots,X_{t_n})$ admettant des développements chaotiques, il en est de même de $f(X_{t_1},\dots,X_{t_n})$, et la densité des chaos en résulte.

L'unicité en loi en résulte aussi, puisqu'on sait calculer l'espérance d'une telle v.a. à partir de son développement chaotique.

REMARQUE. Le cas où β n'appartient pas au bon intervalle pose des problèmes délicats. Par exemple, à défaut de représentation chaotique, on pourrait espérer établir l'unicité en loi en utilisant les moments des v.a. X_t (qui appartiennent à tous les L^p), comme dans le cas limite $\beta = 0$. Or les moments croissent trop vite et le problème des moments est indéterminé.

Recollement de la PRC

Nous allons maintenant extraire du travail d'Émery [7] un résultat partiel, qui résout le problème suivant posé par Stricker : soient (X_t) et (Y_t) un mouvement brownien et un processus de Poisson compensé indépendants, T un temps d'arrêt du brownien, Z la martingale normale obtenue en remplaçant les accroissements de X par ceux de Y à partir de l'instant T ; Z possède-t-elle la PRC? Nous allons voir que la réponse est positive. La démonstration que nous allons donner de ce fait ne sera pas entièrement rigoureuse, mais sera intuitivement transparente (le lecteur pourra consulter Emery [7], qui présente les qualités et défauts exactement inverses).

75 Si f est une v.a. de L^2, on peut toujours définir la projection de f sur les chaos de X. Nous appellerons dans la suite *coefficients chaotiques de* f les coefficients de cette projection, notés $C(A;f)$ (ou plus explicitement $C(s_1,\dots,s_n;f)$), qui se calculent par la formule symbolique

$$C(A,f) = \mathbb{E}[f\,dX_A] \;/\; dA\,. \tag{75.1}$$

Le sens rigoureux de ($\int_{\mathcal{P}} t^{|A|}\,h(A)\,C(A;f)\,dA = \mathbb{E}[f\,\mathcal{E}(tH)]$ $^2(\mathbb{R}_+)$, prolongeons h à $\mathcal{P}$ par la formule $h(A$

$$\int_{\mathcal{P}} t^{|A|}\,h(A)\,C(A;f)\,dA = \mathbb{E}[f\,\mathcal{E}(tH)]\,, \tag{75.2}$$

qui lorsqu'on identifie les coefficients des puissances de t équivaut, comme d'habitude, à une infinité d'égalités, permettant de calculer $C(A\,;\,f)$ au moyen du théorème de dérivation de Lebesgue. La projection de f sur les chaos de X vaut

$$(75.3) \qquad C(f) = \int_{\mathcal{P}} C(A\,;\,f)\,dX_A\ ,$$

et pour que f soit développable suivant les chaos de X, il faut et il suffit que l'on ait

$$(75.4) \qquad \int C(A\,;\,f)^2\,dA = \mathbb{E}\,[\,f^2\,]\ .$$

Nous utiliserons enfin la remarque suivante. Si T est un temps d'arrêt, et u une v.a. $\mathcal{F}_T$-mesurable, on a

$$(75.5) \qquad C(A\,;\,u) = C(A\,;\,u I_{\{A\leq T\}})$$

la notation $A \leq T$ signifiant $\sup(A) \leq T$. Le sens précis de (75.5) est le suivant : pour tout r rationnel, on a

$$C(A\,;\,u I_{\{T<r\}}) = 0 \quad \text{p.p. sur l'ensemble } \{\sup(A) > r\}$$

et la propriété est intuitivement évidente, car on a dès que $\sup(A) > r$

$$\mathbb{E}\,[\,u I_{\{T<r\}} dX_A\,] = \mathbb{E}\,[\,u I_{\{T<r\}} \mathbb{E}\,[\,dX_A \,|\, \mathcal{F}_r\,]\ ] = 0\ .$$

La démonstration rigoureuse se fait à partir de (75.2).

76 Considérons deux martingales normales X et Y, nulles en 0, possédant la PRC, et *indépendantes*. Nous considérons un t. d'a. T de la filtration naturelle $(\mathcal{F}_t^X)$, fini pour simplifier, et nous définissons le processus

$$Z_t = X_t I_{\{t\leq T\}} + (X_T + Y_{t-T})\, I_{\{t>T\}}\ .$$

Nous laissons au lecteur le soin de vérifier que Z est une martingale normale. D'autre part, on vérifie aisément que la tribu $\mathcal{F}_\infty^Z$ est contenue dans $\mathcal{F}_T^X \vee \mathcal{F}_\infty^Y$, et ces deux tribus sont indépendantes. Il suffit donc de montrer que *toute variable aléatoire de la forme* $f = uv$, *avec* $u \in L^2(\mathcal{F}_T^X)$, $v \in L^2(\mathcal{F}_\infty^Y)$, *est développable suivant les chaos de* Z.

Nous allons calculer les coefficients $C_Z(A\,;\,uv)$ pour $A = \{s_1 < \ldots < s_n\}$, donnés par la formule heuristique (où l'on convient que $s_0 = 0,\, s_{n+1} = \infty$)

$$C_Z(A\,;\,uv)\,dA = \sum\nolimits_k \mathbb{E}\,[\,uv\, I_{\{s_k\leq T<s_{k+1}\}}\, dX_{s_1} \ldots dX_{s_k}\, dY_{s_{k+1}-T} \cdots dY_{s_n-T}\,]\ .$$

Cette formule peut être justifiée de la manière suivante : les coefficients étant définis aux ensembles de mesure nulle près, on peut supposer que $\mathbb{P}\{T = s_k\} = 0$ pour tout k, après quoi on calcule le coefficient en dimension n en appliquant le théorème de dérivation de Lebesgue sur un petit cube de centre (s_i). Nous renvoyons les lecteurs scrupuleux à Émery [7].

Nous conditionnons par $\mathcal{F}_T$, utilisons l'indépendance, posons $\{s_1,\ldots,s_k\} = K$, $\{s_{k+1},\ldots,s_n\} = L$, et le second membre s'écrit

$$\sum_{K+L=A} C_X(K\,;\,uI_{\{K\leq T<L\}}\,C_Y(L-T\,;\,v))\,.$$

La notation $K\leq T$ a été expliquée en (75.5), $T<L$ est semblable, et $L-T$ est le translaté de L par T vers la gauche. Désignons par $h(K,L)$ cette expression, qui est nulle si l'on n'a pas $K<L$. Une relation de la forme $C(A)=\sum_{K+L=A} h(K,L)$ entraîne

$$C(A)^2 = \sum_{K+L=A\,,\,M+N=A} h(K,L)\,h(M,N) = \sum_{P+R+S+Q=A} h(P+R,S+Q)\,h(P+S,R+Q)$$

et d'après la propriété particulière de h mentionnée plus haut, seuls sont non nuls les termes pour lesquels $R=S=\emptyset$. Reste donc

$$C(A)^2 = \sum_{P+Q=A} h(P,Q)^2\,.$$

Nous intégrons, et utilisons la propriété fondamentale de la mesure, ce qui nous donne

$$\int C_Z(A\,;\,uv)\,dA = \int h(P,Q)^2\,dP\,dQ = \int C_X^2(K\,;\,uI_{\{P\leq T<Q\}}\,C_Y(Q-T\,;\,v))\,dP\,dQ$$

Nous remarquons que $u\,C_Y(Q-T\,;\,v)$ est $\mathcal{F}_T^X$-mesurable, et nous déduisons de (75.5), pour Q fixé

$$C_X(P\,;\,uI_{\{P\leq T<Q\}}\,C_Y(Q-T\,;\,v)) = C_X(P\,;\,uI_{\{T<Q\}}\,C_Y(Q-T\,;\,v))\,.$$

On a, bien sûr, la même égalité pour leurs carrés. Intégrons d'abord en dP à Q fixé, en utilisant la PRC de X. Nous obtenons

$$\int_{\mathcal{P}} E\,[u^2 I_{\{T<Q\}}\,C_Y^2(Q-T\,;\,v)]\;dQ\,.$$

Intervertissons les intégrations : on a pour ω fixé, d'après la PRC de Y.

$$\int_{\mathcal{P}} I_{\{T<Q\}}C_Y^2(Q-T\,;\,v)\,dQ = \int_{\mathcal{P}} C_Y^2(R\,;\,v)\,dR = \mathbb{E}\,[v^2]\,.$$

Intégrant alors en ω il reste $\mathbb{E}\,[u^2]\;\mathbb{E}\,[v^2] = \mathbb{E}\,[f^2]$. Le théorème est établi.

CHAPITRE XXII

Quelques applications à l'analyse

Ce chapitre présente un ensemble d'applications de la théorie des processus de Markov et de la théorie des martingales à l'analyse. Notre thème principal est l'étude d'une fonction $f(x)$ sur $\mathbb{R}^d$ au moyen de son *prolongement harmonique* $f(t,x)$ à $\mathbb{R}_+ \times \mathbb{R}^d$ — idée classique en analyse, et développée systématiquement par E. Stein dans deux livres très connus [1][2]. Ce procédé s'étend en fait en une méthode générale d'étude des semi–groupes, efficace surtout pour les semi–groupes symétriques. Parmi les diverses possibilités qui s'offraient à nous, nous avons donné la première place à une idée de D. Bakry, celle de *l'opérateur carré du champ itéré* ou Γ_2, qui a été développée par lui (en collaboration avec M. Émery) en une sorte de "géométrie des semi–groupes" fort attrayante. Les articles de Bakry sont parus en ordre dispersé, et nous avons voulu leur donner une introduction générale, en laissant de côté les résultats les plus techniques. Sur les mêmes sujets ou des sujets voisins, on pourra consulter aussi un très bel exposé de Gundy [3].

1. PROLONGEMENTS HARMONIQUES

Cette section comprend quelques résultats simples, d'ordre probabiliste, qui serviront dans tout le reste du chapitre.

Temps d'entrée du mouvement brownien

1 Nous considérons un mouvement brownien (B_t) sur la droite, de générateur Δ plutôt que $\Delta/2$ (la seconde normalisation, plus familière aux probabilistes, complique certaines constantes). Nous désignons par T_r le premier instant où (B_t) rencontre le point $r \in \mathbb{R}$; le t. d'a. T_0 jouera un rôle spécial et sera noté simplement par T. Nous avons vu au n° XIV.56 que T_r est p.s. fini, et la continuité des trajectoires entraîne que $B_{T_r} = r$. Nous avons vu en XIV–(56.2) que

$$(1.1) \qquad \mathbb{E}^0\left[e^{-pT_r}\right] = \mathbb{E}^r\left[e^{-pT_0}\right] = e^{-|r|\sqrt{p}} .$$

Avec la normalisation probabiliste, le côté droit serait $e^{-|r|\sqrt{2p}}$. Sous la loi $\mathbb{P}^0$, le processus $(T_r)_{r\geq 0}$ est un p.a.i. stable unilatéral d'ordre $1/2$, associé au semi-groupe de convolution (XIII.(29.8))

$$(1.2) \qquad \sigma_t(dr) = \frac{t}{\sqrt{\pi}} r^{-3/2} e^{-t^2/4r} dr .$$

2 Rappelons quelques résultats vus en XIII–27.30. Soit (P_t) un semi-groupe mesurable de noyaux sousmarkoviens sur un espace mesurable $(E, \mathcal{E})$. Les noyaux

$$(2.1) \qquad Q_t = \int_0^\infty \sigma_t(du) P_u$$

forment alors un nouveau semi-groupe sousmarkovien sur E (markovien si (P_t) l'est).

Nous avons vu que le rôle du semi-groupe (σ_t) peut être joué par n'importe quel semi-groupe de convolution sur $\mathbb{R}_+$ (théorie de la subordination au sens de Bochner). Bouleau et Lamberton [1] ont utilisé dans le même contexte d'autres semi-groupes stables.

Lorsque $E = \mathbb{R}^d$, et que (P_t) est un semi-groupe de convolution par des lois π_t de transformée de Fourier $\widehat{\pi}_t(u) = e^{-t\psi(u)}$, le semi-groupe (Q_t) est aussi un semi-groupe de convolution sur $\mathbb{R}^d$, par des lois κ_t de transformée de Fourier

$$(2.2) \qquad \widehat{\kappa}_t(u) = \int_0^\infty \sigma_t(dr) e^{-r\psi(u)} = e^{-t\sqrt{\psi(u)}} .$$

Lorsque la fonction $\psi(u)$ est complexe, la racine est définie par continuité à partir de la valeur $\sqrt{\psi(0)} = 1$.

Le cas le plus important est celui où (P_t) est le semi-groupe du mouvement brownien sur $\mathbb{R}^d$: alors $\psi(u) = -|u|^2$ (normalisation des analystes), et $\widehat{\kappa}_t(u) = e^{-t|u|}$ (le semi-groupe de Cauchy sur $\mathbb{R}^d$). L'expression de Q_t est bien connue

$$(2.3) \qquad Q_t(x, dy) = \frac{c_d\, t\, dy}{(t^2 + |x-y|^2)^{(d+1)/2}} ,$$

C'est aussi le *noyau de Poisson du demi-espace* $\mathbb{R}_+ \times \mathbb{R}^d$. En particulier, si $f(x)$ est une fonction continue bornée sur $E = \mathbb{R}^d$ (identifié au bord du demi-espace), la fonction $Q_t(x, f)$ de la variable $z = (t, x)$ est le *prolongement harmonique* de f au demi-espace.

3 Dans le cas général d'un semi-groupe (P_t) sur E, nous dirons encore que (Q_t) est le *semi-groupe de Cauchy associé à* (P_t), et que la fonction $Q_t(x, f)$ est le *prolongement harmonique* de la fonction f sur E. Nous la désignerons simplement par $f(t, x)$ s'il n'y a pas d'ambiguïté. Nous continuerons à appeler E le "bord" du "demi-espace" $\mathbb{R}_+ \times E$. Le générateur de (P_t) sera désigné par L, et celui de (Q_t) par C.

Dans toute la suite, p appartiendra à l'intervalle $]1, \infty[$, (les bornes de l'intervalle faisant l'objet, s'il y a lieu, d'une mention spéciale) et q désignera l'exposant conjugué. Soit η une mesure excessive pour (P_t) — ce sera presque toujours une mesure invariante. Le semi-groupe (P_t) opère par contraction sur $L^1(\eta)$ et $L^\infty(\eta)$, donc sur tous les L^p, et nous le supposerons fortement continu pour $1 \leq p < \infty$. Le domaine du générateur sera noté

$\mathcal{D}_p(L)$. Nous avons vu en XIII.30 que pour $f \in \mathcal{D}_p(L)$, on a $f \in \mathcal{D}_p(C)$, $Cf \in \mathcal{D}_p(C)$, et $-Lf = C^2 f$, ce qui justifie la notation $C = -\sqrt{-L}$ (le signe $-$ en tête venant de la décomposition spectrale ; on y reviendra).

On voit sur la formule explicite (1.2) que Q_t est indéfiniment différentiable en t. Plus précisément, si f appartient à L^p (y compris $p = 1, \infty$), $Q_t f$ appartient à $\mathcal{D}_p(L)$ pour tout $t > 0$, et on a $D^n Q_t f = C^n Q_t f$. En particulier, le prolongement harmonique $f(t, x)$ annule l'opérateur "elliptique" $\frac{\partial^2}{\partial t^2} + L_x$.

Si l'on remplace Q_t par P_t, on obtient un prolongement "parabolique", annulant l'opérateur $\frac{\partial}{\partial t} - L_x$. L'étude des prolongements "paraboliques" se prête mal aux méthodes probabilistes, mais conduit à des résultats plus profonds que celle des prolongements harmoniques (Stein [2], Cowling [1]).

Si l'on travaille sur les fonctions au lieu des classes, on peut encore affirmer que, pour f borélienne bornée sur E, la fonction $f(t, x)$ est indéfiniment différentiable en t sur l'intervalle $]\,0, \infty\,[$, et même au sens de la convergence uniforme. L'extension à des fonctions non bornées exige dans chaque cas un argument de convergence dominée, en général facile.

Notre langage correspond à un dessin où $\mathbb{R}$ est conçu comme "horizontal" et E comme "vertical" ; nous notons donc D^-, Δ^- les opérateurs de dérivée et de dérivée seconde suivant la direction "horizontale", et de même $L^|$ pour l'opérateur L agissant "verticalement" (le trait horizontal ou vertical sera omis s'il n'y a pas d'ambiguïté). Le générateur total $D^2 + L^|$ sera bien sûr noté $L^{\vdash}$.

Mouvements browniens avec dérive

4 Ce n° est une digression, et peut être omis.

On peut modifier la construction précédente en changeant de processus "horizontal". L'article de Bakry [2] introduit un *mouvement brownien avec dérive* α, c'est à dire un processus de la forme $(\beta_t - 2\alpha t)$, (β_t) désignant un mouvement brownien ordinaire dans la normalisation des analystes (si la normalisation probabiliste est utilisée, on prendra $(\beta_t - \alpha t)$).

Bouleau et Lamberton [1] ont utilisé comme processus horizontaux des processus stables d'exposant convenable, et Marias [1] des processus de Bessel.

Le générateur du mouvement brownien avec dérive est $D^2 - 2\alpha D$, et les "prolongements harmoniques" correspondants annulent donc l'opérateur $D^2 - 2\alpha D + L$. Bakry fait remarquer ([2], p.151) que ces semi-groupes interviennent très naturellement en analyse. En effet, le prolongement harmonique $f(r, x)$ d'une fonction f sur la sphère $E = S^{n-1}$ dans la boule unité de $\mathbb{R}^n$ satisfait à l'équation

$$\left(\frac{\partial^2}{\partial r^2} + \frac{n-1}{r}\frac{\partial}{\partial r} + \frac{1}{r^2}\Delta_s\right) f = 0$$

où r désigne le rayon et Δ_s le laplacien sphérique. En posant $r = e^{-t}$, cette équation devient

$$\left(D^2 - (n-2)D + \Delta_s\right) f(e^{-t}, x) = 0$$

qui est du type ci-dessus.

Le calcul de la loi des temps d'arrêt T_r pour le mouvement brownien avec dérive est un joli exercice sur le théorème de Girsanov. Désignons par $\mathbb{E}$ l'espérance relative au mouvement brownien issu de 0, et par $\mathbb{E}_\alpha$ l'espérance analogue par rapport au mouvement brownien avec dérive α. Nous allons calculer, comme aux n°s 1-2, la loi de T_r en partant de 0, et nous pouvons supposer $r>0$ quitte à changer le signe de α. Nous posons $T_r=S$ pour alléger. D'après le théorème de Girsanov, sous la loi de densité $e^{\alpha B_t - t\alpha^2}$ (sur la tribu $\mathcal{F}_t$), le processus $(B_s - 2\alpha s)_{s\le t}$ est un mouvement brownien, donc cette loi est égale à $\mathbb{P}_\alpha$ sur $\mathcal{F}_t$. On a donc

$$\mathbb{E}_\alpha\left[e^{-pS} I_{\{S<t\}}\right] = \mathbb{E}\left[e^{-pS} I_{\{S<t\}} e^{\alpha B_t - t\alpha^2}\right] .$$

On a d'après la propriété de Markov forte

$$\mathbb{E}\left[e^{\alpha B_t} I_{\{S<t\}} \,|\, \mathcal{F}_S\right] = e^{\alpha r}\mathbb{E}\left[e^{\alpha(B_t - r)} I_{\{S<t\}} \,|\, \mathcal{F}_S\right] = e^{\alpha r} e^{\alpha^2 (t-S)} I_{\{S<t\}} .$$

Il nous reste donc

$$\mathbb{E}_\alpha\left[e^{-pS} I_{\{S<t\}}\right] = e^{\alpha r} \int_0^t \sigma_r(ds)\, e^{-ps} e^{-s\alpha^2} .$$

Nous pouvons maintenant faire tendre t vers l'infini et appliquer (1.1) pour obtenir

$$\mathbb{E}_\alpha\left[e^{-pT_r}\right] = e^{\alpha r} e^{-r\sqrt{p+\alpha^2}} \tag{4.1}$$

(avec la normalisation probabiliste, nous aurions $2p$ au lieu de p) Nous commençons par faire tendre p vers 0, ce qui nous donne

$$\mathbb{P}_\alpha\{T_r<\infty\} = 1 \quad \text{si } \alpha \ge 0,\ e^{r\alpha} \text{ si } \alpha < 0. \tag{4.2}$$

Soit $\sigma_r^\alpha(ds)$ la mesure de transformée de Laplace

$$\int e^{-ps}\, \sigma_r^\alpha(ds) = e^{\alpha r} e^{-r\sqrt{p+\alpha^2}} . \tag{4.3}$$

Etant donné un semi-groupe markovien (P_t) de générateur L, nous lui associons un semi-groupe (Q_t^α) par la formule

$$Q_t^\alpha = \int \sigma_t^\alpha(ds)\, P_s . \tag{4.4}$$

Ce semi-groupe est markovien si $\alpha>0$, et son générateur est formellement $\alpha I - \sqrt{\alpha^2 - L}$. Si $\alpha<0$, le semi-groupe est sousmarkovien, et on le rend markovien en le multipliant par $e^{-t\alpha}$. Il est clair qu'on revient ainsi au semi-groupe $(Q_t^{-\alpha})$ à dérive vers la gauche.

REMARQUE. Contrairement à ce que suggère une lecture superficielle de Bakry [2], le seul type de prolongement harmonique utilisé en théorie des transformations de Riesz est celui du n° 2, mais pour tous les semi-groupes (sousmarkoviens) $e^{-rt}P_t$, $r \ge 0$.

Nous reprenons la discussion des prolongements harmoniques ordinaires.

Prolongements harmoniques et martingales

5 Nous allons donner une interprétation probabiliste de la construction des prolongements harmoniques. On suppose que le semi–groupe vertical (P_t) sur E est markovien droit, et on lui associe donc un processus de Markov (X_t) continu à droite. On réalise ce processus et le mouvement brownien horizontal (B_t) sur le même espace probabilisé Ω, les deux processus étant indépendants.

Les hypothèses droites peuvent sembler impures dans un contexte analytique, qui vient en général de la théorie de la mesure. En réalité, elles sont anodines, car on peut s'y ramener au moyen d'une compactification de Ray, qui respecte la structure mesurable. Voir *Sém. Prob. XV*, p.164.

Nous posons alors $Y_t = (B_t, X_t)$, processus de Markov à valeurs dans $\mathbb{R} \times E$. La loi $\mathbb{P}^z = \mathbb{P}^{r,x}$ de ce processus correspond au point initial x pour le processus (X_t), et r (toujours > 0) pour le mouvement brownien horizontal. La filtration $\mathcal{F}_t$ est la filtration naturelle de (Y_t), rendue continue à droite et complétée de la manière habituelle. Nous désignons par T le temps de rencontre de 0 pour (B_t), et nous avons donc $Y_T = (0, X_T)$, que nous identifions à X_T. On a alors un lemme très facile

THÉORÈME. *Soit f est une fonction bornée sur E, et soit $\widetilde{f}(t,x) = Q_t(x,f)$ son prolongement harmonique. On a pour tout point initial*

$$\mathbb{E}\left[f \circ X_T \,|\, \mathcal{F}_t \right] = f \circ X_T \, I_{\{T \le t\}} + \widetilde{f}(B_t, X_t) \, I_{\{t < T\}} \ . \tag{5.1}$$

Le processus $M_t(f) = f(B_{t \wedge T}, X_{t \wedge T})$ est donc une martingale.

Pour la clarté de ce premier énoncé, nous avons distingué la fonction f sur le bord et son prolongement harmonique $\widetilde{f}$, mais dans la suite nous les désignerons presque toujours par la même lettre.

DÉMONSTRATION. D'après la propriété de Markov à l'instant t pour le processus (Y_t), et la relation $X_T = X_T \circ \theta_t$ sur $\{t < T\}$, nous avons

$$\mathbb{E}\left[f \circ X_T \, I_{\{t<T\}} \,|\, \mathcal{F}_t \right] = \mathbb{E}^{Y_t}\left[f \circ X_T \right] \, I_{\{t<T\}} \ .$$

Or si $Y_0 = (r, y)$ nous avons d'après l'indépendance de X et B

$$\mathbb{E}^{r,y}\left[f \circ X_T \right] = \int \sigma_r(ds) \, \mathbb{E}^y \left[f \circ X_s \right] = Q_r(y, f) = \widetilde{f}(r, y)$$

d'où aussitôt l'égalité désirée.

Pour appliquer à $M(f)$ des inégalités de la théorie des martingales, et en déduire des résultats d'analyse, il faut savoir que $M(f)$ est continue à droite, et d'autre part connaître son crochet. Cela oblige à développer une théorie générale, que nous préférons rejeter au paragraphe 3. D'ici là, nous nous restreindrons au cas brownien, riche en exemples intéressants qui se traitent avec peu de moyens.

6 Lorsque (P_t) est le semi–groupe brownien de $\mathbb{R}^d$, le processus (Y_t) est lui–même un mouvement brownien dans $\mathbb{R}^{d+1}$. D'autre part, la fonction $f(t,x)$ est donnée par le noyau de Poisson, donc harmonique (et $\mathcal{C}^\infty$) dans le demi–espace ouvert, et pour f continue bornée sur le bord elle est continue sur le demi–espace fermé. Un moyen plaisant de voir tout cela (et qui reservira à l'occasion) consiste à prendre f dans l'espace $\mathcal{S}$ de Schwartz, et à utiliser la formule

$$(6.1)\qquad \widehat{f}(s,u) = e^{-s|u|}\widehat{f}(u) \quad ; \quad f(s,x) = \int_{\mathbb{R}^d} e^{-s|u|}\, e^{iu\cdot x}\widehat{f}(u)\,d\!\!\!{}^-u$$

où la transformée de Fourier $\widehat{f}(u) = \int e^{-iu\cdot x} f(x)\,d\!\!\!{}^-x$ est définie au moyen de la "mesure de Plancherel" $d\!\!\!{}^-x = dx/(2\pi)^{d/2}$, ce qui fait disparaître toutes les autres constantes.

Ecrivons alors la formule d'Ito sur l'intervalle $[0, T_r]$ pour la fonction $f(t,x)$ de classe $\mathcal{C}^\infty$, en prenant d'abord $r > 0$ (on fera tendre ensuite r vers 0). Comme cette fonction est harmonique, on a

$$f\circ Y_t = f\circ Y_0 + \int_0^t Df\circ Y_s\,dB_s + \sum_i \int_0^t D_i f\circ Y_s\,dX_s^i\ .$$

On désigne par $D = D^-$ la dérivée "horizontale" $\frac{\partial}{\partial t}$, tandis que les D_i sont les dérivées "verticales". On voit sur cette formule :

— que la première intégrale stochastique est la *projection* de la martingale $M(f)$ sur le mouvement brownien horizontal (B_t). Nous la désignerons par $M_t^-(f)$. C'est une remarque importante, parce que ces opérateurs de projection sur une martingale continue sont bornés dans les espaces $\mathcal{H}^p$ de martingales.

— Que les crochets (droits ou obliques : ce sont les mêmes ici) sont donnés respectivement par

$$(6.2)\quad <M(f)>_t = 2\int_0^t |\operatorname{grad} f|^2\circ Y_s\,ds \quad ; \quad <M^-(f)>_t = 2\int_0^t (D^-f)^2\circ Y_s\,ds\ .$$

Conditionnement par la valeur finale

7 Soit $V_a(r)$ la fonction de Green du mouvement brownien tué en 0 : pour $h \geq 0$ sur $\mathbb{R}_+$

$$\mathbb{E}^a\Big[\int_0^T h(B_s)\,ds\Big] = \int_0^\infty h(r)\,V_a(r)\,dr\ .$$

Cette fonction de Green a été calculée en XIII.37 (l'utilisation de la normalisation des analystes fait disparaître ici un facteur 2). On a

$$(7.1)\qquad V_a(r) = r\wedge a\ .$$

En utilisant l'invariance par (P_t) de η, la mesure de Lebesgue sur le bord, on établit la formule

$$(7.2)\qquad \mathbb{E}^{a,\eta}\Big[\int_0^T j(Y_s)\,ds\Big] = \int j(r,x)\,V_a(r)\,dr\,\eta(dx)$$

pour toute fonction positive $j(r,x)$ (commencer par le cas où $j(r,x)$ est de la forme $\alpha(r)\beta(x)$). Cela signifie que le potentiel de la mesure $\varepsilon_a \otimes \eta$, pour le processus (Y_t) tué au bord, est la mesure $V_a(r)\,dr\,\eta(dx)$.

Voici alors le dernier ingrédient — et peut être le principal — des calculs de ce chapitre. On désigne par $\mathbb{P}^{a,\eta}$ la mesure $\int \mathbb{P}^{a,x}\,\eta(dx)$.

THÉORÈME. *Pour toute fonction positive j sur $\mathbb{R}_+ \times E$, on a p.s.*

$$(7.3)\qquad \mathbb{E}^{a,\eta}\Big[\int_0^T j(Y_s)\,ds \,|\, X_T = x\Big] = \int_0^\infty Q_r(x, j_r)\,V_a(r)\,dr\,,$$

où j_r est l'application $j(r,\cdot)$ sur E.

DÉMONSTRATION. Soit $f(x)$ une fonction positive sur le bord du demi–espace. Nous employons la même lettre pour désigner son prolongement harmonique $f(r,x)$. Il s'agit de vérifier que

$$(7.4)\qquad \mathbb{E}^{a,\eta}\Big[f(X_T)\int_0^T j(Y_s)\,ds\Big] = \mathbb{E}^{a,\eta}\Big[f(X_T)\int_0^\infty Q_r(X_T, j_r)V_a(r)\,dr\Big]\,.$$

Du côté droit, nous remarquons que la répartition de X_T est l'image de η par le noyau $\int \sigma_a(dr)P_r = Q_a$; comme η est *invariante* par le semi–groupe (P_t), cette mesure est encore égale à η. Le côté droit vaut donc

$$(7.5)\qquad \int \eta(dx)\,f(x)\int_0^\infty Q_r(x, j_r)\,V_a(r)\,dr\,.$$

Nous écrivons le côté gauche en intervertissant les intégrations

$$\int_0^\infty \mathbb{E}^{a,\eta}\big[f(X_T)\,j(B_s, X_s)\,I_{\{s<T\}}\big]\,ds$$

et nous remplaçons dans l'espérance la v.a. par son espérance conditionnelle par rapport à $\mathcal{F}_s$, ce qui (d'après le n° 5) fait apparaître le prolongement harmonique de f

$$\int_0^\infty \mathbb{E}^{a,\eta}\big[f(Y_s)\,j(Y_s)\,I_{\{s<T\}}\big]\,ds = \mathbb{E}^{a,\eta}\Big[\int_0^T f(Y_s))\,j(Y_s)\,ds\Big]\,.$$

Cela s'interprète comme le potentiel de fj, pour le semi–groupe produit du semi–groupe brownien tué en 0 par le semi–groupe (P_t), que nous avons calculé plus haut. Le côté gauche de (7.4) vaut donc finalement

$$\int \eta(dx)\int f(r,x)\,j(r,x)\,V_a(r)\,dr$$

Si l'on se rappelle que $f(r,x)$ est un prolongement harmonique, l'égalité entre cette expression et (7.4) revient à l'égalité

$$< f\,, Q_r j_r >_\eta \,=\, < Q_r f\,, j_r >_\eta$$

c'est à dire, à la *symétrie* des semi–groupes (P_t) ou (Q_t) par rapport à η.

Tout ce raisonnement restera valable pour un semi-groupe markovien (P_t) admettant η comme mesure invariante symétrique. L'extension à une mesure invariante non symétrique est facile : il suffit de remplacer Q_r par son adjoint Q_r^* du côté droit de (7.3). Néanmoins, ce résultat ne semble pas très utile.

8 Nous allons donner une seconde démonstration du résultat précédent au moyen d'un retournement du temps. Cette démonstration est plus compliquée, mais elle est plus réellement probabiliste que la précédente. Les résultats nécessaires figurent au chapitre XVIII et au chapitre XIII, n°s 37–38.

Nous appelons (Z_t) le processus (B_t, X_t) tué à la première rencontre du bord. C'est un processus de Markov dont le semi-groupe (Π_t) est le semi-groupe produit $R_t \otimes P_t$, en désignant par (R_t) le semi-groupe du mouvement brownien sur $\mathbb{R}_+$, tué à la rencontre de 0 (ce semi-groupe était appelé (Q_t) en XIII.37 c), mais ici cela prêterait à confusion).

Il est naturel d'utiliser le retournement du temps pour transformer en conditionnement initial le conditionnement final de (7.3). Nous sommes donc amenés à chercher le dual de (Π_t) par rapport à la mesure potentiel de $\varepsilon_a \otimes \eta$, mesure qui vaut $V_a(r)\,dr\,\eta(dx)$ (n° 7). Ce dual est $\widehat{\Pi}_t = \widehat{R}_t^a \otimes P_t$, où $(\widehat{R}_t^a)$ est le semi-groupe dual de (R_t) par rapport à la mesure $V_a(r)\,dr$.

Désignons par (λ_s^a) la loi d'entrée du processus retourné $(\widehat{B}_t)_{t>0}$. Cette loi d'entrée est en fait (nous le verrons) fermable en 0, et il en est de même du processus retourné sur $\mathbb{R}_+ \times E$. Nous avons alors

$$\mathbb{E}^{a,\eta}\Big[\int_0^T j(B_s, X_s)\,ds \,|\, X_T = x\Big] = \widehat{\mathbb{E}}^x\Big[\int_0^\zeta j(\widehat{B}_s, \widehat{X}_s)\,ds\Big]$$
$$= \int_0^\infty ds \int \lambda_s^a(dr)\, P_s(x, dv)\, j(r, v)$$

Supposons que la mesure $\lambda_r^a(ds)$ admette une densité $L^a(s,r)$, et écrivons l'expression précédente sous la forme

$$\int dr \int L^a(s,r)\, P_s(x, j_r)\, ds\ .$$

Il apparaît alors que le résultat à établir revient à l'égalité suivante entre mesures, qui concerne uniquement le processus horizontal

$$\lambda_s(dr)\,ds = V_a(r)\,dr\,\sigma_r(ds)\ .$$

Nous appliquons ces deux mesures à une fonction de la forme $e^{-pr} f(s)$. Du côté droit, nous trouvons

$$\int V_a(r)\, f(r)\, e^{-r\sqrt{p}}\, dr\ ,$$

qui est la valeur en a du potentiel de la fonction $f(r)\,e^{-r\sqrt{p}}$ par rapport au mouvement brownien tué. Du côté gauche nous avons $\widehat{\mathbb{E}}^0\,[\int_0^\zeta e^{-pr} u \circ \widehat{X}_r\, dr]$, qui s'écrit en retournant le temps et en appliquant la propriété de Markov forte

$$\mathbb{E}^a\Big[\int_0^T e^{-p(T-r)} f \circ X_r\, dr\Big] = \mathbb{E}^a\Big[\int_0^T e_p \circ X_r\, f \circ X_r\, dr\Big]$$

en appelant e_p le p–potentiel d'équilibre de 0 pour le mouvement brownien. Cela s'écrit aussi

$$\int V_a(r)\, f(r)\, e_p(r)\, dr\ .$$

Finalement, on se trouve ramené à la relation évidente $e_p(r) = \int \sigma_r(ds)\, e^{-ps}$. Il reste à vérifier les quelques propriétés de régularité du semi–groupe retourné utilisées ci–dessus. Or nous avons déterminé en XIII.(37.10) le dual du mouvement brownien tué par rapport à la mesure $r\,dr$: c'est un processus de Bessel de dimension 3, parfaitement honnête en 0. La mesure de dualité qui intervient ici étant la mesure $(a \wedge r)\,dr$, il faut encore faire sur ce semi–groupe une " h–transformation", qui préserve cette régularité.

9 REMARQUES. a) Dans la formule (7.3), on a fortement envie de "faire tendre a vers l'infini", et de se placer sous la "mesure $\mathbb{P}^{\infty,\eta}$ ". Il ne s'agit pas uniquement d'un objet formel, mais d'une mesure entrant dans la catégorie des quasi–processus de Markov (XIX.26) : plus précisément, c'est le quasi–processus de Markov de semi–groupe $R_t \otimes P_t$ admettant comme potentiel la mesure excessive $r\,dr \otimes \eta(dx)$. D'autre part, ce quasi–processus est le retourné d'un vrai processus, de semi–groupe $\widehat{R}_t \otimes P_t$ (où le premier facteur est un semi–groupe de Bessel de dimension 3) et de mesure initiale $\varepsilon_0 \otimes \eta$.

b) Les raisonnements des n°s 7-8 s'adaptent aisément à des semi–groupes "horizontaux" plus généraux : il suffit de modifier la fonction $V_a(r)$. Bien que nous ne les utilisions pas, citons les formules de Bakry [2] pour le cas d'un mouvement brownien avec dérive (vers la gauche) $-\alpha,\ \alpha > 0$

$$V_a(r) = \frac{1}{2\alpha}\,(1 - e^{-2r\alpha})\, I_{\{r<a\}} + \frac{e^{-2a\alpha} - 1}{2\alpha}\, e^{-2r\alpha}\, I_{\{r\geq a\}}\ , \tag{9.1}$$

dont la limite pour $a \to \infty$ est égale à $(1 - e^{-2r\alpha})/2\alpha$. Le calcul revient à déterminer la fonction de Green de l'opérateur différentiel $D^2 - 2\alpha D$, sur la demi–droite, et nous le laissons au lecteur.

Une formule d'isométrie

10 Les calculs de ce n°, utilisant la formule de Plancherel, seront repris dans le cas de semi–groupes symétriques généraux en utilisant la théorie spectrale. Pour débarrasser la transformation de Fourier des coefficients numériques, nous désignons ici par η, comme au n° 6, la "mesure de Plancherel" $\bar{d}x = dx/(2\pi)^{d/2}$. Le résultat final sera vrai aussi pour la mesure de Lebesgue qui lui est proportionnelle.

Prenons sur le bord une fonction f, appartenant par exemple à l'espace $\mathcal{S}$, et appliquons la formule d'Ito à son prolongement harmonique :

$$f(Z_T) = f(Z_0) + \sum_k \int_0^T D_k f(Z_s)\, dX_s^k + \int_0^T D f(Z_s)\, dB_s\ . \tag{10.1}$$

On a posé $Z_t = (B_{t\wedge T}, X_{t\wedge T})$ et noté D la dérivée "horizontale". Considérons deux telles fonctions f, g ; les composantes X^k et B étant des martingales orthogonales, nous avons (quelle que soit la loi initiale)

$$\mathbb{E}[f(X_T)g(X_T)] = \mathbb{E}[f(Z_0)g(Z_0)] +$$
$$+2\sum_k \mathbb{E}[\int_0^\infty D_k f(Z_s) D_k g(Z_s)\,ds] + 2\mathbb{E}[\int_0^\infty Df(Z_s)Dg(Z_s)\,ds] .$$

Le coefficient 2 provient de la normalisation des analystes. Nous pouvons remplacer les v.a. dans les deux dernières espérances par leurs espérances conditionnelles relatives à X_0, que le n° 7 nous permet de calculer lorsque la mesure initiale est de la forme $\varepsilon_a \otimes \eta$. Cette mesure n'est pas bornée, mais tous les calculs précédents restent valables. D'autre part, la répartition de X_T est égale à η, et l'on obtient la formule

$$< f, g >_\eta = < Q_a f, Q_a g >_\eta + 2\sum_k \int_0^\infty < D_k f(s), D_k g(s) >_\eta s\wedge a\,ds$$

(10.2) $$+2\int_0^\infty <_\eta Df(s), Dg(s) >_\eta s\wedge a\,ds .$$

D'autre part, la formule de Plancherel entraîne que

(10.3) $$< Q_a f, Q_a g >_\eta = e^{-2a} < f, g >_\eta \to 0 \quad \text{pour } a \to \infty \quad ,$$

et il reste la formule importante

$$< f, g >_\eta =$$

(10.4) $$2\sum_k \int_0^\infty < D_k f(s), D_k g(s) >_\eta s\,ds + 2\int_0^\infty < Df(s), Dg(s) >_\eta s\,ds .$$

Mais par ailleurs, la formule de Plancherel et (6.1) nous donnent le résultat suivant

$$< Df(s), Dg(s) >_\eta = < |u|e^{-s|u|}\widehat{f}(u), |u|e^{-s|u|}\widehat{g}(u) >_\eta$$

d'où en intégrant par rapport à la mesure $s\,ds$, et en utilisant la relation $\int |u|^2 e^{-2s|u|} s\,ds = 1/4$

(10.5) $$\int_0^\infty < D^- f(s), D^- g(s) >_\eta s\,ds = \frac{1}{4} < \widehat{f}, \widehat{g} >_\eta = \frac{1}{4} < f, g >_\eta .$$

L'égalité extrême reste vraie en revenant à la mesure de Lebesgue. On voit donc que, dans la formule (10.4), les parties "horizontale" et "verticale" du côté droit sont égales.

2. TRANSFORMATIONS DE RIESZ CLASSIQUES

Nous allons appliquer le mécanisme qui vient d'être mis en place à la démonstration des inégalités classiques sur les transformations de Riesz, et d'un théorème de multiplicateurs. L'extension aux semi-groupes de diffusion fera l'objet du paragraphe 3.

Transformations de Hilbert et de Riesz

11 La théorie moderne des opérateurs pseudo-différentiels est née de la théorie des intégrales singulières, dont l'archétype est la *transformation de Hilbert*. La découverte de la continuité-L^p de la transformation de Hilbert a certainement été l'une des grandes découvertes de l'analyse ! Voici brièvement ce dont il s'agit.

Considérons une fonction $f(x)$ sur $\mathbb{R}$, appartenant par exemple à l'espace $\mathcal{S}$ de Schwartz, et soit $\widehat{f}(u)$ sa transformée de Fourier. Par définition, la transformée de Hilbert $Hf = h$ de f admet pour transformée de Fourier $-i \operatorname{sgn} u \widehat{f}(u)$. Ce "multiplicateur de Fourier" étant de module 1, la transformation de Hilbert est unitaire dans L^2.

L'origine de la transformation de Hilbert se trouve dans la théorie des fonctions d'une variable complexe : soit $f \in\!\mathcal{S}(\mathbb{R})$. Les deux fonctions dans le demi-plan supérieur $\{x + it\,,\, t > 0\}$

$$f(t,x) = \int e^{-t|u|}\, e^{iux}\, \widehat{f}(u)\, \bar{d}u \quad ; \quad h(t,x) = -i \int e^{-t|u|}\, e^{iux} \operatorname{sgn} u\, \widehat{f}(u) \bar{d}u\ ,$$

sont harmoniques réelles, et on a en posant $x + it = z$

$$f(z) + ih(z) = 2 \int_{u>0} e^{iz} \widehat{f}(u)\, \bar{d}u$$

qui est holomorphe dans le demi-plan supérieur. Si f est réelle, cette fonction a même partie réelle $f(t,x)$ que la fonction holomorphe donnée par la formule de Cauchy,

$$\frac{1}{i\pi} \int_{\mathbb{R}} \frac{f(u)\, du}{z - u}$$

et n'en diffère donc que d'une constante, que l'on vérifie être nulle. On a donc en toute généralité

$$f(t,x) = \frac{1}{\pi} \int_{\mathbb{R}} \frac{2t\, f(u)\, du}{(x-u)^2 + t^2} \quad \text{(noyau de Poisson)}$$

$$h(t,x) = \frac{1}{\pi} \int_{\mathbb{R}} \frac{(x-u)\, f(u)\, du}{(x-u)^2 + t^2}$$

Lorsque $t \to 0$ on retrouve le fait que la transformation de Hilbert est une convolution avec $1/\pi x$, convenablement interprétée.

REMARQUE. On a des résultats tout à fait comparables en remplaçant $\mathbb{R}$ par le cercle unité, et le demi–plan supérieur par le disque unité.

Dans ce cas on pose, en convenant que $\operatorname{sgn}(0) = 0$

$$f(r\,e^{i\theta}) = \sum_n r^{|n|} e^{in\theta}\,\widehat{f}(n) \quad \text{(noyau de Poisson)}$$

$$h(r\,e^{i\theta}) = -i \sum_n r^{|n|} \operatorname{sgn}(n)\, e^{in\theta}\,\widehat{f}(n)$$

de sorte que l'on a en posant $z = r\,e^{i\theta}$

$$f(z) + ih(z) = 2 \sum_{m \geq 0} z^m\,\widehat{f}(m)$$

qui est une fonction holomorphe. Pour r fixé, la fonction h est la convolution de $f(e^{i\theta})$ avec la fonction

$$-i \sum_{n>0} r^n \left(e^{in\theta} - e^{-in\theta}\right) = \frac{2r\sin\theta}{1 - 2r\cos\theta + r^2}$$

Pour $r \to 1$ cela nous donne la transformation de Hilbert sur le cercle, qui s'interprète comme une convolution régularisée avec la fonction non intégrable

$$\frac{\sin\theta}{1-\cos\theta} = \operatorname{cotg}\frac{\theta}{2}\,.$$

12 L'analogue à plusieurs dimensions de la transformation de Hilbert est constitué par le système des d *transformées de Riesz* $h_k = R_k f$ d'une fonction $f \in \mathcal{S}(\mathbb{R}^d)$, dont les transformées de Fourier sont les fonctions

$$\widehat{h}_k(u) = i\,\frac{u_k}{|u|}\,\widehat{f}(u)\,. \tag{12.1}$$

Ici, les opérateurs R_k sont des contractions de L^2, telles que $\sum_k R_k^2 = -I$. Nous allons voir que ces opérateurs sont bornés dans L^p, dans les mêmes conditions que la transformation de Hilbert.

Les transformations de Riesz sont des exemples de noyaux de convolution classiques de Calderón–Zygmund, dont l'étude peut se ramener en fin de compte à celle de la transformation de Hilbert — facilement dans le cas des multiplicateurs impairs, un peu moins facilement pour les multiplicateurs pairs. Voir Stein [1].

Du côté de la variable x, l'interprétation de la transformation de Riesz R_k est la suivante. Le multiplicateur de Fourier $-|u|^2$ correspond au laplacien Δ, donc le multiplicateur $-|u|$ est le générateur du semi–groupe de Cauchy, $C = -\sqrt{-\Delta}$, et $1/|u|$ représente (formellement) $-C^{-1} = V$, le potentiel de Cauchy. D'autre part, le multiplicateur de Fourier iu_k correspond à la k–ième dérivation D_k. On a donc formellement $R_k = D_k V$. Si l'on sait que R_k est borné dans les L^p, on a le même résultat pour les $R_j R_k$, qui sont les dérivées partielles d'ordre 2 du potentiel newtonien. Le contenu du théorème est donc une propriété de régularité du noyau newtonien, ou bien encore une propriété d'ellipticité du laplacien :

une estimation L^p sur le laplacien d'une fonction permet de contrôler dans L^p toutes les autres dérivées partielles du second ordre.

Interprétation probabiliste

13 Nous allons montrer que les transformations de Riesz sont bornées sur L^p en utilisant une méthode probabiliste très élégante, due à Gundy–Silverstein [1] (après Gundy–Varopoulos [1]). La fonction f sur le bord appartient à $\mathcal{S}$ par exemple, et on utilise la même lettre pour son prolongement harmonique.

THÉORÈME. *On a*

$$R_k f(x) = \frac{1}{2}\,\mathbb{E}^{\infty,\eta}\,[\int_0^T D_k f(Z_s)\,dB_s \,|\, X_T = x\,] \tag{13.1}$$

DÉMONSTRATION. Nous commençons par donner un sens précis au second membre. Considérons la martingale nulle en 0

$$N_t^k(f) = \int_0^{t\wedge T} D_k f(Z_s)\,dB_s\ .$$

(l'indice k sera omis provisoirement); son crochet est le processus croissant

$$2\int_0^{t\wedge T} (D_k f(Z_s))^2\,ds$$

(le coefficient 2 provient de la normalisation des analystes) qui est majoré par le crochet de la martingale $M_t(f) = f(Z_{t\wedge T})$ (*cf.* (6.2)), dont la v.a. terminale appartient à L^2 sous toutes les mesures $\mathbb{P}^{a,\eta}$. Il en résulte que l'on a, pour tout a

$$\|N_\infty(f)\|_2 \leq \|M_\infty(f)\|_2 = \|f\|_2 \tag{13.2}$$

On peut donc appliquer l'espérance conditionnelle (13.1), qui diminue la norme dans L^2. Appelons provisoirement $R(a,f)$ cette espérance conditionnelle, qui définit une contraction de L^2, et calculons, en introduisant une seconde fonction $g \in L^2$

$$\begin{aligned} <g,\, R(a,f)> &= \mathbb{E}^{a,\eta}\,[M_\infty(g)\,N_\infty(f)\,] \\ &= \mathbb{E}^{a,\eta}\,[N_\infty(g)\,N_\infty(f)\,] \\ &= 2\mathbb{E}^{a,\eta}\,[\int_0^T D^- g(Z_s)\,D_k f(Z_s)\,ds\,] \\ &= 2\int \eta(dx)\int_0^\infty D^- g(s,x)\,D_k f(s,x)\,a\wedge s\,ds \qquad (13.3) \end{aligned}$$

Pour passer de la première ligne à la seconde, nous avons projeté la première martingale sur le mouvement brownien horizontal. Ensuite, nous avons évalué le produit scalaire des deux martingales (nulles en 0) au moyen de leur crochet, et enfin nous avons utilisé le calcul d'espérance conditionnelle du n° 7.

Nous faisons tendre a vers l'infini en utilisant le fait que f et g appartiennent à L^2 : les relations (11.3)

$$\int \eta(dx) \int_0^\infty |\operatorname{grad} f(s,x)|^2 \, s \, ds < \infty$$

(et de même pour g), puis l'inégalité de Schwarz, permettent d'utiliser le théorème de convergence dominée. Le produit scalaire $< g, R(a,f) >$ ayant une limite pour $g \in L^2$, nous voyons que les opérateurs $R(a,f)$ convergent faiblement vers une contraction $R(\infty, f)$ de L^2.

Exprimons la dernière ligne de (13.3) au moyen de la transformée de Fourier (comme d'habitude, il est plus commode de prendre pour η la mesure de Plancherel); f et g étaient réelles jusqu'à maintenant, mais pour appliquer le th. de Plancherel nous devons travailler sur le produit scalaire hermitien, linéaire ici par rapport à la seconde variable. Les transformées de Fourier de $D_k f(s,x)$ et $D^- g(s,x)$ sont respectivement $-iu_k e^{-s|u|} \widehat{f}(u)$ et $-|u| e^{-s|u|} \widehat{g}(u)$. Nous avons donc à évaluer

$$2 \int_0^\infty ds < e^{-2s|u|} |u| \widehat{g}(u) , iu_k \widehat{f}(u) >$$

et il reste tout simplement

$$\frac{1}{2} < \widehat{g} , i \frac{u_k}{|u|} \widehat{f} > = \frac{1}{2} < \widehat{g} , \widehat{R_k f} >$$

ce qui établit le théorème.

Il est intéressant pour la suite de faire un raisonnement direct, au moins formel : la fonction f appartenant à $\mathcal{S}$ et D_k commutant à Q_s nous avons

$$< D^- g(s, \cdot), D_k f(s, \cdot) > = < CQ_s g , Q_s D_k f > = < g , CQ_{2s} D_k f >$$

où C est le générateur (autoadjoint) du semi-groupe de Cauchy. et en faisant le changement de variable $2s = t$ il nous reste

$$< g , R(\infty, f) > = \frac{1}{2} < g , \int_0^\infty CQ_t D_k f \, t \, dt >$$

Comme CQ_t est la dérivée Q'_t, nous intégrons par parties, et nous avons $\int_0^\infty t Q'_t \, dt = \int_0^\infty Q_t \, dt$, relation qui peut se vérifier rigoureusement sur les fonctions appartenant à L^2 *et d'intégrale nulle,* ce qui est le cas pour $D_k f$. Il reste donc $V D_k f$, V étant le potentiel de Cauchy, et ceci est bien la transformation de Riesz R_k.

14 Cette expression analytique rend évident le fait que les transformations de Riesz sont bornées dans L^p, pour $1 < p < \infty$. Il suffit de revenir à (13.2), et d'utiliser les inégalités de Burkholder : le crochet de $N(f)$ étant majoré par celui de $M(f)$, celles-ci nous donnent

$$\| N_\infty(f) \|_p \leq C_p \| M_\infty(f) \|_p = C_p \| f \|_p \tag{14.1}$$

les C_p étant des constantes universelles de théorie des martingales. L'espérance conditionnelle diminuant les normes L^p, on a le résultat désiré.

La démonstration donne tout de suite un peu mieux : d'abord, tout ce qui a été fait dans L^p passe aux espaces d'Orlicz associés aux fonctions de Young modérées, en remplaçant les inégalités de Burkholder simples par les inégalités de Burkholder–Davis–Gundy. Ensuite, rétablissons l'indice k dans la notation de la martingale $N(f)$, et introduisons la martingale vectorielle (de dimension finie) $\mathbf{N}_t(f) = (N_t^1(f), \ldots, N_t^\nu(f))$, dont le crochet (en tant que martingale hilbertienne) est majoré par celui de $M(f)$. Alors les inégalités de Burkholder *hilbertiennes* vont nous donner le même résultat pour l'ensemble des transformations de Riesz, c'est à dire

THÉORÈME. *Le vecteur des transformées de Riesz sur* $\mathbb{R}^d$ *satisfait à l'inégalité suivante*

$$\|\,(\sum_{k=1}^{\nu} |R_k f|^2\,)^{1/2}\,\|_p \le C_p \,\|\, f\,\|_p\;, \tag{14.2}$$

où C_p *est une constante universelle de théorie des martingales, indépendante de la dimension.*

La même méthode fournit une inégalité voisine relative à un vecteur de fonctions f_k

$$\|\,(\sum_{k=1}^{\nu} |\, R_k f_k\,|^2\,)^{1/2}\,\|_p \le C_p \,\|\,(\sum_{k=1}^{\nu} |\, f_k\,|^2\,)^{1/2}\,\|_p\;. \tag{14.3}$$

En prenant dans cette formule $f_k = R_k f$, et en utilisant l'identité $\sum_k R_k^2 = -I$ (que l'on vérifie aisément par transformation de Fourier sur les fonctions de l'espace $\mathcal{S}$), on voit que (14.2) est en fait une équivalence de normes.

L'étude des cas limites $p = 1, \infty$ est extrêmement intéressante : les transformations de Riesz n'opèrent pas continûment sur L^1 et L^∞, mais sur des espaces H^1 et BMO naturels, susceptibles d'une interprétation probabiliste en termes de martingales. Voir Fefferman–Stein [1] (exposé dans *Sém. Prob. XI*).

Multiplicateurs spectraux

15 Nous allons utiliser le même mécanisme pour établir un intéressant théorème de *multiplicateurs spectraux*, dû à Stein (mais nous suivons la démonstration de Varopoulos [1]). Puisque nous n'avons travaillé que dans le cas où (P_t) est le semi–groupe brownien, nous allons traiter le théorème dans ce cas, mais il est d'une portée bien plus générale (*cf.* 18 c), 24).

Considérons la décomposition spectrale du laplacien (*cf.* XIII.46)

$$-\Delta = \int_0^\infty \lambda \, dE_\lambda\;. \tag{15.1}$$

En transformation de Fourier, $-\Delta$ est l'opérateur de multiplication par $|u|^2$, donc E_λ est l'opérateur de multiplication par $I_{\{|u|^2 \le \lambda\}}$. Si $\varphi(\lambda)$ est une fonction bornée sur $\mathbb{R}_+$, l'opérateur $\varphi(-\Delta) = \int_0^\infty h(\lambda)\, dE_\lambda$ est borné sur L^2. On cherche des conditions suffisantes pour qu'il soit borné sur les L^p, avec $1 < p < \infty$ (voir aussi 43).

Les notations sont plus simples si l'on utilise l'opérateur positif $H = -\Delta$ (H pour *hamiltonien*), de sorte que

$$P_t = e^{-tH} = \int_0^{+\infty} e^{-\lambda t} dE_\lambda .$$

On a le résultat très simple suivant :

THÉORÈME. *Si la fonction $\varphi(\lambda)$ est transformée de Laplace d'une mesure bornée (non nécessairement positive) μ, de masse totale m, l'opérateur $\varphi(H)$ a une norme au plus égale à M sur tous les L^p, y compris $p = 1, \infty$.*

DÉMONSTRATION. On a $\varphi(H) = \int_0^\infty P_t\, \mu(dt)$. □

Les multiplicateurs spectraux $\varphi(\lambda)$ du type précédent forment une algèbre pour la multiplication (correspondant à la convolution des mesures), contenant la fonction 1. On peut faire encore un peu mieux : la demi-droite fermée $[0, \infty]$ est munie d'une addition naturelle (associative), qui permet de définir la convolution des mesures. La transformée de Laplace de la "masse unité à l'infini" vaut $\varphi(\lambda) = I_{\{\lambda=0\}}$; l'opérateur $\varphi(H)$ correspondant est, dans le cas de L^2, le projecteur spectral E_0 sur l'espace des fonctions invariantes. On peut lui donner un sens dans le cas de L^p. En effet, le théorème ergodique classique en moyenne d'Abel (moins fin que son plus célèbre frère en moyenne de Cesaro) nous dit que, pour $f \in L^p$, $1 < p < \infty$

$$(15.1) \qquad \| \sup_r rU_r |f| \|_p \leq C_p \| f \|_p \quad ;$$

et que $rU_r f$ converge p.s. et dans L^p vers une fonction invariante.

On peut aussi déduire du théorème ergodique maximal en moyenne de Cesaro une inégalité analogue à (15.1), concernant $\sup_t Q_t|f|$, qui nous servira plus tard. Pour un semi-groupe symétrique, on peut même remplacer Q_t par P_t : c'est le lemme ergodique maximal de Stein, version en temps continu du théorème de Rota V.64, et qui se démontre de même.

16 Revenons au théorème 15, et posons $r(t) = \mu([t, \infty[)$. En intégrant par parties, on peut écrire le multiplicateur $\varphi(\lambda)$ sous la forme $\lambda \int_0^\infty r(t) e^{-\lambda t} dt$, et la fonction r est *bornée*. Stein a démontré que tous les multiplicateurs de ce type, et plus généralement de la forme $\lambda^k \int_0^\infty r(t) t^{k-1} e^{-\lambda t} dt$, sont bornés sur les L^p. La démonstration de Stein n'est pas probabiliste, mais nous allons établir ici, par une méthode probabiliste due à Varopoulos [1], un résultat plus faible.

THÉORÈME. *Si $\varphi(\lambda)$ est de la forme $\lambda \int_0^\infty t e^{-2t\sqrt{\lambda}} r(t)\, dt$, où r est une fonction bornée, alors $\varphi(H)$ est borné sur L^p pour $1 < p < \infty$.*

Par exemple, si l'on prend $r(t) = t^{2i\alpha}$, où α est réel, $h(\lambda)$ est de la forme $c\lambda^{i\alpha}$, et nous voyons que *l'opérateur $(-\Delta)^{i\alpha}$ est borné sur les L^p*. Le coefficient 2 dans l'expression de h n'est là que pour des raisons de commodité.

La démonstration probabiliste que nous allons donner repose sur les inégalités de Burkholder, et à ce titre s'étend immédiatement aux espaces d'Orlicz L^Φ avec Φ modérée. Pour une application de ce résultat aux inégalités de Sobolev logarithmiques, voir *Sém. Prob. XVI*, p.146.

DÉMONSTRATION. Nous allons traiter le cas où $p \geq 2$; le cas $p \leq 2$ s'en déduit par passage à l'adjoint.

Nous fixons $a > 0$ et définissons un opérateur H_a sur L^2 de la manière suivante : nous partons de $f \in L^2$, notons par la même lettre son prolongement harmonique, et posons

$$(16.1) \qquad H_a f(X_T) = \mathbb{E}^{a,\eta}\left[\int_0^\infty r(s)\,D^- f(Z_s)\,dB_s \,|\, X_T\right] ,$$

où T est comme d'habitude le temps de rencontre de 0 par le mouvement brownien "horizontal" (B_t). Cet opérateur est borné dans L^p, car il correspond à la succession suivante d'opérations bornées : passage de f à la martingale $M_t^f = f(Z_t)$; projection de celle-ci sur le mouvement brownien horizontal; intégration stochastique d'une fonction bornée; conditionnement par X_T. Nous avons donc uniformément en a

$$(H_a f, g) \leq C_p \,\| f \|_p \,\| g \|_q$$

où q est l'exposant conjugué de p. Nous allons calculer le côté gauche pour $g \in L^\infty \cap L^2$ et montrer que

$$(16.3) \qquad (H_a f, g) = \int d\eta \int_0^\infty r(t)\,Df_t\,Dg_t\; t \wedge a\,dt$$

$$(16.4) \qquad = \int_0^\infty r(t)\left(\int \lambda\, e^{-2t\sqrt{\lambda}}\, d(E_\lambda f, g)\right) t \wedge a\,dt ,$$

la dernière égalité provenant de la relation $Df_t = \int -\sqrt{\lambda}\, e^{-t\sqrt{\lambda}}\, dE_\lambda f$. D'autre part

$$(Hf, g) = \int_0^\infty h(\lambda)\, d(E_\lambda f, g) = \iint \lambda\, e^{-2t\sqrt{\lambda}}\, d(E_\lambda f, g)\, t dt$$

qui est la limite de l'expression précédente pour $a \to \infty$. Il reste donc à prouver (16.3). Désignons par N la projection de la martingale M^f et abrégeons $E^{a,\eta}$ en $\mathbb{E}$; alors $(H_a f, g)$ vaut successivement

$$\mathbb{E}\left[g(X_T)\int_0^\infty r(s)\,Df(Z_s)\,dB_s \,|\, X_T\right] = \mathbb{E}\left[M_T^g\,(r \cdot N)_T\right]$$

$$= \mathbb{E}\left[< M^g , r \cdot N >_T\right] = \mathbb{E}\left[\int_0^T r(s)\,Df(Z_s)\,Dg(Z_s)\,ds\right]$$

$$= \mathbb{E}\left[\mathbb{E}[\ldots | X_T]\right] = \int d\eta \int_0^\infty r(t)\,Df_t\,Dg_t\; t \wedge a\,dt$$

où la formule fondamentale (7.3) de conditionnement par X_T a été appliquée à la dernière ligne. Cela achève la démonstration.

REMARQUE. Supposons que la fonction $\varphi(\lambda)$ sur $\mathbb{R}_+$ se prolonge en une fonction holomorphe bornée dans tout angle $|\arg(z)| \leq \theta < \theta_0$. Cowling [1] a montré que le multiplicateur est borné dans tout L^p $(1 < p < \infty)$ si $\theta_0 \geq \pi/2$, ce qui est le cas des multiplicateurs précédents. Pour $\theta_0 < \pi/2$, il est borné pour certaines valeurs de p, d'autant plus proches de 2 que θ_0 est plus petit. Ces résultats, obtenus par la "méthode de transfert" de Coifman et Weiss [1], sont exposés en partie dans le *Sém. Prob. XIX*, p.113–129.

Inégalités de Littlewood–Paley–Stein

Nous allons présenter quelques idées générales introduites par Stein [2] pour attaquer des problèmes du type précédent. Elles nous intéressent surtout par leurs aspects probabilistes, car il ne s'agit plus en analyse d'un sujet brûlant. Nous les énoncerons encore dans le cas brownien, la remarque 18 c) préparant les extensions du paragraphe suivant. Enfin, nous ne donnerons pas de démonstrations détaillées (voir Meyer [48][49], Varopoulos [1]); l'essence de la méthode sera donnée dans les deux lemmes des n°s 25–26.

17 La souplesse de la théorie des martingales vient de la possibilité de remplacer l'étude des v.a. terminales (ou des fonctions maximales) par celle des crochets, qui sont des *fonctionnelles quadratiques* de la martingale. On va définir de même ici toute une famille de fonctionnelles quadratiques des fonctions f sur le bord, appelées *fonctions de Littlewood–Paley*. En voici trois exemples (voir aussi dans Gundy [3] l'interprétation probabiliste de l'*intégrale d'aire de Lusin*).

— La fonction de Littlewood–Paley "horizontale" est donnée par

$$G_f^-(x) = \Big(\int_0^\infty (Df(s,x))^2 \, s\,ds \Big)^{1/2} . \tag{17.1}$$

Stein introduit en fait toute une famille de fonctions horizontales, pour lesquelles $Df(s,x)$ est remplacé par $s^{k-1}D^k f(s,x)$.

— La fonction de L–P *verticale* $G_f^{|}$ s'obtient en remplaçant dans la formule (17.1) $(Df(s,x))^2$ par $|\operatorname{grad}_x f(s,x)|^2$.

— La fonction de L–P *complète* $G_f^{\vdash}$ s'obtient en utilisant le gradient total $|\operatorname{grad} f(s,x)|^2$. On a donc

$$G_f^{\vdash 2} = (G_f^{|})^2 + (G_f^-)^2 . \tag{17.2}$$

et la formule d'isométrie (10.4) nous donne

$$\|f\|^2 = 4\|G_f^{|}\|^2 = 4\|G_f^-\|^2 . \tag{17.3}$$

Les inégalités de Littlewood–Paley consistent à étendre ce résultat aux L^p, sous la forme un peu affaiblie d'une équivalence de normes.

La théorie primitive de Littlewood–Paley concernait des prolongements harmoniques dans le disque unité. Pour des extensions aux prolongements paraboliques, mais pour les fonctions horizontales seulement, voir Stein [2], Cowling [1]. Enfin, voir Gundy [3] pour l'utilisation de certains prolongements non harmoniques.

Le théorème comporte deux majorations allant en sens contraire, la seconde se déduisant en fait de la première par passage à l'adjoint (comme en 44 plus bas).

On commence par majorer les normes de fonctions de Littlewood–Paley à partir de la norme de f, et le résultat est d'autant meilleur que la fonction de L–P est plus grande. On utilise donc des fonctions "complètes". Rappelons que $f(t,x)$ est le prolongement harmonique de f, et posons $g(t,x) = \|\operatorname{grad} f(t,x)\|^2$. On considère alors les fonctions de L–P suivantes[1]

$$K_f(x) = \Big(\int_0^\infty Q_t(x, \sqrt{g(t,x)})^2\, t\, dt \Big)^{1/2} \tag{17.4}$$

$$H_f(x) = \Big(\int_0^\infty Q_t(x, g(t,x))\, t\, dt \Big)^{1/2} \tag{17.5}$$

On peut aussi écrire $H(f)$, $K(f)$. Si l'on ne conserve dans le gradient que les dérivées horizontales ou verticales, on écrit $H^-(f)$, $H^{\shortmid}(f)$, etc. D'après l'inégalité de Schwarz, on a $K(f) \leq H(f)$. D'autre part, on a

$$\operatorname{grad} f(s+t, \cdot\,) = Q_s \operatorname{grad} f(t, \cdot\,) \tag{17.6}$$

et par conséquent en passant aux normes, $g_{s+t}^{1/2} \leq Q_s g_t^{1/2}$ et $g_{2t}^{1/2} \leq Q_t g_t^{1/2}$, d'où il résulte que

$$\tfrac{1}{2} G^-(f) \leq \tfrac{1}{2} G^{\vdash}(f) \leq K(f)\,. \tag{17.7}$$

Avec ces notations, on a

THÉORÈME. *On a pour* $f \in \mathcal{S}$ *et* $p \geq 2$

$$\| H(f) \|_p \leq C_p \| f \|_p\,, \tag{17.8}$$

tandis que pour $p < 2$ *on a l'inégalité moins forte*

$$\| K(f) \|_p \leq C_p \| f \|_p\,. \tag{17.9}$$

Nous établirons aux n°s 25–26 une variante de ces deux résultats, plus générale.

Passons aux inégalités inverses, pour lesquelles on a intérêt à utiliser des fonctions de L–P incomplètes. Une remarque importante : les fonctions de L–P associées aux fonctions invariantes étant nulles, les majorations de $\| f \|$ par les fonctions de L–P exigent, en principe, que f soit sans partie invariante. Cela ne se voit pas dans cet énoncé, car les fonctions invariantes sont ici constantes, et n'appartiennent ni à $\mathcal{S}$, ni à aucun L^p.

THÉORÈME. *On a pour* $f \in \mathcal{S}$ *une inégalité de la forme*

$$\| f \|_p \leq C_p \| G^-(f) \|_p \quad (\text{ou } \| G^{\shortmid}(f) \|_p,\ \text{ou } \| G^{\vdash}(f) \|_p). \tag{17.10}$$

Les deux énoncés ont aussi une version hilbertienne très utile qui s'écrit de la même manière, en interprétant f comme une suite (f_n) de fonctions, $\| f \|_p$ comme la norme L^p de la fonction $(\sum_n |f_n|^2)^{1/2}$, et $G^-(f)$ comme la fonction $(\sum_n (G^-(f_n))^2)^{1/2}$ (et de même pour les autres fonctions).

18 REMARQUES. a) Pour appliquer les inégalités de L–P à la vérification d'une inégalité du type $\| f \|_p \leq C \| g \|_p$, on établit généralement que l'une des fonctions de L–P associées

[1] Les notations, empruntées à l'article Meyer [49], ne sont pas "canoniques".

à f est majorée ponctuellement par l'une des fonctions associées à g. Il faut donc toujours deux fonctions de L–P, une pour entrer et une pour sortir.

b) les inégalités concernant les transformées de Riesz classiques $g_k = R_k f$ entrent dans le schéma précédent : on vérifie en effet aisément que les prolongements harmoniques de ces fonctions sont liés par la relation $D^- g_k = D_k f$. La fonction de L–P horizontale du *vecteur* (g_k) est donc majorée par la fonction de L–P complète de la fonction f.

c) Les démonstrations des inégalités de L–P, et l'application b) aux transformations de Riesz, restent valables sans changement (n° 24) sous les hypothèses suivantes : on dispose d'un semi–groupe de diffusion symétrique (P_t) (n° 21), admettant un opérateur carré du champ $\Gamma(f,g)$ de la forme $\sum_k X_k f X_k g$ (le vecteur $(X_k f)$ joue alors le rôle de grad f) et ces opérateurs *commutent* au semi–groupe. La situation typique à laquelle s'applique cette méthode est celle des transformations de Riesz sur les groupes de Lie compacts (voir Stein [2]) ou leurs espaces homogènes. Nous ignorons si ces résultats ont une importance véritable, ou sont seulement du style “It's nice to know”.

d) Donnons un exemple concret, en recopiant Bakry [3]. Rappelons d'abord que le laplacien Δ dans $\mathbb{R}^d$ se met sous la forme

$$\Delta = \frac{\partial^2}{\partial r^2} + \frac{d-1}{r}\frac{\partial}{\partial r} + \frac{1}{r}\Delta_s \tag{18.1}$$

où Δ_s est un opérateur du second ordre, invariant par rotation, possédant la propriété suivante : si l'on pose $x = r\theta$, $Af(x)$ ne dépend que de la restriction de f à la sphère S_r. En particulier, Δ_s peut être restreint à la sphère unité S, et prend alors le nom de laplacien sphérique. Si l'on désigne par η la loi uniforme sur S, l'espace $\mathcal{H} = L^2(\eta)$ admet une décomposition orthogonale

$$\mathcal{H} = \bigoplus_k \mathcal{H}_k \ , \tag{18.2}$$

où $\mathcal{H}_k$ est l'espace des *restrictions à* S *des polynômes harmoniques homogènes de degré* k. Pour $f \in \mathcal{H}_k$, la fonction $f(r\theta) = r^k f(\theta)$ est harmonique, et on a donc

$$\Delta_s f = -k(k+d-2)f \ . \tag{18.3}$$

Cette formule nous donne la décomposition spectrale du laplacien sphérique sur $L^2(\eta)$. D'autre part, il existe un semi–groupe markovien (P_t) sur S dont le générateur est Δ_s.

On peut construire explicitement ce processus à partir d'un mouvement brownien ordinaire B_t dans $\mathbb{R}^d$ issu d'un point autre que 0. Soit $R_t = |B_t|$ sa partie radiale, et soit (τ_t) le changement de temps inverse de la fonctionnelle additive $\int_0^t ds/R_s^2$. On montre alors que le processus (B_{τ_t}/R_{τ_t}) est un mouvement brownien sphérique.

L'ensemble $\mathcal{A}$ des restrictions à la sphère des polynômes harmoniques est le même que l'ensemble des restrictions de tous les polynômes. C'est donc une algèbre, qui est stable par le générateur Δ_s et les opérateurs P_t.

Introduisons pour $i < j$ les opérateurs différentiels $T_{ij} = x^i D_j - x^j D_i$ sur $\mathbb{R}^d$; T_{ij} est le générateur infinitésimal du groupe des rotations dans le plan (e_i, e_j), et on peut le considérer aussi comme un champs de vecteurs sur la sphère. Ces opérateurs préservent $\mathcal{A}$. Un calcul un peu ennuyeux permet de calculer $T_{ij}T_{k\ell}$, puis de vérifier que $\Delta_s = \sum_{i<j} T_{ij}^2$, d'où finalement l'opérateur carré du champ $\Gamma(u,v) = \sum_{ij} T_{ij}uT_{ij}v$. Comme Δ_s commute à toutes les rotations il commute aux T_{ij}, et l'on est dans le champ d'application de la théorie de Littlewood–Paley. Cependant, la situation est moins simple que pour le laplacien ordinaire : les T_{ij} ne commutent pas entre eux, et leur nombre est plus grand que la dimension de l'espace.

3. DIFFUSIONS SYMÉTRIQUES

Nous allons maintenant abandonner le cas brownien, pour passer au cas des semi–groupes markoviens symétriques, et particulièrement aux *semi–groupes de diffusion*. Ce paragraphe présente des idées importantes, plutôt que des résultats importants.

Produits de semi-groupes

19 Comme au n° 3, nous considérons un semi–groupe markovien droit (P_t) sur E, admettant une mesure invariante η. Nous supposerons la plupart du temps que (P_t) est *symétrique* par rapport à η. Nous désignons par L le générateur de (P_t). Nous allons reprendre rapidement la théorie générale des prolongements harmoniques, sans nous servir des propriétés spéciales du semi–groupe brownien.

Une partie des résultats subsistent sans la symétrie, ou sans l'hypothèse $P_t 1 = 1$, mais le lecteur soucieux de généralité se reportera aux articles originaux. Le seul travail qui donne des résultats sur les semi–groupes *sous*markoviens est celui de Cowling [1].

Notons Π_t le semi–groupe horizontal (brownien); nous examinons d'abord rapidement si le semi–groupe produit (R_t) sur $\mathbb{R} \times E$, défini par $R_t((a,x),\cdot) = \Pi_t(a,\cdot) \otimes P_t(x,\cdot)$, est un semi–groupe droit. Cette discussion s'applique aux autres processus “horizontaux” possibles, et plus généralement aux produits de processus droits).

Nous disposons d'une réalisation du semi–groupe (R_t), qui est le produit $Y_t = (B_t, X_t)$ des réalisations continues à droite canoniques des semi–groupes facteurs. La continuité à droite est évidente. Ensuite, pour toutes les fonctions bornées sur $\mathbb{R} \times E$ de la forme $f = u \otimes v$, la martingale $R_{t-s}(Y_s, f) = \Pi_{t-s}(B_s, u)\, P_{t-s}(X_s, v)$ sur $[0,t]$ est p.s. continue à droite sous toute loi $R^{(a,x)}$ (plus généralement, toute loi–produit). On passe de là, par classes monotones, à toutes les fonctions boréliennes bornées sur $\mathbb{R} \times E$, et par encadrement à toutes les fonctions universellement mesurables bornées. Cela entraîne la propriété de Markov forte sous toute loi $R^{(a,x)}$, et par intégration sous toute loi initiale.

Reste le caractère presque–borélien des fonctions excessives, qui pose des problèmes plus délicats, la raison étant que l'on ne maîtrise bien que les mesures initiales de la forme $\alpha \otimes \beta$ (dans la situation présente, nous n'allons d'ailleurs utiliser que des mesures de ce type). Il n'y a cependant aucun problème si l'espace d'états E est lusinien, et le semi–groupe (P_t) borélien, et une compactification de Ray permet de se ramener à ce cas sans perte de généralité quant au résultat final.

Tout ceci concernait le processus produit sur $\mathbb{R} \times E$, mais le caractère droit est préservé lorsqu'on tue le processus à la sortie d'un ouvert. Cela s'applique en particulier au processus

Y_t tué à l'instant T de sortie du "demi–espace". Quant aux martingales sur lesquelles nous travaillons, arrêtées à l'instant T, ce sont des martingales du processus produit tout entier, et elles sont càdlàg. comme toutes les martingales construites explicitement au moyen du semi–groupe (XIV.45).

20 Le semi–groupe (Π_t) admet ici un opérateur carré du champ; montrons que si le semi–groupe (P_t) en admet un, il en est de même du semi–groupe produit. En effet, nous savons que l'existence de l'opérateur carré du champ équivaut à la continuité absolue des crochets obliques $d\langle M\rangle_t$ par rapport à dt, pour toutes les martingales M, et sous toutes les mesures initiales (XV.26; voir les pages d'errata de ce volume). Il suffit de vérifier cette propriété pour les mesures initiales ponctuelles. D'autre part, la loi $R^{(a,x)}$ est le produit des lois Π^a et $\mathbb{P}^x$, et les martingales–produit $U\otimes V$ ont un crochet de la forme $U_- d\langle V\rangle + V_- d\langle U\rangle$, qui est absolument continu. On étend cela à toutes les martingales du processus produit, par un argument de densité dans L^2.

Nous aurons affaire à des fonctions $h(t,x)$ très régulières, en ce sens que la fonction $h_t = h(t,\cdot)$ appartiendra au domaine de L pour $t>0$ fixé, la fonction $h(\cdot,x)$ est de classe C^2 pour x fixé, avec des conditions de continuité en (t,x) et de majoration sur Lh_t Dh et D^2h. On s'attend alors à ce que le processus $h(Z_t)$ soit une semimartingale, avec une partie à variation finie donnée par

$$\int_0^{t\wedge T} L^{\vdash} h\circ Z_s\,ds \quad \text{avec} \quad L^{\vdash}h = D^2h + L^{\mid}h$$

et un crochet oblique égal à

$$2\int_0^{t\wedge T} \Gamma^{\vdash}(h)\circ Z_s\,ds \quad \text{avec} \quad \Gamma^{\vdash}(h) = (Dh)^2 + \Gamma^{\mid}(h)\,.$$

Pour prouver cela, on multiplie $h(t,x)$ par une fonction $\varphi(t) \in C_c^\infty(]0,\infty[)$, et on montre que le produit appartient au domaine du générateur $L^{\vdash}$ en étudiant la limite de $(R_t(h\varphi)-h\varphi)/t$. C'est un peu ennuyeux (voir *Sém. Prob. X*, p.156-158), et nous admettrons ce résultat.

On vient de calculer un crochet oblique, mais on n'a une famille complète d'inégalités de Burkholder que pour le crochet droit — autrement dit, une théorie vraiment riche exige que les martingales soient continues. C'est l'objet de la section suivante.

Semi-groupes de diffusion

21 Nous allons maintenant décrire les semi–groupes auxquels s'appliquent le mieux les méthodes de martingales.

DÉFINITION. *On dit que (P_t) est un* semi–groupe de diffusion *s'il est markovien, admet un opérateur carré du champ, et si toutes les martingales de la réalisation canonique sont continues.*

On peut dire qu'un semi–groupe *sous*markovien est un semi–groupe de diffusion si l'extension markovienne usuelle en est un. La durée de vie est alors prévisible, ce qui exclut un certain nombre de "diffusions" au sens classique du terme, dont le générateur comporte un terme d'ordre 0. D'autre part, cette extension ne sera jamais une diffusion markovienne *symétrique*. Cette notion n'est donc pas très intéressante.

Les diffusions classiques sont des processus de Markov à trajectoires continues sur $\mathbb{R}^d$, ou sur une variété, dont le générateur est un opérateur différentiel (*cf.* Stroock–Varadhan [1]). Le prototype en est le mouvement brownien. On définit aussi les diffusions dans un ouvert, ou une variété à bord, associées à certains types de conditions aux limites (par exemple, les mouvements browniens réfléchis). La définition précédente insiste davantage sur la structure probabiliste, afin de s'appliquer à des processus tels que le mouvement brownien ou le processus d'Ornstein–Uhlenbeck en dimension infinie (ou certains mouvements browniens sur des fractals).

22 REMARQUES. a) Supposons que les fonctions f continues appartenant au domaine du générateur $\mathcal{D}(L)$ séparent les points de E. Alors la continuité des martingales $f(X_t) - \int_0^t Lf(X_s)\,ds$ entraîne que les trajectoires sont dépourvues de sauts, et donc continues. Inversement la continuité des trajectoires entraîne la continuité de ces martingales, et on peut passer à toutes les martingales en utilisant XV.19, à condition toutefois que les fonctions du type précédent soient *denses dans* $\mathcal{D}(L)$.

b) Rappelons les résultats du chapitre XV sur lesquels reposent les calculs sur les diffusions. Tout d'abord, le domaine étendu (XV.20) est une algèbre; plus généralement, si $f_1,\dots,f_n$ sont des éléments du domaine étendu et φ est une application C^2 sur $\mathbb{R}^n$, on a (XV.38)

$$(22.1)\quad L\varphi(f_1,\dots,f_n) = \sum_i D_i\varphi(f_1,\dots,f_n)\,Lf_i + \sum_{ij} D_{ij}\varphi(f_1,\dots,f_n)\,\Gamma(f_i,f_j)\ ,$$

(les coefficients $1/2$ de la formule d'Ito ont été incorporés dans la définition de Γ). Enfin, on a pour $g \in \mathcal{D}(L)$

$$(22.2)\qquad \Gamma(\varphi(f_1,\dots,f_n),g) = \sum_i D_i\varphi(f_1,\dots,f_n)\,\Gamma(f_i,g)\ .$$

En particulier, $\Gamma(\cdot\,,g)$ est une dérivation.

c) Voici le point de vue présenté par Bakry–Émery [1], et qui est un peu différent de celui de la définition 21. On se donne une algèbre $\mathcal{A}$ de "bonnes" fonctions : généralement continues, souvent bornées, appartenant à tous les L^p pour $p < \infty$. On suppose $\mathcal{A}$ stable par L, ce qui permet de définir Γ (et d'autres opérateurs bilinéaires que nous introduirons plus loin). Tout le travail se fait ensuite à l'intérieur de cette algèbre, avec un maximum de facilité si $\mathcal{A}$ est stable aussi par (P_t), et par composition avec les applications C^2. Dans ce contexte, on définit les diffusions par la dernière propriété mentionnée : Γ est une dérivation. Nous renvoyons à Bakry–Emery pour la vérification (fort intéressante) du fait que cela entraîne la continuité des martingales correspondantes.

Donnons quelques exemples. Dans l'étude des opérateurs différentiels de classe C^∞ sur les variétés, l'algèbre naturelle est C_c^∞, stable par L, mais non par (P_t) en général (sauf si la variété est compacte). Dans l'étude du laplacien sphérique, on peut prendre l'algèbre des (restrictions à la sphère des) polynômes. Pour le semi–groupe brownien sur $\mathbb{R}^d$, l'algèbre $\mathcal{S}$ est toute indiquée; elle est stable par $L = \Delta$, par P_t, mais non par C et Q_t. Pour l'étude des semi–groupes de convolution généraux, l'algèbre adéquate, stable cette fois par tous les opérateurs considérés, est celle des fonctions indéfiniment différentiables tendant vers 0 à l'infini (sans décroissance rapide) ainsi que toutes leurs dérivées. Enfin, dans le cas du semi–groupe d'Ornstein–Uhlenbeck l'algèbre naturelle est celle des polynômes (le seul de tous ces exemples pour lequel les fonctions ne sont pas bornées).

Le point de vue des algèbres ne s'applique pas bien à l'étude des opérateurs de diffusion qui ne sont pas de classe C^∞. En revanche, il est le seul qui conserve un sens dans des généralisations *non commutatives* de la théorie. Voir par exemple Sauvageot [1].

L'algèbre $\mathcal{A}$ sera en général dense dans tous les L^p, mais cela ne suffit pas en général : il faut que $\mathcal{A}$ soit dense dans les domaines $\mathcal{D}_p(L)$, autrement dit, que pour $f \in \mathcal{D}_p(L)$ il existe des $f_n \in \mathcal{A}$ tels que $f_n \to f$ et $Lf_n \to Lf$ dans L^p. Ce type de densité est parfois difficile à établir (pour un exemple d'utilisation à C_c^∞ de techniques d'opérateurs autoadjoints dans L^2, on pourra consulter Bakry [2]).

Utilisation de la symétrie

23 Nous passons maintenant au second type de conditions nécessaires pour généraliser le cas brownien. Dans le cas symétrique, on dispose de la *décomposition spectrale* de l'opérateur autoadjoint positif $-L$ sur L^2, qui s'écrit (voir XIII.46)

(23.1) $$P_t = \int_0^\infty e^{-t\lambda}\, dE_\lambda \,.$$

(23.2) $$Q_t = \int_0^\infty e^{-t\sqrt{\lambda}}\, dE_\lambda \,.$$

(23.3) $$-L = \int_0^\infty \lambda\, dE_\lambda \;,\; -C = \int_0^\infty \sqrt{\lambda}\, dE_\lambda \,.$$

EXEMPLE. Dans le cas du semi–groupe de Cauchy dans $\mathbb{R}^d$, plus naturel ici que le semi–groupe brownien, E_λ est l'opérateur de convolution par la fonction dont la transformée de Fourier est $I_{\{|u|\le\lambda\}}$. Les formules que nous écrivons ci–dessous correspondent alors à un calcul de f par resommation de sa transformée de Fourier suivant les "couronnes" : en analyse harmonique, cela s'appelle une "décomposition de Littlewood–Paley continue". La décomposition de L–P discrète, plus importante, correspond à une resommation suivant les couronnes dyadiques successives, c'est à dire

$$f = E_0 f + \sum_{k=-\infty}^{\infty} (E_{2^{k+1}} - E_{2^k}) f \,.$$

Une conséquence importante de la décomposition spectrale est l'*analyticité* de (P_t) au sens L^2 : on peut en effet utiliser (23.1) pour définir P_z pour z complexe de partie réelle ≥ 0.

Un théorème de Stein décrit le domaine d'analyticité du semi–groupe dans L^p : au lieu d'être un demi–plan, ce domaine est un angle $|\arg z| < \frac{\pi}{2}(1 - |\frac{2}{p} - 1|)$ dont l'ouverture tend vers 0 lorsque $p \to 0$ ou $p \to \infty$. Pour les semi–groupes de diffusion ce résultat a été amélioré par Bakry [4].

La représentation spectrale permet de définir les opérateurs bornés $D^k P_t f$ sur L^2, pour tout k entier positif

$$D^k P_t f = (-1)^k \int_0^\infty \lambda^k e^{-t\lambda}\, dE_k\ . \tag{23.4}$$

Désignons par L_0^2 le noyau du projecteur spectral E_0 (projecteur sur l'espace des fonctions de L^2, invariantes par le semi-groupe). Un calcul immédiat donne la formule

$$I - E_0 = \frac{(-1)^k}{\Gamma(k)} \int_0^\infty t^k D^k P_t \frac{dt}{t} \tag{23.6}$$

que nous utiliserons surtout pour $k = 2$, sous la forme

$$f = \int_0^\infty D^2 P_s f\, s\, ds \quad \text{pour } f \in L_0^2 \tag{23.7}$$

Ce sera pour nous un substitut de la formule d'inversion de Fourier. Nous avons également un substitut de la formule de Plancherel, pour les produits scalaires bilinéaire ou hermitien

$$< f, g > = \int_0^\infty < D^2 P_s f, D^2 P_s g > s\, ds \quad (f, g \in L_0^2)\ . \tag{23.8}$$

Extension des résultats du §2

24 Nous pouvons maintenant traduire les démonstrations du §2 dans le langage des semi-groupes symétriques. On se donne une fonction f sur E ; on lui associe son prolongement harmonique $f(t,x)$, et la martingale correspondante $M_t = f(Z_t)$, arrêtée à l'instant T. La projection de M sur le mouvement brownien horizontal est la martingale continue

$$M_t^- = \int_0^{t\wedge T} Df(Z_s)\, dB_s \tag{24.1}$$

dont on sait calculer le crochet. Lorsque le semi-groupe (P_t) admet un opérateur carré du champ, on sait calculer le crochet oblique de la martingale (M_t) toute entière, et lorsque (P_t) est une diffusion ce crochet oblique est le crochet tout court. La formule de conditionnement par la v.a. X_T est la même que dans le cas brownien.

Nous laisserons le lecteur reprendre les démonstrations du §2, et prouver les résultats annoncés en 18 c) :

a) Le *théorème de multiplicateurs* reste vrai sans modification pour tous les semi-groupes symétriques. Il en est de même pour les inégalités de Littlewood-Paley "horizontales". Ces deux résultats n'exigent pas que le semi-groupe admette un carré du champ ou soit une diffusion, car ils n'utilisent que la martingale horizontale.

b) Les inégalités sur les transformations de Riesz restent vraies pour les *diffusions symétriques*, dont l'opérateur carré du champ s'écrit

$$\Gamma(f,g) = \sum\nolimits_i X_i f\, X_i g \tag{24.3}$$

où les X_i sont des dérivations qui *commutent* avec L. Les inégalités de Littlewood–Paley–Stein restent valables sous les mêmes hypothèses. Cependant, il faut se garder d'énoncer sans précaution des résultats de ce genre. Le principe de la méthode est extrêmement simple, mais sa mise en œuvre effective dépend du choix d'un bon domaine (l'algèbre stable $\mathcal{A}$ du n° 22 c)), dont on doit vérifier la densité.

Deux lemmes sur les prolongements harmoniques

Les deux théorèmes suivants contiennent l'essence de l'utilisation des martingales en théorie de L–P. La démonstration remonte à des arguments de Stein concernant les prolongements harmoniques ordinaires, mais on lui a donné une forme plus probabiliste. Une extension très utile, due à Bakry [2], consiste à introduire des prolongements *sous*harmoniques d'une fonction donnée sur le bord. Le principe de la démonstration est simple, mais nous ne donnons pas d'énoncé formel.

25 Le premier résultat correspond à l'inégalité de L–P (17.8); il n'exige pas que le processus soit une diffusion, mais ses applications (voir le début de 26) ne concernent que l'intervalle $p \in [2, \infty[$.

Nous considérons une fonction positive bornée $f(t,x)$ sur $\mathbb{R}_+ \times E$ telle que le processus $f(Z_t)$ (où $Z_t = Y_{t\wedge T}$) soit une *sousmartingale* (càdlàg.) sous toute loi $\mathbb{P}^{a,x}$, et nous supposons que sa décomposition canonique s'écrit,

$$f(Z_t) = N_t + V_t \quad \text{avec } V_t = \int_0^{t\wedge T} \ell(Z_s)\,ds \text{ et } \ell \geq 0 .$$

En pratique, on saura toujours calculer $\ell(t,x)$ au moyen du générateur, $\ell = L^{\vdash} f = (D^2 + L^{\mid}) f$. On connaît le potentiel engendré par le processus croissant (V_t)

$$\mathbb{E}[V_\infty \mid \mathcal{F}_t] - V_t = \mathbb{E}[f(0, X_T) \mid \mathcal{F}_t] - f(Z_t) .$$

Pour $1 < r < \infty$, on a d'après VI.(100.3), ou XXIII.11

$$\mathbb{E}^{a,x}[V_\infty^r] \leq C_r \mathbb{E}^{a,x}[f(0, X_T)^r] .$$

Cette relation est aussi vraie (et évidente) pour $r = 1$. Intégrons par rapport à la mesure $\eta(dx)$, prenons une espérance conditionnelle par rapport à X_T, nous obtenons la relation

$$(25.1) \qquad \| \int_0^\infty Q_s(\cdot, \ell_s)\, a \wedge s\, ds \|_r \leq C_r \| f(0, \cdot) \|_r .$$

On peut ensuite faire tendre a vers l'infini, et on a obtenu

$$(25.2) \qquad \| \int_0^\infty \ell(s, \cdot)\, s\, ds \|_r \leq C_r, \| h_0 \|_r$$

Dans cette démonstration, les deux points à vérifier soigneusement sont le calcul effectif de la fonction ℓ, et la propriété de sousmartingale (y compris l'intégrabilité des v.a. $f(Z_t)$).

26 L'application principale de l'inégalité (25.2) s'obtient en prenant $f = h^2$, le carré d'une fonction sousharmonique h, et $r = p/2$ où $p \geq 2$. On pose alors $\ell = 2j$, avec

$$2j = L^{\vdash}(h^2) = 2\Gamma^{\vdash}(h) + 2h L^{\vdash} h$$

et comme h et $L^{\vdash}h$ sont positifs, on a $j \geq \Gamma^{|}(h) + (Dh)^2$. Ainsi

$$\| \Big(\int_0^\infty Q_s(j_s)\, s\,ds \Big)^{1/2} \|_p \leq C_p \| h(0,\cdot) \|_p \quad \text{pour } p \geq 2. \tag{26.1}$$

Lorsque h est le prolongement harmonique d'une fonction u sur le bord, le côté gauche majore la fonction de Littlewood–Paley complète $H(u)$ du n° 17. Les détails d'intégrabilité étant par ailleurs évidents lorsque u est bornée, on a ainsi établi (17.8).

Nous allons chercher une inégalité plus faible, valable aussi pour $p \leq 2$. Contrairement au cas précédent, nous allons utiliser le fait que le processus est une diffusion. Désignant toujours par h une fonction sousharmonique, soit $H_t = M_t + A_t$ la sousmartingale positive (continue) $h(Z_t)$, et considérons la décomposition de H_t^2

$$dH_t^2 = 2H_t\,dM_t + 2H_t\,dA_t + d\langle H\rangle_t$$

Comme plus haut, soit $2j$ la densité de la partie à variation finie — en pratique, $L^{\vdash}(h^2)$ — et considérons la fonction

$$J(x) = \Big(\int_0^\infty Q_t^2(x, \sqrt{j_t})\, t\,dt \Big)^{1/2}$$

Nous allons établir l'inégalité (plus faible que (26.1))

$$\| J \|_p \leq C_p \| h_0 \|_p\ , \tag{26.2}$$

qui correspond à l'inégalité de L–P (17.9) Il est légitime d'appliquer la formule d'Ito au processus H_t^p, bien que la fonction x^p ne soit qu'une fois dérivable, car cette fonction est convexe, et sa dérivée seconde au sens des distributions est une fonction. On obtient

$$H_t^p = H_0^p + \int_0^t pH_s^{p-1}\,dH_s + \tfrac{p(p-1)}{2} H_s^{p-2} d\langle H\rangle_s$$

Prenons une espérance $\mathbb{E}^{a,x}$ et *admettons que la partie martingale s'élimine* (nous traiterons ce point à la fin). Cela donne

$$\begin{aligned} \mathbb{E}^{a,x}[H_t^p] &\geq \mathbb{E}^{a,x}\Big[\int_0^t pH^{p-1} dA_s + \tfrac{p(p-1)}{2} H^{p-2} d\langle H\rangle_s\Big] \\ &\geq C_p\, \mathbb{E}^{a,x}\Big[\int_0^t H_s^{p-2} j(Z_s)\,ds\Big] \end{aligned}$$

Nous intégrons par rapport à $\eta(dx)$, nous faisons tendre t vers l'infini, puis nous conditionnons par X_T, et enfin nous faisons tendre a vers l'infini. Du côté gauche, il nous reste $\int h_0^p(x)\,\eta(dx)$, et du côté droit, en posant $l = jh^{p-2}$

$$C_p \int \eta(dx) \int_0^\infty Q_t(x, l_t)\, t\,dt\ . \tag{26.3}$$

Appliquons l'inégalité de Schwarz au produit $\sqrt{j} = l^{1/2} h^{1-p/2}$, et utilisons le fait que $2-p \leq 1$, donc

$$Q_t(\sqrt{j_t})^2 \leq Q_t(l_t)\, Q_t(h_t^{2-p}) \leq Q_t(l_t)\, Q_t(h_t)^{2-p} \leq Q_t(l_t)\, h^{*(2-p)}$$

où $h^* = \sup_t Q_t h_t$. Ainsi nous avons $J \leq h^{*(1-p/2)}(\int_0^t Q_t(l_t) t\,dt)$. Elevons à la puissance p, appliquons Hölder avec les exposants $2/2-p$ et $2/p$, il vient

$$\int J(x)^p \eta(dx) \leq \| h^* \|_p^{p(2-p)/2} (\int_0^\infty Q_t(l_t)\,t\,dt\,)^{p/2} \leq C_p \| h^* \|_p^{p(2-p)/2} \| h_0 \|_p^{p^2/2} .$$

L'inégalité (26.2) revient à remplacer h^* par h_0 du côté droit. Or la sousharmonicité de h entraîne $h_t \leq Q_t h_0$, et on peut donc simplifier l'expression de h^* en $\sup_t Q_t h_0$. Or on a pour $p \in]\,1, \infty\,[$, en posant $f^*(x) = \sup_t | Q_t(x, f) |$

(26.4) $$\| f^* \|_p \leq C_p \| f \|_p .$$

Nous avons signalé au n° 15 que ce résultat peut se déduire, soit de la version continue du théorème de Rota V.64, soit du théorème ergodique maximal sans utiliser la symétrie.

Le théorème 3.6 de Bakry [2] p.157 est légèrement différent, et sans doute un peu meilleur.

Montrons enfin qu'il était légitime d'oublier la partie martingale. Supposons que $h_0 \in L^p$ (sinon il n'y a rien à démontrer). Alors la v.a. $|h_0|^p(X_T)$ est intégrable/$\mathbb{P}^{(a,x)}$ pour presque tout x ; les inégalités de (sous)martingales entraînent que A_∞ et M^*_∞ sont aussi dans L^p, et $H^{*(p-1)}$ appartient à L^q. La v.a. $H^{*(p-1)} < M >_\infty^{1/2}$ est donc intégrable, la martingale locale $H^{p-1} \cdot M$ appartient à H^1, et la partie martingale s'élimine bien de l'espérance.

Introduction à Γ_2

27 Etant donné un générateur L, nous avons défini l'opérateur carré du champ $\Gamma(f, g)$ par la formule

(27.1) $$2\Gamma(u,v) = \Gamma_1(u,v) = L(uv) - (Lu)v - uLv .$$

Il mesure ce qui manque à L pour être une dérivation par rapport à l'application bilinéaire $\Gamma_0(u,v) = uv$. Nous avons vu que cette application bilinéaire permet de calculer les crochets de certaines martingales, et à ce titre, elle est toujours positive.

Bakry a découvert que la propriété commune aux divers résultats classiques sur les transformations de Riesz est la positivité d'une expression bilinéaire analogue, obtenue en remplaçant Γ_0 par Γ_1 dans (27.1) :

(27.2) $$2\Gamma_2(u,v) = L\Gamma(u,v) - \Gamma(Lu,v) - \Gamma(u,Lv) .$$

Comme pour Γ, on simplifie souvent $\Gamma_2(u,u)$ en $\Gamma_2(u)$.

Il est apparu ensuite (Bakry–Émery [1]) que des hypothèses de stricte positivité sur Γ_2 permettent d'établir des propriétés d'hypercontractivité, ou de vraies inégalités de Sobolev. Il semble donc que Γ_2 soit vraiment un élément fondamental de la "géométrie" des diffusions. L'idée qui ressort, et que nous illustrerons par l'un des théorèmes de Bakry, est que Γ_2 *est un substitut du tenseur de Ricci en théorie des semi-groupes.*

La définition même de Γ_2 est liée à l'existence d'une algèbre $\mathcal{A}$, stable par L et suffisamment riche (*cf.* 22 c)). La stabilité de $\mathcal{A}$ par P_t ajoute beaucoup de confort, mais n'est pas toujours réalisée (algèbre C_c^∞ dans une variété non compacte).

28 Donnons quelques exemples, d'après Bakry–Émery. Le plus simple est celui de $L = \Delta$ sur $\mathbb{R}^d$, pour lequel

$$\Gamma_2(u,v) = \sum_{ij} D_{ij}u D_{ij}v \ .$$

La positivité est évidente. Si l'on ajoute à Δ une dérive de la forme grad h, ce qui donne un opérateur L symétrique par rapport à la mesure $e^{h(x)}dx$, Γ_2 s'augmente du terme $-\sum_{ij} D_{ij}p D_i u D_j v$, et la positivité de Γ_2 correspond donc à une densité p *log-concave* (penser aux mesures gaussiennes et au semi-groupe d'O–U). L'extension de cet exemple aux variétés riemanniennes est remise à plus tard (40).

Considérons ensuite un opérateur L de la forme $\sum_i X_i^2 + Y$, où les X_i et Y sont des champs de vecteurs. Le carré du champ s'écrit $\sum_i X_i u X_i v$, et on a

$$\Gamma_2(u) = \sum_i (X_i^2 u)^2 + \sum_i X_i u [L, X_i] u \ .$$

Ici encore, penser au cas d'O–U, pour lequel $X_i = D_i$ avec $[L, D_i] = D_i$.

On trouvera dans le *Sém. Prob. XIX*, p.190, quelques exemples de semi-groupes à Γ_2 positif qui ne sont pas des diffusions.

29 La positivité de Γ_2 intervient dans les calculs sur les semi-groupes par la propriété

$$\Gamma(P_t f) \leq P_t \Gamma(f) \ , \tag{29}$$

qui entraîne d'ailleurs, en notant que $Q_t = \int P_s \sigma_t(ds)$, et que Γ se comporte comme le carré d'une norme hilbertienne

$$\Gamma(Q_t f) \leq \int \Gamma(P_s f)\sigma_t(ds) \leq \int P_s \Gamma(f)\sigma_t(ds) = Q_t \Gamma(f) \ . \tag{29.2}$$

Comme toujours, le calcul formel est très simple, sa justification un peu plus délicate (le lecteur la trouvera dans le *Sém. Prob. XIX*, p. 163). Soit f une fonction appartenant à l'algèbre $\mathcal{A}$. Si l'on a (30.1), la limite pour $t \to 0$ de $(P_t\Gamma(f) - \Gamma(P_t f))/t$ est positive, et on vérifie qu'elle est égale à $\Gamma_2(f)$. Inversement, on remarque d'abord que la fonction $\Gamma(P_t f)$ est dérivable, avec pour dérivée $2\Gamma(f, Lg)$. Soit alors pour $0 \leq s < t$ $g_s = P_s\Gamma(P_{t-s}f)$. On dérive

$$g'_s = P_s L\Gamma P_{t-s}f - 2P_s\Gamma(P_{t-s}f, LP_{t-s}f) = P_s\Gamma_2(P_{t-s}f) \geq 0$$

donc $g_t = P_t\Gamma(f) \leq g_0 = \Gamma(P_t f)$.

On sait établir dans le cas des diffusions les inégalités plus fortes

$$\sqrt{\Gamma(P_t f)} \leq P_t\sqrt{\Gamma(f)} \quad ; \quad \sqrt{\Gamma(Q_t f)} \leq Q_t\sqrt{\Gamma(f)} \quad ; \tag{29.3}$$

dont la démonstration générale n'est absolument pas évidente (*Sém. Prob. XIX*, p. 148-149). Nous en verrons un cas particulier au n° 41.

L'inégalité (29.3) étend à une classe assez large de semi-groupes une propriété anodine (en apparence) de la situation classique : les dérivées partielles verticales du prolongement harmonique de f étant des fonctions harmoniques, la fonction $|\text{grad}' f|$ est sousharmonique.

Dans la situation classique, on a une propriété beaucoup plus fine : il existe un exposant $p < 1$, dépendant de la dimension de l'espace, tel que la fonction $|\text{grad}\, f|^p$ soit sousharmonique. Ce résultat est à la base de la théorie de H^1 chez Fefferman–Stein, et il exige une certaine forme de *stricte positivité* de Γ_2. Voir Bakry [6].

Nous reviendrons à l'étude de Γ_2 au n° 52.

Diffusions riemanniennes

La section suivante est consacrée à la démonstration des importantes inégalités 42–45 concernant les transformations de Riesz sur une variété riemannienne complète à courbure de Ricci minorée. Ce résultat, dû à Bakry [2], vient d'être amélioré par N. Yosida [1]; il peut aussi être abordé par des méthodes purement riemanniennes (Lohoué [1]). La lecture exige quelques connaissances de géométrie différentielle, mais ce n'est pas grand chose : le premier chapitre d'un cours de géométrie riemannienne, avec la définition de la connexion de Levi–Civita, le calcul des symboles de Christoffel et de la dérivée covariante d'une forme. De toute façon, nous ne supposons aucune connaissance de géométrie *stochastique,* et nous ferons donc beaucoup de calcul du second ordre avec des coordonnées, sans langage géométrique. Les lecteurs épris de démonstrations intelligentes en trouveront chez Bakry–Émery [1], Bakry [2].

30 On considère l'espace $E = \mathbb{R}^d$ comme une variété munie de coordonnées "curvilignes" globales x^λ, de classe $\mathcal{C}^\infty$: rien n'interdit que ce soient les coordonnées linéaires usuelles, mais tout ce que nous allons écrire sera invariant par difféomorphisme.

Les calculs faits ici sur $\mathbb{R}^d$ gardent en fait leur sens sur une variété riemannienne quelconque, en interprétant les x^λ comme des coordonnées locales. Nous préférons éluder ces problèmes, et renvoyer le lecteur à Émery [8] pour une approche plus géométrique.

On considère sur E une diffusion (à durée de vie infinie) (X_t^λ), de semi-groupe (P_t) et de générateur $\mathcal{C}^\infty$

$$L = L^{\mu\nu} D_{\mu\nu} + L^\lambda D_\lambda \tag{30.1}$$

(avec $L^{\mu\nu} = L^{\nu\mu}$). On fait, ici et dans toute la suite, la convention de sommation sur les indices répétés en diagonale. La formule (30.1) a l'interprétation probabiliste suivante

$$d\!<X^\lambda, X^\mu>_t = 2L^{\mu\nu}(X_t)\,dt$$

$$dX_t^\lambda - L^\lambda(X_t)\,dt \quad \text{est une différentielle de martingale locale.}$$

Nous supposons que cette diffusion est non dégénérée, ce qui munit E d'une structure riemanienne de coefficients $g^{\mu\nu} = L^{\mu\nu}$ (comme elle provient de l'opérateur carré du champ, elle se trouve définie de manière naturelle sur les formes plutôt que les vecteurs). Nous nous intéresserons surtout au cas où L est l'*opérateur de Laplace-Beltrami* Δ, le processus X étant alors le *mouvement brownien* de la structure riemannienne. Cela correspond au choix de coefficients

$$L^\lambda = -g^{\mu\nu}\Gamma^\lambda_{\mu\nu} \tag{30.2}$$

les $\Gamma^\lambda_{\mu\nu}$ étant les symboles de Christoffel de la connexion riemannienne associée. Le semi-groupe (P_t) admet alors une mesure invariante symétrique η, qui est la mesure riemannienne $\rho(dx) = \sqrt{g(x)}\,dx$ sur E.

Ce résultat n'est pas tout à fait évident. Il provient du fait que l'expression (30.2) pour le laplacien équivaut à l'expression traditionnelle $\Delta f = \delta df$.

Les autres opérateurs (30.1) admettant les mêmes coefficients $g^{\lambda\mu}$ sont de la forme $\Delta+Y$, où Y est un champ de vecteurs. En particulier, ceux qui sont symétrisables se mettent sous la forme $\Delta+\text{grad}\,h$, la mesure invariante symétrique η admettant la densité e^h par rapport à ρ.

On trouvera dans Bakry [2] une discussion plus détaillée de ces opérateurs, et dans Bakry–Michel [1] des résultats sur les semi-groupes de diffusion non nécessairement symétrisables.

REMARQUE. Nous n'entrons pas ici dans les problèmes liés à la construction du mouvement brownien. Il existe pour cela deux méthodes : l'application des procédés généraux de construction de semi-groupes admettant un générateur donné, ou bien la recherche d'une équation différentielle stochastique admettant pour solution le mouvement brownien (c'est la méthode la plus élégante du point de vue géométrique, voir Ikeda–Watanabe [1]). Nous avons une préférence pour la méthode de Schwartz [6], qui utilise un plongement dans $\mathbb{R}^d$. Ces méthodes conduisent à l'existence et à l'unicité d'un processus défini globalement, mais pouvant avoir une durée de vie finie. On peut assurer que le mouvement brownien a une durée de vie infinie si la variété riemannienne est complète et admet une courbure de Ricci minorée (théorème de Yau). Nous verrons apparaître la courbure de Ricci ci-dessous. Le théorème de Yau a été étendu par Bakry [5] aux diffusions symétrisables considérées plus haut.

Le fait que la variété soit complète se traduit par l'hypothèse analytique suivante (Bakry [2], p. 141) : il existe une suite de fonctions $h_n \in \mathcal{C}_c^\infty$ comprises entre 0 et 1, qui converge en croissant vers 1, et dont le gradient tend uniformément vers 0.

31 Nous considérons ensuite la variété tangente $E' = T(E)$, ici $\mathbb{R}^d \times \mathbb{R}^d$, avec ses coordonnées x^λ et dx^λ. Pour rendre les calculs plus clairs, nous noterons ces coordonnées x^λ et y^i, l'ensemble des indices i étant le même que l'ensemble des λ (*cf.* les notations q^i et $\dot{q}^i$ de la mécanique). Nous avons sur l'espace tangent en x un produit scalaire, qui s'écrit maintenant $(y\,|\,y) = g_{ij}(x)y^iy^j$. Puisque $L^{\mu\nu} = g^{\mu\nu}$ par définition, l'opérateur carré du champ est donné par $\Gamma(f,g) = (df\,|\,dg)$ (produit scalaire riemannien).

Nous allons construire une diffusion (X_t, Y_t) à valeurs dans E', solution d'une équation différentielle stochastique linéaire — cela s'appelle un *transport de vecteurs le long de la diffusion* (X_t). La forme classique (déterministe) du transport ne comporte que les deux premiers termes ci-dessous

$$(31.1)\qquad dY_t^i + Y_t^j a^i_{j\lambda}(X_t)\,dX_t^\lambda + \tfrac{1}{2}Y_t^j a^i_{j\lambda\mu}(X_t) < dX^\lambda, dX^\mu >_t + Y_t^j a^i_j(X_t)\,dt = 0\,.$$

Cette manière d'écrire les é.d.s. est intrinsèque dans les variétés, la nature géométrique des coefficients étant précisée chez Schwartz [5], Emery [8][10]. Le dernier coefficient ne figure pas dans les équations habituelles, nous l'avons rajouté pour préparer l'avenir. Un même transport peut être défini par des systèmes différents de coefficients, d'autant plus que *nous n'imposons pas aux coefficients* $a^i_{j\lambda\mu}$ *d'être symétriques en* λ,μ.

L'unicité de la solution entraîne que le processus (X_t, Y_t) est un processus de Markov à valeurs dans E', relativement à la filtration du processus (X_t). Notre premier calcul va être celui du *générateur du transport* sur E', qui peut s'écrire

$$(31.2)\qquad L^{\mu\nu}D_{\mu\nu} + L^{ij}D_{ij} + 2L^{i\lambda}D_{i\lambda} + L^\lambda D_\lambda + L^i D_i\,.$$

Le facteur 2 vient de la présence de deux blocs de variables jouant des rôles différents : on a écrit les $D_{i\lambda}$ mais non les $D_{\lambda i}$. Un calcul facile au moyen de la formule d'Ito nous donne

$$L^{ij} = y^k y^\ell a^i_{k\mu} a^j_{\ell\nu} L^{\mu\nu} \ , \qquad L^{i\nu} = -y^j a^i_{j\mu} L^{\mu\nu}$$

$$L^i = -y^j \left(a^i_{j\mu\nu} L^{\mu\nu} + a^i_{j\mu} L^\mu + a^i_j \right) . \tag{31.3}$$

32 On peut aussi considérer le transport comme un processus d'applications linéaires U_t, telles que $Y_t = U_t Y_0$ (du point de vue géométrique, U_t relie les espaces tangents aux points X_0 et X_t). Ces applications satisfont à une équation exponentielle $dU_t = -dC_t \, U_t$, qui s'explicite ainsi

$$dU^i_j(t) = -U^i_k(t) \, dC^k_j(t) \ , \ dC^i_j(t) = a^i_{j\lambda}(X_t) \, dX^\lambda_t + a^i_{j\lambda\mu}(X_t) < dX^\lambda_t, dX^\mu_t > + a^i_j(X_t) \, dt \ .$$

Cela revient à passer du point de vue des transports de vecteurs à celui des transports de repères, et on peut alors entraîner dans le transport tous les tenseurs, leurs composantes dans le repère mobile restant constantes.

33 Le principal exemple de transport de vecteurs est le *transport parallèle stochastique* ou *transport horizontal* au dessus de X. Il correspond à l'équation du transport parallèle déterministe, interprétée au sens de Stratonovich (voir XXIII.57, VIII.28)

$$\partial Y^i_t + Y^j_t \Gamma^i_{j\lambda}(X_t) \, \partial X^\lambda_t = 0 \tag{33.1}$$

Si l'on transforme cela en intégrales d'Ito, l'équation (33.1) se met sous la forme (31.1) avec

$$a^i_{j\lambda} = \Gamma^i_{j\lambda} \ , \quad a^i_j = 0 \ , \quad a^i_{j\lambda\mu} = D_\lambda \Gamma^i_{j\mu} - \Gamma^k_{j\lambda} \Gamma^i_{k\mu} \tag{33.2}$$

Noter l'absence de symétrie du dernier coefficient.

Comme pour le transport parallèle déterministe, et pour les mêmes raisons, la *longueur (riemannienne) des vecteurs est conservée au cours du transport.*

En voici une justification sommaire (*cf.* Émery [8], p. 115-117). La trajectoire $Y_\bullet(\omega)$ d'une é.d.s. au sens de Stratonovich telle que (34.1), au dessus de la trajectoire (non différentiable) $X_\bullet(\omega)$, s'obtient en en prenant une interpolation linéaire par morceaux (le mot "linéaire" a un sens parce que nous travaillons sur $\mathbb{R}^d$; dans les variétés on pourrait prendre par exemple une interpolation géodésique), en résolvant l'é.d.s. ordinaire le long de cette courbe différentiable par morceaux, et en passant à la limite. On est donc ramené à un résultat déterministe.

De plus, comme (X_t) est symétrique par rapport à la mesure η, le processus (X_t, Y_t) est symétrique par rapport à la mesure $g(x)\,\eta(dx)\,dy$ sur E'. En effet, la conservation de la longueur des vecteurs entraîne celle du volume riemannien, donc la mesure en question est invariante. D'autre part, le processus X et l'intégration au sens de Stratonovich sont tous deux invariants par retournement du temps, et le processus Y est donc réversible.

Plus généralement, la conservation de la longueur des vecteurs entraîne que toute mesure de la forme $g(x)\,h(|y|)\,dx\,dy$, où $|y|$ est la norme riemannienne du vecteur tangent y (et dépend donc implicitement aussi de x !), est une mesure invariante (symétrique) pour le semi-groupe (P'_t). Cela s'applique en particulier à la mesure sur E'

(33.3) $$\eta'(dx,dy) = \int_E \eta(dx)\,\varepsilon_x \otimes \gamma_x$$

somme continue des mesures gaussiennes standard γ_x sur les espaces tangents.

34 Voici l'expression explicite du générateur L_H du transport horizontal (lorsque $L = \Delta$ c'est le *laplacien horizontal* Δ_H)

$$\begin{aligned} L_H &= L + y^k y^\ell g^{\mu\nu}\Gamma^i_{k\mu}\Gamma^j_{\ell\nu}D_{ij} \\ &- 2y^j g^{\mu\nu}\Gamma^i_{j\mu}D_{i\nu} - y^j\,(g^{\mu\nu}(D_\mu\Gamma^i_{j\nu} - \Gamma^k_{j\mu}\Gamma^i_{k\nu}) + \Gamma^i_{j\mu}L^\mu\,)\,D_i\ . \end{aligned} \quad (34.1)$$

Ce sont les coefficients de $D_{i\nu}$ et de D_i qui nous intéresseront pour la suite; nous les noterons respectivement $y^j H^{i\nu}_j$ et $y^j H^i_j$.

35 Nous arrivons à l'idée principale de cette section. On va modifier le transport parallèle en ajoutant au générateur une dérive dans le plan tangent

(35.1) $$L' = L_H - A = L_H - y^j a^i_j D_i$$

ce qui revient à ajouter le terme final en $y^j a^i_j\,dt$ dans l'équation (31.1), *de telle sorte que l'on ait* $L'(df) = dLf$. On rétablit ainsi la commutativité nécessaire aux calculs de prolongements harmoniques. En revanche, le nouveau transport ne conserve plus la longueur des vecteurs, et l'on se trouve ramené à contrôler la manière dont celle–ci se transforme (voir 36 plus bas).

Nous écrivons la différentielle de f sous la forme $y^j D_j f$, en utilisant pour la première fois le fait que les indices j et λ parcourent le même ensemble. Nous formons $dLf = y^j D_j Lf$ et

$$\begin{aligned} (L_H - A)df &= L_H(y^j D_j f) - y^j a^i_j D_i f \\ &= y^j LD_j f + 2y^j H^{i\nu}_j D_{i\nu} f + y^j\,(H^i_j - a^i_j)\,D_i f\ . \end{aligned}$$

La notation $D_{i\nu}$ est ici une dérivée partielle sur E, non sur E'. Nous avons ensuite

$$y^j\,(D_j Lf - LD_j f) = D_j g^{\mu\nu} D_{\mu\nu} f + D_j L^\mu D_\mu f$$

et nous trouvons d'une part une condition de compatibilité, d'autre part une équation pour déterminer a^i_j :

$$D_j g^{j\nu} = H^{i\nu}_j + H^{\nu i}_j \quad ; \qquad a^i_j + D_j L^i - H^i_j = 0\ .$$

La première relation s'écrit, compte tenu de (34.1)

(35.2) $$D_j g^{i\nu} + g^{i\theta}\Gamma^\nu_{j\theta} + g^{\theta\nu}\Gamma^i_{\theta j} = 0\ .$$

Cette relation est bien satisfaite : elle s'écrit $\nabla_j g^{i\nu} = 0$, et exprime exactement que la connexion utilisée est la connexion riemannienne. Nous pouvons alors déterminer a^i_j par la seconde équation. Dans le cas du mouvement brownien, pour lequel $L^\alpha = -g^{\beta\gamma}\Gamma^\alpha_{\beta\gamma}$, nous trouvons

$$0 = a^i_j + D_\mu\Gamma^i_{j\nu} - g^{\mu\nu}(D_j\Gamma^i_{\mu\nu} - \Gamma^\theta_{j\mu}\Gamma^i_{\theta\nu} - \Gamma^i_{j\theta}\Gamma^\theta_{\mu\nu}) - D_j g^{\alpha\beta}\Gamma^i_{\alpha\beta}$$

Dans la dernière expression, nous remplaçons $D_j g^{\alpha\beta}$ en tenant compte de (35.2), et l'expression finale peut s'écrire $a^i_j - g^{\mu\nu} R^i_{\nu j \mu}$, où R est le tenseur de courbure. Ceci est le *tenseur de Ricci* de la métrique riemannienne, considéré comme opérateur sur l'espace tangent.

Pour une diffusion L de la forme $\Delta + \text{grad}\, h$, il s'ajoute au tenseur de Ricci une correction provenant du terme $-D_j L^i$, et qui vaut $-\text{Hess}\, h^i_j$; $\text{Hess}\, h$ désigne d'habitude la *forme bilinéaire* symétrique ∇df qui s'écrit $(D_{ij}h - \Gamma^k_{ij} D_k h)\, y^i y^j$; on en a fait ici un opérateur symétrique $\text{Hess}\, h^i_j$ en remontant un indice.

Nous dirons désormais que l'opérateur $A = a^i_j$, est l'*opérateur de Ricci de la diffusion*, comme dans le cas du mouvement brownien. Nous rappellerons au n° 37 que l'opérateur de Ricci classique sur l'espace tangent est symétrique par rapport à la métrique riemannienne ; il en est donc de même de l'opérateur de Ricci généralisé A.

36 Le transport parallèle ordinaire conserve les longueurs des vecteurs. Soit $r \geq 0$ tel que $-r$ borne inférieurement les valeurs propres de A sur E ; montrons que le transport parallèle "corrigé" augmente les longueurs au plus dans le rapport e^{rt} sur l'intervalle $[0, t]$.

Nous supposons $r \geq 0$, car on ne sait pas utiliser la stricte positivité de l'opérateur de Ricci pour améliorer les inégalités, dans le contexte des transformations de Riesz.

Ce résultat se comprend bien dans le langage des é.d.s. linéaires (n° 32). Soient $dU_t = dC_t U_t$ l'équation du transport parallèle, et $dV_t = (dC_t - A_t dt) V_t$ l'équation du transport parallèle corrigé. On recherche V_t sous la forme $U_t W_t$ (géométriquement, W_t est un opérateur sur l'espace tangent initial) et on trouve que $dW_t = B_t W_t dt$, avec $B_t = -U_t^{-1} A_t U_t$. Comme U_t est une isométrie, B_t est un opérateur symétrique sur l'espace initial, aux valeurs propres majorées par r, et il n'est pas difficile de voir que W_t augmente les longueurs au plus dans le rapport e^{rt} sur l'espace initial. On obtient alors le résultat désiré sur V_t par composition avec l'isométrie U_t.

37 Il nous reste à établir plusieurs propriétés importantes pour la démonstration. On aimerait trouver une mesure invariante symétrique pour le semi-groupe (P'_t), et le meilleur candidat serait certainement la mesure "gaussienne" η' de (33.3), par rapport à laquelle le transport horizontal est déjà symétrique. La propriété de symétrie $(f, L'g) = (L'f, g)$ à vérifier se réduit alors, sur chaque espace tangent, à la relation

$$(\, f(y)\, ,\, y^j A^i_j D_i g(y)\,)_\gamma = (\, y^j A^i_j D_i f(y)\, ,\, g(y)\,)_\gamma$$

Une telle relation n'a pas lieu pour toutes les fonctions f et g (voir cependant le n° 46), mais il y a un cas important où elle est satisfaite : *celui où f et g sont des 1-formes*. En effet, l'intégrale d'un produit de deux formes pour une mesure gaussienne est donnée par la covariance, et l'on est ramené à un simple calcul sur la métrique riemannienne. La Hessienne étant symétrique, cela signifie que l'opérateur de Ricci (R^i_j) est symétrique pour la métrique riemannienne. Ou encore, en prenant $f = y^k$, $g = y^\ell$, cela revient à vérifier que $R^\ell_j g^{jk}$ est symétrique en k et ℓ. Ou enfin, que le tenseur de Ricci sous sa forme la plus usuelle (R_{ij} avec les deux indices en bas) est un tenseur symétrique. Cela est tout à fait classique.

38 Etant données deux formes $\theta = \theta_i y^i$ et $\xi = \xi_j y^j$, nous nous proposons de calculer $L(\theta\,|\,\xi)$. Voici le résultat, qui est la *formule de Bochner* (la plus simple des formules de Lichnerowicz–Weizenböck)

$$L(\theta\,|\,\xi) = (\theta\,|\,L_H\xi) + (L_H\theta\,|\,\xi) + (\nabla\theta\,|\,\nabla\xi)\ . \tag{38.1}$$

Expliquons les notations : L_H est le prolongement horizontal de L ; $\nabla\theta$ (par exemple) désigne une fonction sur E', qui est bilinéaire sur chaque espace tangent, autrement dit qui est un tenseur deux fois covariant

$$y^j y^k (D_j\xi_k + \xi_i\Gamma^i_{jk})\ . \tag{38.2}$$

Lorsque $\theta = df$, $\nabla\theta$ est la (forme) *Hessienne* de f (35) notée Hess f. Alors le dernier terme de (38.1), qui est un produit scalaire de deux tels tenseurs, s'écrit

$$(\nabla\theta\,|\,\nabla\xi) = g^{pq}g^{rs}(D_p\theta_r + \theta_m\Gamma^m_{pr})(D_q\xi_s + \xi_n\Gamma^n_{qs})\ . \tag{38.3}$$

Donnons quelques indications sur la démonstration, qui est essentiellement un calcul. Pour simplifier nous prendrons $\xi = \theta$, et il restera à polariser l'expression obtenue. Convenons de noter θ_t le processus $\theta_i(X_t)\,Y^i_t$. Il s'agit de calculer la partie à variation finie du processus $(\theta_t\,|\,\theta_t)$, le produit scalaire considéré étant pris au point X_t. Utilisant l'invariance du produit scalaire par le transport horizontal, nous écrivons cela $(U^*_t\theta_t\,|\,U^*_t\theta_t)$, le produit scalaire étant maintenant pris au point initial, et nous avons alors, avec des notations un peu condensées

$$d(U^*_t\theta_t\,|\,U^*_t\theta_t) = 2d(U^*_t\theta_t)\,|\,\theta_t\,) + < d(U^*_t\theta_t)\,|\,d(U^*_t\theta_t) >\ .$$

Nous développons de même

$$d(U^*_t\theta_t) = dU^*_t\theta_t + U^*_t d\theta_t + < dU^*_t\,,\,d\theta_t > = U^*_t\,(dK_t\theta_t + d\theta_t + < dK_t\,,\,d\theta_t >)\ ,$$

et nous utilisons à nouveau l'invariance du produit scalaire pour écrire $d(\theta_t\,|\,\theta_t)$ sous la forme suivante, où le produit scalaire est calculé à nouveau au point X_t

$$2(\,dK_t\theta_t + d\theta_t + < dK_t\,,\,d\theta_t > |\,\theta_t\,) + < (\,dK_t\theta_t + d\theta_t\,|\,,dK_t\theta_t + d\theta_t) >\ .$$

Maintenant, il reste encore à remplacer dK_t et $d\theta_t$ par leurs valeurs, et à extraire les parties à variation finie. Par exemple, le terme en $(\,\nabla\theta\,|\,\nabla\theta\,)$ provient du terme en $(d\theta\,|\,d\theta\,)$ du côté droit.

39 DIGRESSION. On peut présenter d'une autre manière les calculs précédents, dans le cas du mouvement brownien. Il existe un "laplacien" classique défini sur les formes (et non pour toutes les fonctions sur E'), le *laplacien de de Rham* Δ_R, dont l'expression est (en insérant un signe $-$, car chez nous un laplacien se doit d'être un opérateur négatif)

$$\Delta_R\omega = -(d\delta + \delta d)\,\omega = \Delta_H\omega - R\omega\ . \tag{39.1}$$

Ici le d placé à droite est la différentielle extérieure, et l'opérateur δ fait redescendre au niveau 1 la 2–forme $d\omega$; R est l'opérateur de Ricci usuel. Ce laplacien ne diffère du laplacien horizontal que par un terme du premier ordre, et d'autre part, on a (du fait que $d^2f = 0$)

$$\Delta_R df = -(d\delta + \delta d)\,df = -d\delta df = d(-\delta d)\,f = d\Delta f$$

Nous avons vu plus haut qu'il existe une seule manière de corriger le laplacien horizontal par un terme linéaire, de manière à obtenir la commutation $\Delta' d = d\Delta$. *C'est donc que* $\Delta' = \Delta_R$.

Avec cette description du laplacien Δ' comme laplacien de de Rham, la propriété de symétrie sur les formes, vue ci–dessus, devient immédiate. L'opérateur δ est (par définition) l'adjoint de d dans l'espace L^2 des formes, et on a par conséquent

$$\int_E (\omega \mid \Delta_R \theta)\, \rho(dx) = \int_E (\Delta_R \omega \mid \theta)\, \rho(dx)$$

où ω et θ sont deux 1–formes, et où $(\cdot \mid \cdot)$ est le produit scalaire riemannien.

Pour une construction probabiliste directe du transport associé au laplacien de De Rham sur les 1–formes, voir Dohrn–Guerra [1]. Le laplacien de de Rham sur les p–formes n'a pas, à notre connaissance, d'interprétation probabiliste simple pour $p > 1$.

40 Ce n° est à nouveau une digression, qui nous écarte des transformations de Riesz. Nous nous proposons de calculer Γ_2 pour le semi–groupe (P_t), afin de montrer comment ce calcul, qui appartient à la théorie des semi–groupes, fait apparaître la “correction de Ricci”.

Nous avons $\Gamma(f,g) = g^{\mu\nu} D_\mu f\, D_\nu g = (df \mid dg)$. Par conséquent

$$2\Gamma_2(f,g) = L(df \mid dg) - (dLf \mid dg) - (df \mid Ldg)\ . \tag{40.1}$$

La formule (38.1) simplifie grandement le calcul de $\Gamma_2(f,g)$. Nous prenons dans cette formule $\theta = df$, $\xi = dg$, et nous avons à évaluer la différence

$$(df \mid L_H dg) + (L_H df \mid dg) - (dLf \mid dg) - (df \mid dLg)\ .$$

Mais nous nous rappelons que $dLf = L'df$, et que $L' = L_H - A$, où A est l'opérateur de Ricci de la diffusion, qui a été calculée plus haut. Il reste alors

$$2\Gamma_2(f,g) = (\mathrm{Hess}\, f \mid \mathrm{Hess}\, g) + (Adf \mid dg) + (df \mid Adg) \tag{40.2}$$

Lorsque $f = g$, le premier terme est *toujours* positif. On voit donc que la positivité de l'opérateur A entraîne celle de Γ_2 (les deux propriétés sont en fait équivalentes).

Le calcul précédent montre que la courbure de Ricci, *i.e.* la partie du tenseur de courbure qui intervient directement dans les questions d'analyse, peut s'interpréter uniquement en terme du semi–groupe brownien. On peut dire par analogie que, lorsqu'on ajoute au laplacien une dérive, celle–ci “produit de la courbure”.

Propriétés de sousharmonicité

41 Nous allons passer aux transformations de Riesz, en utilisant une méthode de prolongements harmoniques. Lorsque $r > 0$, nous allons compenser l'accroissement des longueurs en e^{rt} en utilisant des prolongements harmoniques relativement au semi–groupe $\widetilde{P}_t = e^{-rt} P_t$; nous utiliserons systématiquement un $\widetilde{\ }$ pour distinguer toutes les quantités relatives à ce semi–groupe. Par exemple

$$\widetilde{L} = L - rI\ , \quad Q_t = \int \sigma_t(ds)\, \widetilde{P}_s\, ds\ , \quad \widetilde{C} = (rI - L)^{1/2}\ , \ \widetilde{f}(t,x) = \widetilde{Q}_t(x,f)\ .$$

Cette dernière fonction est appelée le *prolongement* r*-harmonique* de f. De même, nous avons les semi-groupes sur les formes $\widetilde{P}'_t$ et $\widetilde{Q}'_t$ et les prolongements r-harmoniques de formes.

Voici le lemme qui va nous permettre d'utiliser les inégalités probabilistes des n°s 25–26. Le mot "sousharmonique", appliqué à une fonction sur $\mathbb{R}_+ \times E$, s'entend toujours au sens de l'opérateur $L^\vdash = \Delta^- + L^\mid$

LEMME. *Soit* $\theta(t, x, y)$ *le prolongement* r*-harmonique d'une forme* $\theta(x, y)$ *sur le bord. Alors la fonction* $|\theta| = (d\theta \,|\, d\theta)^{1/2}$ *est sousharmonique, et l'on a*

$$L^\vdash(|\theta|^2) \geq 2(D\theta \,|\, D\theta) + 2(\nabla\theta \,|\, \nabla\theta)\ . \tag{41.1}$$

En particulier, si $\theta = dg$, *on a* $\theta_t = \sqrt{\Gamma(\widetilde{g}_t)}$, *et par conséquent*

$$\sqrt{\Gamma(\widetilde{g}_{s+t})} \leq Q_s(\sqrt{\Gamma(\widetilde{g}_t)})\ . \tag{41.2}$$

DÉMONSTRATION. On part de la formule de Bochner

$$L(\theta \,|\, \theta) - 2(\theta \,|\, L'\theta) = 2(\nabla\theta \,|\, \nabla\theta) + 2A(\theta, \theta)$$

On va d'abord l'étendre à une forme $\theta(t, x, y)$ dépendant du temps. Les coefficients du produit scalaire ne dépendant pas de t, on a $D^2(\theta \,|\, \theta) = 2(\theta \,|\, D^2\theta) + 2(D\theta \,|\, D\theta)$. On obtient donc la formule

$$L^\vdash(\theta \,|\, \theta) = 2(\theta \,|\, L^\vdash\theta) + 2(\nabla\theta \,|\, \nabla\theta) + 2(D\theta \,|\, D\theta) + 2(\theta \,|\, A\theta)$$

Posons pour alléger $|\theta|^2 = u$. Si θ est un prolongement r-harmonique, on a $L'^\vdash\theta = r\theta$ et donc $(\theta \,|\, L'^\vdash\theta) = r(\theta \,|\, \theta) = ru$. Par définition de r, le terme $(\theta \,|\, A\theta) + r(\theta \,|\, \theta)$ est positif. On en déduit donc (41.1).

D'autre part, nous avons pour toute fonction φ de classe C^2 sur $\mathbb{R}_+$

$$L^\vdash(\varphi \circ u) = \varphi' \circ u\, L^\vdash u + \varphi'' \circ u\, \Gamma^\vdash(u)\ .$$

Nous allons prendre $\varphi(x) = \sqrt{x + \varepsilon}$, et faire ensuite tendre ε vers 0. Alors $\varphi'(x) \geq 0$ et $\varphi''(x) = -\frac{1}{2}\varphi'(x)/x + \varepsilon$. Le signe de $L^\vdash(\varphi \circ u)$ est donc celui de $(u + \varepsilon)L^\vdash u - \frac{1}{2}\Gamma(u)$. Nous oublions ε, minorons $L^\vdash u$ par (41.1), et il reste à démontrer que

$$\Gamma^\vdash(u) \leq 4u((\nabla\theta \,|\, \nabla\theta) + (D\theta \,|\, D\theta))\ .$$

Or le côté gauche vaut $(Du)^2 + (du \,|\, du)$. Pour le premier terme, nous écrivons que $Du = D(\theta \,|\, \theta) = 2(\theta \,|\, D\theta)$ et nous appliquons l'inégalité de Schwartz. Pour le second terme ensuite, la relation entre ∇ et la métrique riemannienne nous donne $d(\theta \,|\, \theta) = \nabla(\theta \cdot \theta) = 2\nabla\theta \cdot \theta$ (contraction) et on a une inégalité de Schwartz pour la norme d'un produit contracté.

REMARQUE. Voici une variante du raisonnement précédent, qui permet d'établir, lorsque $\theta = df$ une inégalité du type (30.3).

Au lieu de considérer un prolongement r-harmonique de la forme θ, nous considérons un prolongement r*-parabolique, i.e.* $\theta_t = e^{-rt}P'_t\theta$, et nous remplaçons l'opérateur $L^\vdash = L^\mid + D^2$ par l'opérateur $L^\mid - D$. Nous avons, en posant comme ci-dessus $u = (\theta \,|\, \theta)$ et en procédant de la même manière

$$(L^\mid - D)u = 2(\theta \,|\, (L' - D)\theta) + 2(\nabla\theta \,|\, \nabla\theta) + 2(\theta \,|\, A\theta)$$

et comme $r\theta = (L' - D)\theta$ et $A + rI$ est un opérateur positif, nous avons $(L^{\shortmid} - D)u \geq 2(\nabla\theta\,|\,\nabla\theta)$. Reprenant alors la suite du raisonnement, nous trouvons que la fonction $v = \sqrt{u+\varepsilon}$ satisfait à $(L^{\shortmid} - D)v \geq 0$, et il reste à montrer que cela entraîne $P_t v_s \geq v_{t+s}$.

Du point de vue probabiliste, il s'agit de préciser l'idée très simple suivante : pour toute "bonne" fonction $v(s,x)$ et tout t fixé, le processus $v(t-s, X_s)$ est une semimartingale, dont la partie martingale appartient à la classe (D) et la partie à variation finie est $\int_0^s (L^{\shortmid} - D)v(t-r, X_r)\,dr$. Car alors la positivité de $(L^{\shortmid} - D)v$ entraîne que ce processus est une sousmartingale, d'où l'inégalité de sous harmonicité $v_t \leq P_s v_{t-s}$ en écrivant que l'espérance est fonction croissante de s. Le problème est de dire, dans ce contexte, ce que sont les "bonnes" fonctions v, et de montrer que $\sqrt{(\theta\,|\,\theta)+\varepsilon}$ en est une, en se rappelant que $\theta(t,x)$ est le prolongement r-parabolique d'une forme. En utilisant la formule de changement de variables on se ramène à vérifier que $u = (\theta\,|\,\theta)$ possède elle même la propriété indiquée. Ensuite, il faut bien utiliser, d'une manière ou d'une autre, la construction du semi-groupe (P'_t) par le transport horizontal corrigé. Ayant indiqué une méthode, nous nous arrêterons là.

Une voie pas trop raide utilise les martingales $e^{r(t-s)}\theta_i(t-s, X_s))Y^i_s$ sur $[0,t]$, pour toute valeur initiale de Y. Le raisonnement se simplifie beaucoup dans les situations concrètes, par exemple lorsque la diffusion est donnée comme solution d'une équation différentielle stochastique. On dispose alors de la formule d'Ito usuelle relative au mouvement brownien.

Transformations de Riesz

42 Passons aux inégalités concernant les transformations de Riesz. Nous nous proposons de démontrer que, si les valeurs propres de l'opérateur de Ricci sont minorées par $-r$ ($r > 0$), nous avons pour toute "bonne fonction" f une inégalité de la forme

$$\| \sqrt{\Gamma(f)} \|_p \leq C_p \| \widetilde{C} f \|_p \ . \tag{42.1}$$

Nous remplacerons le côté droit par une expression plus sympathique au n° 45; notons seulement que pour $r = 0$ il s'agit d'une inégalité de Riesz du type déjà rencontré. Du côté gauche, nous pouvons remplacer $\sqrt{\Gamma(f)}$ par $|df|$, et ceci est la clef de la démonstration, car nous allons écrire

$$\| df \|_p = \sup_\theta \int \eta\ (df\,|\,\theta)$$

θ parcourant la boule unité de l'espace conjugué L^q de 1-formes sur E — et ce sup peut être restreint à un espace de "bonnes" formes. D'une manière générale, nous allons négliger les justifications de détail.

Nous écrivons une suite de relations, dont la première est une décomposition de L–P de la forme df (ou si l'on préfère, une intégration par parties)

$$\int \eta\,(df\,|\,\theta) = 4\int \eta \int_0^\infty (D^2\widetilde{Q}'_{2s} df\,|\,\theta)\,s\,ds = 4\int \eta \int_0^\infty (D\widetilde{Q}'_s df\,|\,D\widetilde{Q}'_s\theta)\,s\,ds$$

$$\leq 4\Big(\int \eta\,\Big(\int_0^\infty (D\widetilde{Q}'_s df\,|\,D\widetilde{Q}'_s df)\,s\,ds\Big)^{1/2}\Big(\int_0^\infty (D\widetilde{Q}'_s\theta\,|\,D\widetilde{Q}'_s\theta)\,s\,ds\Big)^{1/2}$$

$$\leq 4\,\Big\|\Big(\int_0^\infty (D\widetilde{Q}'_s df\,|\,D\widetilde{Q}'_s df)\,s\,ds\Big)^{1/2}\Big\|_p\ \Big\|\Big(\int_0^\infty (D\widetilde{Q}'_s\theta\,|\,D\widetilde{Q}'_s\theta)\,s\,ds\Big)^{1/2}\Big\|_q$$

On est donc ramené à la vérification de deux inégalités

$$\| \Big(\int_0^\infty (D\widetilde{Q}'_s \theta \,|\, D\widetilde{Q}'_s \theta) \, s\,ds \Big)^{1/2} \|_q \leq \| \theta \|_q$$

$$\| \Big(\int_0^\infty (D\widetilde{Q}'_s df \,|\, D\widetilde{Q}'_s df) \, s\,ds \Big)^{1/2} \|_p \leq \| \widetilde{C} f \|_p$$

Dans la première formule, nous écrivons le produit scalaire intérieur sous la forme $(D\theta_s \,|\, D\theta_s)$, en faisant apparaître le prolongement r-harmonique de θ. Dans la seconde formule, nous posons $g = \widetilde{C} f$, et nous écrivons $(D\widetilde{Q}'_s df \,|\, D\widetilde{Q}'_s df) = (dg_s \,|\, dg_s)$ au moyen du prolongement r-harmonique de g.

Les exposants p et q étant conjugués, l'un des deux est ≤ 2, et il faut donc appliquer le théorème 26. La fonction h qui apparaît dans ce théorème va être $|\theta|$ dans la première formule; elle est sousharmonique d'après le lemme précédent. La fonction $j(t,x) = L^{\vdash}(h^2)$ de 26 majore $v_s = (D\theta_s \,|\, D\theta_s)$ d'après (41.1), et 26 nous dit donc que $\| \theta_0 \|_q$ contrôle la norme dans L^q de $(\int Q_s(\sqrt{j_s})^2 \, s\,ds)^{1/2}$. Or les formes $\xi_s = D\theta_s$ constituent elles-mêmes un prolongement r-harmonique, donc la fonction $|\xi|$ est sousharmonique, et en particulier on a $Q_s(\sqrt{v_s}) \geq \sqrt{v_{2s}}$. Pour finir, la norme de θ dans L^q contrôle celle de $(\int v_s \, s\,ds)^{1/2}$, et c'est le premier résultat cherché.

Pour la seconde formule, on raisonne de même. La fonction sousharmonique h de 26 vaut $|g|$, la valeur absolue de la fonction r-harmonique g ; $j(t,x)$ vaut $L^{\vdash}(g^2) \geq 2\Gamma^{\vdash}(g) \geq 2(dg \,|\, dg)$. Désignons par w cette dernière fonction. La norme L^p de g_0 contrôle celle de $(\int Q_s(\sqrt{w_s}) \, s\,ds)^{1/2}$. Or la fonction $\sqrt{w}$ est égale à $|\xi|$, où ξ est la forme r-harmonique dg. D'après le même lemme, on a $Q_s(\sqrt{w_s}) \geq \sqrt{w_{2s}}$. L'inégalité (42.1) est établie.

43 Il n'est pas très satisfaisant d'avoir une inégalité concernant l'opérateur $(rI - L)^{1/2}$. Nous allons la traduire en un résultat concernant $(-L)^{1/2}$, au moyen du théorème 15 sur les multiplicateurs spectraux. Si nous pouvons montrer en effet que *la fonction* $\varphi(\lambda) = \dfrac{\sqrt{r+\lambda}}{\sqrt{r}+\sqrt{\lambda}}$ *est transformée de Laplace d'une mesure bornée*, ce théorème nous donnera, pour tout p et tout $r > 0$

$$\| (rI - L)^{1/2} f \| \leq C_p \| \sqrt{r} f + \sqrt{-L} f \|_p \ , \tag{43.1}$$

On peut montrer que la fonction $1/\varphi(\lambda)$ est aussi la transformée de Laplace d'une mesure bornée, donc (43.1) est une équivalence de normes.

DÉMONSTRATION. (Bakry [2]). On décompose la fonction φ en $ab + c$ avec

$$a = \sqrt{r+\lambda} - \sqrt{\lambda} \ , \qquad b = \frac{1}{\sqrt{r}+\sqrt{\lambda}} \ , \qquad c = \frac{\sqrt{\lambda}}{\sqrt{r}+\sqrt{\lambda}}$$

et il suffit de démontrer que a, b, c sont des transformées de Laplace de mesures bornées. Pour a, on part de la formule

$$\int_0^\infty t^{-3/2}(1 - e^{-tx}) \, dt = 2\sqrt{\pi x}$$

qui donne la mesure de Lévy du processus stable unilatéral d'ordre $1/2$ (XIII.29 c)). On en déduit que la mesure bornée $t^{-3/2}(1-e^{-rt})\,dt$ a une transformée de Laplace proportionnelle à $\sqrt{r+\lambda}-\sqrt{\lambda}$. La fonction b est transformée de Laplace de la mesure bornée $\int_0^\infty e^{-t\sqrt{r}}\sigma_t\,dt$. Enfin, on a $c=1-b$.

44 Revenant à (42.1) et lui appliquant (43.1), on a la première moitié de l'inégalité sur les transformations de Riesz

$$\|\sqrt{\Gamma(f)}\|_p \leq C_p\,(\sqrt{r}\,\|f\|_p+\|Cf\|_p)\ . \tag{44.1}$$

Cette inégalité n'a été établie que pour de bonnes fonctions. Nous ne soulèverons aucune difficulté quant à son extension à tout le domaine $\mathcal{D}_p(L)$.

Nous allons montrer que (44.1) entraîne, en vertu de la symétrie, l'inégalité inverse

$$\|Cf\|_p \leq C_p(\sqrt{r}\,\|f\|_p+\|\sqrt{\Gamma(f)}\|_p)\ . \tag{44.2}$$

Considérons d'abord le cas où $r=0$. Soient f,g deux bonnes fonctions. Nous avons

$$<Cf\,,\,Cg> = \int \Gamma(f,g)\eta\ .$$

Nous majorons la fonction sous l'intégrale par $\sqrt{\Gamma(f)}\,\sqrt{\Gamma(g)}$, appliquons Hölder avec les exposants conjugués p,q, puis les inégalités (44.1) pour obtenir

$$<Cf\,,\,Cg> \leq \|\sqrt{\Gamma(f)}\|_p\,\|\sqrt{\Gamma(g)}\|_q \leq C_p\,\|\sqrt{\Gamma(f)}\|_p\,\|Cg\|_q$$

Le problème est maintenant de savoir si l'on obtient du côté gauche $\|Cf\|_p$ en passant au sup sur les fonctions g telles que $\|Cg\|_q\leq 1$. Or soit $h\in L^q$; comme Cf n'a pas de partie invariante, on ne modifie pas $<Cf,h>$ en enlevant la partie invariante de h, de sorte que (V_u désignant la résolvante de (Q_t)) $V_uh\to 0$ au sens de L^q lorsque $u\to 0$. Mais alors $-CV_uh=h-V_uh$ tend vers h.

Passons au cas $r>0$. Nous posons $\alpha=\sqrt{r}>0$, et nous évaluons $\|Cf\|_p$ comme le sup de $<Cf,(\alpha I-C)g>$ pour g appartenant au domaine de L et tel que $\|(\alpha I-C)g\|_q\leq 1$ (sans la petite difficulté précédente, parce que $\alpha I-C$ est un opérateur continu du domaine L^q de C sur L^q). Ensuite

$$<Cf,(\alpha I-C)g> = \alpha<f,Cg>+\int\Gamma(f,g)\eta \leq \|\sqrt{\alpha f^2+\Gamma(f)}\|_p\,\|\sqrt{\alpha(Cg)^2+\Gamma(g)}\|_q$$

Il reste donc à examiner seulement si la condition $\|(\alpha I-C)g\|_q\leq 1$ contrôle séparément les normes de g et de Cg (qui contrôlent alors $\sqrt{\Gamma(g)}$ d'après (42.1)). C'est un problème concernant les multiplicateurs spectraux $d=1/(\alpha+\sqrt{\lambda})$ et $e=\sqrt{\lambda}/(\alpha+\sqrt{\lambda})$. Or le premier est du type appelé b au n° 43, et le second s'en déduit puisque $\alpha d+e=1$.

Transformations de Riesz gaussiennes

45 Les transformations de Riesz gaussiennes sont l'un des exemples de transformations de Riesz qui présentent quelque utilité (bien loin cependant derrière la transformation de Hilbert !) .

Il existe un autre cas de grande importance pratique, car il permet d'étudier les é.d.s. à coefficients dépendant du temps. C'est celui des *transformées de Riesz paraboliques* (voir Stroock–Varadhan [1], appendice). Il résiste aux méthodes de ce chapitre, parce que le semi-groupe de la chaleur n'est pas symétrique.

Du point de vue de la difficulté, les transformées de Riesz gaussiennes se placent entre la situation "commutative" très simple du début du chapitre, et la situation générale des variétés riemanniennes. En effet, le semi-groupe d'Ornstein–Uhlenbeck (P_t) sur $\mathbb{R}^d$ (de générateur L) est symétrique par rapport à la mesure gaussienne standard η, et son opérateur carré du champ s'écrit sous la forme $\sum_i D_i f D_i g$. Les opérateurs D_i ne commutent pas à L, mais satisfont à la relation de commutation

$$[\, L, D_i \,] = D_i \tag{45.1}$$

qui s'intègre en $D_i P_t = e^{-t} P_t D_i$. On peut alors montrer que les transformations de Riesz sont bornées en adaptant les méthodes de Littlewood–Paley–Stein, (Meyer [47]) avec de petites complications à suivre tout le long de la preuve. Il existe aussi des démonstrations élémentaires. Celle de Muckenhoupt [1] ne s'applique qu'en dimension 1, et n'a plus qu'un intérêt historique[1], mais les démonstrations de Pisier [1] et Feyel–La Pradelle [2] sont courtes et élégantes (voir aussi Gundy [3] pour une démonstration dans l'esprit de ce chapitre).

A titre tout de même de justification partielle pour l'utilisation de la méthode générale dans le cas gaussien, prenons $E = \mathbb{R}^d$ muni de sa mesure gaussienne standard η. Les divers "opérateurs d'Ornstein–Uhlenbeck" symétriques par rapport à η sont de la forme

$$L = g^{\lambda\mu}(D_{\lambda\mu} - x_\lambda D_\mu) \qquad (x_\lambda = x^\lambda) \,.$$

Nous supposerons que le carré du champ est non dégénéré. Ces opérateurs entrent alors dans la théorie du paragraphe précédent : L peut s'écrire sous la forme $\Delta_g + \text{grad}_g\, h$, avec $h = -g(x,x)/2$. Chacun d'eux étant la somme d'un laplacien plat corrigé par une densité log-concave, possède un "tenseur de Ricci" positif, et donne donc lieu à des inégalités de transformations de Riesz avec des normes indépendantes du choix de g. Nous ignorons si ce résultat peut être utile, mais il mérite certainement d'être signalé.

Un résultat beaucoup plus fort dans cette direction (en dimension infinie) a été démontré par Shigekawa [2].

Nous allons maintenant nous restreindre au semi-groupe d'Ornstein–Uhlenbeck usuel, donné par la formule de Mehler.

46 On va travailler sur un espace vectoriel E muni d'une mesure gaussienne η. Les deux exemples intéressants pour nous sont les mesures gaussiennes standard des espaces euclidiens de dimension finie — qui entrent directement dans la théorie développée ci-dessus, la métrique riemannienne étant la métrique euclidienne plate — et la mesure de Wiener en dimension infinie. Plaçons nous dans le premier cas. L'espace tangent y est égal à $E \times E$, l'opérateur L vaut $\Delta - x^\lambda D_\lambda$, tous les symboles de Christoffel sont nuls ainsi que les coefficients $a^i_{j\lambda}$ et $a^i_{j\lambda\mu}$, et le transport horizontal se fait par simple translation dans E'. Le transport

---

[1] Cependant, Muckenhoupt démontre une propriété de type faible $(1,1)$ qui n'a pas été reprise dans les démonstrations modernes.

horizontal corrigé fait intervenir les coefficients supplémentaires $a^i_j = \delta^i_j$; entre les instants 0 et t il déplace le vecteur par translation du point X_0 au point X_t, puis le multiplie par e^{-t}. La constante r du théorème 42 étant nulle, la démonstration n'utilise que des prolongements harmoniques ordinaires, et toute la démonstration peut être récrite dans un langage plus élémentaire.

On doit à Feyel–La Pradelle [2] la remarque suivante : au lieu d'utiliser comme processus sur E' le transport horizontal corrigé, prenons pour semi-groupe (P'_t) le semi-groupe d'Ornstein–Uhlenbeck associé à la mesure $\eta' = \eta \otimes \eta$. *Alors on a encore* $L'df = dLf$, et de plus le nouveau processus est une diffusion non dégénérée, et symétrique par rapport à η'. Cela va permettre d'étendre les inégalités, par récurrence, aux ordres supérieurs.

REMARQUE. On peut comprendre ce résultat de manière plus générale. Nous n'avons fait agir le semi-groupe (P'_t) que sur des formes, et alors le coefficient de D_{ij} n'intervient pas dans les calculs. Nous sommes donc libres d'ajouter au générateur L' du transport horizontal corrigé un terme du second ordre en $a^{ij}D_{ij}$, et dans le cas présent ce sera le laplacien Δ_y sur $T_x(E)$, ce qui rend le semi-groupe symétrique par rapport à η', contrairement au transport du n° 37.

On peut alors revenir à celui-ci, et constater que l'addition au laplacien horizontal de l'opérateur différentiel

$$g^{ik} A^j_k D_{ij} - y^k A^i_k D_i$$

le rend symétrique (pas seulement pour les formes) par rapport à la mesure η'. L'opérateur ainsi construit sur E' est elliptique (éventuellement dégénéré) si l'opérateur de Ricci de la diffusion est positif. Bien entendu, il y a encore un long chemin entre la construction d'un générateur symétrique et celle d'un *processus* symétrique, à durée de vie infinie.

47 On peut utiliser le semi-groupe d'Ornstein–Uhlenbeck (P'_t) sur E' pour étendre les inégalités de transformations de Riesz aux ordres supérieurs (Meyer [47], Feyel–La Pradelle [2]). Nous allons esquisser la démonstration de l'inégalité

$$\| (\textstyle\sum_{ij} (D_{ij}f)^2)^{1/2} \|_p \leq C_p \| Lf \|_p \tag{47.1)}$$

et inversement, la connaissance des normes dans L^p de $(\sum_{ij}(D_{ij}f)^2)^{1/2} \|_p$ et de $(\sum_i (D_i f)^2)^{1/2} \|_p$ contrôle celle de Lf, pour les fonctions f orthogonales aux deux premiers chaos. Mais cette inégalité inverse se déduit de (47.1) par une méthode analogue à celle de 44.

Nos arguments sont explicitement liés au semi-groupe d'O–U; les transformations de Riesz aux ordres supérieurs sont étudiées dans des conditions beaucoup plus générales par Yosida [1].

Nous considérons une bonne fonction f sur E, et nous appliquons les inégalités de Riesz (44.1) à la fonction $f' = df = y^i D_i f$ sur E'. Considérons d'abord le côté gauche.

Nous devons évaluer la norme L^p, par rapport à la mesure produit η', de la différentielle $|df'| = (\sum_{ij}(y^i D_{ij} f)^2 + \sum_i (D_i f)^2)^{1/2}$. A une équivalence près, nous voyons apparaître la somme de deux termes; d'une part $\| df \|_p$, et d'autre part

$$\Big(\int \sum_i \| H(x,y) \|^p \,\eta(dx)\,\eta(dy)\,\Big)^{1/p}$$

où $H(x,y)$ est le vecteur de composantes $h_i(x)\,y^i$ (pas de sommation) avec $h_i = (\sum_j D_{ij}f(x)^2)^{1/2}$. Le vecteur $H(x,y)$ étant gaussien pour x fixé, sa norme L^p en y est équivalente à sa norme L^2, ce qui signifie que l'on peut remplacer l'intégrale ci-dessus par la suivante (en x seulement), qui contrôle toutes les dérivées secondes de f

$$\| (\textstyle\sum_i h_i^2)^{1/2} \|_p = \| (\textstyle\sum_{ij} (D_{ij}f)^2)^{1/2} \|_p \ .$$

Le côté droit de l'inégalité, qui concerne l'évaluation de la norme L^p de $C'f'$, est plus intéressant. Nous remarquons d'abord que $P'_t(\sum_i y^i D_i f) = \sum_i e^{-t} y^i P_t D_i f$, d'où il résulte que $C'f'$ est la forme $-y^i (I-L)^{1/2} D_i f$. Posant $\widetilde{C} = -(I-L)^{1/2}$, la norme L^p de cette forme est équivalente à celle de $(\sum_i (\widetilde{C} D_i f)^2)^{1/2}$, et en utilisant le théorème de multiplicateurs du n° 43, on peut isoler deux termes : la norme L^p de $|df| = (\sum_i (D_i f)^2)^{1/2}$, et la norme L^p de $(\sum_i (CD_i f)^2)^{1/2}$. On est donc ramené à deux problèmes :

1) Examiner si la norme de Lf contrôle celle de df, autrement dit celle de Cf. Or on a $Cf = VLf$, où V est l'opérateur potentiel du semi-groupe (Q_t) (voir 48 ci-dessous), défini sur les fonctions sans partie invariante. Cet opérateur est il borné dans L^p ?

2) Dans l'autre terme, si C était placé à droite de D_i, on aurait la norme de $|\, dCf \,|$, et les inégalités de Riesz nous permettraient de remplacer cela par la norme de $C^2 f$, c'est à dire de Lf. Mais ici l'absence de commutation crée une difficulté supplémentaire.

48 Nous allons utiliser certaines propriétés particulières du semi-groupe d'O–U. Rappelons la décomposition spectrale dans L^2

$$L = \sum_n n\Phi_n$$

où Φ_n est le projecteur sur le n-ième chaos (on notera E_n le projecteur sur la somme des n premiers chaos). Il est bien connu que sur chaque chaos toutes les normes L^p sont équivalentes (*cf.* XXI.41), et Φ_n est donc continu de L^2 dans L^p, donc de L^p dans L^p pour $p > 2$, et aussi pour $p < 2$ par passage à l'adjoint.

L'opérateur $V = -C^{-1}$, l'opérateur $U = -L^{-1}$ sont des opérateurs bornés sur l'espace L^2_0 des fonctions d'intégrale nulle, définis au moyen de la décomposition spectrale. Ce sont des opérateurs potentiels de la *théorie du potentiel récurrente*, non étudiée dans cet ouvrage. Plus généralement, on peut définir pour $f \in L^2_0$ et pour $\alpha > -1$

$$I_\alpha f = \sum_{n>0} n^{-\alpha} \Phi_\alpha f = \frac{1}{\Gamma(\alpha)} \int_0^\infty t^{\alpha-1} P_t f \, dt \ . \tag{48.1}$$

Tous ces opérateurs sont bornés sur L^p_0. Cela peut se voir de deux manières. La plus simple consiste à appliquer le théorème d'interpolation de Riesz–Thorin aux opérateurs $A_t = P_t(I - \Phi_0)$, qui satisfont aux inégalités

$$\| A_t f \|_2 \le e^{-t} \| f \|_2 \ , \quad \| A_t f \|_1 \le \| f \|_1 \ , \quad \| A_t f \|_\infty \le \| f \|_\infty \ .$$

pour obtenir la décroissance exponentielle de $\| P_t \|_p$ sur L^p_0, et intégrer ensuite en (48.1). Mais nous aurons besoin d'un résultat plus précis : *La norme L^p de I_α restreint au noyau de E_n est arbitrairement petite pour n assez grand.*

Voici une démonstration de ce résultat, due à Silverstein. On peut supposer $p > 2$, le cas $p < 2$ se traitant par passage à l'adjoint. On coupe l'intégrale $I_\alpha = \int_0^\infty t^{\alpha-1} P_t \, dt$ en $\int_0^\varepsilon + \int_\varepsilon^\infty$, et le premier terme a une norme petite dans L^p si ε est petit. On fixe alors ε, et on suppose $t \geq \varepsilon$ d'après l'hypercontractivité et les relations $e^t \geq 1 + t \geq 1 + \varepsilon$, $1 + e^t(p-1) \geq p + \varepsilon$ on a $\| P_t f \|_{p+\varepsilon} \leq \| f \|_p$. On évalue alors $\| P_t f \|_p$ par l'inégalité de Hölder, interpolant entre les exposants 2 et $p + \varepsilon$, sachant qu'à un bout on a $\| P_t f \|_2 \leq e^{-nt} \| f \|_2 \leq e^{-nt} \| f \|_p$ lorsque f appartient au noyau de E_n, et à l'autre bout $\| P_t f \|_{p+\varepsilon} \leq \| f \|_p$. On obtient ainsi une décroissance exponentielle de $\| P_t f \|_p$ avec une rapidité arbitrairement grande pour n grand, d'où aussi une norme petite pour l'intégrale $I_\alpha f$.

Cela répond à la première question posée au n° 47.

> Cette propriété est à rapprocher de l'inégalité classique de Poincaré affirmant que, dans un ouvert borné de $\mathbb{R}^d$, la norme $\| \operatorname{grad} f \|_2$ contrôle la norme L^2 de f modulo les constantes. Ici on remplace le gradient par Cf qui lui est équivalent, et on étend le résultat à L^p.

49 Passons au problème de commutation. Nous remarquons que l'on peut écrire, pour une fonction f appartenant à la somme d'un nombre fini de chaos

$$CD_i f = GD_i Cf \tag{49.1}$$

où G est l'opérateur de multiplicateur spectral $g(n) = 1/\sqrt{1 + 1/n}$ si $n > 0$, et $g(0) = 0$. En effet, si f appartient au chaos d'ordre 0 les deux membres sont nuls. Si f appartient au $(n+1)$–ième chaos, $D_i f$ appartient au n–ième, et on a

$$D_i Cf = \sqrt{n+1}\, D_i f \;, \qquad CD_i f = \sqrt{n}\, D_i f = GD_i Cf \;.$$

Tout revient donc à voir si G est borné dans L^p. Or la fonction $g(z) = (1+z)^{-1/2}$ se développe en série $\sum_k a_k z^k$ convergente dans le disque unité. Le multiplicateur spectral $1/k$ correspond à l'opérateur U ; si l'on choisit n assez grand pour que U admette une norme < 1 dans L^p sur le noyau de E_n, l'opérateur $\sum_{k>n} a_k U^k$ est borné dans L^p, et l'addition des n premiers termes ne fait qu'ajouter un opérateur borné. Cela achève la démonstration.

Inégalités de Sobolev logarithmiques

50 La notion d'inégalité de Sobolev logarithmique (*Sobolog* pour les intimes) a été introduite par Gross dans l'article fondamental [2]. Nous ne recherchons pas la généralité, et nous supposons que (P_t) est un semi-groupe de diffusion markovien, symétrique par rapport à une *loi de probabilité* η ; nous dirons alors que (P_t), ou son générateur L, satisfait à une *inégalité de Sobolev logarithmique* (d'exposant 2, de constante λ) si l'on a pour toute fonction f appartenant au domaine $\mathcal{D}_2(L)$ de L

$$\eta(f^2 \log f) - \| f \|_2^2 \log \| f \|_2 \leq -\frac{2}{\lambda} (f, Lf)_\eta \;. \tag{50.1}$$

Cette définition appelle de nombreux commentaires. Tout d'abord, la formule possède une homogénéité raisonnable : multiplier f par c multiplie les deux côtés par c^2. Ensuite, on peut écrire $-(f, Lf) = (Cf, Cf) = \eta(\Gamma(f))$ (rappelons que $C = -\sqrt{-L}$, et qu'une diffusion en notre sens possède un opérateur carré du champ). Le domaine $\mathcal{D}_2(L)$ étant dense dans le domaine $\mathcal{D}_2(C)$, la relation sous sa nouvelle forme s'étend à $\mathcal{D}_2(C)$, autrement dit à l'espace de Dirichlet. Or les contractions normales, en particulier l'application $|\cdot|$, opèrent sur l'espace de Dirichlet en diminuant la norme (XIII.50); remplaçant f par $|f|$ on est ramené à vérifier la formule

(50.2) $$\eta(f^2 \log f) - \| f \|_2^2 \log \| f \|_2 \leq \frac{2}{\lambda} (Cf, Cf)_\eta \, .$$

lorsque $f \in \mathcal{D}_2(C)$ est positive. Quitte à lui ajouter une constante on se ramène au cas où f est strictement positive, et quitte à tronquer f à n (les troncatures opérant dans l'espace de Dirichlet), *on peut supposer f comprise entre deux constantes $a, b > 0$*. Enfin, comme $Q_t f$ approche f dans l'espace de Dirichlet et appartient au domaine de L, on peut supposer f régulière.

Mais alors, nous pouvons remplacer f par $f^{p/2}$ (avec $p > 0$), et nous obtenons toute une famille d'inégalités *équivalentes*, lorsqu'on impose à f de satisfaire aux conditions ci-dessus

(50.3) $$\eta(f^p \log f) - \| f \|_p^p \log \| f \|_p \leq \frac{p}{\lambda} (f^{p-1}, \Gamma(f))_\eta \, .$$

Après ces commentaires sur la forme de l'inégalité Sobolog, on peut commenter sa signification. Le semi-groupe brownien dans $\mathbb{R}^d$ muni de la mesure de Lebesgue (qui n'est pas bornée!) ou dans les variétés riemanniennes, satisfait à de véritables inégalités de plongement de Sobolev (*cf.* XXIII.22), indiquant comment un gain sur l'indice de régularité μ des espaces de Sobolev $W_{\mu,p}$ se traduit sur l'indice d'intégrabilité p. Mais ces inégalités font intervenir explicitement la dimension d. Les inégalités de Sobolog sont en quelque sorte le résidu des inégalités de Sobolev lorsque $d \to \infty$. Savoir que f et Cf appartiennent à L^2 n'entraîne pas que $f \in L^p$ pour un $p > 2$, mais seulement que $f \in L^2 \log L$.

Pour un résultat plus général de ce genre, voir *Sém. Prob. XVI*, p.146.

51 Gross a montré dans [2] que l'inégalité de Sobolev logarithmique (50.1) est *équivalente* à l'hypercontractivité du semi-groupe (P_t), avec la même constante λ, c'est à dire

$$\| P_t f \|_q \leq \| f_p \| \quad \text{si} \quad p \leq q \leq 1 + e^{\lambda t} (p-1) \, .$$

Nous allons nous borner ici à montrer qu'elle entraîne l'hypercontractivité, sans entrer dans tous les détails techniques.

Tout d'abord, il suffit de faire la démonstration lorsque f est comprise entre a et b comme ci-dessus. Nous disposons de la famille des inégalités équivalentes (50.3), et nous fixons $p > 1$. Posons $f_t = P_t f$, et

(51.1) $$q(t) = 1 + e^{\lambda t}(p-1) \, , \qquad N(t) = \eta(f_t^{q(t)}) = \| f_t \|_{q(t)}^{q(t)} \, .$$

Pour alléger l'écriture nous omettons t de $N(t)$, f_t, $q(t)$.... Tout revient à montrer que la fonction $N^{1/q} = \| f \|_q$ a une dérivée négative.

Inversement, l'hypercontractivité entraîne que cette dérivée est négative pour $t = 0$, et on en déduit l'inégalité Sobolog par le même calcul.

Or le signe de cette dérivée est le même que celui de $qN' - q'N \log N$. D'autre part, on a $N' = q'\eta(f^q \log f) + q\eta(f^{q-1}Lf)$ Utilisant la formule $L(f^r) = rf^{r-1}Lf + r(r-1)f^{r-2}\Gamma(f)$ nous remplaçons la dernière intégrale par $-(q-1)\eta(f^{q-2}\Gamma(f))$, et enfin (comme $q - 1 = q'/\lambda$) nous avons

$$qN' - q'N \log N = qq'(\,\eta(f^q \log f) - \frac{q}{\lambda}\eta(f^{q-2})\Gamma(f)) - \|f\|_q^q \log \|f\|_q\,)\,,$$

qui est bien négatif d'après l'inégalité (50.3) pour l'exposant q.

Pour une discussion plus complète, et d'autres formes intéressantes de ces relations, voir *Sém. Prob. XIX*, p.194.

52 Nous passons aux critères d'hypercontractivité utilisant Γ_2, dus à Bakry–Emery.

THÉORÈME. *Si le semigroupe satisfait à une inégalité de la forme*

$$\Gamma_2(f) \geq \lambda\Gamma(f) \quad \text{avec} \quad \lambda > 0\,, \tag{52.1}$$

il est hypercontractif, avec la constante d'hypercontractivité 2λ.

Cet énoncé donne la meilleure constante d'hypercontractivité dans le cas du semi-groupe d'O–U; il prouve l'hypercontractivité du mouvement brownien sur les sphères de dimension > 1 sans donner la meilleure constante (mais Bakry–Emery savent trouver celle-ci par un argument un peu plus compliqué utilisant une minoration du type "courbure–dimension"). Il ne donne rien sur le cercle (voir à ce sujet Emery-Yukich [1]). La méthode a été améliorée par Rothaus [1].

DÉMONSTRATION. Ce sujet n'étant pas au centre de cet ouvrage, nous empruntons à Ledoux [1] une forme abrégée de la méthode de Bakry–Emery, qui donne un résultat un peu moins bon, mais qui a d'autres prolongements intéressants. Voir *Sém. Prob. XIX* p.198 pour la démonstration originale.

Soit f comprise entre deux constantes >0 comme plus haut. On suppose que les seules fonctions invariantes sont les constantes. Alors $P_t f$ converge dans L^2 vers $\eta(f)$ lorsque $t \to \infty$, et de même $\log P_t f$ vers $\log \eta(f)$, et on peut écrire

$$\eta(f \log f) - \eta(f) \log \eta(f) = \int_0^\infty -\tfrac{d}{dt}\eta(f_t \log f_t)\,dt \qquad (f_t = P_t f)\,. \tag{52.2}$$

Intervertissons la dérivation en t et l'intégration en η (détails laissés de côté); la dérivée vaut $f_t' \log f_t + f_t'$. Or $f_t' = Lf_t$ a une intégrale nulle, tandis que l'intégrale du premier terme se transforme de la manière suivante en utilisant la formule de changement de variables (22.2) pour Γ

$$-(Lf_t\,, \log f_t)_\eta = \eta(\,\Gamma(f_t \log f_t)\,) = \eta(\,\Gamma(f_t)/f_t\,)\,.$$

Examinons d'abord (52.2) dans le cas d'Ornstein–Uhlenbeck. On écrit que $\Gamma(f_t) = \sum_i (D_i P_t f)^2 = e^{-2t} \sum_i (P_t D_i f)^2$, puis on applique une inégalité de Schwarz de la forme $P_t(b)^2/P_t(a) \leq P_t(b^2/a)$ pour écrire

$$\frac{1}{P_t f}(P_t D_i f)^2 \leq P_t(\,\frac{(D_i f)^2}{f}\,)$$

et en sommant à nouveau en i, le côté droit de (52.2) devient

$$\int_0^\infty \eta(\frac{\Gamma(f_t)}{f_t})\,dt \leq \int_0^\infty e^{-2t}\eta(P_t(\frac{\Gamma(f)}{f}))\,dt = \frac{1}{2}(\frac{1}{f},\Gamma(f))_\eta \,.$$

La formule (52.2) a pris la forme de (50.3) avec $p=1$, et l'hypercontractivité du semi-groupe d'O–U avec la constante 2 est établie (*cf.* XXI.40).

Si l'on cherche à mettre cette démonstration sous une forme plus abstraite, on voit qu'une majoration de la forme

$$\sqrt{\Gamma(P_t f)} \leq e^{-\lambda t} P_t \sqrt{\Gamma(f)} \tag{52.3}$$

(*cf.* (30.3)) entraîne

$$\frac{\Gamma(P_t f)}{P_t f} \leq e^{-2\lambda t}\,\frac{(P_t\sqrt{\Gamma(f)})^2}{P_t f} \leq e^{-2\lambda t}\,P_t(\frac{\Gamma(f)}{P_t f})$$

d'où l'on déduit comme ci-dessus l'hypercontractivité du semi-groupe avec la constante 2λ. Par exemple, si l'on a une diffusion riemannienne du type du n° 30, dont l'opérateur de Ricci est borné inférieurement par rI ($r>0$), nous avons vu à la fin du n° 41 que les prolongements r-paraboliques satisfont à une inégalité de sous-harmonicité équivalant à (52.3). Tous ces semi-groupes sont donc hypercontractifs.

Inégalités du type courbure–dimension

53 Dans cette section de conclusion, nous n'avons pas l'intention de présenter des résultats précis, mais seulement d'indiquer quelques idées, qui inspirent des recherches récentes.

Nous dirons que le semi-groupe (P_t) (ou son générateur L) satisfait à une *inégalité de courbure–dimension* si l'on a, pour toute bonne fonction f

$$\Gamma_2(f) \geq r\Gamma(f) + \tfrac{1}{n}(Lf)^2 \,, \tag{53.1}$$

où r et n sont deux constantes appelées respectivement un *coefficient de courbure* (sous entendu : de Ricci) et une *dimension* pour le semi-groupe. On suppose que $r\in\mathbb{R}$ (le cas le plus intéressant étant étant $r>0$), et que n est positive, peut être infinie, non nécessairement entière. Nous avons dit *une* courbure, *une* dimension, car le semi-groupe peut satisfaire à toute une famille d'inégalités de courbure–dimension incomparables entre elles. Nous avons vu au n° précédent comment une inégalité de courbure positive seule (*i.e.* une inégalité courbure–dimension avec dimension infinie) entraîne une inégalité de Sobolev logarithmique, se traduisant par l'hypercontractivité du semi-groupe. Le coefficient n permet d'améliorer la constante d'hypercontractivité, et de démontrer de vraies inégalités de Sobolev.

Nous nous proposons seulement, dans ce n°, d'expliquer pourquoi le coefficient n est appelé la dimension. Considérons d'abord le cas du mouvement brownien sur une variété riemannienne à la manière du n° 30, et rappelons la formule de Bochner, que nous écrirons

$$\tfrac{1}{2}\Delta(df\,|\,df) - (df\,|\,d\Delta f) = (df\,|\,R\,df) + (\nabla df\,|\nabla df)\,.$$

Le côté gauche vaut $\frac{1}{2}\Delta\Gamma(f) - \Gamma(f,\Delta f)$, c'est à dire $\Gamma_2(f)$. Du côté droit, nous avons d'abord un terme contenant l'opérateur de Ricci de la variété, et ensuite un terme qui est toujours positif. Nous allons montrer qu'en fait on a

$$(\nabla df \,|\, \nabla df) \geq \tfrac{1}{n}(\Delta f)^2 \ .$$

En chaque point, le côté gauche est de la forme

$$g^{pq} g^{rs} c_{pr} c_{qs} \quad \text{avec} \quad c_{ij} = D_{ij} f - \Gamma^k_{ij} D_k f$$

tandis que $\Delta_f = g^{ij} c_{ij}$. L'inégalité recherchée est alors un résultat d'algèbre linéaire

$$g^{pq} g^{rs} c_{pr} c_{qs} \geq \tfrac{1}{n}\,(g^{ij} c_{ij})^2$$

qui se démontre immédiatement en prenant une base orthonormale $g^{ij} = \delta^{ij}$.

On trouvera dans Bakry–Émery [2] une autre justification du mot dimension, ainsi que des exemples illustrant la manière dont la dimension du semi-groupe peut différer de la dimension ordinaire de l'espace ambiant : si l'on projette sur un diamètre le mouvement brownien d'une sphère de dimension n, on obtient un semi-groupe qui est encore de dimension n.

CHAPITRE XXIII

Compléments de calcul stochastique

Dans les chapitres V à VIII de ce livre, nous avons présenté les fondements de la théorie des martingales et des processus en temps continu. Nous aurons besoin dans ce volume-ci de résultats supplémentaires, et nous voulons aussi mettre à jour la présentation antérieure — sans pouvoir donner une idée de la masse des résultats importants publiés ces dernières années, en théorie générale des processus et en calcul stochastique.

Ce chapitre présente une série de paragraphes de longueurs diverses, consacrés chacun à une question de théorie des processus ou de calcul stochastique. Nous n'avons pas recherché la cohérence globale du chapitre. Nous passons en revue d'abord l'unification des inégalités classiques de théorie des martingales, due à Lenglart–Lepingle–Pratelli. Ensuite, le lemme de Kolmogorov, et son utilisation en théorie des temps locaux. Nous consacrons un court paragraphe aux systèmes multiplicatifs (Azéma [7]). Enfin, on trouvera le théorème fondamental d'existence et d'unicité des équations différentielles stochastiques (dans une présentation un peu originale).

1. INÉGALITÉS DE THÉORIE DES MARTINGALES

Nous avons présenté aux chapitres V et VI les grandes inégalités classiques : inégalités du type de Doob, inégalités de Burkholder–Davis–Gundy, inégalité de Fefferman. Nous allons ici reprendre la question de manière plus systématique, en suivant un travail de Lenglart–Lepingle–Pratelli [1] qui est resté la référence principale sur ce sujet.

1 Nous désignons par F, dans ce paragraphe, une fonction sur $\mathbb{R}_+$, nulle en 0 et croissante, de la forme

$$F(t) = \int_0^t f(s)\,ds \tag{1.1}$$

où f est positive et continue à droite, mais non nécessairement croissante (de sorte que F n'est pas nécessairement convexe). On dit que F est *modérée* si elle satisfait à une inégalité de la forme $F(2x) \leq kF(x)$, où k est une constante — on peut montrer que, pour les fonctions F convexes[1], cette notion coïncide avec celle du n° VI.97. Il est alors facile de voir que l'on a, pour tout $t > 1$, une inégalité du même type

$$F(tx) \leq k(t)\,F(x) \tag{1.2}$$

[1] Au n° VI.97 on a aussi défini la *comodération* de la fonction F, supposée convexe : cela signifie que la fonction conjuguée est modérée.

où $k(t)$ est une fonction croissante de t. Par exemple, si $F(t) = t^p$ $(t > 0)$ on prendra $k(t) = t^p$.

Ces notations F, f, k sont "canoniques" pour tout le paragraphe.

Résultats de base : comparaison de deux v.a.

Dans cette section, nous considérons divers types d'*inégalités de distribution* entre deux v.a. positives X et Y, exprimant que Y "contrôle" X au sens faible. Les relations sont alors transformées en inégalités fortes (inégalités de normes). Cette liste ne prétend pas être exhaustive. Nous la commençons par les types déjà aperçus dans les chapitres V–VIII.

2 TYPE I. C'est le type qui conduit à l'inégalité de Doob, et nous l'avons rencontré en V.24 sous sa forme élémentaire, puis en VI.104, et enfin VI.107 sous forme légèrement modifiée. Nous l'appellerons donc le *type de Doob*. Sous la forme la plus classique, il s'écrit

$$\lambda \mathbb{P}\{X \geq \lambda\} \leq \int_{\{X \geq \lambda\}} Y \mathbb{P} \tag{2.1}$$

et nous avons vu au n° VI.104 que cela entraîne, lorsque F est une fonction convexe *co*modérée d'exposant q

$$\|X\|_F \leq q\|Y\|_F \quad \text{(normes d'espaces d'Orlicz).} \tag{2.2}$$

Une variante de ce type a été vue au n° VI.107 :

$$\mu \mathbb{P}\{X \geq \lambda + \mu\} \leq \int_{\{X \geq \lambda\}} Y \mathbb{P} \tag{2.3}$$

entraînant en particulier, pour $\beta > 1$, $\mu = (\beta - 1)\lambda$

$$\lambda \mathbb{P}\{ X \geq \beta\lambda \} \leq \int_{\{X \geq \lambda\}} Y' \mathbb{P} \quad \text{avec} \quad Y' = Y/\beta - 1$$

et ici le raisonnement de VI.108 c) (relatif au cas $\beta = 2$) conduit à une inégalité du type (2.2) pour F *convexe, modérée et comodérée.*

3 TYPE II. Nous avons renconté ce type au n° VI.100, et nous l'avons appliqué au n° VII.91 (inégalités de Burkholder–Davis–Gundy relatives aux projections duales). C'est la relation

$$\int_{\{X \geq \lambda\}} (X - \lambda) \mathbb{P} \leq \int_{\{X \geq \lambda\}} Y \mathbb{P} . \tag{3.1}$$

Alors nous avons vu (VI.100 a)) que l'on a, pour F *convexe*

$$\mathbb{E}\left[F(X)\right] \leq \mathbb{E}\left[X f(Y)\right] , \tag{3.2}$$

et alors, si F est *convexe modérée* (VI.99)

$$\|X\|_F \leq p\|Y\|_F \quad \text{(normes d'espaces d'Orlicz).} \tag{3.3}$$

Nous dirons brièvement que l'inégalité (3.1) est du *type de Garsia–Neveu*.

4 Jusqu'à maintenant, nous nous sommes occupés de fonctions F convexes, donc à croissance au moins linéaire. Au contraire, le type suivant, tout juste aperçu en VI.112–113, concerne des fonctions F à croissance suffisamment lente pour que la fonction

(4.1) $$g(t) = \int_t^\infty dF(\lambda)/\lambda$$

soit finie pour tout $t>0$. La fonction croissante

(4.2) $$G(u) = \int_0^u g(t)\,dt = \int_0^\infty u \wedge \lambda\, dF(\lambda)/\lambda \quad \text{(Fubini !)}$$

est alors finie. Cela s'applique en particulier à $F(t) = t^p$, $0<p<1$, avec $g(t) = pt^{p-1}/1-p$ et $G(t) = t^p/1-p$.

5 TYPE III. C'est la relation à deux paramètres $\lambda, \mu > 0$

(5.1) $$\mathbb{P}\{X > \lambda, Y < \mu\} \le \frac{1}{\lambda}\mathbb{E}\,[Y \wedge \mu]\ .$$

Ce type d'inégalité a été introduit par Lenglart à propos de la relation de domination entre deux processus (Lenglart [4]) et nous l'appellerons donc le *type de Lenglart*. Par passage à la limite on peut fermer les intervalles du côté gauche. On déduit immédiatement de (5.1) que

(5.2) $$\mathbb{P}\{X \ge \lambda\} \le \frac{1}{\lambda}\mathbb{E}\,[\,Y \wedge \mu\,] + \mathbb{P}\{\,Y \ge \mu\,\}\ .$$

En voici une première conséquence (Lenglart [4], Yor [3]). Les notations sont celles du n° 4.

THÉORÈME. *La relation (5.1) entraîne*

(5.3) $$\mathbb{E}\,[\,F(X)\,] \le \mathbb{E}\,[\,F(Y) + G(Y)\,]$$

et en particulier pour $F(t) = t^p$, $0 < p < 1$

(5.4) $$\mathbb{E}\,[X^p] \le \frac{2-p}{1-p}\mathbb{E}\,[Y^p]\ .$$

DÉM. $$\mathbb{E}\,[F(X)\,] = \int \mathbb{P}\{X \ge \lambda\}\,dF(\lambda) \le \int \mathbb{P}\{Y \ge \lambda\}\,dF(\lambda) + \int \frac{1}{\lambda}\mathbb{E}\,[Y \wedge \lambda]\ dF(\lambda)$$

$$\mathbb{E}\,[F(X)\,] = \int \mathbb{P}\{X \ge \lambda\}\,dF(\lambda) \le \int \mathbb{P}\{Y \ge \lambda\}\,dF(\lambda) + \int \frac{1}{\lambda}\mathbb{E}\,[Y \wedge \lambda]\ dF(\lambda)\ .$$

La première intégrale à droite vaut $\mathbb{E}\,[\,F(Y)\,]$. Dans la seconde, on remplace l'espérance par $\int_0^\lambda \mathbb{P}\{Y \ge u\}\,du$ et le théorème de Fubini donne $\int \mathbb{P}\{\,Y \ge u\,\}\,dG(u) = \mathbb{E}\,[\ G(Y)\ ]$.
□

6 Nous avons pris ci-dessus $\lambda = \mu$. Pour montrer à quoi peut servir la formule à deux paramètres (5.1), nous établirons une intéressante inégalité de Yor. Ce n° peut être omis sans inconvénient.

Prenons $0 < q < p < 1$, et posons $Z = 1/Y$. On a

$$\mathbb{E}\,[X^p/Y^q] = \mathbb{E}\,[X^p Z^q] = \int \mathbb{P}\{X \geq u,\ Z \geq v\}\,\theta(du, dv)\ ,$$

en posant $\theta(du, dv) = pqu^{p-1}v^{q-1}\,dudv$. Dans l'intégrale, nous décomposons d'abord

$$\begin{aligned}\mathbb{P}\{X \geq u, Z \geq v\} &= \mathbb{P}\{X \geq u, Z \geq v, Y \geq u\} + \mathbb{P}\{X \geq u, Z \geq v, Y < u\}\\ &\leq \mathbb{P}\{Z \geq v, Y \geq u\} + \mathbb{P}\{X \geq u, Y \leq u \wedge \frac{1}{v}\}\end{aligned}$$

puis nous intégrons par rapport à θ. Le premier terme ne contient que la v.a. Y et vaut

$$\int \mathbb{P}\{u \leq Y \leq 1/v\}\,pqu^{p-1}v^{q-1}\,dudv = \mathbb{E}\,[\,Y^{p-q}\,]\ .$$

Ensuite nous appliquons (5.1) et nous distinguons selon que $uv \geq 1$ ou $uv < 1$, d'où un second et un troisième terme à évaluer :

$$\int \Big(\frac{1}{u}\mathbb{E}\,[Y \wedge \frac{1}{v}]\ I_{\{uv \geq 1\}} + \mathbb{E}\,[Y \wedge u]\ I_{\{uv < 1\}}\Big)\,pqu^{p-1}v^{q-1}\,dudv\ .$$

Dans chacun d'eux nous remplaçons $\mathbb{E}\,[Y \wedge \bullet]$ par $\int_0^\bullet \mathbb{P}\{Y \geq w\}\,dw$, ce qui fait apparaître des intégrales triples, que l'on calcule. Le coefficient de $\mathbb{P}\{Y \geq w\}\,dw$ est, dans ces deux termes

$$\int_{uv \geq 1, v \leq 1/w} pqu^{p-2}v^{q-1}\,du\,dv\ ,\qquad \int_{uv < 1, u \geq w} pqu^{p-2}v^{q-1}\,du\,dv$$

soit en intégrant d'abord en u à gauche, en v à droite

$$\int_{v \leq 1/w} q\frac{p}{1-p}v^{q-p}\,dv = \frac{pq}{(1-p)(1-p+q)}\,w^{p-q-1}$$

$$\int_{u \geq w} pu^{p-q-2}\,du = \frac{p}{1-p+q}\,w^{p-q-1}\ .$$

Reste donc

$$\frac{p}{1-p}\int \mathbb{P}\{u \geq w\}\,w^{p-q-1}dw = \frac{p}{(1-p)(p-q)}\,\mathbb{E}\,[Y^{p-q}]$$

et en rajoutant le premier terme laissé là haut, nous avons établi :

THÉORÈME. *L'inégalité (5.1) entraîne, pour* $0 < q < p < 1$

(6.1) $$\mathbb{E}\,[X^p/Y^q] \leq \Big(1 + \frac{p}{(1-p)(p-q)}\Big)\,\mathbb{E}\,[Y^{p-q}]\ .$$

Voici comment cette inégalité est utilisée en théorie des martingales. D'après les inégalités de Burkholder–Davis–Gundy, le sup $S = |X|^*_\infty$ d'une martingale X et la variation quadratique $Q = \sqrt{[X,X]}$ sont des grandeurs comparables, en ce sens que leurs normes dans tous les espaces "raisonnables" se contrôlent mutuellement. On peut préciser considérablement cette idée en montrant que les quotients $S^{\alpha+\beta}/Q^\beta$ et

$Q^{\alpha+\beta}/S^{\beta}$ sont aussi comparables à S^{α} et à Q^{α}. Pour cela, on établit entre ces v.a. une relation du type (5.1) : voir Yor [14].

7 TYPE IV. Ce type d'inégalités (qui ne figure pas aux chapitres VI–VIII) joue un très grand rôle dans les applications des probabilités à l'analyse. Il est issu de Burkholder [4], et porte le nom d'*inégalité des bons* λ. Cette inégalité s'exprime ainsi, β désignant un nombre > 1 fixé

$$(7.1) \qquad \mathbb{P}\{X > \beta\lambda,\ Y < \delta\lambda\} \leq c(\delta)\,\mathbb{P}\{X \geq \lambda\} \quad \text{avec} \quad \lim_{\delta \to 0} c(\delta) = 0\ .$$

Comme plus haut, on peut remplacer du côté gauche les inégalités strictes par des inégalités larges. En pratique, β pourra varier dans l'intervalle $]\,1, \infty\,[$, et nous serons donc amenés à noter $c_\beta(\delta)$ la constante au second membre.

Nous rencontrerons en (13.2) ci-dessous une forme précisée de cette relation, qui mérite une mention explicite

$$(7.2) \qquad \mathbb{P}\{X > \beta\lambda,\ Y < \delta\lambda\} \leq \Big(\frac{\delta}{\beta - 1}\Big)^q\, \mathbb{P}\{X \geq \lambda\} \qquad (q > 0)\ .$$

THÉORÈME. *Supposons F modérée (non nécessairement convexe). Alors l'inégalité (7.1) entraîne*

$$(7.3) \qquad \mathbb{E}\,[\,F(X)\,] \leq C\,\mathbb{E}\,[\,F(Y)\,]$$

où l'on peut prendre

$$(7.4) \qquad C = \frac{k(\beta)\,k(1/\delta)}{1 - k(\beta)\,c_\beta(\delta)}\ ,$$

k étant la fonction (1.2), mesurant la modération de F, et δ étant choisi assez petit pour que le dénominateur soit > 0.

DÉMONSTRATION. On peut d'abord supposer X bornée (pour le cas général, tronquer X à n et faire ensuite tendre n vers l'infini). Puis on écrit en utilisant (1.2)

$$\begin{aligned}
\mathbb{E}\,[\,F(X)\,] &\leq k(\beta)\,\mathbb{E}\,[\,F(X/\beta)\,] = k(\beta)\int \mathbb{P}\{\,X \geq \beta\lambda\,\}\,dF(\lambda) \\
&\leq k(\beta)\int(\,\mathbb{P}\{X \geq \beta\lambda, Y < \delta\lambda\} + \mathbb{P}\{Y \geq \delta\lambda\}\,)\,dF(\lambda) \\
&\leq k(\beta)\int(\,c(\delta)\,\mathbb{P}\{X \geq \lambda\} + \mathbb{P}\{Y \geq \delta\lambda\}\,)\,dF(\lambda) \\
&\leq k(\beta)c(\delta)\,\mathbb{E}\,[\,F(X)\,] + k(\beta)\,\mathbb{E}\,[\,F(Y/\delta)\,]\ .
\end{aligned}$$

On majore $\mathbb{E}\,[\,F(Y/\delta)\,]$ par $k(1/\delta)\,\mathbb{E}\,[\,F(Y)\,]$, on fait passer à gauche le premier terme du second membre (qui est fini, X étant bornée), et on choisit δ assez petit pour que le coefficient de $\mathbb{E}\,[\,F(X)\,]$ soit > 0.

8 REMARQUE. Dans le cas de la formule plus précise (7.2), et en prenant $F(t) = t^p$, on a une majoration pour chaque β et il est intéressant de chercher à minimiser la constante $\varepsilon = C(\beta, \delta)$ de (7.4). Autrement dit, on cherche à estimer

$$M_p = \inf_{\beta,\delta} \frac{\beta^p}{\delta^p(1 - \delta^q\beta^p/(\beta-1)^q}$$

sur les couples tels que le dénominateur soit positif. Commençons par minimiser pour β fixé, en posant $t = \beta^p/(\beta-1)^q$ et $u = p/q$. Alors $\delta^p(1 - t\delta^q)$ est maximum pour $\delta = (p/t(p+q))^{1/q}$, le maximum valant $\frac{q}{p} t\delta^{p+q}$ ou $\frac{1}{u} t^{-u}(1+\frac{1}{u})^{-1-u}$. La valeur minimale en β est donc donnée par

$$u\,(1+\frac{1}{u})^{1+u} \beta^p t^u \leq e(1+u)\,\beta^p t^u \ .$$

Reste donc à minimiser (en β) $\beta^p t^u = \beta^{p(1+u)}/(\beta-1)^p$. Le minimum est atteint pour $\beta = 1 + 1/u$ et vaut $(1+u)^p\,(1+1/u)^{pu}$. Ainsi

$$M_p \leq e(1+u)^{p+1}(1+\frac{1}{u})^{pu} \leq \left(e(1+\frac{p}{q})\right)^{p+1} .$$

Le comportement asymptotique de $M_p^{1/p}$ pour p grand est important : si q reste fixe dans (6.2), on obtient aisément

$$\limsup_{p\to\infty} \frac{1}{p} M_p^{1/p} \leq e/q \ .$$

Résultats de base : comparaison de processus

9 Maintenant, nous allons exposer les circonstances probabilistes dans lesquelles on aboutit aux relations des types I à IV entre variables aléatoires — il s'agira surtout des types III et IV, les chapitres précédents ayant fourni de nombreux exemples des types I et II.

Nous suivons la méthode de Lenglart–Lepingle–Pratelli [1], consistant à utiliser partout des processus croissants prévisibles *non nécessairement continus à droite,* pour couvrir en même temps les deux cas importants en pratique, celui des processus prévisibles continus à droite, et celui des limites à gauche de processus croissants optionnels. Nous ferons usage du lemme suivant

LEMME. *Soit H un processus prévisible positif tel que $H_0 = 0$, et soit R le t. d'a.*

(9.1) $$R = \inf\{t \,:\, H_t > \lambda\} \qquad (\lambda \geq 0) \ .$$

Alors il existe une suite croissante (R_n) de t. d'a. bornés, telle que l'on ait p.s. $R_n \uparrow R$ et $H_{R_n} \leq \lambda$.

DÉMONSTRATION. Rappelons le lemme VIII.11 : si R est le début d'un ensemble prévisible U, il existe des temps d'arrêt $R_n \uparrow R$ tels que $R_n < R$ *p.s.* sur l'ensemble

$\{R > 0, R \in U\}$. Nous appliquons cela à l'ensemble prévisible $U = \{H > \lambda\}$, et remplaçons R_n par $R_n \wedge n$ (sans changer de notation) pour avoir affaire à des t. d'a. bornés. Il reste à montrer que $H_{R_n} \leq \lambda$: nous distinguons trois cas.

Si $R_n < R$, en particulier si $R = \infty$, cela résulte de la définition de R. Si $0 < R < \infty$ et $R_n = R$, on a $R \notin U$ d'après le choix des R_n, donc $H_{R_n} = H_R \leq \lambda$. Enfin, si $R_n = R = 0$, on a $H_{R_n} = 0 \leq \lambda$.□

10 La partie importante du théorème suivant est (10.3). Nous avons rajouté les deux autres inégalités pour donner une forme achevée aux résultats de VI.110–112.

THÉORÈME. *Soient X un processus mesurable positif, B un processus croissant prévisible non nécessairement continu à droite tel que $B_0 \geq 0$. On suppose que B domine X, c'est à dire*

$$\mathbb{E}[X_U] \leq \mathbb{E}[B_U] \quad \text{pour tout t. d'a. borné } U. \tag{10.1}$$

On a alors aussi

$$\mathbb{E}[X_U \wedge \mu] \leq \mathbb{E}[B_U \wedge \mu] + \mu \mathbb{P}\{B_U > \mu\}. \tag{10.2}$$

Si X est optionnel, on a l'inégalité suivante (cf. (5.1)) — rappelons la notation générale $X_T^* = \sup_{s \leq T} |X_s|$

$$\mathbb{P}\{X_U^* > \lambda, B_U < \mu\} \leq \frac{1}{\lambda}\mathbb{E}[B_U \wedge \mu]. \tag{10.3}$$

En particulier pour $\mu = \lambda$ on a

$$\lambda \mathbb{P}\{X_U^* > \lambda\} \leq \mathbb{E}[B_U \wedge \mu] + \lambda \mathbb{P}\{B_T \geq \lambda\}. \tag{10.4}$$

(10.2) et (10.4) sont des versions améliorées de VI.110, VI.112 respectivement.

DÉMONSTRATION. Quitte à raisonner sur les processus arrêtés X^U, B^U, on peut se ramener au cas où X, B sont définis sur $[0, \infty]$ et à établir les inégalités pour $U = \infty$, ce qui allège les notations. Nous supposerons pour commencer $B_0 = 0$, afin d'appliquer le lemme 9.

Posons $T = \inf\{t : B_t > \mu\}$ et choisissons des t. d'a. T_n bornés tels que $T_n \uparrow T$, $B_{T_n} \leq \mu$ (lemme 9). Nous avons

$$X_\infty \wedge \mu \leq X_{T_n} + \mu I_{\{T_n < \infty\}}$$

car le second membre est $\geq \mu$ sur $\{T_n < \infty\}$, égal à X_∞ sur $\{T_n = \infty\}$. En intégrant et en utilisant (10.1)

$$\mathbb{E}[X_\infty \wedge \mu] \leq \mathbb{E}[B_{T_n}] + \mu \mathbb{P}\{T_n < \infty\} \leq \mathbb{E}[B_\infty \wedge \mu] + \mu \mathbb{P}\{T_n < \infty\}$$

On obtient (10.2) en faisant tendre n vers l'infini. Passons à (10.3) avec les mêmes notations; on a

$$\mathbb{P}\{X_\infty^* > \lambda, B_\infty < \mu\} = \mathbb{P}\{X_\infty^* > \lambda, T = \infty\} \leq \lim_n \mathbb{P}\{X_{T_n}^* > \lambda\} \quad ;$$

X étant maintenant supposé optionnel, nous pouvons appliquer le théorème de section optionnel à l'ensemble $\{t : t \leq T_n, X_t > \lambda\}$ ce qui fournit un t. d'a. S_n tel que

$$S_n \leq T_n \ , \quad \mathbb{P}\{X_{S_n} > \lambda\} \geq \mathbb{P}\{X^*_{T_n} > \lambda\} - 1/n \ .$$

On a alors aussi $\mathbb{P}\{X^* > \lambda, B_\infty < \mu\} \leq \lim_n \mathbb{P}\{X_{S_n} > \lambda\}$. Mais d'autre part

$$\mathbb{P}\{X_{S_n} > \lambda\} \leq \frac{1}{\lambda}\mathbb{E}\,[X_{S_n}] \leq \frac{1}{\lambda}\mathbb{E}\,[B_{S_n}] \leq \frac{1}{\lambda}\mathbb{E}\,[B_\infty \wedge \mu]$$

d'après (10.1) et l'inégalité $B_{S_n} \leq B_{T_n} \leq \mu$. On obtient (10.3) en faisant tendre n vers l'infini.

Il reste à lever l'hypothèse $B_0 = 0$. A cet effet, nous étendons la filtration et les processus jusqu'à $t = -1$, en convenant que pour $-1 \leq t < 1$ on a $X_t = B_t = 0$ et que $\mathcal{F}_t$ se réduit aux ensembles de probabilité 0 ou 1. Alors tout t. d'a. T tel que $\mathbb{P}\{T < 0\} \neq 0$ est *p.s.* une constante négative, et (8.1) reste satisfaite. On transporte alors l'origine des temps au point -1 et on applique les résultats précédents.

Si X est prévisible, il suffit de vérifier (10.1) pour les t. d'a. S prévisibles. La démonstration est la même, en utilisant le th. de section prévisible.

11 APPLICATIONS. a) D'après (5.4), l'appartenance de B_∞ à un L^p $(0 < p < 1)$ entraîne la même propriété pour X^*_∞. Il est encore plus utile de savoir que X^*_∞ est *p.s.* fini sur l'ensemble $\{B_\infty < \infty\}$.

Rappelons (VI.110) que la relation (10.2) entraîne l'inégalité

$$\mathbb{E}\,[F \circ X_U] \leq 2\mathbb{E}\,[F \circ B_U]$$

pour toute fonction F croissante, nulle en 0 et *concave*.

b) PROJECTIONS DUALES. Supposons que X soit un processus croissant non nécessairement adapté, et soit B la projection duale prévisible de X : on a alors $\mathbb{E}\,[X_U] = \mathbb{E}\,[B_U]$ pour tout t. d'a. fini U. Tout aussi intéressant est le cas de la projection duale optionnelle A de X ; on applique alors le théorème aux processus (X_{t-}) et $B_t = A_{t-}$, la relation de domination (10.1) ayant lieu aux t. d'a. prévisibles.

c) MARTINGALES LOCALES CONTINUES. Considérons une martingale locale (M_t) *continue* et nulle en 0. Nous introduisons les processus croissants $<M,M>_t$, ici noté $<M>_t$, et

$$\overline{M}_t = \sup_{s \leq t} M_s \ , \quad \underline{M}_t = \inf_{s \leq t} M_s \ , \quad M^*_t = \sup_{s \leq t} |M|_s \ .$$

Soit C l'ensemble de convergence de la martingale locale (vers une limite *finie*). Si l'on pose $T = \inf\{t : |M_t| > n\}$, M^T est une martingale de carré intégrable de crochet $<M>^T$, donc lorsque $n \to \infty$

(11.1) $\quad <M>_\infty < \infty$ *p.s.* sur l'ensemble $\{M^*_\infty < \infty\}$

et M converge *p.s.* sur cet ensemble, donc $C = \{M^*_\infty < \infty\}$. De même, par arrêt à $T = \inf\{t : <M>_t > n\}$ on voit que

(11.2) $\quad M$ converge *p.s.* sur l'ensemble $\{<M>_\infty < \infty\}$

et on a alors $M^*_\infty < \infty$ sur cet ensemble. Nous avons donc obtenu le résultat classique sur les martingales locales continues

(11.3) $$C = \{M^*_\infty < \infty\} = \{ <M>_\infty < \infty\} \quad p.s.$$

12 Suivant une idée de Lenglart nous allons utiliser la relation de domination (10.1) pour établir un autre résultat classique :

(12.1) $$C = \{\overline{M}_\infty < \infty\} = \{\underline{M}_\infty < \infty\} \quad p.s. \quad ,$$

autrement dit, *les trajectoires d'une martingale locale continue ont un ensemble d'adhérence à l'infini, ou bien réduit à un point à distance finie, ou bien égal à la droite toute entière.*

La manière traditionnelle de prouver cela consiste à "plonger" la martingale locale continue M dans le mouvement brownien.

Voici le lemme qui entraînera le résultat désiré.

LEMME. *Le processus positif $X = \overline{M} - M$ est dominé au sens de (10.1) par $B = \overline{M}$.*

Cela entraîne que M^*_∞ est $p.s.$ fini sur $\{\overline{M}_\infty < \infty\}$, d'où aisément la première égalité (11.4). La seconde se traite de même.

DÉMONSTRATION. Soit $S_n = \inf\{t : |M_t| > n\}$, et soit T un t. d'a.. L'arrêt à S_n transformant M en vraie martingale, on a $\mathbb{E}[M_{T\wedge S_n}] = \mathbb{E}[M_0] = 0$, donc $\mathbb{E}[(\overline{M} - M)_{T\wedge S_n}] = \mathbb{E}[\overline{M}_{T\wedge S_n}]$ et en appliquant le lemme de Fatou pour $n \to \infty$ on obtient $\mathbb{E}[(\overline{M} - M)_T] \leq \mathbb{E}[\overline{M}_T]$, l'inégalité cherchée.

Le lemme s'étend au cas où M est somme d'une martingale locale et d'un processus croissant, continus tous deux — de tels processus sont appelés *sous*martingales locales continues. Il existe aussi une version du lemme pour processus discontinus, dans laquelle B est le plus petit processus croissant prévisible majorant M.

Application de l'inégalité des bons λ

13 Le théorème suivant est dû à Lenglart–Lepingle–Pratelli.

THÉORÈME. *Soient X un processus prévisible nul en 0, B un processus croissant prévisible (non nécessairement continu à droite) tel que $B_0 \geq 0$. On suppose que l'on a, pour tout couple (S,T) de t. d'a. bornés tels que $S \leq T$*

(13.1) $$\mathbb{E}[\,|X_T - X_S|^q] \leq \mathbb{P}\{S < T\}\, \|B_T\|^q_{L^\infty}$$

où q est une constante >0. Alors on a pour $\lambda > 0$, $\mu > 0$, $\beta > 1$

(13.2) $$\mathbb{P}\{X^*_\infty > \beta\lambda,\, B_\infty \leq \mu\} \leq (\beta - 1)^{-q} \left(\frac{\mu}{\lambda}\right)^q \mathbb{P}\{X^* > \lambda\}\ .$$

et par conséquent (d'après 7) si F est modérée

(13.3) $$\mathbb{E}[F(X^*)] \leq c(q,f)\, \mathbb{E}[F(B_\infty)]\ .$$

DÉMONSTRATION. Nous raisonnerons en supposant que $B_0 = 0$; le cas général s'y ramène par la même méthode qu'au n° 10. Posons $U = \inf\{t : B_t > \mu\}$, et construisons (*cf.* 9) une suite de t. d'a. bornés $U_n \uparrow U$ tels que $B_{U_n} \leq \mu$ pour tout n. La relation $B_\infty \leq \mu$ entraîne $U = \infty$, donc $U_n \uparrow \infty$, et le côté gauche de (13.2) est donc majoré par $\lim_n \mathbb{P}\{X^*_{U_n} > \beta\lambda\}$.

Posons de même $V = \inf\{t : X^*_t > \lambda\}$. Le processus $X^*_t = X^*_{t-} \vee |X_t|$ étant prévisible, le lemme 9 nous permet de construire des t. d'a. $V_m \uparrow V$ bornés et tels que $X^*_{V_m} \leq \lambda$. Sur l'ensemble $\{X^*_{U_n} > \beta\lambda\}$ on a $V_m < U_n$, et

(13.4) $$\sup_{V_m < t \leq U_n} |X_t - X_{V_m}| > (\beta - 1)\lambda .$$

Laissons m fixé, et posons $S_n = V_m \wedge U_n$. Choisissons un t. d'a. R_n (prévisible ou non, peu importe) dont le graphe passe dans l'ensemble prévisible

$$\{t : S_n < t \leq U_n, |X_t - X_{S_n}| > (\beta - 1)\lambda\}$$

et tel que $\mathbb{P}\{R_n < \infty\} \geq \mathbb{P}\{X^*_{U_n} > \beta\lambda\} - 1/n$ (*cf.* 13.4). Ainsi, le côté gauche de (13.2) est majoré, quel que soit m, par $\liminf_n \mathbb{P}\{R_n < \infty\}$. On a d'après l'hypothèse (13.1) et l'inégalité de Tchebychev, en posant $T_n = R_n \wedge U_n$

$$\begin{aligned} \mathbb{P}\{R_n < \infty\} &\leq (\beta - 1)^{-q} \lambda^{-q} \mathbb{E}\left[|X_{R_n} - X_{S_n}|^q I_{\{R_n < \infty\}} \right] \\ &\leq \ldots\ldots \quad \mathbb{E}\left[|X_{T_n} - X_{S_n}|^q \right] \\ &\leq \ldots\ldots \quad \mu^q \, \mathbb{P}\{S_n < T_n\} \quad \text{((13.1) et inégalité } B_{T_n} \leq B_{U_n} \leq \mu) \\ &\leq (\beta - 1)^{-q} (\mu/\lambda)^q \, \mathbb{P}\{V_m < U_n\} . \end{aligned}$$

Ceci ayant lieu pour tout m, faisons $m \to \infty$; U_n étant fini, nous pouvons majorer la limite du dernier terme par $\mathbb{P}\{V < \infty\} = \mathbb{P}\{X^*_\infty > \lambda\}$, et le théorème est établi.

14 EXEMPLES. a) Nous avons démontré en VII.92 les inégalités de Burkholder–Davis–Gundy pour des martingales locales quelconques, par une méthode reposant sur l'inégalité de Fefferman. On peut les déduire très simplement du théorème 13 (voir l'article de L–L–P, *Sém. Prob. XIV*, p.35–38). Nous préférons traiter ici le cas des martingales locales *continues*, et des fonctions modérées non nécessairement convexes.

Nous supposerons M bornée pour éviter tout problème d'intégrabilité (on peut se ramener à ce cas par arrêt). La démonstration n'utilise pas la propriété de martingale, mais seulement les propriétés suivantes : M et $<M>$ sont des processus prévisibles (cela vient ici de la continuité de M); $<M>$ est positif et croissant, et l'on a pour tout couple de t.d'a. bornés $S \leq T$

$$\mathbb{E}\left[|M_T - M_S|^2 \right] = \mathbb{E}\left[<M>_T - <M>_S \right] .$$

Cette inégalité entraîne (13.1), avec $q = 2$, $X = M$, $B = \sqrt{<M>}$. Mais nous pouvons aussi écrire la même relation sous la forme

$$\mathbb{E}\left[<M>_T - <M>_S \right] = \mathbb{E}\left[|M_T - M_S|^2 \right] \leq 4\mathbb{E}\left[M^{*2}_T I_{\{S<T\}} \right] ,$$

qui entraîne aussi (13.1) pour $q = 1$, $X = <M>$, $B_t = 4M_t^{*2}$. Nous déduisons alors de (13.3) que l'on a, pour F modérée, *non nécessairement convexe*

$$(14.1) \quad \mathbb{E}\,[F(M_\infty^*)] \le C\mathbb{E}\,[F(<M>_\infty^{1/2})] \ , \quad \mathbb{E}\,[F(<M>_\infty)] \le C\mathbb{E}\,[F(M_\infty^{*\,2})] \ .$$

Mais en remplaçant la fonction $F(t)$ par $F(\sqrt{t})$ la seconde inégalité prend aussi la forme usuelle des inégalités de Burkholder–Davis–Gundy, *que nous avons ainsi étendues à une classe plus large de fonctions* F, par exemple aux fonctions $F(t) = t^p$, $0 < p < 1$. On peut montrer que cette extension est impossible pour les martingales càdlàg. générales.

b) Voici un second exemple, toujours d'après Lenglart–Lepingle–Pratelli. Soit (Z_t) une surmartingale positive de la classe (D), de décomposition $Z = M - A$ avec $A_0 = 0$. Soit B_t le processus croissant continu à gauche Z_{t-}^*, avec $B_0 = 0$. Considérons deux t. d'a. $S \le T$; on a

$$\mathbb{E}\,[A_T - A_S] = \mathbb{E}\,[Z_S - Z_T] \le \mathbb{E}\,[Z_S I_{\{S<T\}}] \le \mathbb{E}\,[Z_{T-}^* I_{\{S<T\}}] = \mathbb{E}\,[B_T I_{\{S<T\}}]$$

qui est une inégalité (13.1) avec $q = 1$. On en déduit donc, pour F modérée non nécessairement convexe

$$(14.2) \qquad \mathbb{E}\,[F(A_\infty)] \le C\mathbb{E}\,[F(Z_\infty^*)] \ .$$

Cela s'étend par arrêt aux surmartingales positives quelconques.

Extension aux martingales hilbertiennes

15 Il existe des ouvrages de théorie des martingales qui traitent systématiquement le cas hilbertien (Métivier [3], Métivier–Pellaumail [1]). Sans aller jusque là, présentons quelques inégalités hilbertiennes, en commençant par l'extension de 14 a).

L'extension aux espaces *de Banach* des inégalités fondamentales sur les martingales est une toute autre affaire, qui a fait l'objet de travaux importants de Burkholder et de nombreux autres auteurs.

Nous considérons une suite finie $\mathbf{M} = (M^1, \ldots, M^d)$ de martingales locales continues — autrement dit, une martingale locale continue d-dimensionnelle : le passage à la limite $d \to \infty$ sera immédiat. Nous posons

$$(15.1) \qquad \begin{aligned} |\mathbf{M}_t| &= (\textstyle\sum_i M_t^{i2})^{1/2} \\ \mathbf{M}_t^* &= \sup_{s\le t} |\mathbf{M}_s| \\ <\mathbf{M}>_t &= \textstyle\sum_i <M^i, M^i>_t \end{aligned}$$

La notation $<\mathbf{M}>_t$ ou $<\mathbf{M},\mathbf{M}>_t$ est ambiguë, car elle sert aussi couramment à désigner la *matrice* des processus à variation finie $<M^i, M^j>$, dont le processus scalaire ci-dessus est la trace. Ce processus scalaire a parfois été noté $\langle\!\langle M, M \rangle\!\rangle$.

On peut alors étendre au cas vectoriel les inégalités de Burkholder–Davis–Gundy pour martingales continues, de la manière suivante.

THÉORÈME. *Pour toute fonction F modérée, non nécessairement convexe, il existe deux constantes c, C (dépendant de F, mais non de la dimension d) telles que*

$$(15.2)\qquad c\mathbb{E}\,[\,F(\mathrm{M}_\infty^*)\,] \leq \mathbb{E}\,[\,F(<\mathrm{M}>_\infty^{1/2})\,] \leq C\mathbb{E}\,[\,F(\mathrm{M}_\infty^*)\,]\ .$$

DÉMONSTRATION. Procéder exactement comme au n° 14 a), en utilisant le processus $|\mathrm{M}_t|^2 - <\mathrm{M}>_t$, qui est une martingale locale réelle, nulle en 0 et continue.

Lorsque $F(t) = t^p$ $(p > 2)$, cas rencontré en XXII.18, et plus généralement lorsque $F(t) = G(t^2)$ où G est convexe, on a une démonstration immédiate sans continuité des martingales. On a en effet pour tout n et tout t. d'a. T

$$\mathbb{E}\,[\,<M_\infty^n> - <M_T^n>\,|\,\mathcal{F}_T] \leq \mathbb{E}\,[\,(M_\infty^n)^2\,|\,\mathcal{F}_T\,]$$

(on a une inégalité au lieu d'une égalité parce qu'on oublie M_0^n). Sommant en n on a une relation analogue entre le processus croissant prévisible $<\mathrm{M}>$ et la martingale $\mathbb{E}\,[\,|\,\mathrm{M}_\infty|^2\,|\,\mathcal{F}_T\,]$. Appliquant alors la forme prévisible du lemme de Garsia–Neveu VI.99, on voit que

$$\mathbb{E}\,[G(<\mathrm{M}>_\infty)] \leq C\,\mathbb{E}\,[G(|\,\mathrm{M}_\infty^2\,|)]\ .$$

Les inégalités de Burkholder–Davis–Gundy proprement dites s'étendent elles aussi au cas vectoriel, en utilisant le *crochet droit* scalaire $[\,\mathrm{M}\,] = \sum_i [\,M^i, M^i\,]_t$. La démonstration utilisant 13 est la même que dans le cas scalaire. Ustunel [1] a étendu au cas hilbertien l'inégalité de Fefferman et la dualité $H^1 - BMO$.

16 REMARQUE. Signalons une intéressante variante de ces inégalités, due à Yor (non publié). Introduisons deux processus croissants continus $U = U(\mathrm{M})$, $V = V(\mathrm{M})$

$$(16.1)\qquad U_t = \Big(\sum_i (M_t^{i*})^p\Big)^{1/p}\ ,\qquad V_t = \Big(\sum_i <M^i>_t^{p/2}\Big)^{1/p}$$

Alors on a encore une "équivalence" du type (15.2) entre $\mathbb{E}\,[F(U_\infty)]$ et $\mathbb{E}\,[F(V_\infty)]$. Nous ne donnerons pas en détail la démonstration de ce résultat, mais nous indiquerons brièvement comment choisir X, B, q dans l'énoncé du théorème 13 pour obtenir ces inégalités.

Majoration de V par U, $p < 2$. Prendre $X = V^p$, $B = U^p$, $q = 1$. Ecrire les inégalités de Burkholder ordinaires pour les martingales $N^i = (M^i)^T - (M^i)^S$, puis utiliser la sous-additivité de la fonction $t^{p/2}$.

Majoration de V par U, $p \geq 2$. Prendre $X = V$, $B = U$, $q = p$. Majorer $X_T - X_S$ par $V(N)$, où N est la martingale vectorielle de composantes N^i ci-dessus. Puis appliquer les inégalités de Burkholder ordinaires.

Majoration de U par V, $p < 2$. Prendre $X = U^p$, $B = V^p$, $q = 1$.

Majoration de U par V, $p \geq 2$. Prendre $X = U$, $B = V$, $q = p$.

Quelques inégalités récentes

17 Nous allons maintenant énoncer quelques résultats d'une grande finesse, dus à Burkholder. Leur démonstration est encore longue et difficile, et nous renverrons aux articles de Burkholder [5], [6] et au cours de StFlour [7].

Considérons d'abord une martingale càdlàg. (M_t), et une intégrale stochastique $N_t = \int_0^t H_s \, dM_s$, où (H_t) est un processus prévisible borné par 1 en valeur absolue. Nous posons $\|M\|_p = \sup_t \|M_t\|_p$. Pour $1 < p < \infty$ cette norme est équivalente à une norme H^p, maximale ou quadratique (inégalités de Doob et de Burkholder–Davis–Gundy, *cf.* VII.92. L'intégration stochastique ci–dessus diminuant le crochet droit, nous savons qu'il existe une inégalité de la forme

(17.1) $$\|N\|_p \leq C_p \|M\|_p \ .$$

On a le résultat suivant

THÉORÈME. *La meilleure constante dans l'inégalité précédente est* $C = p \vee q - 1$ *(où* q *désigne comme d'habitude l'exposant conjugué de* p*).*

De plus, Burkholder prouve dans [6] que l'inégalité (17.1) est stricte, excepté dans des cas triviaux.

Il y a deux cas limites intéressants : le premier est $p = 1$. On a alors une inégalité du type faible, dans laquelle la meilleure constante est la suivante :

(17.2) $$\lambda \mathbb{P}\{N^* > \lambda\} \leq 2\|M\|_1 \ .$$

Le second cas est $p = \infty$, dans lequel on a une majoration seulement dans les $L^r, 2 < r < \infty$ — ici encore, avec la meilleure constante

(17.3) $$\|N\|_r \leq \frac{1}{2}\Gamma(r+1)\,\|M\|_\infty \ .$$

On consultera [5] pour d'autres inégalités du même genre.

2. LE LEMME DE KOLMOGOROV

La condition de Kolmogorov

18 Le *lemme de Kolmogorov* est un ancien et important critère permettant d'affirmer qu'un processus (X_t) admet une version à trajectoires continues. Contrairement aux inégalités de martingales, il ne fait intervenir aucune filtration, et s'étend aisément à des processus dont le "temps" parcourt $\mathbb{R}^d$ au lieu de $\mathbb{R}$. Loin d'être un outil démodé, il a permis récemment de démontrer des résultats puissants : régularité des flots d'équations différentielles stochastiques, régularité des temps locaux des semimartingales continues à plusieurs dimensions.

Notre exposé présente le lemme de Kolmogorov lui même, puis les énoncés de quelques généralisations utiles, et de belles applications aux temps locaux.

Soit (X_t) un processus réel, indexé par un rectangle de $\mathbb{R}^d$. On dit que (X_t) satisfait à la *condition de Kolmogorov* si l'on a

$$\mathbb{E}\left[|X_t - X_s|^p\right] \leq C|t-s|^{d+\sigma} \tag{18.1}$$

où p et σ sont strictement positifs.

Le processus (X_t) est continu en probabilité, et admet donc une version mesurable. Nous supposerons ici que $p \geq 1$; alors l'inégalité (18.1) s'interprète comme une condition de Hölder du processus en norme L^p, d'exposant $(d+\sigma)/p$; comme une fonction höldérienne d'exposant > 1 à valeurs dans un Banach est constante, on voit que les valeurs intéressantes de p sont strictement plus grandes que la dimension d.

EXEMPLE. Soit (B_t) un mouvement brownien. On a $d=1$, et la v.a. $B_t - B_s$ est gaussienne centrée de variance $|t-s|$. La relation $\mathbb{E}\left[|B_t - B_s|^2\right] = |t-s|$ n'est pas du type de Kolmogorov, car σ y est nul. Mais tous les moments $\mathbb{E}\left[|N|^k\right] = m_k$ d'une v.a. N normale centrée réduite sont finis, et on a alors

$$\mathbb{E}\left[|B_t - B_s|^k\right] = m_k|t-s|^{k/2}$$

qui est bien une condition de Kolmogorov pour $k > 2$.

Voici l'énoncé du *lemme de Kolmogorov* classique. La forme que nous lui donnons est plutôt due à Prokhorov, avec quelques améliorations qui font partie du "folklore".

19 THÉORÈME. *Supposons que (X_t) satisfasse à la condition de Kolmogorov (18.1), et soient I un cube de $\mathbb{R}^d$ d'arête ρ, et D l'ensemble des points des subdivisions dyadiques de I. Alors pour $\lambda \in [0, \sigma/p[$ la v.a.*

$$M_\lambda = \sup_{\substack{s\in D,\, t\in D \\ s\neq t}} \frac{|X_t - X_s|}{|t-s|^\lambda} \tag{19.1}$$

est p.s. finie, et plus précisément on a

$$\mathbb{E}\left[M_\lambda^p\right] \leq kC\rho^{d+\sigma-\lambda} \tag{19.2}$$

où C est la constante de (18.1) et k dépend de la dimension et des exposants p, d, σ, λ.

REMARQUES. 1) Prenant $\lambda > 0$, on voit que les trajectoires sont *p.s.* höldériennes d'exposant λ sur D, et se prolongent donc par continuité à I. Le processus (X_t) étant continu en probabilité sur I, ce prolongement en définit une modification continue (et on peut alors supprimer la mention de D dans la définition de M_λ).

b) Bien entendu, rien ne change si l'on remplace la norme de $\mathbb{R}^d$ par une norme équivalente. Pour la remarque suivante, et pour la démonstration, nous utiliserons sur $\mathbb{R}^d$ la norme $|s| = \sup_i |s^i|$ (où les s^i sont les coordonnées de s)

c) Si nous prenons $\lambda=0$, (19.2) signifie que pour tout cube I d'arête ρ

$$\mathbb{E}\left[\sup_{(s,t)\in I} |X_t - X_s|^p\right] \leq kC\rho^{d+\sigma} , \tag{19.3}$$

qui en raison du choix de la norme a la même forme que (18.1), mais avec le renforcement considérable que l'on a introduit un sup à l'intérieur de l'espérance.

Nous allons commencer par donner la démonstration classique du lemme de Kolmogorov. Après quoi (22–24) nous en donnerons une autre, et nous commenterons (sans donner de démonstrations complètes) certains aspects de ce théorème, en particulier ses relations avec les théorèmes de plongement de Sobolev.

20 Ce n° contient quelques remarques géométriques utiles à la démonstration.

Nous utilisons la notation k, de manière générale, pour désigner une constante dont la valeur ne nous intéresse pas, et qui peut varier d'une ligne à l'autre.

La relation d'ordre $s \leq t$ sur $\mathbb{R}^d$ signifie que les coordonnées de ces deux points vérifient $s^i \leq t^i$ pour tout i.

Par homogénéité, il suffit de traiter le cas d'un cube I d'arête unité, le cube semi-ouvert $[0,1[^d$ pour fixer les idées. Nous désignerons par D_m ($m \in \mathbb{N}$) l'ensemble à 2^{md} éléments des points de I dont toutes les coordonnées sont de la forme $j2^{-m}$, $0 \leq j < 2^m$. On a donc $D_0 \subset D_1 \subset \ldots$ et $D = \cup_m D_m$. Pour tout $s \in D$, il existe un plus grand élément de D_m $s_m \leq s$; on a $s_m \leq s_{m+1}$, $s = s_m$ pour m assez grand, et pour tout m, s_m et s_{m+1} sont deux sommets d'un même cube élémentaire de D_{m+1}. Nous dirons alors qu'ils sont *voisins* dans D_{m+1} — cela n'exclut pas qu'ils soient confondus. Le nombre des couples (s_m, s_{m+1}) que l'on obtient ainsi est $2^{(m+1)d}$.

Nous désignerons par V_m l'ensemble des couples (s,t) de points voisins dans D_m ; le nombre de ces couples (non nécessairement croissants) est aussi $2^{(m+1)d}$.

Soient s et t deux éléments de D tels que $|t-s| \leq 2^{-m}$. Alors les points s_m et t_m correspondants sont voisins dans D_m au sens précédent. On écrit alors

$$(20.1) \qquad X_t - X_s = (X_{t_m} - X_{s_m}) + \sum_{i=m}^{\infty}(X_{t_{i+1}} - X_{t_i}) - \sum_{i=m}^{\infty}(X_{s_{i+1}} - X_{s_i})$$

où les deux sommes n'ont en réalité qu'un nombre fini de termes. On ne trouve au second membre que des différences portant sur des couples de points voisins dans un D_i. Posons donc

$$(20.2) \qquad \Phi_i = \sup_{(s,t)\in V_i} |X_t - X_s| \, .$$

Nous venons de voir que pour $|t-s| \leq 2^{-m}$

$$(20.3) \qquad |X_t - X_s| \leq \Phi_m + 2\sum_{m+1}^{\infty} \Phi_i \leq 2\sum_{m}^{\infty} \Phi_i \, .$$

Ce sera notre majoration fondamentale : sachant cela, il suffira de sommer une progression géométrique.

21 Passons à la démonstration proprement dite. Nous appliquons la condition de Kolmogorov pour calculer

$$\mathbb{E}\,[\Phi_i^p] = \mathbb{E}\,[\sup_{(s,t)\in V_i} |X_t - X_s|^p] \le \sum_{(s,t)\in V_i} \mathbb{E}\,[|X_t - X_s|^p]$$

(21.1)
$$\le 2^{(i+1)d} C 2^{-i(d+\sigma)} = kC2^{-i\sigma} .$$

Nous calculons ensuite M_λ, en décomposant le sup suivant la valeur de m telle que $2^{-m-1} < |t-s| \le 2^{-m}$

$$\begin{aligned} M_\lambda &\le \sup_m \sup_{|t-s|\le 2^{-m}} 2^{\lambda(m+1)} |X_t - X_s| \\ &\le \sup_m 2 \cdot 2^{\lambda(m+1)} \sum_{i=m}^{\infty} \Phi_i \quad \text{d'après (20.3)} \\ &\le 2^{(\lambda+1)} \sum_{i=0}^{\infty} 2^{i\lambda}\Phi_i = k \sum_i 2^{i\lambda}\Phi_i \ . \end{aligned}$$

Nous utilisons la majoration (17.1), (rappelons que $p \ge 1$)

$$\|M_\lambda\|_p \le k \sum_i 2^{i\lambda} \|\Phi_i\|_p \le kC^{1/p} \sum_i 2^{i(\lambda-\sigma/p)} .$$

Pour $\lambda < \sigma/p$ cette série est convergente, et le théorème est établi.

22 On peut donner du lemme de Kolmogorov une interprétation en termes d'*espaces de Sobolev*. Considérons un processus (X_t) satisfaisant à une condition de Kolmogorov (20.1), avec $1 \le p < \infty$. Choisissant une version mesurable du processus, et appliquant le théorème de Fubini sur une boule B, nous avons

$$\mathbb{E}\,[\int_{B\times B} \frac{|X_v - X_u|^p}{|v-u|^{d+\mu p}}\, du\, dv\,] \le C \int_{B\times B} |v-u|^{\sigma-\mu p}\, du\, dv$$

intégrale qui est finie dès que $\sigma - \mu p > -d$, soit $\mu > (\sigma+d)/p$. Ainsi, presque toute trajectoire du processus (X_t) satisfait à la condition

(22.1)
$$\int_{B\times B} \frac{|X_v(\omega) - X_u(\omega)|^p}{|v-u|^{d+\mu p}}\, du\, dv < \infty .$$

Si nous ajoutons l'appartenance de X_t à L^p pour une valeur de t, la condition de Kolmogorov entraîne que $\mathbb{E}\,[|X_t|^p]$ est borné dans la boule, et en appliquant le théorème de Fubini, on voit que $X_\bullet(\omega)$ appartient *p.s.* à L^p dans la boule. Ces deux conditions expriment alors que presque toute trajectoire de X appartient localement à un espace de Sobolev $W^{\mu,p}(B)$, d'exposant p et d'ordre $\mu < 1$. Le *théorème de plongement de Sobolev* affirme que, pour $\mu > d/p$, $W^{\mu,p}(B)$ se plonge continûment dans $C^\lambda(B)$, l'espace des fonctions höldériennes d'exposant $\lambda = \mu - \frac{d}{p} < \sigma/p$, qui peut être considéré comme le cas limite $W^{\lambda,\infty}$ des espaces précédents,

$$\|f\|_{\lambda,\infty} = \sup_{u\in B} |f(u)| + \sup_{\substack{(u,v)\in B\times B \\ u\neq v}} \frac{|f(v)-f(u)|}{|v-u|^{\lambda}} .$$

On a donc remplacé le raisonnement probabiliste de 21 par une seule application du théorème de Fubini, suivie d'un raisonnement déterministe. Sur la théorie des espaces de Sobolev, on pourra consulter Adams [1]. Nous allons esquisser ici une démonstration du lemme de Kolmogorov (due à L. Schwartz) procédant suivant la même idée, mais sans faire explicitement appel au théorème de Sobolev ; elle le remplace par un résultat sur les potentiels de Riesz, que l'on trouvera dans le livre de Stein [1].

Plaçons nous sur $\mathbb{R}^d$ et considérons le *semi-groupe stable symétrique d'exposant* λ, $0 < \lambda < 1$. Il s'agit d'un semi-groupe de convolution par les mesures de probabilité μ_t de transformées de Fourier $\widehat{\mu}_t(u) = e^{-t|u|^{\lambda}}$. On peut montrer que le noyau potentiel et le générateur infinitésimal sont donnés, sur de bonnes fonctions (appartenant par exemple à l'espace $\mathcal{S}$) par les expressions

(22.1)

$$I_{\lambda}f(u) = c\int f(u-v)\,dv\,/|v|^{d-\lambda} \quad ; \quad G_{\lambda}f(u) = c'\int [\,f(u-v)-f(u)\,]\;dv\,/|v|^{d+\lambda}$$

où les valeurs de c, c' nous importent peu. Puisque I_{λ} est le potentiel et G_{λ} le générateur, on doit avoir $I_{\lambda}G_{\lambda}f = -f$ sous de larges conditions sur f — au moins pour $f \in \mathcal{S}$, fonctions pour lesquelles la vérification directe est facile par transformation de Fourier.

Les semi-groupes stables symétriques existent en fait pour $0 < \lambda < 2$. Les opérateurs intégraux $I_{\lambda} = (-\Delta)^{-\lambda/2}$ sont utilisés en analyse (pour $\lambda > 0$) sous le nom de *potentiels de M. Riesz.*

Nous notons ensuite deux propriétés fondamentales de l'opérateur I_{λ}.

23 LEMME. *1) Pour* $1 < p < \infty$, $\lambda p < d$, I_{λ} *applique* L^p *dans* $L^{p'}$, $1/p' = 1/p - \lambda/d$. *2) Pour* $\lambda p > d$, $f \in L^p$, $I_{\lambda}f$ *est höldérienne d'exposant* $\theta = \lambda - d/p$.

DÉMONSTRATION. La première propriété est établie p.119–120 de Stein [1], comme application du théorème d'interpolation de Marcinkiewicz. Elle contient en essence le lemme de Sobolev invoqué plus haut. La seconde propriété est élémentaire : il s'agit de vérifier que

$$|\,I_{\lambda}f(x+z) - I_{\lambda}f(x)\,| \le C\,\|f\|_p\,|z|^{\theta} .$$

Il suffit de démontrer que la fonction

$$h(y) = |y-z|^{\lambda-d} - |y|^{\lambda-d}$$

appartient au dual L^q de L^p, avec une norme de la forme $C|z|^{\theta}$ — mais si l'on prouve qu'elle est dans L^q, l'homogénéité se chargera du reste. Or la condition $\lambda p > d$ montre que h appartient à L^q au voisinage de ses deux pôles, et la différence assure un bon comportement à l'infini. □

Passons alors à la seconde démonstration du lemme de Kolmogorov. Nous partons d'un processus (X_t) satisfaisant à la condition de Kolmogorov $\|X_t - X_s\|_p \le C|t-s|^{\rho}$, $1 \ge \rho > d/p$. Nous pouvons supposer $X_t = 0$ hors d'une boule B, puisque nous ne cherchons que de la régularité locale. Considérons X comme une application höldérienne d'exposant ρ à valeurs dans l'espace de Banach $E = L^p(\mathbb{R}^d)$; il est immédiat sur l'expression du générateur G_λ que l'on peut définir $Y = G_\lambda(X)$ pour $0 < \lambda < \rho$, Y étant une application continue de $\mathbb{R}^d$ dans E (conséquence de la propriété de Hölder), tendant vers 0 assez vite à l'infini (X est à support compact) pour appartenir à $L^p(E)$. La continuité dans L^p permet de choisir une version mesurable de Y, et le théorème de Fubini nous dit que pour presque tout ω, $Y(\cdot,\omega)$ appartient à $L^p(\mathbb{R}^d)$. Nous lui appliquons alors I_λ, ce qui fournit, d'après le lemme, une fonction höldérienne d'exposant $\lambda - d/p$. Mais d'après la relation $I_\lambda G_\lambda f = -f$ appliquée à la fonction $f = X_\bullet$ *à valeurs dans* E, le processus que nous obtenons ainsi est une modification höldérienne de $-X$, et le lemme de Kolmogorov est établi.

24 Cette démonstration n'est pas seulement une variante pour analystes de la démonstration classique de 20–21. Elle a une conséquence intéressante, qui a été dégagée et utilisée par Sznitman [1], et qui n'est pas abordable par la méthode directe.

Supposons que le processus X — toujours à valeurs dans L^p, et nul hors de la boule B — appartienne à la classe $C^{1+\rho}$ à valeurs dans L^p, c'est à dire admette des dérivées partielles $D_i X_t$

$$D_i X_t = \lim_{h \downarrow 0} \frac{1}{h}\left(X_{t+he_i} - X_t\right) \tag{24.1}$$

au sens fort dans L^p (e_i désignant le i-ième vecteur de base), ces dérivées partielles étant continues dans L^p et satisfaisant elles mêmes à une condition de Hölder d'exposant $\rho \le 1$

$$\| D_i X_t - D_i X_s \|_p \le C\,|t-s|^\rho . \tag{24.2}$$

On notera qu'avec cette définition C^{1+1} est plus gros que C^2. Si l'on a $\rho > d/p$, le lemme de Kolmogorov usuel entraîne que $D_i X_t$ admet une modification continue, et par intégration X lui même a une modification à trajectoires différentiables. Mais que dire si $\rho \le d/p$?

Nous appliquons le raisonnement précédent aux processus $D_i X$, en prenant $Y^i = G_\lambda(D_i X)$ $(\lambda < \rho)$; cette fois (23.2) ne dit pas que les trajectoires de $D_i X$ sont höldériennes, mais qu'elles sont $p.s.$ dans L^q, avec $1/q = 1/p - \lambda/d$. Mais par ailleurs les trajectoires de $D_i X$ sont $p.s.$ les dérivées au sens des distributions des trajectoires de X. Appliquant alors le vrai lemme de Sobolev sous sa forme originale (Stein [1], p. 124–127) nous voyons que (si $q > d$, ce qui veut dire que $\lambda + 1 > d/p$, et un tel choix est compatible avec $\lambda < \rho$ si $\rho + 1 > d/p$) l'appartenance de ces dérivées à L^q entraîne que X a une version à trajectoires continues.

La méthode que nous venons d'utiliser se prête à une discussion plus générale, mais il n'est pas certain que cela soit utile.

25 Nous allons maintenant énoncer une autre généralisation du lemme de Kolmogorov, sans doute plus importante que la précédente. Elle est due à Garsia, Rodemich et Rumsey [1], et nous renverrons pour la démonstration à cet article, ou au livre de Stroock et Varadhan [1], p. 47[1].

[1] Et p. 60 (mais y remplacer Ψ par Ψ^{-1} dans le module de continuité).

Le raisonnement du n° 22 comportait deux parties : le passage de la condition de Kolmogorov à la propriété déterministe (22.1), satisfaite *p.s.* par les trajectoires du processus X, puis un raisonnement déterministe pour montrer que (22.1) entraîne une condition de Hölder. C'est la seconde étape qui va être généralisée ici. De manière précise, soit $f(t)$ une fonction définie sur une boule B de $\mathbb{R}^d$, satisfaisant à une condition intégrale de la forme

$$\int_{B\times B} \Psi\left(\frac{|f(v)-f(u)|}{\varphi(|v-u|)} \right) du dv = A < \infty \ , \tag{25.1}$$

où Ψ et φ sont deux fonctions continues sur $\mathbb{R}_+$, nulles en 0, strictement croissantes et non bornées, telles que les intégrales

$$h(x,t) = \int_0^t \Psi^{-1}(x/s^{2d})\, d\varphi(s) \tag{25.2}$$

soient convergentes pour tout $x > 0$. Alors la fonction f possède sur la même boule B le module de continuité

$$|f(v) - f(u)| \leq 8h(k_d A,\, 2|v-u|) \tag{25.3}$$

où la lettre k désigne comme plus haut une constante dont la valeur nous importe peu (ici $k = k_d$ ne dépend que de la dimension).

3. APPLICATION AUX TEMPS LOCAUX

Le mot de *temps local* a plusieurs sens, correspondant à des généralisations différentes des temps locaux browniens découverts par P. Lévy. On appelle *temps local* d'un ensemble aléatoire fermé sans points isolés M tout processus croissant adapté L tel que la mesure dL ait exactement pour support M, et nous avons vu en XV.53 une méthode assez générale de construction de temps locaux en ce sens, appliquée aux temps locaux browniens en XV.57, reprise pour divers ensembles homogènes en XX.10–11. Une seconde manière d'aborder les temps locaux est le point de vue des *densités d'occupation,* brièvement mentionné au n° 34. Dans ce paragraphe, nous allons étudier la famille des *temps locaux des semimartingales,* particulièrement des semimartingales continues, en développant les conséquences de la formule de Tanaka. Ce domaine a fait l'objet de nombreux travaux récents, et nous nous limiterons à quelques résultats particulièrement importants, en suivant de très près l'ouvrage collectif Azéma–Yor [1].

26 Soit X une semimartingale. Nous recopions la *formule de Tanaka* du n° VIII.29, sous la forme

$$X_t^+ = X_0^+ + \int_0^t I_{\{X_{s-}>0\}}\, dX_s + \Lambda_t \tag{26.1}$$

$$\Lambda_t = \sum_{0<s\leq t} (X_s^+ I_{\{X_{s-}\leq 0\}} + X_s^- I_{\{X_{s-}>0\}} + \frac{1}{2} L_t \quad ; \tag{26.2}$$

(Λ_t) est un processus croissant, dont $\frac{1}{2}L_t$ est la partie continue. On appelle (L_t) le *temps local de* X *en* 0 ; s'il est nécessaire d'expliciter la dépendance en X, on le notera $L_t(X)$. Remplaçant X par $X-a$ on définit de même le *temps local de* X *en* a (L_t^a), et le processus (Λ_t^a) analogue à (26.2).

Ecrivant que $X = X^+ - X^-$, on tire de (26.1) la relation[1]

(26.3) $$X_t^- = X_0^- - \int_0^t I_{\{X_{s-}\leq 0\}}\, dX_s + \Lambda_t$$

(26.4) $$|X_t| = |X_0| + \int_0^t \operatorname{sgn}(X_{s-})\, dX_s + 2\Lambda_t$$

avec la convention importante

(26.5) $$\operatorname{sgn}(0) = -1$$

qui est imposée par (26.1) et (26.3). Cette convention étant dissymétrique, *on n'a pas en général* $L_t(X) = L_t(-X)$: nous avons calculé leur différence en VIII.(29.6) :

(26.6) $$\frac{1}{2}(L_t(X) - L_t(-X)) = \int_0^t I_{\{X_{s-}=0\}}\, dX_s + \sum_{0<s\leq t} X_s I_{\{X_{s-}=0\}}\ .$$

Propriétés élémentaires du temps local

27 a) La forme même de (26.1), et les propriétés bien connues de l'intégrale stochastique (invariance par changement de loi, caractère local...) donnent des résultats évidents, mais très utiles :

i) Si $\mathbb{Q}$ est une loi absolument continue par rapport à $\mathbb{P}$, le temps local de X en 0 (ou en a) calculé sous la loi $\mathbb{P}$ fournit une version du temps local de X sous la loi $\mathbb{Q}$.

ii) Si T est un temps d'arrêt, on a $\Lambda(X^T) = \Lambda(X)^T$, $\Lambda(X^{T-}) = \Lambda(X)^{T-}$, et $L(X^T) = L(X^{T-}) = L(X)^T$.

iii) Si X et Y sont des semimartingales et $X_\bullet(\omega) = Y_\bullet(\omega)$ pour tout ω appartenant à $A \in \mathcal{F}$, on a aussi p.s. sur A $\Lambda_\bullet(X) = \Lambda_\bullet(Y)$, et $L_\bullet(X) = L_\bullet(Y)$.

b) Si l'on a $X \leq 0$, la formule (26.1) se réduit à $0 = 0 + \Lambda(X)$, donc $\Lambda(X) = 0$ ainsi que sa partie continue $L(X)$. D'après i) appliqué à la loi $\mathbb{Q} = I_A \cdot \mathbb{P}/\mathbb{P}(A)$ avec $A = \{\omega\,,\, X_\bullet(\omega) \leq 0\}$, on voit que le temps local est nul sur A. De la même manière, si le processus X_- est partout >0, la formule (26.1) se réduit à $X_t = X_0 + (X_t - X_0) + \Lambda_t$, donc $\Lambda(X) = 0$, et ce résultat se "localise" aussi : toute trajectoire localement bornée inférieurement par un nombre >0 a un temps local nul.

En revanche, on rencontre fréquemment des semimartingales ≥ 0 ayant un temps local non nul (la valeur absolue du mouvement brownien, par exemple).

---

[1] Noter une erreur de signe dans les formules (29.4) et (29.5) du chapitre VIII.

c) Soit X une *martingale locale continue*; alors on a $L_t(X) = L_t(-X)$. En effet, dans la formule (26.6), le côté gauche est à variation finie nul en 0, le côté droit une martingale locale, donc tous deux sont nuls (VI.80).

d) Il est clair que l'application

$$a \to \Lambda_t^a = (X_t - a)^+ - (X_0 - a)^+ - \int_0^t I_{\{X_{s-}>a\}}\, dX_s$$

est càdlàg. en probabilité . Plus précisément, l'application qui à $a \in \mathbb{R}$ associe le *processus* Λ^a est càdlàg. à valeurs dans $\mathcal{R}^0_{loc}$, *cf.* VII.64.

28 Voici l'une des propriétés les plus importantes du temps local.

THÉORÈME. *La mesure* dL_t *est p.s. portée par l'ensemble* $\{X = X_- = 0\}$.

DÉMONSTRATION. Comme dL ne charge pas les ensembles dénombrables, il suffit de prouver qu'elle ne charge pas les ensembles $\{X_- < 0\}$, $\{X_- > 0\}$. Ces ensembles étant des ouverts gauches ne diffèrent de leurs intérieurs (ordinaires) que par un ensemble dénombrable. Il suffit donc de montrer que pour tout couple (u, v) de rationnels tel que $u < v$, on a $L_v - L_u = 0$ p.s. sur chacun des ensembles

$$A = \{\ [u,v] \subset \{X_- < 0\}\}\ ,\ B = \{\ [u,v] \subset \{X_- > 0\}\}\ .$$

Par décalage on se ramène à $u=0$, par arrêt à $v=\infty$, et on applique 27 b).

29 Donnons tout de suite une application de 28, qui peut servir d'exercice sur la formule de Tanaka.

THÉORÈME. *On a* $L(X^+) = L(X)$ *et* $L(|X|) = \frac{1}{2}(L(X) + L(-X))$.

DÉMONSTRATION. La méthode étant la même pour les deux formules, nous démontrerons la seconde, qui est un peu plus délicate. Etant donnés deux processus A, B, la notation $A \approx B$ signifie que $A - B$ est un processus à variation finie purement discontinu. Nous écrivons d'abord (26.4) sous la forme

$$d|X| \approx \operatorname{sgn}(X_-)\, dX + dL(X)\ , \tag{29.1}$$

puis (26.1) écrite pour $|X|$

$$d|X| \approx I_{\{X_- \neq 0\}}\, d|X| + dL(|X|)\ . \tag{29.2}$$

Dans cette formule, portons $d|X|$ tiré de (29.1); le terme $I_{\{X_- \neq 0\}}\, dL(X)$ disparaît d'après 28, et il reste

$$d|X| \approx I_{\{X_- \neq 0\}} \operatorname{sgn}(X_-)\, dX + dL(|X|)\ . \tag{29.3}$$

Comparant à nouveau à (29.1),

$$dL(X) + I_{\{X_- = 0\}} \operatorname{sgn}(0)\, dX \approx dL(|X|) \tag{29.4}$$

et comme $\operatorname{sgn}(0) = -1$ et $I_{\{X_- = 0\}}\, dX \approx \frac{1}{2}(dL(X) - dL(-X))$ d'après (26.6), il reste

$$\frac{1}{2}(L(X) + L(-X)) \approx dL(|X|)\ .$$

Mais ici tout est à variation finie continue, donc on peut remplacer $\approx$ par $=$.

Le processus $\frac{1}{2}(L(X)+L(-X))$ est souvent appelé *temps local symétrique de* X. Voir Yan [5].

30 Le théorème suivant est superficiel (il ne fournit pas une version unique de la fonction $(a,t,\omega) \longmapsto L^a_t(\omega)$), mais on ne connaît pas de résultats meilleurs pour les temps locaux de semimartingales générales (pour les martingales locales continues, voir le n° 34). Nous nous servirons dans toute la suite des versions mesurables des temps locaux données par ce théorème. $\mathcal{P}$ désigne la tribu prévisible.

THÉORÈME. *Il est possible de choisir pour chaque* $a \in \mathbb{R}$ *une version du processus croissant* L^a *(nulle en* 0*, croissante et continue en* t*, mais non nécessairement finie pour tout* t*) telle que*

— *l'application* $((t,\omega),a) \longmapsto L^a_t(\omega)$ *soit* $\mathcal{P}\times\mathcal{B}(\mathbb{R})$*-mesurable,*

— *pour tout* ω *et tout* a*,* $dL^a_t(\omega)$ *soit portée par* $\{t : X_t(\omega)=a\}$.

La démonstration fournit aussi une bonne version de Λ^a, qui ne semble pas mériter d'énoncé explicite.

DÉMONSTRATION. Nous avons vu au n° 27 d) que, pour t fixé, l'application $a \longmapsto \Lambda^a_t$ est càdlàg. en probabilité. Nous allons modifier les v.a. Λ^a_t sur un ensemble de mesure nulle, de manière à améliorer leurs propriétés.

D'après un cas particulier très simple de IV.30, nous pouvons modifier chaque v.a. Λ^a_t sur un ensemble de mesure nulle, pour obtenir une nouvelle version $\Lambda_1(a,t)$ telle que

$$(a,\omega) \longmapsto \Lambda_1(a,t,,\omega) \quad \text{soit } \mathcal{B}(\mathbb{R})\times\mathcal{F}_t\text{-mesurable.}$$

Posons pour tout $s>0$ rationnel

$$\Lambda_2(a,s,\omega) = \sup_{r\in\mathbb{Q},\, r<s} \Lambda_1(a,r,\omega) \ .$$

Le processus ainsi construit est toujours mesurable, adapté et croissant, il est continu à gauche (mais non nécessairement fini). On pose ensuite pour $t \geq 0$ réel

$$\Lambda_3(a,t,\omega) = \Lambda_2(a,t+,\omega) \ ,$$

le résultat étant adapté continu à droite, non nécessairement nul en 0 ni fini. La nullité en 0 ne pose aucun problème, car il suffit de remplacer $\Lambda_3(a,\cdot,\omega)$ par 0 (sans changer de notation) sur l'ensemble $\{\omega : \Lambda_3(a,0,\omega) > 0\}$. Ayant fait cela, posons encore $T_a = \inf\{t : \Lambda_3(a,t,\omega) = +\infty\}$. Comme l' inf peut être pris aussi sur les t rationnels, l'application $(t,\omega) \longmapsto T_a(\omega)$ est mesurable. Sur l'intervalle $[0,T_a[$, nous désignons par $\frac{1}{2}L_3(a,t,\omega)$ la partie continue de $\Lambda_3(a,t,\omega)$, et nous définissons la version définitive du temps local par

$$L^a_t = \int_0^t I_{\{X_{s-}=a\}}\, dL_3(a,s)$$

que nous prolongeons sur $[T_a,\infty[$ par la valeur constante (non nécessairement finie) $L^a_{T_a-}$. Il est très facile de voir que cette version du temps local satisfait à l'énoncé.

On peut prouver un résultat analogue pour Λ_t^a. On énumère les sauts de X au moyen d'une suite (T_k) de temps d'arrêt à graphes disjoints, et on pose

$$\Lambda_t^{a,n} = \frac{1}{2} L_t^a + \sum_{\substack{k \leq n \\ T_k \leq t}} (X_{T_k} - a)^+ I_{\{X_{T_k-} \leq a\}} + (X_{T_k} - a)^- I_{\{X_{T_k-} > a\}} \,.$$

La somme représente un processus croissant adapté, continu à droite en t, également fonction continue à droite de a, et il est très facile de voir qu'en tant que fonction de $(a,(t,\omega))$ il est $\mathcal{B}(\mathbb{R}) \times \mathcal{O}$–mesurable. Lorsque $n \to \infty$, $\Lambda_t^{a,n}$ tend en croissant vers une fonction $\Lambda_t^a(\omega)$, la convergence étant uniforme en t pour (a,ω) fixé sur tout intervalle $[0,u]$ tel que $\Lambda_u^a(\omega) < \infty$. Autrement dit, la fonction $\Lambda_t^a(\omega)$ est continue à droite en t, à l'exception peut être d'une seule valeur t pour laquelle $\Lambda_t^a < \infty, \Lambda_{t+}^a = \infty$; on peut encore supprimer ce dernier saut si on le désire. La propriété de mesurabilité par rapport à $\mathcal{B}\mathbb{R}) \times \mathcal{O}$ passe évidemment à la limite.

REMARQUE. Posons $\overline{X}_t = \sup_{s \leq t} X_s$, $\underline{X}_t = \inf_{s \leq t} X_s$. Il est possible de construire une version du processus $(\Lambda_t^a$ possédant les propriétés ci–dessus, et telle que $\Lambda_t^a(\omega) = 0$ si a n'appartient pas à l'intervalle $[\underline{X}_t(\omega), \overline{X}_t(\omega)]$.

Formule d'Ito généralisée

31 Une bonne version mesurable du temps local ayant été choisie, nous avons la généralisation suivante de la formule d'Ito, qui s'interprète comme une identité trajectorielle satisfaite pour presque tout ω.

THÉORÈME. *Soient F une fonction convexe sur $\mathbb{R}$, F' sa dérivée à gauche, μ sa dérivée seconde au sens des distributions (qui est une mesure positive). On a alors*

$$(31.1) \qquad \begin{aligned} F(X_t) &= F.(X_0) + \int_0^t F'(X_{s-})\,dX_s + \sum_{0<s\leq t} (F(X_s) - F(X_{s-}) - F'(X_{s-}))\,\Delta X_s \\ &\quad + \frac{1}{2} \int L_t^a\,\mu(da) \\ &= F(X_0) + \int_0^t F'(X_{s-})\,dX_s + \int \Lambda_t^a\,\mu(da)\,. \end{aligned}$$

DÉMONSTRATION. Supposons d'abord que X soit à valeurs dans un intervalle borné $[-C, C]$. Soient ν la mesure $I_{[-C,C]} \cdot \mu$ et G la fonction convexe

$$G(x) = \frac{1}{2} \int |x - a|\,\nu(da)$$

Alors F et G ne diffèrent sur $[-C, C]$ que d'une fonction affine. D'autre part, la mesure dL^a est portée (identiquement) par $\{X = a\}$, donc $L_t^a = 0$ pour $a \notin [-C, C]$ et on a identiquement

$$\int L_t^a\,\mu(da) = \int L_t^a\,\nu(da)\,.$$

On peut donc se borner à établir les formules avec G, ν au lieu de F, μ. D'autre part, pour $\nu = 2\varepsilon_a$, $G(x) = |x-a|$, la formule se réduit à (26.4) écrite pour la semimartingale $X-a$:

$$(31.2) \qquad 2\Lambda_t^a = |X_t - a| - |X_0 - a| - \int_0^t \operatorname{sgn}(X_s - a)\, dX_s ,$$

et tout revient à justifier l'intégration des deux membres par rapport à $\nu(da)$.

Les propriétés des intégrales stochastiques et des temps locaux étant invariantes par changement de loi, nous nous ramenons en utilisant VII.58 au cas où X appartient à la classe $\mathcal{S}^1$ (ou espace $\mathcal{H}^1$ de semimartingales) sur un intervalle $[0,N]$ contenant t. Alors l'application $a \longmapsto \operatorname{sgn}(X_- - a)\cdot X$ de $[-C,C]$ dans $\mathcal{H}^1$ est càdlàg. bornée. En particulier, $a \longmapsto \Lambda_N^a$ est càdlàg. à valeurs dans L^1, et l'on a $\mathbb{E}[\int \Lambda_N^a\, \nu(da)] < \infty$. Il en résulte par convergence dominée que pour $t \leq N$ le processus croissant $\int \Lambda_t^a\, \nu(da)$ est continu à droite, et le processus $\int L_t^a\, \nu(da)$ continu. Il n'est pas difficile, en utilisant une suite (T_k) de t. d'a. comme dans la démonstration précédente, de vérifier que

$$\int \Lambda_t^a\, \nu(da) = \frac{1}{2}\int L_t^a\, \nu(da) + \sum_{0<s\leq t} (G(X_s) - G(X_{s-}) - G'(X_{s-})\Delta X_s) .$$

Calculons de même l'intégrale du côté droit de (31.2). Il nous faut vérifier que l'intégrale de la fonction $a \longmapsto \operatorname{sgn}(X_- - a)\cdot X$ à valeurs dans $\mathcal{H}^1$, par rapport à $\nu(da)$, est bien ègale à $G'(X_-)\cdot X$. Pour cela, on décompose X en une partie à variation finie (pour laquelle le résultat est évident) et une partie martingale $M \in \mathcal{H}^1$, et il suffit de vérifier que pour toute martingale bornée (U_t) sur $[0,N]$, on a

$$\mathbb{E}\Big[\int \nu(da) \int_0^N \operatorname{sgn}(X_{s-} - a)\, d[M,U]_s\Big] = \mathbb{E}\Big[\int_0^N G'(X_{s-})\, d[M,U]_s\Big] ,$$

égalité qui découle du théorème de Fubini. Le théorème est donc établi pour une semimartingale X bornée.

Pour passer au cas général, on pose $R = \inf\{t : |X_s| > C\}$ et $Y = X^{R-}$. Le théorème est vrai pour Y, donc pour X sur l'intervalle $[0,R[$, et on fait alors tendre C vers l'infini.

32 Le corollaire la plus utile du théorème précédent s'obtient en prenant $F(x) = x^2$. Rappelons que X^c désigne la partie martingale continue de X, dont le crochet droit $[X^c, X^c]$ est la partie continue $[X,X]^c$ de $[X,X]$.

THÉORÈME. *On a* $[X,X] = \int \Lambda^a\, da$, *et* $[X^c,X^c] = \frac{1}{2}\int L^a\, da$.

REMARQUES. a) Pour chaque t, l'intégrale $\int \Lambda_t^a(\omega)\, da$ ne porte que sur l'intervalle compact $[\underline{X}_t(\omega), \overline{X}_t(\omega)]$ (n° 30).

b) On voit sur la seconde formule de 32 que si $X^c = 0$, on a $L^a = 0$ pour presque tout a, donc pour tout a (continuité à droite en probabilité). Ce sont les martingales locales continues qui "font" le temps local, au sens où nous l'étudions ici.

En revanche, la théorie "markovienne" du temps local n'est pas liée à l'existence de martingales continues.

33 Le théorème suivant donne l'interprétation du temps local comme densité d'occupation.

THÉORÈME. *L'image de la mesure $d[X^c, X^c]_s(\omega)$ sur l'intervalle $[0,t]$ par la trajectoire $X_\bullet(\omega)$ est (p.s.) la mesure absolument continue $L_t^a(\omega)\,da$ sur* $\mathbb{R}$.

On voit aisément que l'ensemble exceptionnel peut être choisi indépendamment de t.

EXEMPLE. Si X est un mouvement brownien standard, on a $d[X^c, X^c]_s = ds$, et le théorème affirme que l'image de la mesure de Lebesgue sur $[0,t]$ par la trajectoire brownienne est absolument continue, et admet pour densité $L_t^\bullet(\omega)$. Nous verrons dans un instant que cette densité est même continue. Ce résultat est surprenant, car pour établir qu'une fonction f transforme la mesure de Lebesgue en une mesure absolument continue, on suppose d'habitude que f est assez régulière — or ici, ce sont les fluctuations de la trajectoire qui "adoucissent" la mesure image.

DÉMONSTRATION. L'énoncé signifie que, pour presque tout ω, on a identiquement en h borélienne bornée sur $\mathbb{R}$

$$\int_{-\infty}^{+\infty} h(a)\, L_t^a(\omega)\, da = \int_0^t h(X_s(\omega))\, d[X^c, X^c]_s(\omega)\,. \tag{33.1}$$

D'après 32, le côté droit s'écrit $\int da \int_0^t h(X_s(\omega))\, dL_s^a(\omega)$. D'après 30 la mesure $dL_s^a(\omega)$ est portée par $\{s : X_s(\omega) = a\}$ identiquement en a, donc on peut remplacer sous l'intégrale $h(X_s)$ par $h(a)$, et on obtient alors le côté gauche de (33.1).

Il existe des processus, dont les trajectoires transforment la mesure de Lebesgue sur tout intervalle $[0,t]$ en une mesure admettant une densité continue, et qui ne sont pas des semimartingales. Sur cet aspect de la théorie du temps local, voir Geman–Horowitz [3].

Application du lemme de Kolmogorov

34 Dans cette section, nous allons appliquer le lemme de Kolmogorov à la théorie du temps local, pour une semimartingale *continue* X. Dans l'énoncé suivant (dû à Yor [5]) nous désignons par $\mathcal{C}$ l'espace des applications continues de $\mathbb{R}_+$ dans $\mathbb{R}$, nulles en 0, muni de la topologie de la convergence compacte, et nous considérons la trajectoire $L_\bullet^a(\omega)$ comme un élément de $\mathcal{C}$.

THÉORÈME. *Il est possible de choisir, pour chaque $a \in \mathbb{R}$, une version du temps local L^a de telle sorte que (pour presque tout ω) la fonction $a \longmapsto L_\bullet^a(\omega)$ soit càdlàg. à valeurs dans $\mathcal{C}$. Si X est une martingale locale, on peut remplacer* càdlàg *par* continue.

Le fait que cette version soit continue à droite a la même origine que la dissymétrie de la formule de Tanaka ou le choix des dérivées à gauche dans la formule d'Ito généralisée, c'est à dire la convention $\operatorname{sgn}(0) = -1$.

DÉMONSTRATION. Nous désignons par $X = X_0 + M + A$ la décomposition canonique de la semimartingale continue X. Nous nous ramenons ensuite par arrêt au cas où X appartient à un espace $\mathcal{H}^p$ de semimartingales (espace $\mathcal{S}^p$ du chapitre VIII) avec $p > 1$. Alors X est aussi une semimartingale jusqu'à l'infini, et nous travaillerons sur l'intervalle $[0, +\infty]$ fermé (et la convergence uniforme au lieu de la convergence compacte).

Nous recopions la formule de Tanaka sous la forme

$$\frac{1}{2} L_t^a = C_t^a - V_t^a - N_t^a \tag{34.1}$$

$$C_t^a = (X_t - a)^+ - (X_0 - a)^+ \ , \ V_t^a = \int_0^t I_{\{X_s > a\}} \, dA_s \ , \ N_t^a = \int_0^t I_{\{X_s > a\}} \, dM_s \ .$$

et nous étudions les trois processus C^a, V^a, N^a : les deux premiers sont définis sans ambiguïté, et il n'y a pas lieu d'en choisir une version. La partie intéressante de la démonstration concerne donc N^a.

1) L'application $a \longmapsto C_\bullet^a$ est *continue* de $\mathbb{R}$ dans $\mathcal{C}$ muni de la convergence uniforme. Plus précisément, on a

$$|\, C_t^a - C_t^b \,| \leq 2 |\, b - a \,| \ . \tag{34.2}$$

Posons $C^* = \sup_{a,t} |C_t^a|$. On a

$$C^* \leq 2 X_\infty^* \quad \text{donc} \quad \| \, C^* \, \|_{L^p} \leq c_p \, \| \, X \, \|_{\mathcal{S}^p} \ . \tag{34.3}$$

Ici et dans la suite c_p est une constante dépendant seulement de p, qui peut varier de place en place.

2) L'application $a \longmapsto V_t^a$ est (pour ω fixé, omis de la notation) *càdlàg.* de $\mathbb{R}$ dans $\mathcal{C}$ muni de la convergence uniforme. En effet, si $b > a$

$$|\, V_t^b - V_t^a \,| \leq \int_0^\infty I_{\{a < X_s \leq b\}} \, |\, dA_s \,|$$

qui tend vers 0 lorsque $b \downarrow a$, tandis que pour $b \uparrow a$ $V_\bullet^b$ converge uniformément vers la limite

$$V_\bullet^{a-} = \int_0^\bullet I_{\{X_s \geq a\}} \, dA_s \ .$$

C'est du processus V^a que proviendront les sauts du temps local en la variable a, et en particulier nous aurons

$$\Delta_a L_t^a = \int_0^t I_{\{X_s = a\}} \, dA_s \ . \tag{34.4}$$

Posons $V^* = \sup_{a,t} |V_t^a|$. On a

$$V^* \leq \int_0^\infty |\, dA_s \,| \quad \text{donc} \quad \| \, V^* \, \|_{L^p} \leq c_p \, \| \, X \, \|_{\mathcal{S}^p} \ . \tag{34.5}$$

Ici $c_p = 1$, pour le choix usuel des normes de semimartingales.

3) Passons à l'étude du processus N^a, qui est une martingale nulle en 0. Nous appliquons d'abord l'inégalité BDG, qui nous donne pour a fixé

$$\| \sup_t |N_t^a| \, \|_{L^p} \leq c_p \, \| \, (\int_0^\infty I_{\{X_s > a\}} \, d[M,M]_s \,)^{1/2} \, \|_{L^p}$$

$$\leq c_p \, \| \, [M,M]_\infty^{1/2} \, \|_{L^p} \leq c_p \, \| \, X \, \|_{\mathcal{S}^p} \tag{34.6}$$

Rapprochant ce résultat de (34.3) et (34.5) on obtient une inégalité grossière, qui sera bien améliorée plus loin

(34.7) $$\| L_\infty^a \|_{L^p} \leq c_p \| X \|_{S^p} .$$

Nous arrivons maintenant à l'étape cruciale, qui est l'application de l'inégalité de Kolmogorov. Nous posons pour $a \leq b$

$$N_t^{ab} = N_t^b - N_t^a = \int_0^t I_{\{a<X_s\leq b\}}\, dM_s$$

et nous appliquons les inégalités BDG

(34.8) $$\mathbb{E}[\,(N^{ab})^{*p}\,] \leq c_p\, \mathbb{E}[\,(\textstyle\int_0^\infty I_{\{a<X_s\leq b\}}\, d[M,M]_s)^{p/2}\,] .$$

Mais d'après l'interprétation du temps local comme densité d'occupation

$$\int_0^\infty I_{\{a<X_s\leq b\}}\, d[M,M]_s = \int_a^b L_\infty^u\, du$$

et donc

$$\begin{aligned}
\mathbb{E}[\,(\textstyle\int_0^\infty I_{\{\dots\}}\, d[M,M]_s)^{p/2}\,] &\leq \mathbb{E}[\,(\textstyle\int_a^b L_\infty^u\, du)^{p/2}\,] \\
&= (b-a)^{p/2}\, \mathbb{E}[\,(\frac{1}{b-a}\int_a^b L_\infty^u\, du)^{p/2}\,] \\
&\leq (b-a)^{p/2}\, \frac{1}{b-a}\, \mathbb{E}[\,\int_a^b (L_\infty^u)^{p/2}\, du\,] \quad \text{si } p \geq 2 \\
&\leq c_p\, (b-a)^{p/2}\, \| X \|_{p/2}^{p/2} \quad \text{d'après (34.7).}
\end{aligned}$$

Désignons par $\|\cdot\|$ la norme uniforme sur $[0,\infty]$. Portant dans (34.8) la dernière estimation, on obtient

(34.9) $$\mathbb{E}[\,\| N_\bullet^b - N_\bullet^a \|^p\,] \leq c_p\, |b-a|^{p/2}\, \| X \|_{p/2}^{p/2} .$$

et si l'on a choisi $p > 2$ cette inégalité est du type de Kolmogorov (à valeurs dans l'espace de Banach des fonctions continues bornées sur $[0,\infty]$). Le lemme de Kolmogorov nous dit alors que l'application $a \longmapsto N_\bullet^a$ admet une version continue, et même höldérienne d'exposant λ pour tout $\lambda < 1/2$. Le théorème est établi.

Si B est un mouvement brownien, le mouvement brownien réfléchi $X = |B|$ fournit un exemple d'une semimartingale continue ayant des temps locaux L_t^a non continus en $a = 0$. Pour des semimartingales non continues, on peut avoir des comportements plus singuliers : la "martingale d'Azéma" $X_t = \operatorname{sgn}(B_t)\sqrt{t-g_t}$, où g_t est le dernier zéro de B sur $[0,t]$, admet un temps local L^0 non nul, mais $L^a = 0$ pour $a \neq 0$.

REMARQUE. La partie de la démonstration relative aux martingales continues redonne le théorème classique de Trotter : les temps locaux du mouvement brownien satisfont à une condition de Hölder de tout ordre $< 1/2$.

35 Le lemme de Kolmogorov permet de prouver une majoration beaucoup plus précise des temps locaux des semimartingales continues, que l'on doit à Barlow–Yor [1]. La version des temps locaux figurant dans l'énoncé est la version càdlàg. construite au n° précédent.

THÉORÈME. *Soit X une semimartingale continue, de décomposition canonique $X = X_0 + M + A$, et de temps locaux L_t^a. Introduisons les processus croissants*

(35.1) $$L_t^* = \sup_a L_t^a \ , \ Z_t = |X_0| + M_t^* + \int_0^t |dA_s| \ .$$

Alors pour toute fonction F croissante et modérée (n° 1) sur $\mathbb{R}_+$ il existe une constante c telle que

(35.2) $$\mathbb{E}[\, F(L_\infty^*)\,] \leq c\,\mathbb{E}[\, F(Z_\infty)\,] \ .$$

DÉMONSTRATION. La méthode consiste à partir d'une inégalité simple contrôlant L_∞^* en fonction de Z_∞, et à l'améliorer ensuite par les procédés standard des inégalités de martingales (inégalités LLP, inégalité des bons λ). Nous allons fixer un exposant fini $p > 2$, et établir une relation de la forme

(35.3) $$\mathbb{E}[\,(L_\infty^*)^p\,] \leq c_p \,\|\, Z_\infty \,\|_{L^\infty}^p \ .$$

Remarquons que le changement de X en λX remplace Z par λZ, L^* par λL^* (en effet, on voit sur la formule de Tanaka que $L^a(\lambda X) = \lambda L^{\lambda a}(X)$). Par conséquent, il suffit de vérifier que l'inégalité $Z_\infty \leq 1$ entraîne une inégalité $\mathbb{E}[\,(L_\infty^*)^p\,] \leq c_p$. L'inégalité $Z_\infty \leq 1$ entraîne $|X| \leq 1$, donc $L^a = 0$ pour $|a| > 1$; d'autre part, la norme de X dans l'espace $\mathcal{S}^p$ est bornée par une constante k (dépendant du choix fait pour la norme $\mathcal{S}^p$, parmi les possibilités équivalentes offertes au chapitre VIII). Reprenant la décomposition du temps local en trois processus, indiquée au n° précédent, le cas de C et V est alors réglé par (34.3) et (34.5), et le point essentiel est de vérifier (pour $|a| \leq 1$)

$$\mathbb{E}[\,(\sup_{a,t} |N_t^a|)^p\,] \leq c \ .$$

Comme N_t^0 est facile à contrôler par les inégalités de Burkholder, il suffit de démontrer que (pour $a, b \leq 1$)

$$\mathbb{E}[\,(\sup_{a,b,t} |N_t^a - N_t^b|)^p\,] \leq c \ .$$

Ceci résulte de (34.9) et du cas $\lambda = 0$ du lemme de Kolmogorov (19.1) (à valeurs vectorielles, pour la norme uniforme).

Soient S et T deux temps d'arrêt tels que $S \leq T$. Appliquons la majoration précédente sur l'espace $\Omega' = \{S < T\}$ (muni de la loi conditionnelle $\mathbb{P}'$), pour la filtration $\mathcal{F}_t' = \mathcal{F}_{S+t}|_{\Omega'}$ et la semimartingale $X_t' = X_{(S+t)\wedge T}$. On vérifie sans peine que

$$L'^a_t = L^a_{(S+t)\wedge T} - L^a_S \ , \quad (\text{donc } L'^*_\infty \geq L^*_T - L^*_S),$$
$$Z'_\infty \leq 2 Z_T \ .$$

Alors l'inégalité (35.3) entraîne

(35.4) $$\mathbb{E}[\,(L_T^* - L_S^*)^p\,] \leq c_p \,\mathbb{P}\{S < T\} \,\|\, Z_T \,\|_{L^\infty}^p \ ,$$

et nous sommes dans les conditions d'application du lemme de Lenglart–Lepingle–Pratelli (n° 13). La formule (13.3) nous donne l'inégalité cherchée.

36 Le résultat précédent concerne les semimartingales continues. Nous allons supposer maintenant que X est une *martingale locale continue* et établir l'inégalité inverse, en suivant toujours Barlow–Yor. Ce résultat est important, parce qu'il fournit un nouveau jeu d'inégalités analogues aux inégalités de Burkholder : la v.a. L^*_∞ est équivalente à X^*_∞ et à $\sqrt{<X,X>_\infty}$ pour toutes les normes usuelles. On trouvera dans Gundy [3] de belles applications de ces inégalités à l'analyse.

On part de la relation presque sûre $[X,X]_\infty = \int L^a_\infty \, da$ du n° 32, et on remarque que l'intégrale est en réalité étendue à l'intervalle $[-X^*_\infty, X^*_\infty]$. On en déduit

(36.1) $$[X,X]_\infty \leq 2 X^*_\infty L^*_\infty$$

donc $\mathbb{E}[X^*_\infty] \leq c\mathbb{E}[[X,X]^{1/2}_\infty] \leq c\mathbb{E}[X^*_\infty]^{1/2}\mathbb{E}[X^*_\infty]^{1/2}$. On en déduit (nous laissons au lecteur les détails de la vérification rigoureuse, par arrêt de X)

(36.2) $$\mathbb{E}[X^*_\infty] \leq c\mathbb{E}[L^*_\infty] \ .$$

Comme d'habitude, on peut passer à une inégalité comportant deux temps d'arrêt $S \leq T$

$$\mathbb{E}[\,X^*_T - X^*_S\,] \leq c\,\mathbb{E}[\sup_a(L^a_T - L^a_S)\,]$$

et le lemme LLP entraîne que, pour F croissante modérée

(36.2) $$\mathbb{E}[\,F(X_\infty)\,] \leq c\,\mathbb{E}[\,F(L_\infty)\,] \ .$$

Nous arrêtons ici la discussion "fine" des temps locaux, sujet sur lequel il existe des résultats très précis. Nous pouvons signaler dans cet esprit la discussion par Barlow–Yor [2] de la régularité des temps locaux des *hyperplans* pour une semimartingale continue à valeurs dans $\mathbb{R}^d$, et l'article [2] de R.F. Bass.

Temps local et nombre de montées

37 Nous revenons à l'étude qualitative du temps local en 0 des semimartingales. L'approximation du temps local par des nombres de montées, dûe à P. Lévy dans le cas brownien, a été établie dans le cas général par N. El Karoui [1] (nous nous bornons ici aux semimartingales continues). Voir aussi Rajeev [1].

THÉORÈME. *Soit X une semimartingale continue, et soit $M^{a+\varepsilon}_a(t,\omega)$ le nombre des montées de $X_\bullet(\omega)$ sur $]a, a+\varepsilon[$ pendant l'intervalle de temps $[0,t]$. Alors on a*

(37.1) $$\lim_{\varepsilon \downarrow 0} \varepsilon M^{a+\varepsilon}_a(t) = \frac{1}{2} L^t_a(X)$$

au sens de la convergence compacte en probabilité (VII.96).

La démonstration donne un résultat un peu meilleur : la convergence a lieu en fait dans un espace de semimartingales, et il est facile de voir que si X appartient à $\mathcal{S}^p$ la convergence a lieu aussi dans $\mathcal{S}^p$.

DÉMONSTRATION. Nous pouvons supposer que $a=0$. Nous ne modifions pas les nombres de montées en remplaçant X par X^+, et cela ne modifie pas non plus (29) le temps local L^0 (noté L ci-dessous). Nous pouvons donc supposer X positive. Introduisons alors les temps d'arrêt $T_0 = 0$, puis

$$S_1 = \inf\{t \geq T_0 : X_t = 0\} \ , \ T_1 = \inf\{t \geq S_1 : X_t = \varepsilon\}$$
$$S_2 = \inf\{t \geq T_1 : X_t = 0\} \ , \ T_2 = \inf\{t \geq S_2 : X_t = \varepsilon\} \ldots$$

Soit A_ε l'ensemble prévisible $\cup_k]\, S_k, T_k\,]$. L'intégrale stochastique $I_{A_\varepsilon} \cdot X$ est égale à l'instant t à $\sum_k (X_{T_k \wedge t} - X_{S_k \wedge t})$, somme qui comprend d'abord un certain nombre de termes égaux à ε (correspondant aux montées accomplies au dessus de l'intervalle $]\,0, \varepsilon\,[$) plus un terme complémentaire correspondant à une "montée inachevée", soit

$$(37.2) \qquad (I_{A_\varepsilon} \cdot X)_t = \varepsilon M_0^\varepsilon(t) + \sum\nolimits_k I_{\{S_k \leq t < T_k\}} X_t \ .$$

La dernière somme comporte au plus un terme, majoré par ε. Sur chaque intervalle $[\,S_i, T_i\,]$, X est majoré par ε, tandis que sur $]\,T_i, S_{i+1}\,[$ on a $X > 0$. Par conséquent

$$\{X = 0\} \cap [\,S_1, \infty\,[\subset A_\varepsilon \subset \{X \leq \varepsilon\} \cap [\,S_1, \infty\,[$$

donc, lorsque $\varepsilon \downarrow 0$, A_ε tend vers $\{X = 0\} \cap [\,S_1, \infty\,[= \{X = 0\}$. D'après le théorème de convergence dominée pour les intégrales stochastiques (VIII.14), $I_{A_\varepsilon} \cdot X$ converge dans $\mathcal{S} = \mathcal{S}^0_{loc}$ vers $I_{\{X=0\}} \cdot X$, qui d'après (26.6) vaut $\frac{1}{2}(L(X) - L(-X))$, et enfin $\frac{1}{2}L(X)$ puisque X est positive (27 b)). Le théorème est établi.

Barlow [2] contient une intéressante variante de 35 pour des semimartingales non nécessairement continues, dans laquelle la quantité majorée n'est pas le sup des temps locaux, mais le sup en a de toutes les v.a. $\varepsilon M_a^{a+\varepsilon}$. Les majorations obtenues étant indépendantes de ε, le théorème précédent montre que ce résultat contient 35 comme cas limite, lorsque la semimartingale est continue. La méthode de Barlow utilise le plongement des semimartingales (même discontinues) dans le mouvement brownien, sujet que nous n'avons pas abordé.

La transformée de Hilbert du temps local

Les n°s 38–39 ont pour but de faire connaître un processus extraordinaire.

38 Il était déjà signalé en exercice dans Ito–McKean ([1], p. 72) que les propriétés de régularité des temps locaux browniens entraînent l'existence et la continuité en t de l'intégrale non absolument convergente

$$(38.1) \qquad H_t = \int_0^t \frac{ds}{B_s} = \lim_{\varepsilon \downarrow 0} H_t^\varepsilon \quad \text{où} \quad H_t^\varepsilon = \int_0^t I_{\{|B_s| > \varepsilon\}} \frac{ds}{B_s} \ .$$

En effet, d'après la formule d'occupation, l'intégrale de droite est égale à

$$\int_{|a|>\varepsilon} L_t^a \frac{da}{a} = \int_\varepsilon^\infty (L_t^a - L_t^{-a}) \frac{da}{a} \ .$$

Utilisant le fait que le temps local $L_t^{\bullet}(\omega)$ est p.s. une fonction höldérienne de tout ordre $< 1/2$, et nulle hors d'un intervalle compact, on voit aisément que la limite des processus (38.1) existe et satisfait à

$$H_t = \int_0^\infty (L_t^a - L_t^{-a}) \frac{da}{a} \tag{38.2}$$

l'intégrale de droite étant absolument convergente, La continuité en t n'est pas difficile à établir : on en trouvera une estimation précise dans Yor [19], qui étudie de plus la famille des processus analogues attachés à chaque point de $\mathbb{R}$.

Le raisonnement précédent ne s'applique pas seulement sous la loi $\mathbb{P}^0$, mais sous toute loi $\mathbb{P}^x$: le processus (H_t) est en fait une *fonctionnelle additive continue* du mouvement brownien. Nous allons dire quelques mots de la structure de cette fonctionnelle, en renvoyant à Yamada [2], [3] et Yor [19] pour les détails.

Posons $F(x) = x \log|x| - x$, de sorte que $F'(x) = \log|x|$ et que la dérivée seconde $F''(x)$ est la distribution v.p.$(1/x)$, qui n'est pas une mesure. Il n'est pas difficile d'étendre la formule d'Ito à cette fonction, pour établir que

$$\frac{1}{2} H_t = F(B_t) - F(B_0) - \int_0^t F'(B_s)\, dB_s \,,$$

l'intégrale stochastique étant prise au sens L^2 usuel. On peut déduire de cette formule que le processus (H_t), qui n'est pas à variation finie, est à variation quadratique nulle.

Le point essentiel ici est que F et sa dérivée F' appartiennent localement à L^2. Ce type de fonctionnelles a été introduit par Fukushima [6], dans le cadre très général de la théorie des espaces de Dirichlet. Plusieurs tentatives (à la suite de Föllmer [3]) ont été faites pour étendre les résultats de Fukushima à la théorie générale des processus (théorie des "processus de Dirichlet", étendant les semimartingales).

39 La raison pour laquelle nous parlons ici du processus (H_t), est le "théorème de Girsanov paradoxal" figurant à la fin de Biane–Yor [1]. Rappelons le théorème de Girsanov VII.46 sous une forme convenable ici : si (Z_t) est une martingale strictement positive sur un intervalle borné $[0, u]$, continue pour simplifier, et si X est une martingale ordinaire, le processus sur $[0, u]$

$$\widehat{X}_t = X_t - \int_0^t \frac{d\langle X, Z\rangle_s}{Z_s}$$

est une martingale locale sous la loi $\mathbb{Q} = Z_u \cdot \mathbb{P}$, ce qui signifie encore que le produit $Z\widehat{X}$ est une martingale locale sous $\mathbb{P}$. De plus, si X était un mouvement brownien sous la loi $\mathbb{P}$, $\widehat{X}$ est un mouvement brownien sous la loi $\mathbb{Q}$.

Si l'on applique cela formellement dans la filtration brownienne, en prenant pour martingale du changement de loi la martingale non positive $Z_t = B_t$, et pour X une intégrale stochastique prévisible $U \cdot B$, on obtient les "résultats" suivants. D'abord, le produit

$$B_t \widehat{X}_t = B_t \int_0^t U_s \,(dB_s - \int_0^t \frac{ds}{B_s}) \tag{39.1}$$

est une martingale locale ordinaire. Ensuite, le processus $\widehat{B}_t$ lui même est un "mouvement brownien sous la loi $\mathbb{Q}$", c'est à dire

$$\mathbb{E}_{\mathbb{Q}}\,[e^{i\int u_s d\widehat{B}_s}] = \mathbb{E}_{\mathbb{Q}}\,[1]\; e^{-\int u_s^2 ds}$$

pour toute fonction $u(s)$ étagée à support compact. Lorsque $\mathbb{Q}$ est de masse nulle, cela signifie que *la mesure induite par* $\mathbb{Q}$ *sur la tribu engendrée par le processus* $\widehat{B}$ *est nulle.*

Cette notion de mouvement brownien pour une mesure signée est due à Ruiz de Chavez [3], qui l'a utilisée pour simplifier la démonstration du théorème de Lévy VIII.59.

La seconde propriété est parfaitement exacte, et nous renverrons à Biane–Yor [1] pour la démonstration. Elle montre que la filtration naturelle du processus $(\widehat{B}_t)$ est strictement plus petite que la filtration brownienne. Quant à la première, elle n'a pas grand sens, car le processus

$$\widehat{B}_t = B_t - H_t \tag{39.2}$$

n'est pas une semimartingale, et ne permet pas l'intégration d'un processus prévisible arbitraire U. Cependant, elle est correcte dans de nombreux cas. Nous nous bornerons à vérifier ici que le processus $B_t\widehat{B}_t$ est une martingale locale. La démonstration est presque immédiate, et se ramène à prouver que

$$d(B_t\widehat{B}_t) = (2B_t - H_t)\,dB_t \quad \text{ou} \quad d(B_tH_t) = dt + H_t dB_t\,.$$

Pour cela, on reprend les processus à variation finie H^ε de (38.1), on calcule $d(B_tH_t^\varepsilon)$ de la manière usuelle, et on passe à la limite.

On trouvera dans l'article cité de Biane–Yor le calcul de la loi de H_t (pour t fixé), calcul qui vient d'être étendue à de nombreux processus de Lévy symétriques par Fitzsimmons–Getoor.

4. REPRÉSENTATION MULTIPLICATIVE DES SOUSMARTINGALES

Le but de ce paragraphe est de compléter le théorème XVIII.30 sur les décompositions multiplicatives de surmartingales. Les résultats sont empruntés à l'article d'Azéma [7], et sont relativement peu connus. Le paragraphe entier peut être omis par un lecteur dépourvu de curiosité, les résultats n'étant pas utilisés ailleurs dans ce livre.

Systèmes multiplicatifs

40 Le lemme de théorie générale des processus XVIII.30 nous a servi à établir le théorème de Skorohod. Nous nous proposons d'en donner une interprétation qui s'applique dans des circonstances beaucoup plus générales.

Nous recopions ce lemme en faisant jouer le rôle essentiel à la *sous*martingale $Y = 1 - U$ au lieu de la surmartingale $U \leq 1$. Pour éviter toutes les difficultés analytiques, dans ce n° de motivations, nous supposons que $U_\infty = 0$ et $U \leq 1-\varepsilon < 1$, donc Y est positive, telle que $Y_\infty = 1$, comprise entre $\varepsilon > 0$ et 1. On note B le processus croissant prévisible associé, $\dot{Y}$ la projection prévisible de Y. On pose pour $s < t \leq \infty$

$$C_{st} = \exp\Big(- \int_{]s,t]} \frac{dB^c_u}{\dot{Y}_u} \Big) \prod_{s<u\leq t} \Big(1 - \frac{\Delta B_u}{\dot{Y}_u}\Big) . \tag{40.1}$$

où B^c est la partie continue de B. Alors l'énoncé du lemme peut s'écrire, compte tenu de la relation $Y_\infty = 1$, sous la forme un peu étrange

$$Y_t = \mathbb{E}\left[Y_\infty C_{t\infty} \,|\, \mathcal{F}_t \right] . \tag{40.2}$$

Nous allons voir que le lemme s'étend, sous cette forme, à toutes les sousmartingales positives. Cependant, l'attention ne portera plus sur un seul processus $C_{t\infty}$, mais sur l'ensemble de toutes les v.a. C_{st} $(s \leq t)$.

41 DÉFINITION. *On appelle* système multiplicatif, *en abrégé* SM, *une famille* C_{st} *de v.a.* $(0 \leq s < t \leq \infty)$, *comprises entre* 0 *et* 1 *et possédant les propriétés suivantes*

1) Pour $s < t < u$ *on a* $C_{su} = C_{st} C_{tu}$,

2) Pour t *fixé,* $C_{\bullet t}$ *est continu à droite sur* $[0, t[$

3) Pour s *fixé,* $C_{s\bullet}$ *est prévisible sur* $]s, \infty]$.

Il faut toujours laisser une petite place aux ensembles de mesure nulle : les conditions 1) et 2) devront être satisfaites identiquement en s, t, sauf pour des ω formant un ensemble négligeable. On définit de même deux systèmes multiplicatifs *indistinguables* par la relation $C_{\cdot\cdot}(\omega) = C'_{\cdot\cdot}(\omega)$ pour presque tout ω.

En théorie des processus de Markov, il est naturel de s'intéresser aux SM homogènes, pour lesquels $C_{s+u,t+u} = C_{st} \circ \theta_u$. On peut alors écrire $C_{st} = M_{t-s} \circ \theta_s$, où $M_t = C_{0t}$ est une fonctionnelle multiplicative prévisible (non nécessairement continue à droite ni à gauche). Les SM, peu étudiés en théorie des processus de Markov, s'y rencontrent aussi sous la forme duale des fonctionnelles *co*multiplicatives (Getoor [9]).

42 Donnons un exemple important de SM, qui indique la relation entre les systèmes multiplicatifs et les fins d'ensembles aléatoires. Considérons un ensemble aléatoire prévisible $\mathbf{H} \subset]0, \infty[$ et posons

$$H_{st} = 1 \quad \text{si } \mathbf{H} \cap]s,t] = \emptyset, \; H_{st} = 0 \text{ sinon.} \tag{42.1}$$

Nous définissons ainsi un SM. En effet, les propriétés 1) et 2) sont immédiates, tandis que pour s fixé on a

$$\{t > s : H_{st} = 1\} =]s, D_s] \setminus \mathbf{H} ,$$

qui est bien un ensemble prévisible, d'où la propriété 3). On notera le défaut de continuité à droite en t.

SM associé à une sousmartingale : existence

43 On dit qu'un SM (C_{st}) et une sousmartingale positive uniformément intégrable $(Y_t)_{0\leq t\leq\infty}$ sont *associés* si la relation (40.2) est satisfaite. Tout SM (C_{st}) admet une infinité de sousmartingales associées, parmi lesquelles on a un choix canonique correspondant à $Y_\infty = 1$

$$Y_t = \mathbb{E}\,[\,C_{t\infty}\,|\,\mathcal{F}_t\,]\ . \tag{43.1}$$

Plus exactement, il faut décrire ce processus comme une projection optionnelle, comme en 43 a) ci–dessous. Par exemple, la sousmartingale ainsi associée au SM (H_{st}) de (42.1) est égale à $\mathbb{P}\{L>t\,|\,\mathcal{F}_t\,\}$, où L est la fin de l'ensemble prévisible $\mathbf{H}$.

Si Y est une sousmartingale de processus croissant prévisible B, et si Y est associée au système multiplicatif (C_{st}),, la relation (40.2) écrite sous la forme

$$\mathbb{E}\,[\,Y_\infty(1-C_{t\infty})\,|\,\mathcal{F}_t\,] = \mathbb{E}\,[\,Y_\infty - Y_t\,|\,\mathcal{F}_t\,]$$

entraîne que le processus croissant $Y_\infty(1-C_{t\infty})$ admet B comme projection duale prévisible.

Voici le résultat principal de ce paragraphe.

THÉORÈME. *Toute sousmartingale positive uniformément intégrable Y est associée à un système multiplicatif unique possédant la propriété suivante*

$$\text{pour tout } t\text{, la relation } Y_{t-}=0 \text{ entraîne } C_{\bullet t}=0 \text{ sur } [0,t\,[\,. \tag{43.2}$$

DÉMONSTRATION. Nous commençons par l'existence; l'unicité, assez délicate, nous occupera dans les n°s suivants. Nous supposons d'abord $Y\geq\varepsilon>0$ et définissons C_{st} par (40.1). La vérification de (40.2) est une traduction facile de celle de XVIII.30. Reprenons la rapidement. On pose $\gamma_t = C_{0t}$, processus décroissant continu à droite et >0, prévisible, tel que $\gamma_{0+=1}$, $C_{st}=\gamma_t/\gamma_s$, $d\gamma_s/\gamma_{s-} = -dB_s/\dot{Y}_s$. On a

$$\mathbb{E}\,[\,Y_\infty C_{t\infty}\,|\,\mathcal{F}_t\,] = \frac{1}{\gamma_t}\mathbb{E}\,[\,Y_\infty\gamma_\infty\,|\,\mathcal{F}_t\,] = \frac{1}{\gamma_t}\mathbb{E}\,[\,Y_\infty\gamma_t + \int_t^\infty Y_\infty\, d\gamma_s\,|\,\mathcal{F}_t\,] = \ldots$$

La mesure $d\gamma_t$ étant prévisible, on peut remplacer Y_∞ dans l'intégrale par n'importe quel processus ayant même projection prévisible. Nous choisissons le processus $\dot{Y}_s + B_\infty - B_s$

$$\begin{aligned}\ldots &= \frac{1}{\gamma_t}\mathbb{E}\,[\,Y_\infty\gamma_t + \int_t^\infty \dot{Y}_s\,d\gamma_s + \int_t^\infty (B_\infty - B_s)\,d\gamma_s\,|\,\mathcal{F}_t\,]\\ &= \frac{1}{\gamma_t}\mathbb{E}\,[\,Y_\infty\gamma_t + \int_t^\infty \dot{Y}_s\,d\gamma_s + \int_t^\infty Y_{s-}\,dB_s - (B_\infty - B_t)\gamma_t\,|\,\mathcal{F}_t\,]\end{aligned}$$

où la seconde ligne provient d'une intégration par parties. Utilisant alors la relation $\dot{Y}_s\,d\gamma_s = -\gamma_{s-}\,dB_s$, les intégrales disparaissent, γ_t sort de l'espérance, et on obtient la relation (40.2).

Pour passer au cas général, nous considérons le SM C^ε_{st} associé, d'après le raisonnement précédent, à la sousmartingale bornée inférieurement $Y+\varepsilon$. Le processus croissant B restant fixe, on vérifie aisément que ce SM est fonction croissante de ε, et l'on désigne par C^0_{st}

sa limite lorsque $\varepsilon \downarrow 0$. Les trois propriétés des SM ainsi que la relation (40.2) s'obtiennent par passage à la limite, mais ce SM ne satisfait par nécessairement à la propriété 41–1), et il faut le remplacer par $C_{st} = C^{\circ}_{st} H_{st}$, où H_{st} est associé par (42.1) à l'ensemble aléatoire $\mathrm{H} = \{Y_- = 0\}$. Pour vérifier que ce SM est encore associé à la sousmartingale (Y_t), nous fixons t et considérons sur $]t, \infty]$ le processus $Z_u = Y_u C^{\circ}_{tu}$; nous verrons plus bas en 43, c) que Z est une martingale positive continue à droite, donc nulle à partir du premier instant $u > t$ tel que $Y_{u-} = 0$. On ne change donc pas cette martingale en remplaçant C°_{tu} par C_{tu}, et la relation $Z_t = \mathbb{E}[Z_\infty \,|\, \mathcal{F}_t]$ exprime alors que Y et C sont associés.

44 Dans ce n° , et avant de passer à l'étude de l'unicité, nous allons examiner plus en détail les relations entre une sousmartingale positive (Y_t) et un SM associé (C_{st}), ne satisfaisant pas nécessairement à (43.2).

a) Le processus croissant non adapté $(Y_\infty C_{t\infty})$ (valant Y_∞ à l'infini) est continu à droite d'après la propriété 2), majoré par la v.a. intégrable Y_∞, donc sa projection optionnelle est continue à droite. La relation (40.2) peut donc être interprétée comme le calcul de cette projection optionnelle, et on a en particulier, pour tout t. d'a. $T > 0$

$$(44.1) \qquad Y_T = \mathbb{E}[Y_\infty C_{T\infty} \,|\, \mathcal{F}_T] \quad p.s. .$$

b) Soient s fixé, et T un t. d'a. $\geq s$. Multiplions les deux côtés de (44.1) par la v.a. $\mathcal{F}_T$–mesurable C_{sT}, en convenant ici que $c_{sT} = 1$ si $s = T$; faisons entrer c_{sT} dans l'espérance conditionnelle, remplaçons $C_{sT} C_{T\infty}$ par $C_{s\infty}$, puis conditionnons à nouveau par $\mathcal{F}_s$. Nous obtenons

$$(44.2) \qquad \mathbb{E}[Y_T C_{sT} \,|\, \mathcal{F}_s] = Y_s .$$

c) En particulier, en prenant $T = t \geq s$, nous avons éliminé le rôle particulier de l'infini. Raisonnant alors comme en a), nous avons pour tout t. d'a. $S < t$

$$(44.3) \qquad \mathbb{E}[Y_t C_{St} \,|\, \mathcal{F}_S] = Y_S \quad p.s. .$$

Supposons maintenant $s \leq S < t$, multiplions des deux côtés par C_{sS} (en convenant que $c_{sS} = 1$ si $s = S$) et procédons comme en b) pour obtenir

$$(44.4) \qquad Y_S C_{sS} = \mathbb{E}[Y_t C_{st} \,|\, \mathcal{F}_S] \quad p.s. ,$$

ce qui met en évidence une martingale $(Y_t C_{st})_t$ sur $[s, \infty]$, valant Y_s à l'instant s, optionnelle et satisfaisant au théorème d'arrêt. *Cette martingale est alors continue à droite,* bien que le processus $(C_{st})_t$ ne le soit pas nécessairement. En particulier, la continuité à droite du processus $(C_{st})_t$ ne peut être en défaut qu'en des points où $Y_t = 0$.

REMARQUE. Supposons que l'on ait $C_{s\infty} = \lim_{t\to\infty} C_{st}$ (ce qui est le cas du SM (H_{st}) de (42.1)). Alors, dans l'expression de la sousmartingale canonique (43.1), on peut remplacer la v.a. $Y_\infty = 1$ par la v.a. $Y_\infty = \lim_{t\to\infty} Y_t$. Cela se voit en prenant dans (44.4) $T = t \to \infty$.

d) Posons pour tout s fini

$$(44.5) \qquad D_s = \inf\{\, t > s \,:\, C_{st} = 0 \,\} .$$

On peut remarquer que D_s est le seul point où la continuité à droite de $(C_{st})_t$ peut faire défaut. En effet, pour $v < D_s$ la relation $C_{sv} = C_{st} C_{tv}$ sur $[s, v]$ entraîne d'abord que les deux facteurs au second membre sont >0, puis que $C_{st} = C_{sv}/C_{tv}$ est continu à droite en t d'après la propriété 3).

Démonstration de l'unicité

45 Nous voulons démontrer que le processus à deux indices (C_{st}) est uniquement déterminé (au sens précis des SM indistinguables de 41). D'après la propriété 41– 2) de continuité à droite, il suffit de vérifier que pour tout s rationnel, le processus $(C_{st})_{t>s}$ est uniquement déterminé — cette fois, aux processus évanescents usuels près. Changeant de notations, *nous allons raisonner maintenant pour* $s = 0$.

Nous allons démontrer d'abord un résultat d'unicité qui a son intérêt propre. Posons $C_t = C_{0t}$ pour $0 < t \leq \infty$; ce processus possède les propriétés suivantes

1) Il est décroissant prévisible, compris entre 0 et 1, continu à droite excepté peut être en un seul instant τ pour lequel $C_\tau > 0$, $C_{\tau+} = 0$.

2) Le processus μ_t valant $Y_t C_t$ pour $0 < t \leq \infty$, Y_0 pour $t = 0$, est une martingale continue à droite.

3) C s'annule sur l'ensemble aléatoire $\{Y_- = 0\}$.

Nous allons voir que ces conditions déterminent C uniquement.

Lorsque Y et Y_- ne s'annulent jamais, les trajectoires de Y sont localement bornées inférieurement, et il est facile de voir que C ne s'annule pas. La sousmartingale Y admet alors une représentation $Y = \mu/C$ comme produit d'une martingale par un processus croissant prévisible (décomposition multiplicative). Voir à ce sujet Yoeurp–Meyer [1].

En revanche, si $Y_0 = 0$ p.s., le processus $C_t \equiv 0$ est sans intérêt.

Nous traitons d'abord le cas où le processus CY ne s'annule jamais, de sorte que C est continu à droite partout d'après 2). Soit N la martingale $Y - B$; on a

$$d\mu = d(C(B+N)) = C_- dB + C_- dN + Y\,dC$$
$$d\mu - C_- dN - (Y - \overset{\bullet}{Y})\,dC = C_- dB + \overset{\bullet}{Y}\,dC$$

Le processus $\overset{\bullet}{Y}\cdot C$ étant le compensateur prévisible de $Y\cdot C$, la seconde ligne nous dit qu'une martingale locale est aussi un processus à variation finie prévisible. Ce processus est alors constant, et nous avons $C_-\,dB = \overset{\bullet}{Y}\,dC$. La martingale positive CY ne s'annulant jamais, ses trajectoires sont localement bornées inférieurement; il en est de même de celles de $Y_- \geq C_- Y_-$, puis de celles de $\overset{\bullet}{Y}$ qui sont plus grandes (Y étant une sousmartingale). On peut alors écrire la relation précédente sous la forme $dC/C_- - = dA$, avec $A = \int_0^t dB_s/\overset{\bullet}{Y}_s$ Cette "équation différentielle" est tout à fait classique, elle admet la solution unique (trajectoire par trajectoire : il s'agit de processus à variation finie et d'intégrales de Stieltjes)

$$C_t = C_0 \exp\left(-\int_0^t dA_u^c\right) \prod_{0<u\leq t} (1 - \Delta A_u)\ .$$

Mais par ailleurs on a $\lim_{t\to 0} C_t Y_t = Y_0 > 0$, donc $C_0 = 1$, et nous avons obtenu l'unicité dans le cas particulier considéré.

Jusqu'à la relation $\dot{Y} dC = C_- \, dB$, le raisonnement n'exige pas que Y soit strictement positive, mais seulement que C soit continu à droite.

b) Avant de passer au cas général, montrons que *la martingale CY détermine uniquement le processus C.*

D'après le théorème de section prévisible, pour déterminer uniquement (C_t), il nous suffit de connaître C_S pour tout temps prévisible $S > 0$. La condition d'annulation détermine $C_S = 0$ sur l'ensemble $\{Y_{S-} = 0\}$. D'autre part, connaissant CY nous connaissons la v.a. $\mathcal{F}_{S-}$-mesurable C_S sur l'ensemble $\{Y_S > 0\}$; C_S est donc déterminée p.s. sur l'ensemble $J = \{\mathbb{E}[Y_S | \mathcal{F}_{S-}] > 0\}$. L'ensemble J contenant $\{Y_{S-} > 0\}$ puisque Y est une sousmartingale, on connaît alors C_S partout.

Pour les paresseux, détaillons l'argument précédent : si $\widetilde{C}_t$ désigne un second processus possédant les mêmes propriétés, et h la v.a. $\mathcal{F}_{S-}$-mesurable $|C_S - \widetilde{C}_S|$, on a $\mathbb{E}[hY_S] = 0$, d'où le résultat désiré en conditionnant par $\mathcal{F}_{S-}$.

En particulier, si $Y_0 = 0$ la martingale positive CY est nulle à l'instant 0, donc nulle, donc $C = 0$. Nous pouvons alors, par restriction à un ensemble de $\mathcal{F}_0$ nous ramener au cas où $Y_0 > 0$.

c) Passons au cas général. Soit T le début de l'ensemble prévisible $H = \{t : C_t = 0\}$. Comme $Y_0 > 0$, nous avons $C_0 = 1$ et C_t est continu à droite sur un intervalle initial, donc nous avons p.s. $T > 0$. D'après VIII.11, il existe une suite (T_n) de temps d'arrêt qui tend en croissant vers T, de telle sorte que $T_n < T$ pour tout n sur l'ensemble $\{T \in H\}$. On a donc $C_{T_n} > 0$ pour tout n. Comme C s'annule sur $\{Y_- = 0\}$, on a aussi $\{Y_{T_n} > 0\}$, donc la martingale positive CY a des trajectoires bornées inférieurement sur l'intervalle $[0, T_n[$. Il en est de même, comme ci-dessus, des processus Y_- et $\dot{Y}$. Appliquons alors 45 aux processus C', Y', B' obtenus par arrêt à T_n de C, Y, B. Comme C' est partout continu à droite, nous avons la relation $\dot{Y}' dC' = C'_- dB'$, qui revient à $\dot{Y} dC = C_- \, dB$ sur $[0, T_n]$. Résolvant cette équation, nous déterminons C sur cet intervalle, puis en faisant tendre n vers l'infini sur l'intervalle $[0, T[$. D'autre part, C est nul sur $]T, \infty[$, donc CY est nul sur $[T, \infty[$ par continuité à droite. Finalement, nous avons déterminé CY partout, et d'après b) ci-dessus le processus (C_t) lui même est uniquement déterminé.

REMARQUE. Signalons une extension facile des résultats précédents, que nous n'étudierons pas en détail.

Etant donné un SM (C_{st}) et un temps d'arrêt R, définissons des v.a. C^R_{st} par la formule

(45.1) $$C^R_{st} = C_{s, t \wedge R} \quad \text{si } s < R, \ = 1 \text{ sinon.}$$

Il est très facile de vérifier que ces v.a. constituent un SM (dit *arrêté à R*); si C est associé à la sousmartingale Y, C^R est associé à la sousmartingale arrêtée Y^R.

Considérons alors un processus Y càdlàg. et positif, et supposons qu'il existe une suite de t. d'a. $R_n \uparrow \infty$, tels que pour tout n $Y^n = Y^{R_n}$ soit une sousmartingale uniformément intégrable. Le théorème d'unicité entraîne que les SM associés (C^n_{st}) satisfont pour $m < n$ à la relation $C^m = (C^n)^{R_m}$; ils vont donc en décroissant, et leur limite C est un SM. On montre sans peine que sa valeur pour $s < t < \infty$ ne dépend pas de la suite utilisée, et on l'appelle encore le SM associé à Y.

Application au théorème de Gilat

46 Gilat [1] a démontré que toute sousmartingale positive a même loi que la valeur absolue d'une martingale (définie en général sur un espace probabilisé enrichi). Nous allons établir ce résultat pour une sousmartingale Y admettant une décomposition multiplicative $Y = AN$, où N est une martingale positive et A est un processus croissant. Voir XX.45 pour un autre cas particulier.

Plaçons nous sur un espace probabilisé contenant une copie de Ω, et un mouvement brownien (B_t) issu de 0 indépendant de $\mathcal{F}_\infty$. Posons $U_t = \inf\{s : |B_s| > A_t\}$, et soit $\mathcal{G}_t$ la tribu engendrée par le brownien arrêté à l'instant U_t. Les v.a. U_t croissent avec t, ainsi que les tribus $\mathcal{F}_t \vee \mathcal{G}_t$. On a d'autre part $\mathbb{E}[B_{U_t} - B_{U_s} \,|\, \mathcal{F}_t \vee \mathcal{G}_s] = 0$, donc $\mathbb{E}[B_{U_t}N_t \,|\, \mathcal{F}_t \vee \mathcal{G}_s] = B_{U_s}N_t$ et $\mathbb{E}[B_{U_t}N_t \,|\, \mathcal{F}_s \vee \mathcal{G}_s] = B_{U_s}N_s$. Le processus $B_{U_t}N_t$ est alors une martingale de valeur absolue A_tN_t.

Cette présentation est due à Maisonneuve [18] ; l'intervention du mouvement brownien sert seulement à décrire de manière élégante les changements de signe du processus $B_{U_t} = \pm A_t$. Pour une description plus explicite (au moyen d'une mesure aléatoire de Poisson changée de temps), voir Protter–Sharpe [1].

Application aux martingales relatives

47 Nous allons déterminer, d'après Azéma et Yor, le système multiplicatif associé à une sousmartingale positive (non nécessairement continue) Y, uniformément intégrable, satisfaisant à l'hypothèse suivante : *Y admet une décomposition canonique de la forme $Y = M + V$, où le processus croissant prévisible V est nul en 0, continu, et porté par l'ensemble aléatoire $\{Y_- = 0\}$* — Y est une martingale relative au sens de XX.33. Alors V est aussi porté par l'ensemble aléatoire $\mathring{Y} = 0$, qui ne diffère du précédent que par un ensemble à coupes dénombrables. Nous désignons par $\mathbf{H}$ l'ensemble des points de croissance à gauche de L, qui peut être strictement plus petit que l'adhérence de $\{Y = 0\}$. L'exemple auquel on pense tout de suite est celui de $Y = |X|$, la valeur absolue d'une martingale continue uniformément intégrable. Voir d'autres exemples en XX.34.

L'ensemble $\mathbf{H}$, étant le support d'une mesure diffuse, est sans point isolé; il est d'intérieur vide, car dV ne charge pas l'intérieur de $\{Y = 0\}$; enfin pour tout t. d'a. T, D_T est limite à droite de points où Y_- s'annule, donc on a $Y_{D_T} = 0$.

Passons à la détermination du système multiplicatif associé à Y. On a pour $s < t$, d'après la continuité de V et la nullité de $\mathring{Y}$ sur le support de dV

$$C_{st} = \lim_{\varepsilon \to 0} \exp\Big(-\int_s^t \frac{dV_u}{\mathring{Y}_u + \varepsilon}\Big) = \lim_{\varepsilon \to 0} \exp(-(V_t - V_s)/\varepsilon) .$$

Cette limite vaut 0 si l'accroissement $V_t - V_s$ est strictement positif, et 1 s'il est nul. On a donc pour $s < t$,

(47.1) $$C_{st} = 0 \quad \text{si } \mathbf{H} \cap]s,t] = \emptyset, \; C_{st} = 1 \text{ sinon.}$$

Autrement dit, on se trouve dans la situation de (42.1), relativement à l'ensemble aléatoire prévisible $\mathbf{H}$.

§5. ÉQUATIONS DIFFÉRENTIELLES STOCHASTIQUES

Ce paragraphe est un exposé minimal sur les é.d.s., thème qui mériterait un traité à lui tout seul, et qui d'ailleurs a fait l'objet de nombreux livres. Nous voulions, sans entrer dans les détails, pouvoir mentionner les é.d.s. dans les autres chapitres; nous en avons donc choisi une présentation rapide, inspirée d'une note de L. Schwartz dans le *Sém. Prob. XXIII.*

La lecture de ce paragraphe pourrait être précédée par celle du petit livre récent de Chung–R. Williams [1], qui fournit de nombreux exemples et motivations, et complétée par les livres de Protter [5] pour la théorie générale, d'Ikeda–Watanabe [3] et d'Emery [8] pour les aspects géométriques, de Rogers–Williams [1] et Revuz–Yor [1] pour les aspects probabilistes non abordés ici (solutions faibles, unicité pour des é.d.s. non lipschitziennes). Enfin, le livre de Stroock–Varadhan [1] est indispensable pour les applications des é.d.s. à la théorie des diffusions.

Le théorème fondamental : notations

48 Nous allons d'abord décrire ce qu'est une équation différentielle stochastique (é.d.s.), sous la forme la plus élémentaire, qui est aussi la plus utile.

Sur un espace probabilisé $(\Omega, \mathcal{F}, \mathbb{P})$ muni d'une filtration $(\mathcal{F}_t)$ satisfaisant aux conditions habituelles, on se donne une famille finie de semi-martingales réelles nulles en 0 $(Z_t^\alpha)_{0\leq\alpha\leq N}$, appelées *semimartingales directrices.* L'ensemble de ces semimartingales joue le rôle du temps pour les équations différentielles ordinaires.

On notera le numérotage commençant à 0 : la composante Z_t^0 est traditionnellement égale au "temps déterministe" t. Les autres composantes, dans la théorie classique d'Ito, sont des mouvements browniens standard indépendants, et ce cas particulier reste encore aujourd'hui le plus important. Le coefficient de dt dans l'équation est souvent appelé *dérive* (*drift* en anglais).

On considère un "espace d'états" $E = \mathbb{R}^d$ (il n'y a aucune relation a priori entre les entiers N et d), avec ses coordonnées notées x^i. La philosophie sous-jacente considère E plutôt comme une variété de dimension d que comme un espace vectoriel, et les x^i comme des coordonnées locales — bien que la structure vectorielle de E soit utilisée pour obtenir des résultats globaux d'existence et d'unicité. On se donne sur E une fonction matricielle $a(x) = (a^i_\alpha(x))$, et pour tout point initial x de E on cherche un processus adapté càdlàg. (X_t) satisfaisant à

(48.1) $$X_t = x + \int_0^t a(X_{s-})\,dZ_s\ ,$$

ou, sous forme explicite

(48.2) $$X^i_t = x^i + \sum_\alpha \int_0^t a^i_\alpha(X_{s-})\,dZ^\alpha_s\ .$$

On allège souvent ce genre d'expressions en appliquant la "convention d'Einstein" du calcul tensoriel (suppression du symbole $\sum$ pour les indices répétés en diagonale).

Il est parfois nécessaire d'indiquer explicitement que le processus dépend du point initial x par une notation telle que X_t^x, $X(x,t,\omega)$.

Le cas d'équations "non autonomes", *i.e.* de matrices $a(s,x)$ dépendant du temps, est aussi fort important. On le ramène formellement au type (48.1) en adjoignant au vecteur X une composante $X_t^0 = t$, mais cela ne rend pas entièrement compte des problèmes naturels du cas non autonome.

Nous supposerons dans toute la suite que la fonction matricielle $a(x)$ satisfait à une *condition de Lipschitz globale*

(48.3) $$| a_\alpha^i(x) - a_\alpha^i(y) | \leq K \sum_j | x^j - y^j |$$

ou simplement $\| a(x) - a(y) \| \leq K \| x - y \|$ en utilisant des normes sur les matrices et les vecteurs. Cette condition assure l'unicité de la solution des é.d. ordinaires, et on ne peut espérer mieux dans la théorie plus générale des é.d.s..

Le théorème fondamental : énoncé

49 Nous allons transcrire l'équation (48.1) dans un langage plus abstrait et plus souple, commode pour les démonstrations. Désignons par F l'application qui à un processus càdlàg. adapté X à valeurs dans $\mathbb{R}^d$ associe le processus càdlàg. matriciel FX suivant

(49.1) $$(F_\alpha^i X)_t = a_\alpha^i(X_t) - a_\alpha^i(0) .$$

Désignons aussi par H_t le processus càdlàg. adapté à valeurs dans $\mathbb{R}^d$

(49.2) $$H_t^i = x^i + \sum_\alpha \int_0^t a_\alpha^i(0)\, dZ_s^\alpha .$$

Alors l'équation (48.1) s'écrit

(49.3) $$X_t = H_t + \int_0^t FX_{s-}\, dZ_s ,$$

ou plus brièvement $X = H + FX_- \cdot Z$. On voit que la "condition initiale" est maintenant devenue tout un processus H. Les démonstrations n'utilisent que deux propriétés de l'opérateur F : la relation $F0 = 0$ et la condition de Lipschitz sous la forme

(49.4) $$(FX - FY)_{T-}^* \leq K(X-Y)_{T-}^*$$

pour tout t. d'a. T, la notation U_{T-}^* désignant la v.a. $\sup_{0 \leq s < T} \| U_t \|$ (0 si $T=0$). En particulier, l'opérateur F est "prélocal" : si X et X' sont deux processus càdlàg. adaptés égaux sur l'intervalle ouvert $[0,T[$, il en est de même des processus FX et FY. Un exemple de l'utilité de ces notations est donné par l'expression de la différence des solutions de l'équation (49.3) correspondant à deux "données initiales"

$$W = V - U , \quad U = H + FU_- \cdot Z , \quad V = J + FV_- \cdot Z .$$

Ce processus satisfait encore à une équation du même type

(49.5) $W = J - H + GW_- \cdot Z$, avec $GX = F(U+X) - FU$,

G possédant les propriétés (49.4) avec la même constante de Lipschitz K. Voir aussi 60 plus bas.

50 Disposant de ces notations, nous pouvons énoncer le résultat principal de la théorie.

THÉORÈME. *Sous les conditions indiquées ci–dessus, l'équation différentielle stochastique (49.3) admet une solution (X_t) et une seule (à un processus évanescent près) qui soit un processus càdlàg. adapté.*

Ce théorème est dû à Ito dans le cas des semimartingales directrices browniennes, à Doléans–Dade [3] et indépendamment Protter [1] dans le cas de semimartingales directrices quelconques (après Kazamaki [4] pour le cas continu). Il s'est enrichi depuis lors de plusieurs compléments importants : stabilité de l'équation (49.3) (Émery [1], Protter [4]), lorsqu'on varie les "données initiales", ou l'opérateur F, ou enfin les semimartingales directrices; théorie des flots stochastiques dans le cas de l'équation (48.1), lorsqu'on fait varier le point initial (voir 59 plus bas).

Le caractère local de l'intégrale stochastique et de l'opérateur F (49.4) permet de donner un théorème d'existence et d'unicité local des é.d.s. à coefficients *localement lipschitziens*, avec possibilité d'explosion des trajectoires en temps fini. La présentation de ce théorème facile, et aussi de critères de non–explosion des solutions, dépasse le cadre de ce paragraphe.

Plutôt que de reproduire une fois de plus la démonstration classique, nous allons suivre une méthode de L. Schwartz [3] (améliorant une idée de D. Feyel [16]), qui permet d'obtenir de meilleures majorations dans le cas des semimartingales directrices continues, et d'établir très simplement la convergence uniforme p.s. des itérées sur tout intervalle compact. (Bichteler [1], Karandikar [1]).

Pour alléger les notations, nous prendrons désormais $d = 1$, avec une seule semimartingale directrice Z. Les raisonnements s'étendent au cas vectoriel sans difficulté.

Démonstration dans un cas particulier

51 Dans ce n°, nous allons établir le théorème sous l'hypothèse que la semimartingale directrice Z admet une décomposition canonique $Z = M + V$, satisfaisant à

(51.1) $$d\langle M,M\rangle_t \le dt \ , \quad |dV_t| \le dt \ .$$

Cela entraîne la continuité de V (la décomposition ci–dessus est donc canonique) mais non celle de M. Nous abrégeons $\langle M,M\rangle$ en $\langle M\rangle$.

Il faut noter que ce cas particulier comprend le cas où Z est un mouvement brownien, et à plusieurs dimensions le cas étudié par Ito, qui est le plus important en pratique.

Fixons les notations de la méthode de Picard, partant de 0 pour fixer les idées,

$$X^{-1} = 0 \ , \quad X^0 = H \ , \quad X^{n+1} = H + FX^n_- \cdot Z$$

suite de processus que l'on transforme en série, en posant $Y^0 = X^0 = H$, $Y^n = X^n - X^{n-1}$, soit pour $n \geq 0$

$$Y^{n+1} = (FX^n_- - FX^{n-1}_-) \cdot Z \,. \tag{51.2}$$

Le point crucial est que le processus intégré du côté droit est majoré en valeur absolue par $K \,|\, Y^{n*}_- \,|$, d'après la condition de Lipschitz.

52 Voici le lemme (dû à Schwartz) sur lequel repose la démonstration.

LEMME. *Sous les hypothèses (51.1), considérons une intégrale stochastique $L = J \cdot Z$, le processus prévisible J satisfaisant à*

$$\| J_s \|_2 \leq C e^{\lambda s} (s^n/n!)^{1/2} \,, \tag{52.1}$$

avec $\lambda > 0$. Alors on a aussi

$$\| L^*_t \|_2 \leq C(2 + \frac{1}{\sqrt{2\lambda}}) e^{\lambda t} (\frac{t^{n+1}}{(n+1)!})^{1/2} \,. \tag{52.2}$$

DÉMONSTRATION. La norme à gauche est majorée par la somme des normes des deux termes provenant de M et V. Pour le premier terme on applique l'inégalité de Doob dans L^2, ce qui nous laisse

$$2\mathbb{E}\,[\int_0^t J^2_s \, d\!<M>_s]^{1/2} \,.$$

On majore $d\!<M>$ par ds, on intervertit intégrale et espérance et on majore $\mathbb{E}\,[J^2_s]$ grâce à (52.1), et $e^{2\lambda s}$ par $e^{2\lambda t}$. Il nous reste le majorant

$$2Ce^{\lambda t} (\int_0^t s^n \, ds \,/n!)^{1/2} \,, \tag{52.3}$$

qui a la forme désirée. Pour le premier terme, on doit regarder la norme$_2$ de $\int_0^t |J_s|\,|dV_s|$. On majore $|dV_s|$ par ds, puis on majore la norme de l'intégrale par l'intégrale de la norme, on utilise (52.1), et on applique l'inégalité de Schwarz. On obtient le majorant

$$(\int_0^t C^2 e^{2\lambda s} ds)^{1/2} (\int_0^t s^n \, ds/n!)^{1/2} \,. \tag{52.4}$$

Le premier facteur est majoré par $Ce^{\lambda t}/\sqrt{2\lambda}$, d'où aussitôt l'énoncé.

REMARQUE. Si l'on désire remplacer dans les formules (52.1)–(52.2) la norme$_2$ par la norme$_p$, avec $p > 2$ (ce qui a une grande importance dans l'étude des flots stochastiques), on peut utiliser le même raisonnement, à condition que la martingale M soit *continue*. La discussion du terme à variation finie n'est pas modifiée. Celle du terme de martingale fait intervenir, au lieu de la constante 2 de l'inégalité de Doob, la constante a_p (des inégalités de Burkholder) permettant de dominer

$$\| (J \cdot M)^*_t \|_p \leq a_p \, \| <J \cdot M>^{1/2}_t \|_p \tag{52.5}$$

pour les martingales continues. Le dernier facteur est alors majoré par

$$\mathbb{E}\left[\left(\int_0^t J_s^2 \, ds \right)^{p/2} \right]^{1/p}$$

dont le carré s'interprète comme la norme d'une intégrale dans $L^{p/2}(\Omega)$. Comme ci-dessus, on majore par l'intégrale de la norme, etc.

53 Appliquons cela aux é.d.s. : supposons que le premier terme $Y^0 = H$ de la série de Picard satisfasse à l'inégalité (satisfaite dans le cas de (49.2))

$$\| H_t \|_2 \leq Ce^{\lambda}t \, . \tag{53.1}$$

Alors une récurrence immédiate nous donne une majoration du type

$$\| Y_t^{n*} \|_2 \leq CK'^n \, e^{\lambda t} \, (t^n/n!)^{1/2} \quad (K' = K(2 + 1/\sqrt{2\lambda})) \, , \tag{53.2}$$

série à termes positifs rapidement convergente. La série Y^n est donc normalement convergente dans L^2, et en particulier elle est p.s. uniformément convergente sur tout intervalle borné. Il en résulte que la suite de Picard X^n converge p.s., et aussi dans L^2 à chaque instant t, vers un processus X. La relation $X_t^{n+1} = H + \int_0^t FX_{s-}^n \, dZ_s$ passe à la limite dans L^2 et montre que X satisfait à l'é.d.s..

Noter la majoration globale de la solution

$$\| X_t \|_2 \leq C e^{\lambda t} \varphi(K'^2 t) \, , \quad \text{où } \varphi(u) = \textstyle\sum_n (u^n/n!)^{1/2} \, . \tag{53.3}$$

On déduit aisément de la formule de Stirling que $\varphi(u) = O(e^{au/2})$ pour tout $a > 1$. Schwartz montre dans [3] que les *trajectoires* de la solution ont p.s. une croissance au plus exponentielle.

Montrons que la solution que nous avons construite est unique, d'abord sous une hypothèse un peu restrictive. Si X et X' sont deux solutions de la même équation, leur différence Y satisfait à

$$Y_t = \int_0^t J_s \, dZ_s \qquad \text{avec } J = FX_- - FY_- \, , \ | J_s | \leq K | Y_s^* | \, .$$

Si l'on a $\| X_t - Y_t \|_2 \leq Ce^{\lambda t}$, le lemme 52 permet une récurrence montrant que, pour tout n

$$\| Y_t \|_2 \leq C e^{\lambda t} K'^n \, (t^n/n!)^{1/2}$$

d'où la nullité de Y.

54 Nous restons sous les mêmes hypothèses quant à la semimartingale Z, mais nous allons établir l'existence et l'unicité pour une "donnée initiale" H càdlàg. adaptée arbitraire.

Soit T un temps d'arrêt, et soient X et X' deux solutions de l'é.d.s. (49.3) correspondant à deux "données initiales" H et H', satisfaisant chacune à une majoration du type (53.1), et égales sur l'intervalle ouvert $[0, T[$. Alors tous les termes de la suite de Picard pour les deux processus sont égaux sur cet intervalle (caractère local de l'intégrale stochastique : *cf.* VIII.23–24), et les solutions X et X' sont aussi égales.

Pour construire une solution X admettant pour "donnée initiale" un processus càdlàg. adapté H quelconque, on introduit les temps d'arrêt

$$T_n = \inf\{t : |H_t| > n\}$$

et les processus $H_n = H^{T_n-}$ (nuls sur $\{T_n = 0\}$). Ces processus sont bornés, on peut donc construire les solutions correspondantes X_n, et on vérifie que celles-ci se recollent bien en une solution X. En fait, la suite de Picard construite à partir de H coïncide avec celle de H^n sur $[0, T_n[$, et la convergence uniforme p.s. de la série de Picard sur toute la droite s'étend donc sans condition de norme.

Pour établir l'unicité de la solution, on raisonne de même : nous laissons les détails au lecteur.

Existence et unicité dans le cas discontinu

55 Nous supprimons maintenant les hypothèses $d{<}M{>}_t$, $|dV_t| \leq dt$, pour traiter le cas général au moyen d'une méthode de changement de temps (introduite par Karandikar [1]). Dans la décomposition $Z = M + V$ nous pouvons supposer que M est à sauts bornés (VI.85), donc localement de carré intégrable. Considérons un processus croissant A tel que $d{<}M{>}_t \leq dA_t$, $|dV_t| \leq dA_t$ — par exemple

$$A_t = {<}M{>}_t + \int_0^t |dV_s| + t$$

qui offre les avantages supplémentaires d'être strictement croissant et de tendre vers l'infini. Associons lui la famille de temps d'arrêt (ici bornés, tendant vers l'infini avec t)

$$c_t = \inf\{u : A_u > t\} .$$

Nous essayons d'abord, dans la démonstration du lemme 52, de remplacer l'hypothèse (52.1) par

$$\| J_{c_s} \|_2 \leq C e^{\lambda s} (s^n/n!)^{1/2} , \tag{55.1}$$

et la conclusion (52.2) par

$$\| K^*_{c_t} \|_2 \leq C(2 + 1/\sqrt{2\lambda})\, e^{\lambda t} (t^{n+1}/(n+1)!)^{1/2} , \tag{55.2}$$

qui rendrait les mêmes services pour la théorie des é.d.s. que le lemme 52, avec pour seul changement la majoration en norme de la série de Picard sur un intervalle aléatoire. Nous reprenons donc la démonstration du lemme, mais en travaillant cette fois à l'instant c_t : nous avons deux termes

$$2E\Big[\int_0^{c_t} J_s^2 d{<}M{>}_s\Big]^{1/2} , \quad \mathbb{E}\Big[\Big(\int_0^{c_t} |J_s|\,|dV_s|\Big)^2\Big]^{1/2}$$

dans lesquels nous majorons les deux processus croissants par dA_s. Nous utilisons maintenant VI.55 en tenant compte du fait que $A_\infty = \infty$:

$$\int_0^\infty f(s)\, dA_s = \int_0^\infty f(c_s)\, ds = \int_0^\infty f(c_{s-})\, ds$$

qui nous permet de remplacer ces deux expressions par

$$2E\,[\int_0^\infty J_{c_s}^2 I_{\{c_s\le c_t\}}\,ds\,]^{1/2}\ ,\qquad \mathbb{E}\,[\,(\int_0^\infty |J_{c_s}|\, I_{\{c_s\le c_t\}}\,ds)^2\,]^{1/2}\ .$$

Si nous pouvions remplacer la condition $c_s \le c_t$ par $s \le t$, la démonstration fonctionnerait exactement comme celle du lemme 52. Mais en fait la condition équivalente à $c_s \le c_t$ est $s \le A_{c_t}$, et on a $A_{c_t-} \le t \le A_{c_t}$, l'égalité n'ayant lieu pour tout t que si A est continu. Pour retomber sur un intervalle d'intégration contenu dans $[0,t]$, il faut donc remplacer l'indicatrice par $I_{\{c_s<c_t\}}$, et alors on se trouve devant le problème de démontrer une “inégalité de Doob” sur les intervalles stochastiques $[0,c_t[$ ouverts. La réponse a été donnée par Métivier–Pellaumail [6] (voir au n° suivant) : pour tout t. d'a. $T>0$ on a

$$\|\,M^*_{T-}\,\|_2 \le 2\mathbb{E}\,[\;[M,M]_{T-} + \langle M,M\rangle_{T-}\,]^{1/2}\ . \tag{55.3}$$

Il suffit donc d'ajouter encore le crochet droit $[M,M]_t$ à (A_t) pour que la démonstration fonctionne comme plus haut, les formules (55.1) et (55.2) devant être remplacées par des majorations portant sur $\|\,J_{(c_t-)}\,\|$ (ne pas confondre avec la limite à gauche $(J_{c_t})_-$, qui n'existe pas nécessairement) et $\|\,K^*_{(c_t-)}\,\|$.

REMARQUES. a) Les démonstrations traditionnelles pour le cas discontinu sont “prélocales” : la droite est découpée au moyen de t. d'a. successifs T_n, tels que sur chaque intervalle $[T_n,T_{n+1}[$ les semimartingales directrices aient une petite norme dans un certain espace de semimartingales; on construit alors la solution sur $[0,T_1[$ en utilisant un théorème de point fixe, on tient compte du saut en T_1, on avance sur $[T_1,T_2[$, et ainsi de suite.

b) On peut éviter l'inégalité de Métivier–Pellaumail grâce à un changement de loi initial, qui fait entrer la semimartingale directrice X dans la classe S^2 sur tout intervalle fini. Elle admet alors une décomposition canonique $X=M+V$ où M admet un crochet oblique et V est prévisible. Le changement de temps de la méthode de Schwartz fait alors intervenir le processus croissant *prévisible* $dA_t = dt + d\langle M\rangle_t + |\,dV\,|_t$, et les temps d'arrêt

$$c_{t-} = \inf\{\,u\ :\ A_u \ge t\,\}$$

sont prévisibles en tant que débuts d'ensembles prévisibles fermés à droite. Or l'inégalité de Métivier–Pellaumail sur un intervalle prévisible $[0,T[$ est une extension évidente (au moyen d'une suite annonçant T) de l'inégalité de Doob ordinaire. Nous devons cette remarque à C. Stricker. La méthode ne peut s'appliquer à L^p, $p>2$ (*cf.* 62).

Démonstration de l'inégalité de Métivier–Pellaumail

56 L'inégalité de Métivier–Pellaumail (55.3) est évidente pour les martingales quasi-continues à gauche, puisqu'alors le processus croissant $\langle M\rangle$ est continu; ses valeurs en $T-$ et en T sont donc égales, et $\mathbb{E}\,[\langle M\rangle_{T-}]$ contrôle donc dans L^2 la norme$_2$ de M^*_T, et a fortiori celle de M^*_{T-}.

Nous allons établir l'inégalité (55.3) pour le modèle élémentaire des martingales orthogonales aux précédentes, c'est à dire les martingales de la forme suivante, où S désigne un t. d'a. prévisible (*cf.* (VIII.53 b))

(56.1) $$H_t = hI_{\{t \geq S\}}\ , \qquad \text{avec } h \in L^2(\mathcal{F}_S),\ \mathbb{E}[h \,|\, \mathcal{F}_{S-}] = 0 .$$

Le principe de la démonstration consiste à comparer H à une autre martingale $\widehat{H}$ du même type,

(56.2) $$\widehat{H}_t = \widehat{h} I_{\{t \geq S\}}$$

telle que $H = \widehat{H}$ sur $[0,T[$ (autrement dit $h = \widehat{h}$ sur l'ensemble $\{S < T\}$), et pour laquelle on vérifiera d'autre part l'inégalité

(56.3) $$\mathbb{E}[\,[\widehat{H},\widehat{H}]_T\,] \leq \mathbb{E}[\,[H,H]_{T-} + \langle H,H \rangle_{T-}\,] .$$

L'inégalité de M–P résultera alors de l'inégalité de Doob ordinaire appliquée à $\widehat{H}$. Au n° suivant, nous ramènerons sans peine le cas général à ce cas particulier très élémentaire (mais nullement évident !).

Commençons par quelques notations. Nous posons $A = \{S < T\}$, $B = A^c$, et nous introduisons les v. a.

(56.4) $$a = \mathbb{P}\{A \,|\, \mathcal{F}_{S-}\}\ , \qquad b = \mathbb{P}\{B \,|\, \mathcal{F}_{S-}\}\ , \qquad (a+b=1)$$

(56.5) $$X = \frac{1}{a}\mathbb{E}[hI_A \,|\, \mathcal{F}_{S-}]\ , \qquad Y = \frac{1}{b}\mathbb{E}[hI_B \,|\, \mathcal{F}_{S-}]\ , \qquad (Xa + Yb = 0)$$

La martingale (56.2) correspond au choix

(56.6) $$\widehat{h} = hI_A + YI_B\ ,$$

espérance conditionnelle de h par rapport à la tribu $\mathcal{U}$ des évènements de la forme $PI_A + QI_B$ avec $P \in \mathcal{F}_S$ et $Q \in \mathcal{F}_{S-}$, et nous introduirons aussi la tribu $\mathcal{V}$ analogue pour laquelle $P, Q \in \mathcal{F}_{S-}$, et l'espérance conditionnelle correspondante

(56.7) $$k = XI_A + YI_B\ .$$

Pour établir l'inégalité (56.3), nous remarquons d'abord que $[H,H]$ comporte un seul saut de h^2 à l'instant S, et par conséquent

(56.8) $$[H,H]_{T-} = h^2 I_A\ .$$

Ensuite, nous calculons $\langle H,H \rangle$, qui comporte aussi un seul saut à l'instant S, égal à $\mathbb{E}[h^2 \,|\, \mathcal{F}_{S-}]$, et ceci majore $\mathbb{E}[k^2 \,|\, \mathcal{F}_{S-}] = X^2 a + Y^2 b$. On a donc

(56.9) $$\mathbb{E}[\langle H,H \rangle_{T-}] \geq \mathbb{E}[\,(X^2a + Y^2b)I_A\,] = \mathbb{E}[X^2a^2 + Y^2ab] = \mathbb{E}[Y^2b]$$

où l'on a utilisé les relations $Xa = -Yb$, donc $X^2a^2 = Y^2b^2$, puis $a + b = 1$. D'autre part, $[\widehat{H},\widehat{H}]$ a aussi un seul saut à l'instant S, et on a

$$[\widehat{H},\widehat{H}]_T = h^2 I_A + Y^2 I_B\ .$$

En intégrant, et en rapprochant le résultat de (56.8) et (56.9), on obtient le résultat désiré.

57 Nous passons au cas général d'une martingale de carré intégrable M. On ne suppose pas $M_0 = 0$, mais on convient que $M^*_{0-} = [M,M]_{0-} = <M,M>_{0-} = 0$, et $[M,M]_0 = <M,M>_0 = M_0^2$. L'inégalité est alors évidente sur l'ensemble $\{T=0\}$, et on peut se ramener au cas où le t. d'a. donné T est strictement positif. On ne perd pas de généralité en arrêtant M à T. Choisissons une suite (S_n) de temps prévisibles à graphes $[S_n]$ disjoints, tels que $\cup_n [S_n]$ contienne le graphe de T^a, la partie accessible de T. Nous pouvons aussi remplacer S_n par $+\infty$ sur $\{S_n > T\}$. Alors M admet une décomposition en martingales de carré intégrable sans discontinuités communes

$$M = N + \sum_n H_n \ , \qquad H_n = \Delta M_{S_n} I_{\{t \geq S_n\}}$$

et nous associons à chaque martingale H_n une martingale $\widehat{H}_n$ à la manière du n° précédent. Posons $\widehat{M} = N + \sum_n \widehat{H}_n$; cette martingale est égale à M sur l'intervalle ouvert $[0,T[$, et on a donc

$$\mathbb{E}[(M^*_{T-})^2] = \mathbb{E}[(\widehat{M}^*_{T-})^2] \leq \mathbb{E}[(\widehat{M}^*_T)^2] \leq 4\mathbb{E}[\,[\widehat{M},\widehat{M}]_T\,] \quad ;$$

$$\mathbb{E}[\,[\widehat{M},\widehat{M}]_T\,] = \mathbb{E}[<N,N>_T] + \sum_n \mathbb{E}[\,[\widehat{H}_n,\widehat{H}_n]_T\,]$$

$$\leq \mathbb{E}[<N,N>_{T-}] + \sum_n \mathbb{E}[\,[H_n,H_n]_{T-} + <H_n,H_n>_{T-}\,]$$

On a utilisé ici le fait que $<N,N>$ est continu à l'instant T, et le n° précédent. On achève alors la démonstration en majorant la dernière ligne par $\mathbb{E}[<M,M>_{T-} + [M,M]_{T-}]$.

On peut remarquer que l'inégalité établie est un peu meilleure que l'inégalité de M–P telle qu'elle est énoncée.

On trouvera dans Lenglart [6] une démonstration un peu différente de l'inégalité de M–P, ainsi qu'une variante intéressante de celle-ci. Nous étendrons l'inégalité à L^p au n° 63.

La méthode de Cauchy

58 Nous allons voir comment on peut, grâce à une idée d'Émery, ramener à la méthode de Picard le procédé de discrétisation (méthode de Cauchy) . Nous traiterons seulement le cas de l'équation (48.1), où $FX_t = a(X_t) - a(0)$, avec une "donnée initiale" H continue en norme L^2.

Donnons nous une subdivision de la droite, $\tau = (t_i)$. Désignons par $\overset{\tau}{F}$ l'opérateur sur les processus càdlàg. adaptés défini par

$$\text{(58.1)} \qquad \overset{\tau}{F}X_t = FX_{t_i} \quad \text{si } t_i \leq t < t_{i+1}\,.$$

Cet opérateur prend ses valeurs dans l'ensemble des processus càd. étagés relativement à la subdivision τ ; il est lipschitzien avec la même constante de Lipschitz que F, et on peut considérer la solution de l'é.d.s.

$$\text{(58.2)} \qquad \overset{\tau}{X} = H + \overset{\tau}{F}\overset{\tau}{X}_{-} \cdot Z\,.$$

Cet opérateur prend ses valeurs dans l'ensemble des processus càd. étagés relativement à la subdivision τ ; il est lipschitzien avec la même constante de Lipschitz que F, et on peut considérer la solution de l'é.d.s.

$$\overset{\tau}{X} = H + \overset{\tau}{F}\overset{\tau}{X}_- \cdot Z \;. \tag{58.2}$$

Cette solution se calcule explicitement : elle vaut $H_t + (a(X_0) - a(0))\,Z_t$ sur l'intervalle $[0, t_1[$, et de même sur l'intervalle $[t_i, t_{i+1}[$ on a

$$\overset{\tau}{X}_t - \overset{\tau}{X}_{t_i} = (H_t - H_{t_i}) + (a(\overset{\tau}{X}_{t_i}) - a(0))(Z_t - Z_{t_i}) \;.$$

Le problème est alors de montrer que ce processus explicite converge vers la vraie solution X lorsque le pas de la subdivision τ tend vers 0. Nous écrivons alors

$$\overset{\tau}{X} - X = (\overset{\tau}{F}\overset{\tau}{X} - FX)_- \cdot Z = \overset{\tau}{H} + \overset{\tau}{G}(\overset{\tau}{X} - X)_- \cdot Z \tag{58.3}$$

avec $\overset{\tau}{H} = (\overset{\tau}{F}X - FX)_- \cdot Z$ et $\overset{\tau}{G}U = \overset{\tau}{F}(X + U) - \overset{\tau}{F}X$. Ceci est une "é.d.s." du type (49.3), et par conséquent une majoration de la "donnée initiale" du type

$$\| \overset{\tau}{F}X_t - FX_t \|_2 \le Ce^{\lambda t} \tag{58.4}$$

avec C petit, entraînera d'après (53.3) une majoration de la solution

$$\| \overset{\tau}{X}_t - X_t \|_2 \le Ce^{\lambda t}\varphi(K't) \;, \tag{58.5}$$

avec le même C petit. Reste donc à établir (58.4). Il s'agit de majorer la norme$_2$ de la différence $FX_t - FX_{t_i}$ lorsque $t_i \le t < t_{i+1}$. D'après la condition de Lipschitz il suffit de majorer celle de $X_t - X_{t_i}$. Pour simplifier les notations, plaçons nous sur l'intervalle initial $[0, t_1[$, et convenons de désigner aussi par X_0 le processus constant égal à la v.a. X_0, par FX_0 le processus (constant) correspondant. On a alors en posant $\xi_t = X_t - X_0$

$$\xi_t = H_t - H_0 + FX_0\, Z_t + \int_0^t G\xi_{s-}\, dZ_s \;, \qquad GU = F(X_0 + U) - FU$$

et la majoration (53.3) permet de conclure, sachant que H est continu en norme L^2.

Dépendance des conditions initiales (s.m. continues)

Nous n'étudierons dans ce livre, ni les variantes du théorème d'existence et d'unicité, ni la théorie générale de la stabilité, pour laquelle nous renverrons à l'ouvrage de Protter [5]. En revanche, nous établirons en partie le théorème de régularité des solutions des é.d.s. du type "markovien" (48.1), le *théorème des flots stochastiques*. Ce résultat a une curieuse histoire : il en existait depuis 1961 une version forte (Blagoveščenskii et Freidlin [1]), qui est restée presque ignorée, alors qu'on en citait couramment les versions faibles (continuité ou différentiabilité au sens L^p). L'application du lemme de Kolmogorov aux é.d.s. figurait dans le cours de 3e cycle de Neveu "Intégration Stochastique et applications" de 1973, sans attirer davantage l'attention. Malliavin a redécouvert et largement amélioré ces résultats, et en a fait l'une des bases de sa célèbre démonstration probabiliste du théorème d'hypoellipticité de Hörmander [1]. L'idée supplémentaire utilisée dans l'article de Malliavin est celle du *flot de difféomorphismes* associé à une bonne solution X de l'équation (48.1), flot constitué par les applications $\Phi_t(\omega) : x \longmapsto X(x,t,\omega)$. Ces résultats de Malliavin ont été repris par Bismut [4], et ont atteint leur forme définitive chez Kunita [6]. Pour l'extension (partielle) aux semi-martingales discontinues, voir Emery [11], Uppman [1], [2]).

Dans cet exposé minimal, nous laissons de côté l'injectivité et surjectivité de l'application Φ, qui ne nous serviront pas ailleurs, et pour lesquelles nous renverrons à Protter [5], ou à Ikeda–Watanabe [1]. Nous nous bornons à l'existence d'une version continue de la solution X, qui est autant de fois continûment différentiable en x que les coefficients a^i_α — et encore, nous passerons rapidement sur certains détails. Enfin, nous insisterons surtout sur le cas où les semimartingales directrices sont *continues et satisfont à l'hypothèse (51.1)* — mais voir les n°s 62 et 63.

59 Nous nous plaçons ici dans le cas de l'é.d.s. (48.1) à plusieurs dimensions, que nous récopions pour la commodité de la lecture

$$X^x_t = x + \int_0^t a(X^x_s)\,dZ_s \quad ; \qquad a = (a^i_\alpha)\ ,\ Z = (Z^\alpha) \tag{59.1}$$

et nous supposons que le champ de matrices est lipschitzien. Alors :

THÉORÈME. *Il existe une fonction $X(x,t,\omega)$, solution de l'équation (59.1) en (t,ω) pour tout x fixé et telle que, pour presque tout ω, l'application $x \longmapsto X(x,\cdot,\omega)$ soit continue pour la convergence uniforme sur les intervalles compacts de $\mathbb{R}_+$.*

DÉMONSTRATION. La différence $W = W^{xy}$ des solutions issues de x et y (*cf.* (49.5) satisfait à l'équation

$$W = H^{xy} + F^{xy}(W)\cdot Z$$

avec $H^{xy} = y - x$ et $F^{xy}U = a(X^x + U) - a(X^x)$. Si nous appliquons la méthode de Picard, nous aurons une majoration de la forme

$$\| W^*_t \|_p \leq |y-x|\,e^{\lambda t} \sum_n (k^n t^n / n!)^{1/2}$$

où $\lambda > 0$ peut être choisi arbitrairement, et la constante k dépend alors de λ et de la constante de Lipschitz de $a(x)$. Ceci permet l'application du lemme de Kolmogorov (XIX.15) dès que $p > d$, la dimension de l'espace d'états. Plus précisément, on pourra fixer $\tau < \infty$ et on appliquera le lemme de Kolmogorov au processus $\xi_x(\omega)$ indexé par $\mathbb{R}^d$, à valeurs dans l'espace de Banach $C([0,\tau], \mathbb{R}^d)$. Le résultat fourni par ce théorème est alors le suivant : lorsque x varie dans une boule B de centre 0, l'application $x \longmapsto \xi_x(\omega)$ est p.s. höldérienne d'exposant ε, pour tout $\rho < 1$).

COMMENTAIRE. Depuis Ito, on utilise l'é.d.s. (48.1), avec des semimartingales directrices $Z^0_t = t$, $Z^\alpha_t = B^\alpha_t$ pour $\alpha \geq 1$, afin de construire des diffusions admettant pour générateur l'opérateur différentiel

$$Lf = \sum_i a^i_0 D_i f + \sum_{i,j\,;\alpha>0} a^i_\alpha a^j_\alpha D_{ij} f\ . \tag{59.2}$$

On ne s'est pas tout de suite aperçu que l'on construisait ainsi un objet très différent de la réalisation canonique d'un processus de Markov : *les processus correspondant aux divers points initiaux sont liés entre eux de manière rigide.* L'opérateur L peut d'ailleurs être représenté d'une infinité de manières sous la forme (59.2), de sorte que l'é.d.s. représente une structure plus riche que celle d'un processus de Markov. Si l'on veut faire entrer la théorie des é.d.s. dans un cadre markovien, on peut prendre comme espace d'états l'ensemble des applications de $\mathbb{R}^d$ dans lui-même (dans les bons cas, le groupe des difféomorphismes de $\mathbb{R}^d$).

60 La propriété de Hölder mentionnée à la fin entraîne une conséquence importante : comme la v.a. $\sup_{s\leq\tau} |X_s^0|$ est p.s. finie, il en est de même de la v.a.

$$M_\tau = \sup_{y\in B\,,\,s\leq\tau} |X_s^y| \,. \tag{60.1}$$

Si nous introduisons les t. d'a. $T_n = \inf\{\tau \,:\, M_\tau > n\}$, tous les processus (X_t^x) issus d'un point $x\in B$ restent dans une même boule B' jusqu'à l'instant T_n. Si nous modifions les coefficients de l'équation hors de B', nous ne modifions donc pas la solution jusqu'à l'instant T_n. Comme T_n est très grand pour n grand, on voit que *pour l'étude des propriétés locales de la solution, plus fines que la continuité, on peut toujours se ramener au cas de coefficients à support compact.* Cela nous servira au n° suivant.

Le raisonnement ne s'applique pas à la continuité elle même, car il utilise le fait que T_n est grand pour n grand.

Dérivabilité de la solution

61 Nous nous occupons maintenant de la dérivabilité de la solution :

THÉORÈME. *Si les coefficients de l'équation (59.1) sont globalement lipschitziens, et ont des dérivées partielles jusqu'à l'ordre k localement lipschitziennes, alors la solution continue construite au n° 59 est continûment différentiable jusqu'à l'ordre k.*

De plus, les dérivées partielles de la solution sont elles mêmes solutions d'é.d.s. que l'on peut expliciter.

DÉMONSTRATION. Nous allons nous borner ici au cas des dérivées premières. De plus, en utilisant la remarque à la fin de 59, nous allons supposer que les coefficients a_α^i sont des fonctions à support compact.

Nous noterons $U(\xi,x,t,\omega)$ la dérivée de $X(x,t,\omega)$ suivant le vecteur ξ (si elle existe), autrement dit

$$U(\xi,x,t,\omega) = \lim_{h\to 0}\, (X(x+h\xi,t,\omega) - X(x,t,\omega))/h \,.$$

En particulier, la j-ième dérivée partielle de X sera notée $U_j(x,t,\omega)$, et on pourra considérer U comme un processus matriciel $(U_j^i(x,t,\omega))$. Un calcul formel sur l'équation (59.1) conduit à conjecturer que $U(\xi,t)$ satisfait à l'é.d.s.

$$U(\xi,t) = \xi + \sum_{k,\alpha} \int_0^t U^k(\xi,s)\, D_k a_\alpha(X_s)\, dZ_s^\alpha \,. \tag{61.1}$$

ou, en notation matricielle, et en explicitant le rôle de x

$$U^i_j(x,t) = \delta^i_j + \sum_{k,\alpha} \int_0^t U^k_j(x,s)\, D_k a^i_\alpha(X(x,s))\, dZ^\alpha_s \ . \tag{61.2}$$

qui, *une fois fixé* x *et résolue l'équation* (59.1) est une é.d.s. linéaire, donc lipschitzienne. Nous allons démontrer que cette é.d.s. admet une solution dépendant continûment de x, qui pour t fixé représente la matrice jacobienne au sens des distributions de la solution X. Comme les dérivées faibles, si elles sont continues, sont aussi des dérivées ordinaires, on aura terminé.

Pour simplifier encore les notations, nous nous plaçons en dimension $d = 1$ avec une seule martingale directrice :

$$X^x_t = x + \int_0^t a(X^x_s)\, dZ_s \ , \qquad U^x_t = 1 + \int_0^t U^x_s\, a'(X^x_s)\, dZ_s \ .$$

Nous avons pu supposer a à support compact, donc a' bornée par une constante A, et globalement lipschitzienne. La semimartingale $dZ^x_s = a'(X^x_s)\, dZ_s$ satisfait alors aux inégalités (51.1) (à la constante multiplicative A près), et on en déduit pour U^x_t une majoration en Ce^{kt} en norme$_p$, *uniforme en* x.

Etablissons ensuite la continuité de U, en posant

$$W = U^y_t - U^x_t = U^x_t(a'(X^y_t) - a'(X^x_t)) + \int_0^t (U^y_s - U^x_s) a'(X^y_s)\, dZ_s$$

que nous récrivons sous la forme (49.3) $W = H + W \cdot Z^y$. Ici encore, nous avons les majorations (51.1) pour Z^y, et pour le processus H la condition de Lipschitz globale sur a' et l'inégalité de Hölder nous donnent

$$\| H_t \|_r \le K \| U^x_t \|_p \| X^x - X^y \|_q$$

si $1/r = 1/p + 1/q$. D'où en utilisant 59 pour le dernier terme une majoration en $O(|x-y|)$ du côté droit, se prêtant à l'application du lemme de Kolmogorov.

Il reste encore à établir que U_t p.s. est la dérivée faible de X_t, c'est à dire, pour h de classe C^∞ à support compact

$$\int_{\mathbb{R}} h(x)\, U^x_t(\omega)\, dx = - \int_{\mathbb{R}} h'(x)\, X^x_t(\omega)\, dx$$

Nous utilisons pour cela la méthode de discrétisation, avec les notations de 58 : on vérifie immédiatement la relation p.s.

$$\int_{\mathbb{R}} h(x)\, \overset{\tau}{U}{}^x_t(\omega)\, dx = - \int_{\mathbb{R}} h'(x)\, \overset{\tau}{X}{}^x_t(\omega)\, dx$$

parce qu'on dérive des processus discrétisés, *i.e.* des sommes finies. D'autre part, les processus discrétisés convergent vers les solutions des é.d.s. en norme L^2 d'après 58, et comme les normes L^p $(p > 2)$ sont uniformément bornées en x, et l'intégration porte sur le support compact de h, le passage à la limite est facile.

62 REMARQUE. Le cas de semimartingales directrices continues, mais ne satisfaisant pas à l'hypothèse (51.1), se ramène aisément à la situation que nous avons traitée aux n°s 60 et 61, grâce à la méthode de changement de temps. La conclusion reste la même, les majorations que nous avons faites s'appliquant seulement sur des intervalles aléatoires au lieu d'intervalles déterministes.

Il est plus délicat d'étendre la théorie à des semimartingales directrices discontinues. En effet, nous avons vu que la démonstration d'existence du flot stochastique repose sur le lemme de Kolmogorov, *i.e.* sur une majoration dans L^p, p dépendant de la dimension de l'espace. D'autre part, la méthode de Schwartz fait maintenant intervenir un changement de temps discontinu, et donc pour tout t. d'a. U une inégalité d'arrêt à $U-$. Il faut donc étendre à L^p l'inégalité de Métivier–Pellaumail, ce que nous ferons au n° suivant.

L'extension au cas discontinu n'est sans doute pas un résultat important : de toute façon, on ne pourra démontrer que la dépendance C^∞ par rapport aux conditions initiales, non les propriétés plus fines d'injectivité et de surjectivité du flot. Il peut en effet se produire des confluences de trajectoires, aux instants de saut des semimartingales directrices. Voir Uppman [2].

Extension de l'inégalité de Métivier–Pellaumail

63 Ce n° peut être omis sans inconvénient. Le résultat fait partie du "folklore" du théorème de Lenglart–Lepingle–Pratelli, mais nous n'en avons pas trouvé de rédaction publiée.

Nous désignons par M une martingale locale, localement de carré intégrable, et nous voulons établir pour $1 \leq p < \infty$ et pour tout t. d'a. U une inégalité de la forme

$$(63.1) \qquad \mathbb{E}[M_{U-}^{*p}] \leq c_p \mathbb{E}[([M,M]_{U-} + \langle M,M\rangle_{U-})^{p/2}]$$

Cette question se prête admirablement à l'application des méthodes du §1. Le résultat est tout de même assez subtil : si la filtration est quasi–continue à gauche, l'inégalité de M–P se réduit à l'inégalité de Doob, et peut être écrite avec le crochet oblique seulement ; or cette forme ne s'étend pas à L^p.

Nous fixons le t. d'a. U. Grâce à la convention que $M_{0-} = 0$, de même que les deux variations quadratiques (*cf.* 57), il n'y a rien à établir sur $\{U = 0\}$, et l'on peut supposer que $U > 0$ p.s.. Nous allons appliquer le théorème de Lenglart–Lepingle–Pratelli 10, en prenant

$X_t = M_{(t\wedge U)-}$ processus prévisible, nul en 0 par convention,

$B_t = ([M,M]_{(t\wedge U)-} + \langle M,M\rangle_{(t\wedge U)-})^{1/2}$, processus croissant prévisible.

Cela nous conduit à considérer deux temps d'arrêt bornés $S \leq T$, et à établir une inégalité de la forme

$$(63.2) \qquad \mathbb{E}[|X_T - X_S|^2 I_{\{S<T\}}] \leq c\mathbb{E}[B_T^2 I_{\{S<T\}}] .$$

et alors nous aurons d'après 10, pour F modérée

$$\mathbb{E}[F(X_\infty)] \leq c_F \mathbb{E}[F(B_\infty)]$$

résultat plus fort que l'extension cherchée de l'inégalité de M–P pour l'arrêt à $U-$. Il est clair que nous pouvons maintenant remplacer S,T par $S\wedge T, T\wedge U$ et oublier U. Introduisons la martingale $N_t = M_{S+t} - M_{S-}$ $(N_{0-} = 0)$ par rapport à la filtration $\mathcal{G}_t = \mathcal{F}_{S+t}$, et appliquons lui l'inégalité de M–P au t. d'a. $R = T - S$, sur l'ensemble $\{R > 0\}$. Nous avons

$$\mathbb{E}[\,|X_T - X_S|^2 I_{\{S<T\}}\,] \leq \mathbb{E}[\,N^{*2}_{R-} I_{\{R>0\}}\,]$$
$$\leq 4\mathbb{E}[\,([N,N]_{R-} + <N,N>_{R-}) I_{\{R>0\}}\,] \ .$$

Il ne reste plus qu'à établir une inégalité entre processus du type

$$[N,N]_t + <N,N>_t \leq C B^2_{S+t}$$

que l'on appliquera à l'instant $R-$. En approchant les crochets par des "sommes de Riemann" (VIII.20), il est clair que l'on a

$$d[N,N]_t = d[M,M]_{S+t} \ , \qquad d<N,N>_t = d<M,M>_{S+t} \ ,$$

mais il y a aussi la valeur initiale $[N,N]_0 + <N,N>_0 = 2\Delta M^2_S$, qui est prise en compte dans B^2_{S+t} parce que B comporte un crochet droit (*cf.* la remarque ci-dessus sur les filtrations quasi–continues à gauche). □

Le cas localement lipschitzien

Les n^{os} suivants contiennent des commentaires d'ordre général sur les é.d.s.. Certains d'entre eux sont de simples compléments, d'autres ouvrent des développements importants que l'on ne trouvera pas dans ce livre, mais dans les ouvrages plus approfondis de Protter [1], Ikeda–Watanabe [1], Schwartz [5], Emery [8].

64 Reprenons notre sujet principal d'étude, l'é.d.s. de type "markovien" (avec semimartingales directrices continues pour simplifier)

$$X^x_t = x + \int_0^t a(X^x_s)\,dZ_s \quad ; \qquad a = (a^i_\alpha) \ , \ Z = (Z^\alpha) \ . \tag{64.1}$$

Nous supposons que les coefficients a^i_α sont $\mathcal{C}^\infty$, mais nous voulons lever la condition de Lipschitz globale, puis oublier que le processus X est à valeurs dans $\mathbb{R}^d$ et dire un mot des variétés.

Le cas discontinu exige quelques modifications mineures : essentiellement, en (64.2), rajouter dans l'inf "... ou $Y_{t-}(x,\omega) \notin U$", et travailler ensuite sur des intervalles du type $[0,T[$ au lieu d'intervalles fermés.

A la manière du n° 59, considérons un second système b^i_α de coefficients $\mathcal{C}^\infty$ à support compact, égaux aux précédents sur un ouvert relativement compact U. Ces coefficients étant lipschitziens, l'é.d.s. correspondante admet une solution globale $Y_t(x,\omega)$, admettant des dérivées partielles de tous ordres en x continues en (x,t). Posons

$$T^U_x(\omega) = \inf\{t : Y_t(x,\omega) \notin U\} \ , \tag{64.2}$$

Il est facile de voir que si $x_n \to x$ et $\tau(\omega) = \liminf_n T^U_{x_n}(\omega)$ on a $Y_\tau(x,\omega) \notin U$. Il en résulte que le temps d'arrêt

$$T = T^U_K(\omega) = \inf_{x\in K} T^U_x(\omega)$$

est p.s. > 0 pour tout compact $K \subset U$. De plus, sur $\{T < \infty\}$ il existe au moins un $x \in K$ pour lequel $Y_T(y,\omega) \notin U$.

D'autre part, la solution Y_x résout aussi l' é.d.s. (64.1) sur l'intervalle $[0,T]$. Il en résulte que *l'équation non lipschitzienne (64.1) possède, pour $x \in K$, une solution X qui reste dans U sur l'intervalle $[0,T[$, et qui sort de U à l'instant T pour au moins un $x \in K$*. Il est facile alors de voir que T ne dépend pas du choix des coefficients b^i_α, et de déduire de l'unicité des équations lipschitziennes que cette solution est unique jusqu'à l'instant T.

Si l'on fait grandir l'ouvert U, on obtient le résultat suivant — nous n'en détaillerons pas la démonstration.

THÉORÈME. *Il existe une et une seule solution $X_t(x,\omega)$ de l'équation (64.1), définie sur un intervalle aléatoire $[0,\zeta_x(\omega)[$, et possédant les propriétés suivantes :*

1) Pour tout ω, la fonction $\zeta_x(\omega)$ est s.c.i. et strictement positive, donc bornée inférieurement sur tout compact.

2) Pour tout x, la trajectoire $X_\bullet(x,\omega)$ est bornée sur tout intervalle compact de $[0,\zeta_x(\omega)[$, mais si $\zeta_x(\omega) < \infty$ elle est non bornée sur l'intervalle entier.

3) Pour tout ouvert V, pour tout t et tout ω tel que $t < T_V = \inf_{x\in V} \zeta_x$, la fonction $X_s(x,\omega)$ admet des dérivées partielles de tous ordres continues en (s,x), $s \leq t$, $x \in V$.

De plus ces dérivées partielles se calculent par les mêmes règles que dans le cas lipschitzien.

Pour chaque x la "durée de vie" ζ_x peut être p.s. infinie, alors que pour tout ω il existe au moins un x tel que $\zeta_x(\omega) < \infty$. Voir un exemple très simple (dû à Léandre) dans le *Sém. Prob. XVII*, LN 986, p.158.

65 Les deux résultats suivants sont empruntés au travail de Ben Arous [1].

a) La théorie que nous avons développée au n° précédent se localise dans un ouvert U de $\mathbb{R}^d$, les coefficients étant définis seulement dans U, et la solution étant définie jusqu'au moment où la trajectoire sort de U. Supposons qu'en fait U soit un ouvert de $\mathbb{C}^n = \mathbb{R}^{2n}$, les coefficients étant des fonctions holomorphes dans U. Dans l'assertion 3) de l'énoncé précédent, relative à un ouvert $V \subset U$, on peut alors affirmer que l'application $X_s(\cdot,\omega)$ est *holomorphe* dans V pour $s < t$. La démonstration est simple dans son principe : la solution peut être calculée dans ce domaine, comme au n° 61, en utilisant la méthode de Cauchy; or celle-ci fournit des approximations holomorphes en x tant que l'on ne sort pas de U, et les estimations des n°s 60–61 en donnent des majorations uniformes. La limite est donc holomorphe.

On peut déduire de ce résultat une autre amélioration de l'assertion 3), cette fois dans le domaine réel : si les coefficients sont des fonctions *analytiques réelles* dans U, alors il en est de même de la solution. La méthode (pour les détails de laquelle nous renvoyons à Ben Arous [1]) consiste à prolonger analytiquement les coefficients au domaine complexe, et à appliquer le résultat précédent.

66 La seconde extension concerne les é.d.s. dont les coefficients dépendent d'un paramètre $\lambda = (\lambda^k)$, parcourant un ouvert de $\mathbb{R}^n$, les fonctions $a^i_\alpha(\lambda, x)$ étant de classe C^∞ en (x, λ). *Alors il existe une version de la solution dont les trajectoires sont de classe C^∞ en (λ, x)*. La démonstration est très simple : on augmente la dimension de l'équation, en ajoutant au processus X n coordonnées X^k avec des coefficients $a^k_\alpha(\lambda, x)$ nuls. Ainsi la différentiabilité par rapport au paramètre apparaît comme une différentiabilité par rapport au point initial (λ, x), et on peut appliquer les théorèmes précédents.

É.d.s. dans les variétés

67 Comme on a "localisé" la théorie des é.d.s. lipschitziennes, on peut se poser le problème des é.d.s. à valeurs dans les variétés de classe C^∞. Exception faite du cas des variétés compactes, il est clair qu'il faudra s'attendre à des solutions admettant une durée de vie ζ finie, à la manière du n° 64. Ce n° ne prétend contenir que des indications de lecture.

Le problème dont nous allons dire un mot ici concerne la notion même d'é.d.s. (gouvernée par des semimartingales continues Z^α) à valeurs dans une variété V.

L'idée la plus naturelle consiste à interpréter les relations $dX^i_t = a^i_\alpha(X_t)\,dZ^\alpha_t$ comme des égalités en coordonnées locales, et à procéder par recollement des solutions, comme on fait pour les équations différentielles ordinaires. On rencontre alors le problème de la nature géométrique des coefficients a^i_α : la formule d'Ito étant du second ordre, ce ne sont des champs de vecteurs *que si l'intégration stochastique est interprétée au sens de Stratonovitch (XXI.46)*. L'intégrale de Stratonovitch obéit, en effet, aux mêmes règles que l'intégrale ordinaire par rapport à une fonction à variation bornée.

Une seconde approche est due à Schwartz [5] (voir aussi [6]). Elle consiste à remarquer que l'on peut donner une forme intrinsèque à une é.d.s. d'Ito dans une variété, *à condition d'inclure parmi les semimartingales directrices, non seulement les Z^α, mais aussi les crochets $< Z^\alpha, Z^\beta >$* (ceux–ci étant continus à variation bornée, le procédé s'arrête là). L'ensemble des coefficients a^i_α et $a^i_{\alpha\beta}$ acquiert alors une signification géométrique. Ce point de vue fait l'objet d'une présentation systématique dans le livre d'Emery [8].

É.d.s. linéaires

Nous consacrons une brève section aux équations différentielles stochastiques linéaires, qui sont évidemment les plus simples de toutes, et sont utilisées dans tous les domaines des probabilités.

68 En dimension 1, l'équation différentielle stochastique linéaire admettant X comme semimartingale directrice s'écrit

$$(68.1) \qquad Y_t = Y_0 + \int_0^t Y_{s-}\,dX_s \,.$$

C'est une équation lipschitzienne, et elle admet donc une solution unique. On appelle *exponentielle stochastique*, ou *exponentielle de Doléans*, de la semimartingale X la solution correspondant à $Y_0 = 1$, et on la note fréquemment $\mathcal{E}(X)$. La solution de (68.1) est alors égale à $Y_0\mathcal{E}(X)$.

Le cas où X est une martingale continue donne lieu aux célèbres martingales locales exponentielles

$$Y_t = e^{M_t - \frac{1}{2} < M,M >_t} ,$$

et en particulier, le cas où X_t est un multiple λB_t du mouvement brownien est presque aussi vieux que celui-ci. On doit à C. Doléans [1] le calcul explicite de $\mathcal{E}(X)$ pour une semimartingale càdlàg. :

$$(68.2) \qquad Y_t = e^{X_t - \frac{1}{2} < X,X >_t^c} \prod_{s \leq t} (1 + \Delta X_s) e^{-\Delta X_s} ,$$

où $< X,X >_t^c$ est le crochet de la partie martingale continue de X, qui est aussi la partie continue du crochet droit de X. Nous laisserons au lecteur la vérification de cette formule classique.

69 REMARQUES. a) Lorsque X est une semimartingale *continue*,, on peut se proposer aussi de résoudre l'é.d.s. (68.1) au sens de Stratonovitch. La solution est tout simplement $Y = Y_0 e^X$, puisque les règles du calcul de Stratonovitch sont les mêmes qu'en calcul différentiel classique.

Profitons de cette occasion pour expliciter une propriété de l'intégrale de Stratonovitch, qui nous servira plus loin. Soient H, K, X trois semimartingales continues. On a, en désignant par $\cdot_s$ l'intégrale stochastique de Stratonovitch

$$(69.2) \qquad (HK)\cdot_s X = H \cdot_s (K \cdot_s X)$$

comme pour l'intégrale d'Ito. Nous avons en effet du côté gauche, en intégrales d'Ito

$$HK\,dX + \tfrac{1}{2} < d(HK), dX > = HK\,dX + \tfrac{1}{2}(H < dK, dX > + K < dH, dX >) ,$$

tandis que le côté droit vaut

$$H\,(dX + \tfrac{1}{2} < dK, dX >) + \tfrac{1}{2} < dH\ ,\ K\,dX + \tfrac{1}{2} < dK, dX > >$$

et c'est bien la même chose, le crochet d'une semimartingale et d'un processus continu à variation finie étant nul.

b) Signalons une intéressante formule due à Yor [18], dont la vérification se fait par un calcul direct

$$(69.3) \qquad \mathcal{E}(X)\mathcal{E}(Y) = \mathcal{E}(X + Y + [X,Y]) .$$

On trouvera dans Yor [18], Yoeurp [1][4], Ruiz de Chavez [2], d'autres "formules exponentielles" intéressantes en dimension 1.

70 Nous passons aux exponentielles stochastiques matricielles, pour lesquelles il n'existe pas de formules explicites, et peu de références (mais pas mal de "folklore"). Nous nous sommes appuyés sur l'article de Karandikar [1], et sur un travail (resté en partie manuscrit) de Yoeurp et Yor.

Une équation différentielle linéaire se présente ordinairement sous la forme

$$Y_t^i = Y_0^i + (\sum_{j\lambda}) \int Y_{s-}^j a_{j\lambda}^i(s)\, dX_s^\lambda \tag{70.1}$$

où les processus $a_{j\lambda}^i(s)$ sont prévisibles localement bornés. Le symbole de sommation entre parenthèses sera désormais omis, en vertu de la convention de sommation (convention d'Einstein) sur les indices répétés en diagonale. Nous introduisons la semimartingale matricielle nulle en 0

$$dL_j^i(s) = a_{j\lambda}^i(s)\, dX_s^\lambda \ , \tag{70.2}$$

et représentons la solution sous la forme $Y_t = U_t Y_0$, où (U_t) est la solution de l'é.d.s. matricielle

$$U_k^i(t) = \delta_k^i + \int U_k^j(s-)\, dL_j^i(s)$$

ou encore, suivant la convention usuelle pour les produits de matrices

$$U_t = I + \int_0^t dL_s U_{s-} \ . \tag{70.3}$$

Nous conviendrons de noter $\mathcal{E}_d(L)$ (exponentielle à droite) cette solution. Il existe une exponentielle à gauche $\mathcal{E}_g(L)$, et les deux exponentielles s'échangent par transposition.

Etant données deux semimartingales matricielles L et M, on peut définir leur crochet $[\,L, M\,]$, qui est une semimartingale matricielle à variation finie, par la formule

$$[\,L, M\,]_j^i = \sum\nolimits_k [\,L_k^i, M_j^k\,] \ , \tag{70.4}$$

et de même pour le crochet oblique. La formule d'intégration par parties stochastique s'écrit alors de la même manière dans le cas matriciel que dans le cas scalaire. On notera d'autre part le comportement du crochet pour les intégrations stochastiques à gauche et à droite

$$< H\,dL, dM > = H < dL, dM > \ , \ < dL, (dM)\,K > = < dL, dM > K \ .$$

Lorsque la semimartingale directrice L est continue, l'exponentielle stochastique droite ordinaire est une intégrale multiplicative $\overrightarrow{\prod\limits_{s \leq t}} (I + dL_s)$, la flèche vers la droite indiquant que le dernier terme du produit est le plus grand, et cette notation peut être rendue rigoureuse par une approximation au moyen de "produits de Riemann" (Emery [1], Karandikar [1]).

Toujours dans le cas continu, on peut considérer des exponentielles matricielles droite et gauche au sens de Stratonovitch. La remarque 69 a) intervient pour la cohérence de la notation : dans les trois équations (70.1-2-3), il suffit de remplacer le d par le ∂ de Stratonovich. Il n'existe pas de notation consacrée pour ces exponentielles : nous les noterons ci-dessous $\varepsilon_d(L)$, $\varepsilon_g(L)$. On peut montrer que l'exponentielle de Stratonovitch droite est une intégrale multiplicative

$$\overrightarrow{\prod_{s\leq t}}(I + dL_s + \tfrac{1}{2}< L, L >_s) \quad \text{ou} \quad \overrightarrow{\prod_{s\leq t}} e^{dL_s} \; .$$

Le résultat suivant est dû à Karandikar.

71 THÉORÈME. *Supposons que la semimartingale matricielle L soit continue. La solution $U = \mathcal{E}_d(L)$ est alors inversible, et son inverse est $V = \mathcal{E}_g(-L+ < L, L >)$.*

DÉMONSTRATION. On définit V par cette formule et on calcule

$$\begin{aligned} d(VU) &= dV\,U + V\,dU + < dV, dU > \\ &= V(-dL + < dL, dL >)U + V(dL)U + < V(-dL), (dL)U > = 0 \end{aligned}$$

Donc UV est constant, avec la valeur initiale I. Comme il s'agit de matrices carrées en dimension finie, cela suffit pour conclure.

REMARQUE. Pour les exponentielles de Stratonovitch, on a (comme dans le cas déterministe) une formule plus simple : l'inverse de $\varepsilon_d(L)$ est $\varepsilon_g(-L)$.

72 Nous allons maintenant, toujours dans le cas où la semimartingale directrice L est continue, résoudre l'équation linéaire non homogène

$$\Phi_t = H_t + \int_0^t dL_s\,\Phi_s \; , \tag{72.1}$$

THÉORÈME. *La solution de (72.1) est donnée par les formules suivantes, où l'on a posé $V_t = U_t^{-1}$*

$$\Phi_t = H_t - U_t \int_0^t (dV_s)\,H_s = U_t \int_0^t V_s(dH_s - < dL, dH >_s) \; . \tag{72.2}$$

DÉMONSTRATION. Nous remarquons d'abord que le terme du milieu a un sens pour H prévisible localement borné; lorsque H est une semimartingale, on peut le transformer en celui de droite en utilisant l'expression de V_t donnée plus haut, et en intégrant par parties.

Pour résoudre l'équation (72.1), nous faisons le changement de fonction inconnue $\Phi_t - H_t = U_t W_t$, où $W = V(L\cdot\Phi)$ sera une semimartingale. L'équation s'écrit alors $d(UW) = dLH + dLUW$. Comme $dU = dL\,U$, remplaçons dL par $dU\,V$, d'où comme $VU = I$ la relation

$$d(UW) - dU\,W = (dU\,V)\,H = -(U\,dV + < dU, dV >)\,H$$

toujours d'après la relation $UV = I$. Reste donc la relation

$$U\,dW + < dU, dW > = (U.dV + < dU, dV >)(-H)$$

qui admet la solution évidente $W = -dV\,H$. L'expression du milieu résout donc l'équation (72.1), qui a par ailleurs une solution unique d'après la théorie générale des é.d.s. lipschitziennes.

REMARQUE. Dans le cas d'une équation de Stratonovitch (et en supposant alors que Φ et H sont des semimartingales), la formule donnant la solution est

$$\Phi_t = H_t - \int_0^t \partial V_r H_r = U_t \int_0^t V_r\,\partial H_r \; . \tag{72.3}$$

CHAPITRE XXIV

Constructions par récurrence transfinie et mesurabilité

La théorie de la mesure est souvent considérée par les probabilistes comme un mal nécessaire. Nous avons au contraire, à la suite de Kolmogorov et de Doob, consacré une bonne partie de notre livre à montrer que cette théorie n'est pas du tout aussi ennuyeuse qu'on le dit, et qu'on y est bien payé de sa peine. Dans le volume A nous avons présenté les théorèmes du "premier étage" : le théorème de séparation des ensembles analytiques et les espaces de Blackwell, le théorème de capacitabilité de Choquet et les théorèmes de section indispensables à la "théorie générale des processus". Au Chap. XI, vol. C nous avons présenté une extension de ces méthodes à des fonctions de plusieurs arguments, permettant de prouver divers théorèmes fins sur les maisons de jeu. Maintenant, nous allons conclure cette série en donnant une démonstration complète de résultats importants du "deuxième étage". Ainsi les résultats énoncés sans preuve dans l'appendice du chapitre III (second théorème de séparation) et au chapitre XI (dérivations analytiques) se trouveront établis. Le tout sera illustré d'applications intéressantes, mais non détaillées.

Une telle présentation aurait été impossible il y a quelques années. Les logiciens ont fait un effort considérable pour mettre ces résultats à la portée des non–spécialistes. (voir en particulier le livre de Moschovakis [1]). On n'en trouvera d'ailleurs ici qu'une version édulcorée, puisque nous avons systématiquement laissé de côté (à la suite de l'exposé [1] de Louveau, qui nous a beaucoup servi) l'aspect "effectif" de la théorie descriptive moderne des ensembles, qui combine la théorie classique "à la polonaise" aux travaux de Kleene en théorie de la récursivité, et qui est peu familier aux analystes. Le lecteur désireux d'approfondir les applications de cette théorie à l'analyse pourra se reporter au livre de Kechris–Louveau [1], qui contient de nombreuses et belles applications.

Introduction : le th. de point fixe de Tarski

1 Soit $\mathcal{F}$ un ensemble ordonné complètement réticulé (pour donner un contenu intuitif au résultat, nous appellerons ici "fonctions" les éléments de $\mathcal{F}$). En particulier, $\mathcal{F}$ admet un plus petit et un plus grand élément, notés conventionnellement ici 0 et $+\infty$. Soit N une application croissante de $\mathcal{F}$ dans lui même (on se gardera de toute suggestion de linéarité de N : en particulier, on n'a pas nécessairement $N0 = 0$). Nous disons qu'une "fonction" $f \in \mathcal{F}$ est *excessive (invariante, défective)* si l'on a $Nf \leq f$ $(= f, \geq f)$. L'ensemble $\mathcal{E}$ des "fonctions" excessives est évidemment stable par N, et stable par enveloppe inférieure (quelconque). Dans ce langage, les énoncés qui suivent paraîtront évidents à tout lecteur du tome C — mais si l'on remplace l'ordre sur $\mathcal{F}$ par l'ordre opposé, on obtient des énoncés équivalents, qui rendent un son moins familier.

Voici le théorème du point fixe de Tarski :

THÉORÈME. *Il existe une plus petite "fonction" excessive, qui est aussi la plus petite "fonction" invariante.*

DÉMONSTRATION. L'ensemble des fonctions excessives n'est pas vide, puisqu'il contient ∞. Sa borne inférieure i est manifestement la plus petite fonction excessive ; la fonction Ni étant excessive $\leq i$, on a $Ni = i$, donc i est invariante.

COROLLAIRE 1. *Pour tout $f \in \mathcal{F}$ il existe une plus petite "fonction" excessive Rf majorant f (la "réduite" de f), et c'est la plus petite "fonction" g satisfaisant à $g = f \vee Ng$.*

DÉMONSTRATION. Appliquer le théorème à l'application croissante $N'g = f \vee Ng$ sur $\mathcal{F}$.

2 COROLLAIRE 2. *Soit f une "fonction" défective. Alors Rf est aussi la plus petite "fonction" invariante majorant f.*

DÉMONSTRATION. Appliquer le théorème en remplaçant $\mathcal{F}$ par l'ensemble des "fonctions" $g \geq f$, qui est stable par N puisque f est défective.

3 COMMENTAIRE. La démonstration (très simple) du corollaire 1 est une approche "par en haut", à laquelle on peut reprocher de n'être absolument pas constructive. Nous allons maintenant esquisser une démonstration "par en bas" qui, dans certains cas favorables, donnera lieu à un vrai procédé de calcul.

Considérons un ensemble bien-ordonné A, de cardinal strictement supérieur à celui de $\mathcal{F}$. Nous adopterons sur A les notations usuelles de la théorie des ordinaux : le premier élément est noté 0, et le successeur de $\alpha \in A$ est noté $\alpha + 1$. Rappelons qu'un ordinal qui n'est pas le successeur d'un autre ordinal est dit *limite*. Construisons par récurrence transfinie la famille suivante de "fonctions"

$$f_0 = f \ , \qquad f_{\alpha+1} = f \vee N f_\alpha \ , \qquad f_\beta = \sup_{\alpha<\beta} f_\alpha \quad \text{si } \beta \text{ est un ordinal limite.}$$

Pour des raisons de cardinalité, ces éléments de $\mathcal{F}$ ne peuvent être tous distincts, donc il existe un plus petit ordinal γ tel que $f_\gamma = f_{\gamma+1}$ (si bien que f_γ est un élément excessif). Nous appellerons γ *l'ordinal de clôture* de f. Il est clair que tout élément excessif majorant f majore tous les f_α, donc $f_\gamma = Rf$.

Une variante de la construction précédente consiste à poser $f_{\alpha+1} = f_\alpha \vee N f_\alpha$; nous avons rencontré les deux méthodes en IX.38–39.

Toute la suite de ce chapitre va être consacrée à l'étude de cette construction "par l'intérieur", dans des cas où $\mathcal{F}$ est l'ensemble des parties (ou des fonctions positives) analytiques ou coanalytiques sur un espace mesurable — ensemble qui n'est plus stable pour les enveloppes supérieures ou inférieures quelconques, et ne permet donc plus l'utilisation des méthodes "naïves" ci-dessus.

Notations et définitions générales

4 Nous désignons par $(E, \mathcal{E})$ un espace mesurable. Pour nous rapprocher des notations usuelles des logiciens, nous désignerons par Σ le pavage des ensembles analytiques, et par Π celui des ensembles coanalytiques. Si la précision est nécessaire, on écrira $\Sigma(\mathcal{E})$, $\Pi(\mathcal{E})$.

Les véritables notations de la théorie descriptive des ensembles sont Σ_1^1, Π_1^1, les indices supérieur et inférieur pouvant prendre d'autres valeurs, pour désigner des classes d'ensembles que nous ne considérons pas ici (classes de Baire, classes projectives).

Par abus de notation, nous utiliserons aussi ces lettres pour désigner les ensembles de *fonctions positives* analytiques ou coanalytiques sur E, le contexte seul faisant la différence. Rappelons que les fonctions analytiques sont définies par l'analyticité de l'ensemble $\{f \geq t\}$ (ou $\{f > t\}$) pour tout t : *cf.* III.61, X.15, XI.6. Dans les énoncés nous adopterons le point de vue "ensembliste" ou "fonctionnel", suivant l'intérêt du résultat : les applications à la théorie du potentiel concernent souvent les fonctions.

Nous appellerons ici *opérateur* sur E toute application *croissante* Φ définie sur l'ensemble des parties de E (*resp.* des fonctions sur E) et à valeurs dans les parties (ou fonctions) de E. Dans ce chapitre, un opérateur Φ sera dit *analytique* si $\Phi(\Sigma) \subset \Sigma$; on définit de même les opérateurs coanalytiques en remplaçant Σ par Π. Ces deux classes d'opérateurs s'échangent dans le cas des ensembles par passage au complémentaire (dans le cas des fonctions, en utilisant une bijection de $[0, \infty]$ sur lui même qui renverse l'ordre). Nous traiterons surtout le cas des opérateurs analytiques, plus important en analyse, mais en théorie descriptive des ensembles et en logique, ce sont les opérateurs coanalytiques qui apparaissent le plus naturellement.

La plupart des opérateurs seront initialement définis sur les parties analytiques ou coanalytiques de E seulement, mais un prolongement style "mesure extérieure" (ou intérieure !) donnera aussitôt une extension à toutes les parties de E ; cela allège le langage.

Rappelons que tous les espaces mesurables lusiniens non dénombrables sont isomorphes (III.80); nous utiliserons surtout ici $\Omega = \mathbb{N}^{\mathbb{N}}$. Soit $\widetilde{E} = \Omega \times E$; un ensemble $A \subset \widetilde{E}$ admet pour tout $\omega \in \Omega$ une coupe[1] A_ω (analytique dans E si A est analytique dans $\Omega \times E$). Nous définissons alors $\widetilde{\Phi}$ comme l'opérateur sur $\Omega \times E$ correspondant à l'action de Φ coupe par coupe :

$$\widetilde{\Phi}(A)_\omega = \Phi(A_\omega) \ .$$

Nous poserons la définition suivante (qui a déjà été mentionnée en XI.53 sous le nom d'*analyticité faible*). On a une définition analogue pour les opérateurs coanalytiques.

5 DÉFINITION. *L'opérateur (analytique) Φ sera dit* uniformément analytique *si l'opérateur $\widetilde{\Phi}$ est analytique.*

Nous avons défini au n° XI.15 une autre sorte d'"opérateurs analytiques", dépendant éventuellement de plusieurs arguments. Dans le cas d'un seul argument, ces opérateurs sont tous uniformément analytiques au sens actuel du terme : *cf.* XI.20.

---

[1] On désigne indifféremment la coupe de A en ω par $A(\omega)$ ou A_ω.

CONVENTIONS. Notre langage ne prétend pas fixer une terminologie universelle, et nous voulons éviter les lourdeurs. Nous préférons donc rester un peu informels. Ainsi, nous nous permettrons (en de rares occasions) de remplacer la tribu $\mathcal{E}$ par un pavage, ou de parler d'opérateurs sur E à valeurs dans les parties ou fonctions d'un second ensemble F.

Les seuls ordinaux utilisés désormais seront les ordinaux *dénombrables*, (désignés par les notations $\alpha, \beta, \ldots$), et le premier ordinal non dénombrable $\aleph_1$, que nous avions noté Ω au chapitre XI. Il sera désigné ici par ∞ (à distinguer de $+\infty \in \overline{\mathbb{R}}$). Nous conviendrons que $\infty + 1 = \infty$. L'ordinal de clôture (n° 3) d'une suite transfinie d'ensembles ou de fonctions sera un ordinal dénombrable si la suite est stationnaire, ou ∞ si elle ne l'est pas.

Enoncé du théorème de Moschovakis

6 Pour faciliter la comparaison avec le théorème de Tarski, nous commencerons par le cas des opérateurs coanalytiques, et adopterons un langage fonctionnel. Appelons *induction*[1] *coanalytique* un opérateur coanalytique Φ tel que $\Phi(f) \geq f$ pour tout $f \in \Pi$. Pour tout opérateur coanalytique N, l'opérateur $\Phi(f) = f \vee N(f)$ est une induction coanalytique (ayant même opérateur de "réduite" que f).

THÉORÈME. *Supposons que l'espace $(E, \mathcal{E})$ soit lusinien, et soit Φ une induction uniformément coanalytique (sur les fonctions positives). Définissons par récurrence transfinie la famille d'applications de Π dans Π*

$$\Phi_0 = \Phi \ , \qquad \Phi_{\alpha+1} = \Phi \circ \Phi_\alpha \ , \qquad \Phi_\beta = \sup_{\beta<\alpha} \Phi_\alpha \quad \text{pour un ordinal limite.}$$

et posons $\Phi_\infty = \sup_\alpha \Phi_\alpha$. Alors

1) Φ_∞ est un opérateur uniformément coanalytique.

2) Pour tout $f \in \Pi$, la "réduite" de f (n° 2) vaut $Rf = \Phi_\infty(f)$.

3) Pour tout $g \in \Sigma$ tel que $g \leq Rf$ il existe un ordinal (dénombrable) α tel que $g \leq \Phi_\alpha(f)$. En particulier, si Rf est borélienne, il existe un ordinal (dénombrable) α tel que $Rf = \Phi_\alpha(f)$.

7 Passons à l'énoncé "dual", équivalent au précédent, et qui nous occupera pendant tout ce chapitre. Ici nous travaillerons sur les ensembles au lieu des fonctions. Nous appellerons *dérivation analytique* un opérateur analytique D tel que $D(A) \subset A$ pour tout $A \in \Sigma$. L'origine de ce mot vient de la *dérivation de Cantor*, qui associe à un ensemble A d'un espace topologique son dérivé A', i.e. l'ensemble de ses points non isolés — mais qui n'entre pas "naïvement" dans le schéma ci-dessous : nous y reviendrons au n° 31.

THÉORÈME. *Supposons que l'espace mesurable $(E, \mathcal{E})$ soit lusinien, et soit D une dérivation uniformément analytique sur les parties de E. Définissons par récurrence transfinie la famille d'applications de Σ dans Σ*

$$D_0 = D \ , \qquad D_{\alpha+1} = D \circ D_\alpha \ , \qquad D_\beta = \inf_{\beta<\alpha} D_\alpha \quad \text{pour un ordinal limite.}$$

[1] Sens voisin de celui d'*ensemble ordonné inductif* dans l'énoncé du th. de Zorn; en anglais, "induction" signifie récurrence.

Nous posons $D_\infty = \inf_\alpha D_\alpha$. *Alors*

1) D_∞ *est un opérateur uniformément analytique.*

2) Pour tout $A \in \Sigma$, $D_\infty(A)$ *est le plus grand point fixe de* D *contenu dans* A.

3) De plus, pour tout ensemble coanalytique G *tel que* $D_\infty(A) \subset G$ *il existe un ordinal dénombrable* α *tel que* $D_\alpha(A) \subset G$. *En particulier, si* $D_\infty(A)$ *est borélien il existe un ordinal dénombrable* α *tel que* $D_\infty(A) = D_\alpha(A)$.

8 REMARQUES. a) Le théorème s'étend immédiatement au cas où $(E, \mathcal{E})$ est souslinien : il suffit de plonger E dans un espace métrique compact $\widetilde{E}$, et de prolonger D aux parties de $\widetilde{E}$ en posant $\widetilde{D}(A) = D(A \cap E)$.

b) On peut ramener le cas des fonctions à celui des ensembles de la manière suivante. On travaille dans $\widehat{E} = \overline{\mathbb{R}}_+ \times E$, et on associe à toute fonction positive f sur E son sous-graphe ouvert $f^A = \{ (t, x) : f(x) > t \}$, qui est analytique si et seulement si f l'est. Si A est une partie de $\widehat{E}$, on lui associe inversement la fonction sur E $f_A(x) = \sup\{t : (t, x) \in A\}$, analytique si A l'est. Enfin, on associe à la dérivation D opérant sur les fonctions f une dérivation $\widehat{D}$ sur les parties de $\widehat{E}$ par la formule $\widehat{D}(A) = (D f_A)^A$. On applique alors à $\widehat{D}$ la forme ensembliste du théorème de Moschovakis.

c) Illustrons tout de suite le théorème de Moschovakis par une application simple. Considérons sur un espace lusinien E un noyau borélien N et posons, pour toute fonction positive universellement mesurable f, $D(f) = f \wedge Nf$. On construit ainsi une dérivation analytique (III.62) dont le caractère uniforme est facile à établir. Lorsque f est excessive *finie*, l'itération de D le long des entiers conduit à la partie invariante de f, mais lorsque f n'est pas finie, on peut seulement dire que cette limite est encore excessive (et il n'y a plus de "partie invariante" uniquement définie). Il est naturel de se demander si l'itération transfinie de D conduit au calcul de la plus grande fonction invariante majorée par f (ce problème a été mentionné en IX.86 c)). Le théorème de Moschovakis permet de conclure positivement si f est analytique.

Les n[os] suivants vont être consacrés à la démonstration du théorème de Moschovakis. Le chemin sera assez long : nous commencerons par établir le *théorème classique de la borne*, par un argument dû à C.A. Rogers [1], mis par Dellacherie–Meyer [3] sous une forme consommable par les probabilistes. Nous établirons ensuite, en suivant Louveau, une version "à la portée de toutes les bourses" du tout puissant théorème de Kleene sur les ensembles universels. Le théorème de Moschovakis s'en déduira alors sans trop de peine.

L'espace des temps d'arrêt

9 Sur l'espace polonais $\Omega = \mathbb{N}^{\mathbb{N}}$, nous utilisons les notions familières aux probabilistes : X_n est la coordonnée d'indice n $(n \geq 0)$, $\mathcal{X}_n$ la tribu engendrée par les X_i, $i \leq n$, $\mathcal{X}$ la tribu engendrée par toutes les coordonnées, qui est aussi la tribu borélienne de Ω. On désigne par $\omega|n$ la restriction de $\omega \in \Omega$ à $\{0,\ldots,n\}$), qui est un élément de l'ensemble W_{n+1} des suites finies w de longueur $|w| = n+1$.

Les temps d'arrêt T sur Ω (par rapport à la filtration $(\mathcal{X}_n)$, à valeurs dans $\overline{\mathbb{N}} = \mathbb{N} \cup \{+\infty\}$) sont caractérisés par le "test de Galmarino" (*cf.* IV.100)

$$(9.1) \qquad \forall n \in \mathbb{N} \quad (T(\omega) \leq n \quad \text{et} \quad \omega|n = \omega'|n) \Longrightarrow (T(\omega') \leq n) ,$$

condition algébrique qui entraîne ici la continuité (et donc la mesurabilité) de T sur Ω.

En effet, si $\omega_k \to \omega$ on a $\omega_k|n = \omega|n$ pour k assez grand. On a même un peu mieux : la fonction $(T,\omega) \longmapsto T(\omega)$ est continue sur $\mathcal{T} \times \Omega$.

Il en résulte que l'ensemble $\mathcal{T}$ de tous les temps d'arrêt est fermé dans l'espace compact $\overline{\mathbb{N}}^{\Omega}$. Il est donc compact, et comme chaque fonction $T(\cdot)$ est continue sur Ω, lequel est séparable, l'espace $\mathcal{T}$ est métrisable. Ainsi l'on pourra parler d'un ensemble analytique ou coanalytique de temps d'arrêt.

La tribu borélienne de $\mathcal{T}$ est engendrée par les fonctions $T \to T(\omega), \omega \in \Omega$. Le caractère "algébrique" de (9.1) entraîne aussi que $\mathcal{T}$ est stable pour les inf et sup quelconques.

Les logiciens utilisent, au lieu de la notion de t. d'a., la notion d'*arbre* : un arbre est un ensemble $\mathcal{S}$ de suites finies d'entiers, contenant la suite vide, et tel que pour tout $s \in \mathcal{S}$ non vide la suite obtenue en supprimant le dernier terme de s appartienne à $\mathcal{S}$. A tout arbre $\mathcal{S}$ on peut associer un t. d'a. S par la relation $S(\omega) = \inf\{n \geq 0 : \omega|n \notin \mathcal{S}\}$, et cela définit une bijection entre arbres et t. d'a..

On note $\mathcal{P}$ (initiale de "pôle") l'ensemble des temps d'arrêt prenant la valeur $+\infty$. La relation

$$T \in \mathcal{P} \iff \exists \omega \in \Omega \ : \ T(\omega) = +\infty \ .$$

montre que $\mathcal{P}$, projection d'un borélien (même d'un fermé) de $\mathcal{T} \times \Omega$, est analytique. L'ensemble des temps d'arrêt finis sera désigné par $\mathcal{F}$, ou simplement par $\mathcal{P}^c$.

Dans le langage des arbres, $\mathcal{F}$ est l'ensemble des arbres sans branches infinies, ou encore *bien fondés*, comme disent les logiciens.

10 Ce n° montre que $\mathcal{P}$ est "l'ensemble analytique par excellence" : tout ensemble analytique peut être obtenu comme image réciproque de $\mathcal{P}$ par une application borélienne. De manière précise, considérons un ensemble pavé $(E,\mathcal{E})$ où $\mathcal{E}$ est stable pour $(\cup f, \cap d)$, et appelons *fonction s.c.s.* de $\mathcal{E}$ dans $\mathcal{T}$ une application $x \to \tau_x$ telle que, pour tout ω fixé et tout n, l'ensemble $\{x \in E : \tau_x(\omega) \geq n\}$ appartienne à $\mathcal{E}$. La tribu borélienne de $\mathcal{T}$ étant engendrée par les applications $T \longmapsto T(\omega)$, l'application τ est mesurable pour la tribu engendrée par $\mathcal{E}$.

THÉORÈME. *Avec les notations ci-dessus, soit A une partie $\mathcal{E}$-analytique de E. Il existe alors une application $\mathcal{E}$-s.c.s. τ de E dans $\mathcal{T}$ telle que $A = \tau^{-1}(\mathcal{P})$.*

DÉMONSTRATION. Représentons A comme noyau d'un schéma de Souslin (*cf.* III.76–77 et XI.19)

$$A = \cup_{\omega\in\Omega} \cap_n E_{\omega|n}$$

où les applications $\omega \to E_{\omega|n}$ sont à valeurs dans $\mathcal{E}$ et où la suite $n \to E_{\omega|n}$ est décroissante pour chaque ω. Posons alors pour $x \in E$

$$\tau_x(\omega) = \inf\{n : x \notin E_{\omega|n}\} .$$

Ainsi $\tau_x(\omega) \geq m \iff x \in E_{\omega|m-1}$. On vérifie sans peine que l'application τ ainsi définie a les propriétés requises.

11 Si l'on sait qu'il existe un analytique non borélien, on déduit immédiatement de 10 que $\mathcal{P}$ n'est pas borélien. Mais il est particulièrement simple de démontrer cela directement.

THÉORÈME. *L'ensemble coanalytique $\mathcal{F}$ des t. d'a. finis n'est pas analytique.*

DÉMONSTRATION. Supposons que $\mathcal{F}$ soit analytique, et appliquons le théorème 10 sur l'ensemble $E = \mathcal{T}$ muni du pavage $\mathcal{E}$ des compacts. Cela fournit une application $T \to \tau^T$ de $\mathcal{T}$ dans lui-même, $\mathcal{E}$-s.c.s., telle que l'on ait pour tout t. d'a. T

(11.1) $$T \in \mathcal{F} \iff \tau^T \in \mathcal{P} .$$

Donc le t. d'a. $\sigma^T = T \wedge \tau^T$ est toujours fini. Pour tout ω, la fonction positive $T \to \sigma^T(\omega)$ est s.c.s. au sens ordinaire sur l'espace compact $\mathcal{T}$, et finie. Elle est donc bornée et $S(\omega) = \sup_{\mathcal{T}} \sigma^T(\omega)$ est un t. d'a. fini. Soit $T = S + 1 \in \mathcal{P}^c$; on a $S < T$, $T \wedge \tau^T \leq S$, donc $\tau^T \leq S$. Par conséquent τ^T est fini, en contradiction avec (11.1). □

REMARQUE. L'ensemble des (S,T) tels que $S \leq T$ est un fermé de $\mathcal{T} \times \mathcal{T}$. Par contre, l'ensemble des (S,T) tels que $S < T$ partout, qui est coanalytique, n'est pas analytique puisque sa première projection est égale à $\mathcal{P}^c$.

L'existence d'analytiques non boréliens s'établit traditionnellement par la technique des ensembles universels, que nous verrons plus loin : on montre aisément (par une variante de l'argument diagonal de Cantor) que les ensembles analytiques universels ne peuvent être boréliens. Mais les probabilités fournissent de nombreux exemples explicites de tels ensembles. Le plus frappant est sans doute celui ci : sur l'espace canonique des fonctions càdlàg. à valeurs dans un espace polonais, le temps d'entrée dans une partie fermée non ouverte est toujours une fonction coanalytique non borélienne. Voir à ce sujet le n° 32, et l'exposé Dellacherie [24] du *Sém. Prob. XII.*

12 Nous allons maintenant introduire une "dérivation" sur l'espace $\mathcal{T}$ des t. d'a.. Pour toute fonction U sur Ω à valeurs dans $\overline{\mathbb{N}}$, l'enveloppe inférieure des t. d'a. majorant U est un t. d'a. que nous noterons $\overline{U}$. On a d'après (9.1)

(12.1) $$\overline{U}(\omega) > n \iff \exists\omega' : \omega'|n = \omega|n \quad \text{et} \quad U(\omega') > n .$$

Soit maintenant T un t. d'a., et prenons $U = (T-1)^+$; on dira que le t. d'a. $\overline{U}$ est le *dérivé* de T, et on le notera $D(T)$ ou T'. On a $T' = (T-1)^+$ si T est un t. d'a. prévisible. On vérifie aisément à l'aide de (12.1) que D est une application borélienne de $\mathcal{T}$ dans lui-même.

Soit (T^α) la suite transfinie décroissante des dérivés successifs de $T \in \mathcal{T}$. Toute famille transfinie décroissante de fonctions continues sur un espace à base dénombrable étant stationnaire à partir d'un ordinal dénombrable, la famille T^{α} est stationnaire (que T soit fini ou non). Nous désignerons par $\gamma(T)$ son ordinal de clôture.

13 Pour tout entier p et tout $\omega \in \Omega$, définissons une trajectoire $p\|\omega$ par les relations

$$X_0(p\|\omega) = p \ , \ X_k(p\|\omega) = X_{k-1}(\omega) \quad \text{pour} \quad k > 0 \tag{13.1}$$

On a $\theta(p\|\omega) = \omega$, en désignant par θ l'opérateur de translation discret (défini par $X_n(\theta\omega) = X_{n+1}(\omega)$). Associons à tout t. d'a. T une suite de t. d'a. (T_p) en posant

$$T_p(\omega) = (\,T(p\|\omega) - 1)^{+} \quad ; \tag{13.2}$$

le lecteur vérifiera sans peine le "test de Galmarino" (9.1). Inversement, soit (S_p) une suite de t. d'a. donnée arbitrairement. Définissons un t. d'a. $T = \sqcup_p S_p$ par la relation

$$T(\omega) = 1 + S_p(\theta\omega) \quad \text{si} \quad X_0(\omega) = p \ . \tag{13.3}$$

On vérifie aisément que $T_p = S_p$ pour tout p. Le résultat suivant donne une caractérisation des t. d'a. finis, qui sera essentielle pour la suite.

THÉORÈME. *1) Les t. d'a. T_p possèdent la propriété*

$$D(T_p) = (D(T))_p \quad \text{et plus généralement} \quad D^{\alpha}(T_p) = (D^{\alpha}(T))_p \ . \tag{13.4}$$

2) On a $T^{\gamma(T)} = 0$ si et seulement si T est fini.

DÉMONSTRATION. La première relation (13.4) est une conséquence simple de (12.1), et la seconde s'en déduit par récurrence transfinie. Passons à 2). Posons $S = T^{\gamma(T)}$; on a pour tout α $T^{\alpha} = +\infty$ sur $\{T = +\infty\}$, de sorte que $S = 0$ entraîne évidemment $T < +\infty$. En sens inverse, nous établirons un résultat un peu plus précis : d'après (12.1)

$$S(\omega) > m \iff \exists \omega' \ : \ \omega'\|m = \omega\|m \quad \text{et} \quad S(\omega') > m+1 \quad ;$$

en itérant cette remarque et en utilisant la continuité de S, on obtient

$$S(\omega) > m \iff \exists \omega' \ : \ \omega'\|m = \omega\|m \quad \text{et} \quad S(\omega') = +\infty \ .$$

Cela décrit la structure de S. On voit que $(S{<}+\infty) \implies (S{=}0)$.

14 Nous appellerons *indice (de Lusin-Sierpinski)* du temps d'arrêt T, et nous noterons $\iota(T)$, l'ordinal de clôture $\gamma(T)$ si T est fini, et si $T \in \mathcal{P}$ l'ordinal non dénombrable $\infty = \aleph_1$. L'application $T \to \iota(T)$ est une mesure de la complexité des temps d'arrêt finis. Par exemple, dans la démonstration de 10, l'indice $\iota(\tau_x)$ mesure la difficulté que l'on a à prouver que $x \notin A$ à partir d'une définition de A comme noyau d'un schéma de Souslin. Nous utilisons les propriétés des t. d'a. T_p du n° 13 pour établir l'existence de t. d'a. finis de complexité arbitraire.

THÉORÈME. *1) Soit (S_p) une suite de t. d'a., et soit $T = \sqcup_p S_p$ le t. d'a. (13.3). On a alors (en convenant que $\infty + 1 = \infty$)*

$$\iota(T) = \sup_p \left(\iota(S_p) + 1\right) .$$

Autrement dit, si T est fini, $\iota(T)$ est le plus petit ordinal majorant strictement chacun des $\iota(S_p)$. En particulier, pour tout t. d'a. S, le t. d'a. $\check{S} = 1 + S \circ \theta$ vérifie

$$\iota(\check{S}) = \iota(S) + 1 \ . \tag{14.1}$$

2) Pour tout ordinal dénombrable α, il existe un t. d'a. fini T d'indice α.

3) Pour tout ordinal dénombrable α, l'ensemble $\{T : \iota(T) < \alpha\}$ est borélien dans $\mathcal{T}$.

DÉMONSTRATION. Le point 1) résulte immédiatement de (13.4). Pour établir 2), nous raisonnons par récurrence transfinie : le cas des ordinaux finis étant évident, supposons α infini. Rangeons les ordinaux $< \alpha$ en une suite (α_p) et supposons démontrée l'existence pour chaque p d'un t. d'a. S_p tel que $\iota(S_p) = \alpha_p$. Alors le t. d'a. (13.3) a pour indice $\sup_p (\alpha_p + 1) = \alpha$. Quant à 3), il suffit de remarquer que $\iota(T) \leq \alpha \Longleftrightarrow T^\alpha = 0$, et que la fonction T^α est borélienne.

Voici le résultat technique fondamental sur l'indice des t. d'a., qui entraînera aisément le *théorème de la borne* (*cf.* 18). Nous rappelons qu'une relation $R(x, y)$ est dite analytique (coanalytique, borélienne) si son graphe est analytique (coanalytique, borélien).

15 THÉORÈME. *Les relations*

$$\iota(S) \leq \iota(T) \ , \quad \text{et} \quad \iota(S) + 1 \leq \iota(T) \quad \text{où} \quad \infty + 1 = \infty \tag{15.1}$$

sont analytiques.

La démonstration de ce résultat va être relativement longue, et d'ailleurs fort intéressante. Appelons *stratégie* (ce mot sera justifié plus loin) une application τ de Ω dans Ω possédant la propriété

$$\omega | n = \omega' | n \implies \tau(\omega) | n = \tau(\omega') | n \ . \tag{15.2}$$

Il est clair que τ détermine pour tout n une application τ_n de l'ensemble W_n des suites finies de longueur n dans lui-même, et qu'inversement une stratégie τ peut être construite à partir d'une famille (τ_n) de telles applications par la formule

$$\tau(\omega) | n = \tau_{n+1}(\omega | n)$$

sous les conditions de compatibilité $\tau_{n-1}(w_n | n-1) = \tau_n(w_n) | n-1$. L'ensemble de toutes les applications de l'espace discret W_n dans lui même étant polonais pour la topologie produit, cette identification permet de munir l'ensemble des stratégies d'une topologie polonaise.

La clef de la démonstration est le résultat suivant :

16 THÉORÈME. *On a $\iota(S) \leq \iota(T)$ si et seulement s'il existe une stratégie τ telle que $S \leq T \circ \tau$.*

Ce résultat entraîne aisément 15 : soit $\mathcal{S}$ l'ensemble de toutes les stratégies. Le graphe de la relation $\iota(S) \leq \iota(T)$ est la projection sur $\mathcal{T} \times \mathcal{T}$ de l'ensemble des $(S, T, \tau) \in \mathcal{T} \times \mathcal{T} \times \mathcal{S}$ tels que $S \leq T \circ \tau$. De même pour le graphe de la seconde relation (15.1) en remplaçant S par $\check{S} = 1 + S \circ \theta$ dans l'inégalité. Nous laissons les détails au lecteur.

Passons à la démonstration de 16. Il y a d'abord une moitié facile : il est clair que si U est un t. d'a., il en est de même de $U \circ \tau$; donc $D(T) \circ \tau$ est un t. d'a. majorant $T \circ \tau - 1$, et il en résulte que $D(T) \circ \tau \geq D(T \circ \tau)$. Cela s'étend par récurrence transfinie aux D^α, et entraîne $\iota(T) \geq \iota(T \circ \tau)$ — par conséquent aussi $\iota(T) \geq \iota(S)$ si $S \leq T \circ \tau$. La moitié plus difficile fera l'objet du n° 17.

Le théorème de Gale et Stewart

17 Nous allons utiliser pour établir 16 le *théorème de Gale et Stewart* sur la détermination des jeux ouverts. L'usage des jeux est un aspect éminemment important de la théorie descriptive moderne des ensembles, et il est bon d'en parler un peu (bien que nous effleurions seulement le sujet). D'autre part, la notion de jeu rend la démonstration plus naturelle que celle de Dellacherie–Meyer [3].

Les relations entre les jeux et les théorèmes de séparation des ensembles analytiques ont été mises en évidence dans un article fondamental de Blackwell [2].

Considérons une partie J de $\Omega \times \Omega$, et deux joueurs $1 = \heartsuit$ et $2 = \spadesuit$, qui choisissent alternativement (les blancs jouant en premier) les termes successifs $w_0, w'_0, w_1, w'_1 \ldots$ de deux suites infinies w, w' d'entiers. Quand ils ont "terminé", on dit que $\heartsuit$ a gagné si l'on a $(w, w') \in J$, et sinon le gagnant est $\spadesuit$. Dans le cas qui nous intéresse ici, J est l'ensemble ouvert $\{S(w) > T(w')\}$. Supposons alors qu'il existe une stratégie τ telle que $S \leq T \circ \tau$. Le joueur $\heartsuit$ posant un premier j_0, $\spadesuit$ répond par l'entier $j'_0 = \tau_0(j_0)$; $\heartsuit$ répond par j_1, et $\spadesuit$ par le second terme j'_1 de $\tau_1(j_0, j_1)$, etc. En désignant par w la suite (arbitraire) (j_n), par $w' = \tau(w)$ la suite (j'_n), on a $S(w) \leq T(w')$, et la stratégie τ a permis à $\spadesuit$ de gagner quoi qu'ait pu faire le pauvre $\heartsuit$: nous dirons que τ est *2–gagnante*. Si l'on remplace le couple de temps d'arrêt par un sous-ensemble J de $T \times T$ comme ci-dessus, la stratégie est 2–gagnante si $(\omega, \tau(\omega)) \in J^c$ pour tout ω.

On notera que la n–ième décision de $\spadesuit$ est fonction des n premières décisions de $\heartsuit$, mais non explicitement des décisions antérieures de $\spadesuit$ lui-même. C'est pourquoi une stratégie est une fonction d'une variable et non de deux.

On peut considérer aussi des stratégies 1–gagnantes σ, mais comme $\heartsuit$ joue en premier, la définition doit être légèrement modifiée : il s'agira de stratégies ***prévisibles***

$$\omega|n-1 = \omega'|n-1 \implies \sigma(\omega)|n = \sigma(\omega')|n \tag{17.1}$$

(pour $n=0$, cela signifie que $X_0 \circ \sigma$ est une constante). Ici σ détermine pour chaque n une application de W_n dans W_{n+1}. Une stratégie prévisible est alors dite *1–gagnante* si l'on a $S \circ \sigma > T$ (ou $(\omega, \sigma(\omega)) \in J$ dans la situation générale).

Le théorème de Gale et Stewart affirme :

THÉORÈME. *Avec les notations ci-dessus, pour tout ouvert J de $\Omega \times \Omega$ il existe ou bien une stratégie prévisible 1–gagnante, ou bien une stratégie 2–gagnante.*

On énonce ce théorème en disant que tout jeu ouvert est *déterminé*. Les résultats disant que les jeux de telle ou telle classe de Baire sont déterminés deviennent rapidement très difficiles. Un théorème célèbre de D. Martin (1975) affirme la détermination des jeux boréliens. La détermination des jeux analytiques exige que l'on sorte de la théorie ZFC.

Ce théorème ramène la vérification de l'équivalence 16 à celle des deux implications

$$S \leq T \circ \tau \Longrightarrow \iota(S) \leq \iota(T)$$
$$S \circ \sigma > T \Longrightarrow \iota(S) > \iota(T) \quad \text{si } \sigma \text{ est prévisible.}$$

Nous avons déjà vu la première. Pour la seconde, il suffit de montrer que $S \circ \sigma = 1 + U \circ \tau$ où U est un t. d'a. $\geq T$, et d'appliquer (14.1). Comme σ est prévisible, le premier terme de $\sigma(\omega)$ ne dépend pas de ω ; par ailleurs, $S \circ \sigma$ est $>T$ et donc ≥ 1. Si l'on définit alors des t.d'a. U_p par $U_p(\omega) = S \circ (p\|\omega) - 1$ à la manière de (13.2), on s'aperçoit que $U_p = U$ ne dépend pas de p, et le t. d'a. ainsi défini répond à la question.

Passons à la démonstration du théorème de Gale et Stewart. Nous supposons que ♡ n'a pas de statégie gagnante et en construisons une pour ♠. Etant donnée une suite finie $\mathbf{u}$ d'entiers nous désignons par $\mathbf{u}\|\omega$ la suite infinie (concaténation) obtenue en lisant d'abord $\mathbf{u}$ puis la suite infinie ω. Etant données deux suites finies $\mathbf{u}, \mathbf{v}$ de même longueur, soit $J_{\mathbf{u},\mathbf{v}}$ l'ensemble des couples (ω, ω') tels que $(\mathbf{u}\|\omega, \mathbf{v}\|\omega') \in J$. Supposons que ♡ place l'entier j_0, et soit $\mathbf{u} = j_0$ de longueur 1. Alors il existe au moins une suite $\mathbf{v} = j'_0$ de longueur 1 telle que ♡ n'ait pas de stratégie gagnante dans le jeu $J_{\mathbf{u},\mathbf{v}}$ (car sinon ♡ aurait une stratégie gagnante dans le jeu initial). Nous choisissons un tel entier et posons $\tau_0(j_0) = j'_0$. Itérant cette opération, nous construisons une famille d'applications $\tau_n : W_n \to W_n$ telle que ♡ n'ait pas de stratégie gagnante dans les jeux $J_{\mathbf{u},\tau_n(\mathbf{u})}$. Considérons ces applications comme définissant une stratégie τ, et montrons que l'existence d'un ω tel que $(\omega, \tau(\omega)) \in J$ entraînerait une contradiction. En effet, J étant ouvert elle entraînerait l'existence d'un n tel que

$$w|n = \omega|n \quad \text{et} \quad w'|n = \tau(\omega)|n \implies (w, w') \in J\ .$$

Posant alors $\mathbf{u} = \omega|n$, $\mathbf{v} = \tau(\omega)|n$, ♡ serait trivialement gagnant dans le jeu $J_{\mathbf{u},\mathbf{v}}$, contrairement à la construction de τ.

Le théorème de la borne

18 Nous atteignons la première étape importante dans la démonstration du théorème de Moschovakis : c'est une version canonique du *théorème classique de la borne*. La démonstration ne manque jamais de surprendre : on y déduit une conclusion positive de l'existence d'un mauvais ensemble !

THÉORÈME. *Sur toute partie analytique (en particulier borélienne) H de T contenue dans l'ensemble $\mathcal{F}$ des temps d'arrêt finis, l'indice $\iota(T)$ est majoré par un ordinal dénombrable.*

DÉMONSTRATION. S'il n'en était pas ainsi, on aurait l'équivalence

$$S \in \mathcal{F} \iff \exists T \in H \ : \ \iota(S) \leq \iota(T)$$

et $\mathcal{F}$ serait analytique, contrairement à 11. □

19 Soit $(E, \mathcal{E})$ un espace mesurable. La mention de $\mathcal{E}$ sera supprimée des mots $\mathcal{E}$–analytique, $\mathcal{E}$–coanalytique. Rappelons que les ensembles bianalytiques forment une tribu, a priori plus grosse que $\mathcal{E}$ (lorsque $\mathcal{E}$ est souslinien, ces deux tribus sont identiques en vertu du premier théorème de séparation; nous retrouverons cela au n° 20).

Soient H une partie de E, G son complémentaire H^c. Soit $x \longmapsto \iota(x)$ une application de G dans l'ensemble des ordinaux dénombrables, prolongée sur H par $\iota = \infty = \aleph_1$ (avec la convention $\infty + 1 = \infty$). On appelle ι un *indice de noyau* H, dit *bianalytique* si les relations

$$(19.1) \qquad \iota(x) \leq \iota(y) , \quad \iota(x) + 1 \leq \iota(y)$$

sont $\mathcal{E} \times \mathcal{E}$–analytiques. Les logiciens disent plutôt que ι est une *norme* (ou plus récemment un *rang*) *coanalytique* sur G. Les n°s précédents nous ont donné l'exemple fondamental d'indice bianalytique sur $\mathcal{T}$, admettant pour noyau l'ensemble $\mathcal{P}$ des temps d'arrêt non partout finis.

La vérification des propriétés (19.1) est toujours délicate : c'est elle qui nous a longuement occupés dans la théorie de l'indice canonique sur $\mathcal{T}$.

Le lecteur utilisant les articles des *Séminaires de Probabilités* doit être prévenu qu'on y travaille sur une variante (équivalente) de la définition d'un indice, où n'intervient que la restriction de ι à l'ensemble $G = \{\iota < \infty\}$: on suppose alors que les relations

$$x \in G \quad \text{et} \quad \iota(x) < \iota(y) , \qquad x \in G \quad \text{et} \quad \iota(x) \leq \iota(y)$$

sont coanalytiques.

Quitte à renuméroter l'ensemble bien ordonné des valeurs prises par ι sur G, on pourrait supposer que la fonction ι applique G sur un segment initial $[0, \lambda[$ de l'ensemble des ordinaux, et le cas le plus intéressant est celui où $\lambda = \infty$.

Pour tout ordinal dénombrable α, l'ensemble des x d'indice $\iota(x) < \alpha$ est contenu dans G; il sera noté G_α, et appelé[1] *constituant d'ordre* α de G. Du point de vue de l'ensemble H, les ensembles intéressants sont les $H_\alpha = \{\iota(x) \geq \alpha\}$, que l'on peut concevoir comme des sortes de "voisinages" de H (nous les appellerons informellement ainsi, en conservant les guillemets).

La première propriété (19.1) entraîne (en échangeant x, y) que la coupe $\{x : \iota(x) \geq \iota(y)\}$ est analytique pour tout y, et de même $\{x : \iota(x) < \iota(y)\}$ coanalytique. On voit d'abord que l'existence d'un indice de noyau H entraîne que H est *analytique* : c'est trivial si $H = \emptyset$, et sinon on peut écrire $G = \{x : \iota(x) < \iota(y)\}$ en prenant $y \in H$. Ensuite, étant donné un ordinal $\alpha < \lambda$, et choisissant y tel que $\iota(y) = \alpha$, on voit que G_α est coanalytique; mais en l'écrivant sous la forme $\{x : \iota(x) + 1 \leq \iota(y)\}$ on voit que *les constituants sont en fait bianalytiques*. Voici la forme du théorème 18 qui s'applique aux espaces mesurables généraux; nous verrons au n° 29 que le 2) ci-dessous s'étend en fait à tout indice.

20 THÉORÈME. *Soient $(E, \mathcal{E})$ un espace mesurable et H une partie $\mathcal{E}$-analytique de E, définie comme image réciproque $\tau^{-1}(\mathcal{P})$ de l'ensemble des temps d'arrêt non finis (cf. 10). Alors*

---

[1] Les constituants sont fréquemment définis par l'inégalité large, ou par l'égalité $\iota(x) = \alpha$.

1) L'application $\iota \circ \tau$, *où* ι *est l'indice canonique sur* $\mathcal{T}$, *est un indice sur* E *de noyau* H, *pour lequel les "voisinages"* H_α *de* H *appartiennent à* $\mathcal{E}$.

2) Si l'espace mesurable $(E, \mathcal{E})$ *est* souslinien, *toute partie* $\mathcal{E}$*–coanalytique* S *de* E *contenant* H *contient déjà l'un des "voisinages"* H_α.

DÉMONSTRATION. L'assertion 1) est évidente (le caractère borélien des constituants canoniques a été vu en 14, 3)). Il faudra peut être renuméroter l'ensemble des valeurs de l'indice, si l'on veut qu'il applique E sur un segment initial des ordinaux; *cf.* plus haut.

Pour établir 2), nous remarquons que si E est un espace mesurable souslinien, l'image directe $\tau(S^c)$ est une partie analytique de $\mathcal{T}$ contenue dans $\mathcal{F}$ (III.18 c)). La fonction ι est alors bornée sur cette image d'après 18, et S^c est contenu dans un $G_\alpha = H^c_\alpha$.

REMARQUE. La méthode redémontre aussi très simplement le premier théorème de séparation des ensembles analytiques (III.23). Supposant toujours $(E, \mathcal{E})$ souslinien, considérons deux parties analytiques disjointes G et H de E, et prenons ci–dessus $S = G^c$. Alors l'indice construit ci–dessus pour H est borné sur G^c par un ordinal dénombrable α, et le "voisinage" H_α est disjoint de G.

21 Faisons une petite digression pour démontrer, avec les mêmes notations, le second théorème de séparation des ensembles analytiques sous la forme du *théorème de réduction de Kuratowski* (*cf.* l'appendice au chap. III, n°s 83–85). Ici, la tribu $\mathcal{E}$ est arbitraire, de sorte qu'il faut bien distinguer les ensembles mesurables des ensembles bianalytiques.

THÉORÈME. *Soit* (G_n) *une suite de parties coanalytiques de* $\mathcal{E}$, *et soit* $G = \cup_n G_n$. *Il existe une suite* (L_n) *de parties bianalytiques* deux à deux disjointes *telles que* $L_n \subset G_n$ *pour tout* n *et que* $\cup_n L_n = G$.

DÉMONSTRATION. Désignons par $\widetilde{E}$ la somme $E \times \mathbb{N}$ d'une suite de copies de E, avec sa tribu évidente, et par $\widetilde{G}$ la somme des G_n. Appliquons 20 pour munir $\widetilde{E}$ d'un indice ι de noyau $\widetilde{G}$, à partir d'un schéma de Souslin définissant G^c. Posons ensuite sur E $\iota_n(x) = \iota((x,n))$ et $\kappa(x) = \inf_n \iota_n(x)$; il est clair que κ est un indice de noyau G^c.

Si l'on définit alors les ensembles $L_n \subset G_n$ par la condition

$$x \in L_n \iff x \in G \quad \text{et } n \text{ est le plus petit entier tel que} \quad \kappa(x) = \iota_n(x) ,$$

on voit facilement que l'énoncé est satisfait.

Par passage au complémentaire, on obtient une version du théorème de Novikov (XI.4, XI.8) dans laquelle le mot "borélien" est remplacé par "bianalytique", et qui s'applique sans hypothèse sur l'espace mesurable ambiant.

Ensembles universels

Nous passons au second ingrédient de la démonstration du théorème de Moschovakis.

22 Nous commencerons par introduire le sujet de manière informelle. Désignons encore par Ω l'espace polonais $\mathbb{N}^{\mathbb{N}}$ et par E un espace topologique (ou mesurable), dans lequel on distingue une certaine classe Γ de parties (ouvertes, fermées, boréliennes, analytiques...). Considérons une partie U de $\Omega \times E$: on dit que U est un *ensemble universel* pour la classe

Γ si les coupes U_ω de U appartiennent à Γ, et si *tous les éléments de* Γ *figurent parmi ces coupes.* Si U est universel pour la classe Γ et si $A \in \Gamma$, on peut considérer un ω tel que $A = U_\omega$ comme un nom (ou un code) attribué à l'ensemble A. Tout ensemble A admet en général une multitude de noms, et il n'est d'ailleurs pas facile de voir quand deux noms définissent le même ensemble : cela reflète la nature même des mathématiques, tout théorème pouvant se mettre sous la forme de l'égalité de deux ensembles. La possibilité de "coder" ainsi tous les éléments d'une classe d'ensembles par les points d'un espace polonais permet un calcul d'une grande efficacité. En particulier, le théorème de Kleene permet d'établir l'existence d'ensembles de la classe Γ vérifiant des conditions sophistiquées, la difficulté consistant à traduire ces conditions en propriétés d'un "nom" de l'ensemble : c'est un art, dont nous verrons quelques exemples ci–dessous.

Par exemple, si E est un espace topologique admettant une base dénombrable $(G_n)_{n\geq 1}$, à laquelle on adjoint $G_0 = \emptyset$, tout ouvert de E est de la forme $\cup_n G_{\omega(n)}$ pour (au moins) une application $\omega \in \Omega$. Alors la partie U de $\Omega \times E$ définie par

$$(\omega, x) \in U \iff \exists n \quad x \in G_{\omega(n)}$$

est un ouvert universel pour les ouverts de E.

Nous n'allons présenter ici de la technique des ensembles universels que ce qui est nécessaire pour démontrer le théorème de Moschovakis. Nous allons en particulier nous borner à la classe des ensembles analytiques.

23 Dans ce n°, nous allons montrer l'existence, pour tout espace polonais E, d'un ensemble analytique universel dans $\Omega \times E$. Nous allons ensuite construire des ensembles universels possédant une propriété un peu plus forte.

La construction d'ensembles universels est très simple. On construit d'abord comme plus haut, dans $\Omega \times (\Omega \times E)$, un ouvert universel pour les ouverts de $\Omega \times E$. Son complémentaire H est alors un fermé de $\Omega \times (\Omega \times E)$ universel pour les fermés de $\Omega \times E$ et alors, d'après III.78, la projection de H le long du second facteur Ω est un analytique universel dans $\Omega \times E$.

Bien que cette démonstration utilise la topologie de E, le résultat (de même que les suivants) ne fait intervenir que la structure mesurable.

Nous passons à la construction d'ensembles universels permettant d'atteindre, non seulement tous les analytiques de E, mais tous ceux de $\Omega \times E$. Nous désignons (ici et dans les quelques numéros suivants) par $\omega \longmapsto (\omega_0, \omega_1)$ l'homéomorphisme de Ω sur $\Omega \times \Omega$ que l'on obtient en décomposant la suite ω en ses deux sous–suites paire et impaire, et par $(w, \omega) \longmapsto w * \omega$ l'homéomorphisme réciproque.

THÉORÈME. *Soit E un espace polonais. Il existe dans $\Omega \times E$ un ensemble analytique U universel pour les analytiques de E, possédant la propriété suivante : pour toute partie analytique H de $\Omega \times E$, il existe $w \in \Omega$ tel que l'on ait*

(23.1) $$H_\omega = U_{w * \omega} \quad \text{pour tout} \quad \omega \in \Omega .$$

Un tel ensemble U sera appelé un ensemble universel amélioré [1].

---

[1] La terminologie officielle est "bon universel".

DÉMONSTRATION. Soit V une partie analytique de $\Omega \times (\Omega \times E)$ universelle pour $\Omega \times E$; définissons une partie U de $\Omega \times E$ par

$$(\omega, x) \in U \iff (\omega_0, \omega_1, x) \in V$$

ou encore

$$(w, \omega, x) \in V \iff (w * \omega, x) \in U \ .$$

Vérifions que U a les propriétés souhaitées. Il est clair que U est analytique. Si A est analytique dans E, alors $\Omega \times A$ l'est dans $\Omega \times E$; donc il existe un $w \in \Omega$ tel que $\Omega \times A = V_w$ et on a alors $A = U_{w * \omega}$; ainsi, U est un analytique universel pour E. Enfin, soit H une partie analytique de $\Omega \times E$; il existe un $w = w_H \in \Omega$ tel que $H = V_w$. On a alors

$$x \in H_\omega \iff (\omega, x) \in H \iff (w, \omega, x) \in V \iff ((w * \omega), x) \in U \iff x \in U_{w * \omega} \ .$$

Désormais, tous les ensembles universels que nous considérerons seront ainsi "améliorés", et nous omettrons cet adjectif (sauf dans les énoncés de théorèmes).

Il est plus suggestif d'utiliser une notation fonctionnelle, et de poser $w * \omega = \theta(\omega)$, ou plus explicitement $\theta_H(\omega)$ si cette précision est utile. La fonction θ est borélienne (même continue) et injective, et l'on a pour tout ω

$$H_\omega = U_{\theta(\omega)} \ .$$

Le théorème de Kleene

24 Nous passons au théorème de Kleene (dont le nom complet est, en anglais, *Kleene's recursion theorem*).

THÉORÈME. *Soient E un espace polonais, $U \subset \Omega \times E$ un ensemble analytique universel (amélioré) pour E, H un ensemble analytique quelconque dans $\Omega \times E$. Il existe alors un $\eta \in \Omega$ tel que $H_\eta = U_\eta$.*

DÉMONSTRATION. Nous reprenons les notations de 23. D'après (23.1), tout revient à montrer qu'étant donné $w \in \Omega$ fixé, il existe un $\eta \in \Omega$ tel que $\eta = w * \eta$ (on peut donc considérer le théorème de Kleene comme un "théorème de point fixe"). Compte tenu de la définition de $*$ cela signifie que $\eta_{2n} = w_n$ et que $\eta_{2n+1} = \eta_n$. Un instant de réflexion montre que ces conditions déterminent de manière unique η : si m est pair on a $\eta_m = w_{m/2}$ tandis que si m est impair on est ramené au calcul de η_p avec $p < m/2$, ce qui permet une récurrence descendante.

25 Nos illustrations du théorème de Kleene commencent par une application très simple, et tout à fait surprenante. Considérons deux espaces polonais E et F, une application Φ de $\Sigma(E)$ dans $\Sigma(F)$ dont l'extension coupe par coupe applique encore $\Sigma(\Omega \times E)$ dans $\Sigma(\Omega \times F)$. *Alors Φ est nécessairement croissante!* Pour voir cela, nous prenons deux éléments $A \subset B$ de $\Sigma(E)$, $y \in \Phi(A)$ et nous prouvons que $y \in \Phi(B)$.

Soit U un ensemble universel dans $\Omega \times E$. Posons $C = \{\omega \,:\, y \in \Phi(U_\omega)\}$; on vérifie que C est analytique. On pose ensuite dans $\Omega \times E$

$$H = (\Omega \times A) \cup (C \times B) .$$

D'après le théorème de Kleene il existe η tel que $H(\eta) = U(\eta)$. On ne peut avoir $\eta \notin C$, car cela entraînerait $U(\eta) = H(\eta) = A$, donc $y \in \Phi(A)$ appartiendrait à $\Phi(U(\eta))$ d'où contradiction. Par conséquent on a $\eta \in C$, donc $y \in \Phi(U_\eta)$. La coupe $H(\eta) = U(\eta)$ valant $A \cup B = B$, on a bien prouvé $y \in \Phi(B)$!

Application à l'approximation extérieure

26 Nous allons montrer, en adaptant une présentation de Louveau, comment les techniques d'ensembles universels et le théorème de Kleene permettent d'obtenir des résultats d'approximation extérieure (du style "tout analytique de capacité $< a$ est contenu dans un borélien de capacité $< a$").

Soient E un espace polonais (ou lusinien !), et $\mathcal{L}$ un ensemble de parties analytiques de E. Nous dirons que $\mathcal{L}$ est une *classe analytique* si, pour tout ensemble analytique H de $\Omega \times E$, l'ensemble $\{\omega \,:\, H_\omega \in \mathcal{L}\}$ est analytique dans Ω. Prenant en particulier pour H un analytique universel U, on voit que l'ensemble des "noms" des éléments de $\mathcal{L}$ est analytique (inversement, on peut montrer que cette propriété entraîne que $\mathcal{L}$ est une classe analytique). Par exemple, soit C une capacité sur E ; nous avons montré dans le "théorème de Fubini capacitaire" du n° XI.20 (sous une gangue abstraite difficile à percer !) que la fonction $\omega \longmapsto C(H_\omega)$ est analytique, et cela entraîne que la classe $\mathcal{L}$ des parties de capacité $> a$ ou $\geq a$ est analytique. Cela s'applique plus généralement aux "formes analytiques" de XI.16.

Une classe analytique est toujours une classe de "gros ensembles" : tout ensemble analytique contenant un élément de $\mathcal{L}$ appartient à $\mathcal{L}$. Pour voir cela, appliquer 25 en prenant $\Phi(A) = E$ si $A \in \mathcal{L}$, $= \emptyset$ sinon.

THÉORÈME. *Soient $\mathcal{L}$ une classe analytique, et A une partie analytique de E. Si tout borélien contenant A appartient à $\mathcal{L}$, alors A appartient à $\mathcal{L}$.*

DÉMONSTRATION. Soient U un ensemble analytique universel (amélioré), et L l'ensemble $\{\omega \,:\, U_\omega \in \mathcal{L}\}$ des "noms" des éléments de $\mathcal{L}$, qui est analytique par définition. Appliquant 10, nous choisissons une application s.c.s. λ de E dans l'espace des temps d'arrêt, telle que $L = \lambda^{-1}(\mathcal{P})$, et nous lui associons l'indice correspondant $\iota_L = \iota \circ \lambda$ sur Ω.

Soit une partie analytique A de E, représentée de même comme image réciproque de $\mathcal{P}$ par une application s.c.s α, à laquelle nous associons l'indice $\iota_A = \iota \circ \alpha$, cette fois sur E. Supposant $A \notin \mathcal{L}$, nous allons utiliser le théorème de Kleene pour construire un borélien contenant A et n'appartenant pas à $\mathcal{L}$.

Définissons une partie analytique H de $\Omega \times E$ par

$$(\omega, x) \in H \iff \iota_L(\omega) + 1 \leq \iota_A(x)) .$$

La coupe H_ω peut être décrite ainsi : ou bien $\iota_L(\omega) = \infty$, auquel cas $\omega \in L$ et $H_\omega = A$, ou bien $\iota_L(\omega) = \alpha < \infty$, et alors H_ω est le "voisinage" borélien $\{\iota_A > \alpha\}$ de A.

D'après le théorème de Kleene, il existe un $w \in \Omega$ tel que $H_w = U_w$. Le premier des deux cas ci-dessus ne saurait alors se produire, car les relations $w \in L$, $H_w = A$, $H_w = U_w$ entraînent $A \in \mathcal{L}$ contrairement à l'hypothèse. Le second cas est donc réalisé, on a $\iota_L(w) < \infty$, donc $H_w = U_w \notin \mathcal{L}$, tandis que H_w est un "voisinage" borélien de A. La démonstration est achevée.

27 Nous déduisons du théorème précédent un puissant théorème de séparation, ou si l'on préfère d'approximation extérieure.

THÉORÈME. *Soit Φ un opérateur uniformément analytique d'un espace lusinien E dans un espace lusinien F. Soient A une partie analytique de E, G une partie coanalytique de F contenant $\Phi(A)$. Il existe alors un borélien B contenant A tel que $\Phi(B) \subset G$.*

Dans un langage heuristique d'apparence topologique, où les analytiques sont interprétés comme les "fermés" et les coanalytiques comme les "ouverts", ce théorème apparaît comme un résultat de "continuité".

DÉMONSTRATION. On prend pour $\mathcal{L}$, l'ensemble des parties analytiques H de E telles que $\Phi(H)$ rencontre G^c ; on vérifie aisément que c'est une classe analytique. On a par hypothèse que $A \notin \mathcal{L}$, et on applique le résultat précédent.

Démonstration du théorème de Moschovakis

28 Nous établirons ce théorème sous la forme du n° 7, celle qui concerne les ensembles et les dérivations analytiques. Rappelons quelle est la situation : on travaille dans un espace polonais E (ou mieux un espace mesurable lusinien, seule la structure mesurable intervenant) ; D est une application de Σ dans lui-même qui est une dérivation ($D(A) \subset A$) uniformément analytique (ce qui exprime que D opérant coupe par coupe sur $\Omega \times E$ préserve aussi les analytiques). On définit par itération transfinie les dérivations D_α et leur limite D_∞ ; les résultats à établir sont

a) D_∞ est encore un opérateur uniformément analytique, et satisfait à $D \circ D_\infty = D_\infty$.

b) Pour tout $A \in \Sigma$ et tout $G \in \Pi$ contenant $D_\infty(A)$, il existe un ordinal dénombrable α tel que $D_\alpha(A)$ soit déjà contenu dans G. En particulier, si $D_\infty(A)$ est borélien, on a $D_\infty(A) = D_\alpha(A)$ pour un α dénombrable. Enfin, $D_\infty(A)$ est le plus grand point fixe de D contenu dans A (ce dernier point est évident sachant a)).

DÉMONSTRATION. Désignons par $U \subset \Omega \times E$ un ensemble analytique universel pour E (*cf.* 23); nous lui associons un indice ι à la manière du n° 20, et nous considérons les "voisinages" boréliens de U

$$U^\alpha = \{ (\omega, x) \ : \ \iota(\omega, x) \geq \alpha \}$$

(pour α dénombrable) et naturellement $U^\infty = U$.

Par ailleurs, $A \in \Sigma$ étant un ensemble analytique fixé, nous définissons des ensembles Y, Z par les conditions

$$Y = \{ (\omega, x, y) \ : \ \iota(\omega, y) \geq \iota(\omega, x) \} \subset \Omega \times E \times E \ ,$$

ensemble analytique par définition d'un indice, et

$$Z = \{ (\omega, x) \ : \ x \in D(A \cap Y_{(\omega,x)}) \} \subset \Omega \times E ,$$

qui est analytique, parce qu'on fait opérer coupe par coupe l'opérateur uniformément analytique D. D'après le théorème de Kleene, il existe un $\eta \in \Omega$ tel que les coupes $Z(\eta)$ et $U(\eta)$ soient égales.

Remarquons d'abord que par définition de Z on a $Z(\omega) \subset A$ pour tout ω. Pour tout ω on a $x \in U(\omega) \Longrightarrow \iota(\omega, x) = \infty$, donc $Y_{(\omega,x)} = \{y \ : \ \iota(\omega, y) = \infty\} = U(\omega)$, et alors par définition de Z et de η

$$x \in U(\eta) \Longleftrightarrow x \in Z(\eta) \Longleftrightarrow x \in D(A \cap U(\eta)) .$$

En particulier, $U(\eta) \subset D(U(\eta))$, d'où en fait l'égalité, et $U(\eta) \subset A$. D'où en appliquant transfiniment D_α, $U(\eta) \subset D_\infty(A)$.

Prouvons ensuite que $D_\alpha(A) \subset U^\alpha(\eta)$ pour tout α, ce qui entraînera l'égalité $U(\eta) = D_\infty(A)$. Nous raisonnons par récurrence transfinie, l'inclusion étant triviale pour $\alpha = 0$. Supposons donc $D_\gamma(A) \subset U^\gamma(\eta)$ pour tout $\gamma < \alpha$ et montrons que

$$x \notin U^\alpha \implies x \notin D_\alpha(A) .$$

Comme $x \notin U^\alpha$ nous avons $\beta = \iota(\eta, x) < \alpha$. On a

$$U^\beta(\eta) = \{y \ : \ \iota(\eta, y) \geq \beta\} = \{z \ : \ \iota(\eta, y) \geq \iota(\eta, x)\} = Y_{(\eta,x)} .$$

Puis nous avons la chaîne d'implications

$$\begin{aligned} x \notin U^\alpha(\eta) &\Longrightarrow x \notin U(\eta) \Longrightarrow x \notin Z(\eta) \\ \Longrightarrow x \notin D(A \cap Y_{(\eta,x)}) &\Longrightarrow x \notin D(A \cap U^\beta) \Longrightarrow x \notin D(D_\beta(A) \cap U^\beta) \\ &\Longrightarrow x \notin D(D_\beta(A)) \quad \text{(h.r.)} \quad \Longrightarrow x \notin D_\alpha(A) \end{aligned}$$

où nous avons marqué l'endroit où l'hypothèse de récurrence est utilisée.

Il en résulte d'abord que $D_\infty(A) = U(\eta)$ est analytique. Comme nous avons vu plus haut que $U(\eta) = D(U(\eta))$, nous voyons que D laisse fixe $D_\infty(A)$. Enfin, si G est coanalytique et contient $D_\infty(A) = U(\eta)$, le théorème 20 appliqué à l'indice $\iota(\eta, \cdot)$ sur E montre que G contient l'un des $U^\alpha(\eta)$, donc aussi l'un des $D_\alpha(A)$.

Il reste seulement à prouver que D_∞ est en fait une dérivation *uniformément* analytique. Cela consiste à répéter le même raisonnement en remplaçant E par $\Omega \times E$, sur lequel D opère coupe par coupe.

Quelques applications

Les deux premières "applications" (entre guillemets parce que, historiquement, le nom n'est pas justifié) ont pris une certaine importance ces dernières années en analyse fonctionnelle.

29. Indices bianalytiques. Soit E un espace polonais (ou encore, un espace mesurable souslinien, *cf.* 8) et soit ι un indice bianalytique sur E, de noyau H ayant pour "voisinages" les ensembles $H_\alpha = \{x \in E : \iota(x) \geq \alpha\}$ (*cf.* 19). Associons à ι la dérivation D définie par

$$D(A) = \{x \in A : \exists y \in A\ \iota(y) + 1 \leq \iota(x)\} .$$

Il est clair que D est uniformément analytique, et on a $D(A) = A \cap H_{\alpha+1}$, avec $\alpha = \inf_{y \in A} \iota(y)$. L'application du théorème de Moschovakis à la dérivation D montre que si ι applique $G = H^c$ sur un ensemble non dénombrable d'ordinaux, alors H est un ensemble analytique non borélien. De même, si A désigne un ensemble analytique disjoint de H, on a $D_\infty(A) = \emptyset$ et donc $D_\alpha(A) = \emptyset$ pour un certain α ; A est donc disjoint de H_α, et on a étendu à ι le théorème de la borne.

Voici une application de ce dernier théorème, qui éclaire la démonstration du théorème de Moschovakis. Supposons que H soit le noyau d'un second indice, et soit (H'_α) la famille correspondante de "voisinages" de H. Supposons, pour rendre le résultat plus frappant, que H_α et H'_α soient intersection de leurs prédecesseurs lorsque α est un ordinal limite. Alors en appliquant alternativement le théorème de la borne aux deux indices et aux complémentaires (boréliens) des ensembles H_α et H'_α, on trouve que l'ensemble $\{\alpha : H_\alpha = H'_\alpha\}$ est cofinal à l'ensemble des ordinaux dénombrables. Autrement dit, tous les systèmes de "voisinages" sont équivalents.

30. Le théorème de Kunen–Martin. Il s'agit d'une forme élégante et ramassée, due aux logiciens, des travaux classiques sur l'indice : elle affirme que sur un espace polonais (ou encore un espace mesurable souslinien), *toute relation analytique bien-fondée est de longueur strictement inférieure à* $\aleph_1$. Le nom de "théorème de Kunen–Martin" s'applique en réalité à un renforcement de ce résultat, qui ne nous concerne pas ici.

Plutôt que de décrire les termes utilisés et d'établir ce théorème, nous nous permettrons ici d'en donner une version à saveur probabiliste. Soit E un espace polonais, posons $\Omega = E^{\mathbb{N}}$ muni de la topologie produit, et disons qu'une application T de Ω dans $\mathbb{N} \cup \{\infty\}$ est un *temps d'arrêt brut* si elle vérifie le test de Galmarino

$$\forall \omega, w \in \Omega\ T(\omega) > n \quad \text{et} \quad \omega|n = w|n \Longrightarrow T(w) > n .$$

On retrouve si $E = \mathbb{N}$ la définition du n° 9, et on définit comme en 12 la suite transfinie des dérivés successifs $D_\alpha(T) = T^\alpha$ d'un t. d'a. brut T. Le résultat du n° 13 se généralise alors de la manière suivante : *pour tout t. d'a. brut* analytique *fini, il existe un ordinal dénombrable* α *tel que* $T^\alpha = 0$. Pour établir ce résultat, on applique la forme fonctionnelle du théorème de Moschovakis à la dérivation des temps d'arrêt, qui est uniformément analytique, un t. d'a. brut fini et non nul ne pouvant jamais vérifier $D(T) = T$ (*cf.* la fin du n° 13).

Les trois applications suivantes se réduiront à des esquisses. Il existe en effet un certain nombre d'exposés sur les dérivations analytiques qui se veulent lisibles, et auxquels on peut renvoyer le lecteur, avec la consigne d'y remplacer l'utilisation du théorème de Kunen–Martin, du théorème de la borne... par une application aussi directe que possible du théorème de Moschovakis : il est en effet beaucoup plus simple de vérifier qu'une dérivation est uniformément analytique que de vérifier qu'un indice est bianalytique. Citons les exposés de Dellacherie [21] dans le volume XI du *Sém. Prob.* et [24] dans le volume XII, d'Hillard [1] dans le vol. XII, et de Zinsmeister [1] dans le vol. XXIII. Voir aussi Feyel [15] pour des applications à la *topologie fine* de la théorie du potentiel.

REMARQUE. Dans l'ensemble, ces exposés sont démodés, et en particulier la notion d'analyticité uniforme d'un opérateur se substitue à celle de XI.15. Signalons cependant un résultat d'approximation intérieure établi dans Dellacherie [18] pour une dérivation analytique au sens ancien, sur E métrisable compact. Pour A analytique, $D_\infty(A)$ est la réunion de l'ensemble $\mathcal{L}$ des $L \in \mathcal{K}_\sigma$ invariants par D et contenus dans A. Mieux : pour toute capacité et plus généralement toute forme analytique C au sens de XI.15, on a $C(D_\infty(A)) = \sup_{L\in\mathcal{L}} C(B)$.

Signalons l'existence d'un autre théorème de Moschovakis, plus récent, permettant de vérifier que bon nombre d'indices sont bianalytiques. Voir le livre à paraître de Louveau.

31 Ensembles à coupes dénombrables. Soit E un espace polonais, et soit $\mathcal{F}(E)$ l'ensemble des fermés de E. Lorsque E est compact métrisable, $\mathcal{F}(E)$ est muni naturellement d'une topologie compacte métrisable. Lorsque E est polonais, on peut encore munir $\mathcal{F}(E)$ d'une tribu lusinienne naturelle, la *tribu d'Effros*, engendrée par les ensembles de la forme $C_J = \{H \in \mathcal{F}(E) : H \subset J\}$, où J parcourt $\mathcal{F}(E)$.

Associons à tout fermé H de E son dérivé H' au sens de Cantor

$$H' = \{x \in H : \quad x \text{ n'est pas isolé dans } H\}$$

Signalons en passant que l'on peut associer à la dérivation de Cantor un indice, comme on l'a fait pour les temps d'arrêt, mais cet indice n'est pas bianalytique en général (il l'est si E est compact métrisable). Par exemple, si $E = \mathbb{N}^{\mathbb{N}}$, les "voisinages" du noyau, i.e. de l'ensemble des fermés non dénombrables, sont analytiques et non boréliens .

Posons pour toute partie $A \subset \mathcal{F}(E)$

(31.1) $$D(A) = \{F \in A : \exists H \in A \; F \subset H'\} .$$

Alors D est une dérivation uniformément analytique. Prenons A analytique et composé uniquement de compacts dénombrables. D'après le théorème de Moschovakis, il existe un α tel que $D^\alpha(A) = \emptyset$, et donc tel que $H^\alpha = \emptyset$ pour tout $H \in A$.

Soient enfin $(\Omega, \mathcal{G})$ un espace mesurable lusinien, et H un fermé aléatoire mesurable dans $(E \times \Omega, \mathcal{B}(E) \times \mathcal{G})$, dont toutes les coupes dans E sont dénombrables. Une conséquence classique du théorème de Novikov 21 (ou XI.4) permet d'affirmer que $\omega \longmapsto H(\omega)$ est une application mesurable de Ω dans $\mathcal{F}(E)$. On déduit alors de ce qui précède l'existence d'un ordinal dénombrable α tel que, pour tout ω, le dérivé d'ordre α de $H(\omega)$ soit vide.

Ce résultat est l'un des points essentiels pour élucider, sans probabilité facilitant la tâche comme en IV.117, la structure des ensembles mesurables à coupes dénombrables (théorème de Lusin). On trouvera plus de détails dans Hillard [1].

32 Temps surterminaux. On peut donner une version abstraite de la définition de la dérivation de Cantor en remplaçant $(\mathcal{F}(E), \subset)$ ci-dessus par un espace lusinien ordonné $(X, \dashv)$, la relation d'ordre étant analytique, pourvue d'un plus petit élément ϕ et telle que toute famille filtrante décroissante admette une borne inférieure. On se donne d'autre part une application borélienne croissante $\delta : x \longmapsto x'$ de X dans lui-même, telle que $x' \dashv x$ pour tout $x \in X$. Les "ensembles parfaits" sont les points fixes de δ, et les "fermés non dénombrables" sont les x tels qu'il existe $y \dashv x$ avec $y' = y \neq \phi$ ("x contient un parfait non vide"). On pose par analogie avec (31.1), pour toute partie A de X, $D(A) = \{x \in A : \exists y \in A \ x \dashv y'\}$, et en appliquant à cette dérivation le théorème de Moschovakis on étend à la situation abstraite ci–dessus le théorème de la borne, etc.

Malheureusement, cette version abstraite est insuffisante pour l'étude des trajectoires des processus en temps continu, car les espaces ambiants $(\Omega, \mathcal{F}^\circ)$ de trajectoires continues à droite sont coanalytiques, mais a priori non lusiniens, et les temps d'arrêt que l'on rencontre ne sont pas boréliens. Voyons cependant le côté algébrique des choses. On a un espace d'états lusinien E augmenté d'un point ∂ à la façon habituelle, on prend pour X l'ensemble $[0, \infty] \times \Omega$, et pour relation d'ordre

$$(s, \omega) \dashv (t, \eta) \Longleftrightarrow s \geq t \quad \text{et} \quad \omega = \theta_{s-t}\eta$$

où (θ_t) est le semi–groupe habituel des translations.

Appelons *temps surterminal* toute application T de Ω dans $\overline{\mathbb{R}}_+$, $\mathcal{F}^\circ$*–coanalytique* et telle que $T \leq t + T \circ \theta_t$ pour tout $t \in \mathbb{R}_+$ — par exemple, tout temps d'entrée dans un borélien. On définit alors les itérés T_α de T par

$$T_0 = 0 \ , \quad T_1 = T \ , \quad T_{\alpha+1} = T_\alpha + T \circ \theta_{T_\alpha} \ ,$$

et $T_\alpha = \sup_{\beta < \alpha} T_\beta$ si α est un ordinal limite. On peut d'autre part associer à T une dérivation à la Cantor définie par

$$\delta(t, \omega) = (t + T(\omega), \theta_T \omega) \ .$$

On voit que $T_\alpha(\omega)$ est (la première composante de) l'itéré d'ordre α de $(0, \omega)$ pour la dérivation à la Cantor δ.

Pour se ramener au cas lusinien et appliquer le théorème de Moschovakis, on utilise le fait qu'une trajectoire continue à droite est déterminée par sa restriction aux rationnels, afin de plonger X dans un espace lusinien $\widetilde{X}$, et il reste à étendre à celui–ci la relation d'ordre $\dashv$ et l'application δ de manière convenable. Pour plus de détails on consultera le *Sém. Prob. XII*, p.749–751, qui vu sa date utilise le théorème de Kunen–Martin au lieu du théorème de Moschovakis, plus efficace. On établit ainsi par exemple que l'ensemble des trajectoires continues à droite n'est jamais lusinien si E a plus d'un point. En travaillant de même sur l'espace des trajectoires càdlàg. (qui est pourtant lusinien lorsque E est polonais), on peut montrer que le temps d'entrée dans un fermé non ouvert n'est jamais borélien.

33 Oscillation des trajectoires. Nous prenons pour Ω l'ensemble des applications continues à droite de R_+ dans (E, d), un espace métrique séparable et complet. Pour tout entier n, nous définissons la fonction (borélienne) S^n sur Ω

$$S^n(\omega) = \inf\{t > 0 : d(X_t(\omega), X_0(\omega)) > 1/n\} \ ,$$

dont les itérés transfinis S^n_α sont définis à la façon des T_α ci–dessus. La continuité à droite assure qu'on a $S^n_{\alpha+1} > S^n_\alpha$ sur $\{S^n_\alpha < \infty\}$, et il existe donc pour tout ω un ordinal (dénombrable) α tel que $S^n_\alpha(\omega) = \infty$. Désignant par $\alpha_n(\omega)$ le plus petit de ces ordinaux, on définit un indice ι sur Ω par $\iota(\omega) = \sup_n(\alpha_n(\omega) + 1)$. Hillard a démontré dans [1] que cet indice est bianalytique; nous nous contenterons ici de ramener une partie de l'étude de cet indice au résultat précédent sur les temps surterminaux. Nous définissons un temps surterminal T^n en posant

$$T^n = \inf_{t \geq 0} t + S^n \circ \theta_t$$

et comme on a $S^{2n} \leq T^n \leq S^n$, on peut remplacer les itérés S^n_α par les T^n_α dans la définition de l'indice ι. On déduit alors du théorème de Moschovakis un théorème de la borne relatif aux constituants (clairement coanalytiques, et en fait boréliens) de Ω pour l'indice ι. Cela permet par exemple de préciser XI.56 : si $x \longmapsto \mathbb{P}^x$ est un noyau sousmarkovien d'un espace polonais E dans Ω, il existe un espace lusinien $\Omega_0 \subset \Omega$, stable par translation et portant toutes les mesures $\mathbb{P}^x$, et l'indice ι est alors borné sur Ω_0, si bien que l'ensemble

$$\{\, (t,\omega) : X_{t-}(\omega) \text{ n'existe pas ou } X_{t-}(\omega) \neq X_t(\omega)\}$$

est indistinguable de la réunion d'une suite de graphes de temps d'arrêt.

Commentaires

Chapitre XVII. Sur les mesures excessives, voici quelques lectures recommandées. D'abord, la monographie de Getoor [13], les articles de Fitzsimmons [6], Fitzsimmons–Maisonneuve [1], Fitzsimmons–Getoor [1], Getoor–Glover [1] [2]. Sur la fonctionnelle de masse et les capacités (sujet important, à peine abordé ici), voir Getoor [14], Getoor–Steffens [1] [2] [3], Steffens [1] [2] [3]. Sur la théorie de Martin sous ses aspects probabilistes, voir Kunita–T. Watanabe [1] [2] [3], Meyer [29], et d'autre part les travaux de Dynkin [3] [15] [16] et plus généralement [4], riches en résultats mais sous des hypothèses difficiles à comparer aux nôtres (Dynkin insiste sur les processus non homogènes, l'existence de densités pour la fonction de transition, et la symétrie entre "entrée" et "sortie"). Voir aussi le travail de Jeulin [2] (débutants s'abstenir).

Chapitre XVIII. Ce chapitre a été l'un des premiers rédigés, alors que nous ne connaissions pas encore les travaux de Kuznetsov et de Mitro. Après quelque hésitation, nous avons renoncé à le modifier. La "vieille" théorie des processus de Markov a ses méthodes propres, et mérite amplement d'être exposée. Les théorèmes de section et de projection cooptionnel et coprévisible, ainsi que les théorèmes de commutation de projections, se présentent sous deux formes; celle que nous donnons ici, et une forme non homogène, dans laquelle le préfixe *co-* représente simplement l'adaptation à la filtration décroissante du futur. Ce point de vue est représenté par les travaux de Dynkin ([14] par ex., repris dans [4]), d'Atkinson [1], voir aussi Atkinson–Mitro [1]. Atkinson démontre dans ce cadre un intéressant théorème de commutation des projections optionnelle/cooptionnelle. L'idée simple à retenir est que les tribus non homogènes sont engendrées par les tribus homogènes correspondantes, et par les processus déterministes. Sur les relations entre l'hypothèse CMF, l'existence d'un dual droit, et celle d'une "topologie cofine", voir Smythe–Walsh [1], Walsh [7].

La dualité classique est traitée dans le livre de Blumenthal–Getoor (encore irremplaçable après vingt ans de service), mais le retournement du temps proprement dit ne figure ni chez eux, ni dans le livre récent de Sharpe, alors qu'il constitue le fondement probabiliste de la dualité. L'idée fondamentale des temps de retour est due à Hunt, et le théorème (de Nagasawa) relatif à un couple de processus droits en dualité reste l'une des pièces maîtresses de la théorie, même après l'intervention des mesures de Kuznetsov qui l'ont étendu et clarifié. Nous avons donné de façon assez complète la théorie ancienne, telle qu'elle apparaît dans les articles de Nagasawa [1], Weil [3] [4], Walsh–Weil [1]. En revanche, nous avons omis (à l'exception des brefs n°s XIX.38–39) un certain nombre de résultats intéressants sur la dualité entre les fonctionnelles multiplicatives ou additives des deux processus, sujet auquel Getoor et Sharpe (ainsi que Dynkin, toujours sous des hypothèses un peu différentes) ont consacré de nombreux travaux; voir par ex. Sharpe [3] [4], Getoor [20] [21]. Le cas le plus simple de dualité reste la symétrie, sur laquelle il y a beaucoup à dire. Nous renvoyons en particulier le lecteur aux travaux de Pop–Stojanovic et M. Rao cités dans la bibliographie ; voir aussi Fitzsimmons–Getoor [3]. L'un des échecs de notre livre est l'inachèvement du travail commencé sur les espaces de Dirichlet (dernier paragraphe du chapitre XIII), sous leur forme symétrique et non symétrique, mais en essayant d'omettre les hypothèses analytiques de régularité. Ce sujet est en pleine activité (travaux de Bouleau–Hirsch, d'Albeverio, Ma, Röckner... ; notre bibliographie n'en fait pas l'inventaire systématique).

Le théorème de Chung–Walsh a une grande importance conceptuelle, puisque la propriété de Markov modérée du retourné est la seule propriété connue pour tous les processus droits (voir l'utilisation qui en est faite dans Fitzsimmons [6], pour obtenir le théorème de commutation des projections). Il se relie aussi à une vieille tendance de la théorie des processus de Markov, consistant à se donner non pas un semi–groupe, mais un *processus* de Markov et à lui construire une bonne fonction de transition, et en particulier de bonnes densités par rapport à des mesures convenables, satisfaisant identiquement à l'équation de Chapman–Kolmogorov : voir Dynkin [3], Wittmann [1], Yan [7]. Sur la propriété de Markov modérée, on pourra consulter Chung–Glover [1]. Sur les méthodes de compactification permettant de construire un bon dual, voir Garcia–Alvarez et Meyer [1], Glover [8].

Sur les mesures de Revuz, voir le travail récent de Fitzsimmons–Getoor [2]. On y trouvera en particulier le résultat très simple, qui aurait dû figurer ici, suivant lequel la fonction $\mathbb{E}^{\eta}[A_t]$ est concave en t lorsque η est excessive. La distinction entre mesures de Revuz et mesures caractéristiques (introduites par Dynkin [21]) est subtile, et pas entièrement clarifiée. Une sorte de mesure caractéristique sur $E \times E$ figure dans Sharpe [4]. Il nous semble que le noyau comportant des limites à gauche est le plus naturel du point de vue de la théorie du potentiel.

Le chapitre tel qu'il est représente une bonne coupe à travers la théorie des processus de Markov et du potentiel. Il y manque cependant beaucoup de questions importantes. Par exemple le théorème de Blumenthal, Getoor et McKean (deux processus de Markov ayant mêmes mesures harmoniques sont transformés l'un de l'autre par changement de temps), et sa version renforcée par Shih [1] (domination des mesures harmoniques au lieu d'égalité) ; on en consultera la forme modernisée de Fitzsimmons–Getoor–Sharpe [1], qui est aussi une mine de résultats techniques sur les potentiels réguliers et l'ordre du balayage. Voir aussi pour le remplacement des mesures harmoniques par les probabilités de rencontre Glover [4][5], Fitzsimmons [1][2], Autres sujets voisins, le théorème de Chacon–Jamison sur l'horloge intrinsèque des processus de Markov (Le Jan [8], Walsh [4], Franchi et Le Jan [1]). Enfin, rappelons l'article important de Getoor–Sharpe [4] sur les FA naturelles et les processus standard, déjà mentionné dans les commentaires au chapitre XV.

Chapitre XIX. Les notions présentées dans ce chapitre ont renouvelé depuis quelques années la théorie des processus de Markov. Dans les travaux étendant l'article fondamental de Hunt (1960), on voit se dissiper lentement la confusion entre les deux sortes de processus de Markov à naissance et mort aléatoires, les quasi–processus de Hunt (étendus en temps continu par Nagasawa, puis Weil) et les processus de Kuznetsov (ou les “processus auxiliaires” de Mitro). L'idée initiale des mesures de Kuznetsov est due à Dynkin (1969) en temps discret (p.110–113 du recueil d'articles [4]). Notre exposé est inspiré de Kuznetsov [1] ; consulter aussi Mitro [1][2][3], Atkinson–Mitro [1], Fitzsimmons–Maisonneuve [1],

Fitzsimmons [3] (qui fait le lien avec les quasi–processus), et le gros article de Fitzsimmons [6], lecture nécessaire pour approfondir le sujet. Sur les quasi–processus en temps continu, le travail classique est resté celui de Weil [4] [5].

Pour approfondir les résultats de ce chapitre, il sera bon de consulter aussi Getoor [13] (plus détaillé que nous sur les extensions de FA et les capacités). D'autre part, le cours fait à l'École d'Été de St Flour par B. Maisonneuve en 1991 correspond à l'esprit de notre livre, mais en mettant de manière plus systématique les mesures de Kuznetsov à la base de la théorie.

Chapitre XX. Ce chapitre mélange trois sujets : les ensembles aléatoires, les systèmes de sortie et un peu de grossissement, auxquels s'est encore ajouté l'intérêt pour l'œuvre en progrès d'Azéma–Yor. La théorie des excursions, née de l'intuition de Paul Lévy, est certainement l'un des sujets les plus fascinants du calcul des probabilités. La forme la plus restreinte en est la théorie du renouvellement en temps continu, thème de notre chap. XV, dont on consultera la bibliographie (Krylov–Yushkevich, Kingman, Hoffmann–Joergensen). On en rencontre ensuite les aspects markoviens, par exemple l'utilisation des *décompositions de dernière sortie* en théorie des chaînes de Markov, et la théorie des diffusions dans un ouvert à bord, avec l'étude de tous les comportements frontières possibles, vaste sujet où se rencontrent les probabilités et l'analyse (souvent difficile). Enfin, il y a les aspects qui relèvent de la théorie générale des processus (voir en particulier, dans le *Sém. Prob. XIII*, toute la série d'articles concernant le balayage).

Sur la théorie des ensembles aléatoires, notre dessein était de fournir une introduction au très riche (et gros) article d'Azéma [8] où sont définies en particulier les sousmartingales associées à un ensemble aléatoire. On peut le compléter par le travail d'Azéma–Hamza [1] sur la représentation prévisible dans la filtration d'un ensemble régénératif (sur ce dernier sujet, avec un point de vue un peu différent, on pourra consulter aussi Jacod–Mémin [1]).

La théorie présentée ici donne une idée incomplète de la théorie des excursions, même dans le cadre markovien. Il existe toutes sortes de théorèmes, donnant sous diverses hypothèses la structure des excursions de point initial donné, de point initial et de point final donnés, de point initial, de point final et de longueur donnés, enjambant un temps d'arrêt de la filtration lente, un temps d'arrêt ordinaire, un temps terminal... Les références (celles aussi concernant la théorie des systèmes de sortie pour des processus en dualité) ont été données dans le texte.

En ce qui concerne les systèmes de sortie et leurs relations avec les systèmes de Lévy, le point de vue de l'article de Dynkin [20] (très en avance sur son temps) reste intéressant, et a inspiré en partie El Karoui–Reinhard [1]. Le point de vue du *processus d'incursions*, qui établit une relation étroite avec le système de Lévy, mérite aussi d'être connu. Nous ne recommandons pas trop les articles de Maisonneuve–Meyer [1], trop surchargés en théorèmes abstraits (et en erreurs), mais une version abordable en est donnée chez Maisonneuve [4].

Sur le conditionnement par rapport au passé strict, voir Maisonneuve [19]. Sur les ensembles régénératifs de la droite, voir les articles de Taksar [1] [2] [3] ainsi que Maisonneuve [11], Kaspi–Maisonneuve [1].

Un autre aspect de la théorie, non mentionné ici, est celui des *processus semi-markoviens*, ou *processus de Markov additifs*, sur lequel nous renverrons aux travaux de Çinlar (*ZW* **24**, 1973 et **31**, 1975), de Jacod (*ZW* **31**, 1974), de Kaspi (*ZW* **64**, 1983).

Le dernier paragraphe est une tentative pour faire sortir du ghetto le théorème fondamental sur le grossissement. La démonstration très simple en est empruntée à Jeulin [1], dont nous recommandons très vivement la lecture (le texte est dense, mais on sera récompensé). Nous nous sommes cependant arrêtés à mi–chemin, car il aurait fallu traiter en détail le grossissement initial, et retranscrire de manière "pédagogique" les magnifiques applications. de cette monographie (et certaines parties de Jeulin–Yor [1]). Nous nous sommes bornés à la plus simple des décompositions de Williams — il y en a au moins deux autres très connues, celles de l'excursion brownienne et du processus de Bessel, que l'on trouvera chez Revuz–Yor [1], Rogers–Williams [1]. On trouvera aussi chez Jeulin une intéressante discussion des temps coterminaux randomisés (d'après Millar) étendant le théorème de Walsh.

Chapitre XXI. Il n'est nullement évident qu'un livre intitulé "Probabilités et Potentiel" doive contenir un chapitre sur les décompositions chaotiques. Nous avons essayé de montrer que ce sujet n'est pas aussi loin qu'on pourrait le croire de la théorie générale des processus, et des processus de Markov. On en sait finalement très peu de choses, et nous espérons que notre propagande contribuera à le faire connaître. Nous voulions d'autre part rendre familère aux probabilistes la "notation courte" de Guichardet [1] et Maassen [1], largement supérieure aux notations usuelles. Elle trouve ses motivations dans le calcul stochastique des *opérateurs* sur l'espace de Wiener, lié à la physique théorique (étude des relations de commutation canoniques), et conduisant à une très belle théorie des équations différentielles stochastiques non commutatives, due à Hudson, Parthasarathy... et présentée dans les *Sém. Prob.* à partir du volume XX.

Pour une application des représentations prévisibles au théorème de Knight sur les changements de temps multiples, voir *Sém. Prob. V*, p. 191.

Les aspects de l'Analyse de Wiener les plus proches de la théorie du potentiel ne sont pas traités ici : il s'agit de ce que Malliavin appelle l'*analyse quasi-sûre*, qui fait grand emploi de la théorie des capacités. On pourra consulter à ce sujet les articles de Feyel et La Pradelle [1][2]. En revanche, nous avons inclus des travaux très récents de Y.Z. Hu (voir Hu–Meyer [1][2]).

Nous n'avons guère pu aborder le problème du développement en chaos des solutions d'équations différentielles stochastiques, lié à celui des *formules de Taylor stochastiques*. On pourra consulter à ce sujet le travail de Ben Arous [1], à la suite des travaux importants d'Azencott [1][2], et l'article de Platen [1].

La découverte de la propriété de représentation chaotique de la martingale d'Azéma par Émery (au moyen de l'idée des équations de structure) a renouvelé ce sujet, ainsi que celui de la représentation prévisible. Une des plus jolies conséquences de l'intérêt pour les représentations chaotiques a été la découverte par Biane de la PRC pour les chaînes de Markov finies. Mais la pluie de beaux résultats faciles que l'on espérait ne s'est pas produite : les problèmes de PRP/PRC en temps continu restent étonnamment coriaces, presque toutes nos connaissances sur le sujet étant dues à Émery [5][6][7]. Sur la martingale d'Azéma proprement dite, on pourra consulter Azéma–Yor [2], Parthasarathy [2].

Chapitre XXII. Tout ce chapitre est le développement des travaux de Stein sur la théorie de Littlewood–Paley (Stein [1][2]). Il s'agissait pour nous de faire un peu de propagande pour des aspects peu connus, et passionnants, de la théorie des semi–groupes symétriques. Mais la présence de ces résultats dans notre traité est aussi arbitraire que celle des chaos. Pour une étude plus détaillée des relations entre intégrales singulières et probabilités, voir Bass [3].

L'analyse sur les semi–groupes est un vaste et important sujet, lié à la géométrie riemannienne, à la théorie des groupes de Lie, et à certains aspects de la physique mathématique (théorie spectrale des opérateurs de Schrödinger). Notre exposé est très incomplet et prétend seulement constituer une introduction aux méthodes utilisant "Γ_2". Pour avoir une idée générale de la question, consulter Davies [1], Cycon et *al.* [1], . D'autre part, pour la théorie des transformations de Riesz sur les variétés riemanniennes, il faut consulter l'ensemble des travaux de Lohoué.

Le titre du §1, "prolongements harmoniques", nous laisse un peu l'impression d'une tricherie. Il y a en effet des travaux importants sur le comportement au bord des fonctions harmoniques classiques dans un demi–espace, qui sont vraiment des probabilités et du potentiel, et dont nous n'avons pas parlé. Le prototype de ces résultats est le célèbre théorème de Brelot–Doob sur les relations entre limites angulaires et limites fines. Pour des travaux récents sur ces questions, voir Brossard et Chevalier [1][2].

Chapitre XXIII. Ce chapitre est un fourre–tout. La rédaction en est assez ancienne, et on consultera avec profit le traité récent de Revuz–Yor [1], qui présente lui aussi certaines inégalités de martingales, ou conséquences du théorème de Kolmogorov.

Le théorème de Lenglart–Lepingle–Pratelli méritait sans aucun doute de trouver sa place dans un livre. Une omission notable de notre traité est celle de l'*intégrabilité uniforme des martingales exponentielles*, sujet important pour les applications. On pourra consulter le chap. 8 de Jacod [4], ainsi que Revuz–Yor p. 307–309 pour le cas continu. Autres sujets importants pour le calcul stochastique, qui n'ont pu trouver place dans ce chapitre : le calcul stochastique dépendant d'un paramètre (Stricker–Yor [1]); les semimartingales dans des ouverts aléatoires (Meyer–Stricker [1], Zheng [1]), sujet inauguré par Schwartz dans son étude des semimartingales dans les variétés, et qui mériterait de devenir plus familier aux probabilistes. Sur les semimartingales dans les variétés proprement dites, l'existence des notes de Schwartz [1] et du livre d'Émery [8] nous a libérés de tout souci. Ce sujet mériterait lui aussi d'être plus familier : ne mentionnons qu'un résultat, dû à Schwartz (*Ann. IHP* 21, 1985) : le mouvement brownien dans $\mathbb{R}^n$ $(n \geq 3)$ est une semimartingale jusqu'à l'infini à valeurs dans la sphère compactifiant $\mathbb{R}^n$. Nous avons laissé systématiquement de côté (même dans la bibliographie) tous les aspects du calcul stochastique (semimartingales, é.d.s., etc) dans les espaces de dimension infinie. On trouvera par exemple dans les *Séminars on Stochastic Processes* les travaux de Brooks et Dinculeanu sur ce sujet, dont on pourra aussi consulter les références.

Le paragraphe consacré au lemme de Kolmogorov laisse de côté le raffinement dû à Garsia–Rodemich–Rumsey, indispensable dans les discussions un peu délicates. On consultera à ce sujet l'article très intéressant de Garsia [2]. Une application notable du lemme de Kolmogorov fait aussi défaut, celle de la régularité des *temps locaux markoviens* (dernier état : Barlow [4], améliorant les travaux antérieurs de Getoor–Kesten et Millar, et dont on consultera les références). Un rapprochement intéressant entre la forme markovienne et la forme "générale" de la théorie des temps locaux figure chez Bass [5], Bass–Cranston [1].

Sur les temps locaux, notons l'omission de l'étude du processus L_t^a en la variable a (théorèmes de Ray–Knight, etc), pour laquelle on consultera Revuz–Yor, Karatzas–Shreve, ainsi que du sujet très attirant des *tribus d'excursions*. pour lequel on consultera l'article très récent de Rogers–Walsh (et la liste de références correspondante).

Le sujet des équations différentielles stochastiques est colossal. Nous avons hésité jusqu'au dernier moment à en parler dans ce livre, et nous ne l'aurions pas fait si nous avions dû répéter l'exposé standard. Nous nous bornerons à quelques remarques sur notre pédagogie. La méthode de Schwartz combine la méthode originale d'Ito avec deux améliorations techniques : l'utilisation d'un poids exponentiel (venant de Feyel [16]) et d'un changement de temps (antécédents chez Karandikar [1]). Elle est excellente dans les situations usuelles (martingales de carré intégrable continues ou quasi–continues à gauche, processus à variation finie continus). Si l'on veut à tout prix traiter les situations les plus générales, notre préférence va à la méthode de la fin de 35, qui utilise seulement forme évidente de l'inégalité de M–P et s'applique directement à $\mathcal{S}^2$ (et au cas général par changement de loi). En effet, si l'on prend la peine d'établir l'inégalité de Métivier–Pellaumail générale, on peut recourir directement à leur élégante méthode pour traiter les é.d.s., ou suivre l'excellent article de présentation de Karandikar [2], qui traite aussi la stabilité.

Ayant utilisé l'article [3] de Schwartz, nous recommandons vivement aussi l'article [6] sur les é.d.s. dans une variété, qui a le même effet décapant sur une vieille théorie.

Achevons ces commentaires sur quelques regrets : nous avons à divers moments envisagé de parler des inégalités de martingales avec poids, de la mesure de Föllmer et de ses relations avec le théorème de Girsanov, du théorème de Monroe sur le plongement des semimartingales dans le mouvement brownien, des aspects géométriques de la théorie des semimartingales...

Chapitre XXIV. Nous avons signalé depuis longtemps l'existence de deux niveaux dans la théorie des ensembles analytiques, concrétisés dans les deux théorèmes de séparation de Lusin. Le premier niveau, œuvre surtout de l'école polonaise et russe, a été présenté dès le volume A. La compacité topologique (ou abstraite) en est la clef, et le premier rôle appartient à l'ensemble N^{N} avec le pavage compact de ses "îlots" I_s (chap. III, app., n° 73). Le développement le plus récent en est la théorie des capacités fonctionnelles présentée dans le volume C. Notre chapitre XXIV tente (après les n°s sans démonstrations à la fin du chapitre XI) de donner une petite idée du second niveau, œuvre surtout des logiciens, et où l'ensemble de tous les ordinaux dénombrables tient la vedette.

Le point de départ des logiciens n'a pas été la théorie classique de Lusin et autres, qu'ils ignoraient sans doute encore largement quand Choquet la popularisait en analyse dans les années 50, mais la *théorie de la récursivité*, mathématisation de la notion intuitive de fonction calculable d'une partie de N^p dans N, due à Gödel, Church, Kleene Turing...

dans les années 30. Partant des parties récursives de $\mathbf{N}^p$, on construit par applications de quantificateurs portant sur un entier et du passage au complémentaire, une hiérarchie complexe de parties de $\mathbf{N}$ (ou de $\mathbf{N}^p$) donnant lieu à des théorèmes de séparation, réduction, etc. Mostowski, un des rares logiciens à connaître alors la théorie descriptive classique, avait cru voir une analogie entre celle-ci et la théorie des ensembles dits "arithmétiques" de Kleene. Il se trompait, cette dernière étant plutôt réminiscente des premiers niveaux de la classification de Baire sur $\mathbf{N}^{\mathbf{N}}$.

Plus tard Kleene introduisit la théorie de la récursivité sur $\mathbf{N}^{\mathbf{N}}$: on part ici des parties récursives de $\mathbf{N}^p \times (\mathbf{N}^{\mathbf{N}})^q$, appelées "ouverts–fermés effectifs", et les quantificateurs portent sur $\mathbf{N}^{\mathbf{N}}$. On aboutit ainsi à une nouvelle hiérarchie. C'est Addison qui en 1955 montra que cette théorie des ensembles dits "analytiques" de Kleene est un raffinement de la théorie des ensembles projectifs de Lusin, les premiers niveaux Σ_1^1 et Π_1^1 de la hiérarchie de Kleene correspondant aux ensembles analytiques et coanalytiques. Le mot *raffinement* est bien faible : il n'y a dans $\mathbf{N}^{\mathbf{N}}$ qu'une infinité dénombrable de ces "analytiques effectifs", lesquels ne sont d'ailleurs pas tous des "boréliens effectifs". Les logiciens ne se sont pas contentés de phagocyter la théorie classique, ils ont développé des concepts et des outils très puissants, dont certains ont des ancêtres en théorie classique alors que d'autres, ceux qui utilisent de manière essentielle la structure "fine" de $\mathbf{N}$, n'y ont pas de correspondant possible. Parmi les concepts et outils que nous avons présentés (ensembles universels, utilisation des ordinaux, jeux...) un seul était inconnu de la théorie classique : le théorème de récursion de Kleene, mis par Louveau [1] à la portée des mathématiciens. Une première forme (non édulcorée) du théorème de Moschovakis se trouve dans Moschovakis [2], que sans doute peu d'analystes ont ouvert; une forme mieux élaborée, dans un cadre qui nous est accessible, dans Moschovakis [1], et la version que nous en avons donnée provient de Louveau [1]; nous avons aussi pillé Zinsmeister [1]. Pour des versions antérieures moins performantes, ayant chacune sa version de l'analyticité d'un opérateur et le souci des applications à l'analyse, voir Cenzer et Mauldin [1], Dellacherie [18], succédant tous deux à Blass et Cenzer [1].

Disons quelque mots des jeux. L'utilisation du théorème de Gale et Stewart (détermination des jeux ouverts) pour démontrer le deuxième théorème de séparation provient de Blackwell [2]. Cet article a eu un impact considérable sur le développement de la théorie descriptive effective, et il est peu de travaux de logiciens dans ce domaine qui ne fassent pas usage de jeux infinis. La détermination des jeux boréliens dans $\mathbf{N}^{\mathbf{N}}$ est un théorème profond et difficile de D. Martin, qui aura certainement un jour des répercussions en analyse, et qu'on peut lire dans Louveau [2]. La détermination des jeux analytiques, en revanche, n'est pas démontrable en théorie habituelle des ensembles, et équivaut en particulier au fait que tous les espaces mesurables sousliniens et non lusiniens sont isomorphes.

Un livre de théorie effective des ensembles écrit par Louveau devrait paraître sous peu, qui comblera sans doute les désirs des analystes, par sa concentration sur les premiers niveaux de la hiérarchie et l'attention qu'il porte aux mesures, capacités, etc.

BIBLIOGRAPHIE

Le numérotage des articles d'un même auteur est arbitraire. Les travaux déjà cités dans les volumes antérieurs figurent avec leur numéro des bibliographies précédentes. Les abréviations suivantes sont utilisées : *LN* = Lecture Notes in Mathematics (Springer); *ZW= Zeitschrift für Wahrscheinlichkeitstheorie = Probability Theory and Related Fields*; *TAMS = Transactions Amer. Math. Soc.*; *CRAS = Comptes Rendus Acad. Sc. Paris*; *JFA = J. Funct. Anal.*; *Sém. Prob. = Séminaire de Probabilités*, Springer; *Sem. Stoch. Proc. — Seminar on Stochastic Processes*, Birkhäuser; *Teor. Ver.= Teorija Verojatnostei i ee Primenenija*. *Ann. IHP.= Ann. Inst. Henri Poincaré, série B.*

ADAMS (R.A.) [1]. *Sobolev spaces*, Academic Press, 1975.

ATKINSON (B.W.) [1]. Generalized strong Markov properties and applications, *ZW*, **60**, 1982, p. 71-78.

ATKINSON (B.W.) [2]. Germ fields and a converse to the strong Markov property, *Sem. Stoch. Proc. 1982*, 1983, p. 1-22.

ATKINSON (B.W.) [3]. A general theory approach to the construction of Markov processes, *Sem. Stoch. Proc. 1983*, 1984, p. 1-16.

ATKINSON (B.W.) [4]. Two sided homogeneous Markov processes, construction of Markov processes, *Sem. Stoch. Proc. 1984*, 1985, p. 1-22.

ATKINSON (B.W.) et MITRO (J.B.) [1]. Applications of Revuz and Palm type measures for additive functionals in weak duality, *Sem. Stoch. Proc. 1982*, 1983, p. 23-50.

AZÉMA (J.) [1]. Quelques applications de la théorie générale des processus, *Invent. Math.*, **18**, 1972, p. 293-336.

AZÉMA (J.) [2]. Une remarque sur les temps de retour. Trois applications, *Sém. Prob. VI*, LN **258**, 1972, p. 35-50.

AZÉMA (J.) [3]. Théorie génerale des processus et retournement du temps, *Ann. Sci. ENS*, **6**, 1973, p. 459-519.

AZÉMA (J.) [6]. Noyau potentiel associé à une fonction excessive d'un processus de Markov, *Ann. Inst. Fourier*, **19-2**, 1969, p. 495-526.

AZÉMA (J.) [7]. Représentation multiplicative d'une surmartingale bornée, *ZW*, **45**, 1978, p. 191-212.

AZÉMA (J.) [8]. Sur les fermés aléatoires, *Sém. Prob. XIX*, LN **1123**, 1985, p. 397-495.

AZÉMA (J.), GUNDY (R.F.) et YOR (M.) [1]. Sur l'intégrabilité uniforme des martingales continues, *Sém. Prob. XIV*, LN **784**, 1980, p. 53-61.

AZÉMA (J.) et HAMZA (K.) [1]. La propriété de représentation prévisible dans la filtration naturelle d'un ensemble régénératif, *Sém. Prob. XXIII*, LN **1372**, 1989, p. 131-138.

AZÉMA (J.) et MEYER (P.A.) [1]. Une nouvelle représentation du type de Skorohod, *Sém. Prob. VIII*, LN **381**, 1974, p. 1-10.

AZÉMA (J.) et YOR (M.) [1]. *Temps Locaux* (ouvrage collectif), *Astérisque*, **52-53**, Soc. Math. de France 1976.

AZÉMA (J.) et YOR (M.) [2]. Étude d'une martingale remarquable, *Sém. Prob. XXIII*, LN **1372**, 1989, p. 88-130.

AZÉMA (J.) et YOR (M.) [3]. Sur les zéros des martingales continues, *Sém. Prob. XXVI*, à paraître.

AZÉMA (J.) et YOR (M.) [4]. Une solution simple au problème de Skorohod, *Sém. Prob. XIII*, LN **721**, 1979, p. 90-115.

AZENCOTT (R.) [1]. Formule de Taylor stochastique et développements asymptotiques d'intégrales de Feynman, *Sém. Prob. XVI (Suppl.)*, LN **921**, 1982, p. 237-284.

AZENCOTT (R.) [2]. Densités des diffusions en temps petit et développements asymptotiques, *Sém. Prob. XVIII*, LN **1059**, 1984, p. 402-498.

BAKRY (D.) [1]. Transformations de Riesz pour les semi-groupes symétriques, *Sém. Prob. XIX*, LN **1123**, 1985, p. 179-206.

BAKRY (D.) [2]. Étude des transformations de Riesz dans les variétés à courbure de Ricci minorée, *Sém. Prob. XXI*, LN **1247**, 1987, p. 137-171.

BAKRY (D.) [3]. Étude probabiliste des transformées de Riesz et de l'espace H^1 sur les sphères, *Sém. Prob. XVIII*, LN **1059**, 1984, p. 197-218.

BAKRY (D.) [4]. Sur l'interpolation complexe des semi-groupes de diffusion, *Sém. Prob. XXIII*, LN **1372**, 1989, p. 1-20.

BAKRY (D.) [5]. Un critère de non-explosion pour certaines diffusions sur une variété riemannienne complète, *CRAS Paris*, **303**, 1986, p. 23-26.

BAKRY (D.) [6]. La propriété de sousharmonicité des diffusions dans les variétés, *Sém. Prob. XXII*, LN **1321**, 1988, p. 1-50.

BAKRY (D.) [7]. Inégalités de Sobolev faibles : un critère Γ_2. *Sém. Prob. XXV*, LN **1485**, 1991, p. 234-261.

BAKRY (D.) et ÉMERY (M.) [1]. Diffusions hypercontractives, *Sém. Prob. XIX*, LN **1123**, 1985, p. 179-206.

BAKRY (D.) et ÉMERY (M.) [2]. Propaganda for Γ_2, *From local times to global geometry, control and physics*, K.D. Elworthy ed., Pitman Research Notes in M., 1986, p. 39-46.

BAKRY (D.) et MICHEL (D.) [1]. Inégalités de Sobolev et minorations du semi-groupe de la chaleur, *Ann. Fac. Sc. Toulouse*, 1991, à paraître.

BARLOW (M.T.) [1]. Study of a filtration expanded to include an honest time, *ZW*, **44**, 1978, p. 307-324.

BARLOW (M.T.) [2]. Inequalities for upcrossings of semimartingales via Skorohod embedding, *ZW*, **64**, 1983, p. 457-474.

BARLOW (M.T.) [3]. Construction of a martingale with given absolute value, *Ann. Prob.*, **9**, 1981, p. 314-320.

BARLOW (M.T.) [4]. Continuity of local times for Lévy processes, *ZW*, **69**, 1985, p. 23-35.

BARLOW (M.T.), PERKINS (E.A.) et TAYLOR (S.J.) [1]. The behavior and construction of local times for Lévy processes, *Sem. Stoch. Proc. 1984*, 1985, p. 23-54.

BARLOW (M.T.) et YOR (M.) [1]. Semimartingale inequalities and local times, *ZW*, **55**, 1981, p. 237-254.

BARLOW (M.T.) et YOR (M.) [2]. Semimartingale inequalities via the Garsia-Rodemich-Rumsey lemma and applications to local times, *JFA*, **49**, 1982, p. 198-229.

BARLOW (M.T.) et YOR (M.) [3]. Sur la construction d'une martingale continue de valeur absolue donnée, *Sém. Prob. XIV*, LN **784**, 1980, p. 62-75.

BASS (R.F.) [1]. L^p inequalities for functionals of brownian motion, *Sém. Prob. XXI*, LN **1247**, 1987, p. 206-217.

BASS (R.F.) [2]. Occupation times of d-dimensional semimartingales, *Sem. Stoch. Proc. 1982*, 1983, p. 51-96.

BASS (R.F.) [3]. A probabilistic approach to the boundedness of singular integral operators, *Sém. Prob. XXIV*, LN **1426**, 1990, p. 15-40.

BASS (R.F.) [4]. L_p inequalities for functionals of brownian motion, *Sém. Prob. XXI*, LN **1247**, 1987, p. 206-217.

BASS (R.F.) [5]. Local times for a class of purely discontinuous martingales, *ZW*, LN **67**, 1984, p. 433-459.

BASS (R.F.) et CRANSTON (M.) [1]. The Malliavin calculus for pure jump processes and applications to local time, *Ann. Prob.* , **14**, 1986, p. 490-532.

BEN AROUS (G.) [1]. Flots et séries de Taylor stochastiques, *ZW*, **81**, 1989, p. 29-77.

BENVENISTE (A.) [1]. Processus stationnaires et mesures de Palm du flot spécial sous une fonction, *Sém. Prob. IX*, LN **465**, 1975, p. 97-153.

BENVENISTE (A.) [2]. Flots filtrés et flots de processus à accroissements indépendants, *ZW*, **41**, 1977, p. 87-114.

BENVENISTE (A.) et JACOD (J.) [1]. Systèmes de Lévy des processus de Markov, *Invent. Math.*, **21**, 1973, p. 183-198.

BERNARD (P.) et NUALART (D.) [1]. Régularité C^∞ des noyaux de Wiener d'une diffusion, *Ann. I.H.P.*, **26**, 1990, p. 287-298.

BIANE (Ph.) [1]. Chaotic representations for finite Markov chains, *Stochastics*, **30**, 1990, p. 61-68.

BIANE (Ph.) et YOR (M.) [1]. Valeurs principales associées aux temps locaux browniens, *Bull. Sc. Math.*, **111**, 1987, p. 23-101.

BICHTELER (K.) [1]. Stochastic integration and L^p theory of semimartingales, *Ann. Prob.*, **9**, 1981, p. 49-89.

BISMUT (J.M.) [4]. *Mécanique aléatoire*, LN **866**, Springer 1981.

BISMUT (J.M.) [5]. Formulation géométrique du calcul de Ito, relèvement de connexions et calcul des variations, *CRAS*, **290**, 1980, p. 427-429.

BISMUT (J.M.) [6]. Martingales, the Malliavin calculus and hypoellipticity under general Hörmander's conditions, *ZW*, **56**, 1981, p. 469-505.

BLACKWELL (D.) [2]. Infinite games and analytic sets, *Proc. Nat. Acad. Sci.*, **58**, 1967, p. 1836-1837.

BLAGOVEŠČENSKII (Ju.N.) et FREIDLIN (M.I.) [1]. Some properties of diffusion processes depending on a parameter, *Soviet Math.*, **2** (russe **138**), 1961, p. 633-636.

BLASS (A.) et CENZER (D.) [1]. Cores of Π^1_1 sets of reals, *J. Symb. Logic*, **39**, 1974, p. 649-654.

BLIEDTNER (J.) et HANSEN (W.) [1]. *Potential Theory : an Analytic and Probabilistic Approach to Balayage*, Springer Universitext, 1986.

BLUMENTHAL (R.M.) [2]. A decomposition of excessive measures, *Sem. Stoch. Proc. 1984*, 1985, p. 1-8.

BLUMENTHAL (R.M.) et GETOOR (R.K.) [1]. *Markov Processes and Potential Theory*, Academic Press, 1968.

BORELL (C.) [1]. The Brunn-Minkowski inequality in Gauss space, *Invent. Math.*, **30**, 1975, p. 207-216.

BOUTABIA (H.) [1]. *Thèse de troisième cycle*, Grenoble 1985.

BOUTABIA (H.) et MAISONNEUVE (B.) [1]. Lois conditionnelles des excursions markoviennes, *Sém. Prob. XXVI*, à paraître.

BOULEAU (N.) et LAMBERTON (D.) [1]. Théorie de Littlewood-Paley et processus stables, *Sém. Prob. XX*, LN **1204**, 1986, p. 162-185.

BROSSARD (P.) et CHEVALIER (L.) [1]. Classe $L \log L$ et densité de l'intégrale d'aire dans $\mathbb{R}^{n+1}_+$, *Ann. Math.*, **128**, 1988, p. 603-618.

BROSSARD (P.) et CHEVALIER (L.) [2]. Limites non tangentielles, limites browniennes en probabilité et limites semi-fines. Prépubl. Inst. Fourier, Grenoble, 1990, à paraître.

BURKHOLDER (D.L.) [4]. Distribution functions inequalities for martingales, *Ann. Prob.*, **1**, 1973, p. 19-42.

BURKHOLDER (D.L.) [5]. Boundary value problems and sharp inequalities for martingale transforms, *Ann. Prob.*, **12** , 1984, p. 647-702.

BURKHOLDER (D.L.) [6]. A sharp and strict L^p inequality for stochastic integrals, *Ann. Prob.*, **15**, 1987, p. 268-273.

BURKHOLDER (D.L.) [7]. *Explorations in Martingale Theory and its Applications*, Ecole d'été de St Flour XIX, LN **1464**, 1991.

CAMERON (R.H.) et MARTIN (W.T.) [1]. The orthogonal development of non linear functional in series of Fourier-Hermite functions, *Ann. Math.*, **48**, 1947, p. 385-392.

CAMERON (R.H.) et MARTIN (W.T.) [2]. Transformation of Wiener integrals under translations, *Ann. Math.*, **45**, 1944, p. 386-396.

CARTIER (P.), MEYER (P.A.) et WEIL (M.) [1]. Le retournement du temps : compléments à l'exposé de M. Weil, *Sém. Prob. II*, LN **51**, 1968, p. 222-233.

CENZER (D.) et MAULDIN (R.D.) [1]. Inductive definability : measure and category, *Advances in M.*, **38**, 1980, p. 55-90.

CHRISTENSEN (J.P.R.) [1]. *Topology and Borel structure*, North-Holland, 1974.

CHUNG (K.L.) [7]. Probabilistic approach in potential theory to the equilibrium problem, *Ann. Inst. Fourier*, **23**, 1973, p. 313-322.

CHUNG (K.L.) et DOOB (J.L.) [1]. Fields, optionality and measurability, *Amer. J. Math.*, **87**, 1965, p. 397-424.

CHUNG (K.L.) et GLOVER (J) [1]. Left continuous moderate Markov processes, *ZW*, **49**, 1979, p. 237-248.

CHUNG (K.L.) et WALSH (J.B.) [1]. To reverse a Markov process, *Acta Math.*, **123**, 1970, p. 225-251.

CHUNG (K.L.) et WILLIAMS (R.J.) [1]. *Introduction to Stochastic Integration*, Birkhäuser, Boston, 1983 ; 2^{e} ed. 1990.

COIFMAN (R.R.) et WEISS (G.) [1]. *Transference Methods in Analysis*, CBMS Regional Conference Series n° 31, Amer. Math. Soc. 1977.

COIFMAN (R.R.), ROCHBERG (R.) et WEISS (G.) [1]. Applications of transference : the L^p version of von Neumann's inequality and the Littlewood-Paley-Stein theory, *Linear Spaces and Approximation*, p. 53-67. Birkhäuser 1978.

COWLING (M.) [1]. Harmonic analysis on semi-groups, *Ann. Math.*, **117**, 1983, p. 267-283.

CYCON (H.L.), FROESE (R.G.), KIRSCH (W.) et SIMON (B.) [1]. *Schrödinger Operators*, Texts and Monographs in Physics, Springer 1987.

DAVIES (E.B.) [1]. *Heat Kernels and Spectral Theory*, Cambridge University Press, 1989.

DAVIS (B.) [2]. On the L_p norms of stochastic integrals and other martingales, *Duke Math. J.*, **43**, 1976, p. 697-704.

DAVIS (B.) [3]. On the Barlow-Yor inequalities for local time, *Sém. Prob. XXI*, LN **1247**, 1987, p. 218-220.

DAVIS (M.H.A.) [1]. Factorization of a multiplicative functional of nonlinear filtering theory, *Systems and Control Letters*, **1**, 1981, p. 49-53.

DELLACHERIE (C.) [18]. Transformations analytiques : théorèmes de capacitabilité, de séparation et d'itération transfinie. *Sém. Init. Analyse*, **20**, 1980/81, Publ. Math. Univ. P. et M. Curie, Paris.

DELLACHERIE (C.) [21]. Les dérivations en théorie descriptive des ensembles et le théorème de la borne, *Sém. Prob. XI*, LN **581**, 1977, p. 34-46 (voir aussi erratum et addendum dans *Sém. Prob. XII*).

DELLACHERIE (C.) [24]. Quelques exemples familiers, en probabilités, d'ensembles analytiques non boréliens, *Sém. Prob. XII*, LN **649**, 1978, p. 707-738.

DELLACHERIE (C.) [32]. Supports optionnel et prévisible d'une $\mathbb{P}$-mesure et applications, *Sém. Prob. XII*, LN **649**, 1978, p. 515-522.

DELLACHERIE (C.) et MEYER (P.A.) [3]. Ensembles analytiques et temps d'arrêt, *Sém. Prob. IX*, LN **465**, 1975, p. 373-389.

DELLACHERIE (C.) et MEYER (P.A.) [4]. A propos du travail de Yor sur le grossissement des tribus, *Sém. Prob. XII*, LN **649**, 1978, p. 70-77.

DERMOUNE (A.) [1]. Distributions sur l'espace de P. Lévy et calcul stochastique. *Ann. I.H.P.*, **26**, 1990, p. 101-120.

DOHRN (D.) et GUERRA (F.) [1]. Nelson's stochastic mechanics on riemannian manifolds, *Lett. al Nuovo Cimento*, **22**, 1978, p. 121-127.

DOLÉANS-DADE (C.) [3]. On the existence and unicity of solutions of stochastic differential equations, *Z.W.*, **36**, 1976, p. 93-101.

DOLÉANS-DADE (C.) et MEYER (P.A.) [1]. Équations différentielles stochastiques, *Sém. Prob. XI*, LN **581**, 1977, p. 376-382.

DOOB (J.L.) [1]. *Stochastic Processes*, Wiley 1953.

DOOB (J.L.) [14]. *Classical Potential Theory and Its Probabilistic Counterpart*, Grundlehren der Math. Wiss. 262, Springer 1984.

DYNKIN (E.B.) [3]. Minimal excessive measures and functions, *TAMS*, **258**, 1980, p. 217-244.

DYNKIN (E.B.) [4]. *Markov processes and related problems of analysis*, Recueil d'articles, *London Math. Soc. Lect. Notes*, **54**, Cambridge Univ. Press 1982.

DYNKIN (E.B.) [13]. On a new approach to Markov processes, *Proc. 3-rd Japan–USSR Symp. on Prob. Theory*. LN **550**, 1976, p. 42-62.

DYNKIN (E.B.) [14]. Markov systems and their additive functionals, *Ann. Prob.*, **5**, 1977, p. 653-677.

DYNKIN (E.B.) [15]. The initial and final behaviour of trajectories of Markov processes, *Russian Math. Surveys (Uspehi)*, **26**, 1971, p. 165-185.

DYNKIN (E.B.) [16]. Integral representations of excessive measures and functions, *Russian Math. Surveys (Uspehi)*, **27**, 1972, p. 43-84.

DYNKIN (E.B.) [17]. An application of flows to time shift and time reversal in stochastic processes, *TAMS*, **287**, 1985, p. 613-619.

DYNKIN (E.B.) [18]. Balayage and multiplicative functionals, *ZW*, **28**, 1974, p. 139-164.

DYNKIN (E.B.) [19]. On extension of Markov processes, *Teor. Ver.*, **13**, 1968, p. 708-713.

DYNKIN (E.B.) [20]. Wanderings of a Markov process, Th. Prob. Appl., **16**, 1971, p. 401-428 (version anglaise).

DYNKIN (E.B.) [21]. Green's and Dirichlet spaces associated with fine Markov processes, *JFA*, **47**, 1982, p. 381-418.

DYNKIN (E.B.) [22]. Polynomials of the occupation field and related random fields, *JFA*, **58**, 1984, p. 20-52.

DYNKIN (E.B.) [23]. Gaussian and non–gaussian random fields associated with Markov processes, *JFA*, **55**, 1984, p. 344-376.

DYNKIN (E.B.) et GETOOR (R.K .) [1]. Additive functionals and entrance laws, *JFA*, **62**, 1985, p. 221-265.

El KAROUI (N.) [2]. Sur les montées des semimartingales, *Temps locaux, cf.* Azéma–Yor [1], p. 63-88.

El KAROUI (N.) [3]. Temps local et balayage des semimartingales, *Sém. Prob. XIII*, LN **721**, 1979, p. 443-452.

El KAROUI (N.) [4]. A propos de la formule d'Azéma–Yor, *Sém. Prob. XIII*, LN **721**, 1979, p. 634-641.

El KAROUI (N.) et REINHARD (H.) [1]. *Compactification et balayage de processus droits*, *Astérisque*, **21**, 1975.

ÉMERY (M.) [1]. Stabilité des solutions des équations différentielles stochastiques. Application aux intégrales multiplicatives stochastiques, *ZW* **41**, 1978, p. 241-262.

ÉMERY (M.) [5]. On the Azéma martingales, *Sém. Prob. XXIII*, LN **1372**, 1989, p. 66-87.

ÉMERY (M.) [6]. Sur les martingales d'Azéma (suite), *Sém. Prob. XXIV*, LN **1426**, 1990, p. 66-87.

ÉMERY (M.) [7]. Quelques cas de représentation chaotique, *Sém. Prob. XXV*, LN **1485**, 1991, p. 10-23.

ÉMERY (M.) [8]. *Stochastic Calculus in Manifolds*, Springer-Verlag, 1989.

ÉMERY (M.) [9]. Equations différentielles stochastiques : la méthode de Métivier–Pellaumail, *Sém. Prob. XIV*, LN **784**, 1980, p. 118-121.

ÉMERY (M.) [10]. On two transfer principles in stochastic differential geometry, *Sém. Prob. XXIV*, LN **1426**, 1990, p. 407-442.

ÉMERY (M.) [11]. Non confluence des solutions d'une équation stochastique lipschitzienne, *Sém. Prob. XV*, LN **850**, 1981, p. 587-589.

ÉMERY (M.) et YUKICH (J.) [1]. A simple proof of the logarithmic Sobolev inequality on the circle, *Sém. Prob. XXI*, LN **1247**, 1987, p. 173-175.

FEFFERMAN (C.) et STEIN (E.M.) [1]. *H^p spaces of several variables*, *Acta Math.*, **129**, 1972, p. 137-193.

FERNIQUE (X.) [1]. Processus linéaires, processus généralisés, *Ann. Inst. Fourier*, **17-1**, 1967, p. 1-92.

FEYEL (D.) [15]. Quelques applications d'un théorème de Moschovakis à la théorie du potentiel, *Actes du Colloque J. Deny*, LN **1096**, 1982, p. 280-289.

FEYEL (D.) [16]. Sur la méthode de Picard (é.d.o. et é.d.s.), *Sém. Prob. XXI*, LN **1247**, 1987, p. 515-519.

FEYEL (D.) et de LA PRADELLE (A.) [1]. Espaces de Sobolev Gaussiens, *Ann. Inst. Fourier*, **39**, 1989, p. 875-908.

FEYEL (D.) et de LA PRADELLE (A.) [2]. Capacités gaussiennes, *Ann. Inst. Fourier*, 1991, à paraître.

FITZSIMMONS (P.J.) [1]. Markov processes with identical hitting probabilities, *Math. Z.*, **192**, 1986, p. 547-554.

FITZSIMMONS (P.J.) [2]. On the identification of Markov processes by the distribution of hitting times, *Sem. Stoch. Proc. 1986*, 1987, p. 15-19.

FITZSIMMONS (P.J.) [3]. On a connection between Kuznetsov processes and quasi-processes, *Sem. Stoch. Proc. 1987*, 1988, p. 123-134.

FITZSIMMONS (P.J.) [4]. Penetration times and Skorohod stopping, *Sém. Prob. XXII*, LN **1321**, 1988, p. 166-174.

FITZSIMMONS (P.J.) [5]. On two results in the potential theory of excessive measures, *Sem. Stoch. Proc. 1986*, 1987, p. 21-30.

FITZSIMMONS (P.J.) [6]. Homogeneous random measures and a weak order for the excessive measures of a Markov process, *TAMS*, **303**, 1987, p. 431-478.

FITZSIMMONS (P.J.) [7]. On the excursions of Markov processes in classical duality, *ZW* **75**, 1987, p. 159-178.

FITZSIMMONS (P.J.) et GETOOR (R.K.) [1]. Some formulas for the energy functional of a Markov process, *Sem. Stoch. Proc. 1988*, 1989, p. 161-182.

FITZSIMMONS (P.J.) et GETOOR (R.K.) [2]. Revuz measures and time changes, *Math. Z.*, **199**, 1988, p. 233-256.

FITZSIMMONS (P.J.) et GETOOR (R.K.) [3]. On the potential theory of symmetric Markov processes, *Math. Ann.*, **281**, 1988, p. 495-512.

FITZSIMMONS (P.J.) et GETOOR (R.K.) [4]. On the distribution of the Hilbert transform of the local time of a symmetric Lévy process, à paraître.

FITZSIMMONS (P.J.) GETOOR (R.K.) et SHARPE (M.J.) [1]. The Blumenthal-Getoor-McKean theorem revisited, *Sem. Stoch. Proc. 1989*, 1990, p. 36-57

FITZSIMMONS (P.J.) et MAISONNEUVE (B.) [1]. Excessive measures and Markov processes with random birth and death, *ZW*, **72**, 1986, p. 319-336.

FÖLLMER (H.) [3]. Calcul d'Ito sans probabilités, *Sém. Prob. XV*, LN **850**, 1981, p. 143-150.

FOURATI (S.) et LENGLART (E.) [1]. Tribus homogènes et commutation de projections, *Sém. Prob. XXI*, LN **1247**, 1987, p. 276-288.

FRANCHI (S.) et Le JAN (Y.) [1]. Sur les trajectoires intrinsèques des processus de Markov et le théorème de Shih, *Ann. IHP*, **20**, 1984, p. 103-126.

FUKUSHIMA (M.) [1]. *Dirichlet Forms and Markov Processes*, North-Holland et Kodansha, 1980.

FUKUSHIMA (M.) [6]. A decomposition of additive functionals of finite energy, *Nagoya Math. J.*, **74**, 1979, p. 137-168.

GARCIA-ALVAREZ (M.A.) [1]. Représentation des noyaux excessifs, *Ann. IHP*, **9**, 1973, p. 277-283.

GARCIA-ALVAREZ (M.A.) et MEYER (P.A.) [1]. Une théorie de la dualité à ensembles polaires près, *Ann. Prob.*, **4**, 1976, p. 947-976.

GARSIA (A.) [1]. Combinatorial inequalities and smoothness of functions, *Bull AMS*, **82**, 1976, p.157-170.

GARSIA (A.M.), RODEMICH (E.) et RUMSEY (H.) [1]. A real variable lemma and the continuity of paths of some Gaussian processes, *Indiana Math. J.*, **20**, 1971, p. 565-578.

GAVEAU (B.) et TRAUBER (P.) [1]. L'intégrale stochastique comme opérateur de divergence sur l'espace fonctionnel, *JFA*, **46**, 1982, p. 230-258.

GEBUHRER (M.O.) [1]. Sur les fonctions holomorphes à valeurs dans l'espace des martingales locales, *Sém. Prob. XVII*, LN **1204**, 1983, p. 123-124.

GEMAN (D.) et HOROWITZ (J.) [1]. Remarks on Palm measures, *Ann. IHP*, **9**, 1973, p. 215-232.

GEMAN (D.) et HOROWITZ (J.) [2]. Polar sets and Palm measures in the theory of flows, *TAMS*, **208**, 1975, p. 141-159.

GEMAN (D.) et HOROWITZ (J.) [3]. Occupation densities, *Ann. Prob.*, **8**, 1980, p. 1-67.

GETOOR (R.K.) [4]. Transience and recurrence of Markov processes, *Sém. Prob. XIV*, LN **784**, 1980, p. 397-409.

GETOOR (R.K.) [5]. *Ray processes and right processes*, LN **440**, 1975.

GETOOR (R.K.) [9]. Comultiplicative functionals and the birthing of a Markov process, *ZW*, **32**, 1975, 245-259.

GETOOR (R.K.) [11]. Measures that are translation invariant in one coordinate, *Sem. Stoch. Proc. 1986*, 1987, p. 31-34.

GETOOR (R.K.) [13]. *Excessive Measures*, Birkhäuser, 1990.

GETOOR (R.K.) [14]. Capacity theory and weak duality, *Sem. Stoch. Proc. 1983*, 1984, p. 97-130.

GETOOR (R.K.) [15]. Excursions and forward times, *Sem. Stoch. Proc. 1982*, 1983, p. 149-170.

GETOOR (R.K.) [16]. Excursions of a Markov process, *Ann. Prob.* **7**, 1979, p. 244-266.

GETOOR (R.K.) [17]. Splitting times and shift functionals, *ZW*, **47**, 1979, p. 69-81.

GETOOR (R.K.) [18]. Killing a Markov process under a stationary measure involves creation, *Ann. Prob.* **16**, 1988, p. 564-585.

GETOOR (R.K.) [19]. The Brownian escape process, *Ann. Prob.* **7**, 1979, p. 864-867.

GETOOR (R.K.) [20]. Multiplicative functionals of dual processes, *Ann. Inst. Fourier*, **21**, 1971, p. 43-83.

GETOOR (R.K.) [21]. Duality of Lévy systems, *ZW*, **19**, 1971, p. 257-270.

GETOOR (R.K.) et GLOVER (J.) [1]. Markov processes with identical excessive measures, *Math. Z.*, **184**, 1983, p. 287-300.

GETOOR (R.K.) et GLOVER (J.) [2]. Riesz decompositions in Markov processes theory, *TAMS*, **285**, 1984, p. 107-132.

GETOOR (R.K.) et GLOVER (J.) [3]. Constructing Markov processes with random times of birth and death, *Sem. Stoch. Proc. 1986*, 1987, p. 35-69.

GETOOR (R.K.) et SHARPE (M.J.) [4]. Naturality, standardness and weak duality for Markov processes, *ZW*, **67**, 1984, p. 1-62.

GETOOR (R.K.) et SHARPE (M.J.) [5]. Last exit times and additive functionals, *Ann. Prob.*, **1**, 1973, p. 550-569.

GETOOR (R.K.) et SHARPE (M.J.) [6]. Last exit decompositions and distributions, *Indiana Univ. Math. J.*, **23**, 1973, p. 377-404.

GETOOR (R.K.) et SHARPE (M.J.) [8]. Excursions of dual processes, *Advances in M.*, **45**, 1982, p. 259-309.

GETOOR (R.K.) et STEFFENS (J.) [1]. Capacity theory without duality, *ZW*, **73**, 1986, p. 415-445.

GETOOR (R.K.) et STEFFENS (J.) [2]. More about capacity and excessive measures, *Sem. Stoch. Proc. 1987*, 1988, p. 135-157.

GETOOR (R.K.) et STEFFENS (J.) [3]. The energy functional, balayage, and duality, *Ann. IHP*, **23** (Suppl.), 1987, p. 321-357.

GILAT (D.) [1]. Every nonnegative submartingale is the absolute value of a martingale, *Ann. Prob.*, **5**, 1977, p. 475-481.

GLOVER (J.) [3]. Representing last exit potentials as potentials of measures, *ZW*, **61**, 1982, p. 17-30.

GLOVER (J.) [4]. Markov processes with identical hitting probabilities, *TAMS*, **275**, 1983, p. 131-141.

GLOVER (J.) [5]. Identifying Markov processes up to time change, *Sem. Stoch. Proc. 1982*, 1983, p. 171-194.

GLOVER (J.) [6]. Discontinuous time changes of semiregenerative processes and balayage theorems, *ZW*, **65**, 1983, p. 529-538.

GLOVER (J.) [7]. Topics in energy and potential theory, *Sem. Stoch. Proc. 1982*, 1983, p. 195-202 (correction, *Sem. Stoch. Proc. 1985*).

GLOVER (J.) [8]. Compactifications for dual processes, *Ann. Prob.*, **8**, 1980, p. 1119-1134.

GROSS (L.) [1]. Potential theory in Hilbert space, *JFA*, **1**, 1967, p. 123-181.

GROSS (L.) [2]. Logarithmic Sobolev inequalities, *Amer. J. Math.*, **97**, 1976, p. 1061-1083.

GROSS (L.) [3]. Abstract Wiener spaces, *Proc. 5-th Berkeley Symp.*, **2-1**, 1965, p. 31-42.

GUICHARDET (A.) [1]. *Symmetric Hilbert spaces and Related Topics*, LN **261**, Springer 1972.

GUNDY (R.F.) [3]. *Some Topics in Probability and Analysis*, Conference Board of the Math. Sciences (Amer. Math. Soc.) n° 70, 1988.

GUNDY (R.F.) et SILVERSTEIN (M.L.) [1]. On a probabilistic interpretation for the Riesz transforms, *Functional Analysis in Markov Processes*, LN **923**, 1982, p. 199-203.

GUNDY (R.F.) et VAROPOULOS (N.T.) [1]. Les transformations de Riesz et les intégrales stochastiques, *CRAS*, **289**, 1979, p. 13-16.

HE (S.W.) et WANG (J.G.) [1]. Two results on jump processes, *Sém. Prob. XVIII*, LN **1059**, 1984, p. 256-267.

HE (S.W.) et WANG (J.G.) [2]. Chaos decomposition and property of predictable representation, *Science in China (A)*, **32**, 1989.

HELMS (L.L.) [1]. Markov processes with creation of mass, *ZW*, **7**, 1967, p. 225-234.

HERVÉ (R.M.) [1]. Recherches axiomatiques sur la théorie des fonctions surharmoniques et du potentiel, *Ann. Inst. Fourier*, **12**, 1962, p. 415-571.

HILLARD (G.) [1]. Exemples de normes en théorie descriptive des ensembles, *Sém. Prob. XII*, LN **649**, 1978, p. 524-563.

HU (Y.Z.) et MEYER (P.A.) [1]. Sur les intégrales multiples de Stratonovich, *Sém. Prob. XXII*, LN **1321**, 1988, p. 72-81.

HU (Y.Z.) et MEYER (P.A.) [2]. On the approximation of Stratonovich multiple intégrals, *à paraître*.

HUNT (G.A.) [6]. Markoff chains and Martin boundaries, *Ill. J. Math.*, **4**, 1960, p. 313-340.

IBRAGIMOV (I.A.) [1]. On smoothness conditions for trajectories of random functions, *Th. Prob. Appl.*, **28**, 1983, p 240-262.

IKEDA (N.) et WATANABE (S.) [3]. *Stochastic Differential Equations and Diffusion Processes*, North-Holland/Kodansha, 1981.

ISOBE (E.) et SATO (S.) [1]. Wiener–Hermite expansion of a process generated by an Ito stochastic differential equation, *J. Applied Prob.*, **20**, 1983, p. 754-765.

ITO (K.) [8]. Multiple Wiener integral, *J. Math. Soc. Japan*, **3**, 1951, p. 157-169.

ITO (K.) [9]. Complex multiple Wiener integral, *Jap. J. Math.*, **22**, 1952, p. 63-86.

ITO (K.) [13]. The spectral type of the shift transformation of differential processes with stationary increments, *TAMS*, **81**, 1956, p. 253-263.

ITO (K.) et McKEAN (H.P.) [1]. *Diffusion Processes and their Sample Paths*, Springer, 1965.

JACKA (S.D.) [1]. A note on the good lambda inequalities, *Sém. Prob. XXIII*, LN **1372**, 1989, p. 57-65.

JACOBSEN (M.) [11]. Splitting times for Markov processes and a generalized Markov property for diffusions, *ZW*, **30**, 1974, p. 27-43.

JACOD (J.) [4]. *Calcul stochastiques et problèmes de martingales*, LN **714**, 1979.

JACOD (J.) [8]. É. d.s. linéaires : la méthode de variation des constantes, *Sém. Prob. XVI*, LN **920**, 1982, p. 442-446.

JACOD (J.) [9]. Systèmes régénératifs et processus semi-markoviens, *ZW*, **31**, 1975, p. 1-23.

JACOD (J.) et MÉMIN (J.) [3]. Un théorème de représentation des martingales pour les ensembles régénératifs, *Sém. Prob. X*, LN **511**, 1976, p. 24-39.

JANSSEN (K.) [1]. Representation of excessive measures, *Sem. Stoch. Proc. 1986*, 1987, p. 85-106.

JEULIN (T.) [1]. ***Semimartingales et grossissements de filtrations***, LN **833**, 1980.

JEULIN (T.) [2]. Compactification de Martin d'un processus droit, *ZW*, **42**, 1978, p. 229-260.

JEULIN (T.) [3]. Grossissement d'une filtration et applications, *Sém. Prob. XIII*, LN **721**, 1979, p. 574-609.

JEULIN (T.) et YOR (M.) éd. [1]. ***Grossissements de filtrations, exemples et applications***, LN **1118**, 1984.

JEULIN (T.) et YOR (M.) [2]. Nouveaux résultats sur le grossissement des tribus, *Ann. Sci. E.N.S.*, **11**, 1978, p. 429-443.

JEULIN (T.) et YOR (M.) [3]. Grossissement d'une filtration : formules explicites, *Sém. Prob. XII*, LN **649**, 1978, p. 78-97.

JEULIN (T.) et YOR (M.) [4]. Inégalité de Hardy, semimartingales, et faux amis, *Sém. Prob. XIII*, LN **721**, 1979, p. 332-359.

JOHNSON (G.W.) et KALLIANPUR (G.) [1]. Some remarks on Hu and Meyer's paper and infinite dimensional calculus on finitely additive canonical Hilbert space. *Teor. Ver.*, **34**, 1990, p. 742-752.

JOHNSON (G.W.) et KALLIANPUR (G.) [2]. Homogeneous chaos expansions with applications to Feynman integrals. Prépublication, Center for Stoch. Processes, University of North-Carolina, Chapel Hill 1989.

KARANDIKAR (R.L.) [1]. A.s. approximation results for multiplicative stochastic integrals, *Sém. Prob. XVI*, LN **920**, 1982, p. 384-391.

KARANDIKAR (R.L.) [2]. Pathwise solutions of stochastic differential equations, *Sankhyā*, *A*, **43**, 1981, p. 121-132.

KARANDIKAR (R.L.) [3]. On Métivier-Pellaumail inequality, Emery topology and pathwise formulae in stochastic calculus, *Sankhyā*, *Ser. A*, **51**, 1989, p. 121-143.

KASPI (H.) [1]. Excursions of Markov processes : an approach via Markov additive processes, *ZW*, **64**, 1983, p. 251-268.

KASPI (H.) [2]. On invariant measures and dual excursions of Markov processes, *ZW*, **66**, 1984, p. 185-204.

KASPI (H.) [3]. Random time changes for processes with random birth and death, *Ann. Prob.*, **16**, 1988, p. 586-599.

KASPI (H.) [4]. Excursion laws of Markov processes in classical duality, *Ann. Prob.*, **33**, 1985, p. 492-518.

KASPI (H.) et MAISONNEUVE (B.) [1]. Regenerative systems on the real line, *Ann. Prob.*, **16**, 1988, p. 1306-1332.

KASPI (H.) et MAISONNEUVE (B.) [2]. Predictable local times and exit systems, *Sém. Prob. XX*, LN **1204**, 1986, p. 95-100.

KASPI (H.) et MITRO (J.) [1]. Homogeneous random measures for Markov processes in weak duality, study via an entrance boundary, *Stoch. Proc. Appl.*, **29**, 1988, p. 291-308.

KAZAMAKI (N.) [4]. Note on a stochastic integral equation, *Sém. Prob. VI*, LN **258**, 1972, p. 105-108.

KECHRIS (A.S.) et LOUVEAU (A) [1]. ***Descriptive set theory and the structure of sets of uniqueness***, Cambridge Univ. Press, LMS Lecture Note Series 128, 1987.

KIKUCHI (M.) [1]. A note on the energy inequalities for increasing processes, *Sém. Prob. XXVI*, ***à paraître***.

KRÉE (M.) [1]. Propriétés de trace en dimension infinie d'espaces du type Sobolev, *CRAS*, **279**, 1974, p. 157-160, et *Bull. SMF*, **105**, 1977, p. 141-163.

KRÉE (M.) et KRÉE (P.) [1]. Continuité de la divergence dans les espaces de Sobolev relatifs à l'espace de Wiener, *CRAS*, **296**, 1983, p. 833-836.

KRÉE (P.) [1]. Solutions faibles d'équations aux dérivées fonctionnelles II, *Séminaire P. Lelong (Analyse)*, 14e année, 1974, LN **474**, 1975.

KRÉE (P.) [2]. *Equations aux dérivées partielles en dimension infinie*, Séminaire, Institut Henri-Poincaré, Paris, 1975, 1976, 1977.

KRYLOV (N.V.) et VERETENNIKOV (A.Y.) [1]. An explicit formula for solutions of stochastic differential equations, *Mat. Sbornik*, **100** 1976, p. 239-256.

KUNITA (H.) [6]. On the decomposition of solutions of stochastic differential equations, *Stochastic Integrals, Durham 1980*, LN **851**, 1981, p. 213-255.

KUNITA (H.) et WATANABE (T.) [1]. Markov processes and Martin boundaries, *Ill. J. Math.*, **9**, 1965, p. 485-526.

KUNITA (H.) et WATANABE (T.) [2]. Some theorems concerning resolvents on locally compact spaces, *Proc. 5-th Berkeley Symp.*, **II.2**, 1967, p. 131-164.

KUNITA (H.) et WATANABE (T.) [3]. On certain reversed processes and their applications to potential theory and boundary theory, *J. Math. Mech.*, **15**, 1966, p. 393-434.

KUZNETSOV (S.E.) [1]. Construction of Markov processes with random birth and death, *Th. Prob. Appl.*, **18**, 1974, p. 571-574.

KUZNETSOV (S.E.) [2]. On decompositions of excessive functions, *Doklady Akad. Nauk. SSSR*, **214**, 1974, p. 276-278.

KUZNETSOV (S.E.) [3]. Non homogeneous Markov processes, *J. Soviet. Math.*, **25**, 1984, p. 1380-1498.

LAZARO (J. de SAM) et MEYER (P.A.) [1]. Méthodes de martingales et théorie des flots, *Sém. Prob. IX*, LN **465**, 1975, p. 1-96.

LÉANDRE (R.) et MEYER (P.A.) [1]. Sur le développement d'une diffusion en chaos de Wiener, *Sém. Prob. XXIII*, LN **1372**, 1989, p. 161-164.

LEDOUX (M.) [1]. On an integral criterion for hypercontractivity of diffusion semigroups and extremal functions, *JFA*, 1991, à paraître.

Le JAN (Y.) [8]. Arc length associated to a Markov process, *Advances in M.*, **42**, 1981, p. 136-142.

LENGLART (E.) [4]. Relation de domination entre deux processus, *Ann. IHP*, **13**, 1977, p. 171-179.

LENGLART (E.) [6]. Sur l'inégalité de Métivier–Pellaumail, *Sém. Prob. XIV*, LN **784**, 1980, p. 125-127.

LENGLART (E.) [8]. Tribus de Meyer et théorie des processus, *Sém. Prob. XIV*, LN **784**, 1980, p. 500-546.

LENGLART (E.), LÉPINGLE (D.) et PRATELLI (M.) [1]. Présentation unifiée de certaines inégalités de la théorie des martingales, *Sém. Prob. XIV*, LN **784**, 1980, p. 26-48.

LETTA (G.) [1]. *Martingales et intégration stochastique*, Quaderni, Scuola Normale Superiore, Pisa, 1984.

LEVIATAN (T.) [1]. On Markov processes with random starting time, *Ann. Prob.*, **1**, 1973, p. 223-230.

LINDSAY (J.M.) [1]. Gaussian hypercontractivity revisited, *JFA*, **92**, 1990, p. 313-324.

LOHOUÉ (N.) [1]. Comparaison des champs de vecteurs et des puissances du laplacien sur une variété riemannienne à courbure non positive, *JFA*, **61**, 1985, p. 164-201.

LOUVEAU (A.) [1]. Capacitabilité et sélections boréliennes, *Sém. Init. Analyse*, **21**, 1981/82, Publ. Math. Univ. P. et M. Curie, Paris n° 54.

LOUVEAU (A.) [2]. Une nouvelle démonstration de la détermination des jeux boréliens, d'après D.A. Martin, *Sém. Init. Analyse*, **24**, 1984/85, Publ. Math. Univ. P. et M. Curie, Paris n° 78.

MAASSEN (H.) [1]. Quantum Markov processes on Fock space described by integral kernels, *Quantum Probability and Applications II, Heidelberg 1984*, LN **1136**, 1985, p. 361-374.

MAISONNEUVE (B.) [4]. *Systèmes Régénératifs, Astérisque*, n° 15, 1974, Soc. Math. France.

MAISONNEUVE (B.) [8]. Ensembles régénératifs, temps locaux et subordinateurs, *Sém. Prob. V*, LN **191**, 1971, p. 147-169.

MAISONNEUVE (B.) [9]. Exit systems, *Ann. Prob.*, **3** 1975, Soc. p. 399-411.

MAISONNEUVE (B.) [11]. Ensembles régénératifs de la droite, *ZW*, **63**, 1983, p. 501-510.

MAISONNEUVE (B.) [13]. Le comportement de dernière sortie, *Sém. Prob. IX*, LN **465**, 1975, p. 522-529.

MAISONNEUVE (B.) [14]. Changement de temps d'un processus markovien additif, *Sém. Prob. XI*, LN **581**, 1977, p. 529-538.

MAISONNEUVE (B.) [15]. Systèmes de sortie $\mathcal{F}_{D_t}$-prévisibles, *ZW*, **80**, 1989, p. 395-405.

MAISONNEUVE (B.) [16]. Entrance-exit results for semi-regenerative processes, *ZW*, **32**, 1975, p. 81-94.

MAISONNEUVE (B.) [17]. On the structure of certain excursions of a Markov process, *ZW*, **47**, 1979, p. 61-67.

MAISONNEUVE (B.) [18]. Martingales de valeur absolue donnée, *Sém. Prob. XIII*, LN **721**, 1979, p. 642-645.

MAISONNEUVE (B.) [19]. Strict past conditioning at arbitrary times, *Sem. Stoch. Proc. 1986*, 1987, p. 155-161.

MAISONNEUVE (B.) et MEYER (P.A.) [1]. Ensembles aléatoires markoviens homogènes, *Sém. Prob. VIII*, LN **381**, 1974, p. 172-261.

MALLIAVIN (P.) [1]. Stochastic calculus of variations and hypoelliptic operators, *Proc. Intern. Conf. on Stochastic Differential Equations*, Kyoto 1976, p. 195-263, Kinokuniya, Wiley 1978.

MALLIAVIN (P.) [2]. Implicit functions in finite corank on the Wiener space, *Proc. Taniguchi Conf. on Stoch. Anal.*, Katata, 1982, p. 369-386.

MALLIAVIN (P.) [3]. Calcul des variations, intégrales stochastiques et complexe de de Rham sur l'espace de Wiener, *CRAS*, **299**, 1984, p. 347-350.

MALLIAVIN (P.) [4]. Parametrix trajectorielle pour un opérateur hypoelliptique et repère mobile stochastique, *CRAS*, **241**, 1975, p. 281.

MALLIAVIN (P.) [5]. *Géométrie Différentielle Stochastique*, Presses de l'Univ. de Montréal, 1978.

MARIAS (M.) [1]. Littlewood-Paley-Stein theory and Bessel diffusions, *Bull. Sc. Math.*, **111**, 1987, p.313-331.

Mc KEAN (H.P.) [2]. Geometry of differential space, *Ann. Prob.*, **1**, 1973, p. 197-206.

MECKE (J.) [1]. Invarianzeigenschaften allgemeiner Palmscher Maße, *Math. Nachrichten*, **65**, 1975, p. 335-344.

MECKE (J.) [2]. Stationäre zufällige Maße auf lokalkompakten Abelschen Gruppen, *ZW*,**9**, 1967, p. 36-58.

MERTENS (J.F.) [5]. Processus de Ray et théorie du balayage, *Invent. Math.*, **23**, 1974, p. 117-133.

MÉTIVIER (M.) [3]. *Semimartingales : a Course on Stochastic Processes*, de Gruyter, 1982.

MÉTIVIER (M.) et PELLAUMAIL (J) [5]. *Stochastic Integration*, Academic Press, 1979.

MÉTIVIER (M.) et PELLAUMAIL (J) [6]. On a stopped Doob's inequality and general stochastic equations, *Ann. Prob.*, **8**, 1980, p. 96-114.

MEYER (P.A.) [20]. Compactifications associées à une résolvante, *Sém. Prob. II*, LN **51**, 1968, p. 175-199.

MEYER (P.A.) [29]. *Processus de Markov : la frontière de Martin*, LN **77**, 1968.

MEYER (P.A.) [30]. Fonctionnelles multiplicatives et additives de Markov, *Ann. Inst. Fourier*, **12**, 1962, p. 125-203.

MEYER (P.A.) [39]. Le retournement du temps d'après Chung et Walsh, *Sém. Prob. V*, LN **191**, 1971, p. 213-236.

MEYER (P.A.) [40]. Retour aux retournements, *Sém. Prob. IX*, LN **465**, 1975, p. 556-564.

MEYER (P.A.) [41]. Une représentation de surmartingales, *Sém. Prob. VIII*, LN **381**, 1974, p. 310-315.

MEYER (P.A.) [42]. Quelques résultats sur les processus de Markov, *Invent. Math.*, **1**, 1966, p. 101-115.

MEYER (P.A.) [43]. *Processus de Markov*, LN **26**, Springer 1967.

MEYER (P.A.) [44]. Représentations multiplicatives de sousmartingales d'après Azéma, *Sém. Prob. XIII*, LN **721**, 1979, p. 240-249.

MEYER (P.A.) [45]. Flot d'une équation différentielle stochastique, *Sém. Prob. XV*, LN **850**, 1981, p. 103-117.

MEYER (P.A.) [46]. Note sur les processus d'Ornstein–Uhlenbeck, *Sém. Prob. XVI*, LN **920**, 1982, p. 95-132.

MEYER (P.A.) [47]. Transformations de Riesz pour les lois gaussiennes, *Sém. Prob. XVIII*, LN **1059**, 1983, p. 179-193.

MEYER (P.A.) [48]. Démonstration probabiliste de certaines inégalités de Littlewood–Paley, *Sém. Prob. X*, LN **511**, 1976, p. 125-183.

MEYER (P.A.) [49]. Retour sur la théorie de Littlewood–Paley, *Sém. Prob. XV*, LN **850**, 1981, p. 151-166.

MEYER (P.A.) et STRICKER (C.) [1]. Sur les semimartingales au sens de L. Schwartz, *Mathematical Analysis and Applications, part B*, (volume L. Schwartz), *Advances in M. Suppl. Series*, **1981**, p. 577-601.

MEYER (P.A.) SMYTHE (R.T.) et WALSH (J.B.) [1]. Birth and death of Markov processes, *Proc. 6-th Berkeley Symp., vol. III*, 1972, p. 295-305. Univ. of California Press.

MEYER (P.A.) et YAN (J.A.) [1]. A propos des distributions sur l'espace de Wiener, *Sém. Prob. XX*, LN **1247**, 1987, p. 8-26.

MILLAR (P.W.) [3]. Random times and decomposition theorems, *Proc. Symp. Pure Math.*, **31**, 1977, p. 91-103.

MILLAR (P.W.) [4]. A path decomposition for Markov processes, *Ann. Prob.*,**6**, 1978, p. 345-348.

MITRO (J.B.) [1]. Dual Markov processes : construction of a useful auxiliary process, *ZW*, **47**, 1979, p. 139-156.

MITRO (J.B.) [2]. Dual Markov functionals : applications of a useful auxiliary process, *ZW*, **48**, 1979, p. 97-114.

MITRO (J.B.) [3]. A discontinuous time change for natural additive functionals which preserves duality, *Stoch. Proc. Appl.*, **23**, 1986, p. 343-348 (voir aussi *ZW*, **72**, 1986, p. 463-470).

MITRO (J.B.) [4]. Discontinuous time changes and duality for Markov processes, *Sem. Stoch. Proc. 1985*, 1986, p. 155-171.

MITRO (J.B.) [5]. Exit systems for dual Markov processes, *ZW*, **66**, 1984, p. 221-265.

MITRO (J.B.) [6]. A time reversal study of exit/entrance processes, *Sem. Stoch. Proc. 1984*, 1985, p. 139-150.

MOSCHOVAKIS (Y.N.) [1]. *Descriptive set theory, a fundational approach*, North-Holland, 1980.

MOSCHOVAKIS (Y.N.) [2]. *Elementary Induction of Abstract Structures*, North-Holland, 1974.

MOTOO (M.) [1]. The sweeping-out of additive functionals and processes on the boundary, *Ann. Inst. Math. Stat.*, **16**, 1964, p. 317-345.

MOTOO (M.) [2]. Application of additive functionals to the boundary problem of Markov processes, *Proc. 5-th Berkeley Symp., vol. II-2*, 1967, p. 75-110. Univ. of California Press.

MUCKENHOUPT (B.) [1]. Hermite conjugate expansions, *TAMS*, **139**, 1969, p. 243-260.

NAGASAWA (M.) [1]. Time reversion of Markov processes, *Nagoya Math J.*, **24**, 1964, p. 117-204.

NELSON (E.) [1]. The free Markov field, *JFA*, **12**, 1973, p. 211-227.

NEVEU (J.) [6]. Sur les mesures de Palm de deux processus ponctuels stationnaires, *ZW*, **34**, 1976, p. 199-203.

NEVEU (J.) [7]. *Processus Ponctuels*, Ecole d'Eté de St Flour VI, 1976, LN **598**, 1977, p. 250-448.

NEVEU (J.) [8]. *Processus Aléatoires Gaussiens*, Presses de l'Université de Montréal, 1968.

NEVEU (J.) [9]. Sur l'espérance conditionnelle par rapport à un mouvement brownien, *Ann. IHP*, **12**, 1976, p. 105-110.

NORRIS (J.R.) [1]. Simplified Malliavin Calculus, *Sém. Prob. XX*, LN **1204**, 1986, p. 101-130.

NUALART (D.) [1]. Une remarque sur le développement en chaos d'une diffusion, *Sém. Prob. XXIII*, LN **1372**, 1989, p. 165-168.

NUALART (D.) et PARDOUX (E.) [1]. Stochastic calculus with anticipating integrands, *ZW*, **78**, 1988, p. 535-581.

NUALART (D.) et ZAKAI (E.) [1]. Generalized stochastic integrals and the Malliavin Calculus, *ZW*, **73**, 1986, p. 255-280.

NUALART (D.) et ZAKAI (E.) [2]. Generalized multiple stochastic integrals and the representation of Wiener functionals, *Stochastics*, **23**, 1988, p. 311-330.

OKABE (Y.) [1]. The resolution of an irregularity of boundary points in the boundary problem for Markov processes, *J. Math. Soc. Japan*, **22**, 1970, p. 47-104.

PARTHASARATHY (K.R.) [1]. *Introduction to Probability and Measure*, Macmillan (India) et Springer.

PARTHASARATHY (K.R.) [2]. Remarks on the quantum stochastic differential equation $dX = (c-1)\,X d\Lambda + dQ$. Preprint, Indian Statistical Institute, Delhi 1989.

PISIER (G.) [1]. Riesz transforms : a simpler analytic proof of P.A. Meyer's inequality, *Sém. Prob. XXII*, LN **1321**, 1988, p. 485-501.

PITMAN (J.) [1]. Stationary excursions, *Sém. Prob. XXI*, LN **1247**, 1987, p. 289-302.

PITMAN (J.) [2]. Lévy systems and path decompositions, *Sem. Stoch. Proc. 1981*, 1982, p. 79-110.

PITTENGER (J.) [1]. Regular birth times for Markov processes, *Ann. Prob.* **9**, 1981, p. 769-780.

PITTENGER (J.) et SHIH (C.T.) [1]. Coterminal families and the strong Markov property, *TAMS*, **182**, 1973, p. 1-42.

PLATEN (E.) et WAGNER (W.) [1]. On a Taylor formula for a class of Ito processes, *Prob. and Math. Stat.*, **3**, 1982, p. 37-51.

PRATELLI (M.) [4]. Le support exact du temps local d'une martingale continue, *Sém. Prob. XIII*, LN **721**, 1980, p. 126-131.

PROTTER (Ph.) [1]. On the existence, uniqueness, convergence, and explosions of solutions of systems of stochastic differential equations, *Ann. Prob.*, **5**, 1977, p. 243-261.

PROTTER (Ph.) [4]. H^p stability of solutions of systems of stochastic differential equations, *ZW*, **44**, 1978, p. 337-352.

PROTTER (Ph.) [5]. *Stochastic Integration and Differential Equations : a New Approach*, Springer, 1990.

PROTTER (Ph.) et SHARPE (M.J.) [6]. Martingales with given absolute value, *Ann. Prob.*, **7**, 1979, p. 1056-1058.

RAJEEV (B.) [1]. On semimartingales associated with crossings, *Sém. Prob. XXIV*, LN **1426**, 1990, p. 107-116.

REVUZ (D.) et YOR (M.) [1]. *Continuous Martingales and Brownian Motion*, Grundlehren der math. Wiss., **293**, Springer 1991.

ROGERS (C.A.) [1]. Lusin's second theorem of separation. *J. London Math. Soc.*, **6**, 1973, p. 491-503.

ROGERS (L.C.G.) et WALSH (J.B.) [1]. Local time and stochastic area integrals, *Ann. Prob.*, **19**, 1991, p. 457-482

ROGERS (L.C.G.) et WILLIAMS (D.) [1]. *Diffusions, Markov Processes and Martingales, vol. 2*, J. Wiley & Sons, New York, 1987 (volume 1 par D. Williams seul, 1979.)

ROTHAUS (O.S.) [1]. Hypercontractivity and the Bakry–Emery criterion for compact Lie groups, *JFA*, LN **65**, 1986, p. 358-367.

RUIZ de CHAVEZ (J.) [1]. Espaces de Fock pour les processus de Wiener et de Poisson, *Sém. Prob. XIX*, LN **1123**, 1985, p. 230-241.

RUIZ de CHAVEZ (J.) [2]. Compensation multiplicative et produits de Wick, *Sém. Prob. XIX*, LN **1123**, 1985, p. 242-247.

RUIZ de CHAVEZ (J.) [3]. Le théorème de Paul Lévy pour les mesures signées, *Sém. Prob. XVIII*, LN **1059**, 1984, p. 245-255.

SALISBURY (T.) [1]. Three problems from the theory of right processes, *Ann. Prob.*, **15**, 1987, p. 263-267.

SAUVAGEOT (J.-L.)[1]. Tangent bimodule and locality for dissipative operators on C^*-algebras, *Quantum Probability and Applications IV*,. LN *bf1396*, 1989, p. 322-338.

SAUVAGEOT (J.-L.)[2]. Quantum Dirichlet forms, differential calculus and semi-groups, *Quantum Probability and Applications V*,. LN *bf1442*, 1990, p. 334-346.

SATO (H.) [1]. Gaussian measure on a Banach space and abstract Wiener space, *Nagoya M. J.*, **36**, 1969, p. 65-82.

SCHREIBER (M.) [1]. Fermeture en probabilité de certains sous-espaces d'un espace L^2. Application aux chaos de Wiener, *ZW*, **14**, 1969, p. 36-48.

SCHWARTZ (L.) [1]. *Semimartingales sur des variétés, et martingales conformes sur des variétés analytiques complexes*, LN **780**, 1980.

SCHWARTZ (L.) [3]. La convergence de la série de Picard pour les é.d.s., *Sém. Prob. XXIII*, LN **1372**, 1989, p. 343-354.

SCHWARTZ (L.) [4]. Processus de Markov et désintégrations régulières, *Ann. Inst. Fourier*, **27**, 1977, p. 211-277.

SCHWARTZ (L.) [5]. Géométrie différentielle du 2e ordre et équations différentielles stochastiques dans une variété différentielle, *Sém. Prob. XVI (Suppl)*, LN **921**, 1982, p. 1-150.

SCHWARTZ (L.) [6]. Construction directe d'une diffusion dans une variété, *Sém. Prob. XIX*, LN **1123**, 1985, p. 91-112.

SHARPE (M.J.) [1]. *General theory of Markov processes*, Academic Press, 1988.

SHARPE (M.J.) [3]. Discontinuous additive functionals of dual processes, *ZW*, **21** 1972, p. 81-95.

SHARPE (M.J.) [4]. Exact multiplicative functionals in duality, *Indiana J. Math.*, **21** 1971/72, p. 27-60.

SHIGEKAWA (I.) [1]. Derivatives of Wiener functionals and absolute continuity of induced measures, *J. Math. Kyoto Univ.*, **20**, 1980, p. 263-274.

SHIGEKAWA (I.) et YOSIDA (N.) [1]. Littlewood-Paley-Stein inequality for a symmetric diffusion, *à paraître*.

SHIH (C.T.) [1]. Processes whose hitting distributions are dominated by those of a given process, *TAMS*, **129**, 1967, p. 303-315.

SIMON (B.) [1]. *The $P(\varphi)_2$ Euclidean (Quantum) Field Theory*, Princeton Series in Physics, Princeton Univ. Press, 1974.

SIMON (B.) [2]. Distributions and their Hermite expansions, *J. Math. Phys.*, **12**, 1971, p. 140-148.

SKOROHOD (A.V.) [2]. On a generalization of a stochastic integral, *Teorija Ver.*, **20**, 1975, p. 219-233 (trad.).

SMYTHE (R.T.) et WALSH (J.B.) [1]. The existence of dual processes, *Invent. Math.*, **19**, 1973, p. 113-148.

SOLÉ (J.Ll.) et UTZET (F.) [1]. Stratonovich integral and trace, *Stochastics*, **29**, 1990, p. 203-220.

SOLÉ (J.Ll.) et UTZET (F.) [2]. Intégrales multiples de Stratonovich pour le processus de Poisson, *Sém. Prob. XXV*, LN **1485**, 1991, p 270-283.

STEFFENS (J.) [1]. Excessive measures and the existence of right semigroups and processes, *TAMS*, **311**, 1989, p. 267-290.

STEFFENS (J.) [2]. Some remarks on capacities, *Sem. Stoch. Proc. 1986*, 1987, p. 195-213.

STEFFENS (J.) [3]. Duality and integral representations for excessive measures, *à paraître*.

STEIN (E.M.) [1]. *Singular Integrals and Differentiability Properties of Functions*, Princeton Univ. Press, 1970.

STEIN (E.M.) [2]. *Topics in Harmonic Analysis related to the Littlewood-Paley Theory*, Annals of Math. Studies n° 63, Princeton Univ. Press, 1970.

STRICHARTZ (R.) [1]. Analysis of the laplacian on a complete riemannian manifold, *JFA*, **52**, 1983, p. 48-79.

STRICKER (C.) [6]. Semimartingales et valeur absolue, *Sém. Prob. XIII*, LN **721**, 1979, p. 472-477.

STRICKER (C.) et YOR (M.) [1]. Calcul stochastique dépendant d'un paramètre, *ZW*, **45**, 1978, p. 109-133.

STROOCK (D.W.) [3]. The Malliavin Calculus and its applications to second order partial differential equations, *Math. Systems Th.*, **14**, 1981, p. 25-65 et 141-171.

STROOCK (D.W.) [4]. The Malliavin Calculus : a functional analytic approach, *JFA*, **44**, 1981, p. 212-257.

STROOCK (D.W.) [5]. Homogeneous chaos revisited, *Sem. Prob. XXI*, LN **1247**, 1987, p. 1-7.

STROOCK (D.W.) et VARADHAN (S.R.S.) [1]. *Multidimensional Diffusion Processes*, Springer 1979.

SUGITA (H.) [1]. Sobolev spaces of Wiener's functionals and Malliavin's calculus, *J. Math. Kyoto Univ.*, **25**, 1985, p.31-48.

SUGITA (H.) [2]. Hu-Meyer's multiple Stratonovich integral and essential continuity of multiple Wiener integral, *Bull. Sc. Math.*, **113**, 1989, p.463-474.

SURGAILIS (D.) [1]. On Poisson multiple stochastic integrals and associated equilibrium Markov processes, *Theory and Applications of random fields*, Lect. Notes Inf. Control n° 49, Springer 1983, p. 233-248.

SURGAILIS (D.) [2]. On Poisson multiple stochastic integrals and associated Markov semigroups, *J. Prob. Theory Math. Stat.*, **3**, 1984, p. 227-231.

SZNITMAN (A.S.) [1]. Martingales dépendant d'un paramètre : une formule d'Ito, *ZW*, **60** 1982, p. 41-70.

TAKSAR (M.I.) [1]. Regenerative sets on the real line, *Sém. Prob. XIV*, LN **784**, 1980, p. 437-474.

TAKSAR (M.I.) [2]. Stationary Markov sets, *Sém. Prob. XXI*, LN **1247**, 1987, p. 303-340.

TAKSAR (M.I.) [3]. Subprocesses of stationary Markov processes, *ZW*, **55**, 1981, p. 275-296.

TRIEBEL (H.) [1]. *Interpolation theorems, function spaces, differential operators*, North-Holland, 1978.

UPPMAN (A.) [1]. Deux applications des semimartingales exponentielles aux équations différentielles stochastiques, *CRAS*, **290**, 1980, p. 661-664.

UPPMAN (A.) [2]. Sur le flot d'une équation différentielle stochastique, *Sém. Prob. XVI*, LN **920**, 1982, p. 268-284.

USTUNEL (A.S.) [1]. Espaces $\mathcal{H}^1$ et BMO de martingales hilbertiennes, Centre Nat. Etudes Télécomm., *Séminaire ENST-CNET 1977/78*, ENSET, Paris.

VAROPOULOS (N.T.) [1]. Aspects of probabilistic Littlewood-Paley theory, *JFA*, **38**, 1980, p. 25-60.

WALSH (J.B.) [4]. On the Chacon-Jamison theorem, *ZW*, **68**, 1984, p. 9-28.

WALSH (J.B.) [5]. Time reversal and the completion of Markov processes, *Invent. Math.*, **10**, 1970, p. 57-81.

WALSH (J.B.) [6]. *Markov processes in duality*, Cours de 3e cycle, Université Paris VI, Laboratoire de Prob. 1974-75.

WALSH (J.B.) [7]. The cofine topology revisited, *Proc. Symp. Pure Math. XXXI*, Univ. of Illinois, Urbana 1976, p. 131-151. Amer. Math. Society 1977.

WALSH (J.B.) [8]. Markov processes and their functionals in duality, *ZW*, **24**, 1972, p. 229-246.

WALSH (J.B.) et WEIL (M.) [1]. Représentation de temps terminaux et applications aux fonctionnelles additives et aux systèmes de Lévy, *Ann. Sci. E.N.S.*, **5**, 1972, p. 121-155.

WATANABE (S.) [1]. *Stochastic Differential Equations and Malliavin's Calculus*, Tata Inst. of Fund. Res., Springer, 1984.

WEIDENFELD (G.) [1]. Changements de temps de processus de Markov, *ZW*, **53**, 1980, p. 123-146.

WEIL (M.) [2]. Conditionnement par rapport au passé strict, *Sém. Prob. V*, LN **191**, 1971, p. 362-372.

WEIL (M.) [3]. Propriétés de continuité fine des fonctions coexcessives, *ZW*, **12**, 1969, p. 75-86.

WEIL (M.) [4]. Quasi-processus, *Sém. Prob. IV*, LN **124**, 1970, p. 216-240.

WEIL (M.) [5]. Quasi-processus et énergie, *Sém. Prob. V*, LN **191**, 1971, p. 347-361.

WEIL (M.) [6]. Surlois d'entrée, *Sém. Prob. IX*, LN **465**, 1975, p. 486-493.

WEIDENFELD (G.) [1]. Changements de temps d'un processus de Markov, *ZW*, **53** , 1980, p. 123-146

WIENER (N.) [1]. The homogeneous chaos, *Amer. J. Math.*, **55**, 1938, p. 897-936.

WILLIAMS (D.) [1]. To begin at the beginning, *Stochastic Integrals,* Proc. of the LMS Durham Symposium, LN **851**, Springer 1981, p. 1-55.

WITTMANN (R.) [1]. Natural densities of Markov transition probabilities, *ZW*, **73**, 1986, p. 1-10.

WU (L. M.) [1]. Construction de l'opérateur de Malliavin sur l'espace de Poisson, *Sém. Prob. XXI*, LN **1247**, 1987, p. 100-113.

YAMADA (T.) [2]. On some representations concerning the stochastic integrals, *Prob. Math. Stat.*, **4**, p. 153-166.

YAMADA (T.) [3]. On some limit theorems for occupation times of one dimensional brownian motion and its continuous additive functionals locally of zero energy, *J. Math. Kyoto Univ.*, **26**, 1986, p. 309-322.

YAN (J.A.) [5]. Some formulas for the local time of semimartingales, *Chinese Annals of M.*, **1**, 1980, p. 545-551.

YAN (J.A.) [6]. A formula for the local time of semimartingales, *Northeastern Math J.*, **1**, 1985, p. 138-140, correction **5**, 1989, p. 388-390.

YAN (J.A.) [7]. A formula for densities of transition functions, *Sém. Prob. XXII*, LN **1321**, 1988, p. 92-97.

YAN (J.A.) [8]. Notes on the Wiener semigroup and renormalization, *Sém. Prob. XXV*, LN **1485**, 1991, p 79-94.

YOEURP (C.) [1]. Décompositions des martingales locales et formules exponentielles, *Sém. Prob. X*, LN **511**, 1976, p. 432-480.

YOEURP (C.) [3]. Théorème de Girsanov généralisé et grossissement d'une filtration, *Grossissements de filtrations, exemples et applications*, LN **1118**, 1985, p. 172-196.

YOEURP (C.) [4]. Solution explicite de l'équation $Z_t = 1 + \int_0^t |Z_{s-}|\, dX_s$, *Sém. Prob. XIII*, LN **721**, 1979, p. 614-620.

YOEURP (C.) et MEYER (P.A.) [1]. Sur la décomposition multiplicative des sousmartingales positives, *Sém. Prob. X*, LN **511**, 1976, p. 501-504.

YOR (M.) [3]. Les inégalités de sousmartingales comme conséquences de la relation de domination, *Stochastics*, **3**, 1979, p. 1-15.

YOR (M.) [14]. Application de la relation de domination à certains renforcements des inégalités de martingales, *Sém. Prob. XVI*, LN **920**, 1982, p. 221-233.

YOR (M.) [15]. Sur la continuité des temps locaux associés à certaines semimartingales, *Temps locaux*, *cf.* Azéma-Yor [1] 1978, p. 23-36.

YOR (M.) [16]. Inégalités de martingales continues arrêtées à un temps d'arrêt quelconque, *Grossissements de filtrations, exemples et applications*, LN **1118**, 1984, p. 110-146.

YOR (M.) [17]. Grossissement d'une filtration et semimartingales : théorèmes généraux, *Sém. Prob. XII*, LN **649**, 1978, p. 61-69.

YOR (M.) [18]. Sur les intégrales stochastiques optionnelles et une suite remarquable de formules exponentielles, *Sém. Prob. X*, LN **511**, 1976, p. 481-500.

YOR (M.) [19]. Sur la transformée de Hilbert des temps locaux browniens et une extension de la formule d'Ito, *Sém. Prob. XVI*, LN **920**, 1982, p. 238-247.

YOSIDA (N.) [1]. Sobolev spaces on a Riemannian manifold and their equivalence, *à paraître*.

ZAKAI (M.) [1]. Malliavin derivatives and derivatives of functionals of the Wiener process with respect to a scale parameter, *Ann. Prob.*, **13**, 1985, p. 609-615.

ZHENG (W.A.) [1]. Semimartingales in predictable random open sets, *Sém. Prob. XVI*, LN **920**, 1982, p. 370-379.

ZINSMEISTER (M.) [1]. Les dérivations analytiques, *Sém. Prob. XXIII*, LN **1372**, 1989, p. 21-46 (voir correction dans *Sém. Prob. XXIV*).

INDEX

INDEX DES NOTATIONS

ηR_S, η_S, réduite d'une mesure excessive, XIX.23.

Σ-finie, mesure, XIX.29.

π_A, mesure de Palm d'une hélice, XIX.30.

ηR_T, réduite d'une mesure excessive, XIX.41.

R_t, D_t, G_t, $\mathbf{G}$, $\mathbf{D}$, notations des ensembles aléatoires, XX.1.

$\mathcal{R}_t$, filtration rapide, XX.2.

$\varphi = \mathbb{E}^\bullet [e^{-R}]$, $v = 1 - \varphi$, XX.7.

$\mathbf{G}_o$, $\mathbf{G}_\pi$, $\mathbf{G}_c$, $\mathbf{G}_d$, décomposition de l'ensemble de sortie, XX.8.

c^L, C^L, a^L, A^L m^L, M^L, processus associés à un temps L, XX.12.

ε_L, mesure aléatoire, XX.12.

$\Gamma(B)$, support gauche de B, XX.13.

$\mathcal{F}_U$, $\mathcal{F}_U^+$, $\mathcal{F}_U^-$, tribus associées à un temps U, XX.25

$(\mathcal{A}_t)$, filtration lente $\mathcal{F}_{G_t})^+$, XX.28.

$(\mathcal{A}_t')$, filtration $\mathcal{F}_{g_t}^-$, XX.29.

$\Pi(H)$, extension d'un ensemble optionnel, XX.37.

$\mathbb{E}_{a,x}$, notation du conditionnement, XX.59.

X_t^D, notation du système de sortie $\mathcal{R}$-prévisible, XX.66.

$N(s, dr)$ système de sortie d'un ensemble aléatoire, XX.70.

$\mathcal{P}$, dA, $|A|$, ensemble des parties finies de $\mathbb{R}_+$, etc. XXI.4.

$\mathcal{E}(U)$, exponentielle stochastique, XXI.10.

D_h, dérivée dans la direction h, XXI.24.

∇f, gradient sur l'espace de Wiener, XXI.26.

$\vdash$, produit contracté, XXI.26.

$f : g$, produit de Wick, XXI.26.

δ, opérateur de divergence, XXI.28.

(Π_t), semi-groupe brownien sur l'espace de Wiener, XXI.32.

(P_t), semi-groupe d'Ornstein-Uhlenbeck, XXI.34.

N opérateur de nombre, XXI.35.

$\int H_s\, \partial X_s$, intégrale de Stratonovitch, XXI.46.

Tr , Tr^k, traces, traces itérées, XXI.48.

σ_t, semi-groupe stable d'ordre 1/2, XXII.1.

$L^|$ opérateur L agissant verticalement, XXII.3.

(Q_t) semi groupe de Cauchy, XXII.3.

D^-, dérivée horizontale, XXII.3.

R_k, transformations de Riesz, XXII.13.

$G^{-}(f)$, $G^{|}(f)$, $G^{\vdash}(f)$, fonctions de Littlewood–Paley, XXII.17.

$\Gamma_2(f,g)$, $\Gamma_2(f)$, XXII.27.

$(df \mid dg)$, XXII.31.

L_t^a, temps local en a, XXIII.26.

$\Sigma(\mathcal{E})$, $\Pi(\mathcal{E})$, ensembles $\mathcal{E}$-analytiques, coanalytiques, XXIV.4

$\mathcal{T}$, espace des temps d'arrêt, XXIV.9

$\mathcal{F}$, $\mathcal{P}$, temps d'arrêt finis, non finis, XXIV.9.

$\iota(S)$, indice de Lusin–Sierpinski, XXIV.14, XXIV.19.

Errata au Volume D

PAGE	LIGNE	AU LIEU DE	LIRE
14	19	(10.1)	(7.1)
50	-7	UDh	DUh
61	13	U_pJ	pU_pJ
67	4	XIII.16	XIII.18
119	19	$2/\sqrt{p}$	$2/\sqrt{2p}$
119	25	et à l'infini.	et reste bornée.
151	6	n° 12	n° 13
161	9	$f \circ X_s g \circ X_{s'}$	$f \circ X_r g \circ X_s$
165	-9	Lf	Lh
209	14	$\{f \leq a\}$	$f \in F$ fermé dans $\overline{\mathbb{R}}$
209	16	$\leq a$ $\in F$ comme ci–dessus (deux fois)	
245	13	e^{-ps}	e^{-2ps}
245	20	$U_q(qf - v)$	$U_q(qf^2 - v)$
246	18	(24.1)	*Erreur importante Voir plus loin*
249	2 (à droite)	$e^{s+A_s} \int_0^\infty$	$e^{s+A_s} \int_s^\infty$
263	11	$[\lambda^t, M]_{t+s}$	$[\lambda^t, M]_{t+s} - [\lambda^t, M]_t$
266	-12	$f \cdot A$	$f^2 \cdot A$
273	19	$\{T < \infty\}$	$\{T \in M^{\rightarrow}\}$
274	4	$f(A)$	$f(a)$
278	-11	$L_t \leq L'_{G_t} \leq L_t$	$L_t \leq L'_{G_t} \leq L'_t$
300	-7	$c_p = 1/u_L^p(a) = g(p)$	$c_p = u_L^p(a) = 1/g(p)$
312	(8.2)	$X_s(\omega)$	$X_{s-}(\omega)$
324	2 (à gauche)	$Q_t(I_{E_p^c}) = 0$	$Q_0(I_{E_p^c}) = 0$
327	-13	deux f.m. deux f.m.	*Supprimer l'un*
330	14	Après $\mathbb{Q}$ *ajouter*	(si elle existe)
330	15	borélienne borélienne	*Supprimer l'un*

PAGE	LIGNE	AU LIEU DE	LIRE
330	18 (à droite)	$P_{t-s}(X_s,f)$	$P^{/h}_{t-s}(X_s,f)$
332	21	sa régularisée	sa régularisée $\widehat{k}$
334	15	nous renvoyons...	*Voir commentaire*
377	11	XII.85	XII.83
377	-3	XII.29	XIII.29

Nous remercions vivement F. Knight, qui nous a communiqué un bon nombre des errata ci-dessus.

Commentaires. Deux des erreurs ci-dessus ne peuvent se traiter par simple remplacement ou addition. La dernière (p. 334) concerne une obscurité : il devrait être souligné dans le texte, afin d'appliquer 29, que la fonction $\mathcal{F}^{\circ}_{t+}$-mesurable bornée φ peut être choisie arbitrairement.

L'erreur de la page 246 concernant l'opérateur carré du champ est beaucoup plus sérieuse : si la définition des parties pleines est celle qui est donnée en (24.1), le théorème 25 (et son corollaire 26, qui fait l'objet principal du paragraphe) est faux : Mokobodzki a fourni un contre-exemple à 26, voir *Sém. Prob. XXIII,* Lecture Notes in Math. 1372, p.324-325. Cette erreur mérite d'être analysée, afin d'aboutir au résultat correct.

A la ligne 18 de la page 247 une erreur de notation nous a fait écrire $\eta_s(k)$ au lieu de $\eta^p_s(k)$, et oublier que cette mesure dépend de p. Reprenant la démonstration et tenant compte de cette dépendance, nous devons modifier la définition des parties pleines en intervertissant les quantificateurs : une partie Λ du domaine de L est dite *pleine* si

(24.1) *Pour tout $p>0$, la seule mesure signée bornée η, ne chargeant pas les ensembles de potentiel nul, orthogonale aux $(pI-L)h$, $h\in\Lambda$, est $\eta=0$.*

Avec cette modification de (24.1), 25 est correct. En voici la forme utilisable, due à Kunita.

THÉORÈME. *Soit Λ un espace de fonctions bornées, contenu dans le domaine de L (explicitons : pour $f\in\Lambda$, $Lf=g$ est bornée et l'on a $f=U_p(pf-Lf)$ aux ensembles de potentiel nul près), et tel que la seule mesure η, ne chargeant pas les ensembles de potentiel nul et orthogonale à Λ soit la mesure 0.* Supposons de plus que Λ soit stable par le semi-groupe (P_t) ou par la résolvante (V_p). *Alors Λ est une partie pleine.*

DÉMONSTRATION. Traitons d'abord le cas où Λ est stable par la résolvante. Dans la relation $<(pI-L)f\,,\eta>\;=\;0\;\;(f\in\Lambda)$ remplaçons f par $U_pf\in\Lambda$. Comme U_pf appartient toujours au domaine de L et $(pI-L)U_pf=f$ (aux ensembles de mesure nulle près), nous avons $<f\,,\eta>=0$, donc $\eta=0$.

Pour le cas où Λ est stable par le semi-groupe, nous remplaçons f par P_tf, et notons que si f et P_tf appartiennent au domaine de L on a $LP_t=P_tLf$ (cela revient à vérifier que $U_p(pP_tf-P_tLf)=P_tf$, et résulte de la commutation de P_t et U_p). Alors nous avons

$< pIf - P_t Lf , \eta > = 0$, que l'on multiplie par e^{-pt} et intègre en t. On retombe alors sur $< f , \eta > = 0$.

Le théorème 26 a été appliqué une fois dans le volume D, page 254 ligne -4. Cette application reste correcte, car l'espace des polynômes trigonométriques est stable par les noyaux de convolution. Il n'y a donc pas lieu de rectifier ce passage.

Erratum au volume B. Au chapitre VI, n° 106, la démonstration de la remarque b) est incorrecte, et l'inégalité annoncée est en fait exacte seulement pour $p \geq 1$. On trouvera cela établi (entre autres résultats) dans l'article [1] de M. Kikuchi, que nous remercions pour cette rectification.

Errata au volume C. Page 88, ligne 4, l'ensemble $\{p < 1\}$ où p est sous–linéaire *s.c.i.* n'est pas en général un voisinage de 0. L'assertion est vraie si G posséde la propriété de Baire, car alors $\{p \leq 1\}$ a au moins un point intérieur. D'autre part, si G est localement convexe (sans propriété de Baire) une fonction sous–linéaire s.c.i. p est enveloppe supérieure des fonctions linéaires continues majorées par p.

Page 91, les deux premières lignes sont en trop.

Page 155, ligne -9, la stabilité par rapport aux intersections dénombrables doit être postulée, car p. 156 ligne -6, la stabilisation par intersection dénombrable annoncée est incorrecte.

Page 169, la note en bas de page (extension à E souslinien) est à supprimer. Voir Louveau [1] pour les résultats corrects.

Imprimé en France par
LIGHTNING SOURCE
www.lightningsource.fr

IMPRIM'VERT
Votre imprimeur agit pour l'environnement

Printed in Dunstable, United Kingdom

84690675R10252